| 经 | 管 | 综 | 合 | 类 |

线性代数

■ 余长安 编著

WUHAN UNIVERSITY PRESS
武汉大学出版社

图书在版编目(CIP)数据

线性代数/余长安编著. —武汉：武汉大学出版社,2010.1(2014.3 重印)
经管综合类
ISBN 978-7-307-07535-1

Ⅰ.线… Ⅱ.余… Ⅲ.线性代数—高等学校—教材 Ⅳ.O151.2

中国版本图书馆 CIP 数据核字(2009)第 232611 号

责任编辑:顾素萍　　　责任校对:黄添生　　　版式设计:马　佳

出版发行：**武汉大学出版社**　(430072　武昌　珞珈山)
(电子邮件：cbs22@ whu. edu. cn　网址：www. wdp. com. cn)
印刷:湖北省荆州市今印印务有限公司
开本：720 × 1000　1/16　　印张：24.75　字数:443 千字　插页:1
版次:2010 年 1 月第 1 版　　　2014 年 3 月第 4 次印刷
ISBN 978-7-307-07535-1/O · 417　　定价:35.00 元

前　　言

本书是根据教育部关于高等学校“线性代数”课程教学的基本要求及“全国硕士生入学统一数学考试大纲”的要点，并结合作者本人多年的教学实践经验与体会撰写而成的.

本书在编写过程中，始终注意保持数学学科自身的科学性与系统性，着力突出线性代数科目内在的结构性与逻辑性，特别遵循由具体到抽象，由特殊到一般的写作原则，力求实现：立足基础，循序渐进；深入浅出，层次分明；阐述简洁，推导严谨；利于讲解，便于自学.

全书共分 6 章：行列式、矩阵、线性方程组、线性空间、特征值与特征向量和二次型. 内容涵盖线性代数科目的基本部分. 一般适用于 50～60 教学课时. 该书每章末皆组编有“应用”与“典型例题”两节，使用教师可根据教学时数适当取舍. 书中加了 * 号的内容(包括节、段及例)亦可根据教学需要适量安排.

本书每节均配有相应练习题，且各章后皆选编了稍显难度的复习题. 书末还附有客观题(包括填空题和选择题两部分)，仍按章分节依序编排. 全书所有习题(不论是主观题，还是客观题)在该书末尾皆给出了(参考)答案，以便读者在习作时比对. 与本教材配套的教学参考书《线性代数学习指导与典型题详解》依其相应章、节对书中的所有习题皆作了详细解答.

本书作为武汉大学“十一五”规划(增补)教材，编撰出版时受到了有关领导的鼓励和学院的资助；同时，也得到了相关专家的宝贵意见和教师同仁的热忱帮助. 在该书编审过程中，得到了武汉大学出版社顾素萍编辑的大力支持. 在此，编者一并表示衷心的感谢!

本书可作为经济、管理及其综合类学科教材，亦适合于作为理(非数学专业)、工、农、医等专业“线性代数”课程的教材. 既可供工程硕士、MBA 考生及成教生与自学者作为学习参考书，也可作为全国各类高等学校相关教师的教学备课资料. 当然，还适宜于各类有关工程人员阅读.

限于编者对该课程的认知水平，加之时间仓促，书中不妥与疏误之处在所难免，恳请广大读者批评指出，以便再版时予以修正.

编　者

于武汉大学樱园

2009.8.8

目　录

第一章　行　列　式

线性代数的研究对象之一是由 m 个方程组成的含有 n 个变量的一次方程组，今后我们称之为 n 元线性方程组. 行列式是在对线性方程组的研究中开发出来的一种重要工具. 我们在本章先引入二阶、三阶行列式的概念，并在二阶、三阶行列式的基础上，给出 n 阶行列式的定义并讨论其性质，进而把 n 阶行列式应用于求解 n 元线性方程组. 事实上，行列式是一种常用的数学工具，在数学及其他学科中都有着广泛的应用.

1.1　二阶行列式与三阶行列式

1.1.1　二阶行列式

初等数学中，二元线性方程组的求解公式可用行列式方便地给出.

设有二元线性方程组

$$\begin{cases} a_{11}x_1 + a_{12}x_2 = b_1, \\ a_{21}x_1 + a_{22}x_2 = b_2, \end{cases} \tag{1.1}$$

其中 $a_{11}a_{22} - a_{12}a_{21} \neq 0$。

利用加减消元法容易求出方程组(1.1) 的解为

$$\begin{cases} x_1 = \dfrac{b_1 a_{22} - b_2 a_{12}}{a_{11}a_{22} - a_{12}a_{21}}, \\ x_2 = \dfrac{b_2 a_{11} - b_1 a_{21}}{a_{11}a_{22} - a_{12}a_{21}}. \end{cases} \tag{1.2}$$

式(1.2) 中分子、分母都是 4 个数分两对相乘再相减而得.

为了便于记忆这些解的公式，引入**二阶行列式**：

$$\begin{vmatrix} a_{11} & a_{12} \\ a_{21} & a_{22} \end{vmatrix} = a_{11}a_{22} - a_{12}a_{21}, \tag{1.3}$$

其中 a_{ij} 称为行列式的**元素**，a_{ij} 的两个下标表示该元素在行列式中的位置，第一个下标称为**行标**，表示该元素所在的行；第二个下标称为**列标**，表示该元素所在的列，常称 a_{ij} 是行列式的 (i,j) 元素.

若记

$$D=\begin{vmatrix} a_{11} & a_{12} \\ a_{21} & a_{22} \end{vmatrix}, \quad D_1=\begin{vmatrix} b_1 & a_{12} \\ b_2 & a_{22} \end{vmatrix}, \quad D_2=\begin{vmatrix} a_{11} & b_1 \\ a_{21} & b_2 \end{vmatrix},$$

则当 $D\neq 0$ 时，方程组(1.1)有唯一解：

$$x_1=\frac{D_1}{D}, \quad x_2=\frac{D_2}{D}. \tag{1.4}$$

二阶行列式(1.3)中，等号右端的表示式又称为**行列式的展开式**，二阶行列式的展开式可以用所谓**对角线法**则得到，即

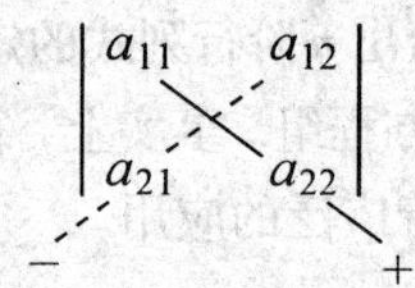

其中，实线上两个元素的乘积带正号，虚线上两个元素的乘积带负号，所得两项的代数和就是二阶行列式的展开式. 常称上式中的实线为**主对角线**，另一条对角线为**次对角线**.

注 D 是用方程组(1.1)的系数所确定的二阶行列式，一般称 D 为方程组的系数行列式. D_1 是用方程组(1.1)的常数项 b_1,b_2 代替 D 中第一列元素所得的二阶行列式，D_2 是用方程组(1.1)的常数项 b_1,b_2 代替 D 中第二列元素所得的二阶行列式.

1.1.2 三阶行列式

类似地，对于三元一次方程组

$$\begin{cases} a_{11}x_1+a_{12}x_2+a_{13}x_3=b_1, \\ a_{21}x_1+a_{22}x_2+a_{23}x_3=b_2, \\ a_{31}x_1+a_{32}x_2+a_{33}x_3=b_3, \end{cases} \tag{1.5}$$

利用加减消元法也可得到它的求解公式，但要记住这个求解公式是较困难的. 为了便于记忆，引入三阶行列式的概念.

三阶行列式记为

$$\begin{vmatrix} a_{11} & a_{12} & a_{13} \\ a_{21} & a_{22} & a_{23} \\ a_{31} & a_{32} & a_{33} \end{vmatrix},$$

其展开式为

$$a_{11}a_{22}a_{33}+a_{12}a_{23}a_{31}+a_{13}a_{21}a_{32}-a_{13}a_{22}a_{31}-a_{12}a_{21}a_{33}-a_{11}a_{23}a_{32}.$$

三阶行列式的展开式也可用对角线法则得到，三阶行列式的对角线法则如下所示：

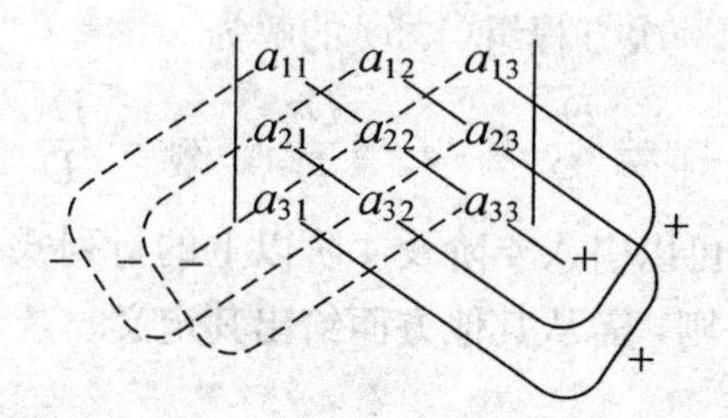

其中每一条实线上的三个元素的乘积带正号，每一条虚线上的三个元素的乘积带负号，所得 6 项的代数和就是三阶行列式的展开式.

注　对于三阶行列式$D=\begin{vmatrix} a_{11} & a_{12} & a_{13} \\ a_{21} & a_{22} & a_{23} \\ a_{31} & a_{32} & a_{33} \end{vmatrix}$，只要将$D$中三列照写，然后在其右边依次添上第一列、第二列，即为

$$\begin{array}{ccccc} a_{11} & a_{12} & a_{13} & a_{11} & a_{12} \\ a_{21} & a_{22} & a_{23} & a_{21} & a_{22} \\ a_{31} & a_{32} & a_{33} & a_{31} & a_{32} \end{array}$$

也可以按上述方法计算：

$$\begin{aligned} D = & a_{11}a_{22}a_{33}+a_{12}a_{23}a_{31}+a_{13}a_{21}a_{32} \\ & -a_{13}a_{22}a_{31}-a_{11}a_{23}a_{32}-a_{12}a_{21}a_{33}. \end{aligned}$$

例 1　计算三阶行列式$\begin{vmatrix} -1 & 6 & 7 \\ 4 & 0 & 9 \\ 2 & 1 & 5 \end{vmatrix}$.

解

$$\begin{aligned} \begin{vmatrix} -1 & 6 & 7 \\ 4 & 0 & 9 \\ 2 & 1 & 5 \end{vmatrix} & =(-1)\times 0\times 5+4\times 1\times 7+2\times 9\times 6 \\ & \quad -7\times 0\times 2-9\times 1\times(-1)-5\times 4\times 6 \\ & =25. \end{aligned}$$

若记

$$D=\begin{vmatrix} a_{11} & a_{12} & a_{13} \\ a_{21} & a_{22} & a_{23} \\ a_{31} & a_{32} & a_{33} \end{vmatrix},\quad D_1=\begin{vmatrix} b_1 & a_{12} & a_{13} \\ b_2 & a_{22} & a_{23} \\ b_3 & a_{32} & a_{33} \end{vmatrix},$$

$$D_2=\begin{vmatrix} a_{11} & b_1 & a_{13} \\ a_{21} & b_2 & a_{23} \\ a_{31} & b_3 & a_{33} \end{vmatrix},\quad D_3=\begin{vmatrix} a_{11} & a_{12} & b_1 \\ a_{21} & a_{22} & b_2 \\ a_{31} & a_{32} & b_3 \end{vmatrix},$$

则当 $D\neq 0$ 时，三元一次方程组(1.5)的解为

$$x_1=\frac{D_1}{D},\quad x_2=\frac{D_2}{D},\quad x_3=\frac{D_3}{D}.$$

注 类似地，也可以引入 4 阶及 4 阶以上的行列式，但这些行列式的展开不适用于对角线法则，需从其他方面给出其定义.

习题 1.1

1. 计算下列二阶行列式：

(1) $\begin{vmatrix} 6 & 9 \\ 8 & 12 \end{vmatrix}$；　(2) $\begin{vmatrix} a & b \\ a^2 & b^2 \end{vmatrix}$；

(3) $\begin{vmatrix} x-1 & 1 \\ x^2 & x^2+x+1 \end{vmatrix}$；　(4) $\begin{vmatrix} 1 & \log_b a \\ \log_a b & 1 \end{vmatrix}$.

2. 设 $D=\begin{vmatrix} \lambda^2 & \lambda \\ 3 & 1 \end{vmatrix}$. 问：

(1) 当 λ 为何值时，$D=0$?　(2) 当 λ 为何值时，$D\neq 0$?

3. 计算下列三阶行列式：

(1) $\begin{vmatrix} 1 & -2 & 1 \\ 2 & 1 & -3 \\ -1 & 1 & -1 \end{vmatrix}$；　(2) $\begin{vmatrix} 1 & 1 & 1 \\ 3 & 1 & 4 \\ 8 & 9 & 5 \end{vmatrix}$；

(3) $\begin{vmatrix} 1 & 0 & -1 \\ 3 & 5 & 0 \\ 0 & 4 & 1 \end{vmatrix}$；　(4) $\begin{vmatrix} 0 & a & 0 \\ b & 0 & c \\ 0 & d & 0 \end{vmatrix}$.

4. a,b 满足什么条件时，有 $\begin{vmatrix} a & b & 0 \\ -b & a & 0 \\ 1 & 0 & 1 \end{vmatrix}=0$?

5. 当 x 取何值时，$\begin{vmatrix} 3 & 1 & x \\ 4 & x & 0 \\ 1 & 0 & x \end{vmatrix}\neq 0$?

6. $\begin{vmatrix} a & 1 & 1 \\ 0 & -1 & 0 \\ 4 & a & a \end{vmatrix}>0$ 的充分必要条件是什么?

7. 证明下列等式：

$$\begin{vmatrix} a_1 & b_1 & c_1 \\ a_2 & b_2 & c_2 \\ a_3 & b_3 & c_3 \end{vmatrix} = a_1\begin{vmatrix} b_2 & c_2 \\ b_3 & c_3 \end{vmatrix} - b_1\begin{vmatrix} a_2 & c_2 \\ a_3 & c_3 \end{vmatrix} + c_1\begin{vmatrix} a_2 & b_2 \\ a_3 & b_3 \end{vmatrix}.$$

1.2 排列与逆序数

在 n 阶行列式的定义中，要用到排列的某些知识，所以先介绍排列的一些基本性质.

把 n 个不同的元素按一定的顺序排成一行($n \geqslant 2$)，称为这 n 个元素的一个排列. 下面只讨论由前 n 个自然数 $1,2,\cdots,n$ 构成的排列.

定义 1.1 由 $1,2,\cdots,n$ 组成的有序数组称为一个 n **阶排列**.

常用 $i_1,i_2,\cdots,i_n$ 表示一个 n 阶排列，其中 i_k 表示 $1,2,\cdots,n$ 中的某个数，k 表示这个数在 n 阶排列中的位置. 共有 $n!$ 个不同的 n 阶排列.

定义 1.2 在一个 n 阶排列 $i_1,i_2,\cdots,i_n$ 中，按照在排列中的顺序任取两个数，记为(i_j,i_k)，其中 $j<k$，称为排列中的一个**数对**. 若 $i_j<i_k$，则称这两个数构成一个**顺序**；若 $i_j>i_k$，则称这两个数构成一个**逆序**. 一个 n 阶排列中所有逆序的个数称为这个排列的**逆序数**，记为 $\tau(i_1,i_2,\cdots,i_n)$. 当一个排列的逆序数为奇数时，称此排列为**奇排列**；当一个排列的逆序数为偶数时，称此排列为**偶排列**.

依定义 1.2，n 阶排列 $1,2,\cdots,n$ 中任何数对都不构成逆序，故有 $\tau(1,2,\cdots,n)=0$，且此排列为偶排列. 今后称此排列为前 n 个自然数的**自然排列**. n 阶排列 $n,n-1,\cdots,2,1$ 中任何数对都构成逆序，故有

$$\tau(n,n-1,\cdots,2,1) = C_n^2 = \frac{n(n-1)}{2}.$$

易知，当 $n=4k$ $(k=1,2,\cdots)$ 或 $n=4k+1$ $(k=0,1,2,\cdots)$ 时，此排列为偶排列；当 $n=4k+2$ 或 $n=4k+3$ $(k=0,1,2,\cdots)$ 时，此排列为奇排列. 对于任意给定的一个 n 阶排列，可以通过计算其逆序数来确定其奇偶性.

例 1 试求 $\tau(2,3,5,4,1)$，$\tau(3,2,5,4,1)$.

解 在排列 $2,3,5,4,1$ 中构成逆序的数对为$(2,1)$，$(3,1)$，$(5,4)$，$(5,1)$，$(4,1)$，所以 $\tau(2,3,5,4,1)=5$，即 $2,3,5,4,1$ 是一个奇排列.

在排列 $3,2,5,4,1$ 中，有逆序$(3,2)$，$(3,1)$，$(2,1)$，$(5,4)$，$(5,1)$，$(4,1)$，所以 $\tau(3,2,5,4,1)=6$，这是一个偶排列.

例 2 试确定 5 阶排列 $5,2,4,1,3$ 及 $5,3,4,1,2$ 的奇偶性.

解 在排列 5,2,4,1,3 中构成逆序的数对依次为

$$(5,2),(5,4),(5,1),(5,3),(2,1),(4,1),(4,3).$$

于是 $\tau(5,2,4,1,3)=7$，从而 5,2,4,1,3 是奇排列.

在排列 5,3,4,1,2 中构成逆序的数对依次为

$$(5,3),(5,4),(5,1),(5,2),(3,1),(3,2),(4,1),(4,2).$$

于是 $\tau(5,3,4,1,2)=8$，从而 5,3,4,1,2 是偶排列.

我们注意到，例 2 中排列 5,3,4,1,2 是由排列 5,2,4,1,3 交换其排在第 2 位和第 5 位的两个数 2 和 3 的位置而得到的. 结果这两个排列具有不同的奇偶性. 其实这里蕴藏着一个一般性规律.

定义 1.3 在一个排列中，任意对调两个元素，其余元素保持不变，这一过程称为**对换**. 相邻两个元素的对换称为**相邻对换**.

一般地，我们有以下的结论：

定理 1.1 对换改变排列的奇偶性，即经过一次对换，奇排列变成偶排列，偶排列变成奇排列.

证 先考虑相邻对换的情形. 设

$$c_1,c_2,\cdots,c_k,a,b,d_1,d_2,\cdots,d_l$$

为一个 n 阶排列，对换 a 与 b 得到 n 阶排列

$$c_1,c_2,\cdots,c_k,b,a,d_1,d_2,\cdots,d_l.$$

在这两个 n 阶排列中，除了 (a,b) 这一数对外，其他各数对在两个排列中是否构成逆序的情况完全相同. 因此，若 $a>b$，则有

$$\tau(c_1,c_2,\cdots,c_k,a,b,d_1,d_2,\cdots,d_l)=\tau(c_1,c_2,\cdots,c_k,b,a,d_1,d_2,\cdots,d_l)+1;$$

而当 $a<b$ 时，则有

$$\tau(c_1,c_2,\cdots,c_k,a,b,d_1,d_2,\cdots,d_l)=\tau(c_1,c_2,\cdots,c_k,b,a,d_1,d_2,\cdots,d_l)-1.$$

所以排列 $c_1,c_2,\cdots,c_k,a,b,d_1,d_2,\cdots,d_l$ 和排列 $c_1,c_2,\cdots,c_k,b,a,d_1,d_2,\cdots,d_l$ 的奇偶性不同.

再考虑非相邻对换的情形. 设

$$c_1,c_2,\cdots,c_s,a,e_1,e_2,\cdots,e_r,b,d_1,d_2,\cdots,d_t$$

为一个 n 阶排列，在 a 与 b 之间有 r 个数($r\geqslant 1$). 对换 a 与 b 后得到 n 阶排列

$$c_1,c_2,\cdots,c_s,b,e_1,e_2,\cdots,e_r,a,d_1,d_2,\cdots,d_t.$$

由定义可知，一个 n 阶排列的逆序数是由排列中各数的相对位置确定的，与用什么方法得到它无关. 我们用另一种方式来实现这个对换，先把 a 依次与右边相邻数对换，得到排列

$$c_1,c_2,\cdots,c_s,e_1,e_2,\cdots,e_r,a,b,d_1,d_2,\cdots,d_t,$$

再将 b 依次与左边相邻数对换，得到排列

$$c_1, c_2, \cdots, c_s, b, e_1, e_2, \cdots, e_r, a, d_1, d_2, \cdots, d_t,$$

其间共进行了 $2r+1$ 次相邻两数的对换，即排列

$$c_1, c_2, \cdots, c_s, b, e_1, e_2, \cdots, e_r, a, d_1, d_2, \cdots, d_t$$

是由排列

$$c_1, c_2, \cdots, c_s, a, e_1, e_2, \cdots, e_r, b, d_1, d_2, \cdots, d_t$$

改变 $2r+1$ 次奇偶性得到的，所以它们的奇偶性不同. □

定理 1.2 在全部 n 阶排列中($n \geqslant 2$)，奇排列、偶排列各占一半.

证 设在全部 n 阶排列中有 s 个不同的奇排列和 t 个不同的偶排列，需证 $s = t$.

因为将每个奇排列的前两个数作对换，即可得到 s 个不同的偶排列，从而 $s \leqslant t$；同理可得 $t \leqslant s$. 于是 $s = t$，即奇、偶排列各占一半. □

最后我们指出，容易验证，任意 n 阶排列都可经过有限次对换变成自然排列.

习题 1.2

1. 求下列排列的逆序数：

(1) 4,1,2,5,3；　(2) 3,7,1,2,4,5,6；

(3) 3,6,7,1,5,2,8,4；　(4) 1,3,9,7,0,8,2.

2. 设 n 阶排列 $a_1, a_2, \cdots, a_n$ 的逆序数为 s，试求排列 $a_n, a_{n-1}, \cdots, a_2, a_1$ 的逆序数.

3. 求下列排列的逆序数，从而决定它们的奇偶性：

(1) 1,3,4,7,2,6,5；　(2) $1,3,5,\cdots,2n-1,2,4,\cdots,2n$；

(3) $2n+1, 2n-1, \cdots, 5, 3, 1$.

4. 要使 9 阶排列 $3,7,2,9,i,1,4,j,5$ 为偶排列，则 i,j 应取何值？

1.3 n 阶行列式的定义

在给出 n 阶行列式的定义之前，先观察三阶行列式的结构. 在三阶行列式

$$\begin{vmatrix} a_{11} & a_{12} & a_{13} \\ a_{21} & a_{22} & a_{23} \\ a_{31} & a_{32} & a_{33} \end{vmatrix} = a_{11}a_{22}a_{33} + a_{12}a_{23}a_{31} + a_{13}a_{21}a_{32} - a_{13}a_{22}a_{31} - a_{12}a_{21}a_{33} - a_{11}a_{23}a_{32}$$

的展开式中，可以看出如下规律：

(1) 三阶行列式右边每一项都是三个元素的乘积，而这三个元素分别取自不同的行、不同的列. 每项的一般形式(舍去正负号)为 $a_{1j_1}a_{2j_2}a_{3j_3}$.

(2) 对各项的下标，当行指标按自然顺序排好后(我们是有意这样安排的)，列指标正好是 1,2,3 三个数的某个排列，这样的排列共 6 种，对应三阶行列式的展开式中共含 6 项.

(3) 各项前的正负号呈现如下规律：

带正号的三项，列指标是偶排列：1,2,3；2,3,1；3,1,2.

带负号的三项，列指标是奇排列：3,2,1；2,1,3；1,3,2.

这就是说，当行指标按自然顺序排好后，各项的正负号由列指标排列的逆序数所确定，列指标为偶排列的项为正，列指标为奇排列的项为负.

于是，三阶行列式可写成

$$\begin{vmatrix} a_{11} & a_{12} & a_{13} \\ a_{21} & a_{22} & a_{23} \\ a_{31} & a_{32} & a_{33} \end{vmatrix} = \sum_{j_1,j_2,j_3} (-1)^{\tau(j_1,j_2,j_3)} a_{1j_1}a_{2j_2}a_{3j_3}, \tag{1.6}$$

其中 $\sum\limits_{j_1,j_2,j_3}$ 表示对 1,2,3 三个数的所有排列 j_1,j_2,j_3 求和.

上述规律对二阶行列式显然也成立.

受此启发，我们引入 n 阶行列式的定义.

定义 1.4 将 n^2 个元素排成 n 行、n 列：

$$\begin{vmatrix} a_{11} & a_{12} & \cdots & a_{1n} \\ a_{21} & a_{22} & \cdots & a_{2n} \\ \vdots & \vdots & & \vdots \\ a_{n1} & a_{n2} & \cdots & a_{nn} \end{vmatrix},$$

称之为 n **阶行列式**，其值等于所有取自不同行、不同列的 n 个元素乘积

$$a_{1j_1}a_{2j_2}\cdots a_{nj_n}$$

的代数和，其中 $j_1,j_2,\cdots,j_n$ 是数 $1,2,\cdots,n$ 的一个排列，每项前面带有符号 $(-1)^{\tau(j_1,j_2,\cdots,j_n)}$，即当 $j_1,j_2,\cdots,j_n$ 是偶排列时，该项带正号，否则带负号. 记为

$$D = \begin{vmatrix} a_{11} & a_{12} & \cdots & a_{1n} \\ a_{21} & a_{22} & \cdots & a_{2n} \\ \vdots & \vdots & & \vdots \\ a_{n1} & a_{n2} & \cdots & a_{nn} \end{vmatrix} = \sum_{j_1,j_2,\cdots,j_n} (-1)^{\tau(j_1,j_2,\cdots,j_n)} a_{1j_1}a_{2j_2}\cdots a_{nj_n}, \tag{1.7}$$

其中 $\sum\limits_{j_1,j_2,\cdots,j_n}$ 表示对所有 n 阶排列求和.

注 n 阶行列式的展开式中共有 $n!$ 项，其中每一项都是位于不同行、不同列的 n 个元素的乘积. n 阶行列式可简记为 $|(a_{ij})|$ 或 $\det(a_{ij})$. 注意不要将行列式与绝对值符号相混淆.

依行列式定义 1.4 不难推知，(1.7) 式右端的和式(称之为行列式的**展开式**) 中决定各项符号的规则还可代之以如下等价形式：

n 阶行列式 $D=|(a_{ij})|$ 的一般项可以记为

$$(-1)^{\tau(i_1,i_2,\cdots,i_n)+\tau(j_1,j_2,\cdots,j_n)}a_{i_1j_1}a_{i_2j_2}\cdots a_{i_nj_n}, \tag{1.8}$$

其中 $i_1,i_2,\cdots,i_n$ 与 $j_1,j_2,\cdots,j_n$ 均为 n 阶排列.

这是因为，一方面，由于 $i_1,i_2,\cdots,i_n$ 与 $j_1,j_2,\cdots,j_n$ 都是 n 阶排列，因此，(1.8) 式中的 n 个元素是取自 D 的不同的行、不同的列. 另一方面，如果交换(1.8) 式中两个元素 $a_{i_sj_s}$ 与 $a_{i_tj_t}$，则其行标排列由 $i_1,\cdots,i_s,\cdots,i_t,\cdots,i_n$ 换为 $i_1,\cdots,i_t,\cdots,i_s,\cdots,i_n$，据定理 1.1 可知其逆序数奇偶性改变；列标排列由 $j_1,\cdots,j_s,\cdots,j_t,\cdots,j_n$ 换为 $j_1,\cdots,j_t,\cdots,j_s,\cdots,j_n$，其逆序数奇偶性亦改变；对换后两下标排列逆序数之和的奇偶性则不改变，即有

$$\begin{aligned}&(-1)^{\tau(i_1,\cdots,i_s,\cdots,i_t,\cdots,i_n)+\tau(j_1,\cdots,j_s,\cdots,j_t,\cdots,j_n)}\\&=(-1)^{\tau(i_1,\cdots,i_t,\cdots,i_s,\cdots,i_n)+\tau(j_1,\cdots,j_t,\cdots,j_s,\cdots,j_n)},\end{aligned}$$

所以变换(1.8) 式中元素的位置，其符号不改变. 这样我们总可以经过有限次交换(1.8) 式中元素的位置，使其行标 $i_1,i_2,\cdots,i_n$ 换为自然数顺序排列，设此时列标排列变为 $k_1,k_2,\cdots,k_n$，则(1.8) 式变为

$$\begin{aligned}&(-1)^{\tau(1,2,\cdots,n)+\tau(k_1,k_2,\cdots,k_n)}a_{1k_1}a_{2k_2}\cdots a_{nk_n}\\&=(-1)^{\tau(k_1,k_2,\cdots,k_n)}a_{1k_1}a_{2k_2}\cdots a_{nk_n}.\end{aligned}$$

上式结果即为定义中 D 的一般项，也就是说 D 的一般项也可以记为(1.8) 式的形式.

由此可见，n 阶行列式可定义为

$$\begin{aligned}D&=\sum_{j_1,j_2,\cdots,j_n}(-1)^{\tau(i_1,i_2,\cdots,i_n)+\tau(j_1,j_2,\cdots,j_n)}a_{i_1j_1}a_{i_2j_2}\cdots a_{i_nj_n}\\&=(-1)^{\tau(i_1,i_2,\cdots,i_n)}\sum_{j_1,j_2,\cdots,j_n}(-1)^{\tau(j_1,j_2,\cdots,j_n)}a_{i_1j_1}a_{i_2j_2}\cdots a_{i_nj_n},\end{aligned} \tag{1.9}$$

其中 $i_1,i_2,\cdots,i_n$ 是某个给定的 n 阶排列.

同理，有下面的定义：

$$D=(-1)^{\tau(j_1,j_2,\cdots,j_n)}\sum_{i_1,i_2,\cdots,i_n}(-1)^{\tau(i_1,i_2,\cdots,i_n)}a_{i_1j_1}a_{i_2j_2}\cdots a_{i_nj_n}, \tag{1.10}$$

其中 $j_1,j_2,\cdots,j_n$ 是某个给定的 n 阶排列.

特别地，当我们把列标取为自然排列 $1,2,\cdots,n$ 时，即有

$$D=\sum_{i_1,i_2,\cdots,i_n}(-1)^{\tau(i_1,i_2,\cdots,i_n)}a_{i_1 1}a_{i_2 2}\cdots a_{i_n n}. \tag{1.11}$$

有时，采用这些等价形式的定义更方便.

例 1　计算行列式

$$D=\begin{vmatrix} a_{11} & a_{12} & \cdots & a_{1n} \\ 0 & a_{22} & \cdots & a_{2n} \\ \vdots & \ddots & \ddots & \vdots \\ 0 & \cdots & 0 & a_{nn} \end{vmatrix}. \tag{1.12}$$

解　在这个行列式中，当 $i>j$ 时，有 $a_{ij}=0$，称这种行列式为**上三角行列式**. 由 n 阶行列式的定义与 D 的元素的构成可见，

$$D=\sum_{j_1,j_2,\cdots,j_n}(-1)^{\tau(j_1,j_2,\cdots,j_n)}a_{1j_1}a_{2j_2}\cdots a_{nj_n}.$$

右端展开式中，当 $j_n<n$ 时 $a_{nj_n}=0$，所以展开式中可能不为零的项中必有 $a_{nj_n}=a_{nn}$，而此时 j_{n-1} 不能再取 n，且当 $j_{n-1}<n-1$ 时 $a_{n-1,j_{n-1}}=0$，故可能不为零的项中只有 $a_{n-1,j_{n-1}}=a_{n-1,n-1}$. 依此类推，$D$ 的展开式中可能不为零的项只有一项，这一项 n 个元素的列标成自然顺序排列 $1,2,\cdots,n$，即

$$D=(-1)^{\tau(1,2,\cdots,n)}a_{11}a_{22}\cdots a_{nn}=a_{11}a_{22}\cdots a_{nn}.$$

此例说明，上三角行列式等于主对角线上 n 个元素的乘积.

如果在 n 阶行列式 $D=|(a_{ij})|_n$ 中，当 $i<j$ 时 $a_{ij}=0$ 或 $i\neq j$ 时 $a_{ij}=0$，则分别称 D 为**下三角行列式**或**对角行列式**. 类似于例 1 的讨论，可知它们也都等于主对角线上 n 个元素的乘积，即

$$\begin{vmatrix} a_{11} & 0 & \cdots & 0 \\ a_{21} & a_{22} & \ddots & \vdots \\ \vdots & \vdots & \ddots & 0 \\ a_{n1} & a_{n2} & \cdots & a_{nn} \end{vmatrix}=a_{11}a_{22}\cdots a_{nn}, \tag{1.13}$$

$$\begin{vmatrix} a_{11} & 0 & \cdots & 0 \\ 0 & a_{22} & \ddots & \vdots \\ \vdots & \ddots & \ddots & 0 \\ 0 & \cdots & 0 & a_{nn} \end{vmatrix}=a_{11}a_{22}\cdots a_{nn}. \tag{1.14}$$

例 2　计算行列式 $D=\begin{vmatrix} 0 & \cdots & 0 & a_{1n} \\ \vdots & \iddots & a_{2,n-1} & a_{2n} \\ 0 & \iddots & \vdots & \vdots \\ a_{n1} & \cdots & a_{n,n-1} & a_{nn} \end{vmatrix}$.

解 由行列式的定义，

$$D=\sum_{j_1,j_2,\cdots,j_n}(-1)^{\tau(j_1,j_2,\cdots,j_n)}a_{1j_1}a_{2j_2}\cdots a_{nj_n}. \tag{1.15}$$

类似于例 1 的讨论，当 $j_1<n$ 时 $a_{1j_1}=0$，所以展开式中可能不为零的项中必有 $a_{1j_1}=a_{1n}$，而此时 j_2 不能取 n，且当 $j_2<n-1$ 时 $a_{2j_2}=0$，故可能不为零的项中只有 $a_{2j_2}=a_{2,n-1}$. 依此类推，D 的展开式中可能不为零的项只有一项，即

$$\begin{aligned}D&=(-1)^{\tau(n,n-1,\cdots,2,1)}a_{1n}a_{2,n-1}\cdots a_{n1}\\&=(-1)^{\frac{n(n-1)}{2}}a_{1n}a_{2,n-1}\cdots a_{n1}.\end{aligned}$$

按照例 2 容易计算出下面行列式：

$$\begin{vmatrix}a_{11}&\cdots&a_{1,n-1}&a_{1n}\\a_{21}&\cdots&a_{2,n-1}&\\\vdots&\ddots&&\\a_{n1}&&&\end{vmatrix}=(-1)^{\frac{n(n-1)}{2}}a_{1n}a_{2,n-1}\cdots a_{n1}. \tag{1.16}$$

注 除一些特殊行列式外，一般行列式按其定义计算是非常繁杂的，因此实际计算行列式并不常用定义中提供的方法.

习题 1.3

1. 判断 $a_{14}a_{23}a_{31}a_{42}a_{56}a_{65}$ 是否为 6 阶行列式 $D_6=|(a_{ij})|\ (i,j=1,2,\cdots,6)$ 中的项.
2. 决定 k,l 使 $a_{2k}a_{35}a_{5l}a_{44}a_{12}$ 成为 5 阶行列式符号为负的项.
3. 用定义计算下列行列式：

(1) $D=\begin{vmatrix}0&0&0&1&0\\0&0&2&7&0\\0&3&8&0&0\\4&9&12&-5&0\\10&11&10&7&-5\end{vmatrix}$； (2) $D=\begin{vmatrix}a_1&0&b_1&0\\0&c_1&0&d_1\\a_2&0&b_2&0\\0&c_2&0&d_2\end{vmatrix}$；

(3) $D=\begin{vmatrix}a_{11}&a_{12}&a_{13}&a_{14}&a_{15}\\a_{21}&a_{22}&a_{23}&a_{24}&a_{25}\\a_{31}&a_{32}&0&0&0\\a_{41}&a_{42}&0&0&0\\a_{51}&a_{52}&0&0&0\end{vmatrix}$.

4. 计算下列行列式：

(1) $\begin{vmatrix}1&1&1&0\\0&1&0&1\\0&1&1&1\\0&0&1&0\end{vmatrix}$； (2) $\begin{vmatrix}0&\cdots&0&1\\\vdots&\iddots&2&0\\0&\iddots&\iddots&\vdots\\n&0&\cdots&0\end{vmatrix}$；

(3) $D_n = \begin{vmatrix} 0 & \cdots & 0 & 1 & 0 \\ \vdots & \iddots & 2 & 0 & 0 \\ 0 & \iddots & \iddots & \vdots & \vdots \\ n-1 & 0 & \cdots & 0 & 0 \\ 0 & 0 & \cdots & 0 & n \end{vmatrix}$.

5. 设 n 阶行列式中有 n^2-n 个以上元素为零，证明该行列式为零.

6. 已知 $f(x) = \begin{vmatrix} x & 3 & 2 & 1 \\ 2 & 2x & 1 & 4 \\ 3 & 2 & x & -3 \\ 1 & 5 & 2x & 1 \end{vmatrix}$，求 x^3 的系数.

1.4 n 阶行列式的性质

根据行列式的定义，一个 n 阶行列式的展开式有 $n!$ 项. 不难想见，当 n 较大时，这是一项多么繁冗的计算！于是，揭示行列式的计算规律，并利用这些规律来简化行列式的计算，是非常有意义的.

下面依次给出行列式的 5 条性质及其推论，以揭示对一个行列式实施的哪些变动不会改变行列式的值，哪些变动会使行列式的值发生规律性变化，以及行列式具有什么特征时其值为零.

设 n 阶行列式

$$D = \begin{vmatrix} a_{11} & a_{12} & \cdots & a_{1n} \\ a_{21} & a_{22} & \cdots & a_{2n} \\ \vdots & \vdots & & \vdots \\ a_{n1} & a_{n2} & \cdots & a_{nn} \end{vmatrix},$$

称将 D 中的行、列依次互换后所成的行列式为 D 的**转置行列式**，记为 D^{T}，即有

$$D^{\mathrm{T}} = \begin{vmatrix} a_{11} & a_{21} & \cdots & a_{n1} \\ a_{12} & a_{22} & \cdots & a_{n2} \\ \vdots & \vdots & & \vdots \\ a_{1n} & a_{2n} & \cdots & a_{nn} \end{vmatrix}.$$

性质 1 行列式与它的转置行列式相等，即 $D = D^{\mathrm{T}}$.

证 设行列式 D^{T} 中位于第 i 行、第 j 列的元素为 b_{ij}，则有

$$b_{ij} = a_{ji} \quad (i,j = 1,2,\cdots,n).$$

于是，由定义 1.4，

$$D^{\mathrm{T}} = \sum_{j_1,j_2,\cdots,j_n} (-1)^{\tau(j_1,j_2,\cdots,j_n)} b_{1j_1} b_{2j_2} \cdots b_{nj_n}$$
$$= \sum_{j_1,j_2,\cdots,j_n} (-1)^{\tau(j_1,j_2,\cdots,j_n)} a_{j_1 1} a_{j_2 2} \cdots a_{j_n n}.$$

再由式(1.11)，即知 $D^{\mathrm{T}} = D$. □

性质 1 说明，在行列式中，行和列的地位是对称的，即行列式关于行成立的性质对于列也同样成立，所以下面只讨论有关行列式行的性质.

性质 2　互换行列式的两行(列)，行列式变号.

证　设

$$D = \begin{vmatrix} a_{11} & a_{12} & \cdots & a_{1n} \\ \vdots & \vdots & & \vdots \\ a_{s1} & a_{s2} & \cdots & a_{sn} \\ \vdots & \vdots & & \vdots \\ a_{t1} & a_{t2} & \cdots & a_{tn} \\ \vdots & \vdots & & \vdots \\ a_{n1} & a_{n2} & \cdots & a_{nn} \end{vmatrix}.$$

将第 s 行与第 t 行对调变成

$$D_1 = \begin{vmatrix} b_{11} & b_{12} & \cdots & b_{1n} \\ \vdots & \vdots & & \vdots \\ b_{s1} & b_{s2} & \cdots & b_{sn} \\ \vdots & \vdots & & \vdots \\ b_{t1} & b_{t2} & \cdots & b_{tn} \\ \vdots & \vdots & & \vdots \\ b_{n1} & b_{n2} & \cdots & b_{nn} \end{vmatrix} \quad (1 \leqslant s < t \leqslant n),$$

其中 $b_{sj} = a_{tj}$，$b_{tj} = a_{sj}$，$b_{ij} = a_{ij}$ $(i \neq s,t;\ j = 1,2,\cdots,n)$. 由定义 1.4，

$$D_1 = \sum_{j_1,j_2,\cdots,j_n} (-1)^{\tau(j_1,\cdots,j_s,\cdots,j_t,\cdots,j_n)} b_{1j_1} \cdots b_{sj_s} \cdots b_{tj_t} \cdots b_{nj_n}$$
$$= \sum_{j_1,j_2,\cdots,j_n} (-1)^{\tau(j_1,\cdots,j_s,\cdots,j_t,\cdots,j_n)} a_{1j_1} \cdots a_{tj_s} \cdots a_{sj_t} \cdots a_{nj_n}$$
$$= \sum_{j_1,j_2,\cdots,j_n} (-1)^{\tau(j_1,\cdots,j_s,\cdots,j_t,\cdots,j_n)} a_{1j_1} \cdots a_{sj_t} \cdots a_{tj_s} \cdots a_{nj_n}.$$

注意到，上面第三个等号右端的和式中每一项的因子(即行列式 D 的元素)的行标已成自然排列，而列标所成的 n 阶排列与该项前面的符号因子 $(-1)^{\tau(j_1,\cdots,j_s,\cdots,j_t,\cdots,j_n)}$ 中的 n 阶排列刚好相差一次对换，从而

$$(-1)^{\tau(j_1,\cdots,j_t,\cdots,j_s,\cdots,j_n)}=-(-1)^{\tau(j_1,\cdots,j_s,\cdots,j_t,\cdots,j_n)}.$$

于是，得

$$\begin{aligned}D_1&=-\sum_{j_1,j_2,\cdots,j_n}(-1)^{\tau(j_1,\cdots,j_t,\cdots,j_s,\cdots,j_n)}a_{1j_1}\cdots a_{sj_t}\cdots a_{tj_s}\cdots a_{nj_n}\\&=-D.\end{aligned}$$

□

若一个行列式中有两行相同，设相同的两行的行标分别为 i 和 k，在这个行列式中，对换第 i 行与第 k 行的位置，仍得原来的行列式. 我们将此结果叙述成如下的推论：

推论 若一个行列式中有两行的对应元素(指列标相同的元素)相同，则这个行列式为零.

性质 3 行列式中某行的公共因子可以提到行列式外面来，即有

$$D=\begin{vmatrix}a_{11}&a_{12}&\cdots&a_{1n}\\\vdots&\vdots&&\vdots\\ka_{i1}&ka_{i2}&\cdots&ka_{in}\\\vdots&\vdots&&\vdots\\a_{n1}&a_{n2}&\cdots&a_{nn}\end{vmatrix}=k\begin{vmatrix}a_{11}&a_{12}&\cdots&a_{1n}\\\vdots&\vdots&&\vdots\\a_{i1}&a_{i2}&\cdots&a_{in}\\\vdots&\vdots&&\vdots\\a_{n1}&a_{n2}&\cdots&a_{nn}\end{vmatrix}=kD_1.$$

证 由定义 1.4，

$$\begin{aligned}D&=\sum_{j_1,j_2,\cdots,j_n}(-1)^{\tau(j_1,j_2,\cdots,j_n)}a_{1j_1}a_{2j_2}\cdots(ka_{ij_i})\cdots a_{nj_n}\\&=k\sum_{j_1,j_2,\cdots,j_n}(-1)^{\tau(j_1,j_2,\cdots,j_n)}a_{1j_1}a_{2j_2}\cdots a_{ij_i}\cdots a_{nj_n}=kD_1.\end{aligned}$$

□

此性质也可叙述为：用数 k 乘以行列式等于用数 k 乘以行列式某一行(列)的所有元素.

推论 行列式中有两行(列)元素对应成比例时，该行列式等于零.

因为由性质 3 可将行列式中这两行(列)的比例系数提到行列式外面，则余下的行列式有两行(列)对应元素相同，由性质 2 的推论可知此行列式的值等于零，所以原行列式的值等于零.

性质 4 行列式具有分行(列)相加性，即如果

$$D=\begin{vmatrix}a_{11}&a_{12}&\cdots&a_{1n}\\\vdots&\vdots&&\vdots\\b_{i1}+c_{i1}&b_{i2}+c_{i2}&\cdots&b_{in}+c_{in}\\\vdots&\vdots&&\vdots\\a_{n1}&a_{n2}&\cdots&a_{nn}\end{vmatrix},$$

$$D_1=\begin{vmatrix} a_{11} & a_{12} & \cdots & a_{1n} \\ \vdots & \vdots & & \vdots \\ b_{i1} & b_{i2} & \cdots & b_{in} \\ \vdots & \vdots & & \vdots \\ a_{n1} & a_{n2} & \cdots & a_{nn} \end{vmatrix},\quad D_2=\begin{vmatrix} a_{11} & a_{12} & \cdots & a_{1n} \\ \vdots & \vdots & & \vdots \\ c_{i1} & c_{i2} & \cdots & c_{in} \\ \vdots & \vdots & & \vdots \\ a_{n1} & a_{n2} & \cdots & a_{nn} \end{vmatrix},$$

则

$$D=D_1+D_2.$$

证 因为 D 的一般项是

$$\begin{aligned} &(-1)^{\tau(j_1,j_2,\cdots,j_n)}a_{1j_1}\cdots(b_{ij_i}+c_{ij_i})\cdots a_{nj_n} \\ &=(-1)^{\tau(j_1,j_2,\cdots,j_n)}a_{1j_1}\cdots b_{ij_i}\cdots a_{nj_n} \\ &\quad+(-1)^{\tau(j_1,j_2,\cdots,j_n)}a_{1j_1}\cdots c_{ij_i}\cdots a_{nj_n}, \end{aligned}$$

上面等号右端第一项是 D_1 的一般项，第二项是 D_2 的一般项，所以有

$$D=D_1+D_2.$$ □

性质 4 表明，如果将行列式中的某一行(列) 的每一个元素都写成两个数的和，则此行列式可以写成两个行列式的和，这两个行列式分别以这两个数为所在行(列) 对应位置的元素，其他位置的元素与原行列式相同.

由性质 4 可得到下面的推论：

推论 如果将行列式某一行(列) 的每个元素都写成 m 个数(m 为大于 2 的整数) 的和，则此行列式可以写成 m 个行列式的和.

根据性质 4 及性质 3 的推论，容易得出行列式计算中应用最多的下述性质：

性质5 行列式某一行(列) 各元素乘以同一个数加到另一行(列) 对应元素上，行列式不变，即

$$\begin{vmatrix} \vdots & \vdots & & \vdots \\ a_{i1} & a_{i2} & \cdots & a_{in} \\ \vdots & \vdots & & \vdots \\ a_{j1} & a_{j2} & \cdots & a_{jn} \\ \vdots & \vdots & & \vdots \end{vmatrix}=\begin{vmatrix} \vdots & \vdots & & \vdots \\ a_{i1}+ka_{j1} & a_{i2}+ka_{j2} & \cdots & a_{in}+ka_{jn} \\ \vdots & \vdots & & \vdots \\ a_{j1} & a_{j2} & \cdots & a_{jn} \\ \vdots & \vdots & & \vdots \end{vmatrix}.$$

证 利用行列式性质 4 及性质 3 的推论，有

$$\begin{vmatrix} \vdots & \vdots & & \vdots \\ a_{i1}+ka_{j1} & a_{i2}+ka_{j2} & \cdots & a_{in}+ka_{jn} \\ \vdots & \vdots & & \vdots \\ a_{j1} & a_{j2} & \cdots & a_{jn} \\ \vdots & \vdots & & \vdots \end{vmatrix}$$

$$= \begin{vmatrix} \vdots & \vdots & & \vdots \\ a_{i1} & a_{i2} & \cdots & a_{in} \\ \vdots & \vdots & & \vdots \\ a_{j1} & a_{j2} & \cdots & a_{jn} \\ \vdots & \vdots & & \vdots \end{vmatrix} + \begin{vmatrix} \vdots & \vdots & & \vdots \\ ka_{j1} & ka_{j2} & \cdots & ka_{jn} \\ \vdots & \vdots & & \vdots \\ a_{j1} & a_{j2} & \cdots & a_{jn} \\ \vdots & \vdots & & \vdots \end{vmatrix}$$

$$= \begin{vmatrix} \vdots & \vdots & & \vdots \\ a_{i1} & a_{i2} & \cdots & a_{in} \\ \vdots & \vdots & & \vdots \\ a_{j1} & a_{j2} & \cdots & a_{jn} \\ \vdots & \vdots & & \vdots \end{vmatrix}.$$ □

下面我们通过例题说明如何应用行列式的性质计算行列式.

为了更简洁表示行列式的计算过程，特引进下面记号：

(1) 用 r_i 表示第 i 行，用 c_j 表示第 j 列.

(2) $r_i \longleftrightarrow r_j$ ($c_i \longleftrightarrow c_j$) 表示互换第 i 行(列) 与第 j 行(列).

(3) kr_i (kc_i) 表示用数 k 乘以第 i 行(列) 所有元素.

(4) $r_i \div k$ ($c_i \div k$) 表示提取第 i 行(列) 所有元素的公因子 k ($k \neq 0$).

(5) $r_i + kr_j$ ($c_i + kc_j$) 表示将第 j 行(列) 元素都乘以数 k 再加到第 i 行(列) 上去.

例如，$r_2 - 3r_4$ 表示将第 4 行的 -3 倍加到第 2 行；$c_4 + c_1 + c_2 + c_3$ 表示将第 1,2,3 列都加到第 4 列上去.

例 1 计算 $D = \begin{vmatrix} 246 & 427 & 327 \\ 1\,014 & 543 & 443 \\ -342 & 721 & 621 \end{vmatrix}$.

解

$$D \xlongequal{c_1+c_2+c_3} \begin{vmatrix} 1\,000 & 427 & 327 \\ 2\,000 & 543 & 443 \\ 1\,000 & 721 & 621 \end{vmatrix} \xlongequal{c_2-c_3} \begin{vmatrix} 1\,000 & 100 & 327 \\ 2\,000 & 100 & 443 \\ 1\,000 & 100 & 621 \end{vmatrix}$$

$$\xlongequal[c_2\div 100]{c_1\div 1\,000} 10^5\begin{vmatrix} 1 & 1 & 327 \\ 2 & 1 & 443 \\ 1 & 1 & 621 \end{vmatrix} \xlongequal[r_3-r_1]{r_2-r_1} 10^5\begin{vmatrix} 1 & 1 & 327 \\ 1 & 0 & 116 \\ 0 & 0 & 294 \end{vmatrix}$$

$$=-294\times 10^5.$$

例 2　计算行列式

$$D_n=\begin{vmatrix} a_1 & 1 & 1 & \cdots & 1 \\ -a_1 & a_2 & 0 & \cdots & 0 \\ -a_1 & 0 & a_3 & \ddots & \vdots \\ \vdots & \vdots & \ddots & \ddots & 0 \\ -a_1 & 0 & \cdots & 0 & a_n \end{vmatrix},\quad a_1a_2\cdots a_n\neq 0.$$

解

$$D_n \xlongequal[\substack{c_2\div a_2\\ \vdots \\ c_n\div a_n}]{c_1\div a_1} a_1a_2\cdots a_n\begin{vmatrix} 1 & \dfrac{1}{a_2} & \dfrac{1}{a_3} & \cdots & \dfrac{1}{a_n} \\ -1 & 1 & 0 & \cdots & 0 \\ -1 & 0 & 1 & \ddots & \vdots \\ \vdots & \vdots & \ddots & \ddots & 0 \\ -1 & 0 & \cdots & 0 & 1 \end{vmatrix}$$

$$\xlongequal{c_1+c_2+c_3+\cdots+c_n} a_1a_2\cdots a_n\begin{vmatrix} 1+\sum\limits_{i=2}^{n}\dfrac{1}{a_i} & \dfrac{1}{a_2} & \dfrac{1}{a_3} & \cdots & \dfrac{1}{a_n} \\ 0 & 1 & 0 & \cdots & 0 \\ 0 & 0 & 1 & \ddots & \vdots \\ \vdots & \vdots & \ddots & \ddots & 0 \\ 0 & 0 & \cdots & 0 & 1 \end{vmatrix}$$

$$=a_1a_2\cdots a_n\left(1+\sum_{i=2}^{n}\frac{1}{a_i}\right).$$

例 3　计算 $D_n=\begin{vmatrix} b & a & \cdots & a \\ a & b & \ddots & \vdots \\ \vdots & \ddots & \ddots & a \\ a & \cdots & a & b \end{vmatrix}$.

解

$$D_n \xlongequal{c_1+c_2+c_3+\cdots+c_n}\begin{vmatrix} (n-1)a+b & a & a & \cdots & a \\ (n-1)a+b & b & a & \cdots & a \\ (n-1)a+b & a & b & \ddots & \vdots \\ \vdots & \vdots & \ddots & \ddots & a \\ (n-1)a+b & a & \cdots & a & b \end{vmatrix}$$

$$=[(n-1)a+b]\begin{vmatrix} 1 & a & a & \cdots & a \\ 1 & b & a & \cdots & a \\ 1 & a & b & \ddots & \vdots \\ \vdots & \vdots & \ddots & \ddots & a \\ 1 & a & \cdots & a & b \end{vmatrix}$$

$$\xlongequal[(i=2,3,\cdots,n)]{r_i-r_1}[(n-1)a+b]\begin{vmatrix} 1 & a & a & \cdots & a \\ 0 & b-a & 0 & \cdots & 0 \\ 0 & 0 & b-a & \ddots & \vdots \\ \vdots & \vdots & \ddots & \ddots & 0 \\ 0 & 0 & \cdots & 0 & b-a \end{vmatrix}$$

$$=[(n-1)a+b](b-a)^{n-1}.$$

上述实例表明，利用行列式的性质可使一些行列式的计算大为简化. 对许多行列式，特别是其元素都是数字的行列式而言，利用性质将其化为上(下)三角行列式(或其他便于计算的形式)常常是有效的. 当然，在变化行列式时，方法可以相当灵活(读者不妨尝试用其他方法计算例 1 ～ 例 3).

习题 1.4

1. 用行列式的性质计算下列行列式：

(1) $\begin{vmatrix} 34\,215 & 35\,215 \\ 28\,092 & 29\,092 \end{vmatrix}$； (2) $\begin{vmatrix} 1 & 2 & 3 \\ 0 & 1 & 2 \\ 1 & 1 & 1 \end{vmatrix}$；

(3) $\begin{vmatrix} x & y & x+y \\ y & x+y & x \\ x+y & x & y \end{vmatrix}$.

2. 把下列行列式化为上三角形行列式，并计算其值：

(1) $\begin{vmatrix} 0 & -1 & -1 & 2 \\ 1 & -1 & 0 & 2 \\ -1 & 2 & -1 & 0 \\ 2 & 1 & 1 & 0 \end{vmatrix}$； (2) $\begin{vmatrix} 0 & 4 & 5 & -1 & 2 \\ -5 & 0 & 2 & 0 & 1 \\ 7 & 2 & 0 & 3 & -4 \\ -3 & 1 & -1 & -5 & 0 \\ 2 & -3 & 0 & 1 & 3 \end{vmatrix}$.

3. 计算下列行列式：

(1) $D=\begin{vmatrix} 2 & 3 & 1 & 0 \\ 4 & -2 & -1 & -1 \\ -2 & 1 & 2 & 1 \\ -4 & 3 & 2 & 1 \end{vmatrix}$； (2) $D=\begin{vmatrix} a & b & b & b \\ b & a & b & b \\ b & b & a & b \\ b & b & b & a \end{vmatrix}$；

(3) $\begin{vmatrix} 2 & -5 & 1 & 2 \\ -3 & 7 & -1 & 4 \\ 5 & -9 & 2 & 7 \\ 4 & -6 & 1 & 2 \end{vmatrix}$；　(4) $\begin{vmatrix} 2 & -1 & 0 & 1 \\ 1 & 0 & 2 & 3 \\ -3 & 1 & 1 & -1 \\ 3 & 2 & 0 & 2 \end{vmatrix}$；

(5) $\begin{vmatrix} 1 & 2 & 3 & 4 \\ 2 & 3 & 4 & 1 \\ 3 & 4 & 1 & 2 \\ 4 & 1 & 2 & 3 \end{vmatrix}$.

4. 证明：

$$\begin{vmatrix} kc_1+a_1 & ma_1+b_1 & lb_1+c_1 \\ kc_2+a_2 & ma_2+b_2 & lb_2+c_2 \\ kc_3+a_3 & ma_3+b_3 & lb_3+c_3 \end{vmatrix} = (klm+1)\begin{vmatrix} a_1 & b_1 & c_1 \\ a_2 & b_2 & c_2 \\ a_3 & b_3 & c_3 \end{vmatrix}.$$

5. 计算 n 阶行列式

$$D_n = \begin{vmatrix} n & n-1 & \cdots & 3 & 2 & 1 \\ n & n-1 & \cdots & 3 & 2 & 2 \\ n & n-1 & \cdots & 3 & 3 & 3 \\ \vdots & \vdots & \iddots & \iddots & \vdots & \vdots \\ n & n-1 & n-1 & \cdots & n-1 & n-1 \\ n & n & n & \cdots & n & n \end{vmatrix}.$$

1.5 行列式按一行(列)展开

上一节我们看到利用行列式的性质可使某些行列式的计算大为简化. 本节我们将讨论行列式计算的另一主要途径——降阶计算. 一般而言，低阶行列式较之高阶行列式要容易计算. 因此若能找到将高阶行列式的计算转化为低阶行列式计算的途径，对简化行列式的计算无疑是有益的.

定义 1.5 在 n 阶行列式 $D=|(a_{ij})|$ 中去掉元素 a_{ij} 所在的第 i 行和第 j 列后，余下的 $n-1$ 阶行列式称为 D 中元素 a_{ij} 的**余子式**，记为 M_{ij}，即

$$M_{ij} = \begin{vmatrix} a_{11} & \cdots & a_{1,j-1} & a_{1,j+1} & \cdots & a_{1n} \\ \vdots & & \vdots & \vdots & & \vdots \\ a_{i-1,1} & \cdots & a_{i-1,j-1} & a_{i-1,j+1} & \cdots & a_{i-1,n} \\ a_{i+1,1} & \cdots & a_{i+1,j-1} & a_{i+1,j+1} & \cdots & a_{i+1,n} \\ \vdots & & \vdots & \vdots & & \vdots \\ a_{n1} & \cdots & a_{n,j-1} & a_{n,j+1} & \cdots & a_{nn} \end{vmatrix}. \tag{1.17}$$

a_{ij} 的余子式M_{ij} 前添加符号$(-1)^{i+j}$，称为a_{ij} 的**代数余子式**，记为A_{ij}，即

$$A_{ij}=(-1)^{i+j}M_{ij}. \tag{1.18}$$

例如，4 阶行列式

$$D=\begin{vmatrix} a_{11} & a_{12} & a_{13} & a_{14} \\ a_{21} & a_{22} & a_{23} & a_{24} \\ a_{31} & a_{32} & a_{33} & a_{34} \\ a_{41} & a_{42} & a_{43} & a_{44} \end{vmatrix}$$

中，a_{32} 的代数余子式是

$$A_{32}=(-1)^{3+2}M_{32}=\begin{vmatrix} a_{11} & a_{13} & a_{14} \\ a_{21} & a_{23} & a_{24} \\ a_{41} & a_{43} & a_{44} \end{vmatrix};$$

a_{13} 的代数余子式是

$$A_{13}=(-1)^{1+3}M_{13}=\begin{vmatrix} a_{21} & a_{22} & a_{24} \\ a_{31} & a_{32} & a_{34} \\ a_{41} & a_{42} & a_{44} \end{vmatrix}.$$

为给出行列式按行(列) 展开定理，先介绍下面的引理.

引理 *若n阶行列式D的第i行元素中除a_{ij}外都为零，则$D=a_{ij}A_{ij}$.*

证 (1) 首先讨论D的第一行中的元素除$a_{11}\neq 0$外，其余元素均为零的特殊情形，即

$$D=\begin{vmatrix} a_{11} & 0 & \cdots & 0 \\ a_{21} & a_{22} & \cdots & a_{2n} \\ \vdots & \vdots & & \vdots \\ a_{n1} & a_{n2} & \cdots & a_{nn} \end{vmatrix}.$$

因为D的每一项都含有第一行中的元素，但第一行中仅有$a_{11}\neq 0$，所以D仅含有下面形式的项：

$$(-1)^{\tau(1,j_2,\cdots,j_n)}a_{11}a_{2j_2}\cdots a_{nj_n}=a_{11}[(-1)^{\tau(j_2,\cdots,j_n)}a_{2j_2}\cdots a_{nj_n}].$$

等号右端方括号内正是M_{11} 的一般项，所以$D=a_{11}M_{11}$. 再由$A_{11}=(-1)^{1+1}M_{11}=M_{11}$，得到$D=a_{11}A_{11}$.

(2) 其次讨论行列式D中第i行的元素除$a_{ij}\neq 0$外，其余元素均为零的情形，即

$$D=\begin{vmatrix} a_{11} & \cdots & a_{1,j-1} & a_{1j} & a_{1,j+1} & \cdots & a_{1n} \\ \vdots & & \vdots & \vdots & \vdots & & \vdots \\ a_{i-1,1} & \cdots & a_{i-1,j-1} & a_{i-1,j} & a_{i-1,j+1} & \cdots & a_{i-1,n} \\ 0 & \cdots & 0 & a_{ij} & 0 & \cdots & 0 \\ a_{i+1,1} & \cdots & a_{i+1,j-1} & a_{i+1,j} & a_{i+1,j+1} & \cdots & a_{i+1,n} \\ \vdots & & \vdots & \vdots & \vdots & & \vdots \\ a_{n1} & \cdots & a_{n,j-1} & a_{nj} & a_{n,j+1} & \cdots & a_{nn} \end{vmatrix}.$$

将 D 的第 i 行依次与第 $i-1,\cdots,2,1$ 各行交换后，再将第 j 列依次与第 $j-1,\cdots,2,1$ 各列交换，共经过 $i+j-2$ 次交换 D 的行和列，得

$$D=(-1)^{i+j-2}\begin{vmatrix} a_{ij} & 0 & \cdots & 0 & 0 & \cdots & 0 \\ a_{1j} & a_{11} & \cdots & a_{1,j-1} & a_{1,j+1} & \cdots & a_{1n} \\ \vdots & \vdots & & \vdots & \vdots & & \vdots \\ a_{i-1,j} & a_{i-1,1} & \cdots & a_{i-1,j-1} & a_{i-1,j+1} & \cdots & a_{i-1,n} \\ a_{i+1,j} & a_{i+1,1} & \cdots & a_{i+1,j-1} & a_{i+1,j+1} & \cdots & a_{i+1,n} \\ \vdots & \vdots & & \vdots & \vdots & & \vdots \\ a_{nj} & a_{n1} & \cdots & a_{n,j-1} & a_{n,j+1} & \cdots & a_{nn} \end{vmatrix}.$$

此时，上式右端行列式已成(1)的情形．故

$$D=(-1)^{i+j}a_{ij}M_{ij}=a_{ij}A_{ij}.$$

□

定理1.3 n 阶行列式 D 等于它的任意一行(列)元素与其代数余子式的乘积之和，即

$$D=a_{i1}A_{i1}+a_{i2}A_{i2}+\cdots+a_{in}A_{in}\quad (i=1,2,\cdots,n), \tag{1.19}$$

或

$$D=a_{1j}A_{1j}+a_{2j}A_{2j}+\cdots+a_{nj}A_{nj}\quad (j=1,2,\cdots,n). \tag{1.20}$$

证 在 D 的第 i 行的每一个元素上加 $n-1$ 个零，有

$$D=\begin{vmatrix} a_{11} & a_{12} & \cdots & a_{1n} \\ \vdots & \vdots & & \vdots \\ a_{i1} & a_{i2} & \cdots & a_{in} \\ \vdots & \vdots & & \vdots \\ a_{n1} & a_{n2} & \cdots & a_{nn} \end{vmatrix}$$

$$=\begin{vmatrix} a_{11} & a_{12} & \cdots & a_{1n} \\ \vdots & \vdots & & \vdots \\ a_{i1}+0+\cdots+0 & 0+a_{i2}+\cdots+0 & \cdots & 0+\cdots+0+a_{in} \\ \vdots & \vdots & & \vdots \\ a_{n1} & a_{n2} & \cdots & a_{nn} \end{vmatrix}.$$

由行列式的性质 4 及引理，得

$$D=\begin{vmatrix} a_{11} & a_{12} & \cdots & a_{1n} \\ \vdots & \vdots & & \vdots \\ a_{i1} & 0 & \cdots & 0 \\ \vdots & \vdots & & \vdots \\ a_{n1} & a_{n2} & \cdots & a_{nn} \end{vmatrix}+\begin{vmatrix} a_{11} & a_{12} & \cdots & a_{1n} \\ \vdots & \vdots & & \vdots \\ 0 & a_{i2} & \cdots & 0 \\ \vdots & \vdots & & \vdots \\ a_{n1} & a_{n2} & \cdots & a_{nn} \end{vmatrix}+\cdots$$

$$+\begin{vmatrix} a_{11} & a_{12} & \cdots & a_{1n} \\ \vdots & \vdots & & \vdots \\ 0 & 0 & \cdots & a_{in} \\ \vdots & \vdots & & \vdots \\ a_{n1} & a_{n2} & \cdots & a_{nn} \end{vmatrix}$$

$$=a_{i1}A_{i1}+a_{i2}A_{i2}+\cdots+a_{in}A_{in}.$$

显然，这一结果对任意 $i=1,2,\cdots,n$ 均成立.

同理可证将 D 按列展开的情形. □

定理 1.3 称为**行列式按行(列)展开法则**，利用这一法则可将行列式降阶.

例 1 计算行列式

$$D_4=\begin{vmatrix} 2 & 0 & 0 & -4 \\ 9 & -1 & 0 & 1 \\ -2 & 6 & 1 & 0 \\ 6 & 10 & -2 & -5 \end{vmatrix}.$$

解 为了简化，尽可能选择零元素多的行(列)展开. 此行列式可按第 1 行展开.

$$D_4=2\times(-1)^{1+1}\begin{vmatrix} -1 & 0 & 1 \\ 6 & 1 & 0 \\ 10 & -2 & -5 \end{vmatrix}+(-4)\times(-1)^{1+4}\begin{vmatrix} 9 & -1 & 0 \\ -2 & 6 & 1 \\ 6 & 10 & -2 \end{vmatrix}$$

$$=2\times\left((-1)(-1)^{1+1}\begin{vmatrix} 1 & 0 \\ -2 & -5 \end{vmatrix}+1\times(-1)^{1+3}\begin{vmatrix} 6 & 1 \\ 10 & -2 \end{vmatrix}\right)$$

$$+4\times\left(9\times(-1)^{1+1}\begin{vmatrix} 6 & 1 \\ 10 & -2 \end{vmatrix}+(-1)\times(-1)^{1+2}\begin{vmatrix} -2 & 1 \\ 6 & -2 \end{vmatrix}\right)$$

$$=2\times(5-22)+4\times[9\times(-22)-2]$$

$$=-834.$$

我们还可先利用行列式的性质，将行列式某一行(列)化成只有一个非零元素，这时将行列式展开只有一项.

例 1 也可计算如下：

$$D_4 \xlongequal{c_4+2c_1} \begin{vmatrix} 2 & 0 & 0 & 0 \\ 9 & -1 & 0 & 19 \\ -2 & 6 & 1 & -4 \\ 6 & 10 & -2 & 7 \end{vmatrix} = 2\begin{vmatrix} -1 & 0 & 19 \\ 6 & 1 & -4 \\ 10 & -2 & 7 \end{vmatrix}$$

$$\xlongequal{r_3+2r_2} 2\begin{vmatrix} -1 & 0 & 19 \\ 6 & 1 & -4 \\ 22 & 0 & -1 \end{vmatrix} = 2\times 1\begin{vmatrix} -1 & 19 \\ 22 & -1 \end{vmatrix}$$

$$= 2\times(1-19\times 22) = -834.$$

本例充分利用了行列式中有众多元素为零这一特点反复使用公式(1.18),(1.19)将D逐次降阶，极大地简化了行列式的计算. 其实，即使行列式中没有这么多零，我们也可以利用行列式的性质“造”出足够多的零，再使用公式(1.18),(1.19)进行计算.

例 2　计算 $D=\begin{vmatrix} 2 & -3 & 4 & 1 \\ 4 & 2 & 3 & 2 \\ 1 & 0 & 2 & 0 \\ 3 & -1 & 4 & 0 \end{vmatrix}$.

解　$$D \xlongequal{r_2-2r_1} \begin{vmatrix} 2 & -3 & 4 & 1 \\ 0 & 8 & -5 & 0 \\ 1 & 0 & 2 & 0 \\ 3 & -1 & 4 & 0 \end{vmatrix} = -\begin{vmatrix} 0 & 8 & -5 \\ 1 & 0 & 2 \\ 3 & -1 & 4 \end{vmatrix}$$

$$\xlongequal{c_3-2c_1} -\begin{vmatrix} 0 & 8 & -5 \\ 1 & 0 & 0 \\ 3 & -1 & -2 \end{vmatrix} = \begin{vmatrix} 8 & -5 \\ -1 & -2 \end{vmatrix} = -21.$$

例1、例2所展示的算法称为行列式的降阶算法. 对于某些具有特殊结构的 n 阶行列式，有时可利用降阶法导出其递推公式，从而最终将行列式计算出来. 下面的例 3 就是一个简单而富有启发性的例子.

例 3　计算行列式

$$D_n = \begin{vmatrix} a_1 & -1 & 0 & \cdots & 0 \\ a_2 & x & -1 & \ddots & \vdots \\ a_3 & 0 & x & \ddots & 0 \\ \vdots & \vdots & \ddots & \ddots & -1 \\ a_n & 0 & \cdots & 0 & x \end{vmatrix}.$$

解 按最后一行展开行列式,

$$D_n = a_n(-1)^{n+1}\begin{vmatrix} -1 & 0 & 0 & \cdots & 0 \\ x & -1 & 0 & \cdots & 0 \\ 0 & x & \ddots & \ddots & \vdots \\ \vdots & \ddots & \ddots & -1 & 0 \\ 0 & \cdots & 0 & x & -1 \end{vmatrix}$$

$$+x(-1)^{2n}\begin{vmatrix} a_1 & -1 & 0 & \cdots & 0 \\ a_2 & x & -1 & \ddots & \vdots \\ a_3 & 0 & x & \ddots & 0 \\ \vdots & \vdots & \ddots & \ddots & -1 \\ a_{n-1} & 0 & \cdots & 0 & x \end{vmatrix}$$

$$= a_n(-1)^{n+1}(-1)^{n-1} + xD_{n-1}$$

$$= xD_{n-1} + a_n.$$

此为一递推公式,依次递推可得

$$D_n = x(xD_{n-2} + a_{n-1}) + a_n = x^2D_{n-2} + a_{n-1}x + a_n = \cdots$$

$$= x^{n-2}D_2 + a_3x^{n-3} + a_4x^{n-4} + \cdots + a_{n-1}x + a_n.$$

而

$$D_2 = \begin{vmatrix} a_1 & -1 \\ a_2 & x \end{vmatrix} = a_1x + a_2,$$

故 $D_n = a_1x^{n-1} + a_2x^{n-2} + a_3x^{n-3} + \cdots + a_{n-1}x + a_n$.

下面是定理 1.3 的推论.

推论 n 阶行列式 $D = |(a_{ij})|$ 的某一行(列)的元素与另一行(列)对应元素的代数余子式乘积的和等于零,即

$$a_{i1}A_{s1} + a_{i2}A_{s2} + \cdots + a_{in}A_{sn} = 0 \quad (i \neq s), \tag{1.21}$$

或

$$a_{1j}A_{1t} + a_{2j}A_{2t} + \cdots + a_{nj}A_{nt} = 0 \quad (j \neq t). \tag{1.22}$$

证 设将行列式 D 中第 s 行的元素换为第 i 行 $(i \neq s)$ 的对应元素,得到有两行相同的行列式 D_1,由 1.4 节性质 2 的推论得知 $D_1 = 0$,再将 D_1 按 s 行展开,则

$$D_1 = a_{i1}A_{s1} + a_{i2}A_{s2} + \cdots + a_{in}A_{sn} = 0 \quad (i \neq s).$$

同理,可证 D 按列展开的情形. □

定理 1.3 及其推论又可统一表示成如下形式:

$$\sum_{j=1}^{n} a_{sj}A_{ij} = \begin{cases} D, & s=i, \\ 0, & s\neq i, \end{cases} \tag{1.23}$$

及

$$\sum_{i=1}^{n} a_{is}A_{ij} = \begin{cases} D, & s=j, \\ 0, & s\neq j. \end{cases} \tag{1.24}$$

引进**克罗内克**(Kronecker)**符号**:

$$\delta_{ij} = \begin{cases} 1, & i=j, \\ 0, & i\neq j, \end{cases}$$

则(1.23)可记为

$$\sum_{k=1}^{n} a_{ik}A_{jk} = D\delta_{ij}.$$

相应地,关于 D 的列也有类似的关系式:

$$\sum_{k=1}^{n} a_{ki}A_{kj} = D\delta_{ij}.$$

例 4 设行列式

$$D = \begin{vmatrix} 3 & 0 & 4 & 0 \\ 2 & 2 & 2 & 2 \\ 0 & -7 & 0 & 0 \\ 5 & 3 & -2 & 2 \end{vmatrix},$$

求第 4 行元素代数余子式之和的值.

解 把行列式 D 的第 4 行元素换成第 2 行的元素,得另一行列式 D_1,则易知

$$D_1 = \begin{vmatrix} 3 & 0 & 4 & 0 \\ 2 & 2 & 2 & 2 \\ 0 & -7 & 0 & 0 \\ 2 & 2 & 2 & 2 \end{vmatrix} = 0.$$

根据行列式的定义,按第 4 行展开,得

$$2A_{41} + 2A_{42} + 2A_{43} + 2A_{44} = 0,$$

即 $A_{41} + A_{42} + A_{43} + A_{44} = 0$.

习题 1.5

1. 计算 4 阶行列式的第一行中的各元素与其对应代数余子式 $A_{1j}(j=1,2,\cdots,n)$:

$$D = \begin{vmatrix} 1 & 3 & 0 & 1 \\ 3 & 0 & 1 & 4 \\ 1 & 1 & 2 & 1 \\ 0 & 1 & 1 & 0 \end{vmatrix}.$$

2. 设 n 阶行列式

$$D_n=\begin{vmatrix} x & a & \cdots & a \\ a & x & \ddots & \vdots \\ \vdots & \ddots & \ddots & a \\ a & \cdots & a & x \end{vmatrix},$$

求 $A_{n1}+A_{n2}+\cdots+A_{nn}$.

3. 计算下列行列式:

(1) $$D=\begin{vmatrix} 1+x & 1 & 1 & 1 \\ 1 & 1-x & 1 & 1 \\ 1 & 1 & 1+y & 1 \\ 1 & 1 & 1 & 1-y \end{vmatrix};$$

(2) $$D=\begin{vmatrix} a^2 & (a+1)^2 & (a+2)^2 & (a+3)^2 \\ b^2 & (b+1)^2 & (b+2)^2 & (b+3)^2 \\ c^2 & (c+1)^2 & (c+2)^2 & (c+3)^2 \\ d^2 & (d+1)^2 & (d+2)^2 & (d+3)^2 \end{vmatrix};$$

(3) $$D=\begin{vmatrix} a_1b_1 & a_1b_2 & a_1b_3 & a_1b_4 \\ a_1b_2 & a_2b_2 & a_2b_3 & a_2b_4 \\ a_1b_3 & a_2b_3 & a_3b_3 & a_3b_4 \\ a_1b_4 & a_2b_4 & a_3b_4 & a_4b_4 \end{vmatrix}.$$

4. 计算 n 阶行列式:

(1) $$D_n=\begin{vmatrix} 1 & 1 & 1 & \cdots & 1 \\ 1 & 2 & 0 & \cdots & 0 \\ 1 & 0 & 3 & \ddots & \vdots \\ \vdots & \vdots & \ddots & \ddots & 0 \\ 1 & 0 & \cdots & 0 & n \end{vmatrix};$$

(2) $$D_n=\begin{vmatrix} x_1-m & x_2 & \cdots & x_n \\ x_1 & x_2-m & \ddots & \vdots \\ \vdots & \ddots & \ddots & x_n \\ x_1 & \cdots & x_{n-1} & x_n-m \end{vmatrix};$$

(3) $$D_n=\begin{vmatrix} 1+a_1 & 1 & \cdots & 1 \\ 1 & 1+a_2 & \ddots & \vdots \\ \vdots & \ddots & \ddots & 1 \\ 1 & \cdots & 1 & 1+a_n \end{vmatrix} \quad (a_i\neq 0,\ i=1,2,\cdots,n).$$

5. 计算 n 阶行列式:

(1) $D_n=\begin{vmatrix} x & y & 0 & \cdots & 0 \\ 0 & x & y & \ddots & \vdots \\ \vdots & \ddots & \ddots & \ddots & 0 \\ 0 & \cdots & 0 & x & y \\ y & 0 & \cdots & 0 & x \end{vmatrix}$;

(2) $D_{n+1}=\begin{vmatrix} a & -1 & 0 & \cdots & 0 \\ ax & a & -1 & \ddots & \vdots \\ ax^2 & ax & a & \ddots & 0 \\ \vdots & \vdots & \ddots & \ddots & -1 \\ ax^n & ax^{n-1} & \cdots & ax & a \end{vmatrix}$;

(3) $D_n=\begin{vmatrix} 1 & 2 & 3 & 4 & \cdots & n \\ 1 & 1 & 2 & 3 & \cdots & n-1 \\ 1 & x & 1 & 2 & \cdots & n-2 \\ 1 & x & x & 1 & \cdots & n-3 \\ \vdots & \vdots & \vdots & \vdots & \ddots & \vdots \\ 1 & x & x & x & \cdots & 1 \end{vmatrix}$.

6. 计算三对角行列式：

(1) $D_n=\begin{vmatrix} 2 & 1 & & & \\ 1 & 2 & 1 & & \\ & \ddots & \ddots & \ddots & \\ & & 1 & 2 & 1 \\ & & & 1 & 2 \end{vmatrix}$;

(2) $D_n=\begin{vmatrix} \cos\theta & 1 & 0 & \cdots & 0 \\ 1 & 2\cos\theta & 1 & \ddots & \vdots \\ 0 & 1 & 2\cos\theta & \ddots & 0 \\ \vdots & \ddots & \ddots & \ddots & 1 \\ 0 & \cdots & 0 & 1 & 2\cos\theta \end{vmatrix}$.

7. 计算5阶行列式 $D_5=\begin{vmatrix} 1 & 1 & 1 & 1 & 1 \\ x_1 & x_2 & x_3 & x_4 & x_5 \\ x_1^2 & x_2^2 & x_3^2 & x_4^2 & x_5^2 \\ x_1^3 & x_2^3 & x_3^3 & x_4^3 & x_5^3 \\ x_1^5 & x_2^5 & x_3^5 & x_4^5 & x_5^5 \end{vmatrix}$.

8. 求下列方程的根：

(1) $\begin{vmatrix} x-3 & -2 & 1 \\ 2 & x+2 & -2 \\ -3 & -6 & x+1 \end{vmatrix}=0$;

(2) $\begin{vmatrix} 1 & x & x^2 & x^3 \\ 1 & 2 & 4 & 8 \\ 1 & -1 & 1 & -1 \\ 1 & 1 & 1 & 1 \end{vmatrix} = 0.$

1.6 克莱姆(Cramer)法则

在1.1节中讨论了二元及三元线性方程组的公式解法，此方法可以推广到n元线性方程组.

定理1.4（克莱姆法则） 如果n元线性方程组

$$\begin{cases} a_{11}x_1 + a_{12}x_2 + \cdots + a_{1n}x_n = b_1, \\ a_{21}x_1 + a_{22}x_2 + \cdots + a_{2n}x_n = b_2, \\ \cdots\cdots\cdots\cdots\cdots\cdots\cdots\cdots \\ a_{n1}x_1 + a_{n2}x_2 + \cdots + a_{nn}x_n = b_n \end{cases} \tag{1.25}$$

的系数行列式不等于零，即

$$D = \begin{vmatrix} a_{11} & a_{12} & \cdots & a_{1n} \\ a_{21} & a_{22} & \cdots & a_{2n} \\ \vdots & \vdots & & \vdots \\ a_{n1} & a_{n2} & \cdots & a_{nn} \end{vmatrix} \neq 0,$$

则方程组(1.25)有唯一解：

$$x_1 = \frac{D_1}{D}, x_2 = \frac{D_2}{D}, \cdots, x_n = \frac{D_n}{D}, \tag{1.26}$$

其中$D_j\,(j=1,2,\cdots,n)$是将D中的第j列元素依次换成(1.25)的常数项所得到的行列式，即

$$D_j = \begin{vmatrix} a_{11} & \cdots & a_{1,j-1} & b_1 & a_{1,j+1} & \cdots & a_{1n} \\ a_{21} & \cdots & a_{2,j-1} & b_2 & a_{2,j+1} & \cdots & a_{2n} \\ \vdots & & \vdots & \vdots & \vdots & & \vdots \\ a_{n1} & \cdots & a_{n,j-1} & b_n & a_{n,j+1} & \cdots & a_{nn} \end{vmatrix} \quad (j=1,2,\cdots,n).$$

证 为书写简洁，把线性方程组(1.25)简写为

$$\sum_{j=1}^{n} a_{ij}x_j = b_i \quad (i=1,2,\cdots,n). \tag{1.27}$$

分两步证明：先证明(1.26)是方程组(1.27)的解，这只须将(1.26)代入(1.25)中每个方程进行验证即可. 把 D_j 按第 j 列展开，得

$$D_j = \sum_{k=1}^{n} b_k A_{kj} \quad (j = 1,2,\cdots,n),$$

这里 $A_{1j},A_{2j},\cdots,A_{nj}$ 分别是 D 中第 j 列各元素的代数余子式. 把(1.26)代入(1.27)，并应用(1.23)式得

$$\begin{aligned}\sum_{j=1}^{n} a_{ij} \frac{D_j}{D} &= \frac{1}{D}\sum_{j=1}^{n} a_{ij} D_j = \frac{1}{D}\sum_{j=1}^{n} a_{ij}\Big(\sum_{k=1}^{n} b_k A_{kj}\Big) \\ &= \frac{1}{D}\sum_{j=1}^{n}\sum_{k=1}^{n} a_{ij} b_k A_{kj} = \frac{1}{D}\sum_{k=1}^{n} b_k \Big(\sum_{j=1}^{n} a_{ij} A_{kj}\Big) \\ &= \frac{1}{D} b_i \Big(\sum_{j=1}^{n} a_{ij} A_{ij}\Big) = \frac{1}{D} b_i D = b_i \quad (i = 1,2,\cdots,n),\end{aligned}$$

即(1.26)确是方程组(1.25)的解.

再证明解的唯一性.

设 $x_k = c_k$ $(k = 1,2,\cdots,n)$ 是(1.26)的解，现证明必有

$$c_k = \frac{D_k}{D} \quad (k = 1,2,\cdots,n).$$

因为 $c_k (k = 1,2,\cdots,n)$ 是(1.25)的解，所以

$$\sum_{j=1}^{n} a_{ij} c_j = b_i \quad (i = 1,2,\cdots,n). \tag{1.28}$$

分别用 $A_{1k},A_{2k},\cdots,A_{nk}$ 依次乘(1.28)中各式两端并相加，左端为

$$\sum_{i=1}^{n} A_{ik}\Big(\sum_{j=1}^{n} a_{ij} c_j\Big) = \sum_{i=1}^{n}\sum_{j=1}^{n} a_{ij} A_{ik} c_j = \sum_{j=1}^{n}\Big(\sum_{i=1}^{n} a_{ij} A_{ik}\Big) c_j = D c_k,$$

右端为

$$\sum_{i=1}^{n} b_i A_{ik} = D_k,$$

从而 $Dc_k = D_k$. 因 $D \neq 0$，故得

$$c_k = \frac{D_k}{D} \quad (k = 1,2,\cdots,n).$$ □

例 1 求解线性方程组

$$\begin{cases} 3x_1 + 2x_2 - x_3 + x_4 = 8, \\ x_1 - x_2 - x_3 + 2x_4 = 5, \\ 2x_1 + 3x_2 - x_3 - 3x_4 = 2, \\ x_1 + 2x_2 + 3x_3 + 4x_4 = 3. \end{cases}$$

解 因方程组的系数行列式

$$D=\begin{vmatrix}3&2&-1&1\\1&-1&-1&2\\2&3&-1&-3\\1&2&3&4\end{vmatrix}=-3\neq 0,$$

故方程组有唯一解. 又

$$D_1=\begin{vmatrix}8&2&-1&1\\5&-1&-1&2\\2&3&-1&-3\\3&2&3&4\end{vmatrix}=-6,\quad D_2=\begin{vmatrix}3&8&-1&1\\1&5&-1&2\\2&2&-1&-3\\1&3&3&4\end{vmatrix}=0,$$

$$D_3=\begin{vmatrix}3&2&8&1\\1&-1&5&2\\2&3&2&-3\\1&2&3&4\end{vmatrix}=3,\quad D_4=\begin{vmatrix}3&2&-1&8\\1&-1&-1&5\\2&3&-1&2\\1&2&3&3\end{vmatrix}=-3,$$

所以方程组的解为

$$x_1=\frac{-6}{-3}=2,\quad x_2=\frac{0}{-3}=0,$$

$$x_3=\frac{3}{-3}=-1,\quad x_4=\frac{-3}{-3}=1.$$

在上述例中，我们看到应用克莱姆法则求解线性方程组时，要计算 $n+1$ 个 n 阶的行列式，这个计算量是相当大的，所以，在具体求解线性方程组时，克莱姆法则亦很少使用. 而当方程组中方程的个数与未知量的个数不相同时，则不能用克莱姆法则求解. 然而应该指出，克莱姆法则是线性方程组理论的一个很重要结果，它不仅给出了方程组(1.25) 有唯一解的条件，并且给出了方程组的解与方程组的系数和常数项的关系. 在后面的讨论中，还会看到它在更一般的线性方程组的研究中也起着重要的作用.

特别地，当 n 元线性方程组(1.25) 右边的常数项 $b_1,b_2,\cdots,b_n$ 都是零时，方程组(1.25) 就成为

$$\begin{cases}a_{11}x_1+a_{12}x_2+\cdots+a_{1n}x_n=0,\\a_{21}x_1+a_{22}x_2+\cdots+a_{2n}x_n=0,\\\cdots\cdots\cdots\cdots\cdots\cdots\cdots\cdots\\a_{n1}x_1+a_{n2}x_2+\cdots+a_{nn}x_n=0,\end{cases}\tag{1.29}$$

称(1.29) 为**齐次线性方程组**.

由定理 1.4 立即可得下面的推论：

推论1 若n元齐次线性方程组(1.29)的系数行列式$D \neq 0$，则(1.29)只有零解，即$x_j = 0\ (j = 1,2,\cdots,n)$是(1.29)的唯一解.

证 由于$D \neq 0$，故(1.29)有唯一解；又D_j的第j列元素都是零，因而$D_j = 0\ (j = 1,2,\cdots,n)$，故由(1.26)式可知推论成立. □

作为推论1的逆否命题，我们尚有下面的推论2.

推论2 若齐次线性方程组(1.29)有非零解

$$x_j = c_j \quad (c_j \text{ 中至少有一个取非零值}, j = 1,2,\cdots,n)$$

则其系数行列式$D = 0$.

推论2表明，$D = 0$是齐次线性方程组(1.29)有非零解的必要条件. 事实上，在第三章我们还将证明它亦是(1.29)有非零解的充分条件.

例2 设齐次线性方程组

$$\begin{cases} x_1 + x_2 + kx_3 = 0, \\ -x_1 + kx_2 + x_3 = 0, \\ x_1 - x_2 + 2x_3 = 0 \end{cases}$$

有非零解，求k.

解 由推论2可知，若齐次线性方程组有非零解，则其系数行列式必为零，即

$$D = \begin{vmatrix} 1 & 1 & k \\ -1 & k & 1 \\ 1 & -1 & 2 \end{vmatrix} \xrightarrow[r_3 - r_1]{r_2 + r_1} \begin{vmatrix} 1 & 1 & k \\ 0 & 1+k & 1+k \\ 0 & -2 & 2-k \end{vmatrix} = (1+k)(4-k).$$

由$D = 0$得$k = -1$或$k = 4$.

习题 1.6

1. 用克莱姆法则求下列非齐次线性方程组的解：

(1) $\begin{cases} 2x_1 + x_2 - 5x_3 + x_4 = 8, \\ x_1 - 3x_2 - 6x_4 = 9, \\ 2x_2 - x_3 + 2x_4 = -5, \\ x_1 + 4x_2 - 7x_3 + 6x_4 = 0; \end{cases}$

(2) $\begin{cases} x_2 + x_3 + x_4 + x_5 = 1, \\ x_1 + x_3 + x_4 + x_5 = 2, \\ x_1 + x_2 + x_4 + x_5 = 3, \\ x_1 + x_2 + x_3 + x_5 = 4, \\ x_1 + x_2 + x_3 + x_4 = 5; \end{cases}$

(3) $\begin{cases} 2x_1+3x_2+11x_3+5x_4=2, \\ x_1+x_2+5x_3+2x_4=1, \\ 2x_1+x_2+3x_3+2x_4=-3, \\ x_1+x_2+3x_3+4x_4=-3; \end{cases}$

(4) $\begin{cases} x+y=u+v, \\ x+4=2y+u-v+5, \\ 2v=x+2y-1, \\ 7x-3y+5u-2v=38. \end{cases}$

2. 讨论λ为何值时，线性方程组$\begin{cases} \lambda x_1+x_2+x_3=1, \\ x_1+\lambda x_2+x_3=\lambda, \\ x_1+x_2+\lambda x_3=\lambda^2 \end{cases}$有唯一解，并求出其解.

3. 若齐次线性方程组

$$\begin{cases} x_1+x_2+x_3+ax_4=0, \\ x_1+2x_2+x_3+x_4=0, \\ x_1+x_2-3x_3+x_4=0, \\ x_1+x_2+ax_3+bx_4=0 \end{cases}$$

有非零解，a,b须满足什么条件？

4. 计算下列方程组的系数行列式，并验证所给的数量是它的解：

(1) $\begin{cases} 2x_1-3x_2+4x_3-3x_4=0, \\ 3x_1-x_2+11x_3-13x_4=0, \\ 4x_1+5x_2-7x_3-2x_4=0, \\ 13x_1-25x_2+x_3+11x_4=0, \end{cases}$ $x_1=x_2=x_3=x_4=c$（c为任意常数）；

(2) $\begin{cases} x_1+2x_2+3x_3-x_4=3, \\ 3x_1+2x_2+x_3+x_4=5, \\ 5x_1+5x_2+2x_3=10, \\ 2x_1+3x_2+x_3-x_4=5, \end{cases}$ $x_1=1-c,\ x_2=1+c,\ x_3=0,\ x_4=c$（$c$为任意常数）.

5. 有一个多项式$f(x)=a_3x^3+a_2x^2+a_1x+a_0$，当$x=1,2,3,-1$时$f(x)$的值分别为$-3,5,35,5$. 试求$f(x)$在$x=4$时的值.

6. 变量x_1,x_2,x_3,x_4与变量y_1,y_2,y_3,y_4有下面的线性关系：

$$\begin{aligned} x_1&=a_{11}y_1+a_{12}y_2+a_{13}y_3+a_{14}y_4, \\ x_2&=a_{21}y_1+a_{22}y_2+a_{23}y_3+a_{24}y_4, \\ x_3&=a_{31}y_1+a_{32}y_2+a_{33}y_3+a_{34}y_4, \\ x_4&=a_{41}y_1+a_{42}y_2+a_{43}y_3+a_{44}y_4. \end{aligned}$$

已知其系数行列式不等于0，将y_1,y_2,y_3,y_4用x_1,x_2,x_3,x_4表示.

1.7 拉普拉斯(Laplace)展开定理

在行列式的计算中，把行列式按某行或某列展开是常用的方法. 本节的拉普拉斯展开定理就是把行列式的这一方法推广到按某几行或某几列展开. 利用拉普拉斯展开定理又可得出行列式的乘积法则.

1.7.1 拉普拉斯(Laplace)定理

在介绍拉普拉斯定理之前，先把行列式的余子式和代数余子式的概念加以推广.

定义 1.6 在 n 阶行列式 D 中，任取 k 行 k 列($k\leqslant n$)，位于这些行和列的交叉点处的 k^2 个元素按它们在原行列式中的相对位置组成的 k 阶行列式 N，称为 D 的一个 k **阶子式**. 在 D 中，划去 N 所在的行和列，由剩下的元素按它们在原行列式中的相对位置组成的 $n-k$ 阶行列式 M，称为 N 的**余子式**. 如果 N 的行与列在 D 中的行标和列标分别为 $i_1,i_2,\cdots,i_k$ 和 $j_1,j_2,\cdots,j_k$，则

$$(-1)^{(i_1+i_2+\cdots+i_k)+(j_1+j_2+\cdots+j_k)}M$$

称为 N 的**代数余子式**，记作 A.

由定义可知，一个 n 阶行列式中有 $(C_n^k)^2$ 个 k 阶子式，取定了 D 的某 k 行(列)后，位于这 k 行(列)的 k 阶子式有 C_n^k 个.

例如，设

$$D=\begin{vmatrix}1 & 2 & 3 & 4\\ 0 & -1 & 3 & 2\\ 4 & 0 & 4 & 2\\ 3 & -2 & 0 & 1\end{vmatrix},$$

则 D 的位于第 1,3 行、第 2,3 列的 2 阶子式为 $N_1=\begin{vmatrix}2 & 3\\ 0 & 4\end{vmatrix}$，$N_1$ 的代数余子式为

$$A_1=(-1)^{(1+3)+(2+3)}\begin{vmatrix}0 & 2\\ 3 & 1\end{vmatrix}.$$

D 的位于第 1,2,4 行、第 2,3,4 列的 3 阶子式为

$$N_2=\begin{vmatrix}2 & 3 & 4\\ -1 & 3 & 2\\ -2 & 0 & 1\end{vmatrix},$$

N_2 的代数余子式为 $A_2 = (-1)^{(1+2+4)+(2+3+4)} \cdot 4$.

定理1.5（拉普拉斯定理） 设在 n 阶行列式 D 中取定某 k 行（$1<k<n$），则位于这 k 行的所有 k 阶子式 $N_i(i=1,2,\cdots,t)$ 与它们各自对应的代数余子式 A_i 的乘积之和等于行列式 D，即

$$D = N_1A_1 + N_2A_2 + \cdots + N_tA_t = \sum_{i=1}^{t} N_iA_i, \tag{1.30}$$

其中 $t = C_n^k$.

常称行列式的这个展开式为拉普拉斯展开式. 定理的证明与行列式展开法则类似，我们将它略去. 由行列式的性质 1 知，定理的结论对于行列式的列也成立.

显然，前面讲的定理 1.3 是拉普拉斯定理中 $k=1$ 的特例.

例 1 计算 4 阶行列式

$$D = \begin{vmatrix} 2 & 1 & 0 & 0 \\ 1 & 2 & 1 & 0 \\ 0 & 1 & 2 & 1 \\ 0 & 0 & 1 & 2 \end{vmatrix}.$$

解 按前两行展开，两行元素共可组成 $C_4^2 = 6$ 个二阶行列式：

$$N_1 = \begin{vmatrix} 2 & 1 \\ 1 & 2 \end{vmatrix} = 3, \quad N_2 = \begin{vmatrix} 2 & 0 \\ 1 & 1 \end{vmatrix} = 2, \quad N_3 = \begin{vmatrix} 2 & 0 \\ 1 & 0 \end{vmatrix} = 0,$$

$$N_4 = \begin{vmatrix} 1 & 0 \\ 2 & 1 \end{vmatrix} = 1, \quad N_5 = \begin{vmatrix} 1 & 0 \\ 2 & 0 \end{vmatrix} = 0, \quad N_6 = \begin{vmatrix} 0 & 0 \\ 1 & 0 \end{vmatrix} = 0.$$

因为 $N_3 = N_5 = N_6 = 0$，所以只要求出 N_1, N_2, N_4 的代数余子式即可.

$$A_1 = (-1)^{1+2+1+2} \begin{vmatrix} 2 & 1 \\ 1 & 2 \end{vmatrix} = 3,$$

$$A_2 = (-1)^{1+2+1+3} \begin{vmatrix} 1 & 1 \\ 0 & 2 \end{vmatrix} = -2,$$

$$A_4 = (-1)^{1+2+2+3} \begin{vmatrix} 0 & 1 \\ 0 & 2 \end{vmatrix} = 0,$$

故 $D = N_1A_1 + N_2A_2 + N_4A_4 = 3\times 3 + 2\times(-2) + 1\times 0 = 5$.

注 由例 1 可见，若行列式的某些行（列）中有较多的零元素，则对这些行（列）应用拉普拉斯定理可简化运算. 另外，读者在第二章将看到拉普拉斯定理在分块矩阵的运算中也是必不可少的.

*1.7.2 行列式的乘积法则

利用拉普拉斯定理可以证明下列定理.

定理1.6 两个 n 阶行列式

$$D_1=\begin{vmatrix} a_{11} & a_{12} & \cdots & a_{1n} \\ a_{21} & a_{22} & \cdots & a_{2n} \\ \vdots & \vdots & & \vdots \\ a_{n1} & a_{n2} & \cdots & a_{nn} \end{vmatrix} \quad \text{和} \quad D_2=\begin{vmatrix} b_{11} & b_{12} & \cdots & b_{1n} \\ b_{21} & b_{22} & \cdots & b_{2n} \\ \vdots & \vdots & & \vdots \\ b_{n1} & b_{n2} & \cdots & b_{nn} \end{vmatrix}$$

的乘积等于一个 n 阶行列式

$$C=\begin{vmatrix} c_{11} & c_{12} & \cdots & c_{1n} \\ c_{21} & c_{22} & \cdots & c_{2n} \\ \vdots & \vdots & & \vdots \\ c_{n1} & c_{n2} & \cdots & c_{nn} \end{vmatrix},$$

其中 c_{ij} 是 D_1 的第 i 行元素分别与 D_2 的第 j 列的对应元素乘积之和，即

$$\begin{aligned} c_{ij} &= a_{i1}b_{1j}+a_{i2}b_{2j}+\cdots+a_{in}b_{nj} \\ &= \sum_{k=1}^{n} a_{ik}b_{kj} \quad (i,j=1,2,\cdots,n). \end{aligned} \tag{1.31}$$

证 作 $2n$ 阶行列式

$$D=\begin{vmatrix} a_{11} & a_{12} & \cdots & a_{1n} & 0 & 0 & \cdots & 0 \\ a_{21} & a_{22} & \cdots & a_{2n} & 0 & 0 & \cdots & 0 \\ \vdots & \vdots & & \vdots & \vdots & \vdots & & \vdots \\ a_{n1} & a_{n2} & \cdots & a_{nn} & 0 & 0 & \cdots & 0 \\ -1 & 0 & \cdots & 0 & b_{11} & b_{12} & \cdots & b_{1n} \\ 0 & -1 & \ddots & \vdots & b_{21} & b_{22} & \cdots & b_{2n} \\ \vdots & \ddots & \ddots & 0 & \vdots & \vdots & & \vdots \\ 0 & \cdots & 0 & -1 & b_{n1} & b_{n2} & \cdots & b_{nn} \end{vmatrix}.$$

由拉普拉斯定理，将 D 按前 n 行展开，则因 D 中前 n 行除去左上角那个 n 阶子式外，其余的 n 阶子式都等于零，所以

$$D=\begin{vmatrix} a_{11} & a_{12} & \cdots & a_{1n} \\ a_{21} & a_{22} & \cdots & a_{2n} \\ \vdots & \vdots & & \vdots \\ a_{n1} & a_{n2} & \cdots & a_{nn} \end{vmatrix} \cdot \begin{vmatrix} b_{11} & b_{12} & \cdots & b_{1n} \\ b_{21} & b_{22} & \cdots & b_{2n} \\ \vdots & \vdots & & \vdots \\ b_{n1} & b_{n2} & \cdots & b_{nn} \end{vmatrix} = D_1D_2.$$

下面证明D也等于C. 为此，对于$i=1,2,\cdots,n$，将第$n+1$行的a_{i1}倍、第$n+2$行的a_{i2}倍……第$2n$行的a_{in}倍加到第i行，则有

$$D=\begin{vmatrix} 0 & 0 & \cdots & 0 & c_{11} & c_{12} & \cdots & c_{1n} \\ 0 & 0 & \cdots & 0 & c_{21} & c_{22} & \cdots & c_{2n} \\ \vdots & \vdots & & \vdots & \vdots & \vdots & & \vdots \\ 0 & 0 & \cdots & 0 & c_{n1} & c_{n2} & \cdots & c_{nn} \\ -1 & 0 & \cdots & 0 & b_{11} & b_{12} & \cdots & b_{1n} \\ 0 & -1 & \ddots & \vdots & b_{21} & b_{22} & \cdots & b_{2n} \\ \vdots & \ddots & \ddots & 0 & \vdots & \vdots & & \vdots \\ 0 & \cdots & 0 & -1 & b_{n1} & b_{n2} & \cdots & b_{nn} \end{vmatrix},$$

其中$c_{ij}=\sum\limits_{k=1}^{n}a_{ik}b_{kj}\ (i,j=1,2,\cdots,n)$. 这个行列式的前$n$行除了右上角的$n$阶子式外，其余$n$阶子式也都等于零，因此(对这个$2n$阶行列式的前$n$行)用拉普拉斯定理展开，得

$$D=\begin{vmatrix} c_{11} & c_{12} & \cdots & c_{1n} \\ c_{21} & c_{22} & \cdots & c_{2n} \\ \vdots & \vdots & & \vdots \\ c_{n1} & c_{n2} & \cdots & c_{nn} \end{vmatrix}\cdot(-1)^{\sum\limits_{i=1}^{n}i+\sum\limits_{j=1}^{n}(n+j)}\begin{vmatrix} -1 & 0 & \cdots & 0 \\ 0 & -1 & \ddots & \vdots \\ \vdots & \ddots & \ddots & 0 \\ 0 & \cdots & 0 & -1 \end{vmatrix}$$

$$=C\cdot(-1)^{\frac{2n(2n+1)}{2}}\cdot(-1)^n=C.$$ □

上述定理也称为行列式的乘法定理，而$C=D_1D_2$叫做行列式的乘法公式.

例 2　利用乘法定理，求下列行列式A与B的乘积：

$$A=\begin{vmatrix} p & 0 & r \\ p & q & 0 \\ 0 & q & r \end{vmatrix},\quad B=\begin{vmatrix} a & 0 & c \\ a & b & 0 \\ a & b & c \end{vmatrix}.$$

解　A与B的乘积为

$$C=AB$$

$$=\begin{vmatrix} pa+0\cdot a+ra & p\cdot 0+0\cdot b+rb & pc+0\cdot 0+rc \\ pa+qa+0\cdot a & p\cdot 0+qb+0\cdot b & pc+q\cdot 0+0\cdot c \\ 0\cdot a+qa+ra & 0\cdot 0+qb+rb & 0\cdot c+q\cdot 0+rc \end{vmatrix}$$

$$=\begin{vmatrix} pa+ra & rb & pc+rc \\ pa+qa & qb & pc \\ qa+ra & qb+rb & rc \end{vmatrix}$$

$$=2abcpqr.$$

注 上面给出的乘积法则亦常称为"行乘列法则". 由行列式的性质 1，行列式乘积也可以由"行乘行"、"列乘行"、"列乘列"来实现. 当然，我们也可以先把行列式的值算出来，然后相乘. 一般，当行列式的元素是数字时，用乘法公式计算，不能减少计算量，但在计算以字符为元素的行列式时，乘积法则有着它独到的作用.

习题 1.7

1. 计算下列行列式：

(1) $D_4=\begin{vmatrix}4&1&3&2\\0&3&0&4\\3&1&2&4\\0&5&0&6\end{vmatrix}$； (2) $D_4=\begin{vmatrix}3&1&-1&2\\-5&1&3&-4\\2&0&1&-1\\1&-5&3&-3\end{vmatrix}$.

2. 利用拉普拉斯定理计算

$$D_{2n}=\begin{vmatrix}n&&&&&&&n+2\\&n-1&&&&&n+1&\\&&\ddots&&&\iddots&&\\&&&1&3&&&\\&&&2&4&&&\\&&\iddots&&&\ddots&&\\&n&&&&&n+2&\\n+1&&&&&&&n+3\end{vmatrix}.$$

3. 计算 n 阶行列式 $D_n=\begin{vmatrix}a_1+b_1&a_1+b_2&\cdots&a_1+b_n\\a_2+b_1&a_2+b_2&\cdots&a_2+b_n\\\vdots&\vdots&&\vdots\\a_n+b_1&a_n+b_2&\cdots&a_n+b_n\end{vmatrix}$.

4. 设 $D_1=\begin{vmatrix}1&1&0\\0&2&0\\1&1&1\end{vmatrix}$，$D_2=\begin{vmatrix}2&-4&1\\1&-5&2\\1&-1&-1\end{vmatrix}$，求 D_1D_2.

1.8 行列式的应用

由于求解 n 元线性方程组的需要，产生了行列式的理论，但行列式的应用并不仅限于此. 本节举几个例子来说明行列式的其他应用.

例 1 某城镇有电厂和煤矿，已知电厂生产价值 1 万元的电需消耗煤

0.01万元，煤矿生产价值1万元的煤需消耗电0.02万元. 现要求一周内电厂向城镇提供价值20万元的电，煤矿向城镇提供价值50万元的煤. 问这一周内电厂和煤矿各应至少生产多少产值的电和煤?

解 设这一周内电厂至少生产价值X万元的电，煤矿生产价值Y万元的煤，则得平衡方程

$$\begin{cases}X = 20 + 0.02Y,\\ Y = 50 + 0.01X.\end{cases}$$

由此得关于变量X和Y的线性方程组

$$\begin{cases}X - 0.02Y = 20,\\ -0.01X + Y = 50.\end{cases}$$

其系数行列式

$$D = \begin{vmatrix} 1 & -0.02 \\ -0.01 & 1 \end{vmatrix} = 0.9998 \approx 1,$$

且$D_1 = 21$, $D_2 = 50.2$，所以$X \approx 21$, $Y \approx 50.2$. 故电厂至少要生产价值21万元的电，煤矿至少要生产价值50.2万元的煤.

例2 假设两商品市场模型的需求及供给函数分别为

$$Q_{d1} = 10 - 2P_1 + P_2, \quad Q_{s1} = -2 + 3P_1$$

和

$$Q_{d2} = 15 + P_1 - P_2, \quad Q_{s2} = -1 + 2P_2,$$

求均衡价格$\overline{P}_1, \overline{P}_2$和均衡数量$\overline{Q}_1, \overline{Q}_2$.

解 按照一般经济均衡思想，消费者追求其消费的最大效用，生产者追求其生产的最大利润，当P_1和P_2达到某特定价格(称为均衡价格)$\overline{P}_1$和$\overline{P}_2$时，供需达到平衡，即需求等于供给:

$$Q_{d1} = Q_{s1}, \quad Q_{d2} = Q_{s2}.$$

从而，可得

$$\begin{cases}-5P_1 + P_2 = -12,\\ P_1 - 3P_2 = -16.\end{cases}$$

据克拉默法则，上述方程组的系数行列式

$$D = \begin{vmatrix} -5 & 1 \\ 1 & -3 \end{vmatrix} = 14 \neq 0,$$

于是方程有唯一解

$$\overline{P}_1 = \frac{D_1}{D} = \frac{1}{14}\begin{vmatrix} -12 & 1 \\ -16 & -3 \end{vmatrix} = \frac{52}{14} = \frac{26}{7},$$

$$\overline{P}_2 = \frac{D_2}{D} = \frac{1}{14}\begin{vmatrix} -5 & -12 \\ 1 & -16 \end{vmatrix} = \frac{92}{14} = \frac{46}{7}.$$

将 $\overline{P}_1$ 和 $\overline{P}_2$ 代入供给函数中，得

$$\overline{Q}_1 = \frac{64}{7}, \quad \overline{Q}_2 = \frac{85}{7}.$$

例 3 求解凯恩斯(Keynes) 国民收入模型

$$\begin{cases} Y = c + I_0 + G_0, \\ c = a + bY \end{cases} \quad (a > 0, 0 < b < 1),$$

其中，变量 Y 和 c 表示国民收入和消费支出；I_0 和 G_0 是投资费用和政府支出；a 和 b 表示自发消费量和边际消费倾向. 第一个方程为均衡方程(国民收入等于总的支出)，第二个方程是行为方程，即消费方程.

解 把模型记作

$$\begin{cases} Y - c = I_0 + G_0, \\ -bY + c = a. \end{cases}$$

这是关于 Y 和 c 的线性方程组，其系数行列式

$$D = \begin{vmatrix} 1 & -1 \\ -b & 1 \end{vmatrix} = 1 - b \neq 0,$$

且 $D_1 = I_0 + G_0 + a$, $D_2 = a + b(I_0 + G_0)$. 所以模型的解为

$$Y = \frac{I_0 + G_0 + a}{1 - b}, \quad c = \frac{a + b(I_0 + G_0)}{1 - b}.$$

例 4 设

$$L_1: \alpha x + \beta y + \gamma = 0,$$
$$L_2: \gamma x + \alpha y + \beta = 0,$$
$$L_3: \beta x + \gamma y + \alpha = 0$$

是三条不同的直线. 若 L_1, L_2, L_3 交于一点，试证：$\alpha + \beta + \gamma = 0$.

证 设交点为(a,b)，那么

$$\begin{cases} \alpha a + \beta b + \gamma = 0, \\ \gamma a + \alpha b + \beta = 0, \\ \beta a + \gamma b + \alpha = 0. \end{cases}$$

因为齐次线性方程组

$$\begin{cases} \alpha x + \beta y + \gamma z = 0, \\ \gamma x + \alpha y + \beta z = 0, \\ \beta x + \gamma y + \alpha z = 0 \end{cases}$$

有非零解 $x = a$, $y = b$, $z = 1$，故系数行列式

$$D = \begin{vmatrix} \alpha & \beta & \gamma \\ \gamma & \alpha & \beta \\ \beta & \gamma & \alpha \end{vmatrix} = 0.$$

根据行列式的性质，可得

$$D=\begin{vmatrix}\alpha & \beta & \gamma\\ \gamma & \alpha & \beta\\ \beta & \gamma & \alpha\end{vmatrix}=\begin{vmatrix}\alpha+\beta+\gamma & \beta & \gamma\\ \alpha+\beta+\gamma & \alpha & \beta\\ \alpha+\beta+\gamma & \gamma & \alpha\end{vmatrix}$$

$$=(\alpha+\beta+\gamma)\begin{vmatrix}1 & \beta & \gamma\\ 1 & \alpha & \beta\\ 1 & \gamma & \alpha\end{vmatrix}$$

$$=(\alpha+\beta+\gamma)\begin{vmatrix}1 & \beta & \gamma\\ 0 & \alpha-\beta & \beta-\gamma\\ 0 & \gamma-\beta & \alpha-\gamma\end{vmatrix}$$

$$=(\alpha+\beta+\gamma)[(\alpha-\beta)(\alpha-\gamma)+(\beta-\gamma)^2]$$

$$=\frac{1}{2}(\alpha+\beta+\gamma)[(\alpha-\beta)^2+(\beta-\gamma)^2+(\gamma-\alpha)^2].$$

由于L_1,L_2,L_3是三条不同的直线，所以$\alpha-\beta,\beta-\gamma,\gamma-\alpha$不全为零，且均为实数. 因此，由$D=0$知$\alpha+\beta+\gamma=0$.

习题 1.8

1. 某工厂生产甲、乙、丙三种钢制品，已知甲种产品的钢材利用率为60%，乙种产品的钢材利用率为70%，丙种产品的钢材利用率为80%. 年进货钢材总吨数为100吨，年产品总吨数为67吨. 此外甲乙两种产品必须配套生产，乙产品成品总重量是甲产品成品总重量的70%. 此外还已知生产甲、乙、丙三种产品每吨可获的利润分别是1万元、1.5万元、2万元. 问该工厂年度可获利润多少万元？

2. 设$A(x_1,y_1),B(x_2,y_2)$是平面上两个不同的点. 试证：过A,B的直线方程是

$$\begin{vmatrix}1 & x & y\\ 1 & x_1 & y_1\\ 1 & x_2 & y_2\end{vmatrix}=0.$$

3. 给定平面上三个点(1,1),(2,−1),(3,1)，求过这三个点且对称轴与y轴平行的抛物线方程.

4. 分解因式：$a^2c+ab^2+bc^2-ac^2-b^2c-a^2b$.

5. 已知

$$\begin{vmatrix}a & c & b\\ b & a & c\\ c & b & a\end{vmatrix}=a^3+b^3+c^3-3abc,$$

试证明有分解式：

$$a^3+b^3+c^3-3abc=(a+b+c)(a^2+b^2+c^2-ab-ac-bc).$$

1.9 典 型 例 题

这一节，我们介绍一些常见行列式的计算方法.

例 1 解关于未知量 x 的方程

$$\begin{vmatrix} 1 & a_1 & a_2 & \cdots & a_n \\ 1 & x & a_2 & \cdots & a_n \\ 1 & a_1 & x & \ddots & \vdots \\ \vdots & \vdots & \ddots & \ddots & a_n \\ 1 & a_1 & \cdots & a_{n-1} & x \end{vmatrix} = 0.$$

解 设方程左端行列式为 D，则

$$D \xlongequal[\substack{\vdots \\ r_{n+1}-r_1}]{\substack{r_2-r_1 \\ r_3-r_1}} \begin{vmatrix} 1 & a_1 & a_2 & \cdots & a_n \\ 0 & x-a_1 & 0 & \cdots & 0 \\ 0 & 0 & x-a_2 & \ddots & \vdots \\ \vdots & \vdots & \ddots & \ddots & 0 \\ 0 & 0 & \cdots & 0 & x-a_n \end{vmatrix}$$

$$= (x-a_1)(x-a_2)\cdots(x-a_n).$$

于是由 $(x-a_1)(x-a_2)\cdots(x-a_n)=0$，得

$$x_1 = a_1,\ x_2 = a_2,\ \cdots,\ x_n = a_n.$$

例 2 证明：

$$\begin{vmatrix} x_1+y_1 & y_1+z_1 & z_1+x_1 \\ x_2+y_2 & y_2+z_2 & z_2+x_2 \\ x_3+y_3 & y_3+z_3 & z_3+x_3 \end{vmatrix} = 2\begin{vmatrix} x_1 & y_1 & z_1 \\ x_2 & y_2 & z_2 \\ x_3 & y_3 & z_3 \end{vmatrix}.$$

证 方法 1 由性质 4，左端行列式 D 可依第 1 列拆成两个行列式 D_1，D_2 之和：$D = D_1 + D_2$；同理，D_1, D_2 又可分别依第 2 列拆成

$$D_1 = D_{11} + D_{12},\quad D_2 = D_{21} + D_{22};$$

最后 $D_{11}, D_{12}, D_{21}, D_{22}$ 又可依第 3 列各自拆成两个行列式之和. 显然，在这 8 个行列式中，有 6 个行列式均有两个相同的列从而值为零，于是得

$$D = \begin{vmatrix} x_1 & y_1 & z_1 \\ x_2 & y_2 & z_2 \\ x_3 & y_3 & z_3 \end{vmatrix} + \begin{vmatrix} y_1 & z_1 & x_1 \\ y_2 & z_2 & x_2 \\ y_3 & z_3 & x_3 \end{vmatrix}.$$

注意到上式右端第 2 个行列式只须依次对调第 1,3 列、第 2,3 列即成第 1 个行

列式，故原等式成立.

方法 2

$$D \xlongequal{c_3 - c_1 + c_2} \begin{vmatrix} x_1 + y_1 & y_1 + z_1 & 2z_1 \\ x_2 + y_2 & y_2 + z_2 & 2z_2 \\ x_3 + y_3 & y_3 + z_3 & 2z_3 \end{vmatrix}$$

$$= 2\begin{vmatrix} x_1 + y_1 & y_1 + z_1 & z_1 \\ x_2 + y_2 & y_2 + z_2 & z_2 \\ x_3 + y_3 & y_3 + z_3 & z_3 \end{vmatrix}$$

$$\xlongequal[c_1 - c_2]{c_2 - c_3} 2\begin{vmatrix} x_1 & y_1 & z_1 \\ x_2 & y_2 & z_2 \\ x_3 & y_3 & z_3 \end{vmatrix}.$$

例 3 设

$$D_n = \begin{vmatrix} \alpha_1 & \beta_1 & & & \\ \gamma_1 & \alpha_2 & \beta_2 & & \\ & \ddots & \ddots & \ddots & \\ & & \gamma_{n-2} & \alpha_{n-1} & \beta_{n-1} \\ & & & \gamma_{n-1} & \alpha_n \end{vmatrix}.$$

证明递推关系式

$$D_n = \alpha_n D_{n-1} - \beta_{n-1}\gamma_{n-1}D_{n-2} \quad (n > 2).$$

证 对 D_n 的第 n 列用定理 1.3 展开，得

$$D_n = \alpha_n \begin{vmatrix} \alpha_1 & \beta_1 & & & \\ \gamma_1 & \alpha_2 & \beta_2 & & \\ & \ddots & \ddots & \ddots & \\ & & \gamma_{n-3} & \alpha_{n-2} & \beta_{n-2} \\ & & & \gamma_{n-2} & \alpha_{n-1} \end{vmatrix}$$

$$-\beta_{n-1}\begin{vmatrix} \alpha_1 & \beta_1 & & & \\ \gamma_1 & \alpha_2 & \beta_2 & & \\ & \ddots & \ddots & \ddots & \\ & & \gamma_{n-3} & \alpha_{n-2} & \beta_{n-2} \\ & & & & \gamma_{n-1} \end{vmatrix}.$$

上式中 α_n 的代数余子式是与 D_n 同类型的 $n-1$ 阶行列式 D_{n-1}，而对 β_{n-1} 的余子式按第 $n-1$ 行展开，即为 $\gamma_{n-1}D_{n-2}$，至此我们证得了

$$D_n = \alpha_n D_{n-1} - \beta_{n-1}\gamma_{n-1} D_{n-2} \quad (n > 2).$$

注 D_n 是常见的n阶**三对角行列式**，所证的递推关系式在计算数学中亦有应用.

行列式降阶算法的一个著名例子是如下的范德蒙(Vandermonde) 行列式.

例 4 证明范德蒙行列式

$$V_n = \begin{vmatrix} 1 & 1 & 1 & \cdots & 1 \\ a_1 & a_2 & a_3 & \cdots & a_n \\ a_1^2 & a_2^2 & a_3^2 & \cdots & a_n^2 \\ \vdots & \vdots & \vdots & & \vdots \\ a_1^{n-1} & a_2^{n-1} & a_3^{n-1} & \cdots & a_n^{n-1} \end{vmatrix} = \prod_{1 \leqslant j < i \leqslant n} (a_i - a_j), \quad (1.32)$$

其中连乘积 $\prod\limits_{1 \leqslant j < i \leqslant n} (a_i - a_j)$ 表示满足条件“$1 \leqslant j < i \leqslant n$”的所有因子$a_i - a_j$的乘积.

证 我们对行列式的阶数用数学归纳法.

当 $n = 2$ 时，

$$V_2 = \begin{vmatrix} 1 & 1 \\ a_1 & a_2 \end{vmatrix} = a_2 - a_1 = \prod_{1 \leqslant j < i \leqslant 2} (a_i - a_j).$$

故(1.32)式成立. 假设结论对$n-1$阶范德蒙行列式成立，现证结论对n阶范德蒙行列式亦成立.

从V_n的第n行开始，自下而上直到第2行，都以上一行元素的$-a_1$倍加到下一行，得

$$V_n = \begin{vmatrix} 1 & 1 & 1 & \cdots & 1 \\ 0 & a_2 - a_1 & a_3 - a_1 & \cdots & a_n - a_1 \\ 0 & a_2(a_2 - a_1) & a_3(a_3 - a_1) & \cdots & a_n(a_n - a_1) \\ \vdots & \vdots & \vdots & & \vdots \\ 0 & a_2^{n-2}(a_2 - a_1) & a_3^{n-2}(a_3 - a_1) & \cdots & a_n^{n-2}(a_n - a_1) \end{vmatrix}.$$

在上式中，对第n列按定理1.3展开，然后在所得的$n-1$阶行列式中，提出第j列的公因式$a_j - a_1$ $(j = 2,3,\cdots,n)$，得

$$V_n = (a_2 - a_1)(a_3 - a_1)\cdots(a_n - a_1) \begin{vmatrix} 1 & 1 & \cdots & 1 \\ a_2 & a_3 & \cdots & a_n \\ \vdots & \vdots & & \vdots \\ a_2^{n-2} & a_3^{n-2} & \cdots & a_n^{n-2} \end{vmatrix}.$$

显然，等号右端的行列式是 $n-1$ 阶范德蒙行列式，故由归纳假设，得

$$V_n=(a_2-a_1)(a_3-a_1)\cdots(a_n-a_1)\prod_{2\leqslant j<i\leqslant n}(a_i-a_j)$$
$$=\prod_{1\leqslant j<i\leqslant n}(a_i-a_j).$$

于是，由数学归纳法，本例的结论对任意自然数 n 都成立.

例 5 计算 $2n$ 阶行列式

$$D_{2n}=\begin{vmatrix} a & & & & & b \\ & \ddots & & & \iddots & \\ & & a & b & & \\ & & b & a & & \\ & \iddots & & & \ddots & \\ b & & & & & a \end{vmatrix}$$

(其中未写出的元素皆为零).

解 按第 1,2n 行展开，因位于这两行的全部 2 阶子式中只有一个(即位于第 1,2n 列的 $\begin{vmatrix} a & b \\ b & a \end{vmatrix}$)可能非零且其余子式恰为 $D_{2n-2}(n\geqslant 2)$，故得

$$D_{2n}=\begin{vmatrix} a & b \\ b & a \end{vmatrix}\cdot(-1)^{(1+2n)+(1+2n)}D_{2n-2}.$$

于是，得递推公式 $D_{2n}=(a^2-b^2)D_{2n-2}$. 从而

$$D_{2n}=(a^2-b^2)^2D_{2n-4}=\cdots=(a^2-b^2)^{n-1}D_2$$
$$=(a^2-b^2)^n.$$

例 6 设 $D=\begin{vmatrix} a & b & c & d \\ -b & a & -d & c \\ -c & d & a & -b \\ -d & -c & b & a \end{vmatrix}$. 求 D^2.

解

$$D^2=DD^{\mathrm{T}}$$

$$=\begin{vmatrix} a^2+b^2+c^2+d^2 & 0 & 0 & 0 \\ 0 & a^2+b^2+c^2+d^2 & 0 & 0 \\ 0 & 0 & a^2+b^2+c^2+d^2 & 0 \\ 0 & 0 & 0 & a^2+b^2+c^2+d^2 \end{vmatrix}$$

$$=(a^2+b^2+c^2+d^2)^4.$$

例 7 试讨论当 a,b 取何值时线性方程组

$$\begin{cases} ax_1 + 2x_2 + 3x_3 = 8, \\ 2ax_1 + 2x_2 + 3x_3 = 10, \\ x_1 + 2x_2 + bx_3 = 5 \end{cases}$$

有唯一解，并求出这个解.

解 $D = \begin{vmatrix} a & 2 & 3 \\ 2a & 2 & 3 \\ 1 & 2 & b \end{vmatrix} = 2a(3-b)$，故当 $a \neq 0$ 且 $b \neq 3$ 时方程组有唯一解. 又

$$D_1 = \begin{vmatrix} 8 & 2 & 3 \\ 10 & 2 & 3 \\ 5 & 2 & b \end{vmatrix} = 4(3-b),$$

$$D_2 = \begin{vmatrix} a & 8 & 3 \\ 2a & 10 & 3 \\ 1 & 5 & b \end{vmatrix} = 15a - 6ab - 6,$$

$$D_3 = \begin{vmatrix} a & 2 & 8 \\ 2a & 2 & 10 \\ 1 & 2 & 5 \end{vmatrix} = 2(a+2),$$

所以，当 $a \neq 0$ 且 $b \neq 3$ 时，方程组的唯一解为

$$x_1 = \frac{2}{a}, \quad x_2 = \frac{15a - 6ab - 6}{2a(3-b)}, \quad x_3 = \frac{a+2}{a(3-b)}.$$

复 习 题

1. 求排列 $n, n-1, \cdots, 2, 1$ 的逆序数，并判断其奇偶性.

2. 利用

$$D_n = \begin{vmatrix} 1 & 1 & \cdots & 1 \\ 1 & 1 & \cdots & 1 \\ \vdots & \vdots & & \vdots \\ 1 & 1 & \cdots & 1 \end{vmatrix} = 0,$$

证明：n 个数 $1, 2, \cdots, n$ 的所有排列中，奇偶排列各半.

3. 已知 4 阶行列式 D 中第三列元素依次为 $-1, 2, 0, 1$，它们的余子式依次分别为 $5, 3, -7, 4$，求 D.

4. 设行列式 $|(a_{ij})| = m$ $(i, j = 1, 2, \cdots, 5)$，依下列次序对 $|(a_{ij})|$ 进行变换后，求其结果：

交换第1行与第5行，再转置，用2乘以所有元素，再用－3乘以第2列加于第4列，最后用4除以第2行各元素.

5. 求函数 $f(x)=\begin{vmatrix} x & 1 & 1 & 1 \\ 1 & 2x & 3 & 4 \\ 1 & 3 & -x & 1 \\ 1 & 4 & x & 3x \end{vmatrix}$ 中 x^4, x^3 的系数.

6. 已知5阶行列式

$$D_5=\begin{vmatrix} 1 & 2 & 3 & 4 & 5 \\ 2 & 2 & 2 & 1 & 1 \\ 3 & 1 & 2 & 4 & 5 \\ 1 & 1 & 1 & 2 & 2 \\ 4 & 3 & 1 & 5 & 0 \end{vmatrix}=27,$$

求 $A_{41}+A_{42}+A_{43}$ 和 $A_{44}+A_{45}$.

7. 计算 $n+1$ 阶行列式

$$D=\begin{vmatrix} a_0 & a_1 & a_2 & \cdots & a_n \\ b_1 & d_1 & 0 & \cdots & 0 \\ b_2 & 0 & d_2 & \ddots & \vdots \\ \vdots & \vdots & \ddots & \ddots & 0 \\ b_n & 0 & \cdots & 0 & d_n \end{vmatrix}.$$

8. 计算行列式 $D=\begin{vmatrix} 1 & 2 & \cdots & n-1 & n \\ 2 & 3 & \cdots & n & 1 \\ \vdots & \vdots & ⋰ & ⋰ & \vdots \\ n-1 & n & 1 & \cdots & n-2 \\ n & 1 & 2 & \cdots & n-1 \end{vmatrix}$.

9. 求多项式 $f(x)=\begin{vmatrix} x-a & a & \cdots & a \\ a & x-a & \ddots & \vdots \\ \vdots & \ddots & \ddots & a \\ a & \cdots & a & x-a \end{vmatrix}$ 的根.

10. 计算 n 阶行列式

$$D=\begin{vmatrix} x_1 & a_2 & a_3 & \cdots & a_n \\ a_1 & x_2 & a_3 & \cdots & a_n \\ a_1 & a_2 & x_3 & \ddots & \vdots \\ \vdots & \vdots & \ddots & \ddots & a_n \\ a_1 & a_2 & \cdots & a_{n-1} & x_n \end{vmatrix} \quad (x_i \neq a_i,\ i=1,2,\cdots,n).$$

11. 计算 n 阶行列式 $D=\begin{vmatrix} a_n & x & \cdots & x \\ y & a_{n-1} & \ddots & \vdots \\ \vdots & \ddots & \ddots & x \\ y & \cdots & y & a_1 \end{vmatrix}$.

12. 计算三对角行列式

$$D_n=\begin{vmatrix} \alpha+\beta & \alpha\beta & 0 & \cdots & 0 \\ 1 & \alpha+\beta & \alpha\beta & \ddots & \vdots \\ 0 & 1 & \ddots & \ddots & 0 \\ \vdots & \ddots & \ddots & \alpha+\beta & \alpha\beta \\ 0 & \cdots & 0 & 1 & \alpha+\beta \end{vmatrix}_n.$$

13. 设 $D_n=|(a_{ij})_n|$ 为 n 阶反对称行列式，证明：当 n 为奇数时，$D_n=0$.

14. 计算行列式

$$D_n=\begin{vmatrix} 1 & 1 & \cdots & 1 \\ x_1 & x_2 & \cdots & x_n \\ x_1^2 & x_2^2 & \cdots & x_n^2 \\ \vdots & \vdots & & \vdots \\ x_1^{n-2} & x_2^{n-2} & \cdots & x_n^{n-2} \\ x_1^n & x_2^n & \cdots & x_n^n \end{vmatrix}.$$

15. 求三次多项式 $f(x)$，使得 $f(-1)=0$，$f(1)=4$，$f(2)=3$，$f(3)=16$.

16. 问 a,b,c 满足什么条件时，方程组

$$\begin{cases} x_1+x_2+x_3=a+b+c, \\ ax_1+bx_2+cx_3=a^2+b^2+c^2, \\ bcx_1+acx_2+abx_3=3abc \end{cases}$$

有唯一解？并求出其解.

17. 问 a,b,c,d 取何值时，方程组

$$\begin{cases} ax_1+bx_2+cx_3+dx_4=0, \\ -bx_1+ax_2-dx_3+cx_4=0, \\ -cx_1+dx_2+ax_3-bx_4=0, \\ -dx_1-cx_2+bx_3+ax_4=0 \end{cases}$$

仅有零解，有非零解？

18. 设多项式 $f(t)=a_0+a_1t+\cdots+a_nt^n$，证明：若 $f(t)$ 有 $n+1$ 个互异零点，则 $f(t)\equiv 0$.

19. 平面上给定不共线的3个点 $P_i(x_i,y_i)$ $(i=1,2,3)$，且 x_1,x_2,x_3 为互不相同的3个数，求过这3个点且对称轴与 y 轴平行的抛物线方程.

20. 计算按杨辉三角规律给出的行列式

$$D=\begin{vmatrix} 1 & 1 & 1 & 1 & 1 & \cdots \\ 1 & 2 & 3 & 4 & 5 & \cdots \\ 1 & 3 & 6 & 10 & 15 & \cdots \\ 1 & 4 & 10 & 20 & 35 & \cdots \\ \vdots & \vdots & \vdots & \vdots & \vdots & \end{vmatrix}.$$

第二章 矩 阵

矩阵是线性代数最重要的概念之一. 它在数学及其他自然科学、工程技术、社会科学特别是经济学中有着广泛的应用. 许多实际问题可以用矩阵表达并用有关理论得到解决.

本章主要介绍矩阵的概念、矩阵的运算、特殊矩阵、分块矩阵、矩阵求逆、矩阵的初等变换和矩阵的秩.

2.1 矩阵的概念

上一章我们引进了 n 阶行列式的概念. 一个 n 阶行列式从形式上看无非是 n^2 个元素按一定的规则排成 n 行与 n 列. 但在许多实际问题中，也会碰到由若干个数排成行与列的长方形阵列：

$$\begin{matrix} a_{11} & a_{12} & \cdots & a_{1n} \\ a_{21} & a_{22} & \cdots & a_{2n} \\ \vdots & \vdots & & \vdots \\ a_{m1} & a_{m2} & \cdots & a_{mn} \end{matrix}$$

在研究问题时常常把这样一个阵列当做一个整体来考虑. 这样的阵列就叫做矩阵. 为了写得紧凑便于分辨，我们往往用括号将上述矩形阵列括起来.

下面我们来给它下一个精确的定义.

定义 2.1 由 $m\times n$ 个数 a_{ij} $(i=1,2,\cdots,m;\ j=1,2,\cdots,n)$ 按一定次序排列成的 m 行 n 列的矩形数表，称为一个 $m\times n$ **矩阵**，记做

$$\begin{pmatrix} a_{11} & a_{12} & \cdots & a_{1n} \\ a_{21} & a_{22} & \cdots & a_{2n} \\ \vdots & \vdots & & \vdots \\ a_{m1} & a_{m2} & \cdots & a_{mn} \end{pmatrix}, \tag{2.1}$$

其中 a_{ij} 表示位于数表中第 i 行第 j 列的数($i=1,2,\cdots,m$; $j=1,2,\cdots,n$), a_{ij} 又称为**矩阵的元素**, 有时亦称为**矩阵的第** (i,j) **个元素**.

式(2.1)所表示的矩阵也可以表示为 $(a_{ij})_{m\times n}$, 括号外面右下角的 $m\times n$ 表示这个矩阵是 m 行 n 列的矩阵. 如果不需要表示出矩阵的元素, 通常用大写黑体字母 $\boldsymbol{A},\boldsymbol{B},\boldsymbol{C},\cdots$ 表示矩阵. 为了标明矩阵的行数 m 和列数 n, 可用 $\boldsymbol{A}_{m\times n}$ 表示.

两个矩阵的行数相等, 列数也相等时, 就称它们为**同型矩阵**.

元素都是实数的矩阵称为**实矩阵**. 例如,

$$\begin{pmatrix} 1 & 3 & -1 & 0 \\ 0 & 1 & 2 & 1 \end{pmatrix}, \quad \begin{pmatrix} 1 & 0 \\ 3 & 1 \\ -1 & 2 \\ 0 & 0 \end{pmatrix}$$

分别为 4×2 与 2×4 实矩阵. 而元素属于复数集合的矩阵称为**复矩阵**. 例如,

$$\begin{pmatrix} 1+\mathrm{i} & 2 \\ -3 & 1-\mathrm{i} \\ 0 & \mathrm{i} \end{pmatrix}$$

为 3×2 复矩阵, 其中 $\mathrm{i}=\sqrt{-1}$.

所有的元素都是零的矩阵, 称为**零矩阵**, 记为 $\boldsymbol{O}$. 必要时常写为 $\boldsymbol{O}_{m\times n}$, 以表明这是一个 m 行 n 列的零矩阵.

特别地, 若矩阵 $\boldsymbol{A}=(a_{ij})_{m\times n}$ 只有一行, 即 $m=1$, 则此时

$$\boldsymbol{A}=(a_{11},a_{12},\cdots,a_{1n}),$$

称之为**行矩阵**. 同样, 若 $\boldsymbol{A}=(a_{ij})_{m\times n}$ 只有一列, 即 $n=1$, 这时

$$\boldsymbol{A}=\begin{pmatrix} a_{11} \\ a_{21} \\ \vdots \\ a_{m1} \end{pmatrix},$$

称之为**列矩阵**. 当 $m=n=1$ 时 $\boldsymbol{A}$ 只有一个元素: $\boldsymbol{A}=(a_{11})$, 这时我们就把 $\boldsymbol{A}$ 看成是数, 即 $\boldsymbol{A}=a_{11}$.

而当 $\boldsymbol{A}=(a_{ij})_{m\times n}$ 中行数与列数相等, 即 $m=n$ 时, 称 $\boldsymbol{A}$ 为 n **阶矩阵**或 n **阶方阵**. 方阵在矩阵理论中占有重要的地位, n 阶方阵 $\boldsymbol{A}=(a_{ij})_{n\times n}$ 的元素 $a_{11},a_{22},\cdots,a_{nn}$ 称为 $\boldsymbol{A}$ 的**主对角线元素**.

主对角线上元素均为 1, 其余元素均为零的方阵称为**单位矩阵**, 简记为 $\boldsymbol{I}$. n 阶单位矩阵必要时亦常记为 $\boldsymbol{I}_n$.

注 行列式与矩阵是两个不同的概念，n 阶矩阵仅仅是由 n^2 个元素排成的一个正方表，而与 n 阶行列式不同. 一个由 n 阶矩阵 $\boldsymbol{A}$ 的元素按原来排列的形式构成的 n 阶行列式，称为**矩阵 $\boldsymbol{A}$ 的行列式**，记为 $|\boldsymbol{A}|$，它表示一个数.

定义 2.2 如果两个矩阵 $\boldsymbol{A},\boldsymbol{B}$ 是同型矩阵，并且对应位置上的元素均相等，则称**矩阵 $\boldsymbol{A}$ 与矩阵 $\boldsymbol{B}$ 相等**，记为 $\boldsymbol{A}=\boldsymbol{B}$. 即如果 $\boldsymbol{A}=(a_{ij})_{m\times n}$，$\boldsymbol{B}=(b_{ij})_{m\times n}$，且 $a_{ij}=b_{ij}$ $(i=1,2,\cdots,m;\ j=1,2,\cdots,n)$，则 $\boldsymbol{A}=\boldsymbol{B}$.

例如，$\begin{pmatrix} 3 & -1 \\ 4 & 3 \\ -1 & 0 \end{pmatrix}$ 与 $\begin{pmatrix} a & b \\ c & d \\ e & f \end{pmatrix}$ 是同型矩阵，只有 $a=3$，$b=-1$，$c=4$，$d=3$，$e=-1$，$f=0$ 时，它们才相等.

习题 2.1

1. 将下列题中，所列举的数表用矩阵表示：

(1) 在某地区有一种物资，有 m 个产地 $A_1,A_2,\cdots,A_m$ 和 n 个销地 $B_1,B_2,\cdots,B_n$，用 a_{ij} 表示由产地 A_i 运到销地 B_j 的数量，则调运方案可排成一个数表，见表 2-1.

表 2-1

	B_1	B_2	$\cdots$	B_n
A_1	a_{11}	a_{12}	$\cdots$	a_{1n}
A_2	a_{21}	a_{22}	$\cdots$	a_{2n}
$\vdots$	$\vdots$	$\vdots$		$\vdots$
A_m	a_{m1}	a_{m2}	$\cdots$	a_{mn}

(2) 假设我们记录 3 名学生甲、乙、丙的 4 门课程的期末考试成绩. 若按满分 100 分评定，期末考试成绩由表 2-2 所示.

表 2-2 **期末考试成绩表**

成绩 课程 / 学生	英语	数学	计算机	金融学
甲	84	90	78	83
乙	91	75	64	92
丙	64	86	76	89

(3) 设有三个炼油厂以原油作为主要原料，利用一吨原油生产的燃料油、柴油和汽油数量如表 2-3 所示(单位：t).

表 2-3

	第一炼油厂	第二炼油厂	第三炼油厂
燃料油	0.762	0.476	0.286
柴　油	0.190	0.476	0.381
汽　油	0.286	0.381	0.571

(4) 某地有一个煤矿、一个发电厂和一条铁路，经成本核算，每生产价值 1 元钱的煤，需消耗 0.3 元的电，为了把这 1 元钱的煤运出去，需要花费 0.2 元的运费；每生产价值 1 元钱的电，需要 0.6 元的煤作燃料，为了运行电厂的辅助设备，要消耗本身 0.1 元的电，还需花费 0.1 元的运费；作为铁路部门，每提供 1 元钱运费的运输，要消耗 0.5 元的煤，辅助设备要消耗 0.1 元的电. 煤矿与电厂和铁路部门之间的消耗可用表 2-4 所示.

表 2-4

	煤矿	电厂	铁路
煤矿	0	0.6	0.5
电厂	0.3	0.1	0.1
铁路	0.2	0.1	0

2.2　矩阵的运算

矩阵是从大量的实际问题中抽象出来的数学概念. 引进矩阵的目的是为了探讨它们之间的相互关系. 实际问题中提出的矩阵相互之间存在着密切的关系，其中最主要的是在它们之间可以进行代数运算. 在这一节中我们将介绍矩阵的下列基本运算：加法、减法、数乘、乘法(包括乘方)、转置与共轭. 这些运算有些与通常数字的运算相似，有的则有很大的不同.

2.2.1　矩阵的加法

矩阵的加法是数的加法的直接推广.

定义 2.3　两个 $m\times n$ 矩阵 $\boldsymbol{A}=(a_{ij})$，$\boldsymbol{B}=(b_{ij})$ 对应元素相加所得到的 $m\times n$ 矩阵，称为矩阵 $\boldsymbol{A}$ 与 $\boldsymbol{B}$ 的和，记为 $\boldsymbol{A}+\boldsymbol{B}$，即

$$\boldsymbol{A}+\boldsymbol{B}=(a_{ij})_{m\times n}+(b_{ij})_{m\times n}=(a_{ij}+b_{ij})_{m\times n}. \tag{2.2}$$

注 只有同型矩阵才可以相加.

把矩阵 $\boldsymbol{A}=(a_{ij})_{m\times n}$ 的各元素都变号后得到的矩阵，称为矩阵 $\boldsymbol{A}$ 的**负矩阵**，记作 $-\boldsymbol{A}$，即

$$-\boldsymbol{A}=(-a_{ij})_{m\times n}. \tag{2.3}$$

于是，矩阵 $\boldsymbol{A}$ 与矩阵 $\boldsymbol{B}$ 的差可定义为

$$\boldsymbol{A}-\boldsymbol{B}=\boldsymbol{A}+(-\boldsymbol{B}).$$

由定义，不难验证，矩阵的加法满足下面的运算律：

(1) $\boldsymbol{A}+\boldsymbol{B}=\boldsymbol{B}+\boldsymbol{A}$ (**加法交换律**)；

(2) $(\boldsymbol{A}+\boldsymbol{B})+\boldsymbol{C}=\boldsymbol{A}+(\boldsymbol{B}+\boldsymbol{C})$ (**加法结合律**)；

(3) $\boldsymbol{A}+\boldsymbol{O}=\boldsymbol{O}+\boldsymbol{A}=\boldsymbol{A}$；

(4) $\boldsymbol{A}+(-\boldsymbol{A})=\boldsymbol{O}$，

其中 $\boldsymbol{A},\boldsymbol{B},\boldsymbol{C}$ 为同型矩阵，$\boldsymbol{O}$ 是与矩阵 $\boldsymbol{A}$ 同型的零矩阵.

例 1 设 $\boldsymbol{A}=\begin{pmatrix}2&-1\\0&3\\1&4\end{pmatrix}$，$\boldsymbol{B}=\begin{pmatrix}4&1\\3&-2\\5&1\end{pmatrix}$，求 $\boldsymbol{A}+\boldsymbol{B}$ 及 $\boldsymbol{A}-\boldsymbol{B}$.

解 $\boldsymbol{A}+\boldsymbol{B}=\begin{pmatrix}2+4&-1+1\\0+3&3+(-2)\\1+5&4+1\end{pmatrix}=\begin{pmatrix}6&0\\3&1\\6&5\end{pmatrix}$，

$$\boldsymbol{A}-\boldsymbol{B}=\boldsymbol{A}+(-\boldsymbol{B})=\begin{pmatrix}2+(-4)&-1+(-1)\\0+(-3)&3+2\\1+(-5)&4+(-1)\end{pmatrix}=\begin{pmatrix}-2&-2\\-3&5\\-4&3\end{pmatrix}.$$

2.2.2 数乘矩阵

定义 2.4 设 $\boldsymbol{A}=(a_{ij})_{m\times n}$，$k$ 是一个数，则称矩阵

$$(ka_{ij})_{m\times n}=\begin{pmatrix}ka_{11}&ka_{12}&\cdots&ka_{1n}\\ka_{21}&ka_{22}&\cdots&ka_{2n}\\\vdots&\vdots&&\vdots\\ka_{m1}&ka_{m2}&\cdots&ka_{mn}\end{pmatrix}$$

为数 k 与矩阵 $\boldsymbol{A}$ 的**数量乘积**，简称**数乘**，记为 $k\boldsymbol{A}$.

由定义可知，数 k 乘矩阵是用数 k 乘矩阵的每一个元素. 易知矩阵 $\boldsymbol{A}=(a_{ij})_{m\times n}$ 的负矩阵实质上是数 -1 与矩阵 $\boldsymbol{A}$ 的乘积. 因此，

$$-\boldsymbol{A}=(-a_{ij})_{m\times n},\quad -\boldsymbol{A}=(-1)\boldsymbol{A},\quad -(-\boldsymbol{A})=\boldsymbol{A}.$$

利用定义不难验证，数乘运算满足下面的运算律：

(1) $1\boldsymbol{A}=\boldsymbol{A}$;

(2) $k(l\boldsymbol{A})=(kl)\boldsymbol{A}$;

(3) $k(\boldsymbol{A}+\boldsymbol{B})=k\boldsymbol{A}+k\boldsymbol{B}$;

(4) $(k+l)\boldsymbol{A}=k\boldsymbol{A}+l\boldsymbol{A}$,

其中 $\boldsymbol{A},\boldsymbol{B}$ 为同型矩阵，k,l 为常数.

注 矩阵的加法与数乘统称矩阵的**线性运算**.

例 2 设 $\boldsymbol{A}=\begin{pmatrix}3 & 0\\-2 & 1\end{pmatrix}$，$\boldsymbol{B}=\begin{pmatrix}-2 & 1\\2 & 2\end{pmatrix}$，且 $2\boldsymbol{A}-3\boldsymbol{X}=\boldsymbol{B}$，求矩阵 $\boldsymbol{X}$.

解 在 $2\boldsymbol{A}-3\boldsymbol{X}=\boldsymbol{B}$ 两端同加上 $-2\boldsymbol{A}$，得

$$-3\boldsymbol{X}=-2\boldsymbol{A}+\boldsymbol{B}=(-2)\begin{pmatrix}3 & 0\\-2 & 1\end{pmatrix}+\begin{pmatrix}-2 & 1\\2 & 2\end{pmatrix}$$

$$=\begin{pmatrix}-8 & 1\\6 & 0\end{pmatrix}.$$

两端同乘以 $-\frac{1}{3}$，得 $\boldsymbol{X}=\begin{pmatrix}\frac{8}{3} & -\frac{1}{3}\\-2 & 0\end{pmatrix}$.

2.2.3 矩阵的乘法

下面要定义的矩阵的乘法是矩阵运算中较为复杂的一种运算.

定义 2.5 设 $\boldsymbol{A}=(a_{ik})$ 是一个 $m\times s$ 矩阵，$\boldsymbol{B}=(b_{kj})$ 是一个 $s\times n$ 矩阵，则由以下 $m\times n$ 个元素：

$$\begin{aligned}c_{ij}&=a_{i1}b_{1j}+a_{i2}b_{2j}+\cdots+a_{is}b_{sj}\\&=\sum_{k=1}^{s}a_{ik}b_{kj}\quad(i=1,2,\cdots,m;\ j=1,2,\cdots,n)\end{aligned}\tag{2.4}$$

所构成的 $m\times n$ 矩阵：

$$\boldsymbol{C}=(c_{ij})_{m\times n}$$

称为矩阵 $\boldsymbol{A}$ 与矩阵 $\boldsymbol{B}$ 的乘积，记为 $\boldsymbol{C}=\boldsymbol{AB}$.

从矩阵乘积的定义可见，不是任何两个矩阵都可以相乘. 位于左边的矩阵的列数与位于右边的矩阵的行数相等的两个矩阵才能相乘，其乘积矩阵是一个行数等于左边矩阵行数、列数等于右边矩阵列数的矩阵. 它的元素由(2.4)确定，即乘积矩阵第 i 行第 j 列的元素等于左边矩阵第 i 行的各元素与右边矩阵第 j 列的对应元素乘积之和. 所谓对应元素，即第 i 行列号与第 j 列行号相同的元素.

两个矩阵相乘的规则可以直观地表示如下：

$$\begin{pmatrix} a_{11} & a_{12} & \cdots & a_{1s} \\ \vdots & \vdots & & \vdots \\ \boxed{a_{i1} \quad a_{i2} \quad \cdots \quad a_{is}} \\ \vdots & \vdots & & \vdots \\ a_{m1} & a_{m2} & \cdots & a_{ms} \end{pmatrix} \begin{pmatrix} b_{11} & \cdots & b_{1j} & \cdots & b_{1n} \\ b_{21} & \cdots & b_{2j} & \cdots & b_{2n} \\ \vdots & & \vdots & & \vdots \\ b_{s1} & \cdots & b_{sj} & \cdots & b_{sn} \end{pmatrix}$$

$$= \begin{pmatrix} c_{11} & \cdots & c_{1j} & \cdots & c_{1n} \\ \vdots & & \vdots & & \vdots \\ c_{i1} & \cdots & \boxed{c_{ij}} & \cdots & c_{in} \\ \vdots & & \vdots & & \vdots \\ c_{m1} & \cdots & c_{mj} & \cdots & c_{mn} \end{pmatrix},$$

其中

$$c_{ij} = (a_{i1}, a_{i2}, \cdots, a_{is}) \begin{pmatrix} b_{1j} \\ b_{2j} \\ \vdots \\ b_{sj} \end{pmatrix} = a_{i1}b_{1j} + a_{i2}b_{2j} + \cdots + a_{is}b_{sj}$$

$$= \sum_{k=1}^{s} a_{ik}b_{kj} \quad (i = 1,2,\cdots,m;\ j = 1,2,\cdots,n).$$

事实上，许多与数的乘法相关的运算规律对矩阵来说亦不再成立.

例 3 设 $\boldsymbol{A} = \begin{pmatrix} 2 & -1 \\ 1 & 0 \\ -2 & 1 \end{pmatrix}$，$\boldsymbol{B} = \begin{pmatrix} 1 & 2 \\ -1 & 1 \end{pmatrix}$，求 $\boldsymbol{AB}$.

解 因 $\boldsymbol{A}$ 为 3×2 矩阵，$\boldsymbol{B}$ 为 2×2 矩阵，故 $\boldsymbol{AB}$ 有意义，且 $\boldsymbol{AB}$ 为 3×2 矩阵：

$$\boldsymbol{AB} = \begin{pmatrix} 2\times 1+(-1)\times(-1) & 2\times 2+(-1)\times 1 \\ 1\times 1+0\times(-1) & 1\times 2+0\times 1 \\ -2\times 1+1\times(-1) & -2\times 2+1\times 1 \end{pmatrix}$$

$$= \begin{pmatrix} 3 & 3 \\ 1 & 2 \\ -3 & -3 \end{pmatrix}.$$

显然，例 3 中因 $\boldsymbol{B}$ 的列数不等于 $\boldsymbol{A}$ 的行数，故 $\boldsymbol{BA}$ 没有意义.

例 4 计算 $\boldsymbol{AB}$ 与 $\boldsymbol{BA}$，设

(1) $\boldsymbol{A} = \begin{pmatrix} 0 & 1 & 1 \\ -1 & 0 & 2 \end{pmatrix}$，$\boldsymbol{B} = \begin{pmatrix} 2 & 3 \\ 0 & 1 \\ -1 & 2 \end{pmatrix}$；

(2) $\boldsymbol{A}=\begin{pmatrix}1&2\\0&1\end{pmatrix}$, $\boldsymbol{B}=\begin{pmatrix}-1&1\\2&1\end{pmatrix}$.

解　(1) $\boldsymbol{AB}=\begin{pmatrix}-1&3\\-4&1\end{pmatrix}$, $\boldsymbol{BA}=\begin{pmatrix}-3&2&8\\-1&0&2\\-2&-1&3\end{pmatrix}$.

(2) $\boldsymbol{AB}=\begin{pmatrix}3&3\\2&1\end{pmatrix}$, $\boldsymbol{BA}=\begin{pmatrix}-1&-1\\2&5\end{pmatrix}$.

以上两例表明，即使$\boldsymbol{AB}$有意义，$\boldsymbol{BA}$不一定有意义. 当$\boldsymbol{BA}$有意义时，$\boldsymbol{AB}$和$\boldsymbol{BA}$不一定是同型矩阵；即使$\boldsymbol{AB}$和$\boldsymbol{BA}$是同型矩阵，一般情况下，$\boldsymbol{AB}\neq\boldsymbol{BA}$. 可见，我们熟知的乘法交换律对矩阵乘法并不成立. 因此当用一个矩阵去乘以另一个矩阵时一定要指明是"左乘"还是"右乘". 例如，对"$\boldsymbol{AB}$"可读作"$\boldsymbol{A}$左乘$\boldsymbol{B}$"或"$\boldsymbol{B}$右乘$\boldsymbol{A}$".

如果$\boldsymbol{AB}=\boldsymbol{BA}$，则称矩阵$\boldsymbol{A}$与矩阵$\boldsymbol{B}$ **可交换**.

例5　设矩阵$\boldsymbol{A}=\begin{pmatrix}0&0\\0&1\end{pmatrix}$, $\boldsymbol{B}=\begin{pmatrix}0&1\\0&0\end{pmatrix}$，求$\boldsymbol{AB}$, $\boldsymbol{BA}$.

解　$\boldsymbol{AB}=\begin{pmatrix}0&0\\0&1\end{pmatrix}\begin{pmatrix}0&1\\0&0\end{pmatrix}=\begin{pmatrix}0&0\\0&0\end{pmatrix}$,

$$\boldsymbol{BA}=\begin{pmatrix}0&1\\0&0\end{pmatrix}\begin{pmatrix}0&0\\0&1\end{pmatrix}=\begin{pmatrix}0&1\\0&0\end{pmatrix}.$$

从例5我们还可以看到，两个非零矩阵的乘积可能是零矩阵. 因此. 当已知$\boldsymbol{AB}=\boldsymbol{O}$时，一般不能推出$\boldsymbol{A}=\boldsymbol{O}$或$\boldsymbol{B}=\boldsymbol{O}$的结论. 这是矩阵乘法不同于数的乘法又一重要的特点. 由于这个缘故，对矩阵的乘法来说，消去律一般是不成立的. 即如果$\boldsymbol{AB}=\boldsymbol{AC}$，且$\boldsymbol{A}\neq\boldsymbol{O}$，也不能简单地在等式两边约去矩阵$\boldsymbol{A}$，而推出$\boldsymbol{B}=\boldsymbol{C}$的结论. 例如，已知矩阵

$$\boldsymbol{A}=\begin{pmatrix}1&0\\0&0\end{pmatrix},\quad \boldsymbol{B}=\begin{pmatrix}2&0\\0&0\end{pmatrix},\quad \boldsymbol{C}=\begin{pmatrix}2&0\\0&1\end{pmatrix},$$

由矩阵乘法，有$\boldsymbol{AB}=\begin{pmatrix}2&0\\0&0\end{pmatrix}$, $\boldsymbol{AC}=\begin{pmatrix}2&0\\0&0\end{pmatrix}$，即有$\boldsymbol{AB}=\boldsymbol{AC}$. 显然$\boldsymbol{B}\neq\boldsymbol{C}$.

注　显见，矩阵乘法比通常人们熟悉的数的乘法要复杂得多. 读者也许会问：为什么要这样来定义矩阵乘法？若$\boldsymbol{A}=(a_{ij})_{m\times n}$，$\boldsymbol{B}=(b_{ij})_{m\times n}$，令$\boldsymbol{A}$与$\boldsymbol{B}$的积为$\boldsymbol{A}\cdot\boldsymbol{B}=(a_{ij}b_{ij})_{m\times n}$岂不是更方便吗？我们说矩阵运算的定义主要是为了实践的需要，并根据线性空间的理论做出的，而许多实际问题都要求矩阵的乘法作上述的定义. 将$\boldsymbol{AB}$定义成$(a_{ij}b_{ij})_{m\times n}$，这在历史上也有过，称为**阿达玛乘积**. 这种乘法与我们已定义的乘法相比较，用处要小得多. 实践

已经显示出我们所采取的这种定义方式的生命力.

下面我们举例来说明矩阵乘法的用途.

例6　设

$$A=\begin{pmatrix} a_{11} & a_{12} & \cdots & a_{1n} \\ a_{21} & a_{22} & \cdots & a_{2n} \\ \vdots & \vdots & & \vdots \\ a_{m1} & a_{m2} & \cdots & a_{mn} \end{pmatrix},\quad x=\begin{pmatrix} x_1 \\ x_2 \\ \vdots \\ x_n \end{pmatrix},$$

计算 Ax.

解　$$Ax=\begin{pmatrix} a_{11}x_1+a_{12}x_2+\cdots+a_{1n}x_n \\ a_{21}x_1+a_{22}x_2+\cdots+a_{2n}x_n \\ \vdots \\ a_{m1}x_1+a_{m2}x_2+\cdots+a_{mn}x_n \end{pmatrix}.$$

如果令 $\beta=\begin{pmatrix} b_1 \\ b_2 \\ \vdots \\ b_m \end{pmatrix}$，则含 n 个未知量、m 个方程的线性方程组

$$\begin{cases} a_{11}x_1+a_{12}x_2+\cdots+a_{1n}x_n=b_1, \\ a_{21}x_1+a_{22}x_2+\cdots+a_{2n}x_n=b_2, \\ \cdots\cdots\cdots\cdots\cdots\cdots\cdots\cdots \\ a_{m1}x_1+a_{m2}x_2+\cdots+a_{mn}x_n=b_m \end{cases} \tag{2.5}$$

可以用矩阵的形式表示为

$$Ax=\beta. \tag{2.6}$$

称(2.6)式为线性方程组(2.5)的矩阵表示.

由上述知，任意一个线性方程组都可以写成矩阵方程的形式. 将(2.5)写成(2.6)不仅节约了篇幅，更重要的是它可以让我们用矩阵的方法来处理线性方程组，这一点读者将在第三章中看到.

不过，矩阵乘法还是具有许多与数的乘法类似的运算规律：

(1)　$(AB)C=A(BC)$；（结合律）

(2)　$A(B+C)=AB+AC$；（左乘分配律）

　　$(B+C)A=BA+CA$；（右乘分配律）

(3)　$k(AB)=(kA)B=A(kB)$，（数乘结合律）

其中上述矩阵均假定可以进行有关运算，k 为一个数.

利用定义容易验证上述运算律. 这里只证(1)，其余由读者自己证明.

证 设$\boldsymbol{A}=(a_{ij})_{m\times s}$, $\boldsymbol{B}=(b_{ij})_{s\times t}$, $\boldsymbol{C}=(c_{ij})_{t\times n}$，那么$(\boldsymbol{AB})\boldsymbol{C}=(d_{ij})$与$\boldsymbol{A}(\boldsymbol{BC})=(d'_{ij})$都是$m\times n$矩阵. 现只须证明它们的对应元素相等，即

$$d_{ij}=d'_{ij}\quad(i=1,2,\cdots,m;\ j=1,2,\cdots,n).$$

由定义 2.5，知

$$\boldsymbol{AB}=\Big(\sum_{k=1}^{s}a_{ik}b_{kh}\Big)_{m\times t}\quad(i=1,2,\cdots,m;\ h=1,2,\cdots,t),$$

$$\boldsymbol{BC}=\Big(\sum_{h=1}^{t}b_{kh}c_{hj}\Big)_{s\times n}\quad(k=1,2,\cdots,s;\ j=1,2,\cdots,n),$$

故得

$$\begin{aligned}d_{ij}&=\sum_{h=1}^{t}\Big(\sum_{k=1}^{s}a_{ik}b_{kh}\Big)c_{hj}=\sum_{h=1}^{t}\sum_{k=1}^{s}a_{ik}b_{kh}c_{hj}\\&=\sum_{k=1}^{s}\sum_{h=1}^{t}a_{ik}b_{kh}c_{hj}=\sum_{k=1}^{s}a_{ik}\Big(\sum_{h=1}^{t}b_{kh}c_{hj}\Big)\\&=d'_{ij}\quad(i=1,2,\cdots,m;\ j=1,2,\cdots,n).\end{aligned}$$

2.2.4 方阵的幂

因为如果$\boldsymbol{A}$是n阶矩阵，那么，$\boldsymbol{AA}$有意义，$\boldsymbol{AA}\cdots\boldsymbol{A}$也有意义. 因此下面给出可视为矩阵乘法特例的方阵乘幂的定义.

定义 2.6 设$\boldsymbol{A}$是n阶方阵，k是正整数，则k个$\boldsymbol{A}$的连乘积称为方阵$\boldsymbol{A}$的k **次幂**，记为$\boldsymbol{A}^k$，即

$$\boldsymbol{A}^k=\underbrace{\boldsymbol{AA}\cdots\boldsymbol{A}}_{k\text{个}}.$$

一般规定$\boldsymbol{A}^0=\boldsymbol{I}\ (\boldsymbol{A}\neq\boldsymbol{O})$.

由此定义，容易验证方阵的幂满足下列运算律：

(1) $\boldsymbol{A}^k\boldsymbol{A}^l=\boldsymbol{A}^{k+l}$；

(2) $(\boldsymbol{A}^k)^l=\boldsymbol{A}^{kl}$，

其中$\boldsymbol{A}$为n阶方阵，k,l是正整数.

如果n阶方阵$\boldsymbol{A}$满足条件$\boldsymbol{A}^2=\boldsymbol{A}$，则称$\boldsymbol{A}$为$n$阶**幂等矩阵**.

例如，$\boldsymbol{A}=\begin{pmatrix}1&1\\0&0\end{pmatrix}$是一个二阶幂等矩阵.

如果n阶方阵$\boldsymbol{A}$满足条件$\boldsymbol{A}^k=\boldsymbol{O}$（$k$为正整数），则称$\boldsymbol{A}$为$n$阶**幂零矩阵**.

由于矩阵乘法不满足交换律，所以对于同阶方阵$\boldsymbol{A},\boldsymbol{B}$，一般$(\boldsymbol{AB})^k\neq\boldsymbol{A}^k\boldsymbol{B}^k$. 此外，初等数学中一些熟知的公式，一般亦不可随意移植到矩阵运算中来. 例如，因

$$(\boldsymbol{A}+\boldsymbol{B})^2=(\boldsymbol{A}+\boldsymbol{B})(\boldsymbol{A}+\boldsymbol{B})=\boldsymbol{A}^2+\boldsymbol{AB}+\boldsymbol{BA}+\boldsymbol{B}^2,$$

而一般 $\boldsymbol{AB}\neq\boldsymbol{BA}$，故一般 $(\boldsymbol{A}+\boldsymbol{B})^2\neq\boldsymbol{A}^2+2\boldsymbol{AB}+\boldsymbol{B}^2$. 这是初学者应加以注意的.

例 7　设 $\boldsymbol{A}=\begin{pmatrix}-1 & 3\\ 0 & 2\end{pmatrix}$，$\boldsymbol{B}=\begin{pmatrix}1 & 2\\ -3 & 1\end{pmatrix}$，求 $\boldsymbol{A}^2-\boldsymbol{AB}-2\boldsymbol{A}$.

解　
$$\begin{aligned}\boldsymbol{A}^2-\boldsymbol{AB}-2\boldsymbol{A}&=\boldsymbol{A}(\boldsymbol{A}-\boldsymbol{B}-2\boldsymbol{I})\\&=\begin{pmatrix}-1 & 3\\ 0 & 2\end{pmatrix}\left(\begin{pmatrix}-1 & 3\\ 0 & 2\end{pmatrix}-\begin{pmatrix}1 & 2\\ -3 & 1\end{pmatrix}-\begin{pmatrix}2 & 0\\ 0 & 2\end{pmatrix}\right)\\&=\begin{pmatrix}13 & -4\\ 6 & -2\end{pmatrix}.\end{aligned}$$

如果

$$f(x)=a_0x^n+a_1x^{n-1}+\cdots+a_{n-1}x+a_n$$

是 x 的 n 次多项式，$\boldsymbol{A}$ 是方阵，$\boldsymbol{I}$ 为与 $\boldsymbol{A}$ 同阶的单位矩阵，则称

$$a_0\boldsymbol{A}^n+a_1\boldsymbol{A}^{n-1}+\cdots+a_{n-1}\boldsymbol{A}+a_n\boldsymbol{I}$$

为由多项式 $f(x)=a_0x^n+a_1x^{n-1}+\cdots+a_{n-1}x+a_n$ 形成的**矩阵 $\boldsymbol{A}$ 的多项式**，记为 $f(\boldsymbol{A})$.

例 8　设 $f(x)=2x^2-3x+1$，$\boldsymbol{A}=\begin{pmatrix}2 & 1\\ 3 & -1\end{pmatrix}$，求 $f(\boldsymbol{A})$.

解　方法 1　由于

$$\boldsymbol{A}^2=\begin{pmatrix}2 & 1\\ 3 & -1\end{pmatrix}\begin{pmatrix}2 & 1\\ 3 & -1\end{pmatrix}=\begin{pmatrix}7 & 1\\ 3 & 4\end{pmatrix},$$

故

$$\begin{aligned}f(\boldsymbol{A})&=2\boldsymbol{A}^2-3\boldsymbol{A}+\boldsymbol{I}\\&=2\begin{pmatrix}7 & 1\\ 3 & 4\end{pmatrix}-3\begin{pmatrix}2 & 1\\ 3 & -1\end{pmatrix}+\begin{pmatrix}1 & 0\\ 0 & 1\end{pmatrix}\\&=\begin{pmatrix}9 & -1\\ -3 & 12\end{pmatrix}.\end{aligned}$$

方法 2　因为 $f(x)=(x-1)(2x-1)$，所以

$$f(\boldsymbol{A})=(\boldsymbol{A}-\boldsymbol{I})(2\boldsymbol{A}-\boldsymbol{I})=\begin{pmatrix}1 & 1\\ 3 & -2\end{pmatrix}\begin{pmatrix}3 & 2\\ 6 & -3\end{pmatrix}=\begin{pmatrix}9 & -1\\ -3 & 12\end{pmatrix}.$$

注　表达式 $f(x)=2x^2-3x+1$ 代入 $\boldsymbol{A}$ 时，不要写成 $f(\boldsymbol{A})=2\boldsymbol{A}^2-3\boldsymbol{A}+1$，要把 1 替换为与 $\boldsymbol{A}$ 同阶的单位矩阵 $\boldsymbol{I}$，一个矩阵和一个数的加法运算是没有意义的.

2.2.5　矩阵的转置

矩阵的转置与行列式的转置定义是类似的.

定义 2.7　把 $m\times n$ 矩阵 $\boldsymbol{A}$ 的行列依次互换得到的一个 $n\times m$ 矩阵，称为 $\boldsymbol{A}$ 的**转置矩阵**，记为 $\boldsymbol{A}^{\mathrm{T}}$ 或 $\boldsymbol{A}'$，即若

$$\boldsymbol{A}=\begin{pmatrix} a_{11} & a_{12} & \cdots & a_{1n} \\ a_{21} & a_{22} & \cdots & a_{2n} \\ \vdots & \vdots & & \vdots \\ a_{m1} & a_{m2} & \cdots & a_{mn} \end{pmatrix},$$

则

$$\boldsymbol{A}^{\mathrm{T}}=\begin{pmatrix} a_{11} & a_{21} & \cdots & a_{m1} \\ a_{11} & a_{22} & \cdots & a_{m2} \\ \vdots & \vdots & & \vdots \\ a_{1n} & a_{2n} & \cdots & a_{mn} \end{pmatrix}. \tag{2.7}$$

显然，若记 $\boldsymbol{A}^{\mathrm{T}}=(a'_{st})$，则有

$$a'_{st}=a_{ts}\quad (s=1,2,\cdots,n;\ t=1,2,\cdots,m).$$

例如，矩阵 $\boldsymbol{A}=\begin{pmatrix} 1 & 2 \\ 0 & 1 \\ 3 & -1 \end{pmatrix}$ 的转置矩阵就是 $\boldsymbol{A}^{\mathrm{T}}=\begin{pmatrix} 1 & 0 & 3 \\ 2 & 1 & -1 \end{pmatrix}$.

求一个矩阵的转置矩阵也可以看做矩阵的一种运算. 转置运算满足下面的运算规律：

(1)　$(\boldsymbol{A}^{\mathrm{T}})^{\mathrm{T}}=\boldsymbol{A}$;

(2)　$(\boldsymbol{A}+\boldsymbol{B})^{\mathrm{T}}=\boldsymbol{A}^{\mathrm{T}}+\boldsymbol{B}^{\mathrm{T}}$;

(3)　$(k\boldsymbol{A})^{\mathrm{T}}=k\boldsymbol{A}^{\mathrm{T}}$;

(4)　$(\boldsymbol{AB})^{\mathrm{T}}=\boldsymbol{B}^{\mathrm{T}}\boldsymbol{A}^{\mathrm{T}}$,

其中有关矩阵均假定可以进行有关的运算，k 是数.

运算律(1) 是说一个矩阵经转置后再转置就回复为自身. 这从转置的定义是不难看出的. (2) 与(3) 也可根据转置的定义直接验证. 现来证明(4).

证　设 $\boldsymbol{A}=(a_{ij})_{m\times l}$，$\boldsymbol{B}=(b_{ij})_{l\times n}$，$\boldsymbol{AB}=(c_{ij})_{m\times n}$，$\boldsymbol{A}^{\mathrm{T}}=(a'_{st})_{l\times m}$，$\boldsymbol{B}^{\mathrm{T}}=(b'_{st})_{n\times l}$，则$(\boldsymbol{AB})^{\mathrm{T}}$，$\boldsymbol{B}^{\mathrm{T}}\boldsymbol{A}^{\mathrm{T}}$ 皆为 $n\times m$ 矩阵.

若记$(\boldsymbol{AB})^{\mathrm{T}}=(e_{st})_{n\times m}$，$\boldsymbol{B}^{\mathrm{T}}\boldsymbol{A}^{\mathrm{T}}=(d_{st})_{n\times m}$，则

$$e_{st}=c_{ts}=\sum_{k=1}^{l}a_{tk}b_{ks},$$

$$d_{st}=\sum_{k=1}^{l}b'_{sk}a'_{kt}=\sum_{k=1}^{l}b_{ks}a_{tk}=\sum_{k=1}^{l}a_{tk}b_{ks}.$$

从而 $e_{st}=d_{st}$ $(s=1,2,\cdots,n;\ t=1,2,\cdots,m)$，故$(\boldsymbol{AB})^{\mathrm{T}}=\boldsymbol{B}^{\mathrm{T}}\boldsymbol{A}^{\mathrm{T}}$.

注 运算律(2) 和(4) 的结论可以推广到有限个矩阵 $\boldsymbol{A}_1,\boldsymbol{A}_2,\cdots,\boldsymbol{A}_k$ 的情形. 例如，

$$(\boldsymbol{A}_1\boldsymbol{A}_2\cdots\boldsymbol{A}_k)^{\mathrm{T}}=\boldsymbol{A}_k^{\mathrm{T}}\cdots\boldsymbol{A}_2^{\mathrm{T}}\boldsymbol{A}_1^{\mathrm{T}}. \tag{2.8}$$

例 9 已知

$$\boldsymbol{A}=\begin{pmatrix}2&0&-1\\1&3&2\end{pmatrix},\quad \boldsymbol{B}=\begin{pmatrix}1&7&-1\\4&2&3\\2&0&1\end{pmatrix},$$

求$(\boldsymbol{AB})^{\mathrm{T}}$.

解 方法 1 因为

$$\boldsymbol{AB}=\begin{pmatrix}2&0&-1\\1&3&2\end{pmatrix}\begin{pmatrix}1&7&-1\\4&2&3\\2&0&1\end{pmatrix}=\begin{pmatrix}0&14&-3\\17&13&10\end{pmatrix},$$

所以$(\boldsymbol{AB})^{\mathrm{T}}=\begin{pmatrix}0&17\\14&13\\-3&10\end{pmatrix}$.

方法 2

$$(\boldsymbol{AB})^{\mathrm{T}}=\boldsymbol{B}^{\mathrm{T}}\boldsymbol{A}^{\mathrm{T}}=\begin{pmatrix}1&4&2\\7&2&0\\-1&3&1\end{pmatrix}\begin{pmatrix}2&1\\0&3\\-1&2\end{pmatrix}=\begin{pmatrix}0&17\\14&13\\-3&10\end{pmatrix}.$$

*2.2.6 矩阵的共轭

复矩阵还有另外一种运算，就是共轭运算.

定义 2.8 设 $\boldsymbol{A}=(a_{ij})_{m\times n}$，其中 a_{ij} 为复数，若 $\overline{a_{ij}}$ 表示 a_{ij} 的共轭复数，则称矩阵 $\overline{\boldsymbol{A}}=(\overline{a_{ij}})$ 为矩阵 $\boldsymbol{A}$ 的**共轭矩阵**.

利用矩阵共轭的定义和共轭复数的性质不难验证以下运算规律：

(1) $\overline{\boldsymbol{A}+\boldsymbol{B}}=\overline{\boldsymbol{A}}+\overline{\boldsymbol{B}}$;

(2) $\overline{k\boldsymbol{A}}=\overline{k}\,\overline{\boldsymbol{A}}$,

以上 $\boldsymbol{A}=(a_{ij})_{m\times n}$，$\boldsymbol{B}=(b_{ij})_{m\times n}$ 都为复矩阵，k 为复数；

(3) $\overline{\boldsymbol{AB}}=\overline{\boldsymbol{A}}\,\overline{\boldsymbol{B}}$，其中 $\boldsymbol{A}=(a_{ij})_{m\times p}$，$\boldsymbol{B}=(b_{ij})_{p\times n}$.

例如，设

$$A=\begin{pmatrix}1+\mathrm{i} & 0 & 1-\sqrt{2}\mathrm{i}\\ 2\mathrm{i} & -1 & -4\mathrm{i}\\ -4-\mathrm{i} & \sqrt{3}\mathrm{i} & \mathrm{i}\end{pmatrix},\quad \mathrm{i}=\sqrt{-1},$$

则 $\overline{A}=\begin{pmatrix}1-\mathrm{i} & 0 & 1+\sqrt{2}\mathrm{i}\\ -2\mathrm{i} & -1 & 4\mathrm{i}\\ -4+\mathrm{i} & -\sqrt{3}\mathrm{i} & -\mathrm{i}\end{pmatrix}$.

2.2.7　方阵的行列式

定义 2.9　由 n 阶方阵 A 的元素按原来的位置所构成的行列式，称为**方阵 A 的行列式**，记为 $|A|$ 或 $\det(A)$. 即如果

$$A=\begin{pmatrix}a_{11} & a_{12} & \cdots & a_{1n}\\ a_{21} & a_{22} & \cdots & a_{2n}\\ \vdots & \vdots & & \vdots\\ a_{n1} & a_{n2} & \cdots & a_{nn}\end{pmatrix},$$

则

$$|A|=\begin{vmatrix}a_{11} & a_{12} & \cdots & a_{1n}\\ a_{21} & a_{22} & \cdots & a_{2n}\\ \vdots & \vdots & & \vdots\\ a_{n1} & a_{n2} & \cdots & a_{nn}\end{vmatrix}.$$

方阵的行列式具有以下性质：

(1)　$|A^{\mathrm{T}}|=|A|$；

(2)　$|kA|=k^n|A|$；

(3)　$|AB|=|A||B|$，

其中 A,B 均为 n 阶方阵，k 为常数.

性质(1)、性质(2) 很容易证明，性质(3) 实际为定理 1.6 的结论. 性质(3) 可叙述为：两矩阵乘积的行列式等于两矩阵行列式的乘积. 它表明矩阵的乘法与行列式的乘法有着密切的关系. 由性质(3) 可知，对于 n 阶方阵 A，B，一般说来，$AB\neq BA$，但是 $|AB|=|BA|$ 总成立.

性质(3) 可以推广到有限个 n 阶方阵连乘的情况，即

$$|A_1A_2\cdots A_k|=|A_1||A_2|\cdots|A_k|.$$

习题 2.2

1. 设 $A=\begin{pmatrix}3 & 0 & 6\\ 2 & -1 & 1\end{pmatrix}$，$B=\begin{pmatrix}-1 & 1 & 0\\ 0 & -2 & 3\end{pmatrix}$，求 $A+B$ 与 $A-B$.

2. 设矩阵

$$A=\begin{pmatrix}1&2&0&1\\2&1&3&4\end{pmatrix},\quad B=\begin{pmatrix}1&0&-1\\0&1&2\\2&-1&0\\-1&3&-2\end{pmatrix},$$

求 AB, BA.

3. 已知矩阵 $A=\begin{pmatrix}2&0&-1\\1&3&2\end{pmatrix}$, $B=\begin{pmatrix}1&7&-1\\4&2&3\\2&0&1\end{pmatrix}$, 求 B^TA^T.

4. 设矩阵 $A=\begin{pmatrix}0&1&0\\0&0&1\\1&0&0\end{pmatrix}$, 求所有与 A 可交换的同阶矩阵 B.

5. 已知 $A=\begin{pmatrix}1&-1&-1&-1\\-1&1&-1&-1\\-1&-1&1&-1\\-1&-1&-1&1\end{pmatrix}$, 求 A^n.

6. 已知矩阵 $A=\begin{pmatrix}0&-1&0\\1&0&1\\0&1&0\end{pmatrix}$, 求证: A 是幂零矩阵.

7. 设 A 为 n 阶方阵, 且 $A^2=A$, 证明: $(A+I)^m=I+(2^m-1)A$, 其中 m 为正整数.

8. 设 $m\times n$ 实矩阵 A 满足 $AA^T=O$, 证明: $A=O$.

9. 已知 $A=(a_{ij})$ 为 n 阶矩阵, 写出:

(1) A^2 的第 k 行第 l 列的元素;

(2) AA^T 的第 k 行第 l 列的元素;

(3) A^TA 的第 k 行第 l 列的元素.

10. 设三阶方阵 $A=(\boldsymbol{\alpha},\boldsymbol{\gamma}_2,\boldsymbol{\gamma}_3)$, $B=(\boldsymbol{\beta},\boldsymbol{\gamma}_2,\boldsymbol{\gamma}_3)$, 其中 $\boldsymbol{\alpha},\boldsymbol{\beta},\boldsymbol{\gamma}_2,\boldsymbol{\gamma}_3$ 都是三元列矩阵, 已知 $|A|=2$, $|B|=\frac{1}{2}$, 求 $|A+B|$.

11. 设 A 是 n 阶矩阵, 且 $AA^T=I$, $|A|=1$, n 为奇数, 求 $|I-A|$.

12. 设 $f(x)=x^2+x-1$, $A=\begin{pmatrix}2&1&-1\\1&0&3\\2&-1&-4\end{pmatrix}$, 求 $f(A)$.

2.3 几种特殊的矩阵

为了表述简明, 下面介绍几种常用的特殊矩阵.

2.3.1 对角矩阵

如果 n 阶矩阵 $\boldsymbol{A}=(a_{ij})$ 中的元素满足条件：

$$a_{ij}=0 \quad (i\neq j;\ i,j=1,2,\cdots,n),$$

则称 $\boldsymbol{A}$ 为 n 阶**对角矩阵**，即

$$\boldsymbol{A}=\begin{pmatrix} a_{11} & & & \\ & a_{22} & & \\ & & \ddots & \\ & & & a_{nn} \end{pmatrix}, \tag{2.9}$$

其中未标记出的元素全为零，常简记为 $\boldsymbol{A}=\mathrm{diag}(a_{11},a_{22},\cdots,a_{nn})$.

例如，

$$\mathrm{diag}(3,-1,0)=\begin{pmatrix} 3 & 0 & 0 \\ 0 & -1 & 0 \\ 0 & 0 & 0 \end{pmatrix}$$

为一个三阶对角矩阵.

如果 $\boldsymbol{A},\boldsymbol{B}$ 是同阶对角矩阵，k 是常数，则容易验证 $\boldsymbol{A}+\boldsymbol{B},k\boldsymbol{A},\boldsymbol{AB}$ 仍是对角矩阵，亦会出现 $\boldsymbol{AB}=\boldsymbol{BA}$ 的情形.

注 有时为了方便起见，对一个 $m\times n$ 矩阵(不一定有 $m=n$) $\boldsymbol{A}=(a_{ij})_{m\times n}$，也称 $i=j$ 的元素 a_{ij} 为 $\boldsymbol{A}$ 的主对角线元素，称当 $i\neq j$ 时 $a_{ij}=0$ 的矩阵为对角形矩阵或对角矩阵. 如

$$\begin{pmatrix} 1 & 0 & 0 & 0 \\ 0 & 2 & 0 & 0 \\ 0 & 0 & 1 & 0 \end{pmatrix},\quad \begin{pmatrix} 2 & 0 \\ 0 & -1 \\ 0 & 0 \end{pmatrix}$$

为对角矩阵.

2.3.2 数量矩阵

如果 n 阶矩阵 $\boldsymbol{A}=(a_{ij})$ 中的元素满足条件：

$$a_{ij}=\begin{cases} 0, & i\neq j, \\ a, & i=j \end{cases} \quad (i,j=1,2,\cdots,n),$$

则称 $\boldsymbol{A}$ 为 n 阶**数量矩阵**，即

$$\boldsymbol{A}=\begin{pmatrix} a & & & \\ & a & & \\ & & \ddots & \\ & & & a \end{pmatrix}. \tag{2.10}$$

数量矩阵 $\boldsymbol{A}$ 又可写成 $\boldsymbol{A}=\operatorname{diag}(a,a,\cdots,a)$.

显然，若 n 阶数量矩阵 $\boldsymbol{A}$ 中的元素 $a=1$，则 $\boldsymbol{A}$ 就为 n 阶单位矩阵，记为 $\boldsymbol{I}_n$，即

$$\boldsymbol{I}_n=\begin{pmatrix}1&&&\\&1&&\\&&\ddots&\\&&&1\end{pmatrix}_n.$$

从前述知识知，矩阵乘法一般不可以交换，但对于某些特殊的矩阵，乘法仍是可以交换的.

例 1　试证明 n 阶单位矩阵与任意 n 阶矩阵是可交换的.

证　设 $\boldsymbol{A}=(a_{ij})_{n\times n}$ 为任意 n 阶矩阵，则有

$$\boldsymbol{IA}=\begin{pmatrix}1&&&\\&1&&\\&&\ddots&\\&&&1\end{pmatrix}\begin{pmatrix}a_{11}&a_{12}&\cdots&a_{1n}\\a_{21}&a_{22}&\cdots&a_{2n}\\\vdots&\vdots&&\vdots\\a_{n1}&a_{n2}&\cdots&a_{nn}\end{pmatrix}$$

$$=\begin{pmatrix}a_{11}&a_{12}&\cdots&a_{1n}\\a_{21}&a_{22}&\cdots&a_{2n}\\\vdots&\vdots&&\vdots\\a_{n1}&a_{n2}&\cdots&a_{nn}\end{pmatrix}=\boldsymbol{A},$$

$$\boldsymbol{AI}=\begin{pmatrix}a_{11}&a_{12}&\cdots&a_{1n}\\a_{21}&a_{22}&\cdots&a_{2n}\\\vdots&\vdots&&\vdots\\a_{n1}&a_{n2}&\cdots&a_{nn}\end{pmatrix}\begin{pmatrix}1&&&\\&1&&\\&&\ddots&\\&&&1\end{pmatrix}$$

$$=\begin{pmatrix}a_{11}&a_{12}&\cdots&a_{1n}\\a_{21}&a_{22}&\cdots&a_{2n}\\\vdots&\vdots&&\vdots\\a_{n1}&a_{n2}&\cdots&a_{nn}\end{pmatrix}=\boldsymbol{A},$$

故 $\boldsymbol{I}$ 与 $\boldsymbol{A}$ 是可交换的.

例 1 还表明，单位矩阵在矩阵乘法中的地位与数 1 在数的乘法中的地位相当. 读者可通过计算 $\boldsymbol{I}_m\boldsymbol{A}_{m\times n}$ 和 $\boldsymbol{A}_{m\times n}\boldsymbol{I}_n$ 进一步体会这一结论. 若给出数量矩阵

$$\boldsymbol{K}=\operatorname{diag}(k,k,\cdots,k),\tag{2.11}$$

那么利用例 1，对于上述数量矩阵 $\boldsymbol{K}$，显然有 $\boldsymbol{KA}=\boldsymbol{AK}=k\boldsymbol{A}$. 这表明，不论

用$\boldsymbol{K}$左乘方阵$\boldsymbol{A}$还是右乘方阵$\boldsymbol{A}$，所得到的积都等于用数k乘$\boldsymbol{A}$所得到的矩阵. 这是数量矩阵的重要性质.

2.3.3 三角形矩阵

如果n阶矩阵$\boldsymbol{A}=(a_{ij})$中的元素满足条件：

$$a_{ij}=0 \quad (i>j,\ i,j=1,2,\cdots,n),$$

则称$\boldsymbol{A}$为n阶**上三角矩阵**，即

$$\boldsymbol{A}=\begin{pmatrix} a_{11} & a_{12} & \cdots & a_{1n} \\ & a_{22} & \cdots & a_{2n} \\ & & \ddots & \vdots \\ & & & a_{nn} \end{pmatrix}. \tag{2.12}$$

如果n阶矩阵$\boldsymbol{A}=(a_{ij})$中的元素满足条件：

$$a_{ij}=0 \quad (i<j,\ i,j=1,2,\cdots,n),$$

则称$\boldsymbol{A}$为n阶**下三角矩阵**，即

$$\boldsymbol{A}=\begin{pmatrix} a_{11} & & & \\ a_{21} & a_{22} & & \\ \vdots & \vdots & \ddots & \\ a_{n1} & a_{n2} & \cdots & a_{nn} \end{pmatrix}. \tag{2.13}$$

若$\boldsymbol{A},\boldsymbol{B}$为同阶同结构三角形矩阵，$k$是常数，则容易验证$\boldsymbol{A}+\boldsymbol{B},k\boldsymbol{A},\boldsymbol{AB}$仍为同阶同结构三角形矩阵.

2.3.4 对称矩阵与反对称矩阵

如果n阶矩阵$\boldsymbol{A}$满足条件：$\boldsymbol{A}^{\mathrm{T}}=\boldsymbol{A}$，则称$\boldsymbol{A}$为$n$阶**对称矩阵**.

由对称矩阵所满足的条件可得：如果$\boldsymbol{A}=(a_{ij})_{n\times n}$是对称矩阵，则必有

$$a_{ij}=a_{ji} \quad (i,j=1,2,\cdots,n).$$

注 如果$\boldsymbol{A}$还是实矩阵，则称$\boldsymbol{A}$为**实对称矩阵**.

例如

$$\boldsymbol{A}=\begin{pmatrix} 1 & -1 & 0 \\ -1 & 2 & 2 \\ 0 & 2 & -3 \end{pmatrix}$$

是一个对称矩阵，其元素关于$\boldsymbol{A}$的主对角线对称.

如果n阶矩阵$\boldsymbol{A}$满足条件：$\boldsymbol{A}^{\mathrm{T}}=-\boldsymbol{A}$，则称$\boldsymbol{A}$为$n$阶**反对称矩阵**.

由反对称矩阵所满足的条件可得：如果$\boldsymbol{A}=(a_{ij})_{n\times n}$是反对称矩阵，则

必有 $a_{ij}=-a_{ji}\ (i,j=1,2,\cdots,n)$. 因此，反对称矩阵的主对角元素均为零.

例如，

$$A=\begin{pmatrix}0&4&-1&5\\-4&0&7&2\\1&-7&0&0\\-5&-2&0&0\end{pmatrix}$$

是一个 4 阶反对称矩阵.

设 A,B 是 n 阶对称矩阵，k 是常数，则可以验证对称矩阵具有如下性质：

(1) $A+B,kA$ 都是对称矩阵；

(2) AB 是对称矩阵的充分必要条件是 $AB=BA$，

其中(1) 对反对称矩阵也成立，而 AB 不一定是对称(反对称) 矩阵.

例如，$\begin{pmatrix}0&-1\\-1&1\end{pmatrix}$ 及 $\begin{pmatrix}1&1\\1&1\end{pmatrix}$ 均为对称矩阵，但

$$\begin{pmatrix}0&-1\\-1&1\end{pmatrix}\cdot\begin{pmatrix}1&1\\1&1\end{pmatrix}=\begin{pmatrix}-1&-1\\0&0\end{pmatrix}$$

为非对称矩阵.

例 2　设 A 为 n 阶矩阵，证明：

(1) A^TA 为对称矩阵；

(2) $A-A^T$ 为反对称矩阵.

证　(1) 因 $(A^TA)^T=A^T(A^T)^T=A^TA$，故 A^TA 为对称矩阵.

(2) 因

$$(A-A^T)^T=A^T+(-A^T)^T=A^T-A=-(A-A^T),$$

故 $A-A^T$ 为反对称矩阵.

例 3　设 A 为 $n\times 1$ 矩阵，且 $A^TA=1$，I_n 为 n 阶单位矩阵，$B=I_n-2AA^T$，证明：B 为对称矩阵，且 $B^2=I_n$.

证　由于

$$\begin{aligned}B^T&=(I_n-2AA^T)^T=I_n-(2AA^T)^T\\&=I_n-2(A^T)^TA^T=I_n-2AA^T=B,\end{aligned}$$

所以矩阵 B 为对称矩阵. 又

$$\begin{aligned}B^2&=(I_n-2AA^T)(I_n-2AA^T)\\&=I_n-2AA^T-2AA^T+4AA^TAA^T\\&=I_n-4AA^T+4A(A^TA)A^T\\&=I_n.\end{aligned}$$

习题 2.3

1. 令 E_{ij} 表示第 i 行第 j 列交叉点处的元素为 1，而其余元素全为零的 n 阶矩阵，$\boldsymbol{A}=(a_{ij})_n$.

(1) 求 $\boldsymbol{E}_{ij}\boldsymbol{E}_{kl}$.

(2) 证明：如果 $\boldsymbol{AE}_{ij}=\boldsymbol{E}_{ij}\boldsymbol{A}$，那么，当 $k\neq i$ 时 $a_{ki}=0$；当 $k\neq j$ 时 $a_{jk}=0$，且 $a_{ii}=a_{jj}$.

(3) 证明：如果矩阵 $\boldsymbol{A}$ 与所有的 n 阶矩阵可交换，那么 $\boldsymbol{A}$ 一定是数量矩阵，即 $\boldsymbol{A}=a\boldsymbol{I}$.

2. 证明：如果 $\boldsymbol{A}^2=\boldsymbol{A}$，但 $\boldsymbol{A}$ 不是单位矩阵，则 $\boldsymbol{A}$ 必为奇异矩阵.

3. 试证：上三角矩阵的和、差、数乘及乘积仍是上三角矩阵(对下三角矩阵也有同样的结论).

4. 对任意 n 阶方阵，试证：$\boldsymbol{A}+\boldsymbol{A}^{\mathrm{T}}$ 为对称矩阵.

5. 设 $\boldsymbol{A},\boldsymbol{B}$ 均为 n 阶对称矩阵，则 $\boldsymbol{AB}$ 是对称矩阵的充分必要条件是 $\boldsymbol{A}$ 与 $\boldsymbol{B}$ 的乘法可交换.

6. 设 $\boldsymbol{A}$ 为 n 阶矩阵，且对任意 $n\times 1$ 矩阵 $\boldsymbol{\alpha}$，都有 $\boldsymbol{\alpha}^{\mathrm{T}}\boldsymbol{A\alpha}=0$，证明：$\boldsymbol{A}$ 为反对称矩阵.

7. 设 $1\times n$ 矩阵 $\boldsymbol{x}=\left(\frac{1}{2},0,\cdots,0,\frac{1}{2}\right)$，$\boldsymbol{A}=\boldsymbol{I}-\boldsymbol{x}^{\mathrm{T}}\boldsymbol{x}$，$\boldsymbol{B}=\boldsymbol{I}+2\boldsymbol{x}^{\mathrm{T}}\boldsymbol{x}$，其中 $\boldsymbol{I}$ 为 n 阶单位矩阵，求 $\boldsymbol{AB}$.

2.4 逆 矩 阵

线性代数中引入矩阵工具的目的之一是用矩阵来研究线性方程组 $\boldsymbol{Ax}=\boldsymbol{\beta}$ 及更一般的矩阵方程.

对于一元线性方程 $ax=b$，当 $a\neq 0$ 时，必存在 a^{-1} 使得 $a^{-1}a=aa^{-1}=1$，于是在该方程的两边同乘以 a^{-1}，即可求得方程的解：$x=a^{-1}b$. 这就提示我们：对于矩阵方程 $\boldsymbol{Ax}=\boldsymbol{\beta}$，若存在一个与 $\boldsymbol{A}$ 同阶矩阵 $\boldsymbol{C}$，使得 $\boldsymbol{CA}=\boldsymbol{AC}=\boldsymbol{I}$，则在方程 $\boldsymbol{Ax}=\boldsymbol{\beta}$ 的两边同时左乘矩阵 $\boldsymbol{C}$，即可求得未知矩阵 $\boldsymbol{x}=\boldsymbol{C\beta}$. 因此，对于一个 n 阶矩阵 $\boldsymbol{A}$，是否存在一个 n 阶矩阵 $\boldsymbol{C}$，使得 $\boldsymbol{AC}=\boldsymbol{CA}=\boldsymbol{I}$，就成为一个重要内容.

2.4.1 逆矩阵的概念

我们首先引入逆矩阵的概念.

定义 2.10 设 $\boldsymbol{A}$ 是 n 阶矩阵，$\boldsymbol{I}$ 是 n 阶单位阵. 若存在 n 阶矩阵 $\boldsymbol{B}$，使得

$$\boldsymbol{AB}=\boldsymbol{BA}=\boldsymbol{I}, \tag{2.14}$$

则称矩阵 $\boldsymbol{A}$ **可逆**，$\boldsymbol{B}$ 是 $\boldsymbol{A}$ 的**逆矩阵**，记作 $\boldsymbol{B}=\boldsymbol{A}^{-1}$，否则称矩阵 $\boldsymbol{A}$ 不可逆.

定义 2.10 表明：(1) 可逆矩阵及其逆矩阵必为同阶方阵(因此今后只对方阵论及是否可逆的问题)；(2) 若 $\boldsymbol{B}$ 是 $\boldsymbol{A}$ 的逆矩阵，则 $\boldsymbol{A}$ 亦是 $\boldsymbol{B}$ 的逆矩阵.

显然，首先要解决的一个问题是，任意一个非零方阵是否必有逆矩阵？回答是否定的. 也就是说存在一类非零的方阵，它们根本没有逆矩阵.

例如，对矩阵 $\boldsymbol{A}=\begin{pmatrix}1&0\\0&0\end{pmatrix}$，不存在这样的矩阵 $\boldsymbol{B}$，使得 $\boldsymbol{AB}=\boldsymbol{BA}=\boldsymbol{I}$. 这是因为，假定 $\boldsymbol{A}$ 有逆矩阵 $\boldsymbol{B}=(b_{ij})_{2\times2}$ 使 $\boldsymbol{AB}=\boldsymbol{BA}=\boldsymbol{I}_2$，则

$$\begin{pmatrix}1&0\\0&0\end{pmatrix}\begin{pmatrix}b_{11}&b_{12}\\b_{21}&b_{22}\end{pmatrix}=\begin{pmatrix}b_{11}&b_{12}\\0&0\end{pmatrix}=\boldsymbol{I}_2=\begin{pmatrix}1&0\\0&1\end{pmatrix}.$$

但这是不可能的，因为由 $\begin{pmatrix}b_{11}&b_{12}\\0&0\end{pmatrix}=\begin{pmatrix}1&0\\0&1\end{pmatrix}$ 将推出 $0=1$ 的谬论来. 因此 $\boldsymbol{A}$ 无逆矩阵，亦即矩阵 $\boldsymbol{A}$ 是不可逆的.

而矩阵 $\boldsymbol{A}=\begin{pmatrix}1&-1\\0&1\end{pmatrix}$ 存在一个矩阵 $\boldsymbol{B}=\begin{pmatrix}1&1\\0&1\end{pmatrix}$，使得

$$\boldsymbol{AB}=\boldsymbol{BA}=\boldsymbol{I},$$

所以 $\boldsymbol{A}$ 是一个可逆阵，且 $\boldsymbol{B}$ 是 $\boldsymbol{A}$ 的逆阵.

定理 2.1 如果 n 阶矩阵 $\boldsymbol{A}$ 可逆，则它的逆矩阵是唯一的.

证 设 $\boldsymbol{B},\boldsymbol{C}$ 都是 $\boldsymbol{A}$ 的逆阵，则有 $\boldsymbol{AB}=\boldsymbol{BA}=\boldsymbol{I}$，$\boldsymbol{AC}=\boldsymbol{CA}=\boldsymbol{I}$. 于是

$$\boldsymbol{B}=\boldsymbol{BI}=\boldsymbol{B}(\boldsymbol{AC})=(\boldsymbol{BA})\boldsymbol{C}=\boldsymbol{IC}=\boldsymbol{C}.$$

所以方阵 $\boldsymbol{A}$ 的逆阵是唯一的. □

由于任一可逆矩阵 $\boldsymbol{A}$ 的逆阵是唯一确定的，我们以后就用记号 $\boldsymbol{A}^{-1}$ 来表示 $\boldsymbol{A}$ 的逆矩阵，即有 $\boldsymbol{AA}^{-1}=\boldsymbol{A}^{-1}\boldsymbol{A}=\boldsymbol{I}$.

例 1 讨论对角矩阵 $\boldsymbol{\Lambda}=\mathrm{diag}(a_1,a_2,\cdots,a_n)$ 的可逆性.

解 当 $a_1a_2\cdots a_n\neq0$ 时，$|\boldsymbol{\Lambda}|\neq0$. 此时，矩阵 $\boldsymbol{\Lambda}$ 可逆，且

$$\boldsymbol{\Lambda}^{-1}=\begin{pmatrix}\frac{1}{a_1}&&&\\&\frac{1}{a_2}&&\\&&\ddots&\\&&&\frac{1}{a_n}\end{pmatrix}.$$

当 $a_1a_2\cdots a_n=0$ 时，矩阵 $\boldsymbol{\Lambda}$ 不可逆.

2.4.2　矩阵可逆的充要条件

为了讨论矩阵可逆的充要条件，先引入伴随矩阵的概念.

定义 2.11　设 $\boldsymbol{A}=(a_{ij})_n$ 为 n 阶矩阵，A_{ij} 为 $|A|$ 中元素 a_{ij} 的代数余子式 $(i,j=1,2,\cdots,n)$，则称矩阵

$$\begin{pmatrix} A_{11} & A_{21} & \cdots & A_{n1} \\ A_{12} & A_{22} & \cdots & A_{n2} \\ \vdots & \vdots & & \vdots \\ A_{1n} & A_{2n} & \cdots & A_{nn} \end{pmatrix} \tag{2.15}$$

为 $\boldsymbol{A}$ 的**伴随矩阵**，记为 $\boldsymbol{A}^*$.

读者须注意：$\boldsymbol{A}^*$ 中第 i 行元素 $A_{ik}\,(k=1,2,\cdots,n)$ 是 $|\boldsymbol{A}|$ 中第 i 列的相应元素 $a_{ki}\,(k=1,2,\cdots,n)$ 的代数余子式.

由伴随矩阵的定义，不难验证

$$\boldsymbol{A}\boldsymbol{A}^*=\boldsymbol{A}^*\boldsymbol{A}=|\boldsymbol{A}|\boldsymbol{I}. \tag{2.16}$$

例如，设 $\boldsymbol{A}=\begin{pmatrix} a & b \\ c & d \end{pmatrix}$，依定义 2.11，有 $\boldsymbol{A}^*=\begin{pmatrix} d & -b \\ -c & a \end{pmatrix}$. 于是

$$\boldsymbol{A}\boldsymbol{A}^*=\boldsymbol{A}^*\boldsymbol{A}=\begin{pmatrix} ad-bc & 0 \\ 0 & ad-bc \end{pmatrix}=(ad-bc)\boldsymbol{I}=|\boldsymbol{A}|\boldsymbol{I}.$$

读者易于从中总结出迅速写出一个 2 阶方阵的伴随矩阵的规律.

定理 2.2　n 阶矩阵 $\boldsymbol{A}$ 可逆的充要条件为 $|\boldsymbol{A}|\neq 0$. 如果 $\boldsymbol{A}$ 可逆，则

$$\boldsymbol{A}^{-1}=\frac{1}{|\boldsymbol{A}|}\boldsymbol{A}^*. \tag{2.17}$$

证　先证必要性. 设 $\boldsymbol{A}$ 可逆，即存在逆阵 $\boldsymbol{A}^{-1}$. 由 $\boldsymbol{A}\boldsymbol{A}^{-1}=\boldsymbol{I}$ 得

$$|\boldsymbol{A}|\,|\boldsymbol{A}^{-1}|=|\boldsymbol{A}\boldsymbol{A}^{-1}|=|\boldsymbol{I}|=1,$$

所以 $|\boldsymbol{A}|\neq 0$. 又因

$$\boldsymbol{A}\boldsymbol{A}^*=\begin{pmatrix} a_{11} & a_{12} & \cdots & a_{1n} \\ a_{21} & a_{22} & \cdots & a_{2n} \\ \vdots & \vdots & & \vdots \\ a_{n1} & a_{n2} & \cdots & a_{nn} \end{pmatrix}\begin{pmatrix} A_{11} & A_{21} & \cdots & A_{n1} \\ A_{12} & A_{22} & \cdots & A_{n2} \\ \vdots & \vdots & & \vdots \\ A_{1n} & A_{2n} & \cdots & A_{nn} \end{pmatrix}=|\boldsymbol{A}|\boldsymbol{I},$$

$$\boldsymbol{A}\left(\frac{1}{|\boldsymbol{A}|}\boldsymbol{A}^*\right)=\left(\frac{1}{|\boldsymbol{A}|}\boldsymbol{A}^*\right)\boldsymbol{A}=\boldsymbol{I},$$

按照逆矩阵的定义，

$$A^{-1}=\frac{1}{|A|}A^*.$$

再证充分性. 设$|A|\neq 0$, 则$B=\frac{1}{|A|}A^*$有意义, 且

$$AB=A\left(\frac{1}{|A|}A^*\right)=\frac{1}{|A|}(AA^*)=\frac{1}{|A|}|A|I=I,$$

$$BA=\left(\frac{1}{|A|}A^*\right)A=\frac{1}{|A|}(A^*A)=\frac{1}{|A|}|A|I=I.$$

由逆矩阵的定义, 知A可逆. □

若n阶矩阵A的行列式不为零, 即$|A|\neq 0$, 则称A为**非奇异矩阵**, 否则称A为**奇异矩阵**. 这样, 定理2.2又可叙述成: n阶矩阵A可逆的充分必要条件是A为非奇异矩阵. 所以可以说, 矩阵A可逆与矩阵A非奇异是等价的概念.

定理2.2不仅给出了矩阵可逆的充要条件, 而且给出了求矩阵的逆矩阵的一种方法, 称这种方法为**伴随矩阵法**. 其具体步骤是:

(1) 给定一个n阶矩阵A, 先由$|A|$是否为0来判断A是否可逆;

(2) 若A可逆, 求出A^*, 由$A^{-1}=\frac{1}{|A|}A^*$求出A^{-1}.

对于二阶可逆矩阵, 容易推出求逆阵公式:

若$A=\begin{pmatrix}a & b\\ c & d\end{pmatrix}$, 则$A^{-1}=\frac{1}{ad-bc}\begin{pmatrix}d & -b\\ -c & a\end{pmatrix}$, 其中$ad-bc\neq 0$.

例2 设$A=\begin{pmatrix}2 & 2 & 2\\ 1 & 2 & 3\\ 1 & 3 & 6\end{pmatrix}$, 试判断$A$是否可逆; 若可逆, 则求出其逆矩阵.

解 $|A|=2\neq 0$, 故A可逆. 又$|A|$中诸元素的代数余子式分别为

$$A_{11}=3,\ A_{12}=-3,\ A_{13}=1,\ A_{21}=-6,\ A_{22}=10,$$
$$A_{23}=-4,\ A_{31}=2,\ A_{32}=-4,\ A_{33}=2,$$

所以

$$A^{-1}=\frac{1}{|A|}A^*=\frac{1}{2}\begin{pmatrix}3 & -6 & 2\\ -3 & 10 & -4\\ 1 & -4 & 2\end{pmatrix}=\begin{pmatrix}\frac{3}{2} & -3 & 1\\ -\frac{3}{2} & 5 & -2\\ \frac{1}{2} & -2 & 1\end{pmatrix}.$$

注 伴随矩阵法通常只用来求阶数较低的或较特殊的矩阵的逆矩阵. 对

于阶数较高的矩阵通常用初等变换法求逆矩阵(见 2.5 节). 在实际应用中,当矩阵阶数很高时常常借助于计算机.

下面给出定理 2.2 的一个很有用的推论.

推论 对 n 阶矩阵 $\boldsymbol{A}$,若有 n 阶矩阵 $\boldsymbol{B}$ 使得

$$\boldsymbol{AB}=\boldsymbol{I}\quad(\text{或 }\boldsymbol{BA}=\boldsymbol{I}),$$

则矩阵 $\boldsymbol{A}$ 可逆,且 $\boldsymbol{A}^{-1}=\boldsymbol{B}$.

证 由方阵乘积的行列式,可得

$$|\boldsymbol{AB}|=|\boldsymbol{A}||\boldsymbol{B}|=1,$$

所以 $|\boldsymbol{A}|\neq 0$,因而 $\boldsymbol{A}$ 可逆. 而

$$\boldsymbol{B}=\boldsymbol{IB}=(\boldsymbol{A}^{-1}\boldsymbol{A})\boldsymbol{B}=\boldsymbol{A}^{-1}(\boldsymbol{AB})=\boldsymbol{A}^{-1}\boldsymbol{I}=\boldsymbol{A}^{-1}.$$

对于 $\boldsymbol{BA}=\boldsymbol{I}$ 的情形,可类似地证明. □

这个推论表明,以后我们验证一个矩阵是另一个矩阵的逆阵时,只需要证明一个等式 $\boldsymbol{AB}=\boldsymbol{I}$ 或者 $\boldsymbol{BA}=\boldsymbol{I}$ 即可,而用不着按定义同时验证两个等式.

例 3 设方阵 $\boldsymbol{A}$ 满足 $\boldsymbol{A}^2-3\boldsymbol{A}=\boldsymbol{I}$,证明 $\boldsymbol{A}-\boldsymbol{I}$ 可逆,并且求出其逆矩阵.

证 等式 $\boldsymbol{A}^2-3\boldsymbol{A}=\boldsymbol{I}$ 两边同时加上 $2\boldsymbol{I}$,得

$$\boldsymbol{A}^2-3\boldsymbol{A}+2\boldsymbol{I}=3\boldsymbol{I}.$$

利用因式分解方法,得 $(\boldsymbol{A}-\boldsymbol{I})(\boldsymbol{A}-2\boldsymbol{I})=3\boldsymbol{I}$,即

$$(\boldsymbol{A}-\boldsymbol{I})\left[\frac{1}{3}(\boldsymbol{A}-2\boldsymbol{I})\right]=\boldsymbol{I}.$$

这表明 $\boldsymbol{A}-\boldsymbol{I}$ 可逆,而且 $(\boldsymbol{A}-\boldsymbol{I})^{-1}=\dfrac{1}{3}(\boldsymbol{A}-2\boldsymbol{I})$.

2.4.3 可逆矩阵的性质

求非奇异矩阵的逆矩阵也是一种运算,它满足下列运算规律:

(1) 若方阵 $\boldsymbol{A}$ 可逆,则 $\boldsymbol{A}^{-1}$ 也可逆,且 $(\boldsymbol{A}^{-1})^{-1}=\boldsymbol{A}$;

(2) 若方阵 $\boldsymbol{A}$ 可逆,数 $k\neq 0$,则 $k\boldsymbol{A}$ 也可逆,且 $(k\boldsymbol{A})^{-1}=\dfrac{1}{k}\boldsymbol{A}^{-1}$;

(3) 若方阵 $\boldsymbol{A}$ 可逆,则 $\boldsymbol{A}^{\mathrm{T}}$ 也可逆,且 $(\boldsymbol{A}^{\mathrm{T}})^{-1}=(\boldsymbol{A}^{-1})^{\mathrm{T}}$;

(4) 若两个同阶方阵 $\boldsymbol{A},\boldsymbol{B}$ 均可逆,则 $\boldsymbol{AB}$ 也可逆,且

$$(\boldsymbol{AB})^{-1}=\boldsymbol{B}^{-1}\boldsymbol{A}^{-1};$$

(5) 若方阵 $\boldsymbol{A}$ 可逆,则 $|\boldsymbol{A}^{-1}|=\dfrac{1}{|\boldsymbol{A}|}$.

我们只证(3),(4),而(1),(2),(5)由读者自己证明.

证 (3) 设方阵 $\boldsymbol{A}$ 可逆,则有

$$AA^{-1}=A^{-1}A=I.$$

上式两边取转置，得

$$(A^{-1})^{T}A^{T}=A^{T}(A^{-1})^{T}=I.$$

由逆阵的定义知，A^{T} 可逆，且$(A^{-1})^{T}$ 是 A^{T} 的逆阵，即$(A^{T})^{-1}=(A^{-1})^{T}$.

(4) 设 A,B 是两个同阶可逆阵，则有

$$AA^{-1}=A^{-1}A=I,\quad BB^{-1}=B^{-1}B=I.$$

于是

$$(AB)(B^{-1}A^{-1})=A(BB^{-1})A^{-1}=AIA^{-1}=AA^{-1}=I,$$

$$(B^{-1}A^{-1})(AB)=B(A^{-1}A)B^{-1}=B^{-1}IB=B^{-1}B=I.$$

所以有

$$(AB)(B^{-1}A^{-1})=(B^{-1}A^{-1})(AB)=I.$$

由逆阵的定义可知，AB 可逆，且 $B^{-1}A^{-1}$ 是 AB 的逆阵，即$(AB)^{-1}=B^{-1}A^{-1}$.

性质(4) 可以推广到有限个同阶可逆阵相乘的情况，即如果 $A_1,A_2,\cdots,A_k$ 是 k 个同阶可逆阵，则

$$(A_1A_2\cdots A_k)^{-1}=A_k^{-1}\cdots A_2^{-1}A_1^{-1}. \tag{2.18}$$

例 4 设 n 阶矩阵 $A,B,A+B$ 均可逆，证明 $A^{-1}+B^{-1}$ 可逆，且

$$(A^{-1}+B^{-1})^{-1}=A(A+B)^{-1}B=B(B+A)^{-1}A.$$

证 将 $A^{-1}+B^{-1}$ 表示成已知的可逆矩阵的乘积：

$$\begin{aligned}A^{-1}+B^{-1}&=A^{-1}(I+AB^{-1})=A^{-1}(BB^{-1}+AB^{-1})\\&=A^{-1}(B+A)B^{-1}=A^{-1}(A+B)B^{-1}.\end{aligned}$$

由可逆矩阵性质(3)，知

$$(A^{-1}+B^{-1})^{-1}=[A^{-1}(A+B)B^{-1}]^{-1}=B(B+A)^{-1}A.$$

同理，可证另一个等式也成立.

另一等式还可以使用下面的证明：由

$$\begin{aligned}(A(A+B)^{-1}B)^{-1}&=B^{-1}(A+B)A^{-1}=B^{-1}AA^{-1}+B^{-1}BA^{-1}\\&=B^{-1}+A^{-1}=A^{-1}+B^{-1},\end{aligned}$$

得$(A^{-1}+B^{-1})^{-1}=A(A+B)^{-1}B$.

例 5 设

$$A=\begin{pmatrix}1&2&3\\2&2&1\\3&4&3\end{pmatrix},\quad B=\begin{pmatrix}2&1\\5&3\end{pmatrix},\quad C=\begin{pmatrix}1&3\\2&0\\3&1\end{pmatrix},$$

求矩阵 X，使满足 $AXB=C$.

解 若 A^{-1},B^{-1} 存在，则用 A^{-1} 左乘、B^{-1} 右乘上式两边，有

$$A^{-1}AXBB^{-1}=A^{-1}CB^{-1},$$

得 $X=A^{-1}CB^{-1}$. 计算可知$|A|\neq 0$ 且$|B|\neq 0$，故知 A,B 都可逆.

$$A^{-1}=\begin{pmatrix}1 & 3 & -2\\ -\frac{3}{2} & -3 & \frac{5}{2}\\ 1 & 1 & -1\end{pmatrix},\quad B^{-1}=\begin{pmatrix}3 & -1\\ -5 & 2\end{pmatrix},$$

于是

$$X=A^{-1}CB^{-1}=\begin{pmatrix}1 & 3 & -2\\ -\frac{3}{2} & -3 & \frac{5}{2}\\ 1 & 1 & -1\end{pmatrix}\begin{pmatrix}1 & 3\\ 2 & 0\\ 3 & 1\end{pmatrix}\begin{pmatrix}3 & -1\\ -5 & 2\end{pmatrix}$$

$$=\begin{pmatrix}1 & 1\\ 0 & -2\\ 0 & 2\end{pmatrix}\begin{pmatrix}3 & -1\\ -5 & 2\end{pmatrix}=\begin{pmatrix}-2 & 1\\ 10 & -4\\ -10 & 4\end{pmatrix}.$$

习题 2.4

1. 下列矩阵 $\boldsymbol{A},\boldsymbol{B}$ 是否可逆？若可逆，则求出其逆矩阵.

$$A=\begin{pmatrix}1 & 2 & 3\\ 2 & 1 & 2\\ 1 & 3 & 3\end{pmatrix},\quad B=\begin{pmatrix}2 & 3 & 1\\ -1 & -3 & -5\\ 1 & 5 & 11\end{pmatrix}.$$

2. 试求下列方阵的逆矩阵：

(1) $A=\begin{pmatrix}\cos\theta & -\sin\theta\\ 4\sin\theta & 4\cos\theta\end{pmatrix}$； (2) $A=\begin{pmatrix}1 & 1 & -1\\ 1 & 2 & -3\\ 0 & 1 & 1\end{pmatrix}$.

3. 设 $\boldsymbol{A}=(a_{ij})_{3\times3}$ 为非零方阵. 如果元素 a_{ij} 的代数余子式 $A_{ij}=a_{ij}\ (i,j=1,2,3)$，

(1) 证明：$|\boldsymbol{A}|=1$；

(2) 求 $\boldsymbol{A}^{-1}$.

4. 设矩阵 $A=\begin{pmatrix}1 & 2 & 0\\ 2 & 3 & 0\\ 3 & 4 & 2\end{pmatrix}$，求 $\boldsymbol{A}^{-1}$.

5. 若 $\boldsymbol{A}^2=\boldsymbol{B}^2=\boldsymbol{I}$，且 $|\boldsymbol{A}|+|\boldsymbol{B}|=0$. 试证明：$\boldsymbol{A}+\boldsymbol{B}$ 是不可逆矩阵.

6. 设方阵 $\boldsymbol{A}$ 满足 $\boldsymbol{A}^2-\boldsymbol{A}-2\boldsymbol{I}=\boldsymbol{O}$，证明 $\boldsymbol{A}$ 和 $\boldsymbol{A}+2\boldsymbol{I}$ 都可逆，并求 $\boldsymbol{A}^{-1}$ 和 $(\boldsymbol{A}+2\boldsymbol{I})^{-1}$.

7. 求矩阵 $\boldsymbol{X}$，使 $\boldsymbol{AX}=\boldsymbol{B}$，其中

$$A=\begin{pmatrix}1 & 2 & 3\\ 2 & 2 & 1\\ 3 & 4 & 3\end{pmatrix},\quad B=\begin{pmatrix}2 & 5\\ 3 & 1\\ 4 & 3\end{pmatrix}.$$

8. 设 $\boldsymbol{A}$ 是 n 阶可逆矩阵，$\boldsymbol{A}^*$ 是 $\boldsymbol{A}$ 的伴随矩阵，$(\boldsymbol{A}^*)^*$ 是 $\boldsymbol{A}^*$ 的伴随矩阵，试证：

(1) $(\boldsymbol{A}^*)^{\mathrm{T}}=(\boldsymbol{A}^{\mathrm{T}})^*$； (2) $(\boldsymbol{A}^*)^{-1}=(\boldsymbol{A}^{-1})^*$；

(3) $(\boldsymbol{A}^*)^* = |\boldsymbol{A}|^{n-2}\boldsymbol{A}$.

9. 设$\boldsymbol{A},\boldsymbol{B}$分别为$r,s$阶可逆矩阵，$\boldsymbol{C}$是$s\times r$矩阵，$\boldsymbol{D}$是$r\times s$矩阵. 若$\boldsymbol{A}-\boldsymbol{D}\boldsymbol{B}^{-1}\boldsymbol{C}$可逆，则$\boldsymbol{B}-\boldsymbol{C}\boldsymbol{A}^{-1}\boldsymbol{D}$也可逆，且

$$(\boldsymbol{B}-\boldsymbol{C}\boldsymbol{A}^{-1}\boldsymbol{D})^{-1} = \boldsymbol{B}^{-1}+\boldsymbol{B}^{-1}\boldsymbol{C}(\boldsymbol{A}-\boldsymbol{D}\boldsymbol{B}^{-1}\boldsymbol{C})^{-1}\boldsymbol{D}\boldsymbol{B}^{-1}.$$

10. 设$\boldsymbol{A}$是一个n阶上三角矩阵，主对角线上的元素$a_{ii}\neq 0\ (i=1,2,\cdots,n)$，则$\boldsymbol{A}$是非奇异阵且$\boldsymbol{A}^{-1}$也是上三角矩阵.

11. 证明：如果对称矩阵$\boldsymbol{A}$为非奇异矩阵，则$\boldsymbol{A}^{-1}$也是对称的.

12. 若三阶矩阵$\boldsymbol{A}$的伴随矩阵为$\boldsymbol{A}^*$，已知$|\boldsymbol{A}|=\dfrac{1}{2}$，求$|(3\boldsymbol{A})^{-1}-2\boldsymbol{A}^*|$的值.

13. 设$\boldsymbol{A}=(a_{ij})_{4\times 4}$，$\boldsymbol{A}_{ij}$为$a_{ij}$的代数余子式，且$\boldsymbol{A}_{ij}=-a_{ij}\ (i=1,2,3,4)$，$a_{11}\neq 0$，求$|\boldsymbol{A}|$.

2.5 分块矩阵

我们已经看到，矩阵运算是一种比较复杂的运算. 在矩阵的运算和研究中，为了简化这种运算，经常需要将行数和列数较多的矩阵作矩阵的分块处理，使原矩阵显得结构简单，从而使矩阵的运算变得方便、简洁.

2.5.1 分块矩阵的概念

用贯通矩阵的横线和纵线将矩阵$\boldsymbol{A}$分割成若干个小矩阵，称为矩阵的分块. 矩阵$\boldsymbol{A}$中如此得到的小矩阵称为$\boldsymbol{A}$的**子块**(或子矩阵)，以这些子块为元素的矩阵称为$\boldsymbol{A}$的**分块矩阵**. 例如，

$$\boldsymbol{A}=\left(\begin{array}{cc:ccc} a_{11} & a_{12} & a_{13} & a_{14} & a_{15} \\ \hdashline a_{21} & a_{22} & a_{23} & a_{24} & a_{25} \\ a_{31} & a_{32} & a_{33} & a_{34} & a_{35} \\ \hdashline a_{41} & a_{42} & a_{43} & a_{44} & a_{45} \end{array}\right)$$

就是一个分块矩阵. 若记

$$\boldsymbol{A}_{11}=(a_{11},a_{12}),\quad \boldsymbol{A}_{12}=(a_{13},a_{14},a_{15}),$$

$$\boldsymbol{A}_{21}=\begin{pmatrix} a_{21} & a_{22} \\ a_{31} & a_{32} \end{pmatrix},\quad \boldsymbol{A}_{22}=\begin{pmatrix} a_{23} & a_{24} & a_{25} \\ a_{33} & a_{34} & a_{35} \end{pmatrix},$$

$$\boldsymbol{A}_{31}=(a_{41},a_{42}),\quad \boldsymbol{A}_{32}=(a_{43},a_{44},a_{45}),$$

则可将矩阵$\boldsymbol{A}$记成

$$\boldsymbol{A}=\begin{pmatrix}\boldsymbol{A}_{11} & \boldsymbol{A}_{12}\\ \boldsymbol{A}_{21} & \boldsymbol{A}_{22}\\ \boldsymbol{A}_{31} & \boldsymbol{A}_{32}\end{pmatrix}. \tag{2.19}$$

这是一个分成了 6 块的分块矩阵.

一般地，在矩阵 $\boldsymbol{A}=(a_{ij})_{m\times n}$ 的 m 行间加入 $p-1$ 条横线将 m 行分成 p 个行组($1\leqslant p\leqslant m$)，在其 n 列间加入 $q-1$ 条纵线将 n 列分成 q 个列组($1\leqslant q\leqslant n$)，从而矩阵 $\boldsymbol{A}$ 被分割成一个 $p\times q$ 分块矩阵$(\boldsymbol{A}_{ij})_{p\times q}$，可记为

$$\boldsymbol{A}=\begin{pmatrix}\boldsymbol{A}_{11} & \boldsymbol{A}_{12} & \cdots & \boldsymbol{A}_{1q}\\ \boldsymbol{A}_{21} & \boldsymbol{A}_{22} & \cdots & \boldsymbol{A}_{2q}\\ \vdots & \vdots & & \vdots\\ \boldsymbol{A}_{p1} & \boldsymbol{A}_{p2} & \cdots & \boldsymbol{A}_{pq}\end{pmatrix}.$$

注意这里 $\boldsymbol{A}_{ij}$ 代表一个矩阵，而不是一个数. $\boldsymbol{A}_{ij}$ 通常称为 $\boldsymbol{A}$ 的第(i,j) 块. $\boldsymbol{A}$ 有时也记为 $\boldsymbol{A}=(\boldsymbol{A}_{ij})_{p\times q}$.

一个矩阵可以有各种各样的分块方法，究竟怎么分比较好，要看具体需要而定.

如果把分块矩阵的每一个子块当成矩阵的一个元素，可以按矩阵的运算法则建立分块矩阵对应的运算法则. 下面讨论分块矩阵的运算.

2.5.2 分块矩阵的加法与数乘运算

设 $\boldsymbol{A}=(a_{ij})$，$\boldsymbol{B}=(b_{ij})$ 都是 $m\times n$ 矩阵. 如果对 $\boldsymbol{A},\boldsymbol{B}$ 作同样方式的分块，即

$$\boldsymbol{A}=\begin{pmatrix}\boldsymbol{A}_{11} & \boldsymbol{A}_{12} & \cdots & \boldsymbol{A}_{1q}\\ \boldsymbol{A}_{21} & \boldsymbol{A}_{22} & \cdots & \boldsymbol{A}_{2q}\\ \vdots & \vdots & & \vdots\\ \boldsymbol{A}_{p1} & \boldsymbol{A}_{p2} & \cdots & \boldsymbol{A}_{pq}\end{pmatrix},\quad \boldsymbol{B}=\begin{pmatrix}\boldsymbol{B}_{11} & \boldsymbol{B}_{12} & \cdots & \boldsymbol{B}_{1q}\\ \boldsymbol{B}_{21} & \boldsymbol{B}_{22} & \cdots & \boldsymbol{B}_{2q}\\ \vdots & \vdots & & \vdots\\ \boldsymbol{B}_{p1} & \boldsymbol{B}_{p2} & \cdots & \boldsymbol{B}_{pq}\end{pmatrix},$$

其中对应的子块 $\boldsymbol{A}_{ij}$ 与 $\boldsymbol{B}_{ij}$ ($i=1,2,\cdots,p$; $j=1,2,\cdots,q$) 有相同的行数和相同的列数，则容易验证

$$\boldsymbol{A}+\boldsymbol{B}=\begin{pmatrix}\boldsymbol{A}_{11}+\boldsymbol{B}_{11} & \boldsymbol{A}_{12}+\boldsymbol{B}_{12} & \cdots & \boldsymbol{A}_{1q}+\boldsymbol{B}_{1q}\\ \boldsymbol{A}_{21}+\boldsymbol{B}_{21} & \boldsymbol{A}_{22}+\boldsymbol{B}_{22} & \cdots & \boldsymbol{A}_{2q}+\boldsymbol{B}_{2q}\\ \vdots & \vdots & & \vdots\\ \boldsymbol{A}_{p1}+\boldsymbol{B}_{p1} & \boldsymbol{A}_{p2}+\boldsymbol{B}_{p2} & \cdots & \boldsymbol{A}_{pq}+\boldsymbol{B}_{pq}\end{pmatrix},$$

$$k\boldsymbol{A}=(k\boldsymbol{A}_{ij})_{p\times q}=\begin{pmatrix}k\boldsymbol{A}_{11} & k\boldsymbol{A}_{12} & \cdots & k\boldsymbol{A}_{1q}\\ k\boldsymbol{A}_{21} & k\boldsymbol{A}_{22} & \cdots & k\boldsymbol{A}_{2q}\\ \vdots & \vdots & & \vdots\\ k\boldsymbol{A}_{p1} & k\boldsymbol{A}_{p2} & \cdots & k\boldsymbol{A}_{pq}\end{pmatrix},$$

其中 k 是一个数.

可见矩阵的分块加法、分块数乘只须将分块矩阵中的子块视为矩阵的元素，然后分别参照矩阵的加法、数乘的法则进行计算即可. 可以验证，所得结果与不进行分块而直接对矩阵进行相应运算的结果完全一样.

2.5.3　分块矩阵的乘法

分块矩阵的乘法是最主要的分块矩阵运算. 它与普通矩阵的乘法在形式上类似，只是在处理矩阵块与块之间的乘法时必须保证符合矩阵相乘的条件. 因此欲使块阵乘积 $\boldsymbol{AB}$ 有意义，在矩阵 $\boldsymbol{A},\boldsymbol{B}$ 分块相乘时，不仅要求 $\boldsymbol{A},\boldsymbol{B}$ 按普通矩阵的乘法是能相乘的(即左边矩阵 $\boldsymbol{A}$ 的列数与右边矩阵 $\boldsymbol{B}$ 的行数相同)；而且要求对左边矩阵 $\boldsymbol{A}$ 的列的分法与对右边矩阵 $\boldsymbol{B}$ 的行的分法一致(不但要求左边矩阵 $\boldsymbol{A}$ 分块后的列数与右边矩阵 $\boldsymbol{B}$ 分块后的行数相同，而且要求左边矩阵 $\boldsymbol{A}$ 分块后的第 k 列子块的列数与右边矩阵 $\boldsymbol{B}$ 分块后的第 k 行子块的行数相同)，而对左边矩阵 $\boldsymbol{A}$ 的行的分法和对右边矩阵 $\boldsymbol{B}$ 的列的分法可以不作限制. 总之，对应矩阵乘法的矩阵分块原则：一是使运算可行；二是使运算简便.

例如，设 $\boldsymbol{A}$ 为 $m\times n$ 矩阵，$\boldsymbol{B}$ 为 $n\times l$ 矩阵，我们将矩阵 $\boldsymbol{A}$ 的列分成 s 块，而矩阵 $\boldsymbol{B}$ 的行也分成 s 块，使得 $\boldsymbol{A}$ 与 $\boldsymbol{B}$ 的分块适合如下条件：

$$\begin{array}{c} \quad\; n_1 \quad\; n_2 \quad \cdots \quad n_s \\ \boldsymbol{A}=\begin{pmatrix} \boldsymbol{A}_{11} & \boldsymbol{A}_{12} & \cdots & \boldsymbol{A}_{1s} \\ \boldsymbol{A}_{21} & \boldsymbol{A}_{22} & \cdots & \boldsymbol{A}_{2s} \\ \vdots & \vdots & & \vdots \\ \boldsymbol{A}_{r1} & \boldsymbol{A}_{r2} & \cdots & \boldsymbol{A}_{rs} \end{pmatrix}\begin{matrix} m_1 \\ m_2 \\ \vdots \\ m_r \end{matrix}, \end{array}$$

$$\begin{array}{c} \quad\; l_1 \quad\; l_2 \quad \cdots \quad l_t \\ \boldsymbol{B}=\begin{pmatrix} \boldsymbol{B}_{11} & \boldsymbol{B}_{12} & \cdots & \boldsymbol{B}_{1t} \\ \boldsymbol{B}_{21} & \boldsymbol{B}_{22} & \cdots & \boldsymbol{B}_{2t} \\ \vdots & \vdots & & \vdots \\ \boldsymbol{B}_{s1} & \boldsymbol{B}_{s2} & \cdots & \boldsymbol{B}_{st} \end{pmatrix}\begin{matrix} n_1 \\ n_2 \\ \vdots \\ n_s \end{matrix}, \end{array}$$

其中

$$m_1+m_2+\cdots+m_r=m,$$

$$n_1+n_2+\cdots+n_s=n,$$

$$l_1+l_2+\cdots+l_t=l,$$

即在 $\boldsymbol{A}$ 中，第(i,j)块 $\boldsymbol{A}_{ij}$ 的行数为 m_i，列数为 n_j. 而在 $\boldsymbol{B}$ 中第(i,j)块 $\boldsymbol{B}_{ij}$ 的

行数为 n_i，列数为 l_j. 这样的分块方式保证了 $\boldsymbol{A}_{ik}$ 的列数与 $\boldsymbol{B}_{kj}$ 的行数相等(都等于 n_k)，因此 $\boldsymbol{A}_{ik}$ 与 $\boldsymbol{B}_{kj}$ 作为矩阵相乘有意义. 于是若设分块矩阵 $\boldsymbol{A}$ 与 $\boldsymbol{B}$ 的积为

$$\boldsymbol{C}=\begin{pmatrix}\boldsymbol{C}_{11} & \boldsymbol{C}_{12} & \cdots & \boldsymbol{C}_{1t}\\ \boldsymbol{C}_{21} & \boldsymbol{C}_{22} & \cdots & \boldsymbol{C}_{2t}\\ \vdots & \vdots & & \vdots\\ \boldsymbol{C}_{r1} & \boldsymbol{C}_{r2} & \cdots & \boldsymbol{C}_{rt}\end{pmatrix},$$

则 $\boldsymbol{C}_{ij}$ 是一个 $m_i\times l_j$ 矩阵，而且

$$\begin{aligned}\boldsymbol{C}_{ij}&=\boldsymbol{A}_{i1}\boldsymbol{B}_{1j}+\boldsymbol{A}_{i2}\boldsymbol{B}_{2j}+\cdots+\boldsymbol{A}_{is}\boldsymbol{B}_{sj}\\&=\sum_{k=1}^{s}\boldsymbol{A}_{ik}\boldsymbol{B}_{kj}\quad(i=1,2,\cdots,r;\ j=1,2,\cdots,t).\end{aligned}\tag{2.20}$$

不难看出，如果将分块矩阵中的子块当做单个元素按普通矩阵的乘法相乘，那么所得到的积矩阵与通过普通乘法得到的矩阵是一样的，即 $\boldsymbol{C}=\boldsymbol{AB}$. 我们通过下面的例子来说明这一点.

例 1 已知矩阵

$$\boldsymbol{A}=\begin{pmatrix}1 & 0 & 2 & -1 & 0\\ 0 & 1 & 1 & -2 & 1\\ 0 & 0 & 3 & 1 & 0\\ 1 & 0 & -2 & 0 & 1\end{pmatrix},\quad \boldsymbol{B}=\begin{pmatrix}1 & 0 & 2\\ 0 & 1 & 0\\ -1 & 1 & 3\\ 0 & 1 & -1\\ 2 & 0 & 1\end{pmatrix},$$

求 $\boldsymbol{AB}$.

解 将矩阵 $\boldsymbol{A}$ 分块成

$$\boldsymbol{A}=\begin{pmatrix}\boldsymbol{A}_{11} & \boldsymbol{A}_{12} & \boldsymbol{A}_{13}\\ \boldsymbol{A}_{21} & \boldsymbol{A}_{22} & \boldsymbol{A}_{23}\end{pmatrix}=\overset{\quad 2 \qquad\quad 1 \qquad\quad 2}{\left(\begin{array}{cc:c:cc}1 & 0 & 2 & -1 & 0\\ 0 & 1 & 1 & -2 & 1\\ \hdashline 0 & 0 & 3 & 1 & 0\\ 1 & 0 & -2 & 0 & 1\end{array}\right)}\begin{matrix}2\\ \\ 2\end{matrix},$$

矩阵 $\boldsymbol{B}$ 分块成

$$\boldsymbol{B}=\begin{pmatrix}\boldsymbol{B}_{11} & \boldsymbol{B}_{12}\\ \boldsymbol{B}_{21} & \boldsymbol{B}_{22}\\ \boldsymbol{B}_{31} & \boldsymbol{B}_{32}\end{pmatrix}=\overset{\quad 2 \qquad 1}{\left(\begin{array}{cc:c}1 & 0 & 2\\ 0 & 1 & 0\\ \hdashline -1 & 1 & 3\\ \hdashline 0 & 1 & -1\\ 2 & 0 & 1\end{array}\right)}\begin{matrix}2\\ 1\\ 2\end{matrix},$$

其中 A_{ij}, B_{ij} 是 A, B 中对应的块. 读者不难验证这两个分块矩阵符合相乘的条件. 设 C 是 A 与 B 之积，则 C 也是一个分块矩阵，横向分块数应与 A 的横向分块数相同，即 2 块；纵向分块数应与 B 的纵向分块数相同，也为 2 块. 于是 C 应是 2×2 分块矩阵，容易算出

$$\begin{aligned}C_{11} &= A_{11}B_{11}+A_{12}B_{21}+A_{13}B_{31}\\ &= \begin{pmatrix}1&0\\0&1\end{pmatrix}\begin{pmatrix}1&0\\0&1\end{pmatrix}+\begin{pmatrix}2\\1\end{pmatrix}(-1,1)+\begin{pmatrix}-1&0\\-2&1\end{pmatrix}\begin{pmatrix}0&1\\2&0\end{pmatrix}\\ &= \begin{pmatrix}1&0\\0&1\end{pmatrix}+\begin{pmatrix}-2&2\\-1&1\end{pmatrix}+\begin{pmatrix}0&-1\\2&-2\end{pmatrix}=\begin{pmatrix}-1&1\\1&0\end{pmatrix},\end{aligned}$$

以及

$$C_{12} = A_{11}B_{12}+A_{12}B_{22}+A_{13}B_{32} = \begin{pmatrix}9\\6\end{pmatrix},$$

$$C_{21} = A_{21}B_{11}+A_{22}B_{21}+A_{23}B_{31} = \begin{pmatrix}-3&4\\5&-2\end{pmatrix},$$

$$C_{22} = A_{21}B_{12}+A_{22}B_{22}+A_{23}B_{32} = \begin{pmatrix}8\\-3\end{pmatrix},$$

于是

$$C=\left(\begin{array}{cc|c}-1&1&9\\1&0&6\\\hline -3&4&8\\5&-2&-3\end{array}\right).$$

容易验证，用分块矩阵乘法构造的矩阵 C 与直接将矩阵 A 与矩阵 B 相乘的结果相同. 在作上述矩阵乘法时，用分块矩阵乘法似乎并没有简化乘法的运算，但读者甚至会感到分块乘法比不分块更麻烦. 现在来看下面的例子，它表明相对分块运算的优越性.

设 A 是一个 $m\times n$ 矩阵，B 是一个 $n\times l$ 矩阵，将 B 的每一列分成一块，记为 $B=(\beta_1,\beta_2,\cdots,\beta_l)$，其中

$$\beta_j=\begin{pmatrix}b_{1j}\\b_{2j}\\\vdots\\b_{nj}\end{pmatrix}$$

是 B 的第 j 列；又将 A 看成是只有一块的分块矩阵，这时不难验证 $A\beta_j$ 有意义且 A 与 B 作为分块矩阵可作乘法：

$$AB=(A\beta_1,A\beta_2,\cdots,A\beta_l).$$

同样，可对 $\boldsymbol{A}$ 作行分块，即将 $\boldsymbol{A}$ 的每一行作为一块，则

$$\boldsymbol{A}=\begin{pmatrix}\boldsymbol{\alpha}_1\\\boldsymbol{\alpha}_2\\\vdots\\\boldsymbol{\alpha}_m\end{pmatrix},$$

其中 $\boldsymbol{\alpha}_i=(a_{i1},a_{i2},\cdots,a_{in})$ 是 $\boldsymbol{A}$ 的第 i 行，这时也将 $\boldsymbol{B}$ 看成是 1×1 分块矩阵，则有

$$\boldsymbol{AB}=\begin{pmatrix}\boldsymbol{\alpha}_1\boldsymbol{B}\\\boldsymbol{\alpha}_2\boldsymbol{B}\\\vdots\\\boldsymbol{\alpha}_m\boldsymbol{B}\end{pmatrix}.$$

上述结果告诉我们，无须写出矩阵的元素，用分块矩阵乘法表述这个事实，简捷而明了.

2.5.4 分块矩阵的转置

设矩阵 $\boldsymbol{A}$ 的分块矩阵为

$$\boldsymbol{A}=\begin{pmatrix}\boldsymbol{A}_{11}&\boldsymbol{A}_{12}&\cdots&\boldsymbol{A}_{1q}\\\boldsymbol{A}_{21}&\boldsymbol{A}_{22}&\cdots&\boldsymbol{A}_{2q}\\\vdots&\vdots&&\vdots\\\boldsymbol{A}_{p1}&\boldsymbol{A}_{p2}&\cdots&\boldsymbol{A}_{pq}\end{pmatrix},$$

则

$$\boldsymbol{A}^{\mathrm{T}}=\begin{pmatrix}\boldsymbol{A}_{11}^{\mathrm{T}}&\boldsymbol{A}_{21}^{\mathrm{T}}&\cdots&\boldsymbol{A}_{p1}^{\mathrm{T}}\\\boldsymbol{A}_{12}^{\mathrm{T}}&\boldsymbol{A}_{22}^{\mathrm{T}}&\cdots&\boldsymbol{A}_{p2}^{\mathrm{T}}\\\vdots&\vdots&&\vdots\\\boldsymbol{A}_{1q}^{\mathrm{T}}&\boldsymbol{A}_{2q}^{\mathrm{T}}&\cdots&\boldsymbol{A}_{pq}^{\mathrm{T}}\end{pmatrix}. \tag{2.21}$$

注 分块矩阵转置时，不仅整个分块矩阵按块转置，而且其中每一块都要同时转置.

例如，若 $\boldsymbol{B}=\begin{pmatrix}\boldsymbol{B}_{11}&\boldsymbol{B}_{12}&\boldsymbol{B}_{13}\\\boldsymbol{B}_{21}&\boldsymbol{B}_{22}&\boldsymbol{B}_{23}\end{pmatrix}$，则 $\boldsymbol{B}^{\mathrm{T}}=\begin{pmatrix}\boldsymbol{B}_{11}^{\mathrm{T}}&\boldsymbol{B}_{21}^{\mathrm{T}}\\\boldsymbol{B}_{12}^{\mathrm{T}}&\boldsymbol{B}_{22}^{\mathrm{T}}\\\boldsymbol{B}_{13}^{\mathrm{T}}&\boldsymbol{B}_{23}^{\mathrm{T}}\end{pmatrix}$.

2.5.5 分块对角矩阵

将矩阵进行分块是为了使矩阵运算得以简化而采用的一种技巧. 事实上，很多时候矩阵的分块运算只是在一些具有特殊结构的矩阵的运算中方显

出其功效. 我们只以分块对角矩阵给以示例.

设 n 阶矩阵 $\boldsymbol{A}$ 适当分块后得分块矩阵

$$\begin{pmatrix} \boldsymbol{A}_1 & & & \\ & \boldsymbol{A}_2 & & \\ & & \ddots & \\ & & & \boldsymbol{A}_s \end{pmatrix} \xlongequal{\text{记为}} \mathrm{diag}(\boldsymbol{A}_1, \boldsymbol{A}_1, \cdots, \boldsymbol{A}_s), \tag{2.22}$$

其中 $\boldsymbol{A}_i(i=1,2,\cdots,s)$ 各为 $n_i\left(\sum_{i=1}^{s} n_i = n\right)$ 阶方阵，这种分块矩阵称为**分块对角矩阵或准对角矩阵**(其中未写出的子块皆为零矩阵).

不难验证，具有同样分法的同阶分块对角矩阵的和、差、积仍是同类型的分块对角矩阵，其运算法则类似于对角矩阵的相应运算法则. 当 $\boldsymbol{A}_i(i=1,2,\cdots,s)$ 都可逆时，形如(2.22) 的分块对角矩阵也可逆，其逆矩阵为

$$\begin{pmatrix} \boldsymbol{A}_1 & & & \\ & \boldsymbol{A}_2 & & \\ & & \ddots & \\ & & & \boldsymbol{A}_s \end{pmatrix}^{-1} = \begin{pmatrix} \boldsymbol{A}_1^{-1} & & & \\ & \boldsymbol{A}_2^{-1} & & \\ & & \ddots & \\ & & & \boldsymbol{A}_s^{-1} \end{pmatrix}. \tag{2.23}$$

它告诉我们，对一个分块对角阵，如要求它的逆阵只须将主对角线上的每一块求逆阵就可以了.

例 2 设 $\boldsymbol{A}=\left(\begin{array}{cc|c|cc} 1 & 4 & 0 & 0 & 0 \\ 0 & 1 & 0 & 0 & 0 \\ \hline 0 & 0 & -7 & 0 & 0 \\ \hline 0 & 0 & 0 & 0 & -1 \\ 0 & 0 & 0 & -1 & 3 \end{array}\right)$，求 $\boldsymbol{A}^{-1}$.

解 设 $\boldsymbol{A}_1=\begin{pmatrix} 1 & 4 \\ 0 & 1 \end{pmatrix}$，$\boldsymbol{A}_2=(-7)$，$\boldsymbol{A}_3=\begin{pmatrix} 0 & -1 \\ -1 & 3 \end{pmatrix}$，则有

$$\boldsymbol{A}_1^{-1}=\begin{pmatrix} 1 & -4 \\ 0 & 1 \end{pmatrix}, \quad \boldsymbol{A}_2^{-1}=\left(-\frac{1}{7}\right), \quad \boldsymbol{A}_3^{-1}=\begin{pmatrix} -3 & -1 \\ -1 & 0 \end{pmatrix}.$$

由(2.23) 得

$$\boldsymbol{A}^{-1}=\begin{pmatrix} \boldsymbol{A}_1^{-1} & & \\ & \boldsymbol{A}_2^{-1} & \\ & & \boldsymbol{A}_3^{-1} \end{pmatrix}=\begin{pmatrix} 1 & -4 & 0 & 0 & 0 \\ 0 & 1 & 0 & 0 & 0 \\ 0 & 0 & -\frac{1}{7} & 0 & 0 \\ 0 & 0 & 0 & -3 & -1 \\ 0 & 0 & 0 & -1 & 0 \end{pmatrix}.$$

*2.5.6 分块矩阵的共轭

设 $\boldsymbol{A}$ 是一个分块矩阵：

$$\boldsymbol{A}=\begin{pmatrix}\boldsymbol{A}_{11} & \boldsymbol{A}_{12} & \cdots & \boldsymbol{A}_{1q}\\ \boldsymbol{A}_{21} & \boldsymbol{A}_{22} & \cdots & \boldsymbol{A}_{2q}\\ \vdots & \vdots & & \vdots\\ \boldsymbol{A}_{p1} & \boldsymbol{A}_{p2} & \cdots & \boldsymbol{A}_{pq}\end{pmatrix},$$

则 $\boldsymbol{A}$ 的共轭矩阵为

$$\overline{\boldsymbol{A}}=\begin{pmatrix}\overline{\boldsymbol{A}_{11}} & \overline{\boldsymbol{A}_{21}} & \cdots & \overline{\boldsymbol{A}_{p1}}\\ \overline{\boldsymbol{A}_{12}} & \overline{\boldsymbol{A}_{22}} & \cdots & \overline{\boldsymbol{A}_{p2}}\\ \vdots & \vdots & & \vdots\\ \overline{\boldsymbol{A}_{1q}} & \overline{\boldsymbol{A}_{2q}} & \cdots & \overline{\boldsymbol{A}_{pq}}\end{pmatrix},$$

也就是只须对每一块取共轭就行了. 分块矩阵的共轭同矩阵的共轭也是完全一致的.

习题 2.5

1. 按指定分块的方法，用分块矩阵乘法求下列矩阵的乘积：

(1) $\left(\begin{array}{ccc}2 & 1 & -1\\ \hline 3 & 0 & -2\\ \hline 1 & -1 & 1\end{array}\right)\left(\begin{array}{c|c|c}1 & 1 & 0\\ 0 & 0 & -1\\ -1 & 2 & 1\end{array}\right)$； (2) $\left(\begin{array}{cc|c}1 & -2 & 0\\ -1 & 1 & 1\\ \hline 0 & 3 & 2\end{array}\right)\left(\begin{array}{c|c}0 & 1\\ 1 & 0\\ \hline 0 & -1\end{array}\right)$；

(3) $\left(\begin{array}{cc|cc}0 & 1 & 2 & 2\\ 0 & 0 & 0 & 1\\ \hline 1 & -3 & 1 & 0\\ 0 & 1 & 0 & 1\end{array}\right)^2$； (4) $\left(\begin{array}{cc|cc}a & 0 & 0 & 0\\ 0 & a & 0 & 0\\ \hline 1 & 0 & b & 0\\ 0 & 1 & 0 & b\end{array}\right)\left(\begin{array}{cc|cc}1 & 0 & c & 0\\ 0 & 1 & 0 & c\\ \hline 0 & 0 & d & 0\\ 0 & 0 & 0 & d\end{array}\right)$.

2. 设 $\boldsymbol{A}=\begin{pmatrix}1 & 0 & 0 & 0\\ 0 & 1 & 0 & 0\\ -1 & 2 & 1 & 0\\ 1 & 1 & 0 & 1\end{pmatrix}$，$\boldsymbol{B}=\begin{pmatrix}1 & 0 & 1 & 0\\ -1 & 2 & 0 & 1\\ 1 & 0 & 4 & 1\\ -1 & -1 & 2 & 0\end{pmatrix}$，求 $\boldsymbol{AB}$.

3. 试写出下列分块矩阵的积：

(1) $\begin{pmatrix}\boldsymbol{A}_1 & \boldsymbol{O}\\ \boldsymbol{O} & \boldsymbol{A}_2\end{pmatrix}\begin{pmatrix}\boldsymbol{B}_{11} & \boldsymbol{B}_{12}\\ \boldsymbol{B}_{21} & \boldsymbol{B}_{22}\end{pmatrix}$； (2) $\begin{pmatrix}\boldsymbol{A}_{11} & \boldsymbol{A}_{12} & \boldsymbol{A}_{13}\\ \boldsymbol{O} & \boldsymbol{A}_{22} & \boldsymbol{A}_{23}\\ \boldsymbol{O} & \boldsymbol{O} & \boldsymbol{A}_{33}\end{pmatrix}\begin{pmatrix}\boldsymbol{B}_{11} & \boldsymbol{B}_{12} & \boldsymbol{B}_{13}\\ \boldsymbol{O} & \boldsymbol{B}_{22} & \boldsymbol{B}_{23}\\ \boldsymbol{O} & \boldsymbol{O} & \boldsymbol{B}_{33}\end{pmatrix}$.

在上述乘积中都假定符合分块矩阵的乘法条件.

4. 设 $\boldsymbol{A}=\begin{pmatrix}1 & 2 & -2\\ 4 & t & 3\\ 3 & -1 & 1\end{pmatrix}$，$\boldsymbol{B}$ 为 3 阶非零矩阵，且 $\boldsymbol{AB}=\boldsymbol{O}$，求 t 的值.

5. 按下列分块的方法求下列矩阵的逆矩阵：

(1) $\left(\begin{array}{cc:cc} 1 & 2 & 3 & 4 \\ 0 & 1 & 2 & 3 \\ \hdashline 0 & 0 & 1 & 2 \\ 0 & 0 & 0 & 1 \end{array}\right)$；　　(2) $\left(\begin{array}{ccc:c} 1 & 2 & 3 & 4 \\ 0 & 1 & 2 & 3 \\ 0 & 0 & 1 & 2 \\ \hdashline 0 & 0 & 0 & 1 \end{array}\right)$.

6. 设矩阵 $\boldsymbol{M}=\begin{pmatrix} \boldsymbol{A} & \boldsymbol{B} \\ \boldsymbol{C} & \boldsymbol{D} \end{pmatrix}$，其中 $\boldsymbol{A}$ 和 $\boldsymbol{D}$ 分别为 m 阶和 n 阶矩阵，且 $|\boldsymbol{A}| \neq 0$. 证明：

$$|\boldsymbol{M}| = |\boldsymbol{A}|\,|\boldsymbol{D}-\boldsymbol{C}\boldsymbol{A}^{-1}\boldsymbol{B}|.$$

2.6　矩阵的初等变换与初等矩阵

这一节我们介绍矩阵的初等变换，并在此基础上，给出用初等变换求逆矩阵的方法.

2.6.1　矩阵的初等变换

在利用消元法求解二元和三元线性方程组时，需要对方程组反复施行以下三种基本变换：

(1) 交换两个方程的位置；

(2) 以一个非零数 k 乘以一个方程的两边；

(3) 一个方程各项乘以同一数 k 后加到另一个方程的对应各项上.

这三种变换称为**方程组的初等变换**. 由于每个方程组皆对应于一个矩阵，把方程组的初等变换移植到矩阵上，就得到矩阵的初等变换.

定义 2.12　下列三种变换称为**矩阵的初等行变换**：

(1) 交换矩阵两行的位置，记为 $r_i \longleftrightarrow r_j$；

(2) 以数 k $(k \neq 0)$ 乘以矩阵某一行的所有元素，记为 kr_i；

(3) 矩阵的第 i 行各元素乘以数 k 加到第 j 行各元素上，记为 r_j+kr_i.

通常称(1)为**第一种变换**，(2)为**第二种变换**，(3)为**第三种变换**.

以上三种变换中的行改为列，称为矩阵的**初等列变换**，相应地分别记为 $c_i \longleftrightarrow c_j$，$k \cdot c_i$ 和 c_j+kc_i.

矩阵的初等行变换和初等列变换统称为**矩阵的初等变换**.

在用消元法解线性方程组时，我们用初等变换逐步减少后面方程中未知量的个数，对应的矩阵变成了阶梯形的矩阵.

定义 2.13　若一个矩阵满足下面两个条件：

(1) 非零行(元素不全为零的行)的标号小于零行(元素全为零的行)的

标号；

(2) 设矩阵有 r 个非零行，第 i 个非零行的第一个非零元素所在的列号为 $t_i(i=1,2,\cdots,r)$，那么 $t_1<t_2<\cdots<t_r$，

则称它为**行阶梯形矩阵**，常简称为**阶梯形矩阵**.

例如，$\begin{pmatrix}0&2&0&4\\0&0&0&2\\0&0&0&0\end{pmatrix}$ 与 $\begin{pmatrix}2&1&-1&3\\0&3&0&1\\0&0&-1&4\end{pmatrix}$ 都是阶梯形矩阵.

定理 2.3 任意非零矩阵都可经初等行变换化为阶梯形矩阵.

证 不失一般性，我们可以假设非零矩阵 $\boldsymbol{A}=(a_{ij})_{m\times n}$ 各行的最左边的非零元中列标最小者为 a_{1k}（若这样的元素不在第 1 行，则可通过行的对调使之位于第 1 行）. 将 $\boldsymbol{A}$ 的第 1 行元素的 $\left(-\dfrac{a_{ik}}{a_{1k}}\right)$ 倍加到第 i 行的相应元素上去 $(i=2,3,\cdots,n)$，则

$$\boldsymbol{A}\rightarrow\begin{pmatrix}0&\cdots&0&a_{1k}&a_{1,k+1}&\cdots&a_{1n}\\0&\cdots&0&0&a'_{2,k+1}&\cdots&a'_{2n}\\\vdots&&\vdots&\vdots&\vdots&&\vdots\\0&\cdots&0&0&a'_{m,k+1}&\cdots&a'_{mn}\end{pmatrix}=\boldsymbol{B}.$$

记

$$\boldsymbol{A}_1=\begin{pmatrix}a'_{2,k+1}&\cdots&a'_{2n}\\\vdots&&\vdots\\a'_{m,k+1}&\cdots&a'_{mn}\end{pmatrix}.$$

若 $\boldsymbol{B}$ 中的子块 $\boldsymbol{A}_1=\boldsymbol{O}$，则 $\boldsymbol{B}$ 已是阶梯形；若 $\boldsymbol{A}_1\neq\boldsymbol{O}$，则对 $\boldsymbol{A}_1$ 作类似前面对 $\boldsymbol{A}$ 所作的初等行变换，并将类似的变换（如果需要的话）重复下去，最后总可以将 $\boldsymbol{A}$ 化为阶梯形矩阵. □

定义 2.14 一个阶梯形矩阵若满足下面两个条件：

(1) 每个非零行的第一个非零元素为 1；

(2) 每个非零行的第一个非零元素所在列的其他元素全为零，

则称它为**规范阶梯形矩阵**（也称为**行简化阶梯形矩阵**）.

注 任意非零矩阵仅用初等行变换便可化为行简化阶梯形矩阵.

例 1 利用初等行变换化简矩阵

$$\boldsymbol{A}=\begin{pmatrix}1&-3&2&-1&3\\2&-2&6&1&-2\\-1&1&-3&3&1\\3&-5&8&-4&1\end{pmatrix}.$$

解 对矩阵 $\boldsymbol{A}$ 作初等行变换：

$$\boldsymbol{A}=\begin{pmatrix}1&-3&2&-1&3\\2&-2&6&1&-2\\-1&1&-3&3&1\\3&-5&8&-4&1\end{pmatrix}$$

$$\xrightarrow[r_4+(-3)r_1]{\substack{r_2+(-2)r_1\\ r_3+r_1}}\begin{pmatrix}1&-3&2&-1&3\\0&4&2&3&-8\\0&-2&-1&2&4\\0&4&2&-1&-8\end{pmatrix}=\boldsymbol{B}_1$$

$$\xrightarrow{r_2\leftrightarrow r_3}\begin{pmatrix}1&-3&2&-1&3\\0&-2&-1&2&4\\0&4&2&3&-8\\0&4&2&-1&-8\end{pmatrix}$$

$$\xrightarrow[r_4+2\cdot r_2]{r_3+2\cdot r_2}\begin{pmatrix}1&-3&2&-1&3\\0&-2&-1&2&4\\0&0&0&7&0\\0&0&0&3&0\end{pmatrix}=\boldsymbol{B}_2$$

$$\xrightarrow{r_4+\left(-\frac{3}{7}\right)r_3}\begin{pmatrix}1&-3&2&-1&3\\0&-2&-1&2&4\\0&0&0&7&0\\0&0&0&0&0\end{pmatrix}=\boldsymbol{B}_3$$

$$\xrightarrow{r_3\div 7}\begin{pmatrix}1&-3&2&-1&3\\0&-2&-1&2&4\\0&0&0&1&0\\0&0&0&0&0\end{pmatrix}$$

$$\xrightarrow[r_2+(-2)r_3]{r_1+r_3}\begin{pmatrix}1&-3&2&0&3\\0&-2&-1&0&4\\0&0&0&1&0\\0&0&0&0&0\end{pmatrix}=\boldsymbol{B}_4$$

$$\xrightarrow{r_2\div(-2)}\begin{pmatrix}1&-3&2&0&3\\0&1&\frac{1}{2}&0&-2\\0&0&0&1&0\\0&0&0&0&0\end{pmatrix}$$

$$\xrightarrow{r_1+3\cdot r_2}\begin{pmatrix}1 & 0 & \frac{7}{2} & 0 & -3\\ 0 & 1 & \frac{1}{2} & 0 & -2\\ 0 & 0 & 0 & 1 & 0\\ 0 & 0 & 0 & 0 & 0\end{pmatrix}=\boldsymbol{B}_5.$$

矩阵 $\boldsymbol{B}_3,\boldsymbol{B}_4$ 和 $\boldsymbol{B}_5$ 都为 $\boldsymbol{A}$ 的行阶梯形矩阵，$\boldsymbol{B}_5$ 还是 $\boldsymbol{A}$ 的行简化阶梯形矩阵.

定义 2.15 若一个矩阵具有如下特征：

(1) 位于左上角的子块是一个 r 阶单位阵；

(2) 其余的子块(如果有的话) 都是零矩阵，

则称这个矩阵为**标准形矩阵**.

例如，矩阵 $\begin{pmatrix}1 & 0 & 0\\ 0 & 1 & 0\\ 0 & 0 & 0\end{pmatrix}$，$\begin{pmatrix}1 & 0 & 0 & 0 & 0\\ 0 & 1 & 0 & 0 & 0\\ 0 & 0 & 1 & 0 & 0\end{pmatrix}$，$\begin{pmatrix}1\\ 0\\ 0\end{pmatrix}$，$\begin{pmatrix}1 & 0\\ 0 & 1\end{pmatrix}$ 都是标准形矩阵.

一般，用分块矩阵的表示方法，形如 $\begin{pmatrix}\boldsymbol{I}_r & \boldsymbol{O}_{r\times p}\\ \boldsymbol{O}_{s\times r} & \boldsymbol{O}_{s\times p}\end{pmatrix}$，$(\boldsymbol{I}_m,\boldsymbol{O}_{m\times p})$，$\begin{pmatrix}\boldsymbol{I}_n\\ \boldsymbol{O}_{s\times n}\end{pmatrix}$ 的矩阵都是标准形矩阵.

定理 2.4 任意非零矩阵都可经初等变换化为标准形矩阵.

证 不妨设非零矩阵 $\boldsymbol{A}$ 已经初等行变换化为行简化阶梯形矩阵 $\boldsymbol{A}_1$. 对 $\boldsymbol{A}_1$ 作如下的初等列变换：以 $\boldsymbol{A}_1$ 的第 1 行最左边的非零元的适当倍数乘以其所在的列并加到其后的每一列，使第 1 行的其余元素变为零，即

$$\boldsymbol{A}_1\to\begin{pmatrix}1 & 0 & \cdots & 0\\ 0 & & & \\ \vdots & & \boldsymbol{B} & \\ 0 & & & \end{pmatrix}.$$

如果其中的 $\boldsymbol{B}=\boldsymbol{O}$，则矩阵已是标准形；如果 $\boldsymbol{B}\neq\boldsymbol{O}$，则 $\boldsymbol{B}$ 仍为行简化阶梯形矩阵，可对其施行类似上面对 $\boldsymbol{A}_1$ 所作的初等列变换并重复上述类似步骤(如果需要的话)，直至用最下面的非零行最左边的非零元将其右边的元素都处理成零为止. 最后，将零列(如果有的话) 依次换到矩阵的最右边，这样 $\boldsymbol{A}$ 即化为标准形矩阵. □

容易证明，可逆矩阵经初等行变换得到的标准形矩阵为单位矩阵，于是可得下面的重要推论.

推论 任意可逆矩阵都可经初等行变换化为单位矩阵.

最后我们指出，一般而论，单用行的或单用列的初等变换不一定能将一

个矩阵化成标准形. 但对于可逆矩阵，定理 2.4 的推论已经表明，单用行的或单用列的初等变换可以将其化成标准形，即单位矩阵.

2.6.2 初等矩阵的概念与性质

上段介绍的矩阵初等变换是矩阵的一种基本的变换，有着广泛的应用. 为了用矩阵乘法表示矩阵初等变换，引入下面定义：

定义 2.16 单位矩阵经过一次初等变换所得到的矩阵称为**初等矩阵**.

我们知道，有三种类型的初等行变换与三种类型的初等列变换. 单位矩阵经过其中的任何一种初等变换后形成的初等矩阵有下面三种类型：

(1) 交换单位矩阵的第 i 行(列)与第 j 行(列)，得初等矩阵

$$\boldsymbol{I}(i,j)=\begin{pmatrix} 1 & & & & & & & & & \\ & \ddots & & & & & & & & \\ & & 1 & & & & & & & \\ & & & 0 & & & 1 & & & \\ & & & & 1 & & & & & \\ & & & & & \ddots & & & & \\ & & & & & & 1 & & & \\ & & & 1 & & & 0 & & & \\ & & & & & & & 1 & & \\ & & & & & & & & \ddots & \\ & & & & & & & & & 1 \end{pmatrix} \begin{matrix} \\ \\ \\ \leftarrow 第\,i\,行 \\ \\ \\ \\ \leftarrow 第\,j\,行 \\ \\ \\ \\ \end{matrix}.$$

第 i 列　　第 j 列

(2) 用数 $k\neq 0$ 乘以单位矩阵的第 i 行(列)，得初等矩阵

$$\boldsymbol{I}(i(k))=\begin{pmatrix} 1 & & & & & \\ & \ddots & & & & \\ & & 1 & & & \\ & & & k & & \\ & & & & 1 & \\ & & & & & \ddots & \\ & & & & & & 1 \end{pmatrix} \leftarrow 第\,i\,行.$$

第 i 列

(3) 把单位矩阵的第 j 行的 k 倍加到第 i 行上(或把单位矩阵的第 i 列的 k 倍加到第 j 列上)，得初等矩阵

$$\boldsymbol{I}(j(k),i)=\boldsymbol{I}(j,i(k))=\begin{pmatrix}1 & & & & & & \\ & \ddots & & & & & \\ & & 1 & & k & & \\ & & & \ddots & & & \\ & & & & 1 & & \\ & & & & & \ddots & \\ & & & & & & 1\end{pmatrix}\begin{matrix} \\ \\ \leftarrow 第\,i\,行 \\ \\ \leftarrow 第\,j\,行 \\ \\ \\ \end{matrix}.$$

（↑第 i 列　↑第 j 列）

与三种初等变换对应，依次称由上述三种初等变换得到的矩阵为第一种、第二种及第三种初等矩阵.

对以上三类初等矩阵分别求行列式，可得

$$|\boldsymbol{I}(i,j)|=-1\neq 0,\quad |\boldsymbol{I}(i(k))|=k\neq 0,$$
$$|\boldsymbol{I}(j(k),i)|=|\boldsymbol{I}(j,i(k))|=1\neq 0,$$

所以三类初等矩阵都是可逆矩阵，而且可以验证：

$$\boldsymbol{I}(i,j)^{-1}=\boldsymbol{I}(i,j),\quad \boldsymbol{I}(i(k))^{-1}=\boldsymbol{I}\left(i\left(\frac{1}{k}\right)\right),$$
$$\boldsymbol{I}(j(k),i)^{-1}=\boldsymbol{I}(j,i(k))^{-1}=\boldsymbol{I}(j(-k),i)=\boldsymbol{I}(j,i(-k)).$$

由此可见，初等矩阵的逆矩阵仍然是初等矩阵.

矩阵的初等变换与初等矩阵有着非常密切的关系，这种关系可以由以下定理给出.

定理 2.5 设 $\boldsymbol{A}$ 为 $m\times n$ 矩阵. 若对 $\boldsymbol{A}$ 作一次初等行变换，则相当于在 $\boldsymbol{A}$ 的左边乘上一个相应的 m 阶初等矩阵；若对 $\boldsymbol{A}$ 作一次初等列变换，则相当于在 $\boldsymbol{A}$ 的右边乘上一个相应的 n 阶初等矩阵.

证 我们仅对 $\boldsymbol{A}$ 作一次第三种初等变换的情况加以证明.

设 $m\times n$ 矩阵 $\boldsymbol{A}=(a_{ij})$，$\boldsymbol{I}_m$ 为 m 阶单位矩阵. 若将 $\boldsymbol{A},\boldsymbol{I}_m$ 均按行分块如下：

$$\boldsymbol{A}=\begin{pmatrix}\boldsymbol{A}_1\\ \vdots\\ \boldsymbol{A}_i\\ \vdots\\ \boldsymbol{A}_j\\ \vdots\\ \boldsymbol{A}_m\end{pmatrix},\quad \boldsymbol{I}_m=\begin{pmatrix}\boldsymbol{e}_1\\ \vdots\\ \boldsymbol{e}_i\\ \vdots\\ \boldsymbol{e}_j\\ \vdots\\ \boldsymbol{e}_m\end{pmatrix},$$

其中 $\boldsymbol{A}_s=(a_{s1},a_{s2},\cdots,a_{sn})\ (s=1,2,\cdots,m)$，$\boldsymbol{e}_s=(0,\cdots,0,\underset{第s列}{1},0,\cdots,0)$

$(s=1,2,\cdots,m)$，则

$$I(j(k),i)A=\begin{pmatrix} e_1 \\ \vdots \\ e_i+ke_j \\ \vdots \\ e_j \\ \vdots \\ e_m \end{pmatrix} A=\begin{pmatrix} e_1A \\ \vdots \\ e_iA+ke_jA \\ \vdots \\ e_jA \\ \vdots \\ e_mA \end{pmatrix}=\begin{pmatrix} A_1 \\ \vdots \\ A_i+kA_j \\ \vdots \\ A_j \\ \vdots \\ A_m \end{pmatrix} \begin{matrix} \\ \\ \text{第 } i \text{ 行} \\ \\ \text{第 } j \text{ 行} \\ \\ \\ \end{matrix}.$$

由此可见，把矩阵A的第j行的k倍加到第i行上就相当于在A的左边乘上一个相应的m阶初等矩阵$I(j(k),i)$.

若将矩阵A和I_n均按列分块，则可以证得：把矩阵A的第i列的k倍加到第j列上就相当于在A的右边乘上一个相应的n阶初等矩阵$I(j,i(k))$. 其余两种初等变换的情况可以类似地证明. □

2.6.3 求逆矩阵的初等变换法

为了给出用初等变换求逆矩阵的方法，我们先证明下面的定理.

定理 2.6 n阶方阵A可逆的充分必要条件是，它可以表示成若干个初等矩阵的乘积.

证 必要性. 设A可逆，则由定理2.4的推论，A可经一系列的初等行变换化为单位阵I. 再由定理 2.5，存在一系列的初等矩阵$P_1,P_2,\cdots,P_s,Q_1,Q_2,\cdots,Q_t$，使得

$$P_s\cdots P_2P_1AQ_1Q_2\cdots Q_t=I,$$

因此

$$A=P_1^{-1}P_2^{-1}\cdots P_s^{-1}Q_t^{-1}\cdots Q_2^{-1}Q_1^{-1},$$

即A可以表示成若干个初等矩阵的乘积.

充分性. 设A可以表示成若干个初等矩阵的乘积，而初等矩阵是可逆的，且可逆矩阵的乘积仍是可逆的，所以A是可逆矩阵. □

利用上面的定理我们可以推出用初等变换求逆矩阵的方法. 实质上，如果A可逆，则A^{-1}也可逆. 根据定理 2.6，不妨假定存在m个初等矩阵$E_1,E_2,\cdots,E_m$，使得

$$E_m\cdots E_2E_1=A^{-1}. \tag{2.24}$$

在(2.24)式的两边同时右乘A，得

$$E_m\cdots E_2E_1A=I. \tag{2.25}$$

而在(2.24)式的两边同时右乘 $\boldsymbol{I}$，得

$$\boldsymbol{E}_m\cdots\boldsymbol{E}_2\boldsymbol{E}_1\boldsymbol{I}=\boldsymbol{A}^{-1}. \tag{2.26}$$

利用分块矩阵把(2.25)和(2.26)两式合并为

$$\boldsymbol{E}_m\cdots\boldsymbol{E}_2\boldsymbol{E}_1(\boldsymbol{A},\boldsymbol{I})=(\boldsymbol{I},\boldsymbol{A}^{-1}). \tag{2.27}$$

这说明，若矩阵 $\boldsymbol{A}$ 经过有限次初等行变换变为单位矩阵，则单位矩阵经过同样的初等行变换变为 $\boldsymbol{A}^{-1}$. 因而产生了求逆矩阵的初等变换法：

构造 $n\times 2n$ 矩阵$(\boldsymbol{A}\,\vdots\,\boldsymbol{I})$，对这个矩阵施行初等行变换，使 $\boldsymbol{A}$ 变为单位矩阵，则 $\boldsymbol{I}$ 变为 $\boldsymbol{A}^{-1}$，即

$$(\boldsymbol{A}\,\vdots\,\boldsymbol{I})\xrightarrow{\text{初等行变换}}(\boldsymbol{I}\,\vdots\,\boldsymbol{A}^{-1}).$$

若经过初等行变换，$\boldsymbol{A}$ 不能变成单位矩阵，则说明矩阵 $\boldsymbol{A}$ 不可逆.

例 2 设矩阵

$$\boldsymbol{A}=\begin{pmatrix}1&2&3\\2&2&1\\3&4&3\end{pmatrix},$$

用初等行变换法，判断 $\boldsymbol{A}$ 是否可逆. 如果可逆，求出 $\boldsymbol{A}^{-1}$.

解 构造 3×6 矩阵$(\boldsymbol{A}\,\vdots\,\boldsymbol{I})$，并对$(\boldsymbol{A}\,\vdots\,\boldsymbol{I})$进行初等行变换：

$$(\boldsymbol{A}\,\vdots\,\boldsymbol{I})=\left(\begin{array}{ccc:ccc}1&2&3&1&0&0\\2&2&1&0&1&0\\3&4&3&0&0&1\end{array}\right)\xrightarrow[r_3-3r_1]{r_2-2r_1}\left(\begin{array}{ccc:ccc}1&2&3&1&0&0\\0&-2&-5&-2&1&0\\0&-2&-6&-3&0&1\end{array}\right)$$

$$\xrightarrow[r_3-r_2]{r_1+r_2}\left(\begin{array}{ccc:ccc}1&0&-2&-1&1&0\\0&-2&-5&-2&1&0\\0&0&-1&-1&-1&1\end{array}\right)$$

$$\xrightarrow[r_2-5r_3]{r_1-2r_3}\left(\begin{array}{ccc:ccc}1&0&0&1&3&-2\\0&-2&0&3&6&-5\\0&0&-1&-1&-1&1\end{array}\right)$$

$$\xrightarrow[r_3\times(-1)]{r_2\div(-2)}\left(\begin{array}{ccc:ccc}1&0&0&1&3&-2\\0&1&0&-\frac{3}{2}&-3&\frac{5}{2}\\0&0&1&1&1&-1\end{array}\right),$$

所以，矩阵 $\boldsymbol{A}$ 可逆，且

$$\boldsymbol{A}^{-1}=\begin{pmatrix}1&3&-2\\-\frac{3}{2}&-3&\frac{5}{2}\\1&1&-1\end{pmatrix}.$$

注 初等行变换是求逆矩阵的重要方法之一，它的优点就在于计算量比伴随矩阵法要小. 另外，不需要先通过计算行列式来判断矩阵是否可逆.

应该指出的是，可逆矩阵亦可借助于初等列变换求得其逆阵. 这是因为若 $\boldsymbol{A}$ 是非奇异矩阵，则可以表示为若干个初等矩阵之积：$\boldsymbol{A}=\boldsymbol{Q}_1\boldsymbol{Q}_2\cdots\boldsymbol{Q}_s$. 从而有

$$\boldsymbol{A}\boldsymbol{Q}_s^{-1}\boldsymbol{Q}_{s-1}^{-1}\cdots\boldsymbol{Q}_1^{-1}=\boldsymbol{I}.$$

上式表明 $\boldsymbol{A}$ 只需经过初等列变换（初等列变换相应于右乘初等矩阵）就可以变为单位矩阵.

这样，只要对分块矩阵 $\begin{pmatrix}\boldsymbol{A}\\ \hdashline \boldsymbol{I}\end{pmatrix}$ 施以初等列变换使得其中的子块 $\boldsymbol{A}$ 化为 $\boldsymbol{I}$，与此同时子块 $\boldsymbol{I}$ 即化为 $\boldsymbol{A}^{-1}$，即有

$$\begin{pmatrix}\boldsymbol{A}\\ \hdashline \boldsymbol{I}\end{pmatrix}\xrightarrow{\text{初等列变换}}\begin{pmatrix}\boldsymbol{I}\\ \hdashline \boldsymbol{A}^{-1}\end{pmatrix}.$$

类似地，可以用初等变换的方法求解矩阵方程.

例 3 用初等变换法解矩阵方程 $\boldsymbol{AX}=\boldsymbol{B}$，其中

$$\boldsymbol{A}=\begin{pmatrix}5&1&-5\\3&-3&2\\1&-2&1\end{pmatrix},\quad \boldsymbol{B}=\begin{pmatrix}-8&-5\\3&9\\0&0\end{pmatrix}.$$

解 因

$$(\boldsymbol{A}\,\vdots\,\boldsymbol{B})=\left(\begin{array}{ccc:cc}5&1&-5&-8&-5\\3&-3&2&3&9\\1&-2&1&0&0\end{array}\right)\xrightarrow{\text{初等行变换}}\left(\begin{array}{ccc:cc}1&&&1&4\\&1&&2&5\\&&1&3&6\end{array}\right),$$

故 $\boldsymbol{X}=\begin{pmatrix}1&4\\2&5\\3&6\end{pmatrix}$.

2.6.4 矩阵的等价

一般而言，矩阵经初等变换后不再是原来的矩阵，但两者之间仍存在着某种共性，所以它们之间不能以等号相连而是以符号“$\rightarrow$”相连.

定义 2.17 若矩阵 $\boldsymbol{A}$ 经过有限次初等变换化成矩阵 $\boldsymbol{B}$，则称矩阵 $\boldsymbol{A}$ 与矩阵 $\boldsymbol{B}$ **等价**（或**相抵**），记为 $\boldsymbol{A}\cong\boldsymbol{B}$ 或 $\boldsymbol{A}\rightarrow\boldsymbol{B}$.

由定义可见，矩阵 $\boldsymbol{A}$ 与矩阵 $\boldsymbol{B}$ 等价的充要条件是存在可逆矩阵 $\boldsymbol{P}$ 与可逆矩阵 $\boldsymbol{Q}$，使得

$$PAQ = B. \tag{2.28}$$

等价反映了同型矩阵之间的一种关系，可将所有的 $m \times n$ 矩阵按等价关系分类，等价的全归为一类.

矩阵的等价具有以下性质(A,B,C 都是 $m \times n$ 矩阵)：

(1) 反身性：$A \cong A$；

(2) 对称性：若 $A \cong B$，则 $B \cong A$；

(3) 传递性：若 $A \cong B$，$B \cong C$，则 $A \cong C$.

注 在数学中，建立在两个对象之间的某种关系，若具有上述三个性质，就称为**等价关系**. 矩阵的等价是一种等价关系. 这里我们只证性质(3)，性质(1),(2) 由读者自己证明.

证 (3) 若 $A \cong B$，$B \cong C$，则必存在有限个初等矩阵 $P_1,P_2,\cdots,P_k,Q_1,Q_2,\cdots,Q_t,R_1,R_2,\cdots,R_m$ 和 $S_1,S_2,\cdots,S_n$，使得

$$P_k \cdots P_2 P_1 A Q_1 Q_2 \cdots Q_t = B, \tag{2.29}$$

$$R_m \cdots R_2 R_1 B S_1 S_2 \cdots S_n = C. \tag{2.30}$$

将式(2.29) 代入式(2.30)，得

$$R_m \cdots R_2 R_1 P_k \cdots P_2 P_1 A Q_1 Q_2 \cdots Q_t S_1 S_2 \cdots S_n = C. \tag{2.31}$$

(2.31) 式表示矩阵 A 经过有限次初等变换化为矩阵 C，所以矩阵 A 与矩阵 C 等价，即 $A \cong C$.

习题 2.6

1. 用初等行变换将矩阵 $A = \begin{pmatrix} 3 & 1 & 5 & 6 \\ 1 & -1 & 3 & -2 \\ 2 & 1 & 3 & 5 \\ 1 & 1 & 1 & 1 \end{pmatrix}$ 化为行简化阶梯矩阵.

2. 试求可逆方阵 P,Q 使 PAQ 为 A 的标准形，其中

(1) $A = \begin{pmatrix} 0 & 0 & 1 \\ 0 & 1 & 0 \\ 0 & 1 & 1 \end{pmatrix}$； (2) $A = \begin{pmatrix} 1 & -2 & 3 \\ 3 & -6 & 9 \\ 2 & 1 & 5 \end{pmatrix}$.

3. 设 $A = \begin{pmatrix} a_{11} & a_{12} & a_{13} & a_{14} \\ a_{21} & a_{22} & a_{23} & a_{24} \\ a_{31} & a_{32} & a_{33} & a_{34} \end{pmatrix}$，计算：

(1) $\begin{pmatrix} 1 & 0 & 0 \\ 0 & 0 & 1 \\ 0 & 1 & 0 \end{pmatrix} A$； (2) $A \begin{pmatrix} 1 & 0 & 0 & 0 \\ 0 & 1 & 0 & 0 \\ 0 & 0 & k & 0 \\ 0 & 0 & 0 & 1 \end{pmatrix}$； (3) $\begin{pmatrix} 1 & 0 & 0 \\ l & 1 & 0 \\ 0 & 0 & 1 \end{pmatrix} A$.

4. 用初等行变换求下列矩阵的逆矩阵：

(1) $\begin{pmatrix} -3 & 0 & 1 \\ 1 & -3 & 2 \\ 1 & 1 & -1 \end{pmatrix}$；　(2) $\begin{pmatrix} 1 & 2 & 3 & 4 \\ 2 & 3 & 1 & 2 \\ 1 & 1 & 1 & -1 \\ 1 & 0 & -2 & -6 \end{pmatrix}$；

(3) $\begin{pmatrix} 1 & 3 & -5 & 7 \\ 0 & 1 & 2 & 3 \\ 0 & 0 & 1 & 2 \\ 0 & 0 & 0 & 1 \end{pmatrix}$.

5. 解下列矩阵方程：

(1) $\begin{pmatrix} 1 & 1 & 1 & 1 \\ 0 & 1 & 1 & 1 \\ 0 & 0 & 1 & 1 \\ 0 & 0 & 0 & 1 \end{pmatrix} \boldsymbol{X} = \begin{pmatrix} 2 & 1 & 0 & 0 \\ 1 & 2 & 1 & 0 \\ 0 & 1 & 2 & 1 \\ 0 & 0 & 1 & 2 \end{pmatrix}$；

(2) $\boldsymbol{X} \begin{pmatrix} 2 & 0 & 0 \\ 0 & 2 & 5 \\ 0 & 3 & 8 \end{pmatrix} = \begin{pmatrix} 1 & -1 & 1 \\ 2 & -3 & 1 \\ 3 & -4 & 1 \end{pmatrix}$.

6. 设 $\boldsymbol{A}$ 为 4 阶方阵，

$$\boldsymbol{B} = \begin{pmatrix} 1 & 2 & -3 & -2 \\ 0 & 1 & 2 & -3 \\ 0 & 0 & 1 & 2 \\ 0 & 0 & 0 & 1 \end{pmatrix}, \quad \boldsymbol{C} = \begin{pmatrix} 1 & 2 & 0 & 1 \\ 0 & 1 & 2 & 0 \\ 0 & 0 & 1 & 2 \\ 0 & 0 & 0 & 1 \end{pmatrix},$$

且 $(2\boldsymbol{I} - \boldsymbol{C}^{-1}\boldsymbol{B})\boldsymbol{A}^{\mathrm{T}} = \boldsymbol{C}^{-1}$，求 $\boldsymbol{A}$.

7. 将下列可逆矩阵表示成初等矩阵的乘积：

(1) $\begin{pmatrix} 1 & -1 \\ 1 & 1 \end{pmatrix}$；　(2) $\begin{pmatrix} 1 & 0 & 0 \\ 2 & 4 & 1 \\ 1 & 3 & 1 \end{pmatrix}$.

8. 设 $\boldsymbol{A}$ 为 $m \times n$ 矩阵，$\boldsymbol{B}$ 为 $n \times m$ 矩阵，证明：$|\boldsymbol{I}_m - \boldsymbol{AB}| = |\boldsymbol{I}_n - \boldsymbol{BA}|$.

2.7 矩阵的秩

由前面的讨论知，有很多不同的矩阵会有相同的标准形. 另外，一个矩阵可经初等行变换化为不同的阶梯形，但不同的阶梯形中非零行的个数却是相同的. 这一切都源于矩阵的一种本质特征 —— 矩阵的秩.

定义 2.18　在矩阵 $\boldsymbol{A} = (a_{ij})_{m \times n}$ 中任取 k 行和 k 列 $(1 \leqslant k \leqslant \min\{m, n\})$，

位于这k行和k列的交叉点上的k^2个元素，按照它们在矩阵$\boldsymbol{A}$中的相对位置所组成的k阶行列式称为矩阵$\boldsymbol{A}$的一个k**阶子式**.

易知，$m\times n$矩阵$\boldsymbol{A}$中有$C_m^k\cdot C_n^k$个k阶子式.

例如，矩阵

$$\boldsymbol{A}=\begin{pmatrix}1&0&-1&2\\3&1&2&0\\1&1&4&-4\end{pmatrix}$$

中，$|1|$，$|0|$，$|-1|$等是$\boldsymbol{A}$的1阶子式，$\begin{vmatrix}1&-1\\3&2\end{vmatrix}$，$\begin{vmatrix}1&0\\1&-4\end{vmatrix}$等是$\boldsymbol{A}$的2阶子式，而

$$\begin{vmatrix}1&0&-1\\3&1&2\\1&1&4\end{vmatrix},\ \begin{vmatrix}1&0&2\\3&1&0\\1&1&-4\end{vmatrix},\ \begin{vmatrix}1&-1&2\\3&2&0\\1&4&-4\end{vmatrix},\ \begin{vmatrix}0&-1&2\\1&2&0\\1&4&-4\end{vmatrix}$$

是$\boldsymbol{A}$的全部4个3阶子式.

定义2.19　若矩阵$\boldsymbol{A}=(a_{ij})_{m\times n}$中有一个$r$阶子式不为零，而$\boldsymbol{A}$中所有的$r+1$阶子式(如果存在的话)都为零，则称$r$为矩阵$\boldsymbol{A}$的**秩**，记为$\mathrm{r}(\boldsymbol{A})$或$\mathrm{rank}(\boldsymbol{A})$. 亦可写为秩($\boldsymbol{A}$). 零矩阵没有非零子式，规定其秩为零. 这就是说，矩阵$\boldsymbol{A}$的秩等于$\boldsymbol{A}$中不为零的子式的最高阶数.

若$\boldsymbol{A}$是$m\times n$零矩阵，则它的所有子式全为零. 若$m\times n$矩阵$\boldsymbol{A}$不是零矩阵，则它至少有一个非零的一阶子式. 然后考察$\boldsymbol{A}$的二阶子式，若找到一个非零的二阶子式，就继续考察$\boldsymbol{A}$的三阶子式，如此往下进行. 因为m和n是有限的，所以总能找到一个阶数最高的非零子式. 因此总能求出矩阵$\boldsymbol{A}$的秩.

由矩阵秩的定义，不难看出矩阵的秩有下述简单性质：

(1)　一个矩阵的秩是唯一的.

(2)　设$\boldsymbol{A}$是$m\times n$矩阵，则

$$0\leqslant \mathrm{r}(\boldsymbol{A})\leqslant \min\{m,n\}. \tag{2.32}$$

(3)　若矩阵$\boldsymbol{A}$中有一个r阶子式不为零，则$\mathrm{r}(\boldsymbol{A})\geqslant r$；若矩阵$\boldsymbol{A}$中所有的$r$阶子式全为零，则$\mathrm{r}(\boldsymbol{A})<r$.

(4)　$\mathrm{r}(\boldsymbol{A}^{\mathrm{T}})=\mathrm{r}(\boldsymbol{A})$. (2.33)

(5)　$\mathrm{r}(k\boldsymbol{A})=\mathrm{r}(\boldsymbol{A})$（常数$k\neq 0$）. (2.34)

定义2.20　n阶矩阵的秩为n时，该矩阵称为**满秩矩阵**，否则称为**降秩矩阵**.

易知，$\boldsymbol{A}$为可逆矩阵与$\boldsymbol{A}$为非奇异矩阵及$\boldsymbol{A}$为满秩矩阵是等价的概

念. 对于矩阵$\boldsymbol{A}_{m\times n}$, 如果$\mathrm{r}(\boldsymbol{A})=m$ (或$\mathrm{r}(\boldsymbol{A})=n$), 则称$\boldsymbol{A}$为**行(列)满秩矩阵**.

例 1 求矩阵$\boldsymbol{A}=\begin{pmatrix}3&2&1&-1\\0&2&3&0\\-3&4&8&1\end{pmatrix}$的秩.

解 因为二阶子式$\begin{vmatrix}3&2\\0&2\end{vmatrix}\neq 0$, 又所有的三阶子式

$$\begin{vmatrix}3&2&1\\0&2&3\\-3&4&8\end{vmatrix},\ \begin{vmatrix}3&2&-1\\0&2&0\\-3&4&1\end{vmatrix},\ \begin{vmatrix}3&1&-1\\0&3&0\\-3&8&1\end{vmatrix},\ \begin{vmatrix}2&1&-1\\2&3&0\\4&8&1\end{vmatrix}$$

都为零, 所以$\mathrm{r}(\boldsymbol{A})=2$.

注 利用下述命题, 可适当减少计算: 设$m\times n$矩阵$\boldsymbol{A}=(a_{ij})_{m\times n}$有一个$s$阶子式$D\neq 0$, 且$\boldsymbol{A}$中所有含$D$的$s+1$阶子式(如果存在的话)都等于零, 则$\boldsymbol{A}$的秩$\mathrm{r}(\boldsymbol{A})=s$.

据此, 上例中仅计算包含二阶子式$\begin{vmatrix}3&2\\0&2\end{vmatrix}\neq 0$的前两个三阶子式便可确定$\boldsymbol{A}$的秩为2. 可见这样可适当减少按子式法求秩的计算量.

从前面的例子可看到, 由矩阵秩的定义计算矩阵的秩, 计算量一般都很大. 而它对于一些特殊的矩阵(比如阶梯形矩阵), 还是比较容易的. 那么, 我们自然想到用初等变换把矩阵化为行阶梯形或者标准形来求秩, 但是一个矩阵经过初等变换以后秩是不是会改变呢? 下面的结论作出了回答.

定理 2.7 任何矩阵经初等变换后, 其秩不变.

证 我们只须证明, 每作一次初等行变换都不改变矩阵的秩即可. 因为对矩阵作初等列变换就相当于对其转置矩阵作初等行变换, 而由矩阵$\boldsymbol{A}$的秩的定义, 显然有$\mathrm{r}(\boldsymbol{A})=\mathrm{r}(\boldsymbol{A}^{\mathrm{T}})$.

下面仅就第三种初等行变换不改变矩阵的秩进行证明, 其余两种的证明留给读者.

设$\boldsymbol{A}\xrightarrow{r_i+kr_j}\boldsymbol{B}$, $\mathrm{r}(\boldsymbol{A})=r$, D为$\boldsymbol{B}$的任意一个$r+1$阶子式.

若D中不含有$\boldsymbol{B}$的第i行元素, 则D是$\boldsymbol{A}$的$r+1$阶子式, 从而$D=0$.

若D中含有$\boldsymbol{B}$的第i行元素, 则由行列式的性质4和性质3, D可依第i行拆成两个行列式之和: $D=D_1+kD_2$, 其中D_1是$\boldsymbol{A}$的$r+1$阶子式从而为零, 于是$D=kD_2$: 当D中不含有$\boldsymbol{B}$的第j行元素时, D_2至多与$\boldsymbol{A}$的某个r

$+1$ 阶子式相差一个负号，从而 $D=0$；当 D 中含有 $\boldsymbol{B}$ 的第 j 行元素时，因 D_2 有两行完全相同故为零，从而 $D=0$.

综上，得 $\mathrm{r}(\boldsymbol{B})\leqslant\mathrm{r}(\boldsymbol{A})$.

又因 $\boldsymbol{B}$ 亦可经一次初等行变换变成 $\boldsymbol{A}$，即 $\boldsymbol{B}\xrightarrow{r_i-kr_j}\boldsymbol{A}$，故同理可证 $\mathrm{r}(\boldsymbol{A})\leqslant\mathrm{r}(\boldsymbol{B})$，因此 $\mathrm{r}(\boldsymbol{A})=\mathrm{r}(\boldsymbol{B})$. □

推论 矩阵的秩即为矩阵的行阶梯形矩阵中非零行的行数.

根据定理和推论，为求矩阵的秩，只要把该矩阵用初等行变换变为行阶梯形矩阵，阶梯形矩阵中非零行的行数即是该矩阵的秩.

例 2 试求下列矩阵的秩及相应的标准形：

$$\boldsymbol{A}=\begin{pmatrix}1&2&3&4\\-1&-1&-4&-2\\3&4&11&8\end{pmatrix}.$$

解 用初等行变换把 $\boldsymbol{A}$ 化为行阶梯形：

$$\boldsymbol{A}=\begin{pmatrix}1&2&3&4\\-1&-1&-4&-2\\3&4&11&8\end{pmatrix}\to\begin{pmatrix}1&2&3&4\\0&1&-1&2\\3&4&11&8\end{pmatrix}$$

$$\to\begin{pmatrix}1&2&3&4\\0&1&-1&2\\0&-2&2&-4\end{pmatrix}\to\begin{pmatrix}1&2&3&4\\0&1&-1&2\\0&0&0&0\end{pmatrix}.$$

上面行阶梯形矩阵中 2 个非零行，所以 $\mathrm{r}(\boldsymbol{A})=2$. 显然，可进一步利用初等列变换化 $\boldsymbol{A}$ 为标准形矩阵：

$$\boldsymbol{A}\to\begin{pmatrix}1&2&3&4\\0&1&-1&2\\0&0&0&0\end{pmatrix}\to\begin{pmatrix}1&0&5&0\\0&1&-1&2\\0&0&0&0\end{pmatrix}\to\begin{pmatrix}1&0&0&0\\0&1&-1&2\\0&0&0&0\end{pmatrix}$$

$$\to\begin{pmatrix}1&2&3&4\\0&1&-1&2\\0&0&0&0\end{pmatrix}\to\begin{pmatrix}1&0&0&0\\0&1&0&0\\0&0&0&0\end{pmatrix}.$$

本例说明，求矩阵 $\boldsymbol{A}$ 的秩没有必要化 $\boldsymbol{A}$ 为标准形矩阵，甚至连化 $\boldsymbol{A}$ 为规范标准形矩阵亦可不必，而只要化 $\boldsymbol{A}$ 为阶梯形矩阵即可.

例 3 设 $\boldsymbol{A}$ 为 n 阶非奇异矩阵，$\boldsymbol{B}$ 为 $n\times m$ 矩阵. 试证：$\boldsymbol{A}$ 与 $\boldsymbol{B}$ 之积的秩等于 $\boldsymbol{B}$ 的秩，即 $\mathrm{r}(\boldsymbol{AB})=\mathrm{r}(\boldsymbol{B})$.

证 因为 $\boldsymbol{A}$ 非奇异，故可表示成若干初等矩阵之积：$\boldsymbol{A}=\boldsymbol{P}_1\boldsymbol{P}_2\cdots\boldsymbol{P}_s$，

$P_i(i=1,2,\cdots,s)$ 皆为初等矩阵. $AB=P_1P_2\cdots P_sB$，即 AB 是 B 经 s 次初等行变换后得出的，因而 $r(AB)=r(B)$.

习题 2.7

1. 求下列矩阵的秩：

(1) $\begin{pmatrix}1&3&-1&-2\\2&-1&2&3\\3&2&1&1\\1&-4&3&5\end{pmatrix}$；　　(2) $\begin{pmatrix}1&2&3&4\\1&-2&4&5\\1&10&1&2\end{pmatrix}$；

(3) $\begin{pmatrix}1&0&0&1&4\\0&1&0&2&5\\0&0&1&3&6\\1&2&3&14&32\\4&5&6&32&77\end{pmatrix}$.

2. 用子式法求下列矩阵的秩：

(1) $\begin{pmatrix}2&-4&6&3\\-4&8&-12&-6\\4&-8&12&6\end{pmatrix}$；　　(2) $\begin{pmatrix}2&-1&2\\4&0&2\\0&-3&3\end{pmatrix}$.

3. 对下列矩阵，求 λ 的值使矩阵的秩最小：

(1) $\begin{pmatrix}3&1&1&4\\\lambda&4&10&1\\1&7&17&3\\2&2&4&3\end{pmatrix}$；　　(2) $\begin{pmatrix}1&\lambda&-1&2\\2&-1&\lambda&5\\1&10&-6&1\end{pmatrix}$.

4. 设 A 是 n 阶方阵($n\geqslant 2$)，A^* 是 A 的伴随矩阵，证明：

$$r(A^*)=\begin{cases}n, & r(A)=n,\\1, & r(A)=n-1,\\0, & r(A)<n-1.\end{cases}$$

5. 设 A 是 n 阶方阵，证明：

(1) 如果 $A^2=I$，则 $r(A+I)+r(A-I)=n$；

(2) 如果 $A^2=A$，则 $r(A)+r(A-I)=n$.

6. 设 A 为 n 阶方阵，且 $r(A)=r(A^2)$. 试证：对任一正整数 k，有

$$r(A^k)=r(A).$$

7. 设 A 为 $m\times p$ 矩阵，B 为 $p\times n$ 矩阵，C 为 $m\times n$ 矩阵，证明：

$$r\begin{pmatrix}A&C\\O&B\end{pmatrix}\geqslant r(A)+r(B).$$

2.8 矩阵的应用

一个矩阵是一张由数据列成的表. 由于矩阵可以用简明的形式表示数据及其内在联系，所以它的应用很广泛. 为了使读者更好地理解与熟悉矩阵的定义及其运算，本节介绍几个具体的例子.

例 1（通路问题） a,b,c,d 四个城市之间的火车交通情况如图 2-1 所示（图中单箭头表示只有单向车，双箭头表示有双向车）. 试用一个矩阵来表示四城市间的交通情况.

解 令

$$a_{ij}=\begin{cases}1, & \text{从第 } i \text{ 个城市直接到第 } j \text{ 个城市有火车开通},\\ 0, & \text{从第 } i \text{ 个城市直接到第 } j \text{ 个城市没有火车开通}\end{cases}$$

$(i,j=1,2,3,4)$，则 a,b,c,d 四个城市的火车交通情况用矩阵表示为

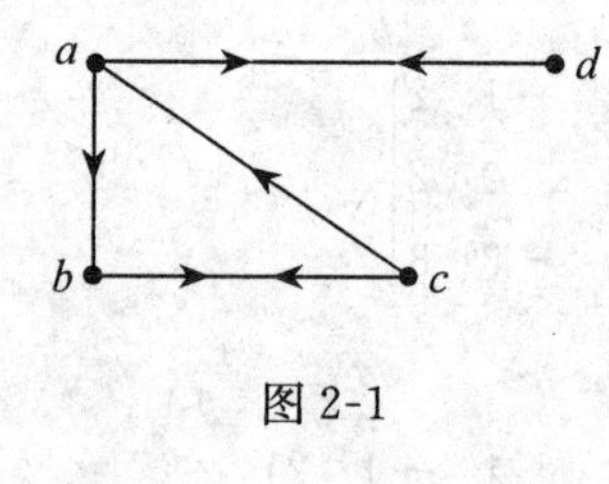

图 2-1

$$\begin{array}{c} \\ a \\ b \\ c \\ d \end{array}\begin{array}{c} \begin{matrix} a & b & c & d \end{matrix} \\ \begin{pmatrix} 0 & 1 & 0 & 1 \\ 0 & 0 & 1 & 0 \\ 1 & 1 & 0 & 0 \\ 1 & 0 & 0 & 0 \end{pmatrix} \end{array},$$

即 $\boldsymbol{A}=\begin{pmatrix} 0 & 1 & 0 & 1 \\ 0 & 0 & 1 & 0 \\ 1 & 1 & 0 & 0 \\ 1 & 0 & 0 & 0 \end{pmatrix}$.

例 2 有某种物资（单位：吨）从甲、乙、丙三个产地运往 Ⅰ,Ⅱ,Ⅲ,Ⅳ 四个销地，两次调运方案分别如表 2-5 所示. 求从各产地运往各销地两次的物资调运量（单位：吨）.

表 2-5

产地 \ 运量 \ 销地	第一次 Ⅰ	第一次 Ⅱ	第一次 Ⅲ	第一次 Ⅳ	第二次 Ⅰ	第二次 Ⅱ	第二次 Ⅲ	第二次 Ⅳ
甲	3	5	7	2	1	3	2	0
乙	2	0	4	3	2	1	5	7
丙	0	1	2	3	0	6	4	8

解 表 2-5 所对应的矩阵分别为矩阵 $\boldsymbol{A}$ 与矩阵 $\boldsymbol{B}$：

$$\boldsymbol{A}=\begin{pmatrix}3&5&7&2\\2&0&4&3\\0&1&2&3\end{pmatrix},\quad \boldsymbol{B}=\begin{pmatrix}1&3&2&0\\2&1&5&7\\0&6&4&8\end{pmatrix}.$$

依题设，知运量共为

$$\boldsymbol{A}+\boldsymbol{B}=\begin{pmatrix}3&5&7&2\\2&0&4&3\\0&1&2&3\end{pmatrix}+\begin{pmatrix}1&3&2&0\\2&1&5&7\\0&6&4&8\end{pmatrix}$$

$$=\begin{pmatrix}3+1&5+3&7+2&2+0\\2+2&0+1&4+5&3+7\\0+0&1+6&2+4&3+8\end{pmatrix}=\begin{pmatrix}4&8&9&2\\4&1&9&10\\0&7&6&11\end{pmatrix}.$$

与矩阵对应的运量可列表如表 2-6 所示.

表 2-6

运量 销地 / 产地	Ⅰ	Ⅱ	Ⅲ	Ⅳ
甲	4	8	9	2
乙	4	1	9	10
丙	0	7	6	11

例 3 设某地区有甲、乙、丙三个工厂，每个工厂都生产Ⅰ,Ⅱ,Ⅲ,Ⅳ四种产品. 已知每个工厂的年产量(电位：个) 如表 2-7 所示，每种产品的单价(元 / 个) 和单位利润(元 / 个) 如表 2-8 所示. 求各工厂的总收入与总利润.

表 2-7

产品 / 工厂	Ⅰ	Ⅱ	Ⅲ	Ⅳ
甲	20	30	10	45
乙	15	10	70	20
丙	20	15	35	25

表 2-8

项目 / 产品	单价	单位利润
Ⅰ	100	20
Ⅱ	150	45
Ⅲ	300	120
Ⅳ	200	60

解　上述两个数表可以用两个矩阵表示：

$$A=\begin{pmatrix}20&30&10&45\\15&10&70&20\\20&15&35&25\end{pmatrix},\quad B=\begin{pmatrix}100&20\\150&45\\300&120\\200&60\end{pmatrix},$$

容易算出各工厂的总收入与总利润为

$$C=AB=\begin{pmatrix}15\,500&5\,650\\28\,000&10\,350\\19\,750&6\,775\end{pmatrix}.$$

显然，矩阵 $\boldsymbol{A}$ 与矩阵 $\boldsymbol{B}$ 的乘积矩阵 $\boldsymbol{C}$ 也可以对应列表，如表 2-9 所示.

表 2-9

项目 / 工厂	总收入	总利润
甲	15 500	5 650
乙	28 000	10 350
丙	19 750	6 775

例 4　某商场有 Ⅰ，Ⅱ，Ⅲ 三种商品，由甲、乙、丙三个门市部销售. 日销售量、各种商品的单位价格及单位利润如表 2-10 所示. 试求出各门市部的当日销售额和利润以及各种商品当日在三个门市部的总销售额和总利润.

表 2-10

商品 / 日销售量 / 门市部	Ⅰ	Ⅱ	Ⅲ
甲	48	36	18
乙	42	40	12
丙	35	26	24
单位价格(元 / 件)	150	180	300
单位利润(元 / 件)	20	30	60

解　设 $\boldsymbol{A}$ 为各种商品的单位价格和单位利润矩阵，$\boldsymbol{B}$ 为各门市部对各种商品的日销售量，则

$$A=\begin{pmatrix}150&180&300\\20&30&60\end{pmatrix},\quad B=\begin{pmatrix}48&36&18\\42&40&12\\35&26&24\end{pmatrix}.$$

于是，各门市部的当日销售额和利润为

$$AB^{\mathrm{T}}=\begin{pmatrix}150 & 180 & 300\\ 20 & 30 & 60\end{pmatrix}\begin{pmatrix}48 & 42 & 35\\ 36 & 40 & 26\\ 18 & 12 & 24\end{pmatrix}=\begin{pmatrix}19\,080 & 17\,100 & 17\,130\\ 3\,120 & 2\,760 & 2\,920\end{pmatrix},$$

即得表 2-11.

表 2-11

门市部	甲	乙	丙
日销售量(元)	19 080	17 100	17 130
日利润(元)	3 120	2 760	2 920

各种商品当日在三个门市部的总销售额和总利润为

$$\begin{pmatrix}150 & 180 & 300\\ 20 & 30 & 60\end{pmatrix}\left(\begin{pmatrix}48 & 0 & 0\\ 0 & 36 & 0\\ 0 & 0 & 18\end{pmatrix}+\begin{pmatrix}42 & 0 & 0\\ 0 & 40 & 0\\ 0 & 0 & 12\end{pmatrix}+\begin{pmatrix}35 & 0 & 0\\ 0 & 26 & 0\\ 0 & 0 & 24\end{pmatrix}\right)$$

$$=\begin{pmatrix}150 & 180 & 300\\ 20 & 30 & 60\end{pmatrix}\begin{pmatrix}125 & 0 & 0\\ 0 & 102 & 0\\ 0 & 0 & 54\end{pmatrix}$$

$$=\begin{pmatrix}18\,750 & 18\,360 & 16\,200\\ 2\,500 & 3\,060 & 3\,240\end{pmatrix},$$

即得表 2-12.

表 2-12

商品种类	Ⅰ	Ⅱ	Ⅲ
日总销售额(元)	18 750	18 360	16 200
日总利润(元)	2 500	3 060	3 240

习题 2.8

1. 某单位需用口径规格依次为 50 毫米、30 毫米、20 毫米的三种钢管，且三种钢管的需用量分别为 500 吨、1 200 吨、200 吨，已知三种规格钢管的吨价分别为 3 千元、3.1 千元、3.2 千元. 如果根据产销协议，低于 500 吨应按 100% 计价，500 吨至 1 000 吨应按 95% 计价，超过 1 000 吨应按 90% 计价，求总购买费用.

2. 某城镇有电厂与煤矿，已知电厂生产价值1万元的电需消耗煤0.1万元，煤矿生产价值1万元的煤需耗电0.2万元. 现要求在一个月内电厂向城镇提供价值20万元的电，煤矿向城镇提供价值50万元的煤，问电厂和煤矿各生产多少产值的电和煤才能满足要求？

3. 4个工厂均能生产甲、乙、丙3种产品，其单位成本如表2-13所示. 现要生产产品甲600件，产品乙500件，产品丙200件，问由哪个工厂生产成本最低？

表 2-13

单位成本 \ 产品 工厂	甲	乙	丙
Ⅰ	3	5	6
Ⅱ	2	4	8
Ⅲ	4	5	5
Ⅳ	4	3	7

4. 某2种合金均含有某3种金属，其成分如表2-14所示. 现有甲种合金30吨，乙种合金20吨，求3种金属的数量.

表 2-14

含量百分比 \ 金属 合金	A	B	C
甲	0.8	0.1	0.1
乙	0.4	0.3	0.3

5. 某厂生产5种产品，1～3月份的生产数量及产品的单位价格如表2-15所示.

表 2-15

产量 \ 产品 月份	Ⅰ	Ⅱ	Ⅲ	Ⅳ	Ⅴ
1	50	30	25	10	5
2	30	60	25	20	10
3	50	60	0	25	5
单位价格(万元)	0.95	1.2	2.35	3	5.2

(1) 作矩阵 $\boldsymbol{A}=(a_{ij})_{3\times5}$，使 a_{ij} 表示 i 月份生产 j 种产品的数量；$\boldsymbol{B}=(b_j)_{5\times1}$，使 b_j 表示 j 种产品的单位价格；计算该厂各月份的总产值.

(2) 作矩阵 $\boldsymbol{A}^{\mathrm{T}}=(a_{ji})_{5\times3}$，使 a_{ji} 表示 i 月份生产 j 种产品的数量；$\boldsymbol{B}^{\mathrm{T}}=(b_j)_{1\times5}$，使 b_j 表示 j 种产品的单位价格；计算该厂各月份的总产值.

2.9 典型例题

例 1 如果两个 n 阶方阵 $\boldsymbol{A},\boldsymbol{B}$ 满足条件

$$\boldsymbol{AB}=\boldsymbol{BA},$$

则称 $\boldsymbol{A}$ 与 $\boldsymbol{B}$ 是可交换的. 设矩阵 $\boldsymbol{A}=\begin{pmatrix}1&0\\2&1\end{pmatrix}$，求所有与 $\boldsymbol{A}$ 可交换的矩阵.

解 设 $\boldsymbol{X}=\begin{pmatrix}x_{11}&x_{12}\\x_{21}&x_{22}\end{pmatrix}$，则

$$\boldsymbol{AX}=\begin{pmatrix}1&0\\2&1\end{pmatrix}\begin{pmatrix}x_{11}&x_{12}\\x_{21}&x_{22}\end{pmatrix}=\begin{pmatrix}x_{11}&x_{12}\\2x_{11}+x_{21}&2x_{12}+x_{22}\end{pmatrix},$$

$$\boldsymbol{XA}=\begin{pmatrix}x_{11}&x_{12}\\x_{21}&x_{22}\end{pmatrix}\begin{pmatrix}1&0\\2&1\end{pmatrix}=\begin{pmatrix}x_{11}+2x_{12}&x_{12}\\x_{21}+2x_{22}&x_{22}\end{pmatrix}.$$

由 $\boldsymbol{AX}=\boldsymbol{XA}$，可得到方程组

$$\begin{cases}x_{11}=x_{11}+2x_{12},\\x_{12}=x_{12},\\2x_{11}+x_{21}=x_{21}+2x_{22},\\2x_{12}+x_{22}=x_{22}.\end{cases}$$

解得 $x_{12}=0$，$x_{11}=x_{22}=a$，$x_{21}=b$ (a,b 为任意常数). 于是求得所有与 $\boldsymbol{A}$ 可交换的矩阵为 $\boldsymbol{X}=\begin{pmatrix}a&0\\b&a\end{pmatrix}$，其中 a,b 为任意常数.

例 2 设 $\boldsymbol{A}=\begin{pmatrix}\lambda&1&\\&\lambda&1\\&&\lambda\end{pmatrix}$. 计算 $\boldsymbol{A}^2,\boldsymbol{A}^3,\boldsymbol{A}^n(n>3)$.

解 设 $\boldsymbol{A}=\lambda\boldsymbol{I}+\boldsymbol{B}$，其中 $\boldsymbol{I}$ 为三阶单位矩阵，$\boldsymbol{B}=\begin{pmatrix}0&1&0\\0&0&1\\0&0&0\end{pmatrix}$. 由于 $\lambda\boldsymbol{I}$ 为数量矩阵，它与方阵 $\boldsymbol{B}$ 可交换，因而

$$\boldsymbol{A}^n=(\lambda\boldsymbol{I}+\boldsymbol{B})^n=\lambda^n\boldsymbol{I}+n\lambda^{n-1}\boldsymbol{B}+\frac{n(n-1)}{2!}\lambda^{n-2}\boldsymbol{B}^2+\cdots+\boldsymbol{B}^n.$$

注意到，$\boldsymbol{B}^2=\begin{pmatrix}0&0&1\\0&0&0\\0&0&0\end{pmatrix}$，$\boldsymbol{B}^3=\boldsymbol{B}^4=\cdots=\boldsymbol{B}^n=\boldsymbol{O}\ (n\geqslant 3)$，因而

$$A^n=(\lambda I+B)^n=\lambda^n I+n\lambda^{n-1}B+\frac{n(n-1)}{2!}\lambda^{n-2}B^2$$

$$=\begin{pmatrix}\lambda^n & n\lambda^{n-1} & \frac{n(n-1)}{2!}\lambda^{n-2}\\ 0 & \lambda^n & n\lambda^{n-1}\\ 0 & 0 & \lambda^n\end{pmatrix}\quad(n\geqslant 2).$$

本例也可直接作乘法，得

$$A^2=\begin{pmatrix}\lambda^2 & 2\lambda & 1\\ & \lambda^2 & 2\lambda\\ & & \lambda^2\end{pmatrix},\quad A^3=\begin{pmatrix}\lambda^3 & 3\lambda^2 & 3\lambda\\ & \lambda^3 & 3\lambda^2\\ & & \lambda^3\end{pmatrix}.$$

然后用数学归纳法求出 A^n 的表达式.

例 3 设 A 为 n 阶矩阵，A^* 为其伴随矩阵，则

$$AA^*=A^*A=|A|I.$$

证 显然 AA^* 是 n 阶方阵，可设 $AA^*=(c_{ij})_{n\times n}$. 由矩阵乘法定义，有 $c_{ij}=\sum_{k=1}^{n}a_{ik}A_{jk}$. 再利用公式(1.23)，得

$$c_{ij}=\begin{cases}|A|, & i=j,\\ 0, & i\neq j.\end{cases}$$

于是

$$AA^*=\begin{pmatrix}|A| & & & \\ & |A| & & \\ & & \ddots & \\ & & & |A|\end{pmatrix}=|A|I.$$

类似可证 $A^*A=|A|I$ (建议读者自行完成).

例 4 设 A 为 n 阶矩阵($n\geqslant 2$)，证明：$|A^*|=|A|^{n-1}$.

证 由于 $AA^*=A^*A=|A|I$，所以

$$|A||A^*|=|A|^n. \tag{2.35}$$

下面分三种情形讨论：

(1) $|A|\neq 0$，即 A 可逆，(2.35) 两端除以 $|A|$ 即得

$$|A^*|=|A|^{n-1}.$$

(2) $|A|=0$，且 $A=O$，则 $A^*=O$，结论显然成立.

(3) $|A|=0$，但 $A\neq O$，反设 $|A^*|\neq 0$，则 A^* 可逆，因而

$$A=(AA^*)(A^*)^{-1}=(|A|I)(A^*)^{-1}=|A|(A^*)^{-1}=O,$$

即 $A=O$，与 $A\neq O$ 矛盾，所以，$|A^*|=0=|A|^{n-1}$.

例 5 设 $\boldsymbol{A}=\begin{pmatrix}1 & 3\\ 2 & 5\end{pmatrix}$，$\boldsymbol{B}=\begin{pmatrix}0 & 2\\ -1 & 1\end{pmatrix}$，分别求满足下列方程的未知矩阵 $\boldsymbol{X}$：(1) $\boldsymbol{AX}=\boldsymbol{B}$；(2) $\boldsymbol{XA}=\boldsymbol{B}$.

解 (1) 因 $|\boldsymbol{A}|=-1\neq 0$，故 $\boldsymbol{A}$ 可逆，$\boldsymbol{A}^{-1}=\begin{pmatrix}-5 & 3\\ 2 & -1\end{pmatrix}$. 以 $\boldsymbol{A}^{-1}$ 左乘方程两边，即得

$$\boldsymbol{X}=\boldsymbol{A}^{-1}\boldsymbol{B}=\begin{pmatrix}-5 & 3\\ 2 & -1\end{pmatrix}\begin{pmatrix}0 & 2\\ -1 & 1\end{pmatrix}=\begin{pmatrix}-3 & -7\\ 1 & 3\end{pmatrix}.$$

(2) 以 $\boldsymbol{A}^{-1}$ 右乘方程两边，即得

$$\boldsymbol{X}=\boldsymbol{B}\boldsymbol{A}^{-1}=\begin{pmatrix}0 & 2\\ -1 & 1\end{pmatrix}\begin{pmatrix}-5 & 3\\ 2 & -1\end{pmatrix}=\begin{pmatrix}4 & -2\\ 7 & -4\end{pmatrix}.$$

例 5 的结果表明，题目中的方程(1) 与(2) 是两个不同的矩阵方程(初等代数中方程 $ax=b$ 与 $xa=b$ 则是完全一样的)，这是由于矩阵乘法不满足交换律所造成的. 因此，今后在解矩阵方程时一定要注意矩阵的“左乘”与“右乘”的准确使用. 此外，例 5 还提示我们，对于系数行列式不为零的由 n 个方程组成的 n 元线性方程组亦可用本例的**逆阵解法**解之.

例 6 若 $\boldsymbol{A}$ 是非奇异阵，且 $\boldsymbol{AB}=\boldsymbol{AC}$，则 $\boldsymbol{B}=\boldsymbol{C}$.

证 因为 $\boldsymbol{A}$ 为非奇异阵，故有逆阵 $\boldsymbol{A}^{-1}$. 由 $\boldsymbol{AB}=\boldsymbol{AC}$，在这个等式两边左乘以 $\boldsymbol{A}^{-1}$，则

$$\boldsymbol{A}^{-1}(\boldsymbol{AB})=\boldsymbol{A}^{-1}(\boldsymbol{AC}).$$

于是，得到 $\boldsymbol{B}=\boldsymbol{C}$.

同理可证，当 $\boldsymbol{A}$ 是非奇异阵时，从 $\boldsymbol{BA}=\boldsymbol{CA}$ 也可推出 $\boldsymbol{B}=\boldsymbol{C}$ 来.

读者不难发现：在这里条件 $\boldsymbol{A}$ 非奇异起着关键的作用，并回答了前面提出的矩阵的乘法消去律何时成立的问题.

例 7 设 $\boldsymbol{A}=(a_{ij})$ 为 3 阶矩阵，计算用 $\boldsymbol{I}(1,2)$，$\boldsymbol{I}(2(k))$ 分别左乘与右乘 $\boldsymbol{A}$ 所得到的乘积，并对结果予以解释.

解 设 $\boldsymbol{\alpha}_j$ 表示 $\boldsymbol{A}$ 的第 j 列($j=1,2,3$)，$\boldsymbol{\beta}_i$ 表示 $\boldsymbol{A}$ 的第 i 行($i=1,2,3$)，则有

$$\boldsymbol{A}=(\boldsymbol{\alpha}_1,\boldsymbol{\alpha}_2,\boldsymbol{\alpha}_3)=\begin{pmatrix}\boldsymbol{\beta}_1\\ \boldsymbol{\beta}_2\\ \boldsymbol{\beta}_3\end{pmatrix}.$$

于是

$$\boldsymbol{I}(1,2)\boldsymbol{A}=\begin{pmatrix}0&1&0\\1&0&0\\0&0&1\end{pmatrix}\begin{pmatrix}\boldsymbol{\beta}_1\\\boldsymbol{\beta}_2\\\boldsymbol{\beta}_3\end{pmatrix}=\begin{pmatrix}\boldsymbol{\beta}_2\\\boldsymbol{\beta}_1\\\boldsymbol{\beta}_3\end{pmatrix},$$

这表明，$\boldsymbol{I}(1,2)$ 左乘 $\boldsymbol{A}$ 的结果使 $\boldsymbol{A}$ 的第 1,2 行发生了对调；

$$\boldsymbol{A}\cdot\boldsymbol{I}(1,2)=(\boldsymbol{\alpha}_1,\boldsymbol{\alpha}_2,\boldsymbol{\alpha}_3)\begin{pmatrix}0&1&0\\1&0&0\\0&0&1\end{pmatrix}=(\boldsymbol{\alpha}_2,\boldsymbol{\alpha}_1,\boldsymbol{\alpha}_3),$$

这表明，$\boldsymbol{I}(1,2)$ 右乘 $\boldsymbol{A}$ 的结果使 $\boldsymbol{A}$ 的第 1,2 列发生了对调；

$$\boldsymbol{I}(2(k))\boldsymbol{A}=\begin{pmatrix}1&&\\&k&\\&&1\end{pmatrix}\begin{pmatrix}\boldsymbol{\beta}_1\\\boldsymbol{\beta}_2\\\boldsymbol{\beta}_3\end{pmatrix}=\begin{pmatrix}\boldsymbol{\beta}_1\\k\boldsymbol{\beta}_2\\\boldsymbol{\beta}_3\end{pmatrix},$$

这表明，用 $\boldsymbol{I}(2(k))$ 左乘 $\boldsymbol{A}$ 的结果相当于用 k 去乘 $\boldsymbol{A}$ 的第 2 行；

$$\boldsymbol{A}\cdot\boldsymbol{I}(2(k))=(\boldsymbol{\alpha}_1,\boldsymbol{\alpha}_2,\boldsymbol{\alpha}_3)\begin{pmatrix}1&&\\&k&\\&&1\end{pmatrix}=(\boldsymbol{\alpha}_1,k\boldsymbol{\alpha}_2,\boldsymbol{\alpha}_3),$$

这表明，用 $\boldsymbol{I}(2(k))$ 右乘 $\boldsymbol{A}$ 的结果相当于用 k 去乘 $\boldsymbol{A}$ 的第 2 列.

我们将第三种初等矩阵与矩阵 $\boldsymbol{A}$ 相乘的计算及对结果的解释留给读者思考.

例 8　将矩阵 $\boldsymbol{A}=\begin{pmatrix}0&0&1\\0&2&3\\1&2&3\end{pmatrix}$ 表示成若干个初等矩阵的乘积.

解　用初等行变换将矩阵 $\boldsymbol{A}$ 化为单位矩阵：

$$\boldsymbol{A}=\begin{pmatrix}0&0&1\\0&2&3\\1&2&3\end{pmatrix}\xrightarrow{r_1\leftrightarrow r_3}\begin{pmatrix}1&2&3\\0&2&3\\0&0&1\end{pmatrix}\xrightarrow[r_2-3r_3]{r_1-r_2}\begin{pmatrix}1&0&0\\0&2&0\\0&0&1\end{pmatrix}$$

$$\xrightarrow{r_2\times\frac{1}{2}}\begin{pmatrix}1&0&0\\0&1&0\\0&0&1\end{pmatrix}=\boldsymbol{I}.$$

由初等矩阵与初等变换的关系可知，矩阵 $\boldsymbol{A}$ 右乘 4 个相应的初等矩阵得到的积等于单位矩阵 $\boldsymbol{I}$，即

$$\begin{pmatrix}1&0&0\\0&\frac{1}{2}&0\\0&0&1\end{pmatrix}\begin{pmatrix}1&0&0\\0&1&-3\\0&0&1\end{pmatrix}\begin{pmatrix}1&-1&0\\0&1&0\\0&0&1\end{pmatrix}\begin{pmatrix}0&0&1\\0&1&0\\1&0&0\end{pmatrix}\boldsymbol{A}=\boldsymbol{I}.$$

所以

$$A=\begin{pmatrix}0&0&1\\0&1&0\\1&0&0\end{pmatrix}^{-1}\begin{pmatrix}1&-1&0\\0&1&0\\0&0&1\end{pmatrix}^{-1}\begin{pmatrix}1&0&0\\0&1&-3\\0&0&1\end{pmatrix}^{-1}\begin{pmatrix}1&0&0\\0&\frac{1}{2}&0\\0&0&1\end{pmatrix}^{-1}$$

$$=\begin{pmatrix}0&0&1\\0&1&0\\1&0&0\end{pmatrix}\begin{pmatrix}1&1&0\\0&1&0\\0&0&1\end{pmatrix}\begin{pmatrix}1&0&0\\0&1&3\\0&0&1\end{pmatrix}\begin{pmatrix}1&0&0\\0&2&0\\0&0&1\end{pmatrix},$$

即矩阵 $\boldsymbol{A}$ 已表示成 4 个初等矩阵的积.

用初等变换求已知矩阵 $\boldsymbol{A}$ 的逆矩阵时，不必事先通过计算行列式 $|\boldsymbol{A}|$ 的值来检验矩阵 $\boldsymbol{A}$ 是否可逆. 在对矩阵 $(\boldsymbol{A} \vdots \boldsymbol{I})$ 进行初等行变换的过程中，当左侧子块中有一行(列)的元素全为零时，矩阵 $\boldsymbol{A}$ 不可逆.

例 9 求矩阵 $\boldsymbol{A}=\begin{pmatrix}2&3&14\\2&7&-2\\1&3&1\end{pmatrix}$ 的逆矩阵.

解

$$(\boldsymbol{A} \vdots \boldsymbol{I})=\left(\begin{array}{ccc:ccc}2&3&14&1&0&0\\2&7&-2&0&1&0\\1&3&1&0&0&1\end{array}\right)$$

$$\xrightarrow{r_1\leftrightarrow r_3}\left(\begin{array}{ccc:ccc}1&3&1&0&0&1\\2&7&-2&0&1&0\\2&3&14&1&0&0\end{array}\right)$$

$$\xrightarrow[r_3-2r_1]{r_2-2r_1}\left(\begin{array}{ccc:ccc}1&3&1&0&0&1\\0&1&-4&0&1&-2\\0&-3&12&1&0&-2\end{array}\right)$$

$$\xrightarrow[r_3+3r_2]{r_1-3r_2}\left(\begin{array}{ccc:ccc}1&0&13&0&-3&7\\0&1&-4&0&1&-2\\0&0&0&1&3&-8\end{array}\right).$$

由此可见，$\boldsymbol{A}$ 不等价于单位矩阵 $\boldsymbol{I}$，所以 $\boldsymbol{A}$ 不可逆.

类似于矩阵的初等变换，利用分块矩阵的初等变换，常可以使运算或证明简化.

例 10 设 $A=\begin{pmatrix}3&4&&\\4&-3&&\\&&2&0\\&&2&2\end{pmatrix}$，求 $\left|\boldsymbol{A}^6\right|$ 及 $\boldsymbol{A}^4$.

解 记 $\boldsymbol{A}=\begin{pmatrix}\boldsymbol{A}_1 & \\ & \boldsymbol{A}_2\end{pmatrix}$，其中 $\boldsymbol{A}_1=\begin{pmatrix}3 & 4\\ 4 & -3\end{pmatrix}$，$\boldsymbol{A}_2=\begin{pmatrix}2 & 0\\ 2 & 2\end{pmatrix}$，则

$$\begin{aligned}|\boldsymbol{A}^6|=|\boldsymbol{A}|^6&=\begin{vmatrix}\boldsymbol{A}_1 & \\ & \boldsymbol{A}_2\end{vmatrix}^6=(|\boldsymbol{A}_1|\,|\boldsymbol{A}_2|)^6\\ &=\left(\begin{vmatrix}3 & 4\\ 4 & -3\end{vmatrix}\cdot\begin{vmatrix}2 & 0\\ 2 & 2\end{vmatrix}\right)^6\\ &=(-25\times 4)^6=10^{12}.\end{aligned}$$

又 $\boldsymbol{A}^4=\begin{pmatrix}\boldsymbol{A}_1 & \\ & \boldsymbol{A}_2\end{pmatrix}^4=\begin{pmatrix}\boldsymbol{A}_1^4 & \\ & \boldsymbol{A}_2^4\end{pmatrix}$，而

$$\boldsymbol{A}_1^4=(\boldsymbol{A}_1^2)^2=\left(\begin{pmatrix}3 & 4\\ 4 & -3\end{pmatrix}\begin{pmatrix}3 & 4\\ 4 & -3\end{pmatrix}\right)^2=\begin{pmatrix}5^2 & \\ & 5^2\end{pmatrix}^2=\begin{pmatrix}5^4 & \\ & 5^4\end{pmatrix},$$

类似地，可得 $\boldsymbol{A}_2^4=\begin{pmatrix}2^4 & 0\\ 2^6 & 2^4\end{pmatrix}$，因此

$$\boldsymbol{A}^4=\begin{pmatrix}5^4 & 0 & & \\ 0 & 5^4 & & \\ & & 2^4 & 0\\ & & 2^6 & 2^4\end{pmatrix}.$$

例 11 设有分块矩阵 $\boldsymbol{P}=\begin{pmatrix}\boldsymbol{A} & \boldsymbol{B}\\ \boldsymbol{O} & \boldsymbol{C}\end{pmatrix}$，其中 $\boldsymbol{A}$ 和 $\boldsymbol{C}$ 分别为 m 阶与 n 阶可逆矩阵，$\boldsymbol{B}$ 为 $m\times n$ 矩阵，证明：矩阵 $\boldsymbol{P}$ 可逆，并求 $\boldsymbol{P}^{-1}$.

解 与 2.6.3 段中用初等变换法求逆矩阵的方法类似，构造分块矩阵

$$\left(\begin{array}{cc:cc}\boldsymbol{A} & \boldsymbol{B} & \boldsymbol{I}_m & \boldsymbol{O}\\ \boldsymbol{O} & \boldsymbol{C} & \boldsymbol{O} & \boldsymbol{I}_n\end{array}\right).$$

作分块矩阵的初等行变换，若分块矩阵的第 i 行用 $R_i(i=1,2)$ 表示，并沿用矩阵初等变换的记号，则

$$\begin{aligned}\left(\begin{array}{cc:cc}\boldsymbol{A} & \boldsymbol{B} & \boldsymbol{I}_m & \boldsymbol{O}\\ \boldsymbol{O} & \boldsymbol{C} & \boldsymbol{O} & \boldsymbol{I}_n\end{array}\right)&\xrightarrow[\boldsymbol{C}^{-1}R_2]{\boldsymbol{A}^{-1}R_1}\left(\begin{array}{cc:cc}\boldsymbol{I}_m & \boldsymbol{A}^{-1}\boldsymbol{B} & \boldsymbol{A}^{-1} & \boldsymbol{O}\\ \boldsymbol{O} & \boldsymbol{I}_n & \boldsymbol{O} & \boldsymbol{C}^{-1}\end{array}\right)\\ &\xrightarrow{R_1+(-\boldsymbol{A}^{-1}\boldsymbol{B})R_2}\left(\begin{array}{cc:cc}\boldsymbol{I}_m & \boldsymbol{O} & \boldsymbol{A}^{-1} & -\boldsymbol{A}^{-1}\boldsymbol{B}\boldsymbol{C}^{-1}\\ \boldsymbol{O} & \boldsymbol{I}_n & \boldsymbol{O} & \boldsymbol{C}^{-1}\end{array}\right).\end{aligned}$$

所以

$$\boldsymbol{P}^{-1}=\begin{pmatrix}\boldsymbol{A}^{-1} & -\boldsymbol{A}^{-1}\boldsymbol{B}\boldsymbol{C}^{-1}\\ \boldsymbol{O} & \boldsymbol{C}^{-1}\end{pmatrix}. \tag{2.36}$$

例 12 求矩阵$A=\begin{pmatrix}2&-3&8&2\\2&12&-2&12\\1&3&1&4\end{pmatrix}$的秩.

解 先用子式判别法求所给矩阵的秩.

1 阶子式$|2|\neq 0$, 2 阶子式$D=\begin{vmatrix}2&-3\\2&12\end{vmatrix}\neq 0$. 计算包含$D$的 3 阶子式, 共有 2 个:

$$\begin{vmatrix}2&-3&8\\2&12&-2\\1&3&1\end{vmatrix}=0,\quad \begin{vmatrix}2&-3&2\\2&12&12\\1&3&4\end{vmatrix}=0.$$

因此$\mathrm{r}(A)=2$.

再用初等变换法求其秩:

$$A=\begin{pmatrix}2&-3&8&2\\2&12&-2&12\\1&3&1&4\end{pmatrix}\to\begin{pmatrix}0&-9&6&-6\\0&6&-4&4\\1&3&1&4\end{pmatrix}$$

$$\to\begin{pmatrix}1&3&1&4\\0&6&-4&4\\0&-9&6&-6\end{pmatrix}\to\begin{pmatrix}1&3&1&4\\0&6&-4&4\\0&0&0&0\end{pmatrix},$$

因此$\mathrm{r}(A)=2$.

一般来说, 用子式法求秩是比较复杂的, 但是在一些特殊的问题上, 有其方便之处.

例 13 已知n阶矩阵

$$A=\begin{pmatrix}a&b&\cdots&b\\b&a&\ddots&\vdots\\\vdots&\ddots&\ddots&b\\b&\cdots&b&a\end{pmatrix}\quad(n>2),$$

试根据a和b的不同取值确定A的秩.

解 $|A|=[a+(n-1)b](a-b)^{n-1}$.

当$|A|\neq 0$时, 即$a+(n-1)b\neq 0$, 且$a\neq b$时, A的秩为n.

当$|A|=0$时, 若$a=b=0$, 则$A=O$, A的秩为 0; 若$a=b\neq 0$, 则

$$A=\begin{pmatrix}a&a&\cdots&a\\a&a&\cdots&a\\\vdots&\vdots&&\vdots\\a&a&\cdots&a\end{pmatrix},$$

所以 $\boldsymbol{A}$ 的秩为1；若 $a=(n-1)b$，则 $\boldsymbol{A}$ 的左上角的 $n-1$ 阶子式为

$$\begin{vmatrix} a & b & \cdots & b \\ b & a & \ddots & \vdots \\ \vdots & \ddots & \ddots & b \\ b & \cdots & b & a \end{vmatrix} = [a+(n-2)b](a-b)^{n-2} \neq 0,$$

所以 $\boldsymbol{A}$ 的秩为 $n-1$。

例 14 某企业要对某个问题进行决策，方案、自然状态、状态出现的可能性，收益值如表2-16，试确定最优方案.

表2-16

方案 \ 收益矩阵 \ 状态概率 \ 自然状态	θ_1	θ_2	θ_3	θ_4
	0.2	0.4	0.1	0.3
A_1	4	5	6	7
A_2	2	4	6	9
A_3	5	7	3	6
A_4	3	5	6	8
A_5	3	5	5	5

解 该决策问题的收益矩阵为

$$\boldsymbol{B} = \begin{pmatrix} 4 & 5 & 6 & 7 \\ 2 & 4 & 6 & 9 \\ 5 & 7 & 3 & 6 \\ 3 & 5 & 6 & 8 \\ 3 & 5 & 5 & 5 \end{pmatrix},$$

又记 $\boldsymbol{P} = \begin{pmatrix} 0.2 \\ 0.4 \\ 0.1 \\ 0.3 \end{pmatrix}$，计算矩阵乘积 $\boldsymbol{Q}=\boldsymbol{BP}$，得

$$\boldsymbol{Q} = \begin{pmatrix} 4 & 5 & 6 & 7 \\ 2 & 4 & 6 & 9 \\ 5 & 7 & 3 & 6 \\ 3 & 5 & 6 & 8 \\ 3 & 5 & 5 & 5 \end{pmatrix} \begin{pmatrix} 0.2 \\ 0.4 \\ 0.1 \\ 0.3 \end{pmatrix} = \begin{pmatrix} 5.5 \\ 5.3 \\ 5.9 \\ 5.6 \\ 4.6 \end{pmatrix}.$$

$\boldsymbol{Q}$ 中的最大值为5.9，对应的行动方案是 $\boldsymbol{A}_3$，所以合理的决策是 $\boldsymbol{A}_3$.

运用矩阵方法进行风险型决策有许多优点：第一，它具有广泛的适应

性，尤其是在解决比较复杂、计算量比较大的决策问题时，该方法显得更为优越；第二，这种方法把风险型决策问题转化为两个矩阵的乘法以及选取乘积矩阵中元素的最大者或最小者，这样就易于利用数学理论及计算机简化计算.

复　习　题

1. 已知 $\boldsymbol{\alpha}=(1,2,3)$，$\boldsymbol{\beta}=\left(1,\frac{1}{2},\frac{1}{3}\right)$，$\boldsymbol{A}=\boldsymbol{\alpha}^{\mathrm{T}}\boldsymbol{\beta}$，求 $\boldsymbol{A}^n$.

2. 设 $\boldsymbol{A}=\begin{pmatrix}1&0&0\\1&0&1\\0&1&0\end{pmatrix}$，证明：当 $n\geqslant 3$ 时，恒有 $\boldsymbol{A}^n=\boldsymbol{A}^{n-2}+\boldsymbol{A}^2-\boldsymbol{I}$，并求 $\boldsymbol{A}^{100}$.

3. 设 $\boldsymbol{A}$ 为三阶矩阵，且 $|\boldsymbol{A}|=\frac{1}{2}$，求 $\left|\left(\frac{1}{3}\boldsymbol{A}\right)^{-1}-10\boldsymbol{A}^*\right|$.

4. 已知实矩阵 $\boldsymbol{A}=(a_{ij})_{3\times 3}$ 满足条件：

(1) $a_{ij}=A_{ij}$ $(i,j=1,2,3)$，其中 A_{ij} 是 a_{ij} 的代数余子式；

(2) $a_{11}\neq 0$.

计算行列式 $|\boldsymbol{A}|$.

5. 设多项式 $f(x)=x^4-6x^3+4x^2-3x-2$. 若有 n 阶方阵 $\boldsymbol{A}$ 满足条件 $f(\boldsymbol{A})=\boldsymbol{O}$，则 $\boldsymbol{A}$ 可逆，并求出 $\boldsymbol{A}^{-1}$.

6. 设 $\boldsymbol{A}$ 为非奇异矩阵，$\boldsymbol{x},\boldsymbol{y}$ 均为 $n\times 1$ 矩阵，且 $\boldsymbol{y}^{\mathrm{T}}\boldsymbol{A}^{-1}\boldsymbol{x}\neq -1$，证明：$\boldsymbol{A}+\boldsymbol{x}\boldsymbol{y}^{\mathrm{T}}$ 可逆，并且

$$(\boldsymbol{A}+\boldsymbol{x}\boldsymbol{y}^{\mathrm{T}})^{-1}=\boldsymbol{A}^{-1}-\frac{\boldsymbol{A}^{-1}\boldsymbol{x}\boldsymbol{y}^{\mathrm{T}}\boldsymbol{A}^{-1}}{1+\boldsymbol{y}^{\mathrm{T}}\boldsymbol{A}^{-1}\boldsymbol{x}}.$$

7. 设 $\boldsymbol{A},\boldsymbol{B}$ 为 n 阶矩阵，且 $\boldsymbol{I}-\boldsymbol{A}\boldsymbol{B}$ 可逆，证明：$\boldsymbol{I}-\boldsymbol{B}\boldsymbol{A}$ 也可逆.

8. 设矩阵 $\boldsymbol{A},\boldsymbol{B}$ 满足 $\boldsymbol{A}^*\boldsymbol{B}\boldsymbol{A}=-2\boldsymbol{B}\boldsymbol{A}-8\boldsymbol{I}$，其中

$$\boldsymbol{A}=\begin{pmatrix}1&2&-2\\0&-2&4\\0&0&1\end{pmatrix},$$

$\boldsymbol{A}^*$ 是 $\boldsymbol{A}$ 的伴随矩阵，求矩阵 $\boldsymbol{B}$.

9. 已知矩阵

$$\boldsymbol{A}=\begin{pmatrix}1&-2&-1\\2&4&7\\5&-6&6\end{pmatrix},\quad \boldsymbol{B}=\begin{pmatrix}3&1&-1\\1&3&7\\5&-6&4\end{pmatrix},\quad \boldsymbol{C}=\begin{pmatrix}2&-6&0\\2&8&0\\0&0&12\end{pmatrix},$$

且矩阵 $\boldsymbol{X}$ 满足条件

$$\boldsymbol{AXA}+\boldsymbol{BXB}=\boldsymbol{AXB}+\boldsymbol{BXA}+\boldsymbol{C},$$

求矩阵 $\boldsymbol{X}$.

10. 设 $\boldsymbol{H}=\begin{pmatrix}\boldsymbol{A} & \boldsymbol{O}\\ \boldsymbol{C} & \boldsymbol{B}\end{pmatrix}$，其中 $\boldsymbol{A},\boldsymbol{B}$ 分别为 s 阶、t 阶可逆矩阵，$\boldsymbol{C}$ 为 $t\times s$ 矩阵，$\boldsymbol{O}$ 为 $s\times t$ 零矩阵. 试证明 $\boldsymbol{H}$ 可逆，并求其逆.

11. 设 n 阶矩 $\boldsymbol{A},\boldsymbol{P}$ 及对角矩阵 $\boldsymbol{\Lambda}=\mathrm{diag}(\lambda_1,\lambda_2,\cdots,\lambda_n)$ 满足等式

$$\boldsymbol{AP}=\boldsymbol{P\Lambda}.$$

试证明：$\boldsymbol{Ax}_i=\lambda_i\boldsymbol{x}_i\ (i=1,2,\cdots,n)$，其中 $\boldsymbol{x}_i$ 为矩阵 $\boldsymbol{P}$ 的第 i 列.

12. 设 $\boldsymbol{A}$ 是 4×3 矩阵，且 $\mathrm{r}(\boldsymbol{A})=2$，$\boldsymbol{B}=\begin{pmatrix}1 & 0 & 2\\ 0 & 2 & 0\\ -1 & 0 & 3\end{pmatrix}$，求 $\mathrm{r}(\boldsymbol{AB})$.

13. 某房地产公司计划在两年内建造三种类型的商品住房，建房数量、各类商品房对材料的消耗量及各种材料的单价如表 2-17～表 2-19 所示. 试求出这两年建造的商品房的各种材料的费用.

表 2-17　　　　**建房数量**　　　　(单位：1 000 米^2)

数量　类型 / 年份	Ⅰ	Ⅱ	Ⅲ
第一年	20	10	40
第二年	50	30	60

表 2-18　　　　**每 1 000 米^2 商品房对材料的消耗量**

耗量　材料 / 类型	水泥(吨)	钢材(吨)	木材(米^3)
Ⅰ	50	12	15
Ⅱ	55	14	8
Ⅲ	70	13	10

表 2-19　　　　**材料单价表**

材　料	水泥(元 / 吨)	钢材(元 / 吨)	木材(元 / 米^3)
单　价	250	1 600	960

14. 试讨论三个过原点的平面

$$\pi_1: a_1x+b_1y+c_1z=0,$$
$$\pi_2: a_2x+b_2y+c_2z=0,$$
$$\pi_3: a_3x+b_3y+c_3z=0$$

的位置关系.

第三章　线性方程组

在第一章里我们初步研究了方程式个数等于未知数个数且系数行列式不等于零的线性方程组的求解问题. 本章将讨论在工程技术及经济管理中应用更为广泛的一般线性方程组的理论，给出判定一个线性方程组有解的充分必要条件以及求解一般线性方程组的方法，并进一步探讨线性方程组解的结构. 为此还将引入向量及向量空间的概念，使我们得以从新的视角认识线性方程组及其解空间，并为学习后续的内容提供必备的基础.

3.1　线性方程组的消元解法

尽管从中学数学中我们已经有了线性方程组的初步概念，且在第一章我们讨论了方程的个数与未知量的个数相等的线性方程组，而实际问题中归结出的线性方程组，其方程的个数与未知量的个数不一定相等，含 n 个未知量的线性方程组的一般形式为

$$\begin{cases} a_{11}x_1 + a_{12}x_2 + \cdots + a_{1n}x_n = b_1, \\ a_{21}x_1 + a_{22}x_2 + \cdots + a_{2n}x_n = b_2, \\ \cdots\cdots\cdots\cdots\cdots\cdots\cdots\cdots\cdots\cdots \\ a_{m1}x_1 + a_{m2}x_2 + \cdots + a_{mn}x_n = b_m, \end{cases} \tag{3.1}$$

其中 $x_1, x_2, \cdots, x_n$ 为未知量，a_{ij} 表示第 i 个方程未知量 x_j 的系数，b_i 为常数项，$a_{ij}, b_i (i = 1,2,\cdots,m,\ j = 1,2,\cdots,n)$ 都是已知数. m 为方程的个数，m 可以小于 n，也可以等于或大于 n. 若 $b_1, b_2, \cdots, b_m$ 全为零，则称(3.1)为**齐次线性方程组**，否则称之为**非齐次线性方程组**.

现在，我们可以用已学过的矩阵知识来讨论解方程组的问题. 设

$$\boldsymbol{A} = \begin{pmatrix} a_{11} & a_{12} & \cdots & a_{1n} \\ a_{21} & a_{22} & \cdots & a_{2n} \\ \vdots & \vdots & & \vdots \\ a_{m1} & a_{m2} & \cdots & a_{mn} \end{pmatrix},\quad \boldsymbol{x} = \begin{pmatrix} x_1 \\ x_2 \\ \vdots \\ x_n \end{pmatrix},\quad \boldsymbol{\beta} = \begin{pmatrix} b_1 \\ b_2 \\ \vdots \\ b_m \end{pmatrix},$$

则方程组(3.1) 的矩阵表达式为

$$\boldsymbol{A}\boldsymbol{x}=\boldsymbol{\beta}, \tag{3.2}$$

称矩阵 $\boldsymbol{A}$ 为线性方程组(3.2) 的**系数矩阵**，称矩阵

$$\overline{\boldsymbol{A}}=\left(\begin{array}{cccc:c} a_{11} & a_{12} & \cdots & a_{1n} & b_1 \\ a_{21} & a_{22} & \cdots & a_{2n} & b_2 \\ \vdots & \vdots & & \vdots & \vdots \\ a_{m1} & a_{m2} & \cdots & a_{mn} & b_m \end{array}\right)$$

为线性方程组(3.2) 的**增广矩阵**.

显然，线性方程组(3.2) 与其系数矩阵 $\boldsymbol{A}$、常数项列矩阵 $\boldsymbol{\beta}$ 互相唯一确定. 或者说，线性方程组(3.2) 与其增广矩阵 $\overline{\boldsymbol{A}}$ 互相唯一确定.

如果 $x_1=c_1$, $x_2=c_2$, …, $x_n=c_n$ 是(3.2) 的一组解，则称

$$\begin{pmatrix} c_1 \\ c_2 \\ \vdots \\ c_m \end{pmatrix}$$

为(3.2) 的**解向量**，有时也简称**解**.

解方程组就是要求出方程组的全部解，即求出它的全部解的集合.

定义 3.1 若两个方程组有相同的解集合，则称这两个方程组为**同解方程组**或称两个方程组**同解**.

对于一般线性方程组(3.1)，首先需要解决的问题是：

(1) 方程组是否有解？

(2) 如果方程组有解，它有多少解？如何求出它的全部解？

要解决以上问题，我们先看一个初等代数中的例子.

例 1 用消去法求解下列线性方程组：

$$(\text{I})\ \begin{cases} \qquad\quad x_2+\ x_3=2, & ① \\ 2x_1+3x_2+2x_3=5, & ② \\ 3x_1+\ x_2-\ x_3=-1. & ③ \end{cases}$$

解 ① 与 ② 对调，得

$$(\text{II})\ \begin{cases} 2x_1+3x_2+2x_3=5, & ④ \\ \qquad\quad x_2+\ x_3=2, & ⑤ \\ 3x_1+\ x_2-\ x_3=-1; & ⑥ \end{cases}$$

④ 乘以 $-\dfrac{3}{2}$ 加到 ⑥ 上去，得

$$
(\text{Ⅲ})\begin{cases}2x_1+3x_2+2x_3=5, & ⑦\\ \qquad\quad x_2+\ x_3=2, & ⑧\\ \quad -\dfrac{7}{2}x_2-4x_3=-\dfrac{17}{2}; & ⑨\end{cases}
$$

⑧ 乘以$\frac{7}{2}$加到 ⑨ 上，得

$$
(\text{Ⅳ})\begin{cases}2x_1+3x_2+2x_3=5, & ⑩\\ \qquad\quad x_2+\ x_3=2, & ⑪\\ \qquad\quad -\dfrac{1}{2}x_3=-\dfrac{3}{2}; & ⑫\end{cases}
$$

⑫ 乘以 -2，得

$$
(\text{Ⅴ})\begin{cases}2x_1+3x_2+2x_3=5, & ⑬\\ \qquad\quad x_2+\ x_3=2, & ⑭\\ \qquad\qquad\quad x_3=3; & ⑮\end{cases}
$$

⑮ 乘以 -1 加到 ⑭ 上，⑮ 乘以 -2 加到 ⑬ 上，得

$$
(\text{Ⅵ})\begin{cases}2x_1+3x_2\quad=-1, & ⑯\\ \qquad\quad x_2=-1, & ⑰\\ \qquad\qquad\quad x_3=3; & ⑱\end{cases}
$$

⑰ 乘以 -3 加到 ⑯ 上，并将得到的方程两边乘以$\frac{1}{2}$，得

$$
(\text{Ⅶ})\begin{cases}x_1=1,\\ x_2=-1,\\ x_3=3.\end{cases}
$$

上述求解线性方程组的基本步骤是反复地对方程组施行三种初等变换. 显然，方程组(Ⅰ) 至(Ⅶ) 都是同解方程组，因而(Ⅶ) 是方程组(Ⅰ) 的解. 这个解法就称为消元法(常称为**高斯**(Gauss) **消元法**).（Ⅰ）至（Ⅴ）是消元过程，(Ⅵ) 至(Ⅶ) 是回代过程.

上面的求解过程，可以用方程组（Ⅰ）的增广矩阵的初等行变换表示：

$$
\overline{\boldsymbol{A}}=\left(\begin{array}{ccc:c}0 & 1 & 1 & 2\\ 2 & 3 & 2 & 5\\ 3 & 1 & -1 & -1\end{array}\right)\to\left(\begin{array}{ccc:c}2 & 3 & 2 & 5\\ 0 & 1 & 1 & 2\\ 3 & 1 & -1 & -1\end{array}\right)
$$

$$
\to\left(\begin{array}{ccc:c}2 & 3 & 2 & 5\\ 0 & 1 & 1 & 2\\ 0 & -\dfrac{7}{2} & -4 & -\dfrac{17}{2}\end{array}\right)\to\left(\begin{array}{ccc:c}2 & 3 & 2 & 5\\ 0 & 1 & 1 & 2\\ 0 & 0 & -\dfrac{1}{2} & -\dfrac{3}{2}\end{array}\right)
$$

$$\rightarrow\left(\begin{array}{ccc:c}2&3&2&5\\0&1&1&2\\0&0&1&3\end{array}\right)\rightarrow\left(\begin{array}{ccc:c}2&3&2&5\\0&1&0&-1\\0&0&1&3\end{array}\right)$$

$$\rightarrow\left(\begin{array}{ccc:c}2&3&0&-1\\0&1&0&-1\\0&0&1&3\end{array}\right)\rightarrow\left(\begin{array}{ccc:c}2&0&0&2\\0&1&0&-1\\0&0&1&3\end{array}\right)$$

$$\rightarrow\left(\begin{array}{ccc:c}1&0&0&1\\0&1&0&-1\\0&0&1&3\end{array}\right).$$

可见，高斯消元法的基本思想是对方程组作初等变换，将其化成同解的阶梯形方程组. 用矩阵的语言来说，就是对方程组的增广矩阵作初等行变换，使其化为规范阶梯形矩阵，再解以规范阶梯形矩阵为增广矩阵的线性方程组. 一般地，有下面的定理：

定理 3.1 线性方程组(3.2) 经初等变换所得的新方程组与原线性方程组同解.

证 我们只需证明线性方程组经一次初等变换后所得方程组与原方程组同解即可.

设方程组(3.2) 经过一次初等变换后变为方程组

$$\boldsymbol{A}_1\boldsymbol{x}=\boldsymbol{\beta}_1, \tag{3.3}$$

用矩阵来描述，即是存在初等矩阵 $\boldsymbol{P}$，使得

$$\boldsymbol{P}\overline{\boldsymbol{A}}=\boldsymbol{P}(\boldsymbol{A},\boldsymbol{\beta})=(\boldsymbol{PA},\boldsymbol{P\beta})=(\boldsymbol{A}_1,\boldsymbol{\beta}_1).$$

所以，若 $\boldsymbol{x}_0$ 是(3.2) 的解，即 $\boldsymbol{Ax}_0=\boldsymbol{\beta}$，则必有 $\boldsymbol{PAx}_0=\boldsymbol{P\beta}$，即

$$\boldsymbol{A}_1\boldsymbol{x}_0=\boldsymbol{\beta}_1.$$

这表明 $\boldsymbol{x}_0$ 是(3.3) 的解.

反之，若 $\boldsymbol{x}_0$ 是(3.3) 的解，即 $\boldsymbol{A}_1\boldsymbol{x}_0=\boldsymbol{\beta}_1$，由于 $\boldsymbol{P}$ 可逆，因而必有

$$\boldsymbol{P}^{-1}\boldsymbol{A}_1\boldsymbol{x}_0=\boldsymbol{P}^{-1}\boldsymbol{\beta}_1,$$

故 $\boldsymbol{Ax}_0=\boldsymbol{\beta}$，即 $\boldsymbol{x}_0$ 也是(3.2) 的解，所以(3.2) 与(3.3) 同解. □

根据定理 3.1 并注意到 2.6 节中关于任意矩阵都可经初等行变换化为阶梯形矩阵的结论，显然相应地，线性方程组(3.1) 必可经初等变换化为与之同解的**阶梯形方程组**(即阶梯形矩阵所对应的方程组).

例 1 的求解过程表明，由阶梯形方程组我们几乎可以一眼看出方程组的解. 所以为了判断一个线性方程组是否有解，有解的话是否是唯一解亦或是有更多的解，先将其化为阶梯形方程组应是有益的.

例 2 解线性方程组

$$\begin{cases}2x_1 - x_2 + 3x_3 = 1,\\ 4x_1 - 2x_2 + 5x_3 = 4,\\ 2x_1 - x_2 + 4x_3 = -1,\\ 6x_1 - 3x_2 + 5x_3 = 11.\end{cases}$$

解

$$\overline{\boldsymbol{A}} = \left(\begin{array}{ccc:c}2 & -1 & 3 & 1\\ 4 & -2 & 5 & 4\\ 2 & -1 & 4 & -1\\ 6 & -3 & 5 & 11\end{array}\right) \xrightarrow{\text{初等行变换}} \left(\begin{array}{ccc:c}1 & -\frac{1}{2} & 0 & \frac{7}{2}\\ 0 & 0 & 1 & -2\\ 0 & 0 & 0 & 0\\ 0 & 0 & 0 & 0\end{array}\right) = \overline{\boldsymbol{A}}_1.$$

因矩阵 $\overline{\boldsymbol{A}}_1$ 的第 3,4 行对应的方程为“$0=0$”，它们没有为方程组的求解提供任何信息，故称之为**多余方程**，将其去掉得原方程组的同解阶梯形方程组

$$\begin{cases}x_1 - \dfrac{1}{2}x_2 \qquad = \dfrac{7}{2},\\ \qquad\qquad\quad x_3 = -2.\end{cases}$$

显然，对于 x_2 的任意取定的值 c，此方程组有解

$$\begin{cases}x_1 = \dfrac{1}{2}(c+7),\\ x_2 = c,\\ x_3 = -2\end{cases} \quad (c \text{ 为任意实数}).$$

此即原方程组的解，即原方程组有无穷多个解.

例 2 中方程组的解的这种形式称为方程组的**一般解**，其中 c 为任意常数. 例 2 的一般解又可写成

$$\begin{cases}x_1 = \dfrac{1}{2}x_2 + \dfrac{7}{2},\\ x_3 = -2,\end{cases}$$

其中 x_2 称为**自由未知量**.

例 3 解方程组

$$\begin{cases}x_1 + 3x_2 - x_3 - x_4 = 6,\\ 3x_1 - x_2 + 5x_3 - 3x_4 = 6,\\ 2x_1 + x_2 + 2x_3 - 2x_4 = 8.\end{cases}$$

解

$$\overline{\boldsymbol{A}}=\left(\begin{array}{cccc:c}1&3&-1&-1&6\\3&-1&5&-3&6\\2&1&2&-2&8\end{array}\right)$$

$$\xrightarrow{\text{初等行变换}}\left(\begin{array}{cccc:c}1&3&-1&-1&6\\0&-10&8&0&-12\\0&0&0&0&2\end{array}\right)=\overline{\boldsymbol{A}}_1.$$

于是，原方程组的同解阶梯形方程组为

$$\begin{cases}x_1+3x_2-x_3-x_4=6,\\ \quad -10x_2+8x_3=-12,\\ \qquad\qquad 0=2.\end{cases}$$

最后一个方程“0 = 2”是一个**矛盾方程**，即不论未知量以什么值代入，都不能满足这个方程. 因此，原方程组无解.

下面讨论一般的情况. 不失一般性，设方程组(3.2)的增广矩阵 $\overline{\boldsymbol{A}}$ 经初等行变换化为阶梯形矩阵 $\overline{\boldsymbol{A}}_1$：

$$\overline{\boldsymbol{A}}_1=(\boldsymbol{A}_1,\boldsymbol{\beta}_1)=\left(\begin{array}{cccccc:c}a'_{11}&a'_{12}&\cdots&a'_{1r}&a'_{1,r+1}&\cdots&a'_{1n}&d_1\\0&a'_{22}&\cdots&a'_{2r}&a'_{2,r+1}&\cdots&a'_{2n}&d_2\\\vdots&\ddots&\ddots&\vdots&\vdots&&\vdots&\vdots\\0&\cdots&0&a'_{rr}&a'_{r,r+1}&\cdots&a'_{rn}&d_r\\0&\cdots&0&0&0&\cdots&0&d_{r+1}\\0&\cdots&0&0&0&\cdots&0&0\\\vdots&&\vdots&\vdots&\vdots&&\vdots&\vdots\\0&\cdots&0&0&0&\cdots&0&0\end{array}\right),\tag{3.4}$$

其中 $a'_{ii}\neq 0\ (i=1,2,\cdots,r)$. 这里 $\boldsymbol{A}_1,\boldsymbol{\beta}_1$ 分别为方程组(3.2)的系数矩阵 $\boldsymbol{A}$ 及常数项列矩阵 $\boldsymbol{\beta}$ 经同样的初等行变换所得的矩阵. 于是得方程组(3.2)的同解阶梯形方程组

$$\begin{cases}a'_{11}x_1+a'_{12}x_2+\cdots+a'_{1r}x_r+a'_{1,r+1}x_{r+1}+\cdots+a'_{1n}x_n=d_1,\\ \qquad a'_{22}x_2+\cdots+a'_{2r}x_r+a'_{2,r+1}x_{r+1}+\cdots+a'_{2n}x_n=d_2,\\ \qquad\cdots\cdots\cdots\cdots\cdots\cdots\cdots\cdots\cdots\cdots\\ \qquad\qquad a'_{rr}x_r+a'_{r,r+1}x_{r+1}+\cdots+a'_{rn}x_n=d_r,\\ \qquad\qquad\qquad 0=d_{r+1},\\ \qquad\qquad\qquad 0=0,\\ \qquad\qquad\qquad \cdots\cdots\\ \qquad\qquad\qquad 0=0,\end{cases}\tag{3.5}$$

其中 $a'_{ii}\neq 0\ (i=1,2,\cdots,r)$. 方程组中的"$0=0$"是一些恒等式，可以去掉，并不影响方程组的解.

根据定理 3.1，方程组(3.1) 是否有解取决于方程组(3.5) 是否有解. 下面我们对此进行讨论.

(1) 当 $d_{r+1}\neq 0$ 时，如同例 3，这表明方程组(3.5) 中有矛盾方程，故方程组(3.5) 无解，从而方程组(3.1) 亦无解.

(2) 当 $d_{r+1}=0$ 时，我们分两种情形讨论：

① $r=n$. 这时阶梯形方程组为

$$\begin{cases}a'_{11}x_1+a'_{12}x_2+\cdots+a'_{1n}x_n=d_1,\\ \qquad a'_{22}x_2+\cdots+a'_{2n}x_n=d_2,\\ \qquad\cdots\cdots\cdots\cdots\\ \qquad\qquad a'_{nn}x_n=d_n,\end{cases}\tag{3.6}$$

因 $a'_{ii}\neq 0\ (i=1,2,\cdots,r)$，由最后一个方程开始我们可以求出未知量 x_n 的唯一值 $c_n=\dfrac{d_n}{a'_{nn}}$. 将其代入倒数第二个方程，同理可以求出未知量 x_{n-1} 的唯一值 c_{n-1}. 这样从下至上，可以求得未知量 $x_n,x_{n-1},\cdots,x_1$ 各自的唯一值 c_n，$c_{n-1},\cdots,c_1$. 于是方程组(3.6) 有唯一解 $\boldsymbol{x}=(c_1,c_2,\cdots,c_n)^{\mathrm T}$，它就是方程组(3.1) 的唯一解.

② $r<n$. 这时阶梯形方程组(3.5) 可写为

$$\begin{cases}a'_{11}x_1+a'_{12}x_2+\cdots+a'_{1n}x_n=d_1-a'_{1,r+1}x_{r+1}-\cdots-a'_{1n}x_n,\\ \qquad a'_{22}x_2+\cdots+a'_{2n}x_n=d_2-a'_{2,r+1}x_{r+1}-\cdots-a'_{2n}x_n,\\ \qquad\cdots\cdots\cdots\cdots\cdots\cdots\cdots\cdots\\ \qquad\qquad a'_{rr}x_r=d_r-a'_{r,r+1}x_{r+1}-\cdots-a'_{rn}x_n.\end{cases}\tag{3.7}$$

同样对它进行回代过程，则可求出 $x_1,x_2,\cdots,x_r$ 含有 $n-r$ 个未知量 $x_{r+1},\cdots,x_n$ (称为**自由未知量**) 的表达式：

$$\begin{cases}x_1=k_1-k_{1,r+1}x_{r+1}-\cdots-k_{1n}x_n,\\ x_2=k_2-k_{2,r+1}x_{r+1}-\cdots-k_{2n}x_n,\\ \cdots\cdots\cdots\cdots\cdots\cdots\\ x_r=k_r-k_{r,r+1}x_{r+1}-\cdots-k_{rn}x_n.\end{cases}\tag{3.8}$$

它由 $n-r$ 个自由未知量 $x_{r+1},\cdots,x_n$ 取不同值而得不同的解. 如果取

$$x_{r+1}=c_1,\ x_{r+2}=c_2,\ \cdots,\ x_n=c_{n-r},$$

其中 $c_1,c_2,\cdots,c_{n-r}$ 为任意常数，则方程组(3.8) 有如下无穷多个解：

$$\begin{cases} x_1 = k_1 - k_{1,r+1}c_1 - \cdots - k_{1n}c_{n-r}, \\ x_2 = k_2 - k_{2,r+1}c_1 - \cdots - k_{2n}c_{n-r}, \\ \cdots\cdots\cdots\cdots\cdots\cdots\cdots\cdots\cdots\cdots \\ x_r = k_r - k_{r,r+1}c_1 - \cdots - k_{rn}c_{n-r}, \\ x_{r+1} = c_1, \\ x_{r+2} = c_2, \\ \cdots\cdots\cdots \\ x_n = c_{n-r}. \end{cases} \tag{3.9}$$

它是(3.5)的无穷多个解的一般形式，也是(3.1)的无穷多个解的一般形式.

综上所述，我们得到如下结论：

(1) 方程组(3.1)有解的充分必要条件是其同解阶梯形方程组(3.4)中的 $d_{r+1}=0$；

(2) 当方程组(3.1)有解时，若 $r=n$，则(3.1)有唯一解；若 $r<n$，则(3.1)有无穷多个解.

回忆2.4节中关于矩阵的秩的讨论，显然又有"$d_{r+1}=0$"的充要条件是"$\mathrm{r}(\boldsymbol{A}_1)=\mathrm{r}(\overline{\boldsymbol{A}}_1)$"，亦即"$\mathrm{r}(\boldsymbol{A})=\mathrm{r}(\overline{\boldsymbol{A}})$". 我们有如下的更便于判定方程组(3.1)解的情形的定理：

定理3.2 线性方程组 $\boldsymbol{Ax}=\boldsymbol{\beta}$ 有解的充分必要条件是 $\mathrm{r}(\boldsymbol{A})=\mathrm{r}(\overline{\boldsymbol{A}})$. 当 $\mathrm{r}(\boldsymbol{A})=\mathrm{r}(\overline{\boldsymbol{A}})=r<n$ 时，方程组有无穷多解；当 $\mathrm{r}(\boldsymbol{A})=\mathrm{r}(\overline{\boldsymbol{A}})=r=n$ 时，方程组有唯一解.

例1中的线性方程组是三元方程组，由于 $\mathrm{r}(\boldsymbol{A})=\mathrm{r}(\overline{\boldsymbol{A}})=3$，所以方程组有唯一解；例2中的三元方程组，因有 $\mathrm{r}(\boldsymbol{A})=\mathrm{r}(\overline{\boldsymbol{A}})=2<3$，故有无穷多组解；而例3中的四元方程组，因 $\mathrm{r}(\boldsymbol{A})=2\neq\mathrm{r}(\overline{\boldsymbol{A}})=3$，于是方程组无解.

在实际求解方程组(3.1)时可分两步走：

(1) 用初等行变换将方程组(3.2)的增广矩阵 $\overline{\boldsymbol{A}}$ 化为阶梯形矩阵 $\overline{\boldsymbol{A}}_1$(这一过程即为消元过程)，这时即可求出 $\mathrm{r}(\boldsymbol{A})$ 及 $\mathrm{r}(\overline{\boldsymbol{A}})$，再由定理3.2对方程组(3.1)的解的状况作出判定.

(2) 若上一步判定方程组(3.1)有解，再继续将 $\overline{\boldsymbol{A}}_1$ 化为行简化阶梯形矩阵直至标准形矩阵(这一过程称为回代过程)，这时即可写出方程组(3.1)的同解方程组，并求出方程组(3.1)的解.

由定理3.2容易得到如下的关于齐次线性方程组的推论：

推论1 齐次线性方程组

$$\boldsymbol{A}\boldsymbol{x}=\boldsymbol{0} \tag{3.10}$$

有非零解的充要条件是 $r(\boldsymbol{A})<n$.

推论2 (1) 若齐次线性方程组(3.10)中方程的个数小于未知量的个数，即 $m<n$，则它必有非零解.

(2) 若 $m=n$，则齐次线性方程组(3.10)有非零解的充要条件是 $|\boldsymbol{A}|=0$.

例4 a 取何值时，线性方程组

$$\begin{cases}x_1+x_2+x_3=a,\\ax_1+x_2+x_3=1,\\x_1+x_2+ax_3=1\end{cases}$$

有解，并求其解.

解

$$\overline{\boldsymbol{A}}=\left(\begin{array}{ccc:c}1&1&1&a\\a&1&1&1\\1&1&a&1\end{array}\right)\to\left(\begin{array}{ccc:c}1&1&1&a\\0&1-a&1-a&1-a^2\\0&0&a-1&1-a\end{array}\right).$$

当 $a\neq 1$ 时，$r(\boldsymbol{A})=r(\overline{\boldsymbol{A}})=3$，方程组有唯一解

$$\begin{cases}x_1=-1,\\x_2=a+2,\\x_3=-1.\end{cases}$$

当 $a=1$ 时，$r(\overline{\boldsymbol{A}})=r(\boldsymbol{A})=1<3$，方程组有无穷多个解. 设 $x_2=c_1$，$x_3=c_2$ (c_1,c_2 为任意常数)，于是得到方程组的一般解

$$\begin{cases}x_1=1-c_1-c_2,\\x_2=c_1,\\x_3=c_2.\end{cases}$$

习题 3.1

1. 讨论下列线性方程组是否有解，如果有解，用高斯消元法求出它的所有的解：

(1) $\begin{cases}3x_1-x_2-x_3-2x_4=-4,\\x_1+2x_2+3x_3-x_4=-4,\\x_1+x_2+2x_3+3x_4=1,\\2x_1+3x_2-x_3-x_4=-6;\end{cases}$

(2) $\begin{cases} x_1-2x_2+x_3+3x_4=-1, \\ 2x_1-3x_2+4x_3+3x_4=-1, \\ -3x_1+4x_2-7x_3-3x_4=5; \end{cases}$

(3) $\begin{cases} x_1+2x_2+x_3+3x_4=1, \\ 2x_1+4x_2+x_3+8x_4=-1, \\ x_1+2x_2-x_3+x_4=1. \end{cases}$

2. 用消元法解下列齐次线性方程组：

(1) $\begin{cases} x_1-x_2+x_3=0, \\ 3x_1-2x_2-x_3=0, \\ 3x_1-x_2+5x_3=0, \\ -2x_1+2x_2+3x_3=0; \end{cases}$

(2) $\begin{cases} x_1+x_2-3x_4-x_5=0, \\ x_1-x_2+2x_3-x_4=0, \\ 4x_1-2x_2+6x_3+3x_4-4x_5=0, \\ 2x_1+4x_2-2x_3+4x_4-7x_5=0. \end{cases}$

3. 确定 a,b 的值使下列线性方程组有解，并求其解：

(1) $\begin{cases} ax_1+x_2+x_3=1, \\ x_1+ax_2+x_3=a, \\ x_1+x_2+ax_3=a^2; \end{cases}$

(2) $\begin{cases} x_1+2x_2-2x_3+2x_4=2, \\ x_2-x_3-x_4=1, \\ x_1+x_2-x_3+3x_4=a, \\ x_1-x_2+x_3+5x_4=b. \end{cases}$

3.2 n 维向量

3.2.1 n 维向量的定义

在几何空间中，给定一个坐标系，可使几何向量与有序实数组(a_x, a_y, a_z)建立一一对应的关系，从而可将几何向量记为(a_x, a_y, a_z). 在许多实际问题中需要用 n 个数构成的有序数组来描述所研究的对象. 因此有必要将几何向量推广到 n 维向量.

定义 3.2 n 个数组成的有序数组$(a_1, a_2, \cdots, a_n)$称为 **n 维向量**，a_i 称为

向量的**第 i 个分量**. 所有分量都是实数的向量称为**实向量**，分量为复数的向量称为**复向量**.

如不特别声明，本章主要讨论实向量. 常用希腊字母如 $\boldsymbol{\alpha},\boldsymbol{\beta},\boldsymbol{\gamma},\cdots$ 表示 n 维向量，分量一般用小写的英文字母 a_i,b_i 等表示. 例如，

$$\boldsymbol{\alpha}=(a_1,a_2,\cdots,a_n) \quad 或 \quad \boldsymbol{\alpha}=\begin{pmatrix}a_1\\a_2\\\vdots\\a_n\end{pmatrix},$$

前者称为**行向量**，后者称为**列向量**.

作为向量，写成行向量或列向量没有本质的区别，只是写法不同. 由于行向量类似一个行矩阵，列向量类似一个列矩阵，有时也把它们看成矩阵，因此需要区别对待.

设 $\boldsymbol{\alpha}=(a_1,a_2,\cdots,a_n)$，$\boldsymbol{\beta}=(b_1,b_2,\cdots,b_n)$ 都是 n 维向量，当且仅当它们的各个对应的分量都相等，即 $a_i=b_i\ (i=1,2,\cdots,n)$ 时，称向量 $\boldsymbol{\alpha}$ 与向量 $\boldsymbol{\beta}$ **相等**，记为 $\boldsymbol{\alpha}=\boldsymbol{\beta}$.

n 维向量中分量全为零的向量具有特殊的地位，通常称之为**零向量**，记为 $\mathbf{0}$，即 $\mathbf{0}=(0,0,\cdots,0)$.

若 $\boldsymbol{\alpha}=(a_1,a_2,\cdots,a_n)$，则称 $(-a_1,-a_2,\cdots,-a_n)$ 为 $\boldsymbol{\alpha}$ 的**负向量**，记为 $-\boldsymbol{\alpha}$.

引入向量后，矩阵

$$\mathbf{A}=(a_{ij})_{m\times n}=\begin{pmatrix}a_{11}&a_{12}&\cdots&a_{1n}\\a_{21}&a_{22}&\cdots&a_{2n}\\\vdots&\vdots&&\vdots\\a_{m1}&a_{m2}&\cdots&a_{mn}\end{pmatrix}$$

既可以看成由 m 个 n 维行向量组成：

$$\mathbf{A}=\begin{pmatrix}\boldsymbol{\alpha}_1\\\boldsymbol{\alpha}_2\\\vdots\\\boldsymbol{\alpha}_m\end{pmatrix},\quad 其中\ \boldsymbol{\alpha}_i=(a_{i1},a_{i2},\cdots,a_{in})\ (i=1,2,\cdots,m);$$

也可以看成由 n 个 m 维列向量组成：

$$\mathbf{A}=(\boldsymbol{\beta}_1,\boldsymbol{\beta}_2,\cdots,\boldsymbol{\beta}_n),\quad 其中\ \boldsymbol{\beta}_j=\begin{pmatrix}a_{1j}\\a_{2j}\\\vdots\\a_{mj}\end{pmatrix}\ (j=1,2,\cdots,n).$$

这样的表示法与矩阵的分块表示是一致的.

特别地，n 阶单位矩阵 $\boldsymbol{I}_n$ 的 n 个列向量分别记为

$$\boldsymbol{e}_1=(1,0,\cdots,0)^{\mathrm{T}},\ \boldsymbol{e}_2=(0,1,\cdots,0)^{\mathrm{T}},\ \cdots,\ \boldsymbol{e}_n=(0,0,\cdots,1)^{\mathrm{T}}.$$

上述向量组称为 n **维基本向量组**或 n **维单位坐标向量组**.

有时我们也运用矩阵的一些记号，例如

$$(a_1,a_2,\cdots,a_n)^{\mathrm{T}}=\begin{pmatrix}a_1\\a_2\\\vdots\\a_n\end{pmatrix},\quad \begin{pmatrix}a_1\\a_2\\\vdots\\a_n\end{pmatrix}^{\mathrm{T}}=(a_1,a_2,\cdots,a_n).$$

3.2.2 向量的运算

为了讨论向量之间的关系，下面引入向量的运算.

定义 3.3 设 $\boldsymbol{\alpha}=(a_1,a_2,\cdots,a_n)$，$\boldsymbol{\beta}=(b_1,b_2,\cdots,b_n)$ 都是 n 维向量，称向量 $(a_1+b_1,a_2+b_2,\cdots,a_n+b_n)$ 为向量 $\boldsymbol{\alpha}$ 与 $\boldsymbol{\beta}$ 的和，记为 $\boldsymbol{\alpha}+\boldsymbol{\beta}$，即

$$\boldsymbol{\alpha}+\boldsymbol{\beta}=(a_1+b_1,a_2+b_2,\cdots,a_n+b_n).$$

求两个向量的和的运算称为**向量的加法运算**.

利用负向量可以定义向量的**减法**：向量 $\boldsymbol{\alpha}$ 与 $\boldsymbol{\beta}$ 的差 $\boldsymbol{\alpha}-\boldsymbol{\beta}$ 定义为 $\boldsymbol{\alpha}+(-\boldsymbol{\beta})$，即

$$\boldsymbol{\alpha}-\boldsymbol{\beta}=\boldsymbol{\alpha}+(-\boldsymbol{\beta})=(a_1-b_1,a_2-b_2,\cdots,a_n-b_n).$$

定义 3.4 设 $\boldsymbol{\alpha}=(a_1,a_2,\cdots,a_n)$ 为 n 维向量，k 为实数，则称向量 $(ka_1,ka_2,\cdots,ka_n)$ 为数 k 与向量 $\boldsymbol{\alpha}$ 的**数量乘积**，简称**数乘**，记为 $k\boldsymbol{\alpha}$，即

$$k\boldsymbol{\alpha}=(ka_1,ka_2,\cdots,ka_n).$$

向量的加法和数乘统称为向量的**线性运算**. 按定义，容易验证向量的线性运算满足下面的运算律：

(1) 加法交换律：$\boldsymbol{\alpha}+\boldsymbol{\beta}=\boldsymbol{\beta}+\boldsymbol{\alpha}$；

(2) 加法结合律：$(\boldsymbol{\alpha}+\boldsymbol{\beta})+\boldsymbol{\gamma}=\boldsymbol{\alpha}+(\boldsymbol{\beta}+\boldsymbol{\gamma})$；

(3) 对任一向量 $\boldsymbol{\alpha}$，有 $\boldsymbol{\alpha}+\boldsymbol{0}=\boldsymbol{\alpha}$；

(4) 对任一向量 $\boldsymbol{\alpha}$，有 $\boldsymbol{\alpha}+(-\boldsymbol{\alpha})=\boldsymbol{0}$；

(5) 对数 1，有 $1\boldsymbol{\alpha}=\boldsymbol{\alpha}$；

(6) $(kl)\boldsymbol{\alpha}=k(l\boldsymbol{\alpha})=l(k\boldsymbol{\alpha})$；

(7) $(k+l)\boldsymbol{\alpha}=k\boldsymbol{\alpha}+l\boldsymbol{\alpha}$；

(8) $k(\boldsymbol{\alpha}+\boldsymbol{\beta})=k\boldsymbol{\alpha}+k\boldsymbol{\beta}$.

(1) ~ (8) 中，$\boldsymbol{\alpha},\boldsymbol{\beta},\boldsymbol{\gamma}$ 为 n 维向量，k,l 为实数.

例 1 设向量 $\boldsymbol{\alpha}=(1,1,0)$，$\boldsymbol{\beta}=(-2,0,1)$ 及 $\boldsymbol{\gamma}$ 满足等式 $2\boldsymbol{\alpha}+\boldsymbol{\beta}+3\boldsymbol{\gamma}=\mathbf{0}$，求 $\boldsymbol{\gamma}$.

解 因为 $3\boldsymbol{\gamma}=-2\boldsymbol{\alpha}-\boldsymbol{\beta}$，故有

$$\boldsymbol{\gamma}=-\frac{2}{3}\boldsymbol{\alpha}-\frac{1}{3}\boldsymbol{\beta}=\left(-\frac{2}{3},-\frac{2}{3},0\right)+\left(\frac{2}{3},0,-\frac{1}{3}\right)$$
$$=\left(0,-\frac{2}{3},-\frac{1}{3}\right).$$

定义 3.5 n 维实向量的全体组成的集合，对于上面定义的加法和数乘分别满足上面 8 条性质，称为实数域 $\mathbf{R}$ 上的 **n 维向量空间**，也称为 **n 维实向量空间**，记为 $\mathbf{R}^n$.

如果没有特别说明，下面所提到的向量都是实向量空间中的向量. 空间的理论是现代数学的重要基础理论，本书第四章将对其作简单的介绍.

习题 3.2

1. 已知向量 $\boldsymbol{\alpha}_1=(1,2,3)$，$\boldsymbol{\alpha}_2=(3,2,1)$，$\boldsymbol{\alpha}_3=(-2,0,2)$，$\boldsymbol{\alpha}_4=(1,2,4)$. 求

(1) $3\boldsymbol{\alpha}_1+2\boldsymbol{\alpha}_2-5\boldsymbol{\alpha}_3+4\boldsymbol{\alpha}_4$； (2) $5\boldsymbol{\alpha}_1+2\boldsymbol{\alpha}_2-\boldsymbol{\alpha}_3-\boldsymbol{\alpha}_4$.

2. 已知向量 $\boldsymbol{\alpha}=\begin{pmatrix}1\\0\\1\end{pmatrix}$，$\boldsymbol{\beta}=\begin{pmatrix}5\\-3\\1\end{pmatrix}$.

(1) 设 $(\boldsymbol{\alpha}-\boldsymbol{\xi})+2(\boldsymbol{\beta}-\boldsymbol{\xi})=3(\boldsymbol{\alpha}-\boldsymbol{\beta})$，求向量 $\boldsymbol{\xi}$.

(2) 设 $2\boldsymbol{\xi}-\boldsymbol{\eta}=\boldsymbol{\alpha}$，$\boldsymbol{\xi}+\boldsymbol{\eta}=\boldsymbol{\beta}$，求向量 $\boldsymbol{\xi},\boldsymbol{\eta}$.

3. 证明：

(1) $V=\{\mathbf{0}\}$ 和 $V=\mathbf{R}^n$ 为向量空间.

(2) $V=\{\boldsymbol{\alpha}=(0,0,x_3,x_4,\cdots,x_n),\ x_i\in\mathbf{R}\}$ 是一个向量空间.

3.3 向量间的线性关系

上一节我们引进了 n 维向量的概念. 向量之间除了运算关系外还存在着各种关系，特别是线性关系，研究向量之间的这类关系对于揭示方程组中方程与方程、解与解之间的关系乃至更广泛的事物之间的联系是极有意义的.

3.3.1 向量的线性组合

我们已知一般线性方程组(3.1)可以表示为矩阵形式(3.2)，而借助于向量运算我们亦将方程组(3.1)写成下面的**向量形式**：

$$x_1\boldsymbol{\alpha}_1+x_2\boldsymbol{\alpha}_2+\cdots+x_n\boldsymbol{\alpha}_n=\boldsymbol{\beta},\tag{3.11}$$

其中

$$\boldsymbol{\alpha}_1=\begin{pmatrix}a_{11}\\a_{21}\\\vdots\\a_{m1}\end{pmatrix},\boldsymbol{\alpha}_2=\begin{pmatrix}a_{12}\\a_{22}\\\vdots\\a_{m2}\end{pmatrix},\cdots,\boldsymbol{\alpha}_n=\begin{pmatrix}a_{1n}\\a_{2n}\\\vdots\\a_{mn}\end{pmatrix},\boldsymbol{\beta}=\begin{pmatrix}b_1\\b_2\\\vdots\\b_m\end{pmatrix}.$$

这表明了线性方程组解的存在性问题同向量线性关系之间有紧密联系. 这就是我们为什么要研究向量线性关系的原因之一.

定义 3.6　对于 n 维向量 $\boldsymbol{\alpha}_1,\boldsymbol{\alpha}_2,\cdots,\boldsymbol{\alpha}_m,\boldsymbol{\beta}$, 如果存在数 $k_1,k_2,\cdots,k_m$, 使

$$\boldsymbol{\beta}=k_1\boldsymbol{\alpha}_1+k_2\boldsymbol{\alpha}_2+\cdots+k_m\boldsymbol{\alpha}_m,$$

则称向量 $\boldsymbol{\beta}$ 是向量 $\boldsymbol{\alpha}_1,\boldsymbol{\alpha}_2,\cdots,\boldsymbol{\alpha}_m$ 的一个**线性组合**, 或称向量 $\boldsymbol{\beta}$ 可由向量 $\boldsymbol{\alpha}_1,\boldsymbol{\alpha}_2,\cdots,\boldsymbol{\alpha}_m$ **线性表出**(**线性表示**), 而称 $k_1,k_2,\cdots,k_m$ 为**组合系数**(或**表出系数**, **表示系数**).

例如, 设 $\boldsymbol{\alpha}_1=(1,2,-1)$, $\boldsymbol{\alpha}_2=(2,-3,1)$, $\boldsymbol{\alpha}_3=(4,1,-1)$, 不难验证

$$\boldsymbol{\alpha}_3=2\boldsymbol{\alpha}_1+\boldsymbol{\alpha}_2,$$

$\boldsymbol{\alpha}_3$ 就是向量 $\boldsymbol{\alpha}_1,\boldsymbol{\alpha}_2$ 的一个线性组合, 其中数 2,1 就是组合系数.

又如, 任何 n 维向量 $\boldsymbol{\alpha}=(a_1,a_2,\cdots,a_n)^{\mathrm{T}}$ 都可由 **n 维基本向量组**

$$\boldsymbol{e}_1=\begin{pmatrix}1\\0\\\vdots\\0\end{pmatrix},\boldsymbol{e}_2=\begin{pmatrix}0\\1\\\vdots\\0\end{pmatrix},\cdots,\boldsymbol{e}_n=\begin{pmatrix}0\\0\\\vdots\\1\end{pmatrix}.$$

线性表示:

$$\boldsymbol{\alpha}=a_1\boldsymbol{e}_1+a_2\boldsymbol{e}_2+\cdots+a_n\boldsymbol{e}_n,$$

其中表示系数恰是 $\boldsymbol{\alpha}$ 的分量 $a_1,a_2,\cdots,a_n$.

零向量是任何向量组 $\boldsymbol{\alpha}_1,\boldsymbol{\alpha}_2,\cdots,\boldsymbol{\alpha}_s$ 的线性组合. 这是因为

$$\boldsymbol{0}=0\boldsymbol{\alpha}_1+0\boldsymbol{\alpha}_2+\cdots+0\boldsymbol{\alpha}_s.$$

向量组 $\boldsymbol{\alpha}_1,\boldsymbol{\alpha}_2,\cdots,\boldsymbol{\alpha}_s$ 中任一向量 $\boldsymbol{\alpha}_i(1\leqslant i\leqslant s)$ 都能由 $\boldsymbol{\alpha}_1,\boldsymbol{\alpha}_2,\cdots,\boldsymbol{\alpha}_s$ 线性表示. 事实上,

$$\boldsymbol{\alpha}_i=0\boldsymbol{\alpha}_1+0\boldsymbol{\alpha}_2+\cdots+1\boldsymbol{\alpha}_i+\cdots+0\boldsymbol{\alpha}_s.$$

从式(3.11)可知, 向量 $\boldsymbol{\beta}$ 是否可由向量组 $\boldsymbol{\alpha}_1,\boldsymbol{\alpha}_2,\cdots,\boldsymbol{\alpha}_n$ 线性表示的问题可归结为相应线性方程组的求解问题.

将线性方程组解的存在性结论, 移植到向量组的线性相关与线性无关的概念上, 即有

定理 3.3　设向量 $\boldsymbol{\beta}=\begin{pmatrix}b_1\\b_2\\\vdots\\b_m\end{pmatrix}$，向量 $\boldsymbol{\alpha}_j=\begin{pmatrix}a_{1j}\\a_{2j}\\\vdots\\a_{mj}\end{pmatrix}$ $(j=1,2,\cdots,n)$，则向量 $\boldsymbol{\beta}$ 可由向量组 $\boldsymbol{\alpha}_1,\boldsymbol{\alpha}_2,\cdots,\boldsymbol{\alpha}_n$ 线性表示的充分必要条件是：以 $\boldsymbol{\alpha}_1,\boldsymbol{\alpha}_2,\cdots,\boldsymbol{\alpha}_n$ 为列向量的矩阵与以 $\boldsymbol{\alpha}_1,\boldsymbol{\alpha}_2,\cdots,\boldsymbol{\alpha}_n,\boldsymbol{\beta}$ 为列向量的矩阵有相同的秩.

证　由于线性方程组

$$x_1\boldsymbol{\alpha}_1+x_2\boldsymbol{\alpha}_2+\cdots+x_n\boldsymbol{\alpha}_n=\boldsymbol{\beta}$$

有解的充分必要条件是：系数矩阵与增广矩阵的秩相同，所以这就等价于 $\boldsymbol{\beta}$ 可由 $\boldsymbol{\alpha}_1,\boldsymbol{\alpha}_2,\cdots,\boldsymbol{\alpha}_n$ 线性表示的充分必要条件是：以 $\boldsymbol{\alpha}_1,\boldsymbol{\alpha}_2,\cdots,\boldsymbol{\alpha}_n$ 为列向量的矩阵与以 $\boldsymbol{\alpha}_1,\boldsymbol{\alpha}_2,\cdots,\boldsymbol{\alpha}_n,\boldsymbol{\beta}$ 为列向量的矩阵有相同的秩. □

定理 3.3 也可以叙述为：对于向量 $\boldsymbol{\beta}$ 和向量组 $\boldsymbol{\alpha}_1,\boldsymbol{\alpha}_2,\cdots,\boldsymbol{\alpha}_n$，其中 $\boldsymbol{\beta}=(b_1,b_2,\cdots,b_m)$，$\boldsymbol{\alpha}_j=(a_{1j},a_{2j},\cdots,a_{mj})$ $(j=1,2,\cdots,n)$，向量 $\boldsymbol{\beta}$ 可由向量组 $\boldsymbol{\alpha}_1,\boldsymbol{\alpha}_2,\cdots,\boldsymbol{\alpha}_n$ 线性表示的充分必要条件是以 $\boldsymbol{\alpha}_1^{\mathrm{T}},\boldsymbol{\alpha}_2^{\mathrm{T}},\cdots,\boldsymbol{\alpha}_n^{\mathrm{T}}$ 为列向量的矩阵与 $\boldsymbol{\alpha}_1^{\mathrm{T}},\boldsymbol{\alpha}_2^{\mathrm{T}},\cdots,\boldsymbol{\alpha}_n^{\mathrm{T}},\boldsymbol{\beta}^{\mathrm{T}}$ 为列向量的矩阵有相同的秩.

例 1　下列向量 $\boldsymbol{\beta}$ 是否能由向量组 $\boldsymbol{\alpha}_1,\boldsymbol{\alpha}_2,\boldsymbol{\alpha}_3$ 线性表示，若能表示，则写出其线性表示式：

(1) $\boldsymbol{\beta}=\begin{pmatrix}0\\-2\\7\end{pmatrix}$，$\boldsymbol{\alpha}_1=\begin{pmatrix}1\\3\\-5\end{pmatrix}$，$\boldsymbol{\alpha}_2=\begin{pmatrix}2\\-1\\4\end{pmatrix}$，$\boldsymbol{\alpha}_3=\begin{pmatrix}-3\\0\\-3\end{pmatrix}$；

(2) $\boldsymbol{\beta}=(0,0,1)$，$\boldsymbol{\alpha}_1=(1,1,0)$，$\boldsymbol{\alpha}_2=(2,1,3)$，$\boldsymbol{\alpha}_3=(1,0,1)$.

解　设存在数 k_1,k_2,k_3，使得 $\boldsymbol{\beta}=k_1\boldsymbol{\alpha}_1+k_2\boldsymbol{\alpha}_2+k_3\boldsymbol{\alpha}_3$.

(1) 判断 $\boldsymbol{\beta}$ 能否由 $\boldsymbol{\alpha}_1,\boldsymbol{\alpha}_2,\boldsymbol{\alpha}_3$ 线性表示也就是判断 $(\boldsymbol{\alpha}_1,\boldsymbol{\alpha}_2,\boldsymbol{\alpha}_3)\boldsymbol{k}=\boldsymbol{\beta}$ 是否有解，其中 $\boldsymbol{k}=(k_1,k_2,k_3)^{\mathrm{T}}$. 为此，写出增广矩阵 $(\boldsymbol{\alpha}_1,\boldsymbol{\alpha}_2,\boldsymbol{\alpha}_3\,\vdots\,\boldsymbol{\beta})$ 进行初等行变换：

$$(\boldsymbol{\alpha}_1,\boldsymbol{\alpha}_2,\boldsymbol{\alpha}_3\,\vdots\,\boldsymbol{\beta})=\left(\begin{array}{ccc:c}1&2&-3&0\\3&-1&0&-2\\-5&4&-3&7\end{array}\right)\to\left(\begin{array}{ccc:c}1&2&-3&0\\0&-7&9&-2\\0&14&-18&7\end{array}\right)$$

$$\to\left(\begin{array}{ccc:c}1&2&-3&0\\0&-7&9&-2\\0&0&0&3\end{array}\right).$$

因为 $\mathrm{r}(\boldsymbol{A})=2$，$\mathrm{r}(\boldsymbol{A},\boldsymbol{\beta})=3$，两者不等，所以 $\boldsymbol{\beta}$ 不能由 $\boldsymbol{\alpha}_1,\boldsymbol{\alpha}_2,\boldsymbol{\alpha}_3$ 线性表示.

(2) 把行向量改为列向量来讨论.

$$
(\boldsymbol{\alpha}_1^{\mathrm{T}},\boldsymbol{\alpha}_2^{\mathrm{T}},\boldsymbol{\alpha}_3^{\mathrm{T}} \vdots \boldsymbol{\beta}^{\mathrm{T}})=\left(\begin{array}{ccc:c}1&2&1&0\\1&1&0&0\\0&3&1&1\end{array}\right)\to\left(\begin{array}{ccc:c}1&2&1&0\\0&-1&-1&0\\0&3&1&1\end{array}\right)
$$

$$
\to\left(\begin{array}{ccc:c}1&2&1&0\\0&-1&-1&0\\0&0&-2&1\end{array}\right)\to\left(\begin{array}{ccc:c}1&0&-1&0\\0&1&1&0\\0&0&1&-\frac{1}{2}\end{array}\right)
$$

$$
\to\left(\begin{array}{ccc:c}1&0&0&-\frac{1}{2}\\0&1&0&\frac{1}{2}\\0&0&1&-\frac{1}{2}\end{array}\right).
$$

初等变换到第三步时就可以看出 $\boldsymbol{\beta}$ 能由 $\boldsymbol{\alpha}_1,\boldsymbol{\alpha}_2,\boldsymbol{\alpha}_3$ 线性表示，而且表示法唯一，为继续写出该线性表示式，继续作初等行变换把矩阵左边化为单位矩阵，得到

$$
\boldsymbol{\beta}=-\frac{1}{2}\boldsymbol{\alpha}_1+\frac{1}{2}\boldsymbol{\alpha}_2-\frac{1}{2}\boldsymbol{\alpha}_3.
$$

3.3.2　向量组的线性相关性

由定义 3.4 知，n 维零向量可由任何一个 n 维向量组 $\boldsymbol{\alpha}_1,\boldsymbol{\alpha}_2,\cdots,\boldsymbol{\alpha}_m$ 线性表示. 然而，对于有些向量来说，可以找到不全为零的数，使得它们的线性组合为零向量. 由此，我们引入：

定义 3.7　设 $\boldsymbol{\alpha}_1,\boldsymbol{\alpha}_2,\cdots,\boldsymbol{\alpha}_m$ 为 n 维向量. 若存在不全为零的数 $k_1,k_2,\cdots,k_m$，使

$$
k_1\boldsymbol{\alpha}_1+k_2\boldsymbol{\alpha}_2+\cdots+k_m\boldsymbol{\alpha}_m=\mathbf{0}, \tag{3.12}
$$

则称向量 $\boldsymbol{\alpha}_1,\boldsymbol{\alpha}_2,\cdots,\boldsymbol{\alpha}_m$ **线性相关**；否则称它们**线性无关**，即仅当

$$
k_1=k_2=\cdots=k_m=0
$$

时(3.12)式才成立，则 $\boldsymbol{\alpha}_1,\boldsymbol{\alpha}_2,\cdots,\boldsymbol{\alpha}_m$ 线性无关.

注　线性相关与线性无关是相互对立的概念. 一个向量组或者线性相关，或者线性无关，二者必居其一. 需要读者特别注意的是，定义 3.7 中“不全为零”的条件是不可缺少的. 否则任何一组向量分别乘以 0 以后再求和总等于零向量.

由定义可见，如果把 $\boldsymbol{\alpha}_1,\boldsymbol{\alpha}_2,\cdots,\boldsymbol{\alpha}_m$ 看成是列向量，则 $\boldsymbol{\alpha}_1,\boldsymbol{\alpha}_2,\cdots,\boldsymbol{\alpha}_m$ 线性相关等价于齐次线性方程组

$$x_1\boldsymbol{\alpha}_1+x_2\boldsymbol{\alpha}_2+\cdots+x_m\boldsymbol{\alpha}_m=\mathbf{0} \tag{3.13}$$

有非零解. 从而，由前面对线性方程组的讨论，可知：

定理3.4 对于m维列向量组$\boldsymbol{\alpha}_1,\boldsymbol{\alpha}_2,\cdots,\boldsymbol{\alpha}_n$，其中

$$\boldsymbol{\alpha}_j=\begin{pmatrix}a_{1j}\\a_{2j}\\\vdots\\a_{mj}\end{pmatrix}\quad(j=1,2,\cdots,n),$$

$\boldsymbol{\alpha}_1,\boldsymbol{\alpha}_2,\cdots,\boldsymbol{\alpha}_n$线性相关的充分必要条件是：以$\boldsymbol{\alpha}_1,\boldsymbol{\alpha}_2,\cdots,\boldsymbol{\alpha}_n$为列向量的矩阵的秩小于向量的个数$n$.

证 因为齐次线性方程组

$$x_1\boldsymbol{\alpha}_1+x_2\boldsymbol{\alpha}_2+\cdots+x_n\boldsymbol{\alpha}_n=\mathbf{0}$$

有非零解的充分必要条件是：系数矩阵的秩小于未知数的个数n，由此，定理得证. □

此定理也可如下叙述：对于m维行向量组$\boldsymbol{\alpha}_1,\boldsymbol{\alpha}_2,\cdots,\boldsymbol{\alpha}_n$，其中$\boldsymbol{\alpha}_j=(a_{1j},a_{2j},\cdots,a_{mj})$ $(j=1,2,\cdots,n)$，则$\boldsymbol{\alpha}_1,\boldsymbol{\alpha}_2,\cdots,\boldsymbol{\alpha}_n$线性相关的充分必要条件是：以$\boldsymbol{\alpha}_1^{\mathrm{T}},\boldsymbol{\alpha}_2^{\mathrm{T}},\cdots,\boldsymbol{\alpha}_n^{\mathrm{T}}$为列向量的矩阵的秩小于向量的个数$n$.

定理3.4的等价说法是：m维列向量组$\boldsymbol{\alpha}_1,\boldsymbol{\alpha}_2,\cdots,\boldsymbol{\alpha}_n$线性无关的充分必要条件是：以$\boldsymbol{\alpha}_1,\boldsymbol{\alpha}_2,\cdots,\boldsymbol{\alpha}_n$为列向量的矩阵的秩等于向量的个数$n$.

上述结论换为对于行向量组，显然也成立.

推论1 设n个n维列向量$\boldsymbol{\alpha}_j=(a_{1j},a_{2j},\cdots,a_{nj})^{\mathrm{T}}(j=1,2,\cdots,n)$，则向量组$\boldsymbol{\alpha}_1,\boldsymbol{\alpha}_2,\cdots,\boldsymbol{\alpha}_n$线性相关的充分必要条件是

$$\begin{vmatrix}a_{11}&a_{12}&\cdots&a_{1n}\\a_{21}&a_{22}&\cdots&a_{2n}\\\vdots&\vdots&&\vdots\\a_{n1}&a_{n2}&\cdots&a_{nn}\end{vmatrix}=0.$$

换个说法，设n个n维列向量$\boldsymbol{\alpha}_j=(a_{1j},a_{2j},\cdots,a_{nj})^{\mathrm{T}}(j=1,2,\cdots,n)$，则向量组$\boldsymbol{\alpha}_1,\boldsymbol{\alpha}_2,\cdots,\boldsymbol{\alpha}_n$线性无关的充分必要条件是

$$\begin{vmatrix}a_{11}&a_{12}&\cdots&a_{1n}\\a_{21}&a_{22}&\cdots&a_{2n}\\\vdots&\vdots&&\vdots\\a_{n1}&a_{n2}&\cdots&a_{nn}\end{vmatrix}\neq 0.$$

推论2 如果向量组$\boldsymbol{\alpha}_1,\boldsymbol{\alpha}_2,\cdots,\boldsymbol{\alpha}_n$中有两个向量$\boldsymbol{\alpha}_i$和$\boldsymbol{\alpha}_j$的对应分量成比例，那么该向量组线性相关.

推论3 当向量组中所含向量的个数大于向量的维数时，此向量组线性相关.

证 设$\boldsymbol{\alpha}_j=(a_{1j},a_{2j},\cdots,a_{mj})^{\mathrm{T}}(j=1,2,\cdots,n)$，齐次线性方程组

$$x_1\boldsymbol{\alpha}_1+x_2\boldsymbol{\alpha}_2+\cdots+x_n\boldsymbol{\alpha}_n=\mathbf{0},$$

由于$m<n$，故有非零解，由此得证. □

例2 讨论下列向量组的线性相关性：

(1) $\boldsymbol{\alpha}_1=\begin{pmatrix}1\\1\\1\end{pmatrix},\boldsymbol{\alpha}_2=\begin{pmatrix}9\\9\\0\end{pmatrix},\boldsymbol{\alpha}_3=\begin{pmatrix}9\\5\\3\end{pmatrix},\boldsymbol{\alpha}_4=\begin{pmatrix}9\\0\\1\end{pmatrix}$；

(2) $\boldsymbol{\beta}_1=\begin{pmatrix}2\\0\\1\\4\end{pmatrix},\boldsymbol{\beta}_2=\begin{pmatrix}1\\0\\7\\6\end{pmatrix},\boldsymbol{\beta}_3=\begin{pmatrix}-1\\0\\5\\2\end{pmatrix},\boldsymbol{\beta}_4=\begin{pmatrix}3\\0\\-2\\8\end{pmatrix}$.

解 (1) $\boldsymbol{\alpha}_1,\boldsymbol{\alpha}_2,\boldsymbol{\alpha}_3,\boldsymbol{\alpha}_4$是4个3维向量，由定理3.4的推论3可知，向量组$\boldsymbol{\alpha}_1,\boldsymbol{\alpha}_2,\boldsymbol{\alpha}_3,\boldsymbol{\alpha}_4$线性相关.

(2) 令

$$\boldsymbol{B}=(\boldsymbol{\beta}_1,\boldsymbol{\beta}_2,\boldsymbol{\beta}_3,\boldsymbol{\beta}_4)=\begin{pmatrix}2&1&-1&3\\0&0&0&0\\1&7&5&-2\\4&6&2&8\end{pmatrix},$$

因为$|\boldsymbol{B}|=0$，由定理3.4的推论1可知，$\boldsymbol{B}$的列向量组线性相关.

例3 证明：n维基本向量组$\boldsymbol{e}_1,\boldsymbol{e}_2,\cdots,\boldsymbol{e}_n$线性无关.

证 设存在n个数$k_1,k_2,\cdots,k_n$，使

$$k_1\boldsymbol{e}_1+k_2\boldsymbol{e}_2+\cdots+k_n\boldsymbol{e}_n=\mathbf{0}.$$

因为

$$k_1\boldsymbol{e}_1+k_2\boldsymbol{e}_2+\cdots+k_n\boldsymbol{e}_n=\begin{pmatrix}k_1\\k_2\\\vdots\\k_n\end{pmatrix},$$

从而$k_i=0\ (i=1,2,\cdots,n)$. 由定义，$\boldsymbol{e}_1,\boldsymbol{e}_2,\cdots,\boldsymbol{e}_n$线性无关.

例 4 一个向量 $\boldsymbol{\alpha}$ 线性相关的充要条件是 $\boldsymbol{\alpha}=\mathbf{0}$，即 $\boldsymbol{\alpha}$ 是一个零向量.

证 由定义 3.6，若 $\boldsymbol{\alpha}$ 线性相关，则存在 $\lambda\neq 0$ 使得 $\lambda\boldsymbol{\alpha}=\mathbf{0}$，因此

$$\boldsymbol{\alpha}=\mathbf{0}.$$

反之，若 $\boldsymbol{\alpha}=\mathbf{0}$，取 $\lambda=1\neq 0$，即有 $1\cdot\boldsymbol{\alpha}=\mathbf{0}$. 因此 $\boldsymbol{\alpha}$ 线性相关.

例 4 表明任一个非零向量总是线性无关的.

例 5 判断向量组

$$\boldsymbol{\alpha}_1=(1,2,-1,5),\quad \boldsymbol{\alpha}_2=(2,-1,1,1),\quad \boldsymbol{\alpha}_3=(4,3,-1,11)$$

是否线性相关.

解 对矩阵 $(\boldsymbol{\alpha}_1^{\mathrm{T}},\boldsymbol{\alpha}_2^{\mathrm{T}},\boldsymbol{\alpha}_3^{\mathrm{T}})$ 施以初等变换化为阶梯形矩阵：

$$\begin{pmatrix}1&2&4\\2&-1&3\\-1&1&-1\\5&1&11\end{pmatrix}\rightarrow\begin{pmatrix}1&2&4\\0&-5&-5\\0&3&3\\0&-9&-9\end{pmatrix}\rightarrow\begin{pmatrix}1&2&4\\0&1&1\\0&0&0\\0&0&0\end{pmatrix}.$$

由于秩 $(\boldsymbol{\alpha}_1^{\mathrm{T}},\boldsymbol{\alpha}_2^{\mathrm{T}},\boldsymbol{\alpha}_3^{\mathrm{T}})=2<3$，所以向量组 $\boldsymbol{\alpha}_1,\boldsymbol{\alpha}_2,\boldsymbol{\alpha}_3$ 线性相关.

例 6 设 $\boldsymbol{\alpha}_1,\boldsymbol{\alpha}_2,\boldsymbol{\alpha}_3$ 线性无关，且有

$$\boldsymbol{\beta}_1=\boldsymbol{\alpha}_1+\boldsymbol{\alpha}_2,\quad \boldsymbol{\beta}_2=\boldsymbol{\alpha}_1+\boldsymbol{\alpha}_3,\quad \boldsymbol{\beta}_3=\boldsymbol{\alpha}_2+\boldsymbol{\alpha}_3,$$

判断 $\boldsymbol{\beta}_1,\boldsymbol{\beta}_2,\boldsymbol{\beta}_3$ 是否线性无关.

解 设有一组数 k_1,k_2,k_3，使得 $k_1\boldsymbol{\beta}_1+k_2\boldsymbol{\beta}_2+k_3\boldsymbol{\beta}_3=\mathbf{0}$，即

$$k_1(\boldsymbol{\alpha}_1+\boldsymbol{\alpha}_2)+k_2(\boldsymbol{\alpha}_1+\boldsymbol{\alpha}_3)+k_3(\boldsymbol{\alpha}_2+\boldsymbol{\alpha}_3)=\mathbf{0}.$$

整理得

$$(k_1+k_2)\boldsymbol{\alpha}_1+(k_1+k_3)\boldsymbol{\alpha}_2+(k_2+k_3)\boldsymbol{\alpha}_3=\mathbf{0}.$$

因为 $\boldsymbol{\alpha}_1,\boldsymbol{\alpha}_2,\boldsymbol{\alpha}_3$ 线性无关，所以

$$\begin{cases}k_1+k_2=0,\\k_1+k_3=0,\\k_2+k_3=0.\end{cases}$$

此方程组的系数行列式 $D=-2\neq 0$，故只有零解

$$k_1=k_2=k_3=0,$$

从而 $\boldsymbol{\beta}_1,\boldsymbol{\beta}_2,\boldsymbol{\beta}_3$ 线性无关.

注 一般来说，要证明 m 个向量 $\boldsymbol{\alpha}_1,\boldsymbol{\alpha}_2,\cdots,\boldsymbol{\alpha}_m$ 线性无关，常用的办法是这样的：先假定存在不全为零的数 $k_1,k_2,\cdots,k_m$，使得

$$k_1\boldsymbol{\alpha}_1+k_2\boldsymbol{\alpha}_2+\cdots+k_m\boldsymbol{\alpha}_m=\mathbf{0},$$

再设法证明 $k_1=0,\ k_2=0,\ \cdots,\ k_m=0$（像例 6 那样），这样就推出了矛盾. 于是由定义 3.7，即知 $\boldsymbol{\alpha}_1,\boldsymbol{\alpha}_2,\cdots,\boldsymbol{\alpha}_m$ 线性无关.

下面的两个有关结论可用来判别向量的线性相关或线性无关.

定理 3.5 设 n 维向量组 $\boldsymbol{\alpha}_1,\boldsymbol{\alpha}_2,\cdots,\boldsymbol{\alpha}_s$ 线性相关，则向量组 $\boldsymbol{\alpha}_1,\boldsymbol{\alpha}_2,\cdots,\boldsymbol{\alpha}_{s+1},\cdots,\boldsymbol{\alpha}_m$ $(m>s)$ 也线性相关.

证 因为 $\boldsymbol{\alpha}_1,\boldsymbol{\alpha}_2,\cdots,\boldsymbol{\alpha}_s$ 线性相关，所以存在一组不全为 0 的数 $k_1,k_2,\cdots,k_s$，使得

$$k_1\boldsymbol{\alpha}_1+k_2\boldsymbol{\alpha}_2+\cdots+k_s\boldsymbol{\alpha}_s=\mathbf{0},$$

于是

$$k_1\boldsymbol{\alpha}_1+k_2\boldsymbol{\alpha}_2+\cdots+k_s\boldsymbol{\alpha}_s+0\cdot\boldsymbol{\alpha}_{s+1}+\cdots+0\cdot\boldsymbol{\alpha}_m=\mathbf{0},$$

因此，$\boldsymbol{\alpha}_1,\boldsymbol{\alpha}_2,\cdots,\boldsymbol{\alpha}_m$ 线性相关. □

这个定理可以用一句话来概括，就是“部分相关整体必相关”. 但需要注意的是，定理反过来不成立，即如果整个向量组线性相关，那么它的部分向量组不一定线性相关. 比如，例 5 中 $\boldsymbol{\alpha}_1,\boldsymbol{\alpha}_2,\boldsymbol{\alpha}_3$ 线性相关，但是 $\boldsymbol{\alpha}_1,\boldsymbol{\alpha}_2$ 线性无关.

易知，如果一组向量中含有零向量，则这组向量必线性相关. 这是因为零向量自身是线性相关的，由定理 3.5 知包含零向量的任何向量组必线性相关.

推论 若 $\boldsymbol{\alpha}_1,\boldsymbol{\alpha}_2,\cdots,\boldsymbol{\alpha}_s$ 是一组线性无关的向量，则从中取出的任意若干个向量都是线性无关的.

证 如果从其中取出的若干个向量线性相关，则由“部分相关整体必相关”知 $\boldsymbol{\alpha}_1,\boldsymbol{\alpha}_2,\cdots,\boldsymbol{\alpha}_s$ 线性相关，与题设矛盾. 因此结论成立. □

该推论的结论也可概括为：“整体无关部分必无关.”

定理 3.6 设 n 维向量组 $\boldsymbol{\alpha}_i=\begin{pmatrix}a_{1i}\\a_{2i}\\\vdots\\a_{ni}\end{pmatrix}$ $(i=1,2,\cdots,s)$，$n+1$ 维向量组 $\boldsymbol{\beta}_i=\begin{pmatrix}a_{1i}\\a_{2i}\\\vdots\\a_{ni}\\b_i\end{pmatrix}$ $(i=1,2,\cdots,s)$. 若向量组 $\boldsymbol{\alpha}_1,\boldsymbol{\alpha}_2,\cdots,\boldsymbol{\alpha}_s$ 线性无关，则添加一个分量后的向量组 $\boldsymbol{\beta}_1,\boldsymbol{\beta}_2,\cdots,\boldsymbol{\beta}_s$ 也线性无关.

证 设存在一组数 $k_1,k_2,\cdots,k_s$，使得 $k_1\boldsymbol{\beta}_1+k_2\boldsymbol{\beta}_2+\cdots+k_s\boldsymbol{\beta}_s=\mathbf{0}$，即

$$\begin{cases} a_{11}k_1 + a_{12}k_2 + \cdots + a_{1s}k_s = 0, \\ \cdots\cdots\cdots\cdots\cdots\cdots \\ a_{n1}k_1 + a_{n2}k_2 + \cdots + a_{ns}k_s = 0, \\ b_1k_1 + b_2k_2 + \cdots + b_sk_s = 0. \end{cases}$$

由前面 n 个方程得

$$k_1\boldsymbol{\alpha}_1 + k_2\boldsymbol{\alpha}_2 + \cdots + k_s\boldsymbol{\alpha}_s = \mathbf{0}.$$

因为 $\boldsymbol{\alpha}_1,\boldsymbol{\alpha}_2,\cdots,\boldsymbol{\alpha}_s$ 线性无关，所以 $k_1=k_2=\cdots=k_s=0$，因此 $\boldsymbol{\beta}_1,\boldsymbol{\beta}_2,\cdots,\boldsymbol{\beta}_s$ 也线性无关. □

例如，向量组 $(1,0),(0,1)$ 线性无关，因此它们添加分量后的向量组 $(1,0,3,\sqrt{2}),(0,1,0,-1)$ 也一定线性无关.

推论 n 维向量组的每个向量添上 m 个分量成为 $m+n$ 维向量，如果 n 维向量组线性无关，那么添加分量后的 $m+n$ 维向量组也线性无关；反之，如果 $m+n$ 维向量组线性相关，那么 n 维向量组也线性相关.

注 通常称向量 $\boldsymbol{\beta}_i$ 为向量 $\boldsymbol{\alpha}_i$ 的**接长向量**，称向量 $\boldsymbol{\alpha}_i$ 为向量 $\boldsymbol{\beta}_i$ 的**截短向量**.

又如，已知向量 $(1.0,-1,3),(4,-1,2,7)$ 及 $(2,-1,4,1)$ 线性相关，这3个向量可分别看做是 $(1,0,-1),(4,-1,2)$ 及 $(2,-1,4)$ 的接长向量，因此 $(1,0,-1),(4,-1,2)$ 与 $(2,-1,4)$ 必线性相关.

注 从定理3.6的证明中还可以看到，所添加的分量不一定在最后，只要所添加的分量对应位置相同，定理仍然成立. 例如，$\begin{pmatrix}1\\0\\0\end{pmatrix},\begin{pmatrix}0\\1\\0\end{pmatrix},\begin{pmatrix}0\\0\\1\end{pmatrix}$ 线性无关，则 $\begin{pmatrix}1\\2\\0\\1\\0\end{pmatrix},\begin{pmatrix}0\\-1\\1\\1\\0\end{pmatrix},\begin{pmatrix}0\\2\\0\\-5\\1\end{pmatrix}$ 也线性无关.

3.3.3 线性相关与线性表示的关系

下面，我们来探讨线性相关与线性表示这两个概念之间的相互关系. 事实上，我们有下列定理：

定理3.7 n 维向量组 $\boldsymbol{\alpha}_1,\boldsymbol{\alpha}_2,\cdots,\boldsymbol{\alpha}_s$ 线性相关的充要条件是 $\boldsymbol{\alpha}_1,\boldsymbol{\alpha}_2,\cdots,\boldsymbol{\alpha}_s$ 中至少有一个向量可以由其余 $s-1$ 个向量线性表示 $(s\geqslant 2)$.

证　必要性. 因为 $\boldsymbol{\alpha}_1,\boldsymbol{\alpha}_2,\cdots,\boldsymbol{\alpha}_s$ 线性相关，故存在一组不全为零的数 $k_1,k_2,\cdots,k_s$，使

$$k_1\boldsymbol{\alpha}_1+k_2\boldsymbol{\alpha}_2+\cdots+k_s\boldsymbol{\alpha}_s=\mathbf{0}$$

成立. 不妨设 $k_1\neq 0$，于是

$$\boldsymbol{\alpha}_1=\left(-\frac{k_2}{k_1}\right)\boldsymbol{\alpha}_2+\left(-\frac{k_3}{k_1}\right)\boldsymbol{\alpha}_3+\cdots+\left(-\frac{k_s}{k_1}\right)\boldsymbol{\alpha}_s,$$

即 $\boldsymbol{\alpha}_1$ 为 $\boldsymbol{\alpha}_2,\boldsymbol{\alpha}_3,\cdots,\boldsymbol{\alpha}_s$ 的线性组合.

充分性. 如果 $\boldsymbol{\alpha}_1,\boldsymbol{\alpha}_2,\cdots,\boldsymbol{\alpha}_s$ 中至少有一个向量是其余 $s-1$ 个向量的线性组合，不妨设

$$\boldsymbol{\alpha}_1=k_2\boldsymbol{\alpha}_2+k_3\boldsymbol{\alpha}_3+\cdots+k_s\boldsymbol{\alpha}_s,$$

因此存在一组不全为零的数 $-1,k_2,k_3,\cdots,k_s$，使

$$(-1)\boldsymbol{\alpha}_1+k_2\boldsymbol{\alpha}_2+\cdots+k_s\boldsymbol{\alpha}_s=\mathbf{0}$$

成立，即 $\boldsymbol{\alpha}_1,\boldsymbol{\alpha}_2,\cdots,\boldsymbol{\alpha}_s$ 线性相关. □

例如，设有向量组 $\boldsymbol{\alpha}_1=(1,-1,1,0)$，$\boldsymbol{\alpha}_2=(1,0,1,0)$，$\boldsymbol{\alpha}_3=(0,1,0,0)$，因为 $\boldsymbol{\alpha}_1-\boldsymbol{\alpha}_2+\boldsymbol{\alpha}_3=\mathbf{0}$，故 $\boldsymbol{\alpha}_1,\boldsymbol{\alpha}_2,\boldsymbol{\alpha}_3$ 线性相关.

由 $\boldsymbol{\alpha}_1-\boldsymbol{\alpha}_2+\boldsymbol{\alpha}_3=\mathbf{0}$，可得

$$\boldsymbol{\alpha}_1=\boldsymbol{\alpha}_2-\boldsymbol{\alpha}_3,\quad \boldsymbol{\alpha}_2=\boldsymbol{\alpha}_1+\boldsymbol{\alpha}_3,\quad \boldsymbol{\alpha}_3=-\boldsymbol{\alpha}_1+\boldsymbol{\alpha}_2.$$

又如，$\boldsymbol{\alpha}_1=(1,-2)$，$\boldsymbol{\alpha}_2=\left(-\frac{1}{2},1\right)$，有 $\boldsymbol{\alpha}_1=-2\boldsymbol{\alpha}_2$，由此可得 $\boldsymbol{\alpha}_1+2\boldsymbol{\alpha}_2=\mathbf{0}$，即 $\boldsymbol{\alpha}_1,\boldsymbol{\alpha}_2$ 线性相关.

推论　$\boldsymbol{\alpha}_1,\boldsymbol{\alpha}_2,\cdots,\boldsymbol{\alpha}_s$ 线性无关的充要条件是 $\boldsymbol{\alpha}_1,\boldsymbol{\alpha}_2,\cdots,\boldsymbol{\alpha}_s$ 中任意一个向量都不可以由其余 $s-1$ 个向量线性表示.

上述结论揭示：一个线性无关的向量组中的向量是彼此“独立”的，其中任何一个向量不能由其他向量线性表示. 若一个向量组线性相关，其中就一定有向量可以由其他向量线性表示，因此“不独立”. 但在这个定理的条件下，并没有指出这些“不独立”向量有多少个，是哪一些. 若加强定理条件，我们会得到如下结果：

定理 3.8　如果向量组 $\boldsymbol{\alpha}_1,\boldsymbol{\alpha}_2,\cdots,\boldsymbol{\alpha}_s,\boldsymbol{\beta}$ 线性相关，而 $\boldsymbol{\alpha}_1,\boldsymbol{\alpha}_2,\cdots,\boldsymbol{\alpha}_s$ 线性无关，则向量 $\boldsymbol{\beta}$ 可由向量组 $\boldsymbol{\alpha}_1,\boldsymbol{\alpha}_2,\cdots,\boldsymbol{\alpha}_s$ 线性表示且表示法唯一.

证　先证 $\boldsymbol{\beta}$ 可由 $\boldsymbol{\alpha}_1,\boldsymbol{\alpha}_2,\cdots,\boldsymbol{\alpha}_s$ 线性表示.

因 $\boldsymbol{\alpha}_1,\boldsymbol{\alpha}_2,\cdots,\boldsymbol{\alpha}_s,\boldsymbol{\beta}$ 线性相关，因而存在一组不全为零的数 $k_1,k_2,\cdots,k_s$ 及 k，使得

$$k_1\boldsymbol{\alpha}_1+k_2\boldsymbol{\alpha}_2+\cdots+k_s\boldsymbol{\alpha}_s+k\boldsymbol{\beta}=\mathbf{0}.$$

显然上式中的 $k\neq 0$；否则，上式成为

$$k_1\boldsymbol{\alpha}_1+k_2\boldsymbol{\alpha}_2+\cdots+k_s\boldsymbol{\alpha}_s=\mathbf{0},$$

且 $k_1,k_2,\cdots,k_s$ 不全为零，这与 $\boldsymbol{\alpha}_1,\boldsymbol{\alpha}_2,\cdots,\boldsymbol{\alpha}_s$ 线性无关矛盾，因此 $k\neq 0$. 故

$$\boldsymbol{\beta}=\left(-\frac{k_1}{k}\right)\boldsymbol{\alpha}_1+\left(-\frac{k_2}{k}\right)\boldsymbol{\alpha}_2+\cdots+\left(-\frac{k_s}{k}\right)\boldsymbol{\alpha}_s,$$

即 $\boldsymbol{\beta}$ 是 $\boldsymbol{\alpha}_1,\boldsymbol{\alpha}_2,\cdots,\boldsymbol{\alpha}_s$ 的线性组合.

再证明表示式的唯一性.

如果 $\boldsymbol{\beta}=h_1\boldsymbol{\alpha}_1+h_2\boldsymbol{\alpha}_2+\cdots+h_s\boldsymbol{\alpha}_s$，且 $\boldsymbol{\beta}=l_1\boldsymbol{\alpha}_1+l_2\boldsymbol{\alpha}_2+\cdots+l_s\boldsymbol{\alpha}_s$，两式相减则有

$$(h_1-l_1)\boldsymbol{\alpha}_1+(h_2-l_2)\boldsymbol{\alpha}_2+\cdots+(h_s-l_2)\boldsymbol{\alpha}_s=\mathbf{0}.$$

由于 $\boldsymbol{\alpha}_1,\boldsymbol{\alpha}_2,\cdots,\boldsymbol{\alpha}_s$ 线性无关，所以

$$h_1-l_1=h_2-l_2=\cdots=h_s-l_s=0,$$

即 $h_1=l_1,\ h_2=l_2,\ \cdots,\ h_s=l_s$，所以表示法是唯一的. □

例 7 若 $\boldsymbol{\alpha}_1,\boldsymbol{\alpha}_2,\cdots,\boldsymbol{\alpha}_n$ 是 n 个线性无关的 n 维向量，向量

$$\boldsymbol{\alpha}_{n+1}=k_1\boldsymbol{\alpha}_1+k_2\boldsymbol{\alpha}_2+\cdots+k_n\boldsymbol{\alpha}_n, \tag{3.14}$$

其中 $k_1,k_2,\cdots,k_n$ 全不为零. 证明：$\boldsymbol{\alpha}_1,\boldsymbol{\alpha}_2,\cdots,\boldsymbol{\alpha}_n,\boldsymbol{\alpha}_{n+1}$ 中任意 n 个向量都线性无关.

证 因为 $\boldsymbol{\alpha}_1,\boldsymbol{\alpha}_2,\cdots,\boldsymbol{\alpha}_n$ 线性无关，所以我们只须证明，将 $\boldsymbol{\alpha}_1,\boldsymbol{\alpha}_2,\cdots,\boldsymbol{\alpha}_n$ 中的任何一个向量换成 $\boldsymbol{\alpha}_{n+1}$ 后所得之向量组线性无关即可. 设将 $\boldsymbol{\alpha}_i$ 换为 $\boldsymbol{\alpha}_{n+1}$ 后所得之向量组为

$$\boldsymbol{\alpha}_1,\boldsymbol{\alpha}_2,\cdots,\boldsymbol{\alpha}_{i-1},\boldsymbol{\alpha}_{i+1},\cdots,\boldsymbol{\alpha}_n,\boldsymbol{\alpha}_{n+1}\quad(i=1,2,\cdots,n),$$

我们用反证法证明它们线性无关. 设 $\boldsymbol{\alpha}_1,\boldsymbol{\alpha}_2,\cdots,\boldsymbol{\alpha}_{i-1},\boldsymbol{\alpha}_{i+1},\cdots,\boldsymbol{\alpha}_n,\boldsymbol{\alpha}_{n+1}$ 线性相关，由于 $\boldsymbol{\alpha}_1,\boldsymbol{\alpha}_2,\cdots,\boldsymbol{\alpha}_{i-1},\boldsymbol{\alpha}_{i+1},\cdots,\boldsymbol{\alpha}_n$ 是 $\boldsymbol{\alpha}_1,\boldsymbol{\alpha}_2,\cdots,\boldsymbol{\alpha}_n$ 的部分组，所以它们线性无关. 由定理 3.8 知，$\boldsymbol{\alpha}_{n+1}$ 可由 $\boldsymbol{\alpha}_1,\boldsymbol{\alpha}_2,\cdots,\boldsymbol{\alpha}_{i-1},\boldsymbol{\alpha}_{i+1},\cdots,\boldsymbol{\alpha}_n$ 线性表示，且表示系数唯一，即

$$\boldsymbol{\alpha}_{n+1}=l_1\boldsymbol{\alpha}_1+l_2\boldsymbol{\alpha}_2+\cdots+l_{i-1}\boldsymbol{\alpha}_{i-1}+l_{i+1}\boldsymbol{\alpha}_{i+1}+\cdots+l_n\boldsymbol{\alpha}_n.$$

将上式与(3.14)式两端分别相减，得

$$\begin{aligned}\mathbf{0}=&(k_1-l_1)\boldsymbol{\alpha}_1+(k_2-l_2)\boldsymbol{\alpha}_2+\cdots+(k_{i-1}-l_{i-1})\boldsymbol{\alpha}_{i-1}\\&+k_i\boldsymbol{\alpha}_i+(k_{i+1}-l_{i+1})\boldsymbol{\alpha}_{i+1}+\cdots+(k_n-l_n)\boldsymbol{\alpha}_n,\end{aligned}$$

由于 $\boldsymbol{\alpha}_1,\boldsymbol{\alpha}_2,\cdots,\boldsymbol{\alpha}_n$ 线性无关，因而

$$k_s-l_s=0\ (s=1,2,\cdots,i-1,i+1,\cdots,n),\quad k_i=0.$$

这显然与 $k_1,k_2,\cdots,k_n$ 全不为零相矛盾，所以 $\boldsymbol{\alpha}_1,\boldsymbol{\alpha}_2,\cdots,\boldsymbol{\alpha}_{i-1},\boldsymbol{\alpha}_{i+1},\cdots,\boldsymbol{\alpha}_{n+1}$ 线性无关. 由 $\boldsymbol{\alpha}_i$ 的任意性可知，结论成立.

习题 3.3

1. 将下列各题中向量 $\boldsymbol{\beta}$ 表示为其他向量的线性组合：

(1) $\boldsymbol{\beta}=(3,5,-6)$，$\boldsymbol{\alpha}_1=(1,0,1)$，$\boldsymbol{\alpha}_2=(1,1,1)$，$\boldsymbol{\alpha}_3=(0,-1,-1)$；

(2) $\boldsymbol{\beta}=(2,-1,5,1)$，$\boldsymbol{\varepsilon}_1=(1,0,0,0)$，$\boldsymbol{\varepsilon}_2=(0,1,0,0)$，$\boldsymbol{\varepsilon}_3=(0,0,1,0)$，$\boldsymbol{\varepsilon}_4=(0,0,0,1)$.

2. 判断向量 $\boldsymbol{\beta}_1=(4,3,-1,11)$ 与 $\boldsymbol{\beta}_2=(4,3,0,11)$ 是否各为向量组 $\boldsymbol{\alpha}_1=(1,2,-1,5)$，$\boldsymbol{\alpha}_2=(2,-1,1,1)$ 的线性组合. 若是，写出其表示式.

3. 已知向量 γ_1,γ_2 由向量 β_1,β_2,β_3 的线性表示式为

$$\gamma_1=3\beta_1-\beta_2+\beta_3,\quad \gamma_2=\beta_1+2\beta_2+4\beta_3;$$

向量 β_1,β_2,β_3 由向量 $\alpha_1,\alpha_2,\alpha_3$ 的线性表示式为

$$\beta_1=2\alpha_1+\alpha_2-5\alpha_3,\quad \beta_2=\alpha_1+3\alpha_2+\alpha_3,\quad \beta_3=-\alpha_1+4\alpha_2-\alpha_3.$$

求向量 γ_1,γ_2 由向量 $\alpha_1,\alpha_2,\alpha_3$ 的线性表示式.

4. 已知向量组(B)：β_1,β_2,β_3 由向量组(A)：$\alpha_1,\alpha_2,\alpha_3$ 的线性表示式为

$$\beta_1=\alpha_1-\alpha_2+\alpha_3,\quad \beta_2=\alpha_1+\alpha_2-\alpha_3,\quad \beta_3=-\alpha_1+\alpha_2+\alpha_3.$$

试将向量组(A) 的向量由向量组(B) 的向量线性表示.

5. 已知

$$\boldsymbol{\beta}=\begin{pmatrix}0\\\lambda\\\lambda^2\end{pmatrix},\quad \boldsymbol{\alpha}_1=\begin{pmatrix}1+\lambda\\1\\1\end{pmatrix},\quad \boldsymbol{\alpha}_2=\begin{pmatrix}1\\1+\lambda\\1\end{pmatrix},\quad \boldsymbol{\alpha}_3=\begin{pmatrix}1\\1\\1+\lambda\end{pmatrix},$$

问 λ 取何值时，$\boldsymbol{\beta}$ 可由 $\boldsymbol{\alpha}_1,\boldsymbol{\alpha}_2,\boldsymbol{\alpha}_3$ 线性表示？

6. 试判别以下命题是否正确：

(1) 若存在一组不全为零的数 $x_1,x_2,\cdots,x_s$，使向量组 $\alpha_1,\alpha_2,\cdots,\alpha_s$ 的线性组合 $x_1\alpha_1+x_2\alpha_2+\cdots+x_s\alpha_s\neq 0$，则向量组 $\alpha_1,\alpha_2,\cdots,\alpha_s$ 线性无关；

(2) 若存在一组全为零的数 $x_1,x_2,\cdots,x_s$，使向量组 $\alpha_1,\alpha_2,\cdots,\alpha_s$ 的线性组合 $x_1\alpha_1+x_2\alpha_2+\cdots+x_s\alpha_s=0$，则向量组 $\alpha_1,\alpha_2,\cdots,\alpha_s$ 线性无关；

(3) 向量组 $\alpha_1,\alpha_2,\cdots,\alpha_s$ $(s\geqslant 2)$ 线性无关的充分必要条件是 $\alpha_1,\alpha_2,\cdots,\alpha_s$ 中任意 t 个 $(1\leqslant t\leqslant s)$ 向量都是线性无关的；

(4) 若向量组 $\alpha_1,\alpha_2,\cdots,\alpha_s$ $(s>2)$ 中任取两个向量都是线性无关的，则向量组 $\alpha_1,\alpha_2,\cdots,\alpha_s$ 也是线性无关的；

(5) 向量组 $\alpha_1,\alpha_2,\cdots,\alpha_s$ 中，α_s 不能由 $\alpha_1,\alpha_2,\cdots,\alpha_{s-1}$ 线性表示，则向量组 $\alpha_1,\alpha_2,\cdots,\alpha_s$ 线性无关；

(6) 向量组 $\alpha_1,\alpha_2,\cdots,\alpha_s$ 线性相关，且 α_s 不能由 $\alpha_1,\alpha_2,\cdots,\alpha_{s-1}$ 线性表示，则 $\alpha_1,\alpha_2,\cdots,\alpha_{s-1}$ 线性相关.

7. 判定下列向量组是否线性相关：

(1) $\boldsymbol{\alpha}_1=\begin{pmatrix}2\\1\\-1\end{pmatrix},\boldsymbol{\alpha}_2=\begin{pmatrix}1\\2\\0\end{pmatrix}$;

(2) $\boldsymbol{\alpha}_1=\begin{pmatrix}1\\-2\\5\end{pmatrix},\boldsymbol{\alpha}_2=\begin{pmatrix}2\\1\\2\end{pmatrix},\boldsymbol{\alpha}_3=\begin{pmatrix}-3\\1\\1\end{pmatrix},\boldsymbol{\alpha}_4=\begin{pmatrix}0\\2\\7\end{pmatrix}$;

(3) $\boldsymbol{\alpha}_1=\begin{pmatrix}1\\0\\2\end{pmatrix},\boldsymbol{\alpha}_2=\begin{pmatrix}2\\1\\1\end{pmatrix},\boldsymbol{\alpha}_3=\begin{pmatrix}2\\0\\4\end{pmatrix}$.

8. 讨论向量组 $\boldsymbol{\alpha}_1=(1,1,0)^{\mathrm{T}},\boldsymbol{\alpha}_2=(1,3,-1)^{\mathrm{T}},\boldsymbol{\alpha}_3=(5,3,t)^{\mathrm{T}}$ 的线性相关性.

9. 设向量 $\boldsymbol{\alpha},\boldsymbol{\beta},\boldsymbol{\gamma}$ 线性无关，令

$$\boldsymbol{\xi}=\boldsymbol{\alpha},\quad \boldsymbol{\eta}=\boldsymbol{\alpha}+\boldsymbol{\beta},\quad \boldsymbol{\zeta}=\boldsymbol{\alpha}-\boldsymbol{\beta}-\boldsymbol{\gamma},$$

问向量组 $\boldsymbol{\xi},\boldsymbol{\eta},\boldsymbol{\zeta}$ 是否也线性无关？

10. 设有向量组

$$\boldsymbol{\alpha}=(2,-1,1,3),\quad \boldsymbol{\beta}=(1,0,4,2),\quad \boldsymbol{\gamma}=(-4,2,-2,k).$$

问 k 取何值时 $\boldsymbol{\alpha},\boldsymbol{\beta},\boldsymbol{\gamma}$ 线性相关？k 取何值时 $\boldsymbol{\alpha},\boldsymbol{\beta},\boldsymbol{\gamma}$ 线性无关？

11. 已知向量 β 可由向量组 $\alpha_1,\alpha_2,\cdots,\alpha_s$ 线性表示，证明：表示式唯一的充分必要条件为向量组 $\alpha_1,\alpha_2,\cdots,\alpha_s$ 线性无关.

12. 证明：n 维列向量组 $\alpha_1,\alpha_2,\cdots,\alpha_n$ 线性无关的充分必要条件为任一 n 维列向量 β 都可由向量组 $\alpha_1,\alpha_2,\cdots,\alpha_n$ 线性表示.

3.4 向量组的秩

对任意给定的一个 n 维向量组，研究其线性无关部分组最多可以包含多少个向量，在理论及应用上都十分重要. 下面对此进行讨论.

3.4.1 向量组的等价

定义 3.8 设有两个向量组

$$(\text{Ⅰ})\ \boldsymbol{\alpha}_1,\boldsymbol{\alpha}_2,\cdots,\boldsymbol{\alpha}_s,\quad (\text{Ⅱ})\ \boldsymbol{\beta}_1,\boldsymbol{\beta}_2,\cdots,\boldsymbol{\beta}_t.$$

若(Ⅰ)中的每个向量都能由向量组(Ⅱ)线性表示，则称向量组(Ⅰ)可由向量组(Ⅱ)线性表示. 若向量组(Ⅰ)与(Ⅱ)可以互相线性表示，则称向量组(Ⅰ)与(Ⅱ)**等价**. 记为

$$\{\boldsymbol{\alpha}_1,\boldsymbol{\alpha}_2,\cdots,\boldsymbol{\alpha}_s\}\cong\{\boldsymbol{\beta}_1,\boldsymbol{\beta}_2,\cdots,\boldsymbol{\beta}_t\}. \tag{3.15}$$

例 1 取 $\mathbf{R}^3$ 中向量组 T_1: $\boldsymbol{e}_1,\boldsymbol{e}_2,\boldsymbol{e}_3$ 和 T_2: $\boldsymbol{e}_1,\boldsymbol{e}_2,\boldsymbol{e}_3,\boldsymbol{\beta}$，其中 $\boldsymbol{e}_i$ 为单位向

量，$\boldsymbol{\beta}=(b_1,b_2,b_3)^{\mathrm{T}}\neq \boldsymbol{e}_i\ (i=1,2,3)$，则向量组 T_1 和 T_2 等价.

证　由于 $\boldsymbol{e}_1,\boldsymbol{e}_2,\boldsymbol{e}_3$ 是 $\boldsymbol{e}_1,\boldsymbol{e}_2,\boldsymbol{e}_3,\boldsymbol{\beta}$ 的一个部分组，因此 T_1 可由 T_2 线性表示. 如 $\boldsymbol{e}_1=\boldsymbol{e}_1+0\boldsymbol{e}_2+0\boldsymbol{e}_3+0\boldsymbol{\beta}$. 又

$$\boldsymbol{\beta}=b_1\boldsymbol{e}_1+b_2\boldsymbol{e}_2+b_3\boldsymbol{e}_3,$$

所以 T_2 又可由 T_1 线性表示，故 T_1 和 T_2 等价.

与矩阵的等价相仿，关于向量组的等价具有下列性质：

(1)　**反身性**：每一个向量组与自身等价；

(2)　**对称性**：如果向量组(Ⅰ)和向量组(Ⅱ)等价，那么向量组(Ⅱ)也和向量组(Ⅰ)等价；

(3)　**传递性**：如果向量组(Ⅰ)和向量组(Ⅱ)等价，向量组(Ⅱ)和向量组(Ⅲ)等价，那么向量组(Ⅰ)和向量组(Ⅲ)也等价.

下面仅就性质(3)予以证明，性质(1)与(2)的证明，请读者自己来完成.

证　设有向量组

$$(\text{Ⅰ})\quad \boldsymbol{\alpha}_1,\boldsymbol{\alpha}_2,\cdots,\boldsymbol{\alpha}_s,$$

$$(\text{Ⅱ})\quad \boldsymbol{\beta}_1,\boldsymbol{\beta}_2,\cdots,\boldsymbol{\beta}_t,$$

$$(\text{Ⅲ})\quad \boldsymbol{\gamma}_1,\boldsymbol{\gamma}_2,\cdots,\boldsymbol{\gamma}_p,$$

如果

$$\boldsymbol{\alpha}_i=b_{i1}\boldsymbol{\beta}_1+b_{i2}\boldsymbol{\beta}_2+\cdots+b_{it}\boldsymbol{\beta}_t\quad(i=1,2,\cdots,s),\qquad ①$$

$$\boldsymbol{\beta}_k=c_{k1}\boldsymbol{\gamma}_1+c_{k2}\boldsymbol{\gamma}_2+\cdots+c_{kp}\boldsymbol{\gamma}_p\quad(k=1,2,\cdots,t),\qquad ②$$

将 ② 代入 ①，得

$$\begin{aligned}\boldsymbol{\alpha}_i=&\,b_{i1}(c_{11}\boldsymbol{\gamma}_1+c_{12}\boldsymbol{\gamma}_2+\cdots+c_{1p}\boldsymbol{\gamma}_p)\\&+b_{i2}(c_{21}\boldsymbol{\gamma}_1+c_{22}\boldsymbol{\gamma}_2+\cdots+c_{2p}\boldsymbol{\gamma}_p)+\cdots\\&+b_{it}(c_{t1}\boldsymbol{\gamma}_1+c_{t2}\boldsymbol{\gamma}_2+\cdots+c_{tp}\boldsymbol{\gamma}_p)\quad(i=1,2,\cdots,s).\end{aligned}$$

整理后，得

$$\begin{aligned}\boldsymbol{\alpha}_i=&\,(b_{i1}c_{11}+b_{i2}c_{21}+\cdots+b_{it}c_{t1})\boldsymbol{\gamma}_1\\&+(b_{i1}c_{12}+b_{i2}c_{22}+\cdots+b_{it}c_{t2})\boldsymbol{\gamma}_2+\cdots\\&+(b_{i1}c_{1p}+b_{i2}c_{2p}+\cdots+b_{it}c_{tp})\boldsymbol{\gamma}_p\quad(i=1,2,\cdots,s),\end{aligned}$$

即向量组(Ⅰ)可由(Ⅲ)线性表示.

3.4.2　向量组的极大线性无关组

对任意给定的一个向量组，通常希望找出它的一个部分组，不但要求这个部分组与原向量组等价，同时又要求它所含的向量个数最少. 为此，我们引入下面的概念.

定义 3.9　设 $\boldsymbol{\alpha}_{i_1},\boldsymbol{\alpha}_{i_2},\cdots,\boldsymbol{\alpha}_{i_r}$ 是向量组 $\boldsymbol{\alpha}_1,\boldsymbol{\alpha}_2,\cdots,\boldsymbol{\alpha}_m$ 的部分向量组，它满足

(1) $\boldsymbol{\alpha}_{i_1},\boldsymbol{\alpha}_{i_2},\cdots,\boldsymbol{\alpha}_{i_r}$ 线性无关；

(2) 向量组 $\boldsymbol{\alpha}_1,\boldsymbol{\alpha}_2,\cdots,\boldsymbol{\alpha}_m$ 的每一个向量都可由 $\boldsymbol{\alpha}_{i_1},\boldsymbol{\alpha}_{i_2},\cdots,\boldsymbol{\alpha}_{i_r}$ 线性表出；

则称向量组 $\boldsymbol{\alpha}_{i_1},\boldsymbol{\alpha}_{i_2},\cdots,\boldsymbol{\alpha}_{i_r}$ 是向量组 $\boldsymbol{\alpha}_1,\boldsymbol{\alpha}_2,\cdots,\boldsymbol{\alpha}_m$ 的一个**极大线性无关组**，简称**极大无关组**.

显然，任何一个含有非零向量的向量组都有极大无关组，而全由零向量组成的向量组则没有极大无关组.

例 2　求向量组

$$\boldsymbol{\alpha}_1=\begin{pmatrix}1\\2\\4\end{pmatrix},\quad \boldsymbol{\alpha}_2=\begin{pmatrix}-1\\2\\0\end{pmatrix},\quad \boldsymbol{\alpha}_3=\begin{pmatrix}0\\4\\4\end{pmatrix}$$

的极大线性无关组.

解　$\boldsymbol{\alpha}_1\neq\mathbf{0}$，故部分组 $\boldsymbol{\alpha}_1$ 线性无关.

易见 $\boldsymbol{\alpha}_1$ 和 $\boldsymbol{\alpha}_2$ 对应的分量不成比例，所以部分组 $\boldsymbol{\alpha}_1,\boldsymbol{\alpha}_2$ 线性无关. 又

$$\boldsymbol{\alpha}_3=\boldsymbol{\alpha}_1+\boldsymbol{\alpha}_2,$$

故 $\boldsymbol{\alpha}_1,\boldsymbol{\alpha}_2,\boldsymbol{\alpha}_3$ 线性相关. 从而 $\boldsymbol{\alpha}_1,\boldsymbol{\alpha}_2$ 是向量组的极大线性无关组. 同理可验证 $\boldsymbol{\alpha}_1,\boldsymbol{\alpha}_3$；$\boldsymbol{\alpha}_2,\boldsymbol{\alpha}_3$ 也是向量组的极大线性无关组. 由此可见，向量组的极大无关组不是唯一的.

注　上例表明了按定义求一个向量组的极大无关组的一般做法.

设有向量组 $\boldsymbol{\alpha}_1,\boldsymbol{\alpha}_2,\cdots,\boldsymbol{\alpha}_s$，只要组中的向量不全为零向量，则至少有一个向量不为零向量，因而它至少有一个向量的部分组线性无关. 再考察两个向量的部分组. 如果有两个向量的部分组线性无关，则往下考察三个向量的部分组. 依此类推，最后总能达到向量组中有 $r\ (\leqslant s)$ 个向量的部分组线性无关，而没有多于 $r\ (\leqslant s)$ 个向量的部分组线性无关，即向量组中 r 个向量的向量组线性无关的话，则是最大的线性无关的部分组.

例 3　求向量组 $\boldsymbol{\alpha}_1=(2,4,2)$，$\boldsymbol{\alpha}_2=(1,1,0)$，$\boldsymbol{\alpha}_3=(2,3,1)$，$\boldsymbol{\alpha}_4=(3,5,2)$ 的一个极大无关组，并把其余向量用该极大无关组线性表示.

解　对矩阵 $\boldsymbol{A}=(\boldsymbol{\alpha}_1^{\mathrm{T}},\boldsymbol{\alpha}_2^{\mathrm{T}},\boldsymbol{\alpha}_3^{\mathrm{T}},\boldsymbol{\alpha}_4^{\mathrm{T}})$ 仅施以初等行变换：

$$\boldsymbol{A}=\begin{pmatrix}2&1&2&3\\4&1&3&5\\2&0&1&2\end{pmatrix}\rightarrow\begin{pmatrix}2&1&2&3\\0&-1&-1&-1\\0&-1&-1&-1\end{pmatrix}$$

$$\rightarrow\begin{pmatrix}2&1&2&3\\0&1&1&1\\0&0&0&0\end{pmatrix}\rightarrow\begin{pmatrix}1&0&\dfrac{1}{2}&1\\0&1&1&1\\0&0&0&0\end{pmatrix}.$$

由最后一个矩阵可知，$\boldsymbol{\alpha}_1,\boldsymbol{\alpha}_2$ 为一个极大无关组，且

$$\boldsymbol{\alpha}_3=\frac{1}{2}\boldsymbol{\alpha}_1+\boldsymbol{\alpha}_2,\quad \boldsymbol{\alpha}_4=\boldsymbol{\alpha}_1+\boldsymbol{\alpha}_2.$$

根据定理可以得到求向量组的秩和极大无关组的方法为：

(1) 以向量组各向量为列构成矩阵 $\boldsymbol{A}$；

(2) 对矩阵 $\boldsymbol{A}$ 施以初等行变换，把 $\boldsymbol{A}$ 化为阶梯形矩阵；

(3) 阶梯形矩阵非零行的行数就是向量组的秩，可以在 $\boldsymbol{A}$ 中按不为零子式的最高阶数等于秩的原则挑选极大无关组；

(4) 如需求出其余向量用极大无关组的表示式，把 $\boldsymbol{A}$ 继续化为行简化阶梯形矩阵即可.

由定义 3.9 不难推得关于向量组与其极大无关组的下列定理：

定理 3.9　向量组 $\boldsymbol{\alpha}_1,\boldsymbol{\alpha}_2,\cdots,\boldsymbol{\alpha}_s$ 和它的极大无关组 $\boldsymbol{\alpha}_{j_1},\boldsymbol{\alpha}_{j_2},\cdots,\boldsymbol{\alpha}_{j_r}$ 等价.

证　据定义 3.8，只须证明向量组与其极大无关组可互相线性表示.

一方面，因 $\boldsymbol{\alpha}_{j_1},\boldsymbol{\alpha}_{j_2},\cdots,\boldsymbol{\alpha}_{j_r}$ 是 $\boldsymbol{\alpha}_1,\boldsymbol{\alpha}_2,\cdots,\boldsymbol{\alpha}_s$ 的一个极大无关组，则当 j 是 $j_1,j_2,\cdots,j_r$ 中的数时，$\boldsymbol{\alpha}_j$ 可由 $\boldsymbol{\alpha}_{j_1},\boldsymbol{\alpha}_{j_2},\cdots,\boldsymbol{\alpha}_{j_r}$ 线性表示；当 j 不是 $j_1,j_2,\cdots,j_r$ 中的数时，$\boldsymbol{\alpha}_j,\boldsymbol{\alpha}_{j_1},\boldsymbol{\alpha}_{j_2},\cdots,\boldsymbol{\alpha}_{j_r}$ 线性相关，又 $\boldsymbol{\alpha}_{j_1},\boldsymbol{\alpha}_{j_2},\cdots,\boldsymbol{\alpha}_{j_r}$ 线性无关，根据定理3.8，$\boldsymbol{\alpha}_j$ 可由 $\boldsymbol{\alpha}_{j_1},\boldsymbol{\alpha}_{j_2},\cdots,\boldsymbol{\alpha}_{j_r}$ 线性表示(此由定义 3.9亦知). 即向量组 $\boldsymbol{\alpha}_1,\boldsymbol{\alpha}_2,\cdots,\boldsymbol{\alpha}_s$ 中每一个向量都可由 $\boldsymbol{\alpha}_{j_1},\boldsymbol{\alpha}_{j_2},\cdots,\boldsymbol{\alpha}_{j_r}$ 线性表示.

另一方面，线性无关部分组 $\boldsymbol{\alpha}_{j_1},\boldsymbol{\alpha}_{j_2},\cdots,\boldsymbol{\alpha}_{j_r}$ 中任一向量 $\boldsymbol{\alpha}_i$ 可由向量组 $\boldsymbol{\alpha}_1,\boldsymbol{\alpha}_2,\cdots,\boldsymbol{\alpha}_s$ 线性表示，从而极大无关组 $\boldsymbol{\alpha}_{j_1},\boldsymbol{\alpha}_{j_2},\cdots,\boldsymbol{\alpha}_{j_r}$ 可由原向量组 $\boldsymbol{\alpha}_1,\boldsymbol{\alpha}_2,\cdots,\boldsymbol{\alpha}_s$ 线性表示.

所以，向量组 $\boldsymbol{\alpha}_1,\boldsymbol{\alpha}_2,\cdots,\boldsymbol{\alpha}_s$ 和它的极大无关组 $\boldsymbol{\alpha}_{j_1},\boldsymbol{\alpha}_{j_2},\cdots,\boldsymbol{\alpha}_{j_r}$ 等价. □

推论 1　向量组的任意两个极大无关组是等价的.

推论 2　向量组 A 和 B 等价当且仅当向量组 A 和 B 的极大无关组等价.

综上所述，一个向量组的极大线性无关组 $\boldsymbol{\alpha}_1,\boldsymbol{\alpha}_2,\cdots,\boldsymbol{\alpha}_r$ 有如下属性：

(1) 无关性：这个向量组所组成的部分组线性无关；

(2) 极大性：在这 r 个向量中增加任一向量得到的 $r+1$ 个向量的部分组必线性相关；

(3) 极小性：从这 r 个向量中减去任一向量得到的部分组便不能表示该向量组的全部向量. 比如，从 $\boldsymbol{\alpha}_1,\boldsymbol{\alpha}_2,\cdots,\boldsymbol{\alpha}_r$ 中去掉 $\boldsymbol{\alpha}_1$，因为 $\boldsymbol{\alpha}_1,\boldsymbol{\alpha}_2,\cdots,\boldsymbol{\alpha}_r$ 线性无关，故 $\boldsymbol{\alpha}_1$ 不能由 $\boldsymbol{\alpha}_2,\boldsymbol{\alpha}_3,\cdots,\boldsymbol{\alpha}_r$ 线性表示.

(4) 不唯一性：任意 n 维非零向量组的极大无关组一定存在，但极大无关组的组数不唯一.

从前述可见，向量组的极大无关组可以不唯一. 但是，向量组的各个极大无关组所含向量个数都相等. 这个结果，对于一般的向量组也成立. 我们可证明下述定理：

定理3.10 给定两个向量组：

$$(\text{I})\ \boldsymbol{\alpha}_1,\boldsymbol{\alpha}_2,\cdots,\boldsymbol{\alpha}_s;$$

$$(\text{II})\ \boldsymbol{\beta}_1,\boldsymbol{\beta}_2,\cdots,\boldsymbol{\beta}_t.$$

若向量组(Ⅰ)能被向量组(Ⅱ)线性表出，且 $s>t$，则向量组(Ⅰ)线性相关.

证 只须证明，存在不全为0的数 $k_1,k_2,\cdots,k_s$，使得

$$k_1\boldsymbol{\alpha}_1+k_2\boldsymbol{\alpha}_2+\cdots+k_s\boldsymbol{\alpha}_s=\mathbf{0}.$$

由已知，可设

$$\boldsymbol{\alpha}_i=\sum_{j=1}^{t}l_{ji}\boldsymbol{\beta}_j=l_{1i}\boldsymbol{\beta}_1+l_{2i}\boldsymbol{\beta}_2+\cdots+l_{ti}\boldsymbol{\beta}_t\quad(i=1,2,\cdots,s),$$

即

$$\boldsymbol{\alpha}_i=(\boldsymbol{\beta}_1,\boldsymbol{\beta}_2,\cdots,\boldsymbol{\beta}_t)\begin{pmatrix}l_{1i}\\l_{2i}\\\vdots\\l_{ti}\end{pmatrix}\quad(i=1,2,\cdots,s).$$

可将上述 s 个等式合并写成

$$(\boldsymbol{\alpha}_1,\boldsymbol{\alpha}_2,\cdots,\boldsymbol{\alpha}_s)=(\boldsymbol{\beta}_1,\boldsymbol{\beta}_2,\cdots,\boldsymbol{\beta}_t)\begin{pmatrix}l_{11}&l_{12}&\cdots&l_{1s}\\l_{21}&l_{22}&\cdots&l_{2s}\\\vdots&\vdots&&\vdots\\l_{t1}&l_{t2}&\cdots&l_{ts}\end{pmatrix}.$$

记

$$\boldsymbol{A}=\begin{pmatrix}l_{11}&l_{12}&\cdots&l_{1s}\\l_{21}&l_{22}&\cdots&l_{2s}\\\vdots&\vdots&&\vdots\\l_{t1}&l_{t2}&\cdots&l_{ts}\end{pmatrix}.$$

因为 $s>t$，所以齐次线性方程组

$$\boldsymbol{Ax}=\mathbf{0}$$

有非零解，即存在不全为零的数 $k_1, k_2, \cdots, k_s$，使得 $A\begin{pmatrix}k_1\\k_2\\\vdots\\k_s\end{pmatrix}=\mathbf{0}$，因而

$$\sum_{i=1}^{s} k_i\boldsymbol{\alpha}_i=(\boldsymbol{\alpha}_1,\boldsymbol{\alpha}_2,\cdots,\boldsymbol{\alpha}_s)\begin{pmatrix}k_1\\k_2\\\vdots\\k_s\end{pmatrix}=(\boldsymbol{\beta}_1,\boldsymbol{\beta}_2,\cdots,\boldsymbol{\beta}_t)A\begin{pmatrix}k_1\\k_2\\\vdots\\k_s\end{pmatrix}=\mathbf{0},$$

即 $\boldsymbol{\alpha}_1,\boldsymbol{\alpha}_2,\cdots,\boldsymbol{\alpha}_s$ 线性相关. □

与定理 3.10 等价的命题是下面的推论 1.

推论 1 若向量组 $\boldsymbol{\alpha}_1,\boldsymbol{\alpha}_2,\cdots,\boldsymbol{\alpha}_s$ 线性无关，且可由向量组 $\boldsymbol{\beta}_1,\boldsymbol{\beta}_2,\cdots,\boldsymbol{\beta}_t$ 线性表示，则 $s\leqslant t$.

事实上，推论 1 与定理 3.10 互为逆否命题.

定理 3.10 常被称为向量组的替换定理，由此定理不难得出如下推论：

推论 2 两个线性无关的等价的向量组必含有相同个数的向量.

证 设线性无关向量组(Ⅰ) $\boldsymbol{\alpha}_1,\boldsymbol{\alpha}_2,\cdots,\boldsymbol{\alpha}_s$ 与线性无关向量组(Ⅱ) $\boldsymbol{\beta}_1,\boldsymbol{\beta}_2,\cdots,\boldsymbol{\beta}_t$ 等价. 由于(Ⅰ)线性无关且可由(Ⅱ)线性表示，据推论 1 有 $s\leqslant t$；同时，(Ⅱ)线性无关且可由(Ⅰ)表示，从而 $t\leqslant s$，故 $s=t$. □

推论 3 一个向量组若有两个极大线性无关组，则它们所含向量的个数相等.

上述推论的证明留给读者.

3.4.3 向量组的秩

推论 3 表明，向量组的极大无关组所含向量个数与极大无关组的选择无关，它是由向量组本身所确定的. 这是向量组的一种本质属性. 类似于矩阵的秩，我们引入向量组的秩的概念.

定义 3.10 向量组 $\boldsymbol{\alpha}_1,\boldsymbol{\alpha}_2,\cdots,\boldsymbol{\alpha}_m$ 的极大线性无关组所含向量的个数称为**向量组的秩**，记为 $\mathrm{r}(\boldsymbol{\alpha}_1,\boldsymbol{\alpha}_2,\cdots,\boldsymbol{\alpha}_m)$.

例如，二维向量组 $\boldsymbol{\alpha}_1=(0,1)$，$\boldsymbol{\alpha}_2=(1,0)$，$\boldsymbol{\alpha}_3=(1,1)$，$\boldsymbol{\alpha}_4=(0,2)$，其秩 $\mathrm{r}(\boldsymbol{\alpha}_1,\boldsymbol{\alpha}_2,\boldsymbol{\alpha}_3,\boldsymbol{\alpha}_4)=2$.

由于全由零向量组成的向量组没有极大无关组，我们规定其秩为零.

为了叙述简化，我们把矩阵 $\boldsymbol{A}$ 的行向量组的秩称为矩阵 $\boldsymbol{A}$ 的**行秩**；矩阵 $\boldsymbol{A}$ 的列向量组的秩称为矩阵 A 的**列秩**.

利用向量组的秩的定义及定理 3.10 的推论可得下列结论：

推论 4 等价的向量组必有相同的秩.

推论 5 设向量组 $\boldsymbol{\alpha}_1,\boldsymbol{\alpha}_2,\cdots,\boldsymbol{\alpha}_s$ 可由向量组 $\boldsymbol{\beta}_1,\boldsymbol{\beta}_2,\cdots,\boldsymbol{\beta}_t$ 线性表示，则

$$\mathrm{r}(\boldsymbol{\alpha}_1,\boldsymbol{\alpha}_2,\cdots,\boldsymbol{\alpha}_s)\leqslant \mathrm{r}(\boldsymbol{\beta}_1,\boldsymbol{\beta}_2,\cdots,\boldsymbol{\beta}_t).$$

证 设向量组 $\boldsymbol{\alpha}_1,\boldsymbol{\alpha}_2,\cdots,\boldsymbol{\alpha}_s$ 与向量组 $\boldsymbol{\beta}_1,\boldsymbol{\beta}_2,\cdots,\boldsymbol{\beta}_t$ 的极大无关组分别为 $\boldsymbol{\alpha}_{i_1},\boldsymbol{\alpha}_{i_2},\cdots,\boldsymbol{\alpha}_{i_r}$ 与 $\boldsymbol{\beta}_{j_1},\boldsymbol{\beta}_{j_2},\cdots,\boldsymbol{\beta}_{j_k}$，则 $\boldsymbol{\alpha}_{i_1},\boldsymbol{\alpha}_{i_2},\cdots,\boldsymbol{\alpha}_{i_r}$ 与 $\boldsymbol{\alpha}_1,\boldsymbol{\alpha}_2,\cdots,\boldsymbol{\alpha}_s$ 等价，$\boldsymbol{\beta}_{j_1},\boldsymbol{\beta}_{j_2},\cdots,\boldsymbol{\beta}_{j_k}$ 与 $\boldsymbol{\beta}_1,\boldsymbol{\beta}_2,\cdots,\boldsymbol{\beta}_t$ 等价. 因此，$\boldsymbol{\alpha}_{i_1},\boldsymbol{\alpha}_{i_2},\cdots,\boldsymbol{\alpha}_{i_r}$ 可由 $\boldsymbol{\beta}_{j_1},\boldsymbol{\beta}_{j_2},\cdots,\boldsymbol{\beta}_{j_k}$ 线性表示. 由定理 3.10 的推论 1，$r\leqslant k$，即

$$\mathrm{r}(\boldsymbol{\alpha}_1,\boldsymbol{\alpha}_2,\cdots,\boldsymbol{\alpha}_s)\leqslant \mathrm{r}(\boldsymbol{\beta}_1,\boldsymbol{\beta}_2,\cdots,\boldsymbol{\beta}_t).$$ □

由上述推论即知，如果向量组 $\boldsymbol{\alpha}_1,\boldsymbol{\alpha}_2,\cdots,\boldsymbol{\alpha}_s$ 与向量组 $\boldsymbol{\beta}_1,\boldsymbol{\beta}_2,\cdots,\boldsymbol{\beta}_t$ 可以互相线性表示，则

$$\mathrm{r}(\boldsymbol{\alpha}_1,\boldsymbol{\alpha}_2,\cdots,\boldsymbol{\alpha}_s)=\mathrm{r}(\boldsymbol{\beta}_1,\boldsymbol{\beta}_2,\cdots,\boldsymbol{\beta}_t).$$

例 4 求向量组 $A=\{(1,0,-1),(-2,3,1),(2,1,-1),(3,2,-4)\}$ 的秩.

解 将 A 写成矩阵形式并进行初等变换：

$$\begin{pmatrix}1&0&-1\\-2&3&1\\2&1&-1\\3&2&-4\end{pmatrix}\to\begin{pmatrix}1&0&0\\-2&3&-1\\2&1&1\\3&2&-1\end{pmatrix}\to\begin{pmatrix}1&0&0\\0&4&0\\2&1&1\\3&2&-1\end{pmatrix}.$$

这是个下三角形矩阵，因此 $\mathrm{r}(A)=3$.

注 求向量组的秩并非一定要化为上三角形阵(阶梯形矩阵)，只要变成可确定非零行数即可.

例 5 设向量组 $\boldsymbol{\alpha}_1,\boldsymbol{\alpha}_2,\cdots,\boldsymbol{\alpha}_m\ (m>1)$ 的秩为 r，

$$\boldsymbol{\beta}_1=\boldsymbol{\alpha}_2+\boldsymbol{\alpha}_3+\cdots+\boldsymbol{\alpha}_m,$$
$$\boldsymbol{\beta}_2=\boldsymbol{\alpha}_1+\boldsymbol{\alpha}_3+\cdots+\boldsymbol{\alpha}_m,$$
$$\cdots,$$
$$\boldsymbol{\beta}_m=\boldsymbol{\alpha}_1+\boldsymbol{\alpha}_2+\cdots+\boldsymbol{\alpha}_{m-1}.$$

试证明：向量组 $\boldsymbol{\beta}_1,\boldsymbol{\beta}_2,\cdots,\boldsymbol{\beta}_m$ 的秩为 r.

证 由题设，$\boldsymbol{\beta}_1,\boldsymbol{\beta}_2,\cdots,\boldsymbol{\beta}_m$ 可由 $\boldsymbol{\alpha}_1,\boldsymbol{\alpha}_2,\cdots,\boldsymbol{\alpha}_m$ 线性表示，且有

$$\boldsymbol{\beta}_1+\boldsymbol{\beta}_2+\cdots+\boldsymbol{\beta}_m=(m-1)(\boldsymbol{\alpha}_1+\boldsymbol{\alpha}_2+\cdots+\boldsymbol{\alpha}_m),$$

或者 $\boldsymbol{\alpha}_1+\boldsymbol{\alpha}_2+\cdots+\boldsymbol{\alpha}_m=\dfrac{1}{m-1}(\boldsymbol{\beta}_1+\boldsymbol{\beta}_2+\cdots+\boldsymbol{\beta}_m)$，从而

$$\boldsymbol{\alpha}_i+\boldsymbol{\beta}_i=\boldsymbol{\alpha}_1+\boldsymbol{\alpha}_2+\cdots+\boldsymbol{\alpha}_m=\frac{1}{m-1}(\boldsymbol{\beta}_1+\boldsymbol{\beta}_2+\cdots+\boldsymbol{\beta}_m).$$

于是，有

$$\boldsymbol{\alpha}_i=\frac{1}{m-1}(\boldsymbol{\beta}_1+\boldsymbol{\beta}_2+\cdots+\boldsymbol{\beta}_m)-\boldsymbol{\beta}_i\quad(i=1,2,\cdots,m)$$

这表明 $\boldsymbol{\alpha}_1,\boldsymbol{\alpha}_2,\cdots,\boldsymbol{\alpha}_m$ 可由 $\boldsymbol{\beta}_1,\boldsymbol{\beta}_2,\cdots,\boldsymbol{\beta}_m$ 线性表示，所以 $\{\boldsymbol{\alpha}_1,\boldsymbol{\alpha}_2,\cdots,\boldsymbol{\alpha}_m\}\cong\{\boldsymbol{\beta}_1,\boldsymbol{\beta}_2,\cdots,\boldsymbol{\beta}_m\}$，故它们有相同的秩.

3.4.4　向量组的秩与矩阵的秩的关系

在 3.2 节中，我们已经看到了以 m 维向量组 $\boldsymbol{\alpha}_1,\boldsymbol{\alpha}_2,\cdots,\boldsymbol{\alpha}_n$ 为列，可以得到矩阵

$$\boldsymbol{A}=(\boldsymbol{\alpha}_1,\boldsymbol{\alpha}_2,\cdots,\boldsymbol{\alpha}_n).$$

这里主要关注矩阵 $\boldsymbol{A}$ 的列向量之间的线性关系和秩 $\mathrm{r}(\boldsymbol{A})$ 之间的关系，以及如何借助于矩阵理论讨论 $\boldsymbol{A}$ 的列向量的线性关系的问题.

定理 3.11　设 $\boldsymbol{A}$ 是 $m\times n$ 矩阵，则 $\boldsymbol{A}$ 的列向量组 $\boldsymbol{\alpha}_1,\boldsymbol{\alpha}_2,\cdots,\boldsymbol{\alpha}_n$ 的秩等于矩阵 $\boldsymbol{A}$ 的秩.

证　下面我们分两步证明：

(1) 先证明，若矩阵 $\boldsymbol{A}$ 的秩为 r，则 $\boldsymbol{A}$ 中有 r 个线性无关的列向量.

设 $\mathrm{r}(\boldsymbol{A})=r$，则 $\boldsymbol{A}$ 中必有一个 r 阶子式 $D\neq 0$. 设 D 位于 $\boldsymbol{A}$ 的第 j_1，$j_2,\cdots,j_r$ 列($j_1<j_2<\cdots<j_r$)，记

$$\boldsymbol{A}_1=(\boldsymbol{\alpha}_{j_1},\boldsymbol{\alpha}_{j_2},\cdots,\boldsymbol{\alpha}_{j_r}),$$

则 $\boldsymbol{A}_1$ 为 $m\times r$ 矩阵，且有 $\mathrm{r}(\boldsymbol{A}_1)=r$. 由定理 3.4 知 $\boldsymbol{\alpha}_{j_1},\boldsymbol{\alpha}_{j_2},\cdots,\boldsymbol{\alpha}_{j_r}$ 线性无关.

(2) 再证明 $\boldsymbol{A}$ 中的任一列向量 $\boldsymbol{\alpha}_j$ 都可由(1)中的 r 个线性无关的列向量线性表示.

易知，若 $\boldsymbol{\alpha}_j$ 是 $\boldsymbol{\alpha}_{j_1},\boldsymbol{\alpha}_{j_2},\cdots,\boldsymbol{\alpha}_{j_r}$ 中的某个向量，那么显然 $\boldsymbol{\alpha}_j$ 可由 $\boldsymbol{\alpha}_{j_1},\boldsymbol{\alpha}_{j_2},\cdots,\boldsymbol{\alpha}_{j_r}$ 线性表示；若 $\boldsymbol{\alpha}_j$ 不在 $\boldsymbol{\alpha}_{j_1},\boldsymbol{\alpha}_{j_2},\cdots,\boldsymbol{\alpha}_{j_r}$ 中，不妨设 $j_1<j_2<\cdots<j_i<j<j_{i+1}<\cdots<j_r$，于是矩阵

$$\boldsymbol{A}_2=(\boldsymbol{\alpha}_{j_1},\boldsymbol{\alpha}_{j_2},\cdots,\boldsymbol{\alpha}_{j_i},\boldsymbol{\alpha}_j,\boldsymbol{\alpha}_{j_{i+1}},\cdots,\boldsymbol{\alpha}_{j_r})$$

是矩阵 $\boldsymbol{A}$ 的子阵，故 $\mathrm{r}(\boldsymbol{A}_2)\leqslant\mathrm{r}(\boldsymbol{A})=r<r+1$. 仍由定理 3.4 可知，$\boldsymbol{A}_2$ 的列向量线性相关. 由定理 3.8 知，$\boldsymbol{\alpha}_j$ 可由 $\boldsymbol{\alpha}_{j_1},\boldsymbol{\alpha}_{j_2},\cdots,\boldsymbol{\alpha}_{j_r}$ 线性表示.

由(1)与(2)可见，$\mathrm{r}(\boldsymbol{\alpha}_1,\boldsymbol{\alpha}_2,\cdots,\boldsymbol{\alpha}_n)=\mathrm{r}(\boldsymbol{A})$. □

通常，将矩阵 $\boldsymbol{A}$ 的列（行）向量组的秩称为矩阵 $\boldsymbol{A}$ 的**列(行)秩**. 由于 $\mathrm{r}(\boldsymbol{A})=\mathrm{r}(\boldsymbol{A}^{\mathrm{T}})$，而矩阵 $\boldsymbol{A}$ 的行秩就是 $\boldsymbol{A}^{\mathrm{T}}$ 的列秩，故也等于 $\boldsymbol{A}$ 的秩，即有

$$\mathrm{r}(\boldsymbol{A})=\boldsymbol{A}\text{ 的列秩}=\boldsymbol{A}\text{ 的行秩}.$$

由于初等变换不改变矩阵的秩，所以我们有下面的推论：

推论　初等变换不改变矩阵的行(列) 向量组的秩.

事实上，我们还有下面的更进一步的结果.

***定理 3.12**　矩阵的初等行变换不改变矩阵的列向量之间的线性关系(线性相关性和线性组合关系).

证　设矩阵 $\boldsymbol{A}$ 用一系列初等行变换化为矩阵 $\boldsymbol{B}$，即

$$\boldsymbol{A}=(\boldsymbol{\alpha}_1,\boldsymbol{\alpha}_2,\cdots,\boldsymbol{\alpha}_n)\xrightarrow{\text{初等行变换}}\boldsymbol{B}=(\boldsymbol{\beta}_1,\boldsymbol{\beta}_2,\cdots,\boldsymbol{\beta}_n),$$

那么存在可逆矩阵 $\boldsymbol{P}$，使 $\boldsymbol{PA}=\boldsymbol{B}$，从而有列的关系

$$\boldsymbol{P\alpha}_i=\boldsymbol{\beta}_i\quad(i=1,2,\cdots,n).$$

下面就矩阵 $\boldsymbol{A}$ 的初等行变换不改变 $\boldsymbol{A}$ 的列向量组的线性相关与线性组合关系，分别予以推证.

(1)　若有不全为 0 的数 $k_1,k_2,\cdots,k_n$，使 $\sum\limits_{i=1}^{n}k_i\boldsymbol{\alpha}_i=\boldsymbol{0}$，两边左乘矩阵 $\boldsymbol{P}$，有 $\sum\limits_{i=1}^{n}k_i\boldsymbol{P}\boldsymbol{\alpha}_i=\boldsymbol{0}$，即 $\sum\limits_{i=1}^{n}k_i\boldsymbol{\beta}_i=\boldsymbol{0}$. 反之，若存在 $k_1,k_2,\cdots,k_n$，使 $\sum\limits_{i=1}^{n}k_i\boldsymbol{\beta}_i=\boldsymbol{0}$，那么两边左乘矩阵 $\boldsymbol{P}^{-1}$，有 $\sum\limits_{i=1}^{n}k_i\boldsymbol{P}^{-1}\boldsymbol{\beta}_i=\boldsymbol{0}$，即 $\sum\limits_{i=1}^{n}k_i\boldsymbol{\alpha}_i=\boldsymbol{0}$. 可见，向量组 $\boldsymbol{\alpha}_1$，$\boldsymbol{\alpha}_2,\cdots,\boldsymbol{\alpha}_n$ 线性相关当且仅当 $\boldsymbol{\beta}_1,\boldsymbol{\beta}_2,\cdots,\boldsymbol{\beta}_n$ 线性相关.

(2)　设 $\boldsymbol{A}$ 的列向量之间存在某种线性关系，如一个列是其余列的线性组合等. 它的一般形式是存在向量 $\boldsymbol{x}$，使 $\boldsymbol{Ax}=\boldsymbol{0}$. 左乘矩阵 $\boldsymbol{P}$，有 $\boldsymbol{PAx}=\boldsymbol{0}$，即 $\boldsymbol{Bx}=\boldsymbol{0}$. 从而 $\boldsymbol{B}$ 的列向量之间也具有同样的线性关系. 反之也成立.　□

定理 3.12 为我们提供了初等行变换求向量组的秩、向量组的极大无关组以及将向量组中其余向量表示成极大无关组的线性组合的理论依据.

例 6　设

$$\boldsymbol{\alpha}_1=\begin{pmatrix}1\\4\\1\\0\\2\end{pmatrix},\quad\boldsymbol{\alpha}_2=\begin{pmatrix}2\\5\\-1\\-3\\2\end{pmatrix},\quad\boldsymbol{\alpha}_3=\begin{pmatrix}-1\\2\\5\\6\\2\end{pmatrix},\quad\boldsymbol{\alpha}_4=\begin{pmatrix}0\\2\\2\\-1\\0\end{pmatrix}.$$

(1) 讨论向量组 $\boldsymbol{\alpha}_1,\boldsymbol{\alpha}_2,\boldsymbol{\alpha}_3,\boldsymbol{\alpha}_4$ 的线性相关性.

(2) 求 $\boldsymbol{\alpha}_1,\boldsymbol{\alpha}_2,\boldsymbol{\alpha}_3,\boldsymbol{\alpha}_4$ 的极大线性无关组.

(3) 把其余向量表示成极大线性无关组的线性组合.

解 取 $\boldsymbol{A}=(\boldsymbol{\alpha}_1,\boldsymbol{\alpha}_2,\boldsymbol{\alpha}_3,\boldsymbol{\alpha}_4)$，用初等行变换把 $\boldsymbol{A}$ 化为行简化阶梯形：

$$\boldsymbol{A}=\begin{pmatrix}1&2&-1&0\\4&5&2&2\\1&-1&5&2\\0&-3&6&-1\\2&2&2&0\end{pmatrix}\to\begin{pmatrix}1&2&-1&0\\0&-1&2&0\\0&0&0&1\\0&0&0&0\\0&0&0&0\end{pmatrix}$$

$$\to\begin{pmatrix}1&0&3&0\\0&1&-2&0\\0&0&0&1\\0&0&0&0\\0&0&0&0\end{pmatrix}.$$

(1) $\mathrm{r}(\boldsymbol{A})=3<n\,(=4)$，所以 $\boldsymbol{\alpha}_1,\boldsymbol{\alpha}_2,\boldsymbol{\alpha}_3,\boldsymbol{\alpha}_4$ 线性相关.

(2) $\boldsymbol{A}$ 的行简化阶梯形中，基本向量 $\boldsymbol{e}_1,\boldsymbol{e}_2,\boldsymbol{e}_3$ 在第 1,2,4 列，故 $\boldsymbol{A}$ 的极大线性无关组为 $\boldsymbol{\alpha}_1,\boldsymbol{\alpha}_2,\boldsymbol{\alpha}_4$.

(3) 其余向量为 $\boldsymbol{\alpha}_3$，由行简化阶梯形，从而 $\boldsymbol{\alpha}_3=3\boldsymbol{\alpha}_1-2\boldsymbol{\alpha}_2$.

例 7 设 $\boldsymbol{A},\boldsymbol{B}$ 均为 $m\times n$ 矩阵，证明：

$$\mathrm{r}(\boldsymbol{A}+\boldsymbol{B})\leqslant\mathrm{r}(\boldsymbol{A})+\mathrm{r}(\boldsymbol{B}).\tag{3.16}$$

证 设 $\boldsymbol{A}=(\boldsymbol{\alpha}_1,\boldsymbol{\alpha}_2,\cdots,\boldsymbol{\alpha}_n)$ 与 $\boldsymbol{B}=(\boldsymbol{\beta}_1,\boldsymbol{\beta}_2,\cdots,\boldsymbol{\beta}_n)$，则

$$\boldsymbol{A}+\boldsymbol{B}=(\boldsymbol{\alpha}_1+\boldsymbol{\beta}_1,\boldsymbol{\alpha}_2+\boldsymbol{\beta}_2,\cdots,\boldsymbol{\alpha}_n+\boldsymbol{\beta}_n).$$

又设 $\boldsymbol{A}$ 与 $\boldsymbol{B}$ 的列向量组的极大线性无关组分别为 $\boldsymbol{\alpha}_{i_1},\boldsymbol{\alpha}_{i_2},\cdots,\boldsymbol{\alpha}_{i_s}$ 与 $\boldsymbol{\beta}_{j_1},\boldsymbol{\beta}_{j_2},\cdots,\boldsymbol{\beta}_{j_t}$，则矩阵 $\boldsymbol{A}$ 与 $\boldsymbol{B}$ 的列向量分别可由 $\boldsymbol{\alpha}_{i_1},\boldsymbol{\alpha}_{i_2},\cdots,\boldsymbol{\alpha}_{i_s}$ 与 $\boldsymbol{\beta}_{j_1},\boldsymbol{\beta}_{j_2},\cdots,\boldsymbol{\beta}_{j_t}$，线性表示，即

$$\boldsymbol{\alpha}_p=k_1\boldsymbol{\alpha}_{i_1}+k_2\boldsymbol{\alpha}_{i_2}+\cdots+k_s\boldsymbol{\alpha}_{i_s},$$
$$\boldsymbol{\beta}_p=l_1\boldsymbol{\beta}_{j_1}+l_2\boldsymbol{\beta}_{j_2}+\cdots+l_t\boldsymbol{\beta}_{j_t}.$$

于是

$$\begin{aligned}\boldsymbol{\alpha}_p+\boldsymbol{\beta}_p=&\,k_1\boldsymbol{\alpha}_{i_1}+k_2\boldsymbol{\alpha}_{i_2}+\cdots+k_s\boldsymbol{\alpha}_{i_s}\\&+l_1\boldsymbol{\beta}_{j_1}+l_2\boldsymbol{\beta}_{j_2}+\cdots+l_t\boldsymbol{\beta}_{j_t}\quad(p=1,2,\cdots,n).\end{aligned}$$

即矩阵 $\boldsymbol{A}+\boldsymbol{B}$ 的列向量组可由矩阵 $\boldsymbol{C}=(\boldsymbol{\alpha}_{i_1},\boldsymbol{\alpha}_{i_2},\cdots,\boldsymbol{\alpha}_{i_s},\boldsymbol{\beta}_{j_1},\boldsymbol{\beta}_{j_2},\cdots,\boldsymbol{\beta}_{j_t})$ 的列向量组线性表示. 由定理 3.10 的推论 5，得

$$\mathrm{r}(\boldsymbol{A}+\boldsymbol{B})\leqslant\mathrm{r}(\boldsymbol{C})\leqslant s+t=\mathrm{r}(\boldsymbol{A})+\mathrm{r}(\boldsymbol{B}).$$

类似地，可以证明：

$$\max\{\mathrm{r}(\boldsymbol{A}),\mathrm{r}(\boldsymbol{B})\}\leqslant \mathrm{r}(\boldsymbol{A},\boldsymbol{B})\leqslant \mathrm{r}(\boldsymbol{A})+\mathrm{r}(\boldsymbol{B}),\tag{3.17}$$

其中 $\boldsymbol{A}$ 为 $m\times p$ 矩阵，$\boldsymbol{B}$ 为 $m\times q$ 矩阵，$(\boldsymbol{A},\boldsymbol{B})$ 为 $m\times(p+q)$ 矩阵.

例 8　设 $\boldsymbol{A}$ 为 $m\times p$ 矩阵，$\boldsymbol{B}$ 为 $p\times n$ 矩阵，证明：$\boldsymbol{A}$ 与 $\boldsymbol{B}$ 乘积的秩不大于 $\boldsymbol{A}$ 的秩和 $\boldsymbol{B}$ 的秩，即

$$\mathrm{r}(\boldsymbol{AB})\leqslant \min\{\mathrm{r}(\boldsymbol{A}),\mathrm{r}(\boldsymbol{B})\}.\tag{3.18}$$

证　设 $\boldsymbol{A}=(a_{ij})_{m\times p}=(\boldsymbol{\alpha}_1,\boldsymbol{\alpha}_2,\cdots,\boldsymbol{\alpha}_p)$，$\boldsymbol{B}=(b_{ij})_{p\times n}$，则

$$\begin{aligned}\boldsymbol{AB}&=(\boldsymbol{\alpha}_1,\boldsymbol{\alpha}_2,\cdots,\boldsymbol{\alpha}_p)\boldsymbol{B}\\&=(\boldsymbol{\alpha}_1,\boldsymbol{\alpha}_2,\cdots,\boldsymbol{\alpha}_p)\begin{pmatrix}b_{11}&b_{12}&\cdots&b_{1n}\\b_{21}&b_{22}&\cdots&b_{2n}\\\vdots&\vdots&&\vdots\\b_{p1}&b_{p2}&\cdots&b_{pn}\end{pmatrix}\\&=\left(\sum_{i=1}^{p}b_{i1}\boldsymbol{\alpha}_i,\sum_{i=1}^{p}b_{i2}\boldsymbol{\alpha}_i,\cdots,\sum_{i=1}^{p}b_{in}\boldsymbol{\alpha}_i\right).\end{aligned}$$

可见，$\boldsymbol{AB}$ 的列向量组可由 $\boldsymbol{\alpha}_1,\boldsymbol{\alpha}_2,\cdots,\boldsymbol{\alpha}_p$ 线性表示. 由定理 3.10 的推论 5，有

$$\mathrm{r}(\boldsymbol{AB})\leqslant \mathrm{r}(\boldsymbol{\alpha}_1,\boldsymbol{\alpha}_2,\cdots,\boldsymbol{\alpha}_p)=\mathrm{r}(\boldsymbol{A}).$$

类似可证 $\mathrm{r}(\boldsymbol{AB})\leqslant \mathrm{r}(\boldsymbol{B})$，因而

$$\mathrm{r}(\boldsymbol{AB})\leqslant \min\{\mathrm{r}(\boldsymbol{A}),\mathrm{r}(\boldsymbol{B})\}.$$

习题 3.4

1. 设有向量组 Ⅰ：$\boldsymbol{\alpha}_1=(2,0,-1,3)$，$\boldsymbol{\alpha}_2=(3,-2,1,-1)$；Ⅱ：$\boldsymbol{\beta}_1=(-5,6,-5,9)$，$\boldsymbol{\beta}_2=(4,-4,3,5)$. 证明：向量组 Ⅰ 与 Ⅱ 等价.

2. 已知向量组 $\alpha_1,\alpha_2,\cdots,\alpha_s$ 线性无关，向量组 $\alpha_1,\alpha_2,\cdots,\alpha_s,\beta_1,\beta_2$ 线性相关，证明：β_1 和 β_2 中有一个可由向量组 $\alpha_1,\alpha_2,\cdots,\alpha_s$ 线性表示，或者向量组 $\alpha_1,\alpha_2,\cdots,\alpha_s,\beta_1$ 与 $\alpha_1,\alpha_2,\cdots,\alpha_s,\beta_2$ 等价.

3. 设向量组 Ⅰ $=\{\alpha_1,\alpha_2,\cdots,\alpha_s\}$，Ⅱ $=\{\beta_1,\beta_2,\cdots,\beta_t\}$，已知 Ⅰ 和 Ⅱ 的秩相同，且 Ⅱ 可由 Ⅰ 线性表示，证明：向量组 Ⅰ 与 Ⅱ 等价.

4. 求下列向量组的一组极大线性无关向量组：

(1) $(1,0,0),(-1,1,0),(1,1,2),(1,0,1)$；

(2) $(1,3,2),(-1,0,0),(2,1,1),(0,0,1),(3,1,4)$.

5. 设有向量组

$$\boldsymbol{\alpha}_1=\begin{pmatrix}1\\4\\1\\0\end{pmatrix},\quad \boldsymbol{\alpha}_2=\begin{pmatrix}2\\9\\-1\\-3\end{pmatrix},\quad \boldsymbol{\alpha}_3=\begin{pmatrix}1\\0\\-3\\-1\end{pmatrix},\quad \boldsymbol{\alpha}_4=\begin{pmatrix}3\\10\\-7\\-7\end{pmatrix},$$

求此向量组的秩和它的一个极大线性无关组，并将其余向量用极大无关组线性表示.

6. 试决定 a,b 的值使下列向量组的极大线性无关组中所含向量的个数等于 3（只须求出 a,b 的一组值即可）：

$$(a,b,0),\ (a,2b,1),\ (1,2,1),\ (2,4,2).$$

7. 试判别以下命题是否正确：

(1) 向量组 $\alpha_1,\alpha_2,\cdots,\alpha_s$ 线性无关的充分必要条件为向量组 $\alpha_1,\alpha_2,\cdots,\alpha_s$ 的极大线性无关组唯一；

(2) 若向量组 $\alpha_1,\alpha_2,\cdots,\alpha_t$ 与向量组 $\beta_1,\beta_2,\cdots,\beta_s$ 的秩相等，即

$$\mathrm{r}(\alpha_1,\alpha_2,\cdots,\alpha_t)=\mathrm{r}(\beta_1,\beta_2,\cdots,\beta_s),$$

则向量组 $\alpha_1,\alpha_2,\cdots,\alpha_t$ 与向量组 $\beta_1,\beta_2,\cdots,\beta_s$ 等价；

(3) 设 $\alpha_1,\alpha_2,\cdots,\alpha_t$ 与 $\beta_1,\beta_2,\cdots,\beta_s$ 是两个 n 维向量组，且 $s>t$，则必有

$$\mathrm{r}(\alpha_1,\alpha_2,\cdots,\alpha_t)<\mathrm{r}(\beta_1,\beta_2,\cdots,\beta_s);$$

8. 求矩阵 $\boldsymbol{A}$ 的行秩与列秩：

$$\boldsymbol{A}=\begin{pmatrix}1 & 2 & 1\\ -1 & -1 & 0\\ 0 & 1 & 1\\ 1 & 3 & 2\end{pmatrix}.$$

9. 设向量组 $\alpha_1,\alpha_2,\cdots,\alpha_s$ 的秩为 r，证明：向量组中任意 r 个线性无关的向量都可以构成向量组 $\alpha_1,\alpha_2,\cdots,\alpha_s$ 的极大线性无关组.

10. 设向量组(Ⅰ)：$\alpha_1,\alpha_2,\cdots,\alpha_s$ 和向量组(Ⅱ)：$\beta_1,\beta_2,\cdots,\beta_t$ 的秩分别为 r_1 和 r_2，而向量组(Ⅲ)：$\alpha_1,\alpha_2,\cdots,\alpha_s,\beta_1,\beta_2,\cdots,\beta_r$ 的秩为 r，证明：$r\leqslant r_1+r_2$.

11. 设 $\boldsymbol{A},\boldsymbol{B}$ 为 n 阶方阵，证明：如果 $\boldsymbol{AB}=\boldsymbol{O}$，则 $\mathrm{r}(\boldsymbol{A})+\mathrm{r}(\boldsymbol{B})\leqslant n$.

12. 设 $\boldsymbol{A},\boldsymbol{B}$ 为 n 阶方阵，证明：$\mathrm{r}(\boldsymbol{AB})\geqslant\mathrm{r}(\boldsymbol{A})+\mathrm{r}(\boldsymbol{B})-n$.

3.5 齐次线性方程组解的结构

由定理 3.2 的推论 1 我们知道，当 $\mathrm{r}(\boldsymbol{A})<n$ 时，n 元齐次线性方程组

$$\boldsymbol{Ax}=\boldsymbol{0} \tag{3.19}$$

有无穷多个非零解. 那么在这无穷多个非零解之中，解与解之间的关系如何？ 是否能找到方程组(3.19)的有限个解将这无穷多个解表示出来？ 解决所谓的线性方程组解的结构问题，将是本节要讨论的内容.

为此，先讨论齐次线性方程组的解的性质.

3.5.1 齐次线性方程组解的性质

性质1 若 $\boldsymbol{\eta}_1,\boldsymbol{\eta}_2$ 是齐次线性方程组(3.19) 的解，则 $\boldsymbol{\eta}_1+\boldsymbol{\eta}_2$ 也是它的解.

证 因 $\boldsymbol{\eta}_1,\boldsymbol{\eta}_2$ 是方程组(3.19) 的解，故有 $\boldsymbol{A}\boldsymbol{\eta}_1=\boldsymbol{0}$, $\boldsymbol{A}\boldsymbol{\eta}_2=\boldsymbol{0}$, 所以

$$\boldsymbol{A}(\boldsymbol{\eta}_1+\boldsymbol{\eta}_2)=\boldsymbol{A}\boldsymbol{\eta}_1+\boldsymbol{A}\boldsymbol{\eta}_2=\boldsymbol{0}+\boldsymbol{0}=\boldsymbol{0},$$

即 $\boldsymbol{\eta}_1+\boldsymbol{\eta}_2$ 是(3.19) 的解. □

性质2 若 $\boldsymbol{\eta}$ 是齐次线性方程组 $\boldsymbol{Ax}=\boldsymbol{0}$ 的解，则对任意的数 k, $k\boldsymbol{\eta}$ 也是它的解.

证 因 $\boldsymbol{\eta}$ 是方程组 $\boldsymbol{Ax}=\boldsymbol{0}$ 的解，则

$$\boldsymbol{A}(k\boldsymbol{\eta})=k\boldsymbol{A}\boldsymbol{\eta}=k\boldsymbol{0}=\boldsymbol{0},$$

即 $k\boldsymbol{\eta}$ 是 $\boldsymbol{Ax}=\boldsymbol{0}$ 的解. □

性质3 设 $\boldsymbol{\eta}_1,\boldsymbol{\eta}_2,\cdots,\boldsymbol{\eta}_s$ 是方程组(3.19) 的 s 个解向量，则它们的线性组合

$$k_1\boldsymbol{\eta}_1+k_2\boldsymbol{\eta}_2+\cdots+k_s\boldsymbol{\eta}_s=\sum_{i=1}^{s}k_i\boldsymbol{\eta}_i$$

仍然是(3.19) 的解，其中 $k_1,k_2,\cdots,k_s$ 为任意常数.

证略.

由上述性质可知，如果一个齐次线性方程组有非零解，则它就有无穷多解，这无穷多解就构成了一个 n 维向量组. 如果我们能求出这个向量组的一个极大无关组，就能用它的线性组合来表示它的全部解. 为此，我们引入齐次线性方程组的基础解系的概念.

3.5.2 基础解系的存在性与求法

定义 3.11 设 $\boldsymbol{\eta}_1,\boldsymbol{\eta}_2,\cdots,\boldsymbol{\eta}_p$ 是齐次线性方程组 $\boldsymbol{Ax}=\boldsymbol{0}$ 的一组解向量. 如果

(1) $\boldsymbol{\eta}_1,\boldsymbol{\eta}_2,\cdots,\boldsymbol{\eta}_p$ 线性无关；

(2) 齐次线性方程组 $\boldsymbol{Ax}=\boldsymbol{0}$ 的任意一个解向量都可由 $\boldsymbol{\eta}_1,\boldsymbol{\eta}_2,\cdots,\boldsymbol{\eta}_p$ 线性表示，

则称 $\boldsymbol{\eta}_1,\boldsymbol{\eta}_2,\cdots,\boldsymbol{\eta}_p$ 是齐次线性方程组 $\boldsymbol{Ax}=\boldsymbol{0}$ 的一个**基础解系**.

显然 $\boldsymbol{Ax}=\boldsymbol{0}$ 的基础解系就是 $\boldsymbol{Ax}=\boldsymbol{0}$ 的全体解向量的一个极大线性无关组.

定理3.13 设 $\boldsymbol{A}$ 是 $m\times n$ 矩阵. 若 $\mathrm{r}(\boldsymbol{A})=r<n$, 则齐次线性方程组 $\boldsymbol{Ax}=\boldsymbol{0}$ 存在一个由 $n-r$ 个线性无关的解向量 $\boldsymbol{\eta}_1,\boldsymbol{\eta}_2,\cdots,\boldsymbol{\eta}_{n-r}$ 构成的基础解

系，它们的线性组合

$$\tilde{\boldsymbol{\eta}}=k_1\boldsymbol{\eta}_1+k_2\boldsymbol{\eta}_2+\cdots+k_{n-r}\boldsymbol{\eta}_{n-r} \tag{3.20}$$

给出了齐次线性方程组$\boldsymbol{Ax}=\boldsymbol{0}$的所有解，其中$k_1,k_2,\cdots,k_{n-r}$为任意常数.

证 (1) 先证方程组(3.19)存在$n-r$个线性无关的解向量. 因为$\mathrm{r}(\boldsymbol{A})=r<n$，所以对矩阵$\boldsymbol{A}$作初等行变换，可将它化为规范阶梯形矩阵$\boldsymbol{B}$. 不失一般性，可设

$$\boldsymbol{B}=\begin{pmatrix}1&0&\cdots&0&k_{1,r+1}&k_{1,r+2}&\cdots&k_{1n}\\0&1&\ddots&\vdots&k_{2,r+1}&k_{2,r+2}&\cdots&k_{2n}\\\vdots&\ddots&\ddots&0&\vdots&\vdots&\cdots&\vdots\\0&\cdots&0&1&k_{r,r+1}&k_{r,r+2}&\cdots&k_{rn}\\0&0&\cdots&0&0&0&\cdots&0\\\vdots&\vdots&&\vdots&\vdots&\vdots&&\vdots\\0&0&\cdots&0&0&0&\cdots&0\end{pmatrix},$$

则原方程组与阶梯形方程组$\boldsymbol{Bx}=\boldsymbol{0}$同解，即

$$\begin{cases}x_1=-k_{1,r+1}x_{r+1}-k_{1,r+2}x_{r+2}-\cdots-k_{1n}x_n,\\x_2=-k_{2,r+1}x_{r+1}-k_{2,r+2}x_{r+2}-\cdots-k_{2n}x_n,\\\cdots\cdots\cdots\cdots\cdots\cdots\cdots\cdots\cdots\cdots\\x_r=-k_{r,r+1}x_{r+1}-k_{r,r+2}x_{r+2}-\cdots-k_{rn}x_n\end{cases}$$

是$\boldsymbol{Ax}=\boldsymbol{0}$的同解方程组. 取$x_{r+1},x_{r+2},\cdots,x_n$为自由未知量，将它们分别代以下面的$n-r$组数：

$$\begin{pmatrix}x_{r+1}\\x_{r+2}\\\vdots\\x_n\end{pmatrix}=\begin{pmatrix}1\\0\\\vdots\\0\end{pmatrix},\begin{pmatrix}0\\1\\\vdots\\0\end{pmatrix},\cdots,\begin{pmatrix}0\\0\\\vdots\\1\end{pmatrix},$$

可得方程组$\boldsymbol{Bx}=\boldsymbol{0}$的$n-r$个解向量：

$$\boldsymbol{\eta}_1=\begin{pmatrix}-k_{1,r+1}\\-k_{2,r+1}\\\vdots\\-k_{r,r+1}\\1\\0\\\vdots\\0\end{pmatrix},\ \boldsymbol{\eta}_2=\begin{pmatrix}-k_{1,r+2}\\-k_{2,r+2}\\\vdots\\-k_{r,r+2}\\0\\1\\\vdots\\0\end{pmatrix},\ \cdots,\ \boldsymbol{\eta}_{n-r}=\begin{pmatrix}-k_{1n}\\-k_{2n}\\\vdots\\-k_{rn}\\0\\0\\\vdots\\1\end{pmatrix}.$$

不难看出，$\boldsymbol{\eta}_1,\boldsymbol{\eta}_2,\cdots,\boldsymbol{\eta}_{n-r}$ 的截短向量组

$$\begin{pmatrix}1\\0\\\vdots\\0\end{pmatrix},\begin{pmatrix}0\\1\\\vdots\\0\end{pmatrix},\cdots,\begin{pmatrix}0\\0\\\vdots\\1\end{pmatrix}$$

线性无关，由定理 3.6 知，$\boldsymbol{\eta}_1,\boldsymbol{\eta}_2,\cdots,\boldsymbol{\eta}_{n-r}$ 也线性无关.

(2) 再证 $\boldsymbol{Ax}=\boldsymbol{0}$ 的任一解向量都可由 $\boldsymbol{\eta}_1,\boldsymbol{\eta}_2,\cdots,\boldsymbol{\eta}_{n-r}$ 线性表示. 设

$$\boldsymbol{\eta}=\begin{pmatrix}d_1\\d_2\\\vdots\\d_n\end{pmatrix}$$

是方程组 $\boldsymbol{Ax}=\boldsymbol{0}$ 的一个解向量. 因为

$$\begin{cases}d_1=-k_{1,r+1}d_{r+1}-k_{1,r+2}d_{r+2}-\cdots-k_{1n}d_n,\\d_2=-k_{2,r+1}d_{r+1}-k_{2,r+2}d_{r+2}-\cdots-k_{2n}d_n,\\\cdots\cdots\cdots\cdots\cdots\cdots\cdots\cdots\cdots\cdots\cdots\cdots\\d_r=-k_{r,r+1}d_{r+1}-k_{r,r+2}d_{r+2}-\cdots-k_{rn}d_n,\end{cases}$$

所以

$$\boldsymbol{\eta}=\begin{pmatrix}-k_{1,r+1}d_{r+1}-k_{1,r+2}d_{r+2}-\cdots-k_{1n}d_n\\-k_{2,r+1}d_{r+1}-k_{2,r+2}d_{r+2}-\cdots-k_{2n}d_n\\\vdots\\-k_{r,r+1}d_{r+1}-k_{r,r+2}d_{r+2}-\cdots-k_{rn}d_n\\d_{r+1}\\d_{r+2}\\\vdots\\d_n\end{pmatrix}$$

$$=d_{r+1}\begin{pmatrix}-k_{1,r+1}\\-k_{2,r+1}\\\vdots\\-k_{r,r+1}\\1\\0\\\vdots\\0\end{pmatrix}+d_{r+2}\begin{pmatrix}-k_{1,r+2}\\-k_{2,r+2}\\\vdots\\-k_{r,r+2}\\0\\1\\\vdots\\0\end{pmatrix}+\cdots+d_n\begin{pmatrix}-k_{1n}\\-k_{2n}\\\vdots\\-k_{rn}\\0\\0\\\vdots\\1\end{pmatrix}$$

$$=d_{r+1}\boldsymbol{\eta}_1+d_{r+2}\boldsymbol{\eta}_2+\cdots+d_n\boldsymbol{\eta}_{n-r},$$

即齐次线性方程组(3.19)的任意一个解都可由 $\boldsymbol{\eta}_1,\boldsymbol{\eta}_2,\cdots,\boldsymbol{\eta}_{n-r}$ 线性表示.

综上，$\boldsymbol{\eta}_1,\boldsymbol{\eta}_2,\cdots,\boldsymbol{\eta}_{n-r}$ 是齐次线性方程组(3.19)的基础解系. □

通常将形如 $\boldsymbol{\eta}=k_1\boldsymbol{\eta}_1+k_2\boldsymbol{\eta}_2+\cdots+k_{n-r}\boldsymbol{\eta}_{n-r}$ 的解称为齐次线性方程组 $\boldsymbol{Ax}=\boldsymbol{0}$ 的**通解**(或称**一般解**)，其中 $\boldsymbol{\eta}_1,\boldsymbol{\eta}_2,\cdots,\boldsymbol{\eta}_{n-r}$ 是齐次方程组的基础解系，$k_1,k_2,\cdots,k_{n-r}$ 为任意常数.

定理3.13的上述证明过程，事实上，也给出了求解齐次线性方程组(3.19)的基础解系的具体方法. 当然，由于自由未知量选取的不同，以及自由未知量确定之后对其不同的赋值将得到不同的解向量，所以齐次线性方程组会有不同的基础解系. 但这些不同的基础解系是等价的，所表达的齐次线性方程组的解集是相同的.

由定理3.13还可看出，齐次线性方程组解的一个重要特点：

系数矩阵的秩＋基础解系含解向量的个数＝未知量的个数.

注　在求解齐次线性方程组的过程中，只能对方程组的系数矩阵作初等行变换以及第一种初等列变换. 一般来说，尽可能避免进行第一种初等列变换，最好只用初等行变换. 但有时列对换是不可避免的，这时就需要注意：进行一次列对换就相当于进行了一次未知数的对换，在得出最后结果时仍要换过来.

例1　求齐次线性方程组

$$\begin{cases}3x_1+5x_2+6x_3-4x_4=0,\\ x_1+2x_2+4x_3-3x_4=0,\\ 4x_1+5x_2-2x_3+3x_4=0,\\ 3x_1+8x_2+24x_3-19x_4=0\end{cases}$$

的基础解系与通解.

解　首先，用初等行变换将系数矩阵化成规范阶梯形矩阵：

$$\boldsymbol{A}=\begin{pmatrix}3&5&6&-4\\1&2&4&-3\\4&5&-2&3\\3&8&24&-19\end{pmatrix}\to\begin{pmatrix}1&2&4&-3\\0&1&6&-5\\0&0&0&0\\0&0&0&0\end{pmatrix}\to\begin{pmatrix}1&0&-8&7\\0&1&6&-5\\0&0&0&0\\0&0&0&0\end{pmatrix}.$$

选 x_3,x_4 为自由未知量，让未知量 $\begin{pmatrix}x_3\\x_4\end{pmatrix}$ 分别取值 $\begin{pmatrix}1\\0\end{pmatrix}$ 与 $\begin{pmatrix}0\\1\end{pmatrix}$，得基础解系：

$$\boldsymbol{\eta}_1=\begin{pmatrix}8\\-6\\1\\0\end{pmatrix},\quad \boldsymbol{\eta}_2=\begin{pmatrix}-7\\5\\0\\1\end{pmatrix}.$$

于是，原方程组的通解为 $\boldsymbol{x}=k_1\boldsymbol{\eta}_1+k_2\boldsymbol{\eta}_2$，即

$$\boldsymbol{x}=\begin{pmatrix}x_1\\x_2\\x_3\\x_4\end{pmatrix}=k_1\begin{pmatrix}8\\-6\\1\\0\end{pmatrix}+k_2\begin{pmatrix}-7\\5\\0\\1\end{pmatrix}\quad(k_1,k_2\text{ 为任意常数}).$$

上面例子的解题过程是先求出方程组的一个基础解系，然后得到方程组的通解，其实我们也可以由简化的同解方程组直接得到方程组的通解.

例 2 求解线性方程组

$$\begin{cases}x_1+x_2-3x_3+x_4+2x_5=0,\\3x_1-x_2-3x_3-5x_4+7x_5=0,\\x_1+5x_2-9x_3+9x_4+x_5=0.\end{cases}$$

解 对系数矩阵 $\boldsymbol{A}$ 进行初等行变换：

$$\boldsymbol{A}=\begin{pmatrix}1&1&-3&1&2\\3&-1&-3&-5&7\\1&5&-9&9&1\end{pmatrix}$$

$$\xrightarrow[r_3-r_1]{r_2-3r_1}\begin{pmatrix}1&1&-3&1&2\\0&-4&6&-8&1\\0&4&-6&8&-1\end{pmatrix}$$

$$\xrightarrow[r_1-r_2']{\substack{r_3+r_2\\ r_2'=r_2\times\left(-\frac{1}{4}\right)}}\begin{pmatrix}1&0&-\frac{3}{2}&-1&\frac{9}{4}\\0&1&-\frac{3}{2}&2&-\frac{1}{4}\\0&0&0&0&0\end{pmatrix}.$$

于是，得到同解方程组

$$\begin{cases}x_1=\dfrac{3}{2}x_3+x_4-\dfrac{9}{4}x_5,\\x_2=\dfrac{3}{2}x_3-2x_4+\dfrac{1}{4}x_5.\end{cases}$$

若令 $x_3=2k_1$，$x_4=k_2$，$x_5=4k_3$，则由上式可得方程组的通解：

$$\begin{cases}x_1=3k_1+k_2-9k_3,\\x_2=3k_1-2k_2+k_3,\\x_3=2k_1,\\x_4=k_2,\\x_5=4k_3\end{cases}\quad(k_1,k_2,k_3\text{ 为任意实数}).$$

写成向量形式，即

$$\begin{pmatrix}x_1\\x_2\\x_3\\x_4\\x_5\end{pmatrix}=k_1\begin{pmatrix}3\\3\\2\\0\\0\end{pmatrix}+k_2\begin{pmatrix}1\\-2\\0\\1\\0\end{pmatrix}+k_3\begin{pmatrix}-9\\1\\0\\0\\4\end{pmatrix}\quad (k_1,k_2,k_3\text{ 为任意实数}),$$

其中

$$\boldsymbol{\eta}_1=\begin{pmatrix}3\\3\\2\\0\\0\end{pmatrix},\quad \boldsymbol{\eta}_2=\begin{pmatrix}1\\-2\\0\\1\\0\end{pmatrix},\quad \boldsymbol{\eta}_3=\begin{pmatrix}-9\\1\\0\\0\\4\end{pmatrix}$$

是方程组的一个基础解系.

例 3　设矩阵 $\boldsymbol{A}=(a_{ij})_{m\times n}$, $\boldsymbol{B}=(b_{ij})_{n\times s}$ 满足 $\boldsymbol{AB}=\boldsymbol{O}$, 并且 $\mathrm{r}(\boldsymbol{A})=r$. 试证：

$$\mathrm{r}(\boldsymbol{B})\leqslant n-r. \tag{3.21}$$

证　设矩阵 $\boldsymbol{B}=(\boldsymbol{\alpha}_1,\boldsymbol{\alpha}_2,\cdots,\boldsymbol{\alpha}_s)$, 其中 $\boldsymbol{\alpha}_j=(b_{1j},b_{2j},\cdots,b_{nj})^{\mathrm{T}}$ $(j=1,2,\cdots,s)$, 则

$$\boldsymbol{AB}=\boldsymbol{A}(\boldsymbol{\alpha}_1,\boldsymbol{\alpha}_2,\cdots,\boldsymbol{\alpha}_s)=(\boldsymbol{A\alpha}_1,\boldsymbol{A\alpha}_2,\cdots,\boldsymbol{A\alpha}_s).$$

由 $\boldsymbol{AB}=\boldsymbol{O}$, 可得

$$\boldsymbol{A\alpha}_j=\boldsymbol{0}\quad (j=1,2,\cdots,s).$$

考虑齐次线性方程组 $\boldsymbol{Ax}=\boldsymbol{0}$, 其中 $\boldsymbol{x}=(x_1,x_2,\cdots,x_n)^{\mathrm{T}}$. 不难看出, 矩阵 $\boldsymbol{B}$ 的列向量 $\boldsymbol{\alpha}_1,\boldsymbol{\alpha}_2,\cdots,\boldsymbol{\alpha}_s$ 都是方程组 $\boldsymbol{Ax}=\boldsymbol{0}$ 的解向量. 因为 $\mathrm{r}(\boldsymbol{A})=r$, 所以方程组 $\boldsymbol{Ax}=\boldsymbol{0}$ 的任一基础解系所含向量个数为 $n-r$ 个. 由此可得

$$\mathrm{r}(\boldsymbol{B})=\mathrm{r}(\boldsymbol{\alpha}_1,\boldsymbol{\alpha}_2,\cdots,\boldsymbol{\alpha}_s)\leqslant n-r.$$

习题 3.5

1. 求如下齐次线性方程组的一个基础解系：

(1) $\begin{cases}x_1-x_2+5x_3-x_4=0,\\x_1+x_2-2x_3+3x_4=0,\\3x_1-x_2+8x_3+x_4=0,\\x_1+3x_2-9x_3+7x_4=0;\end{cases}$

(2) $\begin{cases}x_1+x_2+x_3+4x_4-3x_5=0,\\x_1-x_2+3x_3-2x_4-x_5=0,\\2x_1+x_2+3x_3+5x_4-5x_5=0,\\3x_1+x_2+5x_3+6x_4-7x_5=0.\end{cases}$

2. 求齐次线性方程组

$$\begin{cases}2x_1+x_2-2x_3+3x_4=0,\\3x_1+2x_2-x_3+2x_4=0,\\x_1+x_2+x_3-x_4=0\end{cases}$$

的基础解系与通解.

3. 设有齐次线性方程组

$$\begin{cases}x_1-2x_2+x_3=0,\\2x_1-5x_2+\lambda x_3=0,\\x_1+\mu x_2+x_3=0,\\4x_1-7x_2+4x_3=0.\end{cases}$$

问λ,μ取何值时，该方程组只有零解，或者有非零解？有非零解时求出其解.

4. 设$\boldsymbol{A}=\begin{pmatrix}1&2&1&2\\0&1&t&t\\1&t&0&1\end{pmatrix}$，且方程组$\boldsymbol{Ax}=\boldsymbol{0}$的基础解系含有两个线性无关的解向量，求$\boldsymbol{Ax}=\boldsymbol{0}$的通解.

5. 已知齐次线性方程组

$$\begin{cases}(a_1+b)x_1+a_2x_2+a_3x_3+\cdots+a_nx_n=0,\\a_1x_1+(a_2+b)x_2+a_3x_3+\cdots+a_nx_n=0,\\a_1x_1+a_2x_2+(a_3+b)x_3+\cdots+a_nx_n=0,\\\cdots\cdots\cdots\cdots\cdots\cdots\cdots\cdots\cdots\cdots\cdots\cdots\\a_1x_1+a_2x_2+a_3x_3+\cdots+(a_n+b)x_n=0,\end{cases}$$

其中$\sum\limits_{i=1}^{n}a_i\neq 0$，试讨论$a_1,a_2,\cdots,a_n$和$b$满足何种关系时，

(1) 方程组仅有零解；

(2) 方程组有非零解，在有非零解时，求此方程组的一个基础解系.

6. 设n阶矩阵$\boldsymbol{A}$的各行元素之和均为0，且$\boldsymbol{A}$的秩为$n-1$，试求齐次线性方程组$\boldsymbol{Ax}=\boldsymbol{0}$的通解.

7. 设有线性方程组：

(Ⅰ) $\begin{cases}x_1+x_2=0,\\x_2-x_4=0;\end{cases}$　　(Ⅱ) $\begin{cases}x_1-x_2+x_3=0,\\x_2-x_3+x_4=0.\end{cases}$

(1) 求方程组(Ⅰ)和(Ⅱ)的基础解系.

(2) 求方程组(Ⅰ)和(Ⅱ)的公共解.

8. 设$\boldsymbol{\alpha}_1,\boldsymbol{\alpha}_2,\cdots,\boldsymbol{\alpha}_s$为线性方程组$\boldsymbol{Ax}=\boldsymbol{0}$的一个基础解系，

$$\boldsymbol{\beta}_1=t_1\boldsymbol{\alpha}_1+t_2\boldsymbol{\alpha}_2,\ \boldsymbol{\beta}_2=t_1\boldsymbol{\alpha}_2+t_2\boldsymbol{\alpha}_3,\ \cdots,\ \boldsymbol{\beta}_s=t_1\boldsymbol{\alpha}_s+t_2\boldsymbol{\alpha}_1,$$

其中t_1,t_2为实常数. 试问t_1,t_2满足什么关系时，$\boldsymbol{\beta}_1,\boldsymbol{\beta}_2,\cdots,\boldsymbol{\beta}_s$也为$\boldsymbol{Ax}=\boldsymbol{0}$的一个基础解系？

9. 若由 r 个列向量构成的矩阵 $\boldsymbol{A}$ 的秩为 r，其 r 个列向量为某一齐次线性方程组的一个基础解系，$\boldsymbol{B}$ 为 r 阶非奇异矩阵. 证明：$\boldsymbol{AB}$ 的 r 个列向量也是该齐次线性方程组的一个基础解系.

10. 证明向量组 $\boldsymbol{\alpha}_i=(a_{i1},a_{i2},\cdots,a_{in})\ (i=1,2,\cdots,m)$ 线性相关的充分必要条件是齐次线性方程组

$$\begin{cases}a_{11}x_1+a_{21}x_2+\cdots+a_{m1}x_m=0,\\ a_{12}x_1+a_{22}x_2+\cdots+a_{m2}x_m=0,\\ \cdots\cdots\cdots\cdots\cdots\cdots\cdots\cdots\cdots\cdots\\ a_{1n}x_1+a_{2n}x_2+\cdots+a_{mn}x_m=0\end{cases}$$

有非零解.

11. 设 $\boldsymbol{A}$ 为 $m\times n$ 实矩阵，证明：$\mathrm{r}(\boldsymbol{A}^{\mathrm{T}}\boldsymbol{A})=\mathrm{r}(\boldsymbol{A})$.

12. 设矩阵 $\boldsymbol{A}=(a_{ij})_{m\times n}$，$\boldsymbol{B}=(b_{ij})_{n\times s}$. 证明：$\boldsymbol{AB}=\boldsymbol{O}$ 的充分必要条件是矩阵 $\boldsymbol{B}$ 的每一列向量都是齐次方程组 $\boldsymbol{Ax}=\boldsymbol{0}$ 的解.

3.6　非齐次线性方程组解的结构

在线性方程组(3.1)中，如果它的常数项 $b_1,b_2,\cdots,b_m$ 不全为零，那么这种线性方程组就称为**非齐次线性方程组**.

非齐次线性方程组的一般形式为

$$\begin{cases}a_{11}x_1+a_{12}x_2+\cdots+a_{1n}x_n=b_1,\\ a_{21}x_1+a_{22}x_2+\cdots+a_{2n}x_n=b_2,\\ \cdots\cdots\cdots\cdots\cdots\cdots\cdots\cdots\cdots\cdots\\ a_{m1}x_1+a_{m2}x_2+\cdots+a_{mn}x_n=b_m.\end{cases}\tag{3.22}$$

令它的常数项为零($b_1=b_2=\cdots=b_m=0$)，即得到一个齐次线性方程组

$$\begin{cases}a_{11}x_1+a_{12}x_2+\cdots+a_{1n}x_n=0,\\ a_{21}x_1+a_{22}x_2+\cdots+a_{2n}x_n=0,\\ \cdots\cdots\cdots\cdots\cdots\cdots\cdots\cdots\cdots\cdots\\ a_{m1}x_1+a_{m2}x_2+\cdots+a_{mn}x_n=0.\end{cases}\tag{3.23}$$

称(3.23)为非齐次方程组(3.22)**对应的齐次线性方程组**，简称**导出组**.

它们的矩阵形式分别记为 $\boldsymbol{Ax}=\boldsymbol{\beta}$ 与 $\boldsymbol{Ax}=\boldsymbol{0}$，其中

$$\boldsymbol{A}=\begin{pmatrix}a_{11}&a_{12}&\cdots&a_{1n}\\a_{21}&a_{22}&\cdots&a_{2n}\\\vdots&\vdots&&\vdots\\a_{m1}&a_{m2}&\cdots&a_{mn}\end{pmatrix},\quad \boldsymbol{x}=\begin{pmatrix}x_1\\x_2\\\vdots\\x_n\end{pmatrix},\quad \boldsymbol{\beta}=\begin{pmatrix}b_1\\b_2\\\vdots\\b_m\end{pmatrix}\neq\boldsymbol{0}.$$

本节要讨论的问题是：非齐次线性方程组(3.22)解的性质及有解时，如何求出它所有的解.

3.6.1 非齐次线性方程组解的性质

非齐次线性方程组的解与其导出组的解具有如下性质：

性质1 若 $\boldsymbol{\gamma}_1,\boldsymbol{\gamma}_2$ 是方程组 $\boldsymbol{Ax}=\boldsymbol{\beta}$ 的任意两个解向量，则 $\boldsymbol{\gamma}_1-\boldsymbol{\gamma}_2$ 是对应的齐次线性方程组 $\boldsymbol{Ax}=\boldsymbol{0}$ 的解向量.

证 因为 $\boldsymbol{A\gamma}_1=\boldsymbol{\beta}$, $\boldsymbol{A\gamma}_2=\boldsymbol{\beta}$, 所以

$$\boldsymbol{A}(\boldsymbol{\gamma}_1-\boldsymbol{\gamma}_2)=\boldsymbol{A\gamma}_1-\boldsymbol{A\gamma}_2=\boldsymbol{\beta}-\boldsymbol{\beta}=\boldsymbol{0}.$$

故 $\boldsymbol{\gamma}_1-\boldsymbol{\gamma}_2$ 为 $\boldsymbol{Ax}=\boldsymbol{0}$ 的解向量. □

性质2 设 $\boldsymbol{\gamma}_0$ 是方程组 $\boldsymbol{Ax}=\boldsymbol{\beta}$ 的一个解向量，$\boldsymbol{\eta}$ 是对应的齐次线性方程组的任一解向量，则 $\boldsymbol{\gamma}_0+\boldsymbol{\eta}$ 仍是 $\boldsymbol{Ax}=\boldsymbol{\beta}$ 的一个解向量.

证 因为 $\boldsymbol{A\gamma}_0=\boldsymbol{\beta}$, $\boldsymbol{A\eta}=\boldsymbol{0}$, 所以

$$\boldsymbol{A}(\boldsymbol{\gamma}_0+\boldsymbol{\eta})=\boldsymbol{A\gamma}_0+\boldsymbol{A\eta}=\boldsymbol{\beta}+\boldsymbol{0}=\boldsymbol{\beta}.$$

故 $\boldsymbol{\gamma}_0+\boldsymbol{\eta}$ 是 $\boldsymbol{Ax}=\boldsymbol{\beta}$ 的一个解向量. □

3.6.2 非齐次线性方程组解的结构

根据以上两条性质，我们可以得到有关非齐次线性方程组解的结构定理：

定理3.14 设 $\boldsymbol{\gamma}_0$ 是非齐次线性方程组 $\boldsymbol{Ax}=\boldsymbol{\beta}$ 的一个特解，$\boldsymbol{\eta}$ 是对应的齐次线性方程组 $\boldsymbol{Ax}=\boldsymbol{0}$ 的通解，则 $\boldsymbol{\gamma}_0+\boldsymbol{\eta}$ 是 $\boldsymbol{Ax}=\boldsymbol{\beta}$ 的通解.

这里 $\boldsymbol{\eta}=k_1\boldsymbol{\eta}_1+k_2\boldsymbol{\eta}_2+\cdots+k_{n-r}\boldsymbol{\eta}_{n-r}$, $k_1,k_2,\cdots,k_{n-r}$ 为任意常数，$\boldsymbol{\eta}_1,\boldsymbol{\eta}_2,\cdots,\boldsymbol{\eta}_{n-r}$ 为 $\boldsymbol{Ax}=\boldsymbol{0}$ 的一个基础解系.

证 因为 $\boldsymbol{\gamma}_0$ 是 $\boldsymbol{Ax}=\boldsymbol{\beta}$ 的解，$\boldsymbol{\eta}$ 是 $\boldsymbol{Ax}=\boldsymbol{0}$ 的解，所以 $\boldsymbol{\gamma}_0+\boldsymbol{\eta}$ 是 $\boldsymbol{Ax}=\boldsymbol{\beta}$ 的解.

设 $\boldsymbol{\gamma}_1$ 是 $\boldsymbol{Ax}=\boldsymbol{\beta}$ 的任意一个解. 因为 $\boldsymbol{\gamma}_0$ 是 $\boldsymbol{Ax}=\boldsymbol{\beta}$ 的一个解，所以 $\boldsymbol{\gamma}_1-\boldsymbol{\gamma}_0$ 是 $\boldsymbol{Ax}=\boldsymbol{0}$ 的解，而

$$\boldsymbol{\gamma}_1=(\boldsymbol{\gamma}_1-\boldsymbol{\gamma}_0)+\boldsymbol{\gamma}_0,$$

因此，$\boldsymbol{\gamma}_1$ 可以表示为 $\boldsymbol{\gamma}_0+\boldsymbol{\eta}$ 的形式，所以它是 $\boldsymbol{Ax}=\boldsymbol{\beta}$ 的通解. □

由此定理可知，如果非齐次线性方程组有解，则只须求出它的一个解 $\boldsymbol{\gamma}_0$，并求出其导出组的基础解系 $\boldsymbol{\eta}_1,\boldsymbol{\eta}_2,\cdots,\boldsymbol{\eta}_{n-r}$，则其全部解可以表示为

$$x = \boldsymbol{\gamma}_0 + k_1\boldsymbol{\eta}_1 + k_2\boldsymbol{\eta}_2 + \cdots + k_{n-r}\boldsymbol{\eta}_{n-r}, \tag{3.24}$$

其中 $k_1, k_2, \cdots, k_{n-r}$ 为任意常数，

通常称 $\boldsymbol{\gamma}_0$ 为方程组 $\boldsymbol{Ax} = \boldsymbol{\beta}$ 的特解，(3.24) 为方程组 $\boldsymbol{Ax} = \boldsymbol{\beta}$ 的**结构式通解**，简称**通解**.

由此可见，当非齐次线性方程组有解时，它有唯一解的充分必要条件是其导出组仅有零解，它有无穷多组解的充分必要条件是其导出组有无穷多组解.

注 若将非齐次线性方程组(3.22)写为向量形式：

$$x_1\boldsymbol{\alpha}_1 + x_2\boldsymbol{\alpha}_2 + \cdots + x_n\boldsymbol{\alpha}_n = \boldsymbol{\beta},$$

这里 $\boldsymbol{A} = (a_{ij})_{m\times n} = (\boldsymbol{\alpha}_1, \boldsymbol{\alpha}_2, \cdots, \boldsymbol{\alpha}_n)$，则可知有如下等价形式：

非齐次线性方程组(3.22)有解

$\Leftrightarrow$ 向量 $\boldsymbol{\beta}$ 可由 $\boldsymbol{A}$ 的列向量 $\boldsymbol{\alpha}_1, \boldsymbol{\alpha}_2, \cdots, \boldsymbol{\alpha}_n$ 线性表示

$\Leftrightarrow \boldsymbol{\alpha}_1, \boldsymbol{\alpha}_2, \cdots, \boldsymbol{\alpha}_n$ 与 $\boldsymbol{\alpha}_1, \boldsymbol{\alpha}_2, \cdots, \boldsymbol{\alpha}_n, \boldsymbol{\beta}$ 是等价向量组

$\Leftrightarrow \mathrm{r}(\boldsymbol{\alpha}_1, \boldsymbol{\alpha}_2, \cdots, \boldsymbol{\alpha}_n) = \mathrm{r}(\boldsymbol{\alpha}_1, \boldsymbol{\alpha}_2, \cdots, \boldsymbol{\alpha}_n, \boldsymbol{\beta})$

$\Leftrightarrow \mathrm{r}(\boldsymbol{A}) = \mathrm{r}(\boldsymbol{A}, \boldsymbol{\beta})$.

例 用基础解系表示如下线性方程组的全部解：

$$\begin{cases} x_1 + 5x_2 - x_3 - x_4 = -1, \\ x_1 - 2x_2 + x_3 + 3x_4 = 3, \\ 3x_1 + 8x_2 - x_3 + x_4 = 1, \\ x_1 - 9x_2 + 3x_3 + 7x_4 = 7. \end{cases}$$

解 作方程组的增广矩阵 $\overline{\boldsymbol{A}}$，并对它施以初等行变换：

$$\overline{\boldsymbol{A}} = \left(\begin{array}{cccc:c} 1 & 5 & -1 & -1 & -1 \\ 1 & -2 & 1 & 3 & 3 \\ 3 & 8 & -1 & 1 & 1 \\ 1 & -9 & 3 & 7 & 7 \end{array}\right) \to \left(\begin{array}{cccc:c} 1 & 5 & -1 & -1 & -1 \\ 0 & -7 & 2 & 4 & 4 \\ 0 & -7 & 2 & 4 & 4 \\ 0 & -14 & 4 & 8 & 8 \end{array}\right)$$

$$\to \left(\begin{array}{cccc:c} 1 & 5 & -1 & -1 & -1 \\ 0 & -7 & 2 & 4 & 4 \\ 0 & 0 & 0 & 0 & 0 \\ 0 & 0 & 0 & 0 & 0 \end{array}\right) \to \left(\begin{array}{cccc:c} 1 & 0 & \frac{3}{7} & \frac{13}{7} & \frac{13}{7} \\ 0 & -7 & 2 & 4 & 4 \\ 0 & 0 & 0 & 0 & 0 \\ 0 & 0 & 0 & 0 & 0 \end{array}\right)$$

$$\to \left(\begin{array}{cccc:c} 1 & 0 & \frac{3}{7} & \frac{13}{7} & \frac{13}{7} \\ 0 & 1 & -\frac{2}{7} & -\frac{4}{7} & -\frac{4}{7} \\ 0 & 0 & 0 & 0 & 0 \\ 0 & 0 & 0 & 0 & 0 \end{array}\right),$$

即原方程组与方程组

$$\begin{cases} x_1 = \dfrac{13}{7} - \dfrac{3}{7}x_3 - \dfrac{13}{7}x_4, \\ x_2 = -\dfrac{4}{7} + \dfrac{2}{7}x_3 + \dfrac{4}{7}x_4 \end{cases}$$

同解. 取 x_3, x_4 为自由未知量，并让未知量 $\begin{pmatrix} x_3 \\ x_4 \end{pmatrix}$ 取值 $\begin{pmatrix} 0 \\ 0 \end{pmatrix}$，得方程组的一个解：

$$\boldsymbol{\gamma}_0 = \begin{pmatrix} \dfrac{13}{7} \\ -\dfrac{4}{7} \\ 0 \\ 0 \end{pmatrix}.$$

原方程组的导出组与方程组

$$\begin{cases} x_1 = -\dfrac{3}{7}x_3 - \dfrac{13}{7}x_4, \\ x_2 = \dfrac{2}{7}x_3 + \dfrac{4}{7}x_4 \end{cases}$$

同解. 取 x_3, x_4 为自由未知量，对自由未知量 $\begin{pmatrix} x_3 \\ x_4 \end{pmatrix}$ 取值 $\begin{pmatrix} 1 \\ 0 \end{pmatrix}, \begin{pmatrix} 0 \\ 1 \end{pmatrix}$，即得导出组的基础解系：

$$\boldsymbol{\eta}_1 = \begin{pmatrix} -\dfrac{3}{7} \\ \dfrac{2}{7} \\ 1 \\ 0 \end{pmatrix}, \quad \boldsymbol{\eta}_2 = \begin{pmatrix} -\dfrac{13}{7} \\ \dfrac{4}{7} \\ 0 \\ 1 \end{pmatrix}.$$

因此，所给方程组的通解为

$$\boldsymbol{\eta} = \boldsymbol{\gamma}_0 + c_1\boldsymbol{\eta}_1 + c_2\boldsymbol{\eta}_2 = \begin{pmatrix} \dfrac{13}{7} \\ -\dfrac{4}{7} \\ 0 \\ 0 \end{pmatrix} + c_1\begin{pmatrix} -\dfrac{3}{7} \\ \dfrac{2}{7} \\ 1 \\ 0 \end{pmatrix} + c_2\begin{pmatrix} -\dfrac{13}{7} \\ \dfrac{4}{7} \\ 0 \\ 1 \end{pmatrix},$$

其中 c_1, c_2 为任意常数.

习题 3.6

1. 试判断以下命题是否正确：

(1) 设 $\boldsymbol{A}$ 为 $m\times n$ 矩阵，$\mathrm{r}(\boldsymbol{A})=n$，则线性方程组 $\boldsymbol{Ax}=\boldsymbol{\beta}$ 必有唯一解；

(2) 设 $\boldsymbol{A}$ 为 $m\times n$ 矩阵，$\mathrm{r}(\boldsymbol{A})=m$，则线性方程组 $\boldsymbol{Ax}=\boldsymbol{\beta}$ 必有解；

(3) 设 $\boldsymbol{A}$ 和 $\boldsymbol{B}$ 分别为 $m\times s$ 矩阵和 $s\times n$ 矩阵，且 $\mathrm{r}(\boldsymbol{A})=s$，则 $\boldsymbol{Bx}=\boldsymbol{0}$ 与 $(\boldsymbol{AB})\boldsymbol{x}=\boldsymbol{0}$ 是同解线性方程组；

(4) 设 $\boldsymbol{A},\boldsymbol{B}$ 为 n 阶方阵，$\boldsymbol{x},\boldsymbol{y},\boldsymbol{\beta}$ 为 $n\times 1$ 矩阵，则线性方程组

$$\begin{pmatrix}\boldsymbol{O} & \boldsymbol{B}\\ \boldsymbol{A} & \boldsymbol{O}\end{pmatrix}\begin{pmatrix}\boldsymbol{x}\\ \boldsymbol{y}\end{pmatrix}=\begin{pmatrix}\boldsymbol{0}\\ \boldsymbol{\beta}\end{pmatrix}$$

有解的充分必要条件为 $\mathrm{r}(\boldsymbol{A})=\mathrm{r}(\boldsymbol{A},\boldsymbol{\beta})$，而与 $\mathrm{r}(\boldsymbol{B})$ 无关；

(5) 设 $\boldsymbol{A}$ 为 $m\times n$ 实矩阵，则线性方程组 $(\boldsymbol{A}^{\mathrm{T}}\boldsymbol{A})\boldsymbol{x}=\boldsymbol{A}^{\mathrm{T}}\boldsymbol{\beta}$ 必有解.

2. 判断下列方程组是否有解：

$$\begin{cases} x_1-2x_2+x_3+x_4-x_5=1,\\ 2x_1+x_2-x_3-x_4-x_5=2,\\ x_1+3x_2-2x_3-2x_4=4,\\ 3x_1-x_2-2x_5=3.\end{cases}$$

3. 用基础解系表示出下列线性方程组的全部解：

(1) $$\begin{cases} 2x_1-x_2+x_3-x_4=0,\\ 2x_1-x_2-3x_4=0,\\ x_2+3x_3-6x_4=0,\\ 2x_1-2x_2-2x_3+5x_4=0;\end{cases}$$

(2) $$\begin{cases} x_1+3x_2+5x_3-4x_4=1,\\ x_1+3x_2+2x_3-2x_4+x_5=-1,\\ x_1-2x_2+x_3-x_4-x_5=3,\\ x_1-4x_2+x_3+x_4-x_5=3,\\ x_1+2x_2+x_3-x_4+x_5=-1.\end{cases}$$

4. 求非齐次线性方程组

$$\begin{cases} x_1-x_2+3x_3+x_4+x_5=0,\\ 2x_1+x_2+3x_3+3x_4+2x_5=1,\\ x_1+2x_2+x_4+4x_5=3\end{cases}$$

的结构式通解.

5. 设线性方程组为

$$\begin{cases} x_1+2x_2+x_3+x_4=0,\\ 2x_1+x_2+5x_3+8x_4=-3,\\ x_1+2x_2+ax_3+x_4=0,\\ x_2-x_3+bx_4=a.\end{cases}$$

问 a,b 取何值时，方程组无解、有唯一解或有无穷多解？ 在有解时求出其解.

6. 已知向量

$$\boldsymbol{\alpha}_1=\begin{pmatrix}1\\2\\3\\4\end{pmatrix},\quad \boldsymbol{\alpha}_2=\begin{pmatrix}-2\\1\\5\\3\end{pmatrix},\quad \boldsymbol{\alpha}_3=\begin{pmatrix}3\\-2\\1\\6\end{pmatrix}$$

是线性方程组

$$\begin{cases}x_1+ax_2+2x_3+\ x_4=11,\\ bx_1+\ x_2+3x_3+5x_4=31,\\ c_1x_1+c_2x_2+c_3x_3+c_4x_4=c_5\end{cases}$$

的 3 个解. 求此线性方程组的通解.

7. 设

$$\begin{cases}x_1-x_2=a_1,\\ x_2-x_3=a_2,\\ \cdots\cdots\cdots\cdots\\ x_5-x_1=a_5.\end{cases}$$

证明：该方程组有解的充分必要条件为 $\sum\limits_{i=1}^{5}a_i=0$.

8. 已知 $\boldsymbol{\gamma}_1,\boldsymbol{\gamma}_2,\boldsymbol{\gamma}_3$ 是 4 元非齐次线性方程组 $\boldsymbol{Ax}=\boldsymbol{\beta}$ 的三个解，$\mathrm{r}(\boldsymbol{A})=3$，且

$$\boldsymbol{\gamma}_1=\begin{pmatrix}1\\0\\2\\3\end{pmatrix},\quad \boldsymbol{\gamma}_2+\boldsymbol{\gamma}_3=\begin{pmatrix}4\\2\\-6\\0\end{pmatrix},$$

求方程组 $\boldsymbol{Ax}=\boldsymbol{\beta}$ 的通解.

9. 证明：向量 $\boldsymbol{\beta}=(b_1,b_2,\cdots,b_n)$ 是向量 $\boldsymbol{\alpha}_1=(a_{11},a_{12},\cdots,a_{1n}),\cdots,\boldsymbol{\alpha}_m=(a_{m1},a_{m2},\cdots,a_{mn})$ 的线性组合的充分必要条件是线性方程组

$$\begin{cases}a_{11}x_1+a_{21}x_2+\cdots+a_{m1}x_m=b_1,\\ a_{12}x_1+a_{22}x_2+\cdots+a_{m2}x_m=b_2,\\ \cdots\cdots\cdots\cdots\cdots\cdots\cdots\cdots\\ a_{1n}x_1+a_{2n}x_2+\cdots+a_{mn}x_m=b_n\end{cases}$$

有解.

10. 设 $\boldsymbol{A}=(a_{ij})_{m\times n}$，$\boldsymbol{y}=(y_1,y_2,\cdots,y_n)^{\mathrm{T}}$，$\boldsymbol{b}=(b_1,b_2,\cdots,b_m)^{\mathrm{T}}$，$\boldsymbol{x}=(x_1,x_2,\cdots,x_m)^{\mathrm{T}}$. 证明：方程组 $\boldsymbol{Ay}=\boldsymbol{b}$ 有解的充分必要条件是方程组

$$\begin{pmatrix}\boldsymbol{A}^{\mathrm{T}}\\ \boldsymbol{b}^{\mathrm{T}}\end{pmatrix}\boldsymbol{x}=\begin{pmatrix}\boldsymbol{0}\\1\end{pmatrix}$$

无解(其中 $\boldsymbol{0}$ 是 $n\times 1$ 零矩阵).

3.7 线性方程组的应用

线性方程组理论有非常广泛的应用. 下面列举几个简单的例子.

例 1 已知某家公司制造三种品牌的电视机：品牌 A,B,C. 另假设还知道该公司向供应商订了 450 000 块 1 型电路板，300 000 块 2 型电路板及 350 000 块 3 型电路板. 品牌 A 用 2 块 1 型电路板，1 块 2 型电路板及 2 块 3 型电路板；品牌 B 用 3 块 1 型电路板，2 块 2 型电路板及 1 块 3 型电路板；品牌 C 用每种类型电路板各一块. 计算该公司制造的各种品牌的电视机的台数.

解 假设该公司制造的三种品牌的电视机分别为 x_1 台、x_2 台、x_3 台，则可列出如下的线性方程组：

$$\begin{cases} 2x_1 + 3x_2 + x_3 = 450\,000, \\ x_1 + 2x_2 + x_3 = 300\,000, \\ 2x_1 + x_2 + x_3 = 350\,000. \end{cases}$$

其增广矩阵为

$$\overline{\mathbf{A}} = \left(\begin{array}{ccc:c} 2 & 3 & 1 & 450\,000 \\ 1 & 2 & 1 & 300\,000 \\ 2 & 1 & 1 & 350\,000 \end{array}\right).$$

容易计算出系数矩阵 $\mathbf{A}$ 和增广矩阵 $\overline{\mathbf{A}}$ 有相等的秩. 所以方程组有唯一的解. 按上节的方法求解此方程组，即能得出该公司制造的三种品牌的电视机的台数. 进一步就可知道该公司的营业额.

例 2(游船问题) 某公园在湖的周围设有甲、乙、丙三个游船出租点，游客可以在任何一处租船，也可以在任何一处还船. 工作人员估计租船和还船的情况如表 3-1 所示，即从甲处租的船只中有 80% 的在甲处还船，有 20% 的在乙处还船，等等. 为了游客的安全，公园同时要建立一个游船检修站. 现在的问题是游船检修站建立在哪个点为最好？

表 3-1

		还船处		
		甲	乙	丙
借船处	甲	0.8	0.2	0
	乙	0.2	0	0.8
	丙	0.2	0.2	0.6

分析 显然游船检修站应建在拥有船只最多的那个出租点. 但是. 由于租船和还船的随机性，今天拥有船只最多的出租点不一定以后经常拥有最多的船只. 因此我们希望知道经过长时间的经营以后拥有船只最多的那个出租点. 我们假定公园的船只基本上每天都被人租用.

解 设经过长时间的经营后，甲、乙、丙处分别拥有 x_1,x_2,x_3 只船，则 x_1,x_2,x_3 应该满足以下要求：

$$\begin{cases}0.8x_1+0.2x_2+0.2x_3=x_1,\\0.2x_1\qquad\quad+0.2x_3=x_2,\\\qquad\quad 0.8x_2+0.6x_3=x_3.\end{cases}$$

经整理，可得

$$\begin{cases}-0.2x_1+0.2x_2+0.2x_3=0,\\0.2x_1-\quad x_2+0.2x_3=0,\\\qquad\quad 0.8x_2-0.4x_3=0.\end{cases}$$

即

$$\begin{cases}-x_1+\ x_2+x_3=0,\\x_1-5x_2+x_3=0,\\\qquad 2x_2-x_3=0,\end{cases}$$

其增广矩阵为

$$\overline{\mathbf{A}}=\begin{pmatrix}-1&1&1&0\\1&-5&1&0\\0&2&-1&0\end{pmatrix}.$$

显然知增广矩阵与系数矩阵有相同的秩 2，所以上述方程组有无穷多个解. 求解即得

$$\begin{cases}x_1=\dfrac{3}{2}k,\\x_2=\dfrac{1}{2}k,\\x_3=k,\end{cases}$$

其中 k 为任意常数. 若令 k 为该公园所拥有游船总数 s 的$\dfrac{1}{3}$，则

$$\begin{cases}x_1=\dfrac{1}{2}s,\\x_2=\dfrac{1}{6}s,\\x_3=\dfrac{1}{3}s.\end{cases}$$

这表明经过长时期的经营以后，甲、乙、丙三个出租点分别拥有游船总数的 $\frac{1}{2},\frac{1}{6},\frac{1}{3}$. 由此不难看出，游船检修站应设在拥有船只最多的甲处为最佳方案.

注 对于上述问题，有一套成熟的方法可对其进行处理，这套方法叫做马尔可夫方法.

例 3 一个工厂生产三种橄榄球用品：防护帽、垫肩和臀垫. 生产这些用品需要不同数量的硬塑料、泡沫塑料、尼龙线和劳动量. 为了监控生产，管理它们有如表3-2数据. 假定有一张订有35顶防护帽、10副垫肩和20个臀垫的订单，问这张订单能给工厂带来多少利润?

表 3-2

原　料	产　品		
	防护帽	垫　肩	臀　垫
硬塑料	4	2	2
泡沫塑料	1	3	2
尼龙线	1	3	3
劳动量	3	2	2

解 假设防护帽、垫肩和臀垫单价的向量为 $\boldsymbol{p}$，原料硬塑料、泡沫塑料、尼龙线和劳动成本的向量为 $\boldsymbol{c}$，如令 $\boldsymbol{p}$ 如下，$\boldsymbol{x}$ 是订单向量，即有

$$\boldsymbol{p}=\begin{pmatrix}30\\25\\25\end{pmatrix},\quad \boldsymbol{c}=\begin{pmatrix}2\\2\\1\\5\end{pmatrix},\quad \boldsymbol{x}=\begin{pmatrix}35\\10\\20\end{pmatrix}.$$

由于

$$\boldsymbol{A}=\begin{pmatrix}4&2&2\\1&3&2\\1&3&3\\3&2&2\end{pmatrix},\quad \boldsymbol{y}=\begin{pmatrix}y_1\\y_2\\y_3\\y_4\end{pmatrix},$$

$\boldsymbol{y}$ 是满足订单所需要硬塑料、泡沫塑料、尼龙线和劳动的总需求量向量：

$$\boldsymbol{A}\boldsymbol{x}=\boldsymbol{y}.$$

易知，售出这些产品的销售总额是

$$\boldsymbol{p}^{\mathrm{T}}\boldsymbol{x}=(30,25,25)\begin{pmatrix}35\\10\\20\end{pmatrix}=1\,800,$$

而制造这些产品的成本是

$$\boldsymbol{c}^{\mathrm{T}}\boldsymbol{y}=\boldsymbol{x}^{\mathrm{T}}(\boldsymbol{A}\boldsymbol{x})=(\boldsymbol{c}^{\mathrm{T}}\boldsymbol{A})\boldsymbol{x}.$$

这样，利润为

$$\boldsymbol{p}^{\mathrm{T}}\boldsymbol{x}-\boldsymbol{c}^{\mathrm{T}}\boldsymbol{y}=\boldsymbol{p}^{\mathrm{T}}\boldsymbol{x}-(\boldsymbol{c}^{\mathrm{T}}\boldsymbol{A})\boldsymbol{x}=(\boldsymbol{p}^{\mathrm{T}}-\boldsymbol{c}^{\mathrm{T}}\boldsymbol{A})\boldsymbol{x}.$$

显然，向量 $\boldsymbol{p}^{\mathrm{T}}-\boldsymbol{c}^{\mathrm{T}}\boldsymbol{A}$ 是一个行向量，我们用 $\boldsymbol{f}$ 来表示它的转置：

$$\boldsymbol{f}=(\boldsymbol{p}^{\mathrm{T}}-\boldsymbol{c}^{\mathrm{T}}\boldsymbol{A})^{\mathrm{T}}=\boldsymbol{p}-\boldsymbol{A}^{\mathrm{T}}\boldsymbol{c}.$$

有时称向量 $\boldsymbol{f}$ 为单位利润向量. 经计算，得

$$\boldsymbol{f}=\boldsymbol{p}-\boldsymbol{A}^{\mathrm{T}}\boldsymbol{c}=\begin{pmatrix}30\\25\\25\end{pmatrix}-\begin{pmatrix}4&1&1&3\\2&3&3&2\\2&2&3&2\end{pmatrix}\begin{pmatrix}2\\2\\1\\5\end{pmatrix}=\begin{pmatrix}30\\25\\25\end{pmatrix}-\begin{pmatrix}26\\23\\21\end{pmatrix}=\begin{pmatrix}4\\2\\4\end{pmatrix},$$

即单位利润向量 $\boldsymbol{f}=(4,2,4)^{\mathrm{T}}$. 于是，总的利润 L 为

$$L=\boldsymbol{f}^{\mathrm{T}}\boldsymbol{x}=(4,2,4)\begin{pmatrix}35\\10\\20\end{pmatrix}=240.$$

注 当我们把 $\boldsymbol{y}$ 当成可得到的原材料的向量时，从等式

$$\boldsymbol{A}\boldsymbol{x}=\boldsymbol{y}$$

我们可以提出一个有趣的问题：能制造多少个单位的产品？满足 $\boldsymbol{A}\boldsymbol{x}=\boldsymbol{y}$ 的关于 $\boldsymbol{x}$ 的整数解(甚至是实数解)有可能存在，也有可能不存在. 由于不可能将产品剖分，必须寻找关于 $\boldsymbol{x}$ 分量的非负整数解，使得 $\boldsymbol{A}\boldsymbol{x}$ 的分量不大于 $\boldsymbol{y}$ 相应的分量，即

$$\boldsymbol{A}\boldsymbol{x}\leqslant\boldsymbol{y}.$$

一般说来，寻找 $\boldsymbol{x}$ 的非负整数分量，使得 $\boldsymbol{p}^{\mathrm{T}}\boldsymbol{x}-\boldsymbol{c}^{\mathrm{T}}\boldsymbol{y}=\boldsymbol{f}^{\mathrm{T}}\boldsymbol{x}$ 得到的利润最大化，它是线性规划的一个主要部分.

例 4 已知平面上三条不同直线方程分别为

$$l_1: ax+2by+3c=0,$$
$$l_2: bx+2cy+3a=0,$$
$$l_3: cx+2ay+3b=0.$$

试证：这三条直线交于一点的充分必要条件为 $a+b+c=0$.

如果记

$$\boldsymbol{\alpha}_1=\begin{pmatrix}a\\b\\c\end{pmatrix},\quad \boldsymbol{\alpha}_2=\begin{pmatrix}2b\\2c\\2a\end{pmatrix},\quad \boldsymbol{\alpha}_3=\begin{pmatrix}3c\\3a\\3b\end{pmatrix},$$

则这三条直线交于一点的充分必要条件为向量组 $\boldsymbol{\alpha}_1,\boldsymbol{\alpha}_2,\boldsymbol{\alpha}_3$ 线性相关，向量组 $\boldsymbol{\alpha}_1,\boldsymbol{\alpha}_2$ 线性无关.

证 方法1 必要性. 设三直线 l_1,l_2,l_3 交于一点，则线性方程组

$$\begin{cases} ax+2by=-3c, \\ bx+2cy=-3a, \\ cx+2ay=-3b \end{cases} \qquad (*)$$

有唯一解，故系数矩阵 $\boldsymbol{A}=(\boldsymbol{\alpha}_1,\boldsymbol{\alpha}_2)$ 与增广矩阵 $\boldsymbol{B}=(\boldsymbol{\alpha}_1,\boldsymbol{\alpha}_2,-\boldsymbol{\alpha}_3)$ 的秩均为 2（这时，就有 $\boldsymbol{\alpha}_1,\boldsymbol{\alpha}_2$ 线性无关，$\boldsymbol{\alpha}_1,\boldsymbol{\alpha}_2,\boldsymbol{\alpha}_3$ 线性相关）. 由于

$$|\boldsymbol{B}|=\begin{vmatrix} a & 2b & -3c \\ b & 2c & -3a \\ c & 2a & -3b \end{vmatrix}$$

$$=6(a+b+c)(a^2+b^2+c^2-ab-ac-bc)$$

$$=3(a+b+c)[(a-b)^2+(b-c)^2+(c-a)^2],$$

但$(a-b)^2+(b-c)^2+(c-a)^2\neq 0$，故 $a+b+c=0$.

充分性. 由于 $a+b+c=0$，则从必要性的证明可知，$|\boldsymbol{B}|=0$，故 $\mathrm{r}(\boldsymbol{B})<3$（即 $\boldsymbol{\alpha}_1,\boldsymbol{\alpha}_2,\boldsymbol{\alpha}_3$ 线性相关）. 由于

$$\begin{vmatrix} a & 2b \\ b & 2c \end{vmatrix}=2(ac-b^2)=-2[a(a+b)+b^2]$$

$$=-2\left[\left(a+\frac{1}{2}b\right)^2+\frac{3}{4}b^2\right]\neq 0,$$

故 $\mathrm{r}(\boldsymbol{A})=2$（即 $\boldsymbol{\alpha}_1,\boldsymbol{\alpha}_2$ 线性无关）. 于是

$$\mathrm{r}(\boldsymbol{A})=\mathrm{r}(\boldsymbol{B})=2,$$

因此方程组(*)有唯一解，即三直线 l_1,l_2,l_3 交于一点.

方法2 必要性. 设三直线交于一点(x_0,y_0)，则 $\begin{pmatrix} x_0 \\ y_0 \\ 1 \end{pmatrix}$ 为 $\boldsymbol{A}_1\boldsymbol{x}=\boldsymbol{0}$ 的非零解，其中 $\boldsymbol{A}_1=(\boldsymbol{\alpha}_1,\boldsymbol{\alpha}_2,\boldsymbol{\alpha}_3)$，那么$|\boldsymbol{A}_1|=0$. 而

$$|\boldsymbol{A}_1|=-3(a+b+c)[(a-b)^2+(b-c)^2+(c-a)^2],$$

但$(a-b)^2+(b-c)^2+(c-a)^2\neq 0$，故 $a+b+c=0$.

充分性. 考虑方程组

$$\begin{cases} ax+2by=-3c, \\ bx+2cy=-3a, \\ cx+2ay=-3b. \end{cases} \qquad (*)$$

将方程组(*)的三个方程组相加，并由 $a+b+c=0$ 可知，方程组(*)同解于方程组

$$\begin{cases}ax+2by=-3c,\\ bx+2cy=-3a.\end{cases}\qquad(**)$$

因为

$$\begin{vmatrix}a & 2b\\ b & 2c\end{vmatrix}=2(ac-b^2)=-2[a(a+b)+b^2]$$
$$=-[a^2+b^2+(a+b)^2]\neq 0,$$

故方程组(* *)有唯一解，所以方程组(*)有唯一解，即l_1,l_2,l_3交于一点.

习题 3.7

1. 某粮店销售A,B和C三种大米. 据统计资料，该粮店上月共销售大米 20 万公斤，其中A,B和C分别为 10,6,4 万公斤，购买三种大米的顾客的状态转移矩阵如表 3-3 (其中状态 1,2,3 依次表示为A,B,C三种大米). 试预测本月和下月该粮店销售各种大米的分布情况.

表 3-3

i \ j	1	2	3
1	0.70	0.20	0.10
2	0.25	0.60	0.15
3	0.05	0.05	0.90

3.8 典型例题

例 1 k为何值时，齐次线性方程组

$$\begin{cases}x_1+2x_2+kx_3=0,\\ -x_1+(k-1)x_2+x_3=0,\\ kx_1+(3k+1)x_2+(2k+3)x_3=0\end{cases}$$

仅有零解？有非零解？

解 方法 1 对系数矩阵$\boldsymbol{A}$作初等行变换：

$$\boldsymbol{A}=\begin{pmatrix}1 & 2 & k\\ -1 & k-1 & 1\\ k & 3k+1 & 2k+3\end{pmatrix}\xrightarrow[r_3-kr_1]{r_2+r_1}\begin{pmatrix}1 & 2 & k\\ 0 & k+1 & k+1\\ 0 & k+1 & (k+1)(3-k)\end{pmatrix}$$

$$\xrightarrow{r_3-r_2}\begin{pmatrix}1 & 2 & k\\0 & k+1 & k+1\\0 & 0 & (k+1)(2-k)\end{pmatrix}.$$

(1) 当$k\neq-1$且$k\neq 2$时，$\mathrm{r}(\boldsymbol{A})=3$，等于未知数个数，所以方程组仅有零解.

(2) 当$k=-1$时，

$$\boldsymbol{A}\to\begin{pmatrix}1 & 2 & -1\\0 & 0 & 0\\0 & 0 & 0\end{pmatrix},$$

可见，$\mathrm{r}(\boldsymbol{A})=1<3$（未知数个数），所以方程组有非零解.

(3) 当$k=2$时，

$$\boldsymbol{A}\to\begin{pmatrix}1 & 2 & 2\\0 & 3 & 3\\0 & 0 & 0\end{pmatrix},$$

可见，$\mathrm{r}(\boldsymbol{A})=2<3$（未知数个数），所以方程组有非零解.

综合上述讨论可知，当$k\neq-1$且$k\neq 2$时，方程组仅有零解；当$k=-1$或$k=2$时，方程组有非零解.

方法2　计算系数行列式：

$$D=\begin{vmatrix}1 & 2 & k\\-1 & k-1 & 1\\k & 3k+1 & 2k+3\end{vmatrix}=(k+1)^2(2-k).$$

(1) 当$k\neq-1$且$k\neq 2$时，$D\neq 0$，由克莱姆法则可知，方程组仅有零解.

(2) 当$k=-1$或$k=2$时，$D=0$，由定理3.2的推论2可知，方程组有非零解.

例2　设向量组$\boldsymbol{\alpha}_1,\boldsymbol{\alpha}_2,\boldsymbol{\alpha}_3$线性无关，且有$\boldsymbol{\beta}_1=\boldsymbol{\alpha}_1+2\boldsymbol{\alpha}_2+\boldsymbol{\alpha}_3$，$\boldsymbol{\beta}_2=2\boldsymbol{\alpha}_1+\boldsymbol{\alpha}_2+\boldsymbol{\alpha}_3$，$\boldsymbol{\beta}_3=\boldsymbol{\alpha}_1+\boldsymbol{\alpha}_2+2\boldsymbol{\alpha}_3$. 证明：$\boldsymbol{\beta}_1,\boldsymbol{\beta}_2,\boldsymbol{\beta}_3$线性无关.

证　设有一组数k_1,k_2,k_3，使得$k_1\boldsymbol{\beta}_1+k_2\boldsymbol{\beta}_2+k_3\boldsymbol{\beta}_3=\boldsymbol{0}$，即

$$k_1(\boldsymbol{\alpha}_1+2\boldsymbol{\alpha}_2+\boldsymbol{\alpha}_3)+k_2(2\boldsymbol{\alpha}_1+\boldsymbol{\alpha}_2+\boldsymbol{\alpha}_3)+k_3(\boldsymbol{\alpha}_1+\boldsymbol{\alpha}_2+2\boldsymbol{\alpha}_3)=\boldsymbol{0},$$

即

$$(k_1+2k_2+k_3)\boldsymbol{\alpha}_1+(2k_1+k_2+k_3)\boldsymbol{\alpha}_2+(k_1+k_2+2k_3)\boldsymbol{\alpha}_3=\boldsymbol{0}.$$

因为$\boldsymbol{\alpha}_1,\boldsymbol{\alpha}_2,\boldsymbol{\alpha}_3$线性无关，所以

$$\begin{cases}k_1+2k_2+k_3=0,\\2k_1+k_2+k_3=0,\\k_1+k_2+k_3=0.\end{cases}$$

因为系数行列式

$$\begin{vmatrix}1 & 2 & 1\\2 & 1 & 1\\1 & 1 & 2\end{vmatrix}=-4\neq 0,$$

由克莱姆法则得齐次方程组只有零解，即$k_1=k_2=k_3=0$. 所以$\boldsymbol{\beta}_1,\boldsymbol{\beta}_2,\boldsymbol{\beta}_3$线性无关.

例 3　设$\boldsymbol{\alpha}_1,\boldsymbol{\alpha}_2,\cdots,\boldsymbol{\alpha}_m$线性无关，$\boldsymbol{\beta}_j=\sum_{i=1}^{m}a_{ij}\boldsymbol{\alpha}_i$，$j=1,2,\cdots,s$，令$\boldsymbol{A}=(a_{ij})_{m\times s}$，证明：$\boldsymbol{\beta}_1,\boldsymbol{\beta}_2,\cdots,\boldsymbol{\beta}_s$线性相关的充要条件是$\mathrm{r}(\boldsymbol{A})<s$.

证　设存在一组数$k_1,k_2,\cdots,k_s$，使得

$$k_1\boldsymbol{\beta}_1+k_2\boldsymbol{\beta}_2+\cdots+k_s\boldsymbol{\beta}_s=\boldsymbol{0}.$$

写成分块矩阵的形式，即

$$(\boldsymbol{\beta}_1,\boldsymbol{\beta}_2,\cdots,\boldsymbol{\beta}_s)\begin{pmatrix}k_1\\k_2\\\vdots\\k_s\end{pmatrix}=\boldsymbol{0}. \qquad ①$$

由于$\boldsymbol{\beta}_j=\sum_{i=1}^{m}a_{ij}\boldsymbol{\alpha}_i=a_{1j}\boldsymbol{\alpha}_1+a_{2j}\boldsymbol{\alpha}_2+\cdots+a_{mj}\boldsymbol{\alpha}_m\ (j=1,2,\cdots,s)$，写成分块矩阵的形式，即为

$$\boldsymbol{\beta}_j=(\boldsymbol{\alpha}_1,\boldsymbol{\alpha}_2,\cdots,\boldsymbol{\alpha}_m)\begin{pmatrix}a_{1j}\\a_{2j}\\\vdots\\a_{mj}\end{pmatrix}\quad (j=1,2,\cdots,s).$$

把$\boldsymbol{\beta}_1,\boldsymbol{\beta}_2,\cdots,\boldsymbol{\beta}_s$的上述表达式写在一起，即为

$$\begin{aligned}(\boldsymbol{\beta}_1,\boldsymbol{\beta}_2,\cdots,\boldsymbol{\beta}_s)&=(\boldsymbol{\alpha}_1,\boldsymbol{\alpha}_2,\cdots,\boldsymbol{\alpha}_m)\begin{pmatrix}a_{11} & a_{12} & \cdots & a_{1s}\\a_{21} & a_{22} & \cdots & a_{2s}\\\vdots & \vdots & & \vdots\\a_{m1} & a_{m2} & \cdots & a_{ms}\end{pmatrix}\\&=(\boldsymbol{\alpha}_1,\boldsymbol{\alpha}_2,\cdots,\boldsymbol{\alpha}_m)\boldsymbol{A}. \qquad ②\end{aligned}$$

将②式代入①式，得

$$(\boldsymbol{\alpha}_1,\boldsymbol{\alpha}_2,\cdots,\boldsymbol{\alpha}_m)\boldsymbol{A}\begin{pmatrix}k_1\\k_2\\\vdots\\k_s\end{pmatrix}=\boldsymbol{0}.$$

由于 $\boldsymbol{\alpha}_1,\boldsymbol{\alpha}_2,\cdots,\boldsymbol{\alpha}_m$ 线性无关，所以 ① 式成立的充要条件是

$$\boldsymbol{A}\begin{pmatrix}k_1\\k_2\\\vdots\\k_s\end{pmatrix}=\boldsymbol{0}, \tag{③}$$

即 $\boldsymbol{\beta}_1,\boldsymbol{\beta}_2,\cdots,\boldsymbol{\beta}_s$ 线性相关的充要条件是 ③ 有非零解，而 ③ 有非零解的充要条件是 $\mathrm{r}(\boldsymbol{A})<s$.

例 3 说明：若向量组 $\boldsymbol{\alpha}_1,\boldsymbol{\alpha}_2,\cdots,\boldsymbol{\alpha}_m$ 线性无关，而向量组 $\boldsymbol{\beta}_1,\boldsymbol{\beta}_2,\cdots,\boldsymbol{\beta}_s$ 可由 $\boldsymbol{\alpha}_1,\boldsymbol{\alpha}_2,\cdots,\boldsymbol{\alpha}_m$ 线性表出，要判断 $\boldsymbol{\beta}_1,\boldsymbol{\beta}_2,\cdots,\boldsymbol{\beta}_s$ 线性相关还是线性无关，只要看 $\boldsymbol{\beta}_1,\boldsymbol{\beta}_2,\cdots,\boldsymbol{\beta}_s$ 由 $\boldsymbol{\alpha}_1,\boldsymbol{\alpha}_2,\cdots,\boldsymbol{\alpha}_m$ 线性表出的表出系数组成的矩阵的秩是小于 s 还是等于 s 即可. 事实上，也就是看表出系数构成的向量组的秩是小于 s 还是等于 s.

例 4 讨论向量组

$$\boldsymbol{\alpha}_1=\begin{pmatrix}1\\0\\1\\0\end{pmatrix},\quad \boldsymbol{\alpha}_2=\begin{pmatrix}-2\\1\\3\\-7\end{pmatrix},\quad \boldsymbol{\alpha}_3=\begin{pmatrix}3\\-1\\0\\3\end{pmatrix},\quad \boldsymbol{\alpha}_4=\begin{pmatrix}-4\\1\\-3\\1\end{pmatrix}$$

的线性关系.

解 取矩阵 $\boldsymbol{A}=(\boldsymbol{\alpha}_1,\boldsymbol{\alpha}_2,\boldsymbol{\alpha}_3,\boldsymbol{\alpha}_4)$，用初等行变换把 $\boldsymbol{A}$ 化为行简化阶梯形 $\boldsymbol{B}$：

$$\boldsymbol{A}=\begin{pmatrix}1&-2&3&-4\\0&1&-1&1\\1&3&0&-3\\0&-7&3&1\end{pmatrix}\to\begin{pmatrix}1&-2&3&-4\\0&1&-1&1\\0&0&1&-2\\0&0&0&0\end{pmatrix}$$

$$\to\begin{pmatrix}1&0&0&0\\0&1&0&-1\\0&0&1&-2\\0&0&0&0\end{pmatrix}=\boldsymbol{B}.$$

矩阵 $\boldsymbol{B}$ 作为行简化阶梯形，秩 $\mathrm{r}(\boldsymbol{B})=3$. $\boldsymbol{B}$ 的列之间的线性关系是一目了然的.

$\boldsymbol{B}$ 的列向量 $\boldsymbol{\beta}_1,\boldsymbol{\beta}_2,\boldsymbol{\beta}_3,\boldsymbol{\beta}_4$ 中含有三个 4 维基本向量且 $\boldsymbol{\beta}_1=\boldsymbol{e}_1$，$\boldsymbol{\beta}_2=\boldsymbol{e}_2$，$\boldsymbol{\beta}_3=\boldsymbol{e}_3$，再加上 $\boldsymbol{\beta}_4=(0,-1,-2,0)^{\mathrm{T}}$，故 $\boldsymbol{B}$ 的列向量极大线性无关组为 $\boldsymbol{\beta}_1$，$\boldsymbol{\beta}_2,\boldsymbol{\beta}_3$，且

$$\boldsymbol{\beta}_4=0\boldsymbol{\beta}_1-\boldsymbol{\beta}_2-2\boldsymbol{\beta}_3,$$

所以 $\boldsymbol{B}$ 的列向量组线性相关. 由定理3.12, $\boldsymbol{A}$ 的列向量组 $\boldsymbol{\alpha}_1,\boldsymbol{\alpha}_2,\boldsymbol{\alpha}_3,\boldsymbol{\alpha}_4$ 线性相关, 且 $\boldsymbol{\alpha}_1,\boldsymbol{\alpha}_2,\boldsymbol{\alpha}_3$ 为其极大线性无关组, $\boldsymbol{\alpha}_4=0\cdot\boldsymbol{\alpha}_1-\boldsymbol{\alpha}_2-2\boldsymbol{\alpha}_3$. 直接验证也可看到这一点.

例5　设 $\boldsymbol{\alpha}$ 与 $\boldsymbol{\beta}$ 都是 n 维非零列向量, $\boldsymbol{A}$ 是 n 阶非奇异矩阵, 证明: $(\boldsymbol{\beta}^{\mathrm{T}}\boldsymbol{A}^{-1}\boldsymbol{\alpha})\boldsymbol{A}-\boldsymbol{\alpha}\boldsymbol{\beta}^{\mathrm{T}}$ 必是奇异矩阵.

证　设 $\boldsymbol{B}=(\boldsymbol{\beta}^{\mathrm{T}}\boldsymbol{A}^{-1}\boldsymbol{\alpha})\boldsymbol{A}-\boldsymbol{\alpha}\boldsymbol{\beta}^{\mathrm{T}}$, 要证矩阵 $\boldsymbol{B}$ 奇异, 即证 $\mathrm{r}(\boldsymbol{B})<n$, 只要证齐次线性方程组 $\boldsymbol{Bx}=\boldsymbol{0}$ 有非零解即可.

因为 $\boldsymbol{\alpha}\neq\boldsymbol{0}$, 而 $|\boldsymbol{A}|\neq 0$, 所以 $\boldsymbol{A}^{-1}\boldsymbol{\alpha}\neq\boldsymbol{0}$. 又

$$\begin{aligned}\boldsymbol{BA}^{-1}\boldsymbol{\alpha}&=[(\boldsymbol{\beta}^{\mathrm{T}}\boldsymbol{A}^{-1}\boldsymbol{\alpha})\boldsymbol{A}-\boldsymbol{\alpha}\boldsymbol{\beta}^{\mathrm{T}}]\boldsymbol{A}^{-1}\boldsymbol{\alpha}\\&=(\boldsymbol{\beta}^{\mathrm{T}}\boldsymbol{A}^{-1}\boldsymbol{\alpha})\boldsymbol{\alpha}-\boldsymbol{\alpha}(\boldsymbol{\beta}^{\mathrm{T}}\boldsymbol{A}^{-1}\boldsymbol{\alpha})=\boldsymbol{0}\end{aligned}$$

(因为 $\boldsymbol{\beta}^{\mathrm{T}}\boldsymbol{A}^{-1}\boldsymbol{\alpha}$ 是一个数), 故 $\boldsymbol{A}^{-1}\boldsymbol{\alpha}$ 确是 $\boldsymbol{Bx}=\boldsymbol{0}$ 的非零解. 所以 $(\boldsymbol{\beta}^{\mathrm{T}}\boldsymbol{A}^{-1}\boldsymbol{\alpha})\boldsymbol{A}-\boldsymbol{\alpha}\boldsymbol{\beta}^{\mathrm{T}}$ 是奇异矩阵.

例6　设有向量组(Ⅰ):

$$\boldsymbol{\alpha}_1=(1,0,2)^{\mathrm{T}},\ \boldsymbol{\alpha}_2=(1,1,3)^{\mathrm{T}},\ \boldsymbol{\alpha}_3=(1,-1,a+2)^{\mathrm{T}}$$

和向量组(Ⅱ):

$$\boldsymbol{\beta}_1=(1,2,a+3)^{\mathrm{T}},\ \boldsymbol{\beta}_2=(2,1,a+6)^{\mathrm{T}},\ \boldsymbol{\beta}_3=(2,1,a+4)^{\mathrm{T}}.$$

试问: 当 a 为何值时, 向量组(Ⅰ)与(Ⅱ)等价? 当 a 为何值时, 向量组(Ⅰ)与(Ⅱ)不等价?

解　作初等行变换, 有

$$\begin{aligned}(\boldsymbol{\alpha}_1,\boldsymbol{\alpha}_2,\boldsymbol{\alpha}_3\,\vdots\,\boldsymbol{\beta}_1,\boldsymbol{\beta}_2,\boldsymbol{\beta}_3)&=\left(\begin{array}{ccc:ccc}1&1&1&1&2&2\\0&1&-1&2&1&1\\2&3&a+2&a+3&a+6&a+4\end{array}\right)\\&\to\left(\begin{array}{ccc:ccc}1&0&2&-1&1&1\\0&1&-1&2&1&1\\0&0&a+1&a-1&a+1&a-1\end{array}\right).\end{aligned}$$

(1)　当 $a\neq-1$ 时, 有行列式 $|(\boldsymbol{\alpha}_1,\boldsymbol{\alpha}_2,\boldsymbol{\alpha}_3)|=a+1\neq 0$, 秩 $(\boldsymbol{\alpha}_1,\boldsymbol{\alpha}_2,\boldsymbol{\alpha}_3)=3$, 故线性方程组 $x_1\boldsymbol{\alpha}_1+x_2\boldsymbol{\alpha}_2+x_3\boldsymbol{\alpha}_3=\boldsymbol{\beta}_i\ (i=1,2,3)$ 均有唯一解. 所以, $\boldsymbol{\beta}_1,\boldsymbol{\beta}_2,\boldsymbol{\beta}_3$ 可由向量组(Ⅰ)线性表示.

同样, 行列式 $|(\boldsymbol{\beta}_1,\boldsymbol{\beta}_2,\boldsymbol{\beta}_3)|=6\neq 0$, 秩 $(\boldsymbol{\beta}_1,\boldsymbol{\beta}_2,\boldsymbol{\beta}_3)=3$, 故 $\boldsymbol{\alpha}_1,\boldsymbol{\alpha}_2,\boldsymbol{\alpha}_3$ 可由向量组(Ⅱ)线性表示. 因此, 向量组(Ⅰ)与(Ⅱ)等价.

(2)　当 $a=-1$ 时, 有

$$(\boldsymbol{\alpha}_1,\boldsymbol{\alpha}_2,\boldsymbol{\alpha}_3\,\vdots\,\boldsymbol{\beta}_1,\boldsymbol{\beta}_2,\boldsymbol{\beta}_3)\to\left(\begin{array}{ccc:ccc}1&0&2&-1&1&1\\0&1&-1&2&1&1\\0&0&0&-2&0&-2\end{array}\right).$$

由于秩$(\boldsymbol{\alpha}_1,\boldsymbol{\alpha}_2,\boldsymbol{\alpha}_3)\neq$秩$(\boldsymbol{\alpha}_1,\boldsymbol{\alpha}_2,\boldsymbol{\alpha}_3,\boldsymbol{\beta}_1)$，线性方程组$x_1\boldsymbol{\alpha}_1+x_2\boldsymbol{\alpha}_2+x_3\boldsymbol{\alpha}_3=\boldsymbol{\beta}_1$无解，故向量$\boldsymbol{\beta}_1$不能由$\boldsymbol{\alpha}_1,\boldsymbol{\alpha}_2,\boldsymbol{\alpha}_3$线性表示. 因此，向量组(Ⅰ)与(Ⅱ)不等价.

例 7 已知向量组

$$\boldsymbol{\alpha}_1=\begin{pmatrix}1\\4\\0\\2\end{pmatrix},\quad \boldsymbol{\alpha}_2=\begin{pmatrix}2\\7\\1\\3\end{pmatrix},\quad \boldsymbol{\alpha}_3=\begin{pmatrix}0\\1\\-1\\a\end{pmatrix},\quad \boldsymbol{\beta}=\begin{pmatrix}3\\10\\b\\4\end{pmatrix}.$$

(1) a,b为何值时，$\boldsymbol{\beta}$不能由$\boldsymbol{\alpha}_1,\boldsymbol{\alpha}_2,\boldsymbol{\alpha}_3$线性表示？

(2) a,b为何值时，$\boldsymbol{\beta}$可由$\boldsymbol{\alpha}_1,\boldsymbol{\alpha}_2,\boldsymbol{\alpha}_3$唯一线性表示？写出该表示式.

(3) a,b为何值时，$\boldsymbol{\beta}$由$\boldsymbol{\alpha}_1,\boldsymbol{\alpha}_2,\boldsymbol{\alpha}_3$线性表示不唯一？写出该表示式.

解 设$\boldsymbol{\beta}=x_1\boldsymbol{\alpha}_1+x_2\boldsymbol{\alpha}_2+x_3\boldsymbol{\alpha}_3$，得非齐次线性方程组$\boldsymbol{Ax}=\boldsymbol{\beta}$，其中$\boldsymbol{A}=(\boldsymbol{\alpha}_1,\boldsymbol{\alpha}_2,\boldsymbol{\alpha}_3)$，$\boldsymbol{x}=(x_1,x_2,x_3)^{\mathrm{T}}$. 因为

$$\overline{\boldsymbol{A}}=(\boldsymbol{A}\,\vdots\,\boldsymbol{\beta})=\left(\begin{array}{ccc:c}1&2&0&3\\4&7&1&10\\0&1&-1&b\\2&3&a&4\end{array}\right)$$

$$\xrightarrow{\text{初等行变换}}\left(\begin{array}{ccc:c}1&2&0&3\\0&-1&1&-2\\0&0&a-1&0\\0&0&0&b-2\end{array}\right)=\overline{\boldsymbol{A}}_1,$$

由此可知：

(1) 当$b\neq2$时，$\mathrm{r}(\boldsymbol{A})<\mathrm{r}(\overline{\boldsymbol{A}})$，方程组$\boldsymbol{Ax}=\boldsymbol{\beta}$无解，即$\boldsymbol{\beta}$不能由$\boldsymbol{\alpha}_1,\boldsymbol{\alpha}_2,\boldsymbol{\alpha}_3$线性表示.

(2) 当$b=2$且$a\neq1$时，$\mathrm{r}(\boldsymbol{A})=\mathrm{r}(\overline{\boldsymbol{A}})=3$，方程组$\boldsymbol{Ax}=\boldsymbol{\beta}$有唯一解，即$\boldsymbol{\beta}$可由$\boldsymbol{\alpha}_1,\boldsymbol{\alpha}_2,\boldsymbol{\alpha}_3$唯一线性表示. 为此，把$\overline{\boldsymbol{A}}_1$化为行简化阶梯形：

$$\overline{\boldsymbol{A}}_1\xrightarrow{\text{初等行变换}}\left(\begin{array}{ccc:c}1&0&0&-1\\0&1&0&2\\0&0&1&0\\0&0&0&0\end{array}\right),$$

得方程组的唯一解为$(x_1,x_2,x_3)^{\mathrm{T}}=(-1,2,0)^{\mathrm{T}}$，即$\boldsymbol{\beta}$可由$\boldsymbol{\alpha}_1,\boldsymbol{\alpha}_2,\boldsymbol{\alpha}_3$唯一表示为

$$\boldsymbol{\beta}=-\boldsymbol{\alpha}_1+2\boldsymbol{\alpha}_2+0\boldsymbol{\alpha}_3=-\boldsymbol{\alpha}_1+2\boldsymbol{\alpha}_2.$$

(3) 当$b=2$且$a=1$时，$\mathrm{r}(\boldsymbol{A})=\mathrm{r}(\overline{\boldsymbol{A}})=2<3$，此时

$$\overline{A}_1 \xrightarrow{\text{初等行变换}} \left(\begin{array}{ccc:c} 1 & 2 & 0 & 3 \\ 0 & -1 & 1 & -2 \\ 0 & 0 & 0 & 0 \\ 0 & 0 & 0 & 0 \end{array}\right),$$

得方程组的无穷多个解

$$\begin{aligned}(x_1,x_2,x_3)^{\mathrm{T}} &= k(-2,1,1)^{\mathrm{T}} + (3,0,-2)^{\mathrm{T}} \\ &= (3-2k,k,-2+k)^{\mathrm{T}},\end{aligned}$$

即 $\boldsymbol{\beta}$ 可由 $\boldsymbol{\alpha}_1,\boldsymbol{\alpha}_2,\boldsymbol{\alpha}_3$ 线性表示，且表达式为

$$\boldsymbol{\beta} = (3-2k)\boldsymbol{\alpha}_1 + k\boldsymbol{\alpha}_2 + (-2+k)\boldsymbol{\alpha}_3,$$

其中 k 为任意常数.

例 8 设 $\boldsymbol{\eta}^*$ 是非齐次线性方程组 $\boldsymbol{A}\boldsymbol{x}=\boldsymbol{\beta}$ 的一个解，$\boldsymbol{\xi}_1,\boldsymbol{\xi}_2,\cdots,\boldsymbol{\xi}_{n-r}$ 是其对应的齐次方程组 $\boldsymbol{A}\boldsymbol{x}=\boldsymbol{0}$ 的一个基础解系. 证明：

$$\boldsymbol{\eta}^*,\ \boldsymbol{\eta}_1 = \boldsymbol{\eta}^* + \boldsymbol{\xi}_1,\ \cdots,\ \boldsymbol{\eta}_{n-r} = \boldsymbol{\eta}^* + \boldsymbol{\xi}_{n-r}$$

是非齐次线性方程组的 $n-r+1$ 个线性无关的解向量，并且非齐次线性方程组的任意解向量 $\boldsymbol{\eta}$ 可表示为

$$\boldsymbol{\eta} = c_0\boldsymbol{\eta}^* + c_1\boldsymbol{\eta}_1 + c_2\boldsymbol{\eta}_2 + \cdots + c_{n-r}\boldsymbol{\eta}_{n-r},$$

这里 $c_0 + c_1 + \cdots + c_{n-r} = 1$.

证 显然 $\boldsymbol{\eta}^*,\boldsymbol{\eta}_1,\cdots,\boldsymbol{\eta}_{n-r}$ 是非齐次线性方程组的 $n-r+1$ 个解向量，下面证明它们线性无关. 假定 $k_0\boldsymbol{\eta}^* + k_1\boldsymbol{\eta}_1 + \cdots + k_{n-r}\boldsymbol{\eta}_{n-r} = \boldsymbol{0}$，那么

$$(k_0 + k_1 + \cdots + k_{n-r})\boldsymbol{\eta}^* + k_1\boldsymbol{\xi}_1 + \cdots + k_{n-r}\boldsymbol{\xi}_{n-r} = \boldsymbol{0}.$$

如果 $k_0 + k_1 + \cdots + k_{n-r} \neq 0$，则 $\boldsymbol{\eta}^*$ 是 $\boldsymbol{\xi}_1,\boldsymbol{\xi}_2,\cdots,\boldsymbol{\xi}_{n-r}$ 的线性组合，因此 $\boldsymbol{\eta}^*$ 不是非齐次线性方程组的解向量，这与假设矛盾. 所以

$$k_0 + k_1 + \cdots + k_{n-r} = 0.$$

又因为 $\boldsymbol{\xi}_1,\boldsymbol{\xi}_2,\cdots,\boldsymbol{\xi}_{n-r}$ 是齐次线性方程组的基础解系，所以

$$k_1 = k_2 = \cdots = k_{n-r} = 0.$$

因此 $k_0 = 0$，这就证明了 $\boldsymbol{\eta}^*,\boldsymbol{\eta}_1,\cdots,\boldsymbol{\eta}_{n-r}$ 线性无关.

因为 $\boldsymbol{\eta}-\boldsymbol{\eta}^*$ 是齐次线性方程组的解向量，$\boldsymbol{\eta}_1-\boldsymbol{\eta}^*,\boldsymbol{\eta}_2-\boldsymbol{\eta}^*,\cdots,\boldsymbol{\eta}_{n-r}-\boldsymbol{\eta}^*$ 是齐次线性方程组的基础解系，所以

$$\boldsymbol{\eta} - \boldsymbol{\eta}^* = c_1(\boldsymbol{\eta}_1 - \boldsymbol{\eta}^*) + \cdots + c_{n-r}(\boldsymbol{\eta}_{n-r} - \boldsymbol{\eta}^*),$$

即

$$\boldsymbol{\eta} = c_0\boldsymbol{\eta}^* + c_1\boldsymbol{\eta}_1 + \cdots + c_{n-r}\boldsymbol{\eta}_{n-r},$$

这里 $c_0 = 1 - c_1 - c_2 - \cdots - c_{n-r}$，即

$$c_0 + c_1 + \cdots + c_{n-r} = 1.$$

注 此例说明非齐次线性方程组的任意解向量可以用该方程组自身的 $n-r+1$ 个解向量的线性组合来表示，但其组合系数之和必须等于 1，这是非齐次线性方程组任意解向量的另一种表示方法.

例 9 已知 $\boldsymbol{\gamma}_1,\boldsymbol{\gamma}_2,\boldsymbol{\gamma}_3$ 是三元非齐次线性方程 $\boldsymbol{Ax}=\boldsymbol{\beta}$ 的解，$\mathrm{r}(\boldsymbol{A})=1$，且

$$\boldsymbol{\gamma}_1+\boldsymbol{\gamma}_2=\begin{pmatrix}1\\0\\0\end{pmatrix},\quad \boldsymbol{\gamma}_2+\boldsymbol{\gamma}_3=\begin{pmatrix}1\\1\\0\end{pmatrix},\quad \boldsymbol{\gamma}_1+\boldsymbol{\gamma}_3=\begin{pmatrix}1\\1\\1\end{pmatrix}.$$

求方程组 $\boldsymbol{Ax}=\boldsymbol{\beta}$ 的通解.

解 由题设，易得

$$\boldsymbol{\gamma}_1=\frac{1}{2}\cdot 2(\boldsymbol{\gamma}_1+\boldsymbol{\gamma}_2+\boldsymbol{\gamma}_3)-(\boldsymbol{\gamma}_2+\boldsymbol{\gamma}_3)=\begin{pmatrix}\frac{1}{2}\\0\\\frac{1}{2}\end{pmatrix}.$$

同理，

$$\boldsymbol{\gamma}_2=\begin{pmatrix}\frac{1}{2}\\0\\-\frac{1}{2}\end{pmatrix},\quad \boldsymbol{\gamma}_3=\begin{pmatrix}\frac{1}{2}\\1\\\frac{1}{2}\end{pmatrix}.$$

由非齐次线性方程组解的性质，知

$$\boldsymbol{\eta}_1=\boldsymbol{\gamma}_1-\boldsymbol{\gamma}_2=\begin{pmatrix}0\\0\\1\end{pmatrix},\quad \boldsymbol{\eta}_2=\boldsymbol{\gamma}_1-\boldsymbol{\gamma}_3=\begin{pmatrix}0\\-1\\0\end{pmatrix}$$

是对应的齐次线性方程组 $\boldsymbol{Ax}=\boldsymbol{0}$ 的两个线性无关的解向量. 又

$$n-\mathrm{r}(\boldsymbol{A})=3-1=2,$$

故 $\boldsymbol{\eta}_1,\boldsymbol{\eta}_2$ 是对应的齐次线性方程组的基础解系. 由定理 3.14 知，原方程组的通解是

$$\boldsymbol{x}=\boldsymbol{\gamma}_1+k_1\boldsymbol{\eta}_1+k_2\boldsymbol{\eta}_2=\begin{pmatrix}\frac{1}{2}\\0\\\frac{1}{2}\end{pmatrix}+k_1\begin{pmatrix}0\\0\\1\end{pmatrix}+k_2\begin{pmatrix}0\\-1\\0\end{pmatrix},$$

其中 k_1,k_2 是任意常数.

复习题

1. 已知

$$\boldsymbol{\beta}=\begin{pmatrix}4\\-1\\6\\b\end{pmatrix},\quad \boldsymbol{\alpha}_1=\begin{pmatrix}1\\0\\1\\0\end{pmatrix},\quad \boldsymbol{\alpha}_2=\begin{pmatrix}2\\2\\a\\2\end{pmatrix},\quad \boldsymbol{\alpha}_3=\begin{pmatrix}3\\1\\1\\1\end{pmatrix},$$

问 a,b 为何值时，$\boldsymbol{\beta}$ 可由 $\boldsymbol{\alpha}_1,\boldsymbol{\alpha}_2,\boldsymbol{\alpha}_3$ 线性表示？ 并写出其表示式.

2. 设 $\mathbf{R}^n$ 中的向量组 $\boldsymbol{\alpha}_1,\boldsymbol{\alpha}_2,\cdots,\boldsymbol{\alpha}_n$ 线性无关，证明：向量组

$$\boldsymbol{\beta}_1=\boldsymbol{\alpha}_1+\boldsymbol{\alpha}_2,\ \boldsymbol{\beta}_2=\boldsymbol{\alpha}_2+\boldsymbol{\alpha}_3,\ \cdots,\ \boldsymbol{\beta}_{n-1}=\boldsymbol{\alpha}_{n-1}+\boldsymbol{\alpha}_n,\ \boldsymbol{\beta}_n=\boldsymbol{\alpha}_n+\boldsymbol{\alpha}_1$$

当 n 为奇数时线性无关；当 n 为偶数时线性相关.

3. 设向量组 $\boldsymbol{\alpha}_1,\boldsymbol{\alpha}_2,\cdots,\boldsymbol{\alpha}_{s-1}$ 线性无关，向量组 $\boldsymbol{\alpha}_1,\boldsymbol{\alpha}_2,\cdots,\boldsymbol{\alpha}_{s-1},\boldsymbol{\alpha}_s$ 线性相关，证明：向量 $\boldsymbol{\alpha}_s$ 可由向量组 $\boldsymbol{\alpha}_1,\boldsymbol{\alpha}_2,\cdots,\boldsymbol{\alpha}_{s-1}$ 线性表示，向量 $\boldsymbol{\alpha}_1$ 不能由向量组 $\boldsymbol{\alpha}_2,\boldsymbol{\alpha}_3,\cdots,\boldsymbol{\alpha}_{s-1},\boldsymbol{\alpha}_s$ 线性表示.

4. 设有向量组

$$\boldsymbol{\alpha}_1=\begin{pmatrix}1\\0\\2\\3\end{pmatrix},\ \boldsymbol{\alpha}_2=\begin{pmatrix}1\\1\\3\\5\end{pmatrix},\ \boldsymbol{\alpha}_3=\begin{pmatrix}1\\-1\\a+2\\1\end{pmatrix},\ \boldsymbol{\alpha}_4=\begin{pmatrix}1\\2\\4\\a+8\end{pmatrix},\ \boldsymbol{\beta}=\begin{pmatrix}1\\1\\b+3\\5\end{pmatrix}.$$

(1) 问 a,b 为何值时，$\boldsymbol{\beta}$ 不能由 $\boldsymbol{\alpha}_1,\boldsymbol{\alpha}_2,\boldsymbol{\alpha}_3,\boldsymbol{\alpha}_4$ 线性表示?

(2) 问 a,b 为何值时，$\boldsymbol{\beta}$ 可由 $\boldsymbol{\alpha}_1,\boldsymbol{\alpha}_2,\boldsymbol{\alpha}_3,\boldsymbol{\alpha}_4$ 线性表示，且表示式唯一? 写出该表示式.

(3) 问 a,b 为何值时，$\boldsymbol{\beta}$ 由 $\boldsymbol{\alpha}_1,\boldsymbol{\alpha}_2,\boldsymbol{\alpha}_3,\boldsymbol{\alpha}_4$ 线性表示的表示式不唯一? 并写出该表示式.

5. 设变量 $y_1,y_2,\cdots,y_m$ 与变量 $x_1,x_2,\cdots,x_n$ 之间有如下线性关系：

$$\begin{cases}y_1=a_{11}x_1+a_{12}x_2+\cdots+a_{1n}x_n,\\ y_2=a_{21}x_1+a_{22}x_2+\cdots+a_{2n}x_n,\\ \cdots\cdots\cdots\cdots\cdots\cdots\cdots\cdots\cdots\cdots\cdots\cdots\\ y_m=a_{m1}x_1+a_{m2}x_2+\cdots+a_{mn}x_n,\end{cases}\tag{①}$$

而变量 $x_1,x_2,\cdots,x_n$ 与变量 $t_1,t_2,\cdots,t_s$ 之间有如下线性关系：

$$\begin{cases}x_1=b_{11}t_1+b_{12}t_2+\cdots+b_{1s}t_s,\\ x_2=b_{21}t_1+b_{22}t_2+\cdots+b_{2s}t_s,\\ \cdots\cdots\cdots\cdots\cdots\cdots\cdots\cdots\cdots\cdots\cdots\cdots\\ x_n=b_{n1}t_1+b_{n2}t_2+\cdots+b_{ns}t_s.\end{cases}\tag{②}$$

求变量 $y_1,y_2,\cdots,y_m$ 与变量 $t_1,t_2,\cdots,t_s$ 之间的线性关系.

6. 设 $\boldsymbol{A},\boldsymbol{B}$ 为 $m\times n$ 矩阵，证明：

$$\mathrm{r}(\boldsymbol{A})-\mathrm{r}(\boldsymbol{B})\leqslant \mathrm{r}(\boldsymbol{A}+\boldsymbol{B})\leqslant \mathrm{r}(\boldsymbol{A},\boldsymbol{B})\leqslant \mathrm{r}(\boldsymbol{A})+\mathrm{r}(\boldsymbol{B}).$$

7. 已知向量组 $\text{I}=\{\boldsymbol{\alpha}_1,\boldsymbol{\alpha}_2,\cdots,\boldsymbol{\alpha}_n\}$，$\mathrm{r}(\text{I})=r_1$，从 I 中任取 m 个向量，构成向量组 $\text{II}=\{\boldsymbol{\alpha}_{i_1},\boldsymbol{\alpha}_{i_2},\cdots,\boldsymbol{\alpha}_{i_m}\}$. 设 $\mathrm{r}(\text{II})=r_2$，证明：

$$r_2\geqslant r_1+m-n.$$

8. 已知齐次方程组

$$(\text{I})\ \begin{cases}a_{11}x_1+a_{12}x_2+\cdots+a_{1,2n}x_{2n}=0,\\ a_{21}x_1+a_{22}x_2+\cdots+a_{2,2n}x_{2n}=0,\\ \cdots\cdots\cdots\cdots\cdots\cdots\cdots\cdots\cdots\cdots\\ a_{n1}x_1+a_{n2}x_2+\cdots+a_{n,2n}x_{2n}=0\end{cases}$$

的一个基础解系为 $(b_{11},b_{12},\cdots,b_{1,2n})^{\mathrm{T}},(b_{21},b_{22},\cdots,b_{2,2n})^{\mathrm{T}},\cdots,(b_{n1},b_{n2},\cdots,b_{n,2n})^{\mathrm{T}}$. 试写出齐次方程组

$$(\text{II})\ \begin{cases}b_{11}y_1+b_{12}y_2+\cdots+b_{1,2n}y_{2n}=0,\\ b_{21}y_1+b_{22}y_2+\cdots+b_{2,2n}y_{2n}=0,\\ \cdots\cdots\cdots\cdots\cdots\cdots\cdots\cdots\cdots\cdots\\ b_{n1}y_1+b_{n2}y_2+\cdots+b_{n,2n}y_{2n}=0\end{cases}$$

的通解，并说明理由.

9. 设 $\boldsymbol{A},\boldsymbol{B}$ 均为 n 阶非零矩阵. 若 $\boldsymbol{B}$ 的每一列是齐次线性方程组 $\boldsymbol{Ax}=\boldsymbol{0}$ 的解，则 $|\boldsymbol{A}|=0$ 且 $|\boldsymbol{B}|=0$.

10. 设 4 元非齐次线性方程组的系数矩阵 $\boldsymbol{A}$ 的秩为 3，$\boldsymbol{\alpha}_1,\boldsymbol{\alpha}_2,\boldsymbol{\alpha}_3$ 是它的三个解向量，且

$$\boldsymbol{\alpha}_1=\begin{pmatrix}3\\0\\-1\\2\end{pmatrix},\quad \boldsymbol{\alpha}_2+\boldsymbol{\alpha}_3=\begin{pmatrix}1\\0\\2\\0\end{pmatrix}.$$

求该方程组的通解.

11. 已知 $\boldsymbol{A}$ 为 2×4 矩阵，齐次线性方程组 $\boldsymbol{Ax}=\boldsymbol{0}$ 的基础解系为

$$\boldsymbol{\beta}_1=\begin{pmatrix}1\\0\\2\\3\end{pmatrix},\quad \boldsymbol{\beta}_2=\begin{pmatrix}0\\1\\-1\\1\end{pmatrix}.$$

求齐次线性方程组 $\boldsymbol{Ax}=\boldsymbol{0}$.

12. 设$\boldsymbol{A}$为$m\times n$实矩阵，证明：线性方程组$\boldsymbol{Ax}=\boldsymbol{0}$与$(\boldsymbol{A}^{\mathrm{T}}\boldsymbol{A})\boldsymbol{x}=\boldsymbol{0}$是同解方程组.

13. 设$\boldsymbol{A}$为n阶方阵.

(1) 已知$\boldsymbol{\beta}$为n维非零列向量，若存在正整数k，使得$\boldsymbol{A}^k\boldsymbol{\beta}\neq 0$，且$\boldsymbol{A}^{k+1}\boldsymbol{\beta}=\boldsymbol{0}$，则向量组$\boldsymbol{\beta},\boldsymbol{A\beta},\boldsymbol{A}^2\boldsymbol{\beta},\cdots,\boldsymbol{A}^k\boldsymbol{\beta}$线性无关.

(2) 证明：齐次线性方程组$\boldsymbol{A}^n\boldsymbol{x}=\boldsymbol{0}$与$\boldsymbol{A}^{n+1}\boldsymbol{x}=\boldsymbol{0}$是同解线性方程组.

(3) 证明：$\mathrm{r}(\boldsymbol{A}^n)=\mathrm{r}(\boldsymbol{A}^{n+1})$.

14. 设$\boldsymbol{A}$为$m\times n$矩阵，证明：$\mathrm{r}(\boldsymbol{A})=1$的充要条件是存在$m\times 1$矩阵$\boldsymbol{\alpha}\neq\boldsymbol{0}$与$n\times 1$矩阵$\boldsymbol{\beta}\neq\boldsymbol{0}$使得$\boldsymbol{A}=\boldsymbol{\alpha}\boldsymbol{\beta}^{\mathrm{T}}$.

15. 设线性方程组

$$\begin{cases}x_1+a_1x_2+a_1^2x_3=a_1^3,\\ x_1+a_2x_2+a_2^2x_3=a_2^3,\\ x_1+a_3x_2+a_3^2x_3=a_3^3,\\ x_1+a_4x_2+a_4^2x_3=a_4^3.\end{cases}$$

(1) 证明：若a_1,a_2,a_3,a_4两两不相等，则此方程组无解.

(2) 设$a_1=a_3=k$，$a_2=a_4=-k\ (k\neq 0)$，且已知$\boldsymbol{\beta}_1,\boldsymbol{\beta}_2$是该方程的两个解，其中$\boldsymbol{\beta}_1=\begin{pmatrix}-1\\1\\1\end{pmatrix}$，$\boldsymbol{\beta}_2=\begin{pmatrix}1\\1\\-1\end{pmatrix}$，写出该方程组的通解.

16. 证明：线性方程组

$$\begin{cases}a_{11}x_1+a_{12}x_2+\cdots+a_{1n}x_n=b_1,\\ a_{21}x_1+a_{22}x_2+\cdots+a_{2n}x_n=b_2,\\ \cdots\cdots\\ a_{m1}x_1+a_{m2}x_2+\cdots+a_{mn}x_n=b_m\end{cases}\qquad ①$$

有解的充分必要条件为线性方程

$$\begin{cases}a_{11}y_1+a_{21}y_2+\cdots+a_{m1}y_m=0,\\ a_{12}y_1+a_{22}y_2+\cdots+a_{m2}y_m=0,\\ \cdots\cdots\\ a_{1n}y_1+a_{2n}y_2+\cdots+a_{mn}y_m=0\end{cases}\qquad ②$$

的解都满足方程

$$b_1y_1+b_2y_2+\cdots+b_my_m=0.\qquad ③$$

17. 已知非齐次线性方程组

$$\begin{cases}x_1+x_2+x_3+x_4=-1,\\4x_1+3x_2+5x_3-x_4=-1,\\ax_1+x_2+3x_3+bx_4=1\end{cases}$$

有3个线性无关的解.

(1) 证明：方程组系数矩阵 $\mathbf{A}$ 的秩 $\mathrm{r}(\mathbf{A})=2$.

(2) 求 a,b 的值.

第四章　线性空间

线性空间是线性代数中一个最基本的概念，而线性变换则是反映线性空间中元素间最基本的线性联系，线性空间与线性变换是线性代数中不可或缺的重要内容. 它们是前面已经学过的向量、向量空间、线性变换等概念在理论上的概括、抽象和扩展，是代数学理论研究与应用的重要基础.

本章主要介绍线性空间与线性变换的定义和性质以及一些与它们相关的重要概念.

4.1　线性空间的定义及其性质

4.1.1　线性空间

为了引进线性空间的概念，我们先介绍数域.

定义 4.1　设 F 是由一些数组成的集合，其中包含 0 与 1. 若 F 中任意两个数的和、差、积、商(0 不作除数) 仍然在 F 中，则称 F 为一个**数域**.

显然，有理数集 $\mathbf{Q}$、实数集 $\mathbf{R}$ 和复数集 $\mathbf{C}$ 都是数域，分别称为**有理数域**、**实数域**和**复数域**. 容易验证，无理数集不是数域.

可以证明，有理数域是最小的数域，即所有数域包含有理数域.

若集合 V 上定义了某种运算，而 V 中任意元素进行这种运算所得的结果仍在 V 中，则称 V 对这种运算是**封闭的**. 这样我们得到数域的一个等价定义：

包含 0 和 1 的数集 F 若对加、减、乘和除(0 不作除数) 运算是封闭的，则称 F 为一个数域.

定义 4.2　设 V 是一个非空集合，F 是一个数域，在 V 中定义了两种代数运算：

(1)　**加法**　对于 V 中的任意两个元素 α 与 β，按某一法则对应于 V 中唯一的元素 γ，称为 α 与 β 的和，记为 $\alpha+\beta$；

(2)　**数乘**　对于 V 中任意元素 α 和数域 F 中任意数 k，按某一法则对应于V中唯一的一个元素δ，称为k与α的数乘，记为$\delta=k\alpha$.

若V中定义的上述加法和数乘运算满足下列8条运算规则(式中α,β,γ为V中的任意元素，k,l为数域F中的任意数)：

① **加法交换律**：$\alpha+\beta=\beta+\alpha$；

② **加法结合律**：$(\alpha+\beta)+\gamma=\alpha+(\beta+\gamma)$；

③ V中存在**零元素**0，$\forall\alpha\in V$，有$\alpha+0=\alpha$；

④ 存在**负元素**：$\forall\alpha\in V$，存在$\beta\in V$，称为α的负元素，记为$-\alpha$，使得$\alpha+(-\alpha)=0$；

⑤ 数域F中存在**单位元**：有数$k_1\in F$，$\forall\alpha\in V$，$k_1\alpha=\alpha$，记$k_1=1$；

⑥ **数乘结合律**：$(kl)\alpha=k(l\alpha)=l(k\alpha)$；

⑦ **分配律**：$(k+l)\alpha=k\alpha+l\alpha$；

⑧ **分配律**：$k(\alpha+\beta)=k\alpha+k\beta$，

则称V为数域F上的**线性空间**. V中元素称为**向量**. F为实(复)数域时，称V为实(复)线性空间. 无特别说明时，我们约定F为实数域$\mathbf{R}$.

按照定义4.2，判定某个非空集合V是否为数域F上的线性空间须作两件事：第一，检查V中的元素对所定义的加法与数乘运算是否封闭，即其运算结果是否仍在V中；第二，检查两种运算是否满足定义4.2中的8条运算规则. 当且仅当上述两步都得到肯定的答案时V是线性空间.

显然，$\mathbf{R}^n$是线性空间. 下面再举几个线性空间的例子.

例1 全体$m\times n$实矩阵，依照矩阵的加法和数乘运算构成一个实线性空间，记为$M_{m\times n}$. 特别地，当$m=n$时，所有n阶方阵构成的实线性空间通常称为**一般线性空间**.

例2 定义在区间$[a,b]$上的所有连续实函数的集合$C[a,b]$，按照通常的函数的加法运算和实数与函数的乘积运算，构成了实数域$\mathbf{R}$上的线性空间，记为$C[a,b]$.

例3 次数不超过n的所有多项式的集合

$$P[x]_n=\{p(x)=a_nx^n+a_{n-1}x^{n-1}+\cdots+a_0\,|\,a_n,a_{n-1},\cdots,a_0\in\mathbf{R}\}$$

按照通常的多项式加法运算和实数与多项式的乘积运算，构成了实数域$\mathbf{R}$上的线性空间，记为$P[x]_n$.

但是，所有n次多项式的集合

$$Q[x]=\{q(x)=a_nx^n+a_{n-1}x^{n-1}+\cdots+a_0\,|\,a_n,a_{n-1},\cdots,a_0\in\mathbf{R},\ a_n\neq 0\}$$

按照通常的多项式加法运算和实数与多项式的乘积运算，就不构成实数域$\mathbf{R}$上的线性空间. 因为两个n次多项式经过加法运算法后，所得多项式的次数可能低于n，即在$Q[x]$上加法运算不满足封闭性.

例 4　实数域上齐次线性方程组 $\boldsymbol{A}\boldsymbol{x}=\boldsymbol{0}$ 的全体解向量的集合，按照已定义的向量加法运算和数与向量的乘积运算，构成了实数域 $\mathbf{R}$ 上的线性空间，称为齐次线性方程组 $\boldsymbol{A}\boldsymbol{x}=\boldsymbol{0}$ 的解空间.

但是，实数域上非齐次线性方程组 $\boldsymbol{A}\boldsymbol{x}=\boldsymbol{\beta}$ ($\boldsymbol{\beta}\neq\boldsymbol{0}$) 的全体解向量的集合，按照已定义的向量加法运算和数与向量的乘积运算，就不构成实数域 $\mathbf{R}$ 上的线性空间. 因为方程组 $\boldsymbol{A}\boldsymbol{x}=\boldsymbol{\beta}$ 的两个解 $\boldsymbol{\eta}_1$ 和 $\boldsymbol{\eta}_2$ 相加后，并不是该方程组的解，即该集合对所定义的加法运算不封闭.

上述例子表明，线性空间的概念比 n 维向量空间的概念更具有普遍性. 习惯上我们仍将线性空间中的元素称为向量，而不论其实际是矩阵、是函数还是其他什么事物，线性空间 V 又称向量空间.

4.1.2　线性空间的简单性质

从线性空间的定义出发，不难得到如下一些简单性质：

性质 1　*线性空间 V 的零元素唯一.*

证　设 $0_1, 0_2$ 是 V 的两个零元素，则由定义 4.2 的法则③，$\forall\alpha\in V$，

$$\alpha+0_1=\alpha,\quad \alpha+0_2=\alpha.$$

在第一式中取 $\alpha=0_2$，在第二式中取 $\alpha=0_1$，则有

$$0_2+0_1=0_2,\quad 0_1+0_2=0_1.$$

于是 $0_2=0_1$. □

性质 2　*线性空间 V 中任一元素的负元素是唯一的.*

证　设 β_1, β_2 是 α 的两个负元素，则由定义 4.2 的法则④，有

$$\alpha+\beta_1=\beta_1+\alpha=0,\quad \alpha+\beta_2=\beta_2+\alpha=0.$$

于是

$$\beta_1=\beta_1+0=\beta_1+(\alpha+\beta_2)=(\beta_1+\alpha)+\beta_2=0+\beta_2=\beta_2.$$

故 α 的负元素唯一. □

性质 3　*对任意 $\alpha\in V$，$k\in F$，有 $0\alpha=0$，$k0=0$ 和 $(-1)\alpha=-\alpha$.*

证　因

$$\alpha+0\alpha=1\alpha+0\alpha=(1+0)\alpha=1\alpha=\alpha,$$

故 $0\alpha=0$. 因 $k\alpha+k0=k(\alpha+0)=k\alpha$，故 $k0=0$. 因

$$\alpha+(-1)\alpha=1\alpha+(-1)\alpha=[1+(-1)]\alpha=0\alpha=0,$$

故 $(-1)\alpha=-\alpha$. □

性质 4 对于 $\alpha \in V$, $k \in F$, 若 $k\alpha = 0$, 则有 $k = 0$ 或 $\alpha = 0$.

证 若 $k \neq 0$, 由 $k\alpha = 0$, 得

$$\frac{1}{k}(k\alpha) = \frac{1}{k}0 = 0 \quad \text{及} \quad \frac{1}{k}(k\alpha) = \left(\frac{1}{k}k\right)\alpha = 1\alpha = \alpha,$$

故 $\alpha = 0$. 若 $k = 0$, 则性质 4 成立. □

利用负元素，在线性空间 V 中可定义减法运算：

设 α,β 为 V 中任意两个元素，定义 α 与 β 的**减法运算**为

$$\alpha - \beta = \alpha + (-1)\beta = \alpha + (-\beta).$$

习题 4.1

1. 列举一些线性空间的例子.
2. 判断下列各集合对指定的运算是否构成线性空间：

(1) $V_1 = \{\mathbf{A} = (a_{ij})_{2\times 2} \mid a_{11} + a_{22} = 0\}$, 对矩阵的加法和数乘运算；

(2) $V_2 = \{\mathbf{A} \mid \mathbf{A} \in \mathbf{R}^{n\times n}, \mathbf{A}^{\mathrm{T}} = -\mathbf{A}\}$, 对矩阵的加法和数乘运算；

(3) $V_3 = \mathbf{R}^3$, 对 $\mathbf{R}^3$ 中向量的加法和如下定义的数乘向量：$\forall \boldsymbol{\alpha} \in \mathbf{R}^3$, $k\boldsymbol{\alpha} = 0$;

(4) $V_4 = \{f(x) \mid f(x) \geqslant 0\}$, 通常的函数加法和数乘运算.

3. 证明：数集 $Q(\sqrt{2}) = \{a + b\sqrt{2} \mid a,b \in \mathbf{Q}\}$ 是一个数域.

4.2 线性空间的基、维数与坐标

要深入研究线性空间的有关性质，就需要引入向量(V 中的元素) 的线性组合、线性相关及线性无关等概念，这样第三章所讨论的关于 n 维向量的有关概念和性质就可以推广到数域 F 上的线性空间 V 中来. 下面我们就直接利用这些概念和性质.

4.2.1 线性相关和线性无关

如同 n 维向量那样，对线性空间的向量(元素) 也可以讨论线性相关性.

定义 4.3 设 V 是数域 F 上的线性空间，$\alpha_1,\alpha_2,\cdots,\alpha_m$ 是 V 中向量. 若存在 $\mathbf{R}$ 中不全为零的数 $k_1,k_2,\cdots,k_m$, 使得

$$k_1\alpha_1 + k_2\alpha_2 + \cdots + k_m\alpha_m = 0,$$

则称 $\alpha_1,\alpha_2,\cdots,\alpha_m$ **线性相关**，否则称 $\alpha_1,\alpha_2,\cdots,\alpha_m$ **线性无关**.

显然，这一定义与 n 维向量的线性相关和线性无关的定义相同. 事实上，n 维向量的其他一些概念，例如线性表示、线性组合、等价和极大线性无关组

等，也完全可以引进到线性空间来，而且有关的结论也依然成立.

例如，若线性空间 V 中向量组 $\alpha_1,\alpha_2,\cdots,\alpha_m$ 线性无关，而向量组 $\alpha_1,\alpha_2,\cdots,\alpha_m,\beta$ 线性相关，则向量 β 可由 $\alpha_1,\alpha_2,\cdots,\alpha_m$ 线性表示，且表示系数唯一. 我们在这里不再列出这些概念和结论，建议读者对这些内容作一个回顾.

4.2.2 线性空间的基与维数

我们知道，$n+1$ 个 n 维向量必定线性相关，这意味着只要取定了由 n 个线性无关的 n 维向量组成的向量组，那么其他 n 维向量就可以由这个向量组来表示. 在一般的线性空间中能否有类似的结论？为此我们引进维数和基的概念.

定义 4.4 设 V 是数域 F 上的线性空间. 若

(1) $\alpha_1,\alpha_2,\cdots,\alpha_n$ 是 V 中 n 个线性无关的向量；

(2) V 中的任意向量 α 都可由 $\alpha_1,\alpha_2,\cdots,\alpha_n$ 线性表示，

则称 V 为 n **维线性空间**，称 n 为 V 的**维数**，记为 $\dim V=n$，并称向量组 $\alpha_1,\alpha_2,\cdots,\alpha_n$ 为线性空间 V 的**一组基**.

显然，线性空间作为一个向量集合，基是它的极大线性无关组，而维数是它的秩.

易知，$\mathbf{R}^n$ 的任意 n 个线性无关向量都构成 $\mathbf{R}^n$ 的一组基，从而 $\mathbf{R}^n$ 有无穷多组基. 例如，n 维基本向量组

$$\boldsymbol{e}_1=(1,0,\cdots,0)^{\mathrm{T}},\ \boldsymbol{e}_2=(0,1,\cdots,0)^{\mathrm{T}},\ \cdots,\ \boldsymbol{e}_n=(0,0,\cdots,1)^{\mathrm{T}}$$

就是 $\mathbf{R}^n$ 的一组基（称为**自然基**或**标准基**），于是 $\mathbf{R}^n$ 是 n 维线性空间，$\dim\mathbf{R}^n=n$——这正是我们早在 3. 2 节中就称 $\mathbf{R}^n$ 为 n 维向量空间的原因. 零空间中没有线性无关向量，所以没有基.

例 1 设向量空间 $V=\{(0,x_2,x_3)^{\mathrm{T}}\mid x_i\in\mathbf{R}\}$，求 V 的维数和一组基.

解 因为 $\boldsymbol{e}_2=\begin{pmatrix}0\\1\\0\end{pmatrix}$，$\boldsymbol{e}_3=\begin{pmatrix}0\\0\\1\end{pmatrix}\in V$，$\boldsymbol{e}_2,\boldsymbol{e}_3$ 线性无关，又对任意 $\boldsymbol{\alpha}=(0,x_2,x_3)^{\mathrm{T}}\in V$，$\boldsymbol{\alpha}=x_2\boldsymbol{e}_2+x_3\boldsymbol{e}_3$，故 $\begin{pmatrix}0\\1\\0\end{pmatrix}$，$\begin{pmatrix}0\\0\\1\end{pmatrix}$ 是 V 的一组基，$\dim V=2$，即 V 是二维向量空间.

又 $\begin{pmatrix}0\\1\\0\end{pmatrix}$，$\begin{pmatrix}0\\1\\1\end{pmatrix}$ 线性无关，因此 $\begin{pmatrix}0\\1\\0\end{pmatrix}$，$\begin{pmatrix}0\\1\\1\end{pmatrix}$ 也是 V 的一组基.

4.2.3　坐标

取定一组基以后，线性空间的任一向量就可以由这组基线性表示，而且表示系数是唯一的，这样在线性空间就可以建立坐标的概念.

定义 4.5　设 $\alpha_1,\alpha_2,\cdots,\alpha_n$ 是 n 维线性空间 V 的一组基，$\gamma\in V$，且有

$$\gamma=a_1\alpha_1+a_2\alpha_2+\cdots+a_n\alpha_n, \tag{4.1}$$

则称 $\begin{pmatrix}a_1\\a_2\\\vdots\\a_n\end{pmatrix}$ 为 γ 在基 $\alpha_1,\alpha_2,\cdots,\alpha_n$ 下的**坐标**.

由于 $\alpha_1,\alpha_2,\cdots,\alpha_n$ 是线性无关的，因此 γ 在这组基下的坐标是唯一的.

我们将经常把 γ 的表达式(4.1) 记为

$$\gamma=(\alpha_1,\alpha_2,\cdots,\alpha_n)\begin{pmatrix}a_1\\a_2\\\vdots\\a_n\end{pmatrix}. \tag{4.2}$$

可以证明，采用这样的写法进行运算时，矩阵的运算法则都成立，这使得讨论线性空间的某些问题相当方便.

按照定义 4.5，显然，$\boldsymbol{\alpha}=(a_1,a_2,\cdots,a_n)^{\mathrm{T}}$ 在 $\mathbf{R}^n$ 的自然基下的坐标为 $(a_1,a_2,\cdots,a_n)$.

例 2　求向量 $\boldsymbol{\alpha}=(a_1,a_2,\cdots,a_n)^{\mathrm{T}}$ 在 $\mathbf{R}^n$ 的基 $\boldsymbol{\beta}_1=(1,0,\cdots,0)^{\mathrm{T}}$，$\boldsymbol{\beta}_2=(1,1,\cdots,0)^{\mathrm{T}}$，…，$\boldsymbol{\beta}_n=(1,1,\cdots,1)^{\mathrm{T}}$ 下的坐标.

解　设 $\boldsymbol{\alpha}=x_1\boldsymbol{\beta}_1+x_2\boldsymbol{\beta}_2+\cdots+x_n\boldsymbol{\beta}_n$，则有

$$\begin{cases}x_1+x_2+\cdots+x_{n-1}+x_n=a_1,\\ \qquad x_2+\cdots+x_{n-1}+x_n=a_2,\\ \cdots\cdots\cdots\cdots\cdots\cdots\\ \qquad\qquad x_{n-1}+x_n=a_{n-1},\\ \qquad\qquad\qquad x_n=a_n.\end{cases}$$

解之得

$$x_1=a_1-a_2,\ x_2=a_2-a_3,\ \cdots,\ x_{n-1}=a_{n-1}-a_n,\ x_n=a_n,$$

所以 $\boldsymbol{\alpha}$ 关于基 $\boldsymbol{\beta}_1,\boldsymbol{\beta}_2,\cdots,\boldsymbol{\beta}_n$ 的坐标为 $(a_1-a_2,a_2-a_3,\cdots,a_{n-1}-a_n,a_n)$.

习题 4.2

1. $(-1,1,2)$ 是 $\mathbf{R}^3$ 中的向量，试将它扩充为 $\mathbf{R}^3$ 的一组基.

2. 已知$\{(-1,2,1),(3,-1,0),(2,2,-2)\}$是$\mathbf{R}^3$的一组基，试将下列两个向量表示为这组基的线性组合：

(1) $\boldsymbol{\alpha}=(5,3,-2)$；　　(2) $\boldsymbol{\beta}=(3,-4,1)$.

3. 验证：$\boldsymbol{\alpha}_1=(2,-1,0)$，$\boldsymbol{\alpha}_2=(1,2,3)$，$\boldsymbol{\alpha}_3=(3,-1,2)$为$\mathbf{R}^3$的一个基，并将$\boldsymbol{\beta}_1=(8,-3,4)$，$\boldsymbol{\beta}_2=(4,6,11)$用这个基线性表示.

4. $\boldsymbol{\alpha}_1=(1,1,2,1)$，$\boldsymbol{\alpha}_2=(0,1,1,2)$，$\boldsymbol{\alpha}_3=(0,0,3,1)$，$\boldsymbol{\alpha}_4=(0,0,1,t)$是$\mathbf{R}^4$中的一组基，求$t$的范围.

5. $\boldsymbol{\alpha}_1=(1,-1,2,4)$，$\boldsymbol{\alpha}_2=(0,3,1,2)$，$\boldsymbol{\alpha}_3=(1,-1,2,0)$，$\boldsymbol{\alpha}_4=(3,0,7,14)$，$\boldsymbol{\alpha}_5=(2,1,5,6)$. 求$L(\boldsymbol{\alpha}_1,\boldsymbol{\alpha}_2,\boldsymbol{\alpha}_3,\boldsymbol{\alpha}_4,\boldsymbol{\alpha}_5)$的基与维数.

6. 求向量空间$V=\{\boldsymbol{\alpha}=(x_1,x_2,\cdots,x_n)\mid x_1+x_2+\cdots+x_n=0\}$的基与维数.

7. 求矩阵空间$\mathbf{R}^{2\times2}=\{\boldsymbol{A}=(a_{ij})_{2\times2}\mid a_{ij}\in\mathbf{R}\}$的维数和一组基.

8. 求线性空间$P[x]_n$中向量

$$p(x)=a_0+a_1x+\cdots+a_{n-1}x^{n-1}+a_nx^n$$

在基$1,x,x^2,\cdots,x^n$下和在基$1,(x-a),(x-a)^2,\cdots,(x-a)^n\ (a\neq0)$下的坐标.

9. 设$\boldsymbol{\alpha}_1=\begin{pmatrix}1\\0\\2\\1\end{pmatrix}$，$\boldsymbol{\alpha}_2=\begin{pmatrix}0\\1\\0\\1\end{pmatrix}$，$\boldsymbol{\alpha}_3=\begin{pmatrix}-1\\2\\0\\1\end{pmatrix}$，$\boldsymbol{\alpha}_4=\begin{pmatrix}0\\0\\0\\1\end{pmatrix}$.

(1) 证明：$\boldsymbol{\alpha}_1,\boldsymbol{\alpha}_2,\boldsymbol{\alpha}_3,\boldsymbol{\alpha}_4$是向量空间$\mathbf{R}^4$的一组基；

(2) 求$\mathbf{R}^4$中向量$\boldsymbol{\alpha}=(1,-1,4,5)^{\mathrm{T}}$关于基$\boldsymbol{\alpha}_1,\boldsymbol{\alpha}_2,\boldsymbol{\alpha}_3,\boldsymbol{\alpha}_4$的坐标.

4.3　基变换与坐标变换

在n维线性空间中，任意n个线性无关的向量都可以取作空间的一个基，而同一个向量在不同基下的坐标一般是不相同的. 那么，随着基的改变，向量的坐标又是怎样变化的呢？下面就来解决这个问题.

在本节中设V是数域F上的线性空间，并且若无特殊说明，F均指实数域$\mathbf{R}$.

定义4.6　设$\alpha_1,\alpha_2,\cdots,\alpha_n$和$\beta_1,\beta_2,\cdots,\beta_n$是$n$维线性空间$V$中的两组基，且

$$\begin{cases}\beta_1=c_{11}\alpha_1+c_{21}\alpha_2+\cdots+c_{n1}\alpha_n,\\ \beta_2=c_{12}\alpha_1+c_{22}\alpha_2+\cdots+c_{n2}\alpha_n,\\ \cdots\cdots\cdots\cdots\cdots\cdots\cdots\cdots\cdots\cdots\\ \beta_n=c_{1n}\alpha_1+c_{2n}\alpha_2+\cdots+c_{nn}\alpha_n,\end{cases}\tag{4.3}$$

简记为

$$(\beta_1,\beta_2,\cdots,\beta_n)=(\alpha_1,\alpha_2,\cdots,\alpha_n)\boldsymbol{C}, \tag{4.4}$$

其中矩阵

$$\boldsymbol{C}=\begin{pmatrix} c_{11} & c_{12} & \cdots & c_{1n} \\ c_{21} & c_{22} & \cdots & c_{2n} \\ \vdots & \vdots & & \vdots \\ c_{n1} & c_{n2} & \cdots & c_{nn} \end{pmatrix}$$

称为由基 $\alpha_1,\alpha_2,\cdots,\alpha_n$ 到基 $\beta_1,\beta_2,\cdots,\beta_n$ 的**过渡矩阵(基变换矩阵)**，(4.3) 式称为**基变换公式**.

不难看出：

(1) 过渡矩阵 $\boldsymbol{C}$ 的第 j 列 $\begin{pmatrix} c_{1j} \\ c_{2j} \\ \vdots \\ c_{nj} \end{pmatrix}$ 恰为 β_j 在基 $\alpha_1,\alpha_2,\cdots,\alpha_n$ 下的坐标；

(2) 由于 $\beta_1,\beta_2,\cdots,\beta_n$ 线性无关，因此 $\boldsymbol{C}$ 的列向量线性无关，故 $\boldsymbol{C}$ 是可逆的，且

$$(\alpha_1,\alpha_2,\cdots,\alpha_n)=(\beta_1,\beta_2,\cdots,\beta_n)\boldsymbol{C}^{-1},$$

即由基 $\beta_1,\beta_2,\cdots,\beta_n$ 到基 $\alpha_1,\alpha_2,\cdots,\alpha_n$ 的过渡矩阵为 $\boldsymbol{C}^{-1}$.

据此我们可以推导在 n 维线性空间 V 中，同一向量关于不同基下的坐标之间的关系.

定理 4.1 设 $\alpha_1,\alpha_2,\cdots,\alpha_n$ 和 $\beta_1,\beta_2,\cdots,\beta_n$ 是 n 维线性空间 V 的两组基，由基 $\alpha_1,\alpha_2,\cdots,\alpha_n$ 到基 $\beta_1,\beta_2,\cdots,\beta_n$ 的过渡矩阵 $\boldsymbol{C}=(c_{ij})_{n\times n}$，即有

$$(\beta_1,\beta_2,\cdots,\beta_n)=(\alpha_1,\alpha_2,\cdots,\alpha_n)\boldsymbol{C}.$$

若向量 α 在 $\alpha_1,\alpha_2,\cdots,\alpha_n$ 和 $\beta_1,\beta_2,\cdots,\beta_n$ 下的坐标分别为 $\boldsymbol{x}=\begin{pmatrix} x_1 \\ x_2 \\ \vdots \\ x_n \end{pmatrix}$ 和 $\boldsymbol{y}=\begin{pmatrix} y_1 \\ y_2 \\ \vdots \\ y_n \end{pmatrix}$，那么有

$$\boldsymbol{x}=\boldsymbol{C}\boldsymbol{y}, \tag{4.5}$$

或者等价地有

$$\boldsymbol{y}=\boldsymbol{C}^{-1}\boldsymbol{x}. \tag{4.6}$$

(4.5) 或 (4.6) 称为**坐标变换公式**.

证 α 在 $\alpha_1,\alpha_2,\cdots,\alpha_n$ 下的坐标为 $\boldsymbol{x}$，即

$$\alpha=(\alpha_1,\alpha_2,\cdots,\alpha_n)\begin{pmatrix}x_1\\x_2\\\vdots\\x_n\end{pmatrix}=(\alpha_1,\alpha_2,\cdots,\alpha_n)\boldsymbol{x},$$

而 α 在 $\beta_1,\beta_2,\cdots,\beta_n$ 下的坐标为 $\boldsymbol{y}$，并注意到 $\boldsymbol{C}$ 为两组基之间的过渡矩阵，故

$$\alpha=(\beta_1,\beta_2,\cdots,\beta_n)\begin{pmatrix}y_1\\y_2\\\vdots\\y_n\end{pmatrix}=(\beta_1,\beta_2,\cdots,\beta_n)\boldsymbol{y}=(\alpha_1,\alpha_2,\cdots,\alpha_n)\boldsymbol{Cy}.$$

这意味着 α 在 $\alpha_1,\alpha_2,\cdots,\alpha_n$ 下的坐标为 $\boldsymbol{Cy}$. 由坐标的唯一性，得到 $\boldsymbol{x}=\boldsymbol{Cy}$.

□

例 1　给定 $\mathbf{R}^3$ 中的两组基

$$\boldsymbol{\alpha}_1=\begin{pmatrix}1\\2\\1\end{pmatrix},\quad \boldsymbol{\alpha}_2=\begin{pmatrix}2\\3\\3\end{pmatrix},\quad \boldsymbol{\alpha}_3=\begin{pmatrix}3\\7\\1\end{pmatrix}$$

和

$$\boldsymbol{\beta}_1=\begin{pmatrix}3\\1\\4\end{pmatrix},\quad \boldsymbol{\beta}_2=\begin{pmatrix}5\\2\\1\end{pmatrix},\quad \boldsymbol{\beta}_3=\begin{pmatrix}1\\1\\-6\end{pmatrix}.$$

(1)　试求由 $\boldsymbol{\alpha}_1,\boldsymbol{\alpha}_2,\boldsymbol{\alpha}_3$ 到 $\boldsymbol{\beta}_1,\boldsymbol{\beta}_2,\boldsymbol{\beta}_3$ 的过渡矩阵 $\boldsymbol{C}$.

(2)　若向量 $\boldsymbol{\gamma}$ 在 $\boldsymbol{\beta}_1,\boldsymbol{\beta}_2,\boldsymbol{\beta}_3$ 下的坐标为 $(1,-1,0)^{\mathrm{T}}$，求 $\boldsymbol{\gamma}$ 在 $\boldsymbol{\alpha}_1,\boldsymbol{\alpha}_2,\boldsymbol{\alpha}_3$ 的坐标.

(3)　若向量 $\boldsymbol{\delta}$ 在 $\boldsymbol{\alpha}_1,\boldsymbol{\alpha}_2,\boldsymbol{\alpha}_3$ 下的坐标为 $(1,-1,0)^{\mathrm{T}}$，求 $\boldsymbol{\delta}$ 在 $\boldsymbol{\beta}_1,\boldsymbol{\beta}_2,\boldsymbol{\beta}_3$ 的坐标.

解　(1)　由于 $(\boldsymbol{\beta}_1,\boldsymbol{\beta}_2,\boldsymbol{\beta}_3)=(\boldsymbol{\alpha}_1,\boldsymbol{\alpha}_2,\boldsymbol{\alpha}_3)\boldsymbol{C}$，这意味着

$$\begin{pmatrix}3&5&1\\1&2&1\\4&1&-6\end{pmatrix}=\begin{pmatrix}1&2&3\\2&3&7\\1&3&1\end{pmatrix}\boldsymbol{C}.$$

这是一个矩阵方程，用初等变换的方法，容易求出

$$\boldsymbol{C}=\begin{pmatrix}1&2&3\\2&3&7\\1&3&1\end{pmatrix}^{-1}\begin{pmatrix}3&5&1\\1&2&1\\4&1&-6\end{pmatrix}=\begin{pmatrix}-27&-71&-41\\9&20&9\\4&12&8\end{pmatrix}.$$

(2)　根据(4.5)式，$\boldsymbol{\gamma}$ 在 $\boldsymbol{\alpha}_1,\boldsymbol{\alpha}_2,\boldsymbol{\alpha}_3$ 的坐标为

$$C\begin{pmatrix}1\\-1\\0\end{pmatrix}=\begin{pmatrix}-27&-71&-41\\9&20&9\\4&12&8\end{pmatrix}\begin{pmatrix}1\\-1\\0\end{pmatrix}=\begin{pmatrix}44\\-11\\-8\end{pmatrix}.$$

(3) 根据(4.6)式，$\boldsymbol{\delta}$ 在 $\boldsymbol{\beta}_1,\boldsymbol{\beta}_2,\boldsymbol{\beta}_3$ 的坐标为

$$C^{-1}\begin{pmatrix}1\\-1\\0\end{pmatrix}=\begin{pmatrix}-27&-71&-41\\9&20&9\\4&12&8\end{pmatrix}^{-1}\begin{pmatrix}1\\-1\\0\end{pmatrix}=\begin{pmatrix}-6\\4\\-3\end{pmatrix}.$$

习题 4.3

1. 设4维线性空间 $P[x]_3$ 有两个基：

$$A:1,x,x^2,x^3,$$
$$B:1,x-1,(x-1)^2,(x-1)^3.$$

求由基 A 到基 B 的过渡矩阵 $\mathbf{C}$.

2. 设 $\mathbf{R}^3$ 的两组基 $\boldsymbol{\alpha}_1=(1,0,-1)^{\mathrm{T}}$, $\boldsymbol{\alpha}_2=(3,1,1)^{\mathrm{T}}$, $\boldsymbol{\alpha}_3=(1,1,1)^{\mathrm{T}}$ 和 $\boldsymbol{\beta}_1=(0,1,1)^{\mathrm{T}}$, $\boldsymbol{\beta}_2=(-1,1,0)^{\mathrm{T}}$, $\boldsymbol{\beta}_3=(1,2,1)^{\mathrm{T}}$.

(1) 求从基 $\boldsymbol{\alpha}_1,\boldsymbol{\alpha}_2,\boldsymbol{\alpha}_3$ 到基 $\boldsymbol{\beta}_1,\boldsymbol{\beta}_2,\boldsymbol{\beta}_3$ 的过渡矩阵 $\boldsymbol{C}$；

(2) 求向量 $\boldsymbol{\alpha}=\boldsymbol{\alpha}_1+2\boldsymbol{\alpha}_2-3\boldsymbol{\alpha}_3$ 在基 $\boldsymbol{\beta}_1,\boldsymbol{\beta}_2,\boldsymbol{\beta}_3$ 下的坐标 $\boldsymbol{y}$.

3. 设 $\mathbf{R}^3$ 中的两个基分别为

$$\boldsymbol{\alpha}_1=\begin{pmatrix}1\\0\\1\end{pmatrix},\quad \boldsymbol{\alpha}_2=\begin{pmatrix}0\\1\\0\end{pmatrix},\quad \boldsymbol{\alpha}_3=\begin{pmatrix}1\\2\\2\end{pmatrix};$$

$$\boldsymbol{\beta}_1=\begin{pmatrix}1\\0\\0\end{pmatrix},\quad \boldsymbol{\beta}_2=\begin{pmatrix}1\\1\\0\end{pmatrix},\quad \boldsymbol{\beta}_3=\begin{pmatrix}1\\1\\1\end{pmatrix}.$$

(1) 求由基 $\boldsymbol{\alpha}_1,\boldsymbol{\alpha}_2,\boldsymbol{\alpha}_3$ 到基 $\boldsymbol{\beta}_1,\boldsymbol{\beta}_2,\boldsymbol{\beta}_3$ 的过渡矩阵；

(2) 已知向量 $\boldsymbol{\alpha}$ 在基 $\boldsymbol{\alpha}_1,\boldsymbol{\alpha}_2,\boldsymbol{\alpha}_3$ 下的坐标 $\boldsymbol{x}=\begin{pmatrix}1\\3\\0\end{pmatrix}$，求 $\boldsymbol{\alpha}$ 在基 $\boldsymbol{\beta}_1,\boldsymbol{\beta}_2,\boldsymbol{\beta}_3$ 下的坐标.

4. 设 $\mathbf{R}^3$ 中的两组基为 $\{\boldsymbol{\alpha}_1,\boldsymbol{\alpha}_2,\boldsymbol{\alpha}_3\}$ 和 $\{\boldsymbol{\beta}_1,\boldsymbol{\beta}_2,\boldsymbol{\beta}_3\}$，且 $\boldsymbol{\beta}_1=\boldsymbol{\alpha}_1-\boldsymbol{\alpha}_2$, $\boldsymbol{\beta}_2=2\boldsymbol{\alpha}_1+3\boldsymbol{\alpha}_2+2\boldsymbol{\alpha}_3$, $\boldsymbol{\beta}_3=\boldsymbol{\alpha}_1+3\boldsymbol{\alpha}_2+2\boldsymbol{\alpha}_3$.

(1) 求 $\boldsymbol{\alpha}=2\boldsymbol{\beta}_1-\boldsymbol{\beta}_2+3\boldsymbol{\beta}_3$ 在基 $\{\boldsymbol{\alpha}_1,\boldsymbol{\alpha}_2,\boldsymbol{\alpha}_3\}$ 下的坐标；

(2) 求 $\boldsymbol{\alpha}=2\boldsymbol{\alpha}_1-\boldsymbol{\alpha}_2+3\boldsymbol{\alpha}_3$ 在基 $\{\boldsymbol{\beta}_1,\boldsymbol{\beta}_2,\boldsymbol{\beta}_3\}$ 下的坐标.

5. 在 $\mathbf{R}^{2\times2}$ 中，已知两组基为

$$\boldsymbol{E}_1=\begin{pmatrix}1&0\\0&0\end{pmatrix},\quad \boldsymbol{E}_2=\begin{pmatrix}0&1\\0&0\end{pmatrix},\quad \boldsymbol{E}_3=\begin{pmatrix}0&0\\1&0\end{pmatrix},\quad \boldsymbol{E}_4=\begin{pmatrix}0&0\\0&1\end{pmatrix};$$

$$G_1=\begin{pmatrix}0&1\\1&1\end{pmatrix},\quad G_2=\begin{pmatrix}1&0\\1&1\end{pmatrix},\quad G_3=\begin{pmatrix}1&1\\0&1\end{pmatrix},\quad G_4=\begin{pmatrix}1&1\\1&0\end{pmatrix}.$$

求从基$\{E_i\}$到基$\{G_i\}$的过渡矩阵，并求矩阵$\begin{pmatrix}0&1\\2&-3\end{pmatrix}$在后一组基下的坐标.

4.4 线性子空间

4.1.1 段中的例 4 给出了线性方程组 $Ax=0$ 的所有解构成的线性空间. 显然，这个线性空间是 $\mathbf{R}^n$ 的一个子集合. 对于这种情况，我们引进子空间的概念.

定义 4.7 设 V 是线性空间，W 是 V 的非空子集合，$W\subseteq V$. 若 W 的所有元素关于 V 中加法和数乘向量运算也构成一个线性空间，则称 W 为 V 的一个**线性子空间**(简称为**子空间**).

定理 4.2 设 W 是线性空间 V 的非空子集合，则 W 是 V 的子空间的充要条件是：

(1) 若 $\alpha,\beta\in W$，则 $\alpha+\beta\in W$;

(2) 若 $\alpha\in W$, $k\in F$，则 $k\alpha\in W$.

证 条件的必要性是显然的，只证充分性.

假设 W 关于 V 的两种运算满足(1) 和(2) 两个条件，则这两种运算就是 W 的两种运算. 此时 W 中的向量满足线性空间定义中 ①,②,⑤,⑥,⑦,⑧ 等运算法则是显然的，现在只需验证线性空间定义中的 ③,④ 两条运算法则在 W 中也成立.

由定理的条件(2) 知，对任意 $\alpha\in W$，有

$$0=0\alpha\in W,\quad -\alpha=(-1)\alpha\in W,$$

即 W 中有零元素和负元素. 因此，对任意 $\alpha\in W$，存在 $0\in W$，使得 $\alpha+0=\alpha\in W$; 存在 $-\alpha\in W$，使得 $\alpha+(-\alpha)=0\in W$，故线性空间定义中的运算法则 ③ 和 ④ 在 W 中也成立. □

注 由定理 4.2 的证明过程可见，若 W 是 V 的子空间，则 V 的零元素 0 就是 W 的零元素. 若 V 的子集 W 不包含 V 的零元素 0，则 W 一定不是 V 的子空间.

任何线性空间 V 的零元素 0 本身构成线性空间，它是 V 的子空间，称为**零子空间**. V 本身也是 V 的子空间. V 本身和零子空间称为 V 的**平凡子空间**，

V 的其他子空间称为 V 的**非平凡子空间**.

注　可以利用上述结论判定某集合不构成所属线性空间的子空间；另外一个简单的判定方法是看该集合是否不包含原线性空间的零元素，因为子空间作为线性空间必须包含零元素.

例 1　在 $\mathbf{R}^3$ 中，判断以下子集是否构成 $\mathbf{R}^3$ 的线性子空间：

(1) $W_1=\{\boldsymbol{\alpha}\mid\boldsymbol{\alpha}=(a_1,a_2,a_3)^{\mathrm{T}},\ a_1+a_2+a_3=0\}$；

(2) $W_2=\{\boldsymbol{\alpha}\mid\boldsymbol{\alpha}=(a_1,a_2,a_3)^{\mathrm{T}},\ a_1+a_2+a_3=1\}$.

解　(1) $\forall\boldsymbol{\alpha},\boldsymbol{\beta}\in W_1$，$\forall k\in\mathbf{R}$，设 $\boldsymbol{\alpha}=(a_1,a_2,a_3)^{\mathrm{T}}$，$\boldsymbol{\beta}=(b_1,b_2,b_3)^{\mathrm{T}}$，因为

$$\boldsymbol{\alpha}+\boldsymbol{\beta}=(a_1+b_1,a_2+b_2,a_3+b_3)^{\mathrm{T}},$$
$$k\boldsymbol{\alpha}=(ka_1,ka_2,ka_3)^{\mathrm{T}},$$

且

$$\begin{aligned}&(a_1+b_1)+(a_2+b_2)+(a_3+b_3)\\&\quad=(a_1+a_2+a_3)+(b_1+b_2+b_3)\\&\quad=0+0=0,\end{aligned}$$
$$ka_1+ka_2+ka_3=k(a_1+a_2+a_3)=k0=0,$$

即 $\boldsymbol{\alpha}+\boldsymbol{\beta}\in W_1$，$k\boldsymbol{\alpha}\in W_1$，$W_1$ 关于 $\mathbf{R}^3$ 的加法和数乘运算封闭，所以 W_1 是 $\mathbf{R}^3$ 的线性子空间.

(2) $\forall\boldsymbol{\alpha},\boldsymbol{\beta}\in W_2$，记 $\boldsymbol{\alpha}=(a_1,a_2,a_3)^{\mathrm{T}}$，$\boldsymbol{\beta}=(b_1,b_2,b_3)^{\mathrm{T}}$，因为

$$\boldsymbol{\alpha}+\boldsymbol{\beta}=(a_1+b_1,a_2+b_2,a_3+b_3)^{\mathrm{T}},$$

而且

$$\begin{aligned}&(a_1+b_1)+(a_2+b_2)+(a_3+b_3)\\&\quad=(a_1+a_2+a_3)+(b_1+b_2+b_3)\\&\quad=1+1=2\neq1,\end{aligned}$$

即 $\boldsymbol{\alpha}+\boldsymbol{\beta}\notin W_2$，$W_2$ 关于 $\mathbf{R}^3$ 中的加法运算不封闭，所以 W_2 不是 $\mathbf{R}^3$ 的线性子空间.

例 2　在线性空间 $\mathbf{R}^{n\times n}$ 中取集合

(1) $W_1=\{\boldsymbol{A}\mid\boldsymbol{A}\in\mathbf{R}^{n\times n},\ \boldsymbol{A}^{\mathrm{T}}=\boldsymbol{A}\}$；

(2) $W_2=\{\boldsymbol{B}\mid\boldsymbol{B}\in\mathbf{R}^{n\times n},\ |\boldsymbol{B}|\neq0\}$，

判定它们是否为子空间.

解　(1) $\forall\boldsymbol{A}\in W_1$，$k\in\mathbf{R}$，因 $(k\boldsymbol{A})^{\mathrm{T}}=k\boldsymbol{A}$，所以 $k\boldsymbol{A}\in W_1$. 又 $\forall\boldsymbol{A}_1,\boldsymbol{A}_2\in W_1$，

$$(\boldsymbol{A}_1+\boldsymbol{A}_2)^{\mathrm{T}}=\boldsymbol{A}_1^{\mathrm{T}}+\boldsymbol{A}_2^{\mathrm{T}}=\boldsymbol{A}_1+\boldsymbol{A}_2,$$

所以 $\boldsymbol{A}_1+\boldsymbol{A}_2\in W_1$. 故 W_1 对 $\mathbf{R}^{n\times n}$ 的加法和数乘运算封闭.

又 $\boldsymbol{O}\in W_1$, $-A=(-1)\cdot A\in W_1$, 定义 4.2 中 ③, ④ 满足.

由于 $W_1\subseteq\mathbf{R}^{n\times n}$ 可推出 W_1 中元素的加法、数乘也一定具有 $\mathbf{R}^{n\times n}$ 中元素所满足的性质，故定义 4.2 中其余法则对 W_1 均成立. 所以 W_1 为 $\mathbf{R}^{n\times n}$ 的子空间.

(2) 因为 $\boldsymbol{O}_{n\times n}\notin W_2$, 所以 W_2 不是线性空间，从而也不是 $\mathbf{R}^{n\times n}$ 的子空间.

线性空间 V 与其子空间 W 之间的包含关系决定了 W 不可能有比 V 数量更多的线性无关的向量，因此 $\dim W\leqslant\dim V$. 从而有限维线性空间 V 的任何子空间都可以用有限个向量按下述方式来生成，这是构造或表示子空间的常用方法.

定义 4.8　设 $\alpha_1,\alpha_2,\cdots,\alpha_s$ 是线性空间 V 的 s 个向量，则非空集合

$$L(\alpha_1,\alpha_2,\cdots,\alpha_s)=\{a=k_1\alpha_1+k_2\alpha_2+\cdots+k_s\alpha_s\mid k_i\in\mathbf{R},\ i=1,2,\cdots,s\}$$

关于向量的加法和数乘运算封闭. 因此它是 V 的一个子空间，称之为 $\alpha_1,\alpha_2,\cdots,\alpha_s$ **生成的子空间**.

对于生成的子空间，有以下结论：

定理 4.3　设 $\alpha_1,\alpha_2,\cdots,\alpha_s$ 和 $\beta_1,\beta_2,\cdots,\beta_t$ 是线性空间 V 的两组向量组，则

(1) $L(\alpha_1,\alpha_2,\cdots,\alpha_s)=L(\beta_1,\beta_2,\cdots,\beta_t)$ 的充分必要条件是向量组 $\alpha_1,\alpha_2,\cdots,\alpha_s$ 和 $\beta_1,\beta_2,\cdots,\beta_t$ 等价；

(2) $\alpha_1,\alpha_2,\cdots,\alpha_s$ 的极大无关组是子空间 $L(\alpha_1,\alpha_2,\cdots,\alpha_s)$ 的基，而维数等于向量组 $\alpha_1,\alpha_2,\cdots,\alpha_s$ 的秩.

证　(1) 必要性. 若 $L(\alpha_1,\alpha_2,\cdots,\alpha_s)=L(\beta_1,\beta_2,\cdots,\beta_t)$, 则 $\alpha_i\in L(\beta_1,\beta_2,\cdots,\beta_t)$ $(i=1,2,\cdots,s)$, 故每个 α_i 都能由 $\beta_1,\beta_2,\cdots,\beta_t$ 线性表示；同理 $\beta_i\in L(\alpha_1,\alpha_2,\cdots,\alpha_s)$ $(j=1,2,\cdots,t)$, 每个 β_j 都能由 $\alpha_1,\alpha_2,\cdots,\alpha_s$ 线性表示. 所以这两个向量组等价.

充分性. 若这两个向量组等价，则凡是能由 $\alpha_1,\alpha_2,\cdots,\alpha_s$ 线性表示的向量一定能由 $\beta_1,\beta_2,\cdots,\beta_t$ 线性表示；反过来也一样. 因而

$$L(\alpha_1,\alpha_2,\cdots,\alpha_s)=L(\beta_1,\beta_2,\cdots,\beta_t).$$

(2) 设 $\mathrm{r}(\alpha_1,\alpha_2,\cdots,\alpha_s)=r$. 为方便起见，不妨设前 r 个向量 $\alpha_1,\alpha_2,\cdots,\alpha_r$ 是它的一个极大无关组，于是 $\alpha_1,\alpha_2,\cdots,\alpha_r$ 与 $\alpha_1,\alpha_2,\cdots,\alpha_s$ 等价. 从而根据结论(1)，知

$$L(\alpha_1,\alpha_2,\cdots,\alpha_\gamma)=L(\alpha_1,\alpha_2,\cdots,\alpha_s).$$

因此，$\alpha_1,\alpha_2,\cdots,\alpha_r$ 是 $L(\alpha_1,\alpha_2,\cdots,\alpha_s)$ 的一组基，而它的维数是 r.　　□

注 向量组 $\alpha_1,\alpha_2,\cdots,\alpha_n$ 的任何一个极大无关组都是子空间 $L(\alpha_1,\alpha_2,\cdots,\alpha_n)$ 的一个基，称为**生成基**.

若 $\alpha_1,\alpha_2,\cdots,\alpha_n$ 是数域 F 上的线性空间 V 的一个基，则

$$\begin{aligned}V&=L(\alpha_1,\alpha_2,\cdots,\alpha_n)\\&=\{\alpha=x_1\alpha_1+x_2\alpha_2+\cdots+x_n\alpha_n \mid x_1,x_2,\cdots,x_n\in F\}.\end{aligned}$$

这说明线性空间 V 是由它的一个基 $\alpha_1,\alpha_2,\cdots,\alpha_n$ 生成的线性空间.

习题 4.4

1. 判断下列集合是否构成子空间，若是子空间，则求它的维数和一组基：

(1) $\mathbf{R}^3$ 中平面 $x+2y+3z=0$ 上点的集合；

(2) $\mathbf{R}^n$ 中前两个分量等于零的 n 维向量集合；

(3) $\mathbf{R}^{2\times2}$ 中，二阶正交矩阵的集合；

(4) $\mathbf{R}^n$ 中，n 个分量之和为零的 n 维向量集合.

2. 求下列向量生成空间的维数与一组基：

(1) $\boldsymbol{\alpha}_1=(-1,3,4,7)^{\mathrm{T}}$, $\boldsymbol{\alpha}_2=(2,1,-1,0)^{\mathrm{T}}$, $\boldsymbol{\alpha}_3=(1,2,1,3)^{\mathrm{T}}$, $\boldsymbol{\alpha}_4=(-4,1,5,6)^{\mathrm{T}}$；

(2) $\boldsymbol{\alpha}_1=(1,4,1,0,2)^{\mathrm{T}}$, $\boldsymbol{\alpha}_2=(2,5,-1,-3,2)^{\mathrm{T}}$, $\boldsymbol{\alpha}_3=(1,0,-3,-1,1)^{\mathrm{T}}$, $\boldsymbol{\alpha}_4=(0,5,5,-1,0)^{\mathrm{T}}$.

3. 设 $W=\{\boldsymbol{y}=(k,2k,3k,\cdots,nk)^{\mathrm{T}}\mid k\in\mathbf{R}\}$，求 W 的维数与一组基.

4. 设 V 是一个向量空间，$\alpha_1,\alpha_2,\cdots,\alpha_s$ 是 V 中的 s 个向量，则由 $\alpha_1,\alpha_2,\cdots,\alpha_s$ 的一切线性组合所组成的集合

$$L\{\alpha_1,\alpha_2,\cdots,\alpha_s\}=\left\{\alpha=\sum_{i=1}^{s}k_i\alpha_i \mid k_i\in\mathbf{R}\right\}$$

是 V 的一个子空间.

5. 设 $\alpha_1,\alpha_2,\cdots,\alpha_s$ 是向量空间 V 中的 n 维向量，$k_1,k_2,\cdots,k_s$ 是数，证明：$W=\{x=k_1\alpha_1+k_2\alpha_2+\cdots+k_s\alpha_s\}$ 构成 V 的子空间.

6. 在 $\mathbf{R}^{2\times2}$ 中

$$\boldsymbol{W}=\left\{\boldsymbol{A}\,\middle|\,\boldsymbol{A}=\begin{bmatrix}a_1&a_2\\a_3&a_4\end{bmatrix},\ a_1+a_2+a_3+a_4=0\right\},$$

证明：W 是 $\mathbf{R}^{2\times2}$ 的线性子空间，并求出 W 的维数和一个基.

4.5 欧氏空间

在线性空间中定义了加法和数乘两种运算，我们就可以讨论元素之间的线性关系. 但我们知道在三维的几何向量之间，除了线性关系外，还有着度

量关系，即距离、夹角等，是否可以在线性空间也建立起相应的概念? 本节将讨论这个问题.

4.5.1 内积与欧氏空间

定义 4.9 设 V 是实线性空间. 如果 $\forall \alpha,\beta \in V$，按照某种法则有唯一的实数(记为 (α,β)) 与它们对应，这种对应法则满足：

(1) $(\alpha,\beta)=(\beta,\alpha)$；

(2) $(k\alpha,\beta)=k(\alpha,\beta)$；

(3) $(\alpha+\beta,\gamma)=(\alpha,\gamma)+(\beta,\gamma)$；

(4) $(\alpha,\alpha)\geqslant 0$，而 $(\alpha,\alpha)=0$ 当且仅当 $\alpha=0$，

其中 α,β,γ 为 V 中任意向量，k 为任意实数，则称与 α,β 对应的实数 (α,β) 为 α 与 β 的**内积**. 定义了内积的实线性空间称为**欧几里得**(Euclid) **空间**，简称**欧氏空间**.

在实线性空间 $\mathbf{R}^n$ 中，对任意 n 维向量

$$\boldsymbol{\alpha}=\begin{pmatrix}a_1\\a_2\\\vdots\\a_n\end{pmatrix},\quad \boldsymbol{\beta}=\begin{pmatrix}b_1\\b_2\\\vdots\\b_n\end{pmatrix},$$

通常定义其内积为

$$(\boldsymbol{\alpha},\boldsymbol{\beta})=a_1b_1+a_2b_2+\cdots+a_nb_n=\boldsymbol{\alpha}^{\mathrm{T}}\boldsymbol{\beta}. \tag{4.7}$$

它满足内积定义中的性质(1) ~ (4)，于是赋予这个内积的 $\mathbf{R}^n$ 成为一个欧氏空间. 我们约定：若无特别说明，$\mathbf{R}^n$ 上的内积都是按(4.7) 定义的.

而在实线性空间 $M^{m\times n}$ 中，可以定义 $\boldsymbol{A}=(a_{ij})_{m\times n}$，$\boldsymbol{B}=(b_{ij})_{m\times n}$ 的内积为

$$(\boldsymbol{A},\boldsymbol{B})=\sum_{i=1}^{m}\sum_{j=1}^{n}a_{ij}b_{ij}.$$

读者容易验证，以上情形中定义的内积都符合定义 4.9 中(1) ~ (4).

对于 $\mathbf{R}^n$ 中按(4.7) 定义的内积，对任意实向量 $\boldsymbol{\alpha}$，显然有 $(\mathbf{0},\boldsymbol{\alpha})=0$. 对于一般的欧氏空间 V，也有同样的结论.

例 1 设 V 为欧氏空间，证明：$\forall \alpha\in V$，有 $(0,\alpha)=0$.

证 由内积的定义，

$$(0,\alpha)=(0\cdot 0,\alpha)=0(0,\alpha)=0.$$

4.5.2 长度与距离

由内积的概念可以导出长度的概念.

定义 4.10 设V为欧氏空间. 对任意向量$\alpha \in V$，非负实数$\sqrt{(\alpha,\alpha)}$称为α的**长度或模**，记为$\|\alpha\|$，即

$$\|\alpha\| = \sqrt{(\alpha,\alpha)}.$$

显然，长度等于零的向量只有零向量. 我们把长度等于1的向量称为**单位向量**. 对于任意非零向量$\alpha \in V$，因为有

$$\left\|\frac{\alpha}{\|\alpha\|}\right\| = \sqrt{\left(\frac{\alpha}{\|\alpha\|},\frac{\alpha}{\|\alpha\|}\right)} = \sqrt{\frac{(\alpha,\alpha)}{\|\alpha\|^2}}$$

$$= \frac{\sqrt{(\alpha,\alpha)}}{\|\alpha\|} = \frac{\|\alpha\|}{\|\alpha\|} = 1,$$

所以向量$\frac{\alpha}{\|\alpha\|}$一定是单位向量，这样得到单位向量的做法，称之为**向量α的单位化**.

向量的长度又称向量的**范数**，它具有如下性质：

(1) $\|\alpha\| \geqslant 0$，而$\|\alpha\| = 0$当且仅当$\alpha = 0$. 这表明任意非零向量的长度为正数，只有零向量的长度为0；

(2) 对任意向量α和任意实数k，有$\|k\alpha\| = |k|\,\|\alpha\|$.

证 (1) 的证明留给读者作为练习.

(2) $$\|k\alpha\| = \sqrt{(k\alpha,k\alpha)} = \sqrt{k^2(\alpha,\alpha)} = |k|\sqrt{(\alpha,\alpha)}$$
$$= |k| \cdot \|\alpha\|.$$

为了定义向量间的夹角，需要建立如下结论：

定理 4.4 设α,β是欧氏空间V中的任意向量，有

$$|(\alpha,\beta)| \leqslant \|\alpha\| \cdot \|\beta\|, \tag{4.8}$$

且等号仅当α,β线性相关时成立.

证 下面分别就α与β线性相关与线性无关两种情况，予以证明.

(1) 若α与β线性相关，当α与β至少有一个为零向量时，显然有

$$|(\alpha,\beta)| = \|\alpha\| \cdot \|\beta\|;$$

当α与β都不为零向量时，设$\beta = k\alpha$ ($k \in \mathbf{R}$且$k \neq 0$)，于是

$$\|\beta\| = \|k\alpha\| = |k| \cdot \|\alpha\|,$$

$$|(\alpha,\beta)| = |(\alpha,k\alpha)| = |k| \cdot \|\alpha\|^2 = \|\alpha\| \cdot \|\beta\|.$$

(2) 若α,β线性无关，则对任意实数t，$t\alpha - \beta \neq 0$，因而

$$0 < (t\alpha - \beta, t\alpha - \beta) = t^2(\alpha,\alpha) - 2t(\alpha,\beta) + (\beta,\beta).$$

上式的右边是一个关于t的二次三项式，且对任意实数t该式都大于零，这说

明$(2(\alpha,\beta))^2 < 4(\alpha,\alpha)(\beta,\beta)$，即

$$|(\alpha,\beta)| < \|\alpha\| \cdot \|\beta\|,$$

所以(4.8)中不等号成立.

由于两个向量不是线性相关就是线性无关，这样就证明了结论. □

(4.8)式通常称为**柯西-施瓦茨**(Cauchy-Schwarz)**不等式**，这是一个十分有用的不等式.

由定理4.4，不难证明：

推论(三角不等式)　$\|\alpha+\beta\| \leqslant \|\alpha\| + \|\beta\|$.

证　因为

$$\begin{aligned}\|\alpha+\beta\| &= (\alpha+\beta,\alpha+\beta) = (\alpha,\alpha)+(\beta,\beta)+2(\alpha,\beta)\\ &\leqslant \|\alpha\|^2+\|\beta\|^2+2\|\alpha\|\,\|\beta\|\\ &= (\|\alpha\|+\|\beta\|)^2,\end{aligned}$$

所以$\|\alpha+\beta\| \leqslant \|\alpha\| + \|\beta\|$. □

例如，在$\mathbf{R}^n$中，设$\boldsymbol{\alpha}=\begin{pmatrix}a_1\\a_2\\\vdots\\a_n\end{pmatrix}$，$\boldsymbol{\beta}=\begin{pmatrix}b_1\\b_2\\\vdots\\b_n\end{pmatrix}$，它们的长度分别为

$$\|\boldsymbol{\alpha}\|=\sqrt{a_1^2+a_2^2+\cdots+a_n^2},\quad \|\boldsymbol{\beta}\|=\sqrt{b_1^2+b_2^2+\cdots+b_n^2}. \tag{4.9}$$

根据柯西-施瓦茨不等式就有形式：

$$|a_1b_1+a_2b_2+\cdots+a_nb_n| \leqslant \sqrt{a_1^2+a_2^2+\cdots+a_n^2}\sqrt{b_1^2+b_2^2+\cdots+b_n^2}. \tag{4.10}$$

又如，在$C[a,b]$中，对$f=f(x)$，$g=g(x)$，它们的长度分别为

$$\|f\|=\sqrt{\int_a^b f^2(x)\mathrm{d}x},\quad \|g\|=\sqrt{\int_a^b g^2(x)\mathrm{d}x},$$

依照柯西-施瓦茨不等式，有如下形式：

$$\int_a^b f(x)g(x)\mathrm{d}x \leqslant \sqrt{\int_a^b f^2(x)\mathrm{d}x}\sqrt{\int_a^b g^2(x)\mathrm{d}x}. \tag{4.11}$$

(4.10)式和(4.11)式都是著名的不等式.

现在我们引进距离的概念.

下面我们在线性空间中引进距离的概念.

定义4.11　设V是欧氏空间，对$\alpha,\beta\in V$，定义α,β的**距离**为$\|\alpha-\beta\|$.

若设$\boldsymbol{\alpha}=(\alpha_1,\alpha_2,\cdots,\alpha_n)^{\mathrm{T}}$，$\boldsymbol{\beta}=(\beta_1,\beta_2,\cdots,\beta_n)^{\mathrm{T}}$为$\mathbf{R}^n$中任意两个向量，

则 $\boldsymbol{\alpha}$ 与 $\boldsymbol{\beta}$ 的距离为

$$\|\boldsymbol{\alpha}-\boldsymbol{\beta}\|=\sqrt{(a_1-b_1)^2+(a_2-b_2)^2+\cdots+(a_n-b_n)^2}.$$

由定义 4.11 显然可知，两个向量之间的距离等于零的充分必要条件是这两个向量相等.

例 2 在 $\mathbf{R}^5$ 中求向量 $(18,4,3,3,-2)^{\mathrm{T}},(14,1,0,2,-3)^{\mathrm{T}}$ 之间的距离.

解 这两个向量之间的距离为

$$\begin{aligned}\|\boldsymbol{\alpha}-\boldsymbol{\beta}\|&=\sqrt{(18-14)^2+(4-1)^2+(3-0)^2+(3-2)^2+(-2+3)^2}\\&=\sqrt{4^2+3^2+3^2+1^2+1^2}=6.\end{aligned}$$

4.5.3 夹角与正交

根据定理 4.4，对任意非零向量 α,β 总有

$$-1\leqslant\frac{(\alpha,\beta)}{\|\alpha\|\cdot\|\beta\|}\leqslant 1.$$

由此我们引入向量间夹角的概念.

定义 4.12 设 V 是欧氏空间，对非零的 $\alpha,\beta\in V$，定义 α,β 的夹角 $\langle\alpha,\beta\rangle$ 为

$$\langle\alpha,\beta\rangle=\arccos\frac{(\alpha,\beta)}{\|\alpha\|\cdot\|\beta\|}\quad(0\leqslant\langle\alpha,\beta\rangle\leqslant\pi).\tag{4.12}$$

特别，当 $\langle\alpha,\beta\rangle=0$ 时，称 α,β **正交**，或**垂直**，记为 $\alpha\perp\beta$.

显然，零向量与欧氏空间中的任意向量 α 正交；与自己正交的向量只有零向量.

定理 4.5 *V 中任意两个非零向量 α 与 β 正交的充要条件是它们的内积等于零，即 $(\alpha,\beta)=0$.*

证 若 $(\alpha,\beta)=0$，则

$$\langle\alpha,\beta\rangle=\arccos\frac{(\alpha,\beta)}{\|\alpha\|\cdot\|\beta\|}=\arccos 0.$$

所以，$\langle\alpha,\beta\rangle=\dfrac{\pi}{2}$，即 $\alpha\perp\beta$.

反之，若 α 与 β 正交，即 $\langle\alpha,\beta\rangle=\dfrac{\pi}{2}$，则

$$\cos\langle\alpha,\beta\rangle=0\quad 或\quad\frac{(\alpha,\beta)}{\|\alpha\|\cdot\|\beta\|}=0.$$

所以 $(\alpha,\beta)=0$. □

例3 求$\mathbf{R}^3$中向量$\boldsymbol{\alpha}=(4,0,3)^{\mathrm{T}}$，$\boldsymbol{\beta}=(-\sqrt{3},3,2)^{\mathrm{T}}$之间的夹角$\langle\boldsymbol{\alpha},\boldsymbol{\beta}\rangle$.

解 因$\|\boldsymbol{\alpha}\|=\sqrt{4^2+0^2+3^2}=5$，$\|\boldsymbol{\beta}\|=\sqrt{(-\sqrt{3})^2+3^2+2^2}=4$，

$$(\boldsymbol{\alpha},\boldsymbol{\beta})=4(-\sqrt{3})+0\times 3+3\times 2=6-4\sqrt{3},$$

故$\cos\langle\boldsymbol{\alpha},\boldsymbol{\beta}\rangle=\dfrac{6-4\sqrt{3}}{5\times 4}=\dfrac{3-2\sqrt{3}}{10}$，所以$\langle\boldsymbol{\alpha},\boldsymbol{\beta}\rangle=\arccos\dfrac{3-2\sqrt{3}}{10}$.

例4 求$\mathbf{R}^4$中的向量$\boldsymbol{\alpha}=(-1,\sqrt{2},1,0)^{\mathrm{T}}$与$\boldsymbol{\beta}=(2,0,-3,2\sqrt{3})^{\mathrm{T}}$的夹角与距离.

解
$$\begin{aligned}\|\boldsymbol{\alpha}-\boldsymbol{\beta}\|&=\sqrt{(-1-2)^2+(\sqrt{2}-0)^2+[1-(-3)]^2+(0-2\sqrt{3})^2}\\&=\sqrt{39}.\end{aligned}$$

易得$\|\boldsymbol{\alpha}\|=2$，$\|\boldsymbol{\beta}\|=5$，$(\boldsymbol{\alpha},\boldsymbol{\beta})=-5$，于是

$$\langle\boldsymbol{\alpha},\boldsymbol{\beta}\rangle=\arccos\frac{(\boldsymbol{\alpha},\boldsymbol{\beta})}{\|\boldsymbol{\alpha}\|\cdot\|\boldsymbol{\beta}\|}=\arccos\frac{-5}{10}=\frac{2\pi}{3}.$$

习题4.5

1. 设$\boldsymbol{\alpha},\boldsymbol{\beta},\boldsymbol{\gamma}$是$\mathbf{R}^n$中向量，在下列表达式中哪个表示向量？哪个表示数？哪个没有意义？

① $(\boldsymbol{\alpha},\boldsymbol{\beta})\boldsymbol{\gamma}$； ② $(\boldsymbol{\alpha},\boldsymbol{\beta})(\boldsymbol{\gamma},\boldsymbol{\alpha})$；

③ $(\boldsymbol{\alpha},\boldsymbol{\beta})\boldsymbol{\gamma}+\boldsymbol{\beta}$； ④ $\|(\boldsymbol{\alpha},\boldsymbol{\beta})\|$；

⑤ $\dfrac{1}{(\boldsymbol{\alpha},\boldsymbol{\beta})}(\boldsymbol{\alpha}+\boldsymbol{\gamma})$； ⑥ $\left(\boldsymbol{\alpha},\dfrac{\boldsymbol{\beta}}{\|\boldsymbol{\beta}\|}\right)\boldsymbol{\gamma}$；

⑦ $(\boldsymbol{\alpha},\boldsymbol{\beta})+\boldsymbol{\gamma}$； ⑧ $\boldsymbol{\alpha}-\left(\dfrac{\boldsymbol{\alpha}}{\|\boldsymbol{\alpha}\|},\boldsymbol{\beta}\right)\dfrac{\boldsymbol{\gamma}}{\|\boldsymbol{\gamma}\|}$.

2. 计算向量$\boldsymbol{\alpha}$与$\boldsymbol{\beta}$的内积：

(1) $\boldsymbol{\alpha}=(1,-2,2)^{\mathrm{T}}$，$\boldsymbol{\beta}=(2,2,-1)^{\mathrm{T}}$；

(2) $\boldsymbol{\alpha}=\left(\dfrac{\sqrt{2}}{2},-\dfrac{1}{2},\dfrac{\sqrt{2}}{4},-1\right)^{\mathrm{T}}$，$\boldsymbol{\beta}=\left(-\dfrac{\sqrt{2}}{2},-2,\sqrt{2},\dfrac{1}{2}\right)^{\mathrm{T}}$.

3. 求下列向量的长度：

(1) $\boldsymbol{\alpha}=(1,2,1,4)$； (2) $\boldsymbol{\alpha}=(0,-1,-1,0,-1)^{\mathrm{T}}$；

(3) $\boldsymbol{\alpha}=(0,1,1,0,1)$.

4. 求$\mathbf{R}^4$中向量$(1,5,-1,0)$，$(-1,4,0,2)$之间的距离.

5. 求$\mathbf{R}^5$中向量$\boldsymbol{\alpha}=(1,0,-1,0,2)$，$\boldsymbol{\beta}=(0,1,2,4,1)$的夹角$\theta$.

6. 设$\boldsymbol{\alpha}=(1,2,1)^{\mathrm{T}}$，$\boldsymbol{\beta}=(2,1,1)^{\mathrm{T}}$，求

(1) $(\boldsymbol{\alpha}+\boldsymbol{\beta},\boldsymbol{\alpha}-\boldsymbol{\beta})$； (2) $|3\boldsymbol{\alpha}+2\boldsymbol{\beta}|$；

(3) $3\boldsymbol{\alpha}$与$2\boldsymbol{\beta}$的夹角θ.

4.6 向量的正交化

4.6.1 标准正交基

我们知道，在解析几何中，直角坐标系是重要的. 在欧氏空间中，将有类似的情况.

定义 4.13 若欧氏空间 V 中的一组非零向量 $\alpha_1, \alpha_2, \cdots, \alpha_m$ 两两正交，则称之为一个**正交向量组**. 又若其中每一个向量都是单位向量，则称该向量组为**标准正交向量组或规范正交向量组**.

定理 4.6 欧氏空间的正交向量组 $\alpha_1, \alpha_2, \cdots, \alpha_m$ 必定是线性无关的.

证 设有一组实数 $k_1, k_2, \cdots, k_m$，使得

$$k_1\alpha_1 + k_2\alpha_2 + \cdots + k_m\alpha_m = 0.$$

用 α_i 作内积，有

$$(k_1\alpha_1 + k_2\alpha_2 + \cdots + k_m\alpha_m, \alpha_i) = 0 \quad (i = 1, 2, \cdots, m),$$

从而

$$k_1(\alpha_1, \alpha_i) + k_2(\alpha_2, \alpha_i) + \cdots + k_m(\alpha_m, \alpha_i) = 0 \quad (i = 1, 2, \cdots, m).$$

由于 $\alpha_1, \alpha_2, \cdots, \alpha_m$ 两两正交，当 $j \neq i$ 时，$(\alpha_j, \alpha_i) = 0$，故得

$$k_i(\alpha_i, \alpha_i) = 0 \quad (i = 1, 2, \cdots, m).$$

因 $\alpha_i \neq 0$，知$(\alpha_i, \alpha_i) > 0$，于是 $k_i = 0$ $(i = 1, 2, \cdots, m)$. 这样就证明了定理. □

推论 $\mathbf{R}^n$ 中任意一个正交向量组的向量个数不超过 n 个.

定义 4.14 设 $\alpha_1, \alpha_2, \cdots, \alpha_n$ 是 n 维欧氏空间 V 中的一组基，且它们两两正交，则称 $\alpha_1, \alpha_2, \cdots, \alpha_n$ 为 V 中的一组**正交基**；而当正交基 $\alpha_1, \alpha_2, \cdots, \alpha_n$ 都是单位向量时，称这组正交基为**标准正交基或规范正交基**.

显然，由定义，$\alpha_1, \alpha_2, \cdots, \alpha_n$ 是 n 维欧氏空间的标准正交基的充要条件是

$$(\alpha_i, \alpha_j) = \begin{cases} 0, & i \neq j, \\ 1, & i = j. \end{cases} \tag{4.13}$$

由定义 4.14 易知，单位向量组 $e_1, e_2, \cdots, e_n$ 是 $\mathbf{R}^n$ 中的一组标准正交基.

在标准正交基下，欧氏空间中向量的内积和长度的计算可归结为它们坐标的内积和长度的计算.

4.6.2 向量组的正交化与单位化

采用标准正交基有许多好处，它常常能使问题的表达相当简洁. 那么给定欧氏空间中的一组基，能否得到一组标准正交基？ 结论是肯定的. 为此引入正交化方法.

定理4.7 n维向量空间V中的任一线性无关向量组$\alpha_1,\alpha_2,\cdots,\alpha_m(2\leqslant m\leqslant n)$必等价于某个正交向量组.

证 我们用数学归纳法来证明.

当$m=2$时，取$\beta_1=\alpha_1$，$\beta_2=\alpha_2+k\beta_1$，其中$k$是待定常数. 由$\beta_1$与$\beta_2$正交，有$(\beta_1,\beta_2)=0$，即有

$$(\beta_1,\beta_2)=(\beta_1,\alpha_2+k\beta_1)=(\beta_1,\alpha_2)+k(\beta_1,\beta_1)=0.$$

解之得$k=-\dfrac{(\beta_1,\alpha_2)}{(\beta_1,\beta_1)}$. 于是

$$\beta_2=\alpha_2-\frac{(\beta_1,\alpha_2)}{(\beta_1,\beta_1)}\beta_1.$$

显然，$\beta_2\neq0$（否则α_2可由α_1线性表示，这与α_1,α_2线性无关矛盾），且β_1,β_2与α_1,α_2可互相线性表示，从而β_1,β_2即为与α_1,α_2等价的正交向量组.

当$m=3$时，类似地，取$\beta_3=\alpha_3+k_1\beta_1+k_2\beta_2$（其中$k_1,k_2$是待定常数），并用$\beta_1,\beta_2$分别作内积. 由$\beta_3$与$\beta_1,\beta_2$都正交，有

$$(\beta_1,\beta_3)=0 \quad 及 \quad (\beta_2,\beta_3)=0,$$

并注意到$(\beta_1,\beta_2)=0$，于是可解得

$$k_1=-\frac{(\beta_1,\alpha_3)}{(\beta_1,\beta_1)},\quad k_2=-\frac{(\beta_2,\alpha_3)}{(\beta_2,\beta_2)},$$

从而

$$\beta_3=\alpha_3-\frac{(\beta_1,\alpha_3)}{(\beta_1,\beta_1)}\beta_1-\frac{(\beta_2,\alpha_3)}{(\beta_2,\beta_2)}\beta_2.$$

同理易知$\beta_3\neq0$，且β_1,β_2,β_3与$\alpha_1,\alpha_2,\alpha_3$可互相线性表示，于是$\beta_1,\beta_2,\beta_3$即为与$\alpha_1,\alpha_2,\alpha_3$等价的正交向量组.

假设当$m=i-1$时结论成立，即有与$\alpha_1,\alpha_2,\cdots,\alpha_{i-1}$等价的正交向量组$\beta_1,\beta_2,\cdots,\beta_{i-1}$. 现由归纳假设，证明结论当$m=i$时亦成立.

为此，须找到适当的向量β_i，使得$\beta_1,\beta_2,\cdots,\beta_{i-1},\beta_i$成为与$\alpha_1,\alpha_2,\cdots,\alpha_{i-1},\alpha_i$等价的正交向量组.

设$\beta_i=\alpha_i+l_1\beta_1+\cdots+l_{i-1}\beta_{i-1}$（$l_1,l_2,\cdots,l_{i-1}$为待定系数），且分别用

$\beta_1,\beta_2,\cdots,\beta_{i-1}$ 作内积. 由 β_i 与 $\beta_1,\beta_2,\cdots,\beta_{i-1}$ 都正交, 得

$$(\beta_j,\beta_i)=0 \quad (j=1,2,\cdots,i-1).$$

解之得 $l_j=-\dfrac{(\beta_j,\alpha_i)}{(\beta_j,\beta_j)}$ $(j=1,2,\cdots,i-1)$. 所以

$$\beta_i=\alpha_i-\frac{(\beta_1,\alpha_i)}{(\beta_1,\beta_1)}\beta_1-\frac{(\beta_2,\alpha_i)}{(\beta_2,\beta_2)}\beta_2-\cdots-\frac{(\beta_{i-1},\alpha_i)}{(\beta_{i-1},\beta_{i-1})}\beta_{i-1}, \quad (4.14)$$

这里 $\beta_i\neq 0$, 其中 $i=2,3,\cdots,m$.

于是, 由数学归纳法知, $\beta_1,\beta_2,\cdots,\beta_{i-1},\beta_i$ 即为与 $\alpha_1,\alpha_i,\cdots,\alpha_{i-1},\alpha_i$ 等价的正交向量组 $(i=2,3,\cdots,m)$. □

显然, 定理 4.7 的上述证明同时给出了由任一线性无关向量组 $\alpha_1,\alpha_2,\cdots,\alpha_m$ 构造出与之等价的正交向量组 $\beta_1,\beta_2,\cdots,\beta_m$ 的方法.

若再将向量组 $\beta_1,\beta_2,\cdots,\beta_m$ 中的每个向量单位化, 即令

$$\eta_i=\frac{\beta_i}{\|\beta_i\|} \quad (i=1,2,\cdots,m),$$

那么可进一步得到一个与原向量组等价的正交单位向量组 $\eta_1,\eta_2,\cdots,\eta_m$. 上述过程称为**向量组的正交化与单位化**, 或称**规范正交化**, 通常也称之为**施密特(Schmidt) 正交化方法**.

推论 n 维欧氏空间 V 中的任何一组基都可用施密特正交化方法化为标准正交基.

例 1 设线性无关的向量组 $\boldsymbol{\alpha}_1=(1,1,1,1)^{\mathrm{T}}$, $\boldsymbol{\alpha}_2=(3,3,-1,-1)^{\mathrm{T}}$, $\boldsymbol{\alpha}_3=(-2,0,6,8)^{\mathrm{T}}$, 试将 $\boldsymbol{\alpha}_1,\boldsymbol{\alpha}_2,\boldsymbol{\alpha}_3$ 正交化.

解 利用施密特正交化方法, 令

$$\boldsymbol{\beta}_1=\boldsymbol{\alpha}_1=(1,1,1,1)^{\mathrm{T}},$$

$$\boldsymbol{\beta}_2=\boldsymbol{\alpha}_2-\frac{(\boldsymbol{\beta}_1,\boldsymbol{\alpha}_2)}{(\boldsymbol{\beta}_1,\boldsymbol{\beta}_1)}\boldsymbol{\beta}_1=(3,3,-1,-1)^{\mathrm{T}}-\frac{4}{4}(1,1,1,1)^{\mathrm{T}}$$

$$=(2,2,-2,-2)^{\mathrm{T}},$$

$$\boldsymbol{\beta}_3=\boldsymbol{\alpha}_3-\frac{(\boldsymbol{\beta}_1,\boldsymbol{\alpha}_3)}{(\boldsymbol{\beta}_1,\boldsymbol{\beta}_1)}\boldsymbol{\beta}_1-\frac{(\boldsymbol{\beta}_2,\boldsymbol{\alpha}_3)}{(\boldsymbol{\beta}_2,\boldsymbol{\beta}_2)}\boldsymbol{\beta}_2$$

$$=(-2,0,6,8)^{\mathrm{T}}-\frac{12}{4}(1,1,1,1)^{\mathrm{T}}-\frac{-32}{16}(2,2,-2,-2)^{\mathrm{T}}$$

$$=(-1,1,-1,1)^{\mathrm{T}}.$$

不难验证, $\boldsymbol{\beta}_1,\boldsymbol{\beta}_2,\boldsymbol{\beta}_3$ 为正交向量组, 且与 $\boldsymbol{\alpha}_1,\boldsymbol{\alpha}_2,\boldsymbol{\alpha}_3$ 可互相线性表示.

例 2 试将 $\mathbf{R}^3$ 的一组基 $\boldsymbol{\alpha}_1,\boldsymbol{\alpha}_2,\boldsymbol{\alpha}_3$ 化为标准正交基, 这里

$$\boldsymbol{\alpha}_1=\begin{pmatrix}1\\1\\0\end{pmatrix},\quad \boldsymbol{\alpha}_2=\begin{pmatrix}1\\0\\1\end{pmatrix},\quad \boldsymbol{\alpha}_3=\begin{pmatrix}-1\\0\\0\end{pmatrix}.$$

解　正交化：

$$\boldsymbol{\beta}_1=\boldsymbol{\alpha}_1=\begin{pmatrix}1\\1\\0\end{pmatrix},$$

$$\boldsymbol{\beta}_2=\boldsymbol{\alpha}_2-\frac{(\boldsymbol{\beta}_1,\boldsymbol{\alpha}_2)}{(\boldsymbol{\beta}_1,\boldsymbol{\beta}_1)}\boldsymbol{\beta}_1=\begin{pmatrix}1\\0\\1\end{pmatrix}-\frac{1}{2}\begin{pmatrix}1\\1\\0\end{pmatrix}=\begin{pmatrix}1/2\\-1/2\\1\end{pmatrix},$$

$$\boldsymbol{\beta}_3=\boldsymbol{\alpha}_3-\frac{(\boldsymbol{\beta}_1,\boldsymbol{\alpha}_3)}{(\boldsymbol{\beta}_1,\boldsymbol{\beta}_1)}\boldsymbol{\beta}_1-\frac{(\boldsymbol{\beta}_2,\boldsymbol{\alpha}_3)}{(\boldsymbol{\beta}_2,\boldsymbol{\beta}_2)}\boldsymbol{\beta}_2$$

$$=\begin{pmatrix}-1\\0\\0\end{pmatrix}-\frac{-1}{2}\begin{pmatrix}1\\1\\0\end{pmatrix}-\frac{-1/2}{3/2}\begin{pmatrix}1/2\\-1/2\\1\end{pmatrix}=\begin{pmatrix}-1/3\\1/3\\1/3\end{pmatrix}.$$

再单位化：

$$\boldsymbol{\eta}_1=\frac{\boldsymbol{\beta}_1}{\|\boldsymbol{\beta}_1\|}=\begin{pmatrix}\sqrt{2}/2\\\sqrt{2}/2\\0\end{pmatrix},\quad \boldsymbol{\eta}_2=\frac{\boldsymbol{\beta}_2}{\|\boldsymbol{\beta}_2\|}=\begin{pmatrix}\sqrt{6}/6\\-\sqrt{6}/6\\\sqrt{6}/3\end{pmatrix},$$

$$\boldsymbol{\eta}_3=\frac{\boldsymbol{\beta}_3}{\|\boldsymbol{\beta}_3\|}=\begin{pmatrix}-\sqrt{3}/3\\\sqrt{3}/3\\\sqrt{3}/3\end{pmatrix}.$$

于是 $\boldsymbol{\eta}_1,\boldsymbol{\eta}_2,\boldsymbol{\eta}_3$ 即为 $\mathbf{R}^3$ 的一组标准正交基.

习题 4.6

1. 给定 $\mathbf{R}^3$ 的基 $\boldsymbol{\alpha}_1=(1,1,1)^{\mathrm{T}}$, $\boldsymbol{\alpha}_2=(1,2,1)^{\mathrm{T}}$, $\boldsymbol{\alpha}_3=(0,-1,1)^{\mathrm{T}}$, 用施密特正交化方法求 $\mathbf{R}^3$ 的一组标准正交基.

2. $\mathbf{R}^4$ 中有4个向量：$\boldsymbol{\alpha}_1=(1,1,-1,-1)$, $\boldsymbol{\alpha}_2=(3,0,4,0)$, $\boldsymbol{\alpha}_3=(2,1,-2,0)$, $\boldsymbol{\alpha}_4=(0,2,-7,-1)$. 试求 $\boldsymbol{\alpha}_1,\boldsymbol{\alpha}_2,\boldsymbol{\alpha}_3,\boldsymbol{\alpha}_4$ 生成的 $\mathbf{R}^4$ 中的一组标准正交基.

3. 设 $\boldsymbol{B}$ 是秩为 2 的 5×4 矩阵，$\boldsymbol{\alpha}_1=(1,1,2,3)^{\mathrm{T}}$, $\boldsymbol{\alpha}_2=(-1,1,4,-1)^{\mathrm{T}}$, $\boldsymbol{\alpha}_3=(5,-1,-8,9)^{\mathrm{T}}$ 是齐次线性方程组 $\boldsymbol{Bx}=\boldsymbol{0}$ 的解向量，求 $\boldsymbol{Bx}=\boldsymbol{0}$ 的解空间的一个标准正交基.

4. 求 $\mathbf{R}^n$ 中任意向量 $\boldsymbol{\beta}$ 在标准正交基 $\boldsymbol{\alpha}_1,\boldsymbol{\alpha}_2,\cdots,\boldsymbol{\alpha}_n$ 下的坐标.

5. 证明：若 $\boldsymbol{A}$ 满足 $\boldsymbol{A}^{\mathrm{T}}\boldsymbol{A}=\boldsymbol{A}\boldsymbol{A}^{\mathrm{T}}=\boldsymbol{I}$（这样的矩阵在第五章中称为正交矩阵），则 $\boldsymbol{A}$ 的列(行) 向量组为标准正交向量组.

6. 设 $\boldsymbol{\alpha}_1=\begin{pmatrix}1\\2\\-1\end{pmatrix}$，$\boldsymbol{\alpha}_2=\begin{pmatrix}-1\\3\\1\end{pmatrix}$，$\boldsymbol{\alpha}_3=\begin{pmatrix}4\\-1\\0\end{pmatrix}$，试用施密特正交化过程把这组向量规范正交化.

7. 设 $\boldsymbol{\varepsilon}_1,\boldsymbol{\varepsilon}_2,\cdots,\boldsymbol{\varepsilon}_n$ 是欧氏空间 $\mathbf{R}^n$ 的标准正交基，任取向量 $\boldsymbol{x}\in\mathbf{R}^n$. 证明：

(1) $\boldsymbol{x}=\sum\limits_{i=1}^{n}(\boldsymbol{x},\boldsymbol{\varepsilon}_i)\boldsymbol{\varepsilon}_i$；　　(2) $|\boldsymbol{x}|^2=\sum\limits_{i=1}^{n}(\boldsymbol{x},\boldsymbol{\varepsilon}_i)^2$.

8. 设 $\{\boldsymbol{\varepsilon}_1,\boldsymbol{\varepsilon}_2,\cdots,\boldsymbol{\varepsilon}_n\}$ 是 $\mathbf{R}^n$ 的一组基. 若 $\boldsymbol{\alpha}\in\mathbf{R}^n$ 满足 $\boldsymbol{\alpha}$ 与 $\boldsymbol{\varepsilon}_i$ 正交，即 $(\boldsymbol{\alpha},\boldsymbol{\varepsilon}_i)=0$，$i=1,2,\cdots,n$，则必有 $\boldsymbol{\alpha}=\mathbf{0}$.

9. 证明：n 维欧氏空间 $\mathbf{R}^n$ 中，n 个向量 $\boldsymbol{\alpha}_1,\boldsymbol{\alpha}_2,\cdots,\boldsymbol{\alpha}_n$ 线性无关的充要条件是

$$\begin{vmatrix}(\boldsymbol{\alpha}_1,\boldsymbol{\alpha}_1) & (\boldsymbol{\alpha}_1,\boldsymbol{\alpha}_2) & \cdots & (\boldsymbol{\alpha}_1,\boldsymbol{\alpha}_n)\\(\boldsymbol{\alpha}_2,\boldsymbol{\alpha}_1) & (\boldsymbol{\alpha}_2,\boldsymbol{\alpha}_2) & \cdots & (\boldsymbol{\alpha}_2,\boldsymbol{\alpha}_n)\\\vdots & \vdots & & \vdots\\(\boldsymbol{\alpha}_n,\boldsymbol{\alpha}_1) & (\boldsymbol{\alpha}_n,\boldsymbol{\alpha}_2) & \cdots & (\boldsymbol{\alpha}_n,\boldsymbol{\alpha}_n)\end{vmatrix}\neq 0.$$

*4.7 线性变换

线性空间 V 中向量之间的关系通常是通过变换来实现的，而在所有变换中线性变换占有特殊的地位. 本节将给出线性变换的定义及其与矩阵的关系.

4.7.1 线性变换的定义

定义 4.15 如果有对应规则 σ，使得线性空间 V 中的每一个向量 α 在 V 中总有唯一确定的向量 α' 与之对应，记为

$$\sigma:\alpha\to\alpha'=\sigma(\alpha)\quad(\alpha,\alpha'\in V),$$

则称这个对应规则 σ 为线性空间 V 到其自身的变换，简称为线性空间 V 上的**变换**，α' 称为 α 的**像**，α 称为 α' 的**原像**(**或像源**).

从定义 4.15 可见，所谓线性空间 V 上的一个变换，实质上就是线性空间 V 到其自身的一个映射.

定义 4.16 设 V 为数域 F 上的一个线性空间，σ 为 V 上的一个变换. 如果对于 V 中的任意向量 α,β 和数域 F 中的任意数 k，都有

$$\sigma(\alpha+\beta)=\sigma(\alpha)+\sigma(\beta),$$
$$\sigma(k\alpha)=k\sigma(\alpha),$$

则称 σ 是线性空间 V 上的**线性变换**.

本章只讨论数域 F 上 n 维线性空间 V 上的线性变换.

由定义 4.16 可以看出，一个变换 σ 为线性变换的充分必要条件是对任意 $\alpha,\beta\in V$ 和任意 $k,l\in F$，有

$$\sigma(k\alpha+l\beta)=k\sigma(\alpha)+l\sigma(\beta).$$

例 1 设 V 是数域 F 上的线性空间，λ 是数域 F 中的一个数，定义一个变换 σ: $\sigma(\alpha)=\lambda\alpha\ (\alpha\in V)$，则这个变换是一个线性变换.

证 取 $\alpha,\beta\in V$, $k_1,k_2\in F$，则

$$\begin{aligned}\sigma(k_1\alpha+k_2\beta)&=\lambda(k_1\alpha+k_2\beta)=k_1\lambda\alpha+k_2\lambda\beta\\&=k_1\sigma(\alpha)+k_2\alpha(\beta).\end{aligned}$$

因此 σ 是 V 上的一个线性变换，通常称之为**数乘变换**或称为**相似变换**.

特别地，当 $\lambda=0$ 时，称此变换为**零变换**，记为 o，它把 V 中的任何向量都映为零向量；当 $\lambda=1$ 时，称此变换为**恒等变换**，记为 ε，它把 V 中的向量映为自身不变.

注 若取 $T(\alpha)=\lambda\alpha+\gamma$, $\forall\alpha,\gamma\in V$，则因为

$$T(\alpha+\beta)=\lambda(\alpha+\beta)+\gamma=\lambda\alpha+\lambda\beta+\gamma,$$

而

$$T(\alpha)+T(\beta)=(\lambda\alpha+\gamma)+(\lambda\beta+\gamma)=\lambda\alpha+\lambda\beta+2\gamma,$$

$T(\alpha+\beta)\neq T(\alpha)+T(\beta)$，所以 T 是 V 上的变换，但不是线性变换.

从定义可以看出，线性变换保持向量的加法和数乘两种运算. 由此我们不难证明，线性空间 V 上的线性变换 σ 有以下重要性质：

(1) $\sigma(0)=0$, $\sigma(-\alpha)=-\sigma(\alpha)\quad(\alpha\in V)$；

(2) $\sigma\left(\sum\limits_{i=1}^{s}k_i\alpha_i\right)=\sum\limits_{i=1}^{s}k_i\sigma(\alpha_i)$，其中 $\alpha_1,\alpha_2,\cdots,\alpha_s\in V$, $k_1,k_2,\cdots,k_s\in F$；

(3) 若 V 中向量 $\alpha_1,\alpha_2,\cdots,\alpha_s$ 线性相关，则 $\sigma(\alpha_1),\sigma(\alpha_2),\cdots,\sigma(\alpha_s)$ 也线性相关.

证 (1) 因为对任意 $k\in F$, $\alpha\in V$，有 $\sigma(k\alpha)=k\sigma(\alpha)$，所以，取 $k=0$ 时得 $\sigma(0\alpha)=0\sigma(\alpha)$，即 $\sigma(0)=0$；取 $k=-1$ 时得 $\sigma((-1)\alpha)=(-1)\sigma(\alpha)$，即 $\sigma(-\alpha)=-\sigma(\alpha)$.

(2) 易知，

$$\begin{aligned}&\sigma(k_1\alpha_1+k_2\alpha_2+\cdots+k_s\alpha_s)\\&\quad=\sigma(k_1\alpha_1)+\sigma(k_2\alpha_2)+\cdots+\sigma(k_s\alpha_s)\\&\quad=k_1\sigma(\alpha_1)+k_2\sigma(\alpha_2)+\cdots+k_s\sigma(\alpha_s).\end{aligned}$$

(3) 设存在一组不全为零的数 $k_1,k_2,\cdots,k_s\in F$，使得

$$k_1\alpha_1+k_2\alpha_2+\cdots+k_s\alpha_s=0,$$

则由(1)知$\sigma(k_1\alpha_1+k_2\alpha_2+\cdots+k_s\alpha_s)=0$，所以$\sigma(k_1\alpha_1)+\sigma(k_2\alpha_2)+\cdots+\sigma(k_s\alpha_s)=0$，于是

$$k_1\sigma(\alpha_1)+k_2\sigma(\alpha_2)+\cdots+k_s\sigma(\alpha_s)=0.$$

由于$k_1,k_2,\cdots,k_s$不全为零，所以$\sigma(\alpha_1),\sigma(\alpha_2),\cdots,\sigma(\alpha_s)$线性相关.

必须指出，(3)的逆命题不成立. 即由$\sigma(\alpha_1),\sigma(\alpha_2),\cdots,\sigma(\alpha_s)$的线性相关推不出$\alpha_1,\alpha_2,\cdots,\alpha_s$线性相关，或者说，$\alpha_1,\alpha_2,\cdots,\alpha_s$线性无关不能导出$\sigma(\alpha_1),\sigma(\alpha_2),\cdots,\sigma(\alpha_s)$也线性无关. 因为线性变换可能把线性无关的向量组变换为线性相关的向量组，例如零变换就是这样. 因此，**线性变换不一定把基变换成基**.

定理4.8 设σ是线性空间V上的线性变换，则

(1) $N=N(\sigma)=\{\alpha\in V\mid\sigma(\alpha)=0\}$是$V$的子空间，称为$\sigma$的**核空间**；

(2) $W=\sigma(V)=\{\alpha'\in V\mid$ 存在$\alpha\in V$，使得$\sigma(\alpha)=\alpha'\}$是V的子空间，称为σ的**像空间**.

证 (1) 由$0\in N\ (\sigma(0)=0)$知N是V的非空子集. 设$\alpha,\beta\in N$，即$\sigma(\alpha)=0$，$\sigma(\beta)=0$，于是

$$\sigma(\alpha+\beta)=\sigma(\alpha)+\sigma(\beta)=0+0=0,$$
$$\sigma(k\alpha)=k\sigma(\alpha)=k0=0\quad(k\in F).$$

因此$\alpha+\beta\in N$，$k\alpha\in N$，故N是V的子空间.

(2) W是V的非空子集. 设$\alpha',\beta'\in W$，即存在$\alpha,\beta\in V$，使得$\sigma(\alpha)=\alpha'$，$\sigma(\beta)=\beta'$，于是

$$\alpha'+\beta'=\sigma(\alpha)+\sigma(\beta)=\sigma(\alpha+\beta).$$

因为$\alpha+\beta\in V$，所以$\alpha'+\beta'\in W$. 又因为

$$k\alpha'=k\sigma(\alpha)=\sigma(k\alpha)\quad(k\in F),$$

$k\alpha\in V$，所以$k\alpha'\in W$. 故W是V的子空间. □

下面再举两个线性变换的例子.

例2 在线性空间$P[x]_n$上的微分变换D是线性变换，记为

$$\mathrm{D}:\ p(x)\to\frac{\mathrm{d}}{\mathrm{d}x}p(x)=\mathrm{D}(p(x))\quad(p(x)\in P[x]_n).$$

证 根据导数运算法则，对于任意$p_1(x),p_2(x)\in P[x]_n$，$k_1,k_2\in\mathbf{R}$，有

$$\begin{aligned}\mathrm{D}(k_1p_1(x)+k_2p_2(x))&=\frac{\mathrm{d}}{\mathrm{d}x}(k_1p_1(x)+k_2p_2(x))\\&=k_1\frac{\mathrm{d}}{\mathrm{d}x}p_1(x)+k_2\frac{\mathrm{d}}{\mathrm{d}x}p_2(x)\end{aligned}$$

$$= k_1 \mathrm{D}(p_1(x)) + k_2 \mathrm{D}(p_2(x)),$$

故 D 是 $P[x]_n$ 上的线性变换，常称之为**微分变换**.

注意，线性空间 $P[x]_n$ 上的变换

$$T: p(x) \to 1 = T(p(x)) \quad (p(x) \in P[x]_n)$$

就不是 $P[x]_n$ 上的线性变换. 因为对于任意 $p_1(x), p_2(x) \in P[x]_n$，有

$$T(p_1(x) + p_2(x)) = 1,$$

$$T(p_1(x)) + T(p_2(x)) = 1 + 1 = 2,$$

可见，$T(p_1(x) + p_2(x)) \neq T(p_1(x)) + T(p_2(x))$.

例 3　设 $\boldsymbol{A} = (a_{ij})$ 为确定的 n 阶实矩阵，在线性空间 $\mathbf{R}^n$ 上建立一个变换

$$\sigma: \boldsymbol{\alpha} \to \boldsymbol{A\alpha} = \sigma(\boldsymbol{\alpha}) \quad (\boldsymbol{\alpha} \in \mathbf{R}^n),$$

则变换 σ 是线性空间 $\mathbf{R}^n$ 上的线性变换.

证　因为对于任意 $\boldsymbol{\alpha}, \boldsymbol{\beta} \in \mathbf{R}^n$，$k \in \mathbf{R}$，有

$$\sigma(\boldsymbol{\alpha} + \boldsymbol{\beta}) = \boldsymbol{A}(\boldsymbol{\alpha} + \boldsymbol{\beta}) = \boldsymbol{A\alpha} + \boldsymbol{A\beta} = \sigma(\boldsymbol{\alpha}) + \sigma(\boldsymbol{\beta}),$$

$$\sigma(k\boldsymbol{\alpha}) = \boldsymbol{A}(k\boldsymbol{\alpha}) = k\boldsymbol{A\alpha} = k\sigma(\boldsymbol{\alpha}),$$

故 σ 是 $\mathbf{R}^n$ 上的一个线性变换. 通常称之为**矩阵变换**.

另外，易于验证：

(1)　在三维几何空间 $\mathbf{R}^3$ 中，向量 $\boldsymbol{\alpha} = \begin{pmatrix} a_1 \\ a_2 \\ a_3 \end{pmatrix} \in \mathbf{R}^3$ 在 xOy 坐标平面上的投影为 $\boldsymbol{\alpha}^* = \begin{pmatrix} a_1 \\ a_2 \\ 0 \end{pmatrix}$，定义变换 σ，使 $\sigma(\boldsymbol{\alpha}) = \boldsymbol{\alpha}^*$，则 σ 是一个线性变换，称之为**投影变换**.

(2)　在实线性空间 $C[a,b]$ 上，定义变换：

$$\sigma(f(x)) = \int_a^x f(t)\,\mathrm{d}t, \quad f(x) \in C[a,b],$$

由积分法则可知，这是一个线性变换，称之为**积分变换**.

4.7.2　线性变换的矩阵

设 V 是数域 F 上的 n 维线性空间，σ 是 V 上的一个线性变换. 取定 V 的一组基，则在这组基下 α 及其像 $\sigma(\alpha)$ 均可由它们的坐标来表示. 那么，很自然的一个问题是：它们的坐标之间有着什么关系？

设 $\alpha_1, \alpha_2, \cdots, \alpha_n$ 是 n 维线性空间 V 的一组基. V 中的任意向量 α 可表示为

$$\alpha = x_1\alpha_1 + x_2\alpha_2 + \cdots + x_n\alpha_n,$$

其中 $x_1,x_2,\cdots,x_n$ 是 α 在基 $\alpha_1,\alpha_2,\cdots,\alpha_n$ 下的坐标. 由于线性变换保持线性关系不变，因此在线性变换 σ 作用下，仍有

$$\sigma(\alpha)=x_1\sigma(\alpha_1)+x_2\sigma(\alpha_2)+\cdots+x_n\sigma(\alpha_n).$$

上式表明，只要知道基 $\alpha_1,\alpha_2,\cdots,\alpha_n$ 的像，就完全决定了 V 中任意一个向量在 σ 下的像，即线性变换 σ 由它在一组基下的作用所决定.

显而易见，要确定 $\sigma(\alpha_1),\sigma(\alpha_2),\cdots,\sigma(\alpha_n)$，只给出它们在基 $\alpha_1,\alpha_2,\cdots,\alpha_n$ 下的坐标即可. 为此，在给定基下我们引入线性变换的矩阵的概念.

定义 4.17 设 σ 是 n 维线性空间 V 的一个线性变换，$\alpha_1,\alpha_2,\cdots,\alpha_n$ 是 V 的一组基，将 $\sigma(\alpha_1),\sigma(\alpha_2),\cdots,\sigma(\alpha_n)$ 表示为 $\alpha_1,\alpha_2,\cdots,\alpha_n$ 的线性组合，设

$$\begin{cases}\sigma(\alpha_1)=a_{11}\alpha_1+a_{21}\alpha_2+\cdots+a_{n1}\alpha_n,\\ \sigma(\alpha_2)=a_{12}\alpha_1+a_{22}\alpha_2+\cdots+a_{n2}\alpha_n,\\ \cdots\cdots\cdots\cdots\cdots\cdots\cdots\cdots\cdots\cdots\\ \sigma(\alpha_n)=a_{1n}\alpha_1+a_{2n}\alpha_2+\cdots+a_{nn}\alpha_n.\end{cases}\tag{4.15}$$

或者写为

$$(\sigma(\alpha_1),\sigma(\alpha_2),\cdots,\sigma(\alpha_n))=(\alpha_1,\alpha_2,\cdots,\alpha_n)\boldsymbol{A},\tag{4.16}$$

则称矩阵

$$\boldsymbol{A}=\begin{pmatrix}a_{11}&a_{12}&\cdots&a_{1n}\\a_{21}&a_{22}&\cdots&a_{2n}\\\vdots&\vdots&&\vdots\\a_{n1}&a_{n2}&\cdots&a_{nn}\end{pmatrix}$$

为线性变换 σ **在基** $\alpha_1,\alpha_2,\cdots,\alpha_n$ **下的矩阵**.

若引进

$$\sigma(\alpha_1,\alpha_2,\cdots,\alpha_n)=(\sigma(\alpha_1),\sigma(\alpha_2),\cdots,\sigma(\alpha_n)),$$

则(4.15)式还可写为

$$\sigma(\alpha_1,\alpha_2,\cdots,\alpha_n)=(\alpha_1,\alpha_2,\cdots,\alpha_n)\boldsymbol{A}.\tag{4.17}$$

注意到 $\sigma(\alpha_i)$ $(i=1,2,\cdots,n)$ 在基 $\alpha_1,\alpha_2,\cdots,\alpha_n$ 下的坐标是唯一的，从而 σ 在基 $\alpha_1,\alpha_2,\cdots,\alpha_n$ 下的矩阵也是唯一的.

当 σ 是零变换时，$o(\alpha_i)=0$ $(i=1,2,\cdots,n)$，故它在任何基下的矩阵都是零矩阵 $\boldsymbol{O}$；当 σ 是恒等变换时，$\varepsilon(\alpha_i)=\alpha_i$ $(i=1,2,\cdots,n)$，故它在任何基下的矩阵都是单位矩阵 $\boldsymbol{I}$.

例 4 试求实线性空间 $P[x]_3$ 上微分变换 D：

$$\mathrm{D}(p(x))=p'(x),\quad \forall\, p(x)\in P[x]_3$$

在基 $1,x,x^2$ 下的矩阵.

解 由 $D(1)=0$, $D(x)=1$, $D(x^2)=2x$, 可立即得到D在 $1,x,x^2$ 下的矩阵为

$$\boldsymbol{A}=\begin{pmatrix}0&1&0\\0&0&2\\0&0&0\end{pmatrix}.$$

利用线性变换 σ 在一组基下的矩阵，我们来给出线性变换的像 $\sigma(\alpha)$ 与 α 的坐标之间的关系.

定理4.9 设 $\alpha_1,\alpha_2,\cdots,\alpha_n$ 是 n 维线性空间 V 的一组基，V 的线性变换 σ 在基 $\alpha_1,\alpha_2,\cdots,\alpha_n$ 下的矩阵为 $\boldsymbol{A}$. 如果向量 α 及其像 $\sigma(\alpha)$ 在这组基下的坐标分别为 $\boldsymbol{x}=(x_1,x_2,\cdots,x_n)^{\mathrm{T}}$ 与 $\boldsymbol{y}=(y_1,y_2,\cdots,y_n)^{\mathrm{T}}$，则

$$\boldsymbol{y}=\boldsymbol{A}\boldsymbol{x}. \tag{4.18}$$

证 将 α 表示为

$$\alpha=x_1\alpha_1+x_2\alpha_2+\cdots+x_n\alpha_n=(\alpha_1,\alpha_2,\cdots,\alpha_n)\begin{pmatrix}x_1\\x_2\\\vdots\\x_n\end{pmatrix}, \tag{4.19}$$

利用(4.16)式，将 σ 作用于(4.19)，得

$$\sigma(\alpha)=(\sigma(\alpha_1),\sigma(\alpha_2),\cdots,\sigma(\alpha_n))\begin{pmatrix}x_1\\x_2\\\vdots\\x_n\end{pmatrix}=(\alpha_1,\alpha_2,\cdots,\alpha_n)\boldsymbol{A}\begin{pmatrix}x_1\\x_2\\\vdots\\x_n\end{pmatrix}.$$

又由定理条件 $\sigma(\alpha)=\sum\limits_{i=1}^{n}y_i\alpha_i$，得

$$\sigma(\alpha)=(\alpha_1,\alpha_2,\cdots,\alpha_n)\begin{pmatrix}y_1\\y_2\\\vdots\\y_n\end{pmatrix}.$$

根据在基 $\alpha_1,\alpha_2,\cdots,\alpha_n$ 下坐标的唯一性，得

$$\begin{pmatrix}y_1\\y_2\\\vdots\\y_n\end{pmatrix}=\boldsymbol{A}\begin{pmatrix}x_1\\x_2\\\vdots\\x_n\end{pmatrix},$$

即 $\boldsymbol{y}=\boldsymbol{A}\boldsymbol{x}$. □

注 $\boldsymbol{y}=\boldsymbol{A}\boldsymbol{x}$ 就是变换在给定基下的坐标式. 它实际上就是由矩阵 $\boldsymbol{A}$ 决定的 $\mathbf{R}^n$ 上的线性变换 $\sigma_{\mathbf{A}}$：$\boldsymbol{y}=\boldsymbol{A}\boldsymbol{x}$.

例 5 在 $\mathbf{R}^3$ 中取定一组基

$$\boldsymbol{\alpha}_1=\begin{pmatrix}1\\0\\0\end{pmatrix},\quad \boldsymbol{\alpha}_2=\begin{pmatrix}1\\1\\0\end{pmatrix},\quad \boldsymbol{\alpha}_3=\begin{pmatrix}1\\1\\1\end{pmatrix}.$$

已知线性变换 σ 将 $\boldsymbol{\alpha}_1,\boldsymbol{\alpha}_2,\boldsymbol{\alpha}_3$ 分别变为

$$\sigma(\boldsymbol{\alpha}_1)=\begin{pmatrix}0\\-1\\0\end{pmatrix},\quad \sigma(\boldsymbol{\alpha}_2)=\begin{pmatrix}0\\0\\-1\end{pmatrix},\quad \sigma(\boldsymbol{\alpha}_3)=\begin{pmatrix}0\\1\\1\end{pmatrix}.$$

求：

(1) σ 在 $\boldsymbol{\alpha}_1,\boldsymbol{\alpha}_2,\boldsymbol{\alpha}_3$ 下的矩阵 $\boldsymbol{A}$;

(2) $\boldsymbol{\beta}=(1,0,1)^{\mathrm{T}}$ 以及 $\sigma(\boldsymbol{\beta})$ 在 $\boldsymbol{\alpha}_1,\boldsymbol{\alpha}_2,\boldsymbol{\alpha}_3$ 下的坐标.

解 (1) 将 $\sigma(\boldsymbol{\alpha}_1),\sigma(\boldsymbol{\alpha}_2),\sigma(\boldsymbol{\alpha}_3)$ 表示成 $\boldsymbol{\alpha}_1,\boldsymbol{\alpha}_2,\boldsymbol{\alpha}_3$ 的线性组合形式，得到

$$\sigma(\boldsymbol{\alpha}_1)=\boldsymbol{\alpha}_1-\boldsymbol{\alpha}_2,$$
$$\sigma(\boldsymbol{\alpha}_2)=\boldsymbol{\alpha}_2-\boldsymbol{\alpha}_3,$$
$$\sigma(\boldsymbol{\alpha}_3)=-\boldsymbol{\alpha}_1+\boldsymbol{\alpha}_3,$$

故 σ 在 $\boldsymbol{\alpha}_1,\boldsymbol{\alpha}_2,\boldsymbol{\alpha}_3$ 下的矩阵为

$$\boldsymbol{A}=\begin{pmatrix}1&0&-1\\-1&1&0\\0&-1&1\end{pmatrix}.$$

(2) $\boldsymbol{\beta}=(1,0,1)^{\mathrm{T}}$ 在 $\boldsymbol{\alpha}_1,\boldsymbol{\alpha}_2,\boldsymbol{\alpha}_3$ 下的坐标为 $(1,-1,1)^{\mathrm{T}}$，因此 $\sigma(\boldsymbol{\beta})$ 在这组基下的坐标为

$$\begin{pmatrix}1&0&-1\\-1&1&0\\0&-1&1\end{pmatrix}\begin{pmatrix}1\\-1\\1\end{pmatrix}=\begin{pmatrix}0\\-2\\2\end{pmatrix}.$$

4.7.3 线性变换在不同基下矩阵间的关系

线性变换矩阵是对选定的基而言的. 基变动时，线性变换的矩阵一般也会相应变动，因此我们要讨论它们之间的关系.

定理 4.10 设 $\alpha_1,\alpha_2,\cdots,\alpha_n$ 和 $\beta_1,\beta_2,\cdots,\beta_n$ 是 n 维线性空间 V 的两组基，V 中的线性变换 σ 在这两组基下的矩阵分别为 $\boldsymbol{A}$ 和 $\boldsymbol{B}$，且从 $\alpha_1,\alpha_2,\cdots,\alpha_n$ 到

$\beta_1,\beta_2,\cdots,\beta_n$ 的过渡矩阵为 $\boldsymbol{C}$，那么

$$\boldsymbol{B}=\boldsymbol{C}^{-1}\boldsymbol{A}\boldsymbol{C}. \tag{4.20}$$

证　由定理的条件，得

$$\sigma(\alpha_1,\alpha_2,\cdots,\alpha_n)=(\alpha_1,\alpha_2,\cdots,\alpha_n)\boldsymbol{A},$$
$$\sigma(\beta_1,\beta_2,\cdots,\beta_n)=(\beta_1,\beta_2,\cdots,\beta_n)\boldsymbol{B},$$
$$(\beta_1,\beta_2,\cdots,\beta_n)=(\alpha_1,\alpha_2,\cdots,\alpha_n)\boldsymbol{C}.$$

于是，利用 σ 的线性性质，我们有

$$\begin{aligned}\sigma(\beta_1,\beta_2,\cdots,\beta_n)&=\sigma((\alpha_1,\alpha_2,\cdots,\alpha_n)\boldsymbol{C})=(\sigma(\alpha_1,\alpha_2,\cdots,\alpha_n))\boldsymbol{C}\\&=(\alpha_1,\alpha_2,\cdots,\alpha_n)\boldsymbol{A}\boldsymbol{C}=(\beta_1,\beta_2,\cdots,\beta_n)\boldsymbol{C}^{-1}\boldsymbol{A}\boldsymbol{C}.\end{aligned}$$

这表明 σ 在 $\beta_1,\beta_2,\cdots,\beta_n$ 下的矩阵是 $\boldsymbol{C}^{-1}\boldsymbol{A}\boldsymbol{C}$，而线性变换在同一组基下的矩阵是唯一的，故有 $\boldsymbol{B}=\boldsymbol{C}^{-1}\boldsymbol{A}\boldsymbol{C}$. □

矩阵 $\boldsymbol{A}$ 与 $\boldsymbol{B}$ 之间的这种关系称为相似. 有关相似矩阵之间的共性将在第五章中作详细的讨论.

例 6　设 $\mathbf{R}^3$ 上线性变换 σ 为

$$\sigma((x_1,x_2,x_n)^{\mathrm{T}})=(x_1+2x_2+x_3,x_2-x_3,x_1+x_3)^{\mathrm{T}},$$

求 σ 在基

$$\boldsymbol{\alpha}_1=(1,0,1)^{\mathrm{T}},\quad \boldsymbol{\alpha}_2=(0,1,1)^{\mathrm{T}},\quad \boldsymbol{\alpha}_3=(1,-1,1)^{\mathrm{T}}$$

下的矩阵 $\boldsymbol{B}$.

解　由题意，易求得 σ 在自然基下的变换矩阵 $\boldsymbol{A}$，即由

$$\boldsymbol{y}=\begin{pmatrix}x_1+2x_2+x_3\\x_2-x_3\\x_1+x_3\end{pmatrix}=\begin{pmatrix}1&2&1\\0&1&-1\\1&0&1\end{pmatrix}\begin{pmatrix}x_1\\x_2\\x_3\end{pmatrix}=\boldsymbol{A}\begin{pmatrix}x_1\\x_2\\x_3\end{pmatrix},$$

得

$$\boldsymbol{A}=\begin{pmatrix}1&2&1\\0&1&-1\\1&0&1\end{pmatrix}.$$

又从 $\boldsymbol{e}_1,\boldsymbol{e}_2,\boldsymbol{e}_3$ 到 $\boldsymbol{\alpha}_1,\boldsymbol{\alpha}_2,\boldsymbol{\alpha}_3$ 的过渡矩阵 $\boldsymbol{C}$ 及其逆矩阵分别为

$$\boldsymbol{C}=\begin{pmatrix}1&0&1\\0&1&-1\\1&1&1\end{pmatrix},\quad \boldsymbol{C}^{-1}=\begin{pmatrix}2&1&-1\\-1&0&1\\-1&-1&1\end{pmatrix},$$

所以

$$\boldsymbol{B}=\boldsymbol{C}^{-1}\boldsymbol{A}\boldsymbol{C}=\begin{pmatrix}-1&5&-4\\0&-2&2\\1&-2&4\end{pmatrix}.$$

例 7 设 $\alpha_1,\alpha_2,\alpha_3$ 是三维线性空间 V 的一个基，线性变换 σ 在基 $\alpha_1,\alpha_2,\alpha_3$ 下的矩阵为

$$A=\begin{pmatrix}1 & 2 & 3\\ -1 & 0 & 3\\ 2 & 1 & 5\end{pmatrix},$$

求线性变换 σ 在基 $\beta_1=\alpha_1,\beta_2=\alpha_1+\alpha_2,\beta_3=\alpha_1+\alpha_2+\alpha_3$ 下的矩阵 $\boldsymbol{B}$.

解 因为

$$(\beta_1,\beta_2,\beta_3)=(\alpha_1,\alpha_2,\alpha_3)\begin{pmatrix}1 & 1 & 1\\ 0 & 1 & 1\\ 0 & 0 & 1\end{pmatrix},$$

所以由基 $\alpha_1,\alpha_2,\alpha_3$ 到基 β_1,β_2,β_3 的过渡矩阵为 $C=\begin{pmatrix}1 & 1 & 1\\ 0 & 1 & 1\\ 0 & 0 & 1\end{pmatrix}$. 于是

$$C^{-1}=\begin{pmatrix}1 & -1 & 0\\ 0 & 1 & -1\\ 0 & 0 & 1\end{pmatrix}.$$

故线性变换 σ 在基 β_1,β_2,β_3 下的矩阵为

$$B=C^{-1}AC=\begin{pmatrix}1 & -1 & 0\\ 0 & 1 & -1\\ 0 & 0 & 1\end{pmatrix}\begin{pmatrix}1 & 2 & 3\\ -1 & 0 & 3\\ 2 & 1 & 5\end{pmatrix}\begin{pmatrix}1 & 1 & 1\\ 0 & 1 & 1\\ 0 & 0 & 1\end{pmatrix}$$

$$=\begin{pmatrix}2 & 4 & 4\\ -3 & -4 & -6\\ 2 & 3 & 8\end{pmatrix}.$$

习题 4.7

1. 在 $\mathbf{R}^3$ 中，判断下列变换是否为线性变换：

(1) $\sigma\begin{pmatrix}x_1\\ x_2\\ x_3\end{pmatrix}=\begin{pmatrix}x_1-x_2\\ x_2\\ x_3\end{pmatrix}$；　(2) $\sigma\begin{pmatrix}x_1\\ x_2\\ x_3\end{pmatrix}=\begin{pmatrix}x_1\\ x_2+1\\ x_3\end{pmatrix}$.

2. 在 $\mathbf{R}^3$ 中定义变换 $\sigma(x_1,x_2,x_3)=(x_1+x_2,x_2-4x_3,2x_3)$，证明：$\sigma$ 为 $\mathbf{R}^3$ 的一个线性变换.

3. 试求 $P[x]_3$ 上微分变换 D 在基 $1+x,2x+x^2,3-x^2$ 下的矩阵.

4. 已知线性变换 σ：$\mathbf{R}^3\to\mathbf{R}^3$ 在自然基 $e_1=(1,0,0)^{\mathrm{T}}$，$e_2=(0,1,0)^{\mathrm{T}}$，$e_3=(0,0,1)^{\mathrm{T}}$ 下的矩阵为

$$A=\begin{pmatrix}1&3&0\\3&1&0\\0&0&-2\end{pmatrix}.$$

求 σ 在基 $\boldsymbol{\beta}_1=(1,1,0)^T$, $\boldsymbol{\beta}_2=(1,-1,0)^T$, $\boldsymbol{\beta}_3=(0,0,1)^T$ 下的矩阵.

5. 设 σ 是 4 维线性空间 V 的线性变换，σ 在 V 的基 $\alpha_1,\alpha_2,\alpha_3,\alpha_4$ 下的矩阵为

$$A=\begin{pmatrix}-1&-2&-2&-2\\2&6&5&2\\0&0&-1&-2\\0&0&2&6\end{pmatrix}.$$

求 σ 在 V 的基

$$\beta_1=\alpha_1,\ \beta_2=-\alpha_1+\alpha_2,\ \beta_3=-\alpha_2+\alpha_3,\ \beta_4=-\alpha_3+\alpha_4$$

下的矩阵.

6. 设 $\mathbf{R}^3$ 上的线性变换由下面关系确定：

$$\boldsymbol{\alpha}_1=(1,0,1)^T\to\boldsymbol{\beta}_1=(2,3,-1)^T,$$
$$\boldsymbol{\alpha}_2=(1,-1,1)^T\to\boldsymbol{\beta}_2=(3,0,-2)^T,$$
$$\boldsymbol{\alpha}_3=(1,2,-1)^T\to\boldsymbol{\beta}_3=(-2,7,-1)^T.$$

(1) 求变换 σ 在自然基 $\{\boldsymbol{e}_1,\boldsymbol{e}_2,\boldsymbol{e}_3\}$ 下的矩阵.

(2) 求 $\mathbf{R}^3$ 中向量 $\boldsymbol{\alpha}=(2,2,1)^T$ 在 σ 下的像.

7. 取 $\mathbf{R}^{2\times2}$ 中标准基

$$\boldsymbol{E}_{11}=\begin{pmatrix}1&0\\0&0\end{pmatrix},\quad \boldsymbol{E}_{12}=\begin{pmatrix}0&1\\0&0\end{pmatrix},\quad \boldsymbol{E}_{21}=\begin{pmatrix}0&0\\1&0\end{pmatrix},\quad \boldsymbol{E}_{22}=\begin{pmatrix}0&0\\0&1\end{pmatrix}.$$

设 σ 是 $\boldsymbol{R}^{2\times2}$ 中如下定义的线性变换：

$$\boldsymbol{A}=\begin{pmatrix}2&1\\0&3\end{pmatrix},\ \forall \boldsymbol{x}\in\mathbf{R}^{2\times2},\ \sigma(\boldsymbol{x})=\boldsymbol{Ax}-\boldsymbol{xA}.$$

求 σ 在上述标准基下的矩阵.

8. σ 为 n 维向量空间 V 上的线性变换，$\alpha\in V$. 若 $\sigma^{m-1}(\alpha)\neq0$, $\sigma^m(\alpha)=0$，证明：$\alpha,\sigma(\alpha),\cdots,\sigma^{m-1}(\alpha)$ 线性无关.

4.8　线性空间的应用

本节举几个与线性空间应用问题相关的例子.

在实际应用中，常会出现方程组 $\boldsymbol{Ax}=\boldsymbol{\beta}$ 的解不存在但又需要求解的问题. 人们对此不难想到，最好的解决方法是寻找 $\boldsymbol{x}$，使 $\boldsymbol{Ax}$ 尽可能接近 $\boldsymbol{\beta}$，亦即使 $\|\boldsymbol{\beta}-\boldsymbol{Ax}\|$ 尽量小，而 $\|\boldsymbol{\beta}-\boldsymbol{Ax}\|$ 是平方和的平方根，这便是相关内容称为

"最小二乘"问题的缘由.

例 1 求方程组 $\boldsymbol{A}\boldsymbol{x}=\boldsymbol{\beta}$ 的最小二乘解，其中

$$\boldsymbol{A}=\begin{pmatrix}0.39 & -1.89\\ 0.61 & -1.80\\ 0.93 & -1.68\\ 1.35 & -1.50\end{pmatrix},\quad \boldsymbol{\beta}=\begin{pmatrix}1\\1\\1\\1\end{pmatrix}.$$

用"到子空间距离最短的线是垂线"的语言表达上述方程组的最小二乘解的几何意义，由此列出方程组并求解.

解 记 $\boldsymbol{A}=(\boldsymbol{\alpha}_1,\boldsymbol{\alpha}_2)$，$\boldsymbol{x}=(x_1,x_2)^{\mathrm{T}}$，并令 $\boldsymbol{y}=\boldsymbol{\alpha}_1x_1+\boldsymbol{\alpha}_2x_2$，那么"到子空间距离最短的线是垂线"的意思就是 $\|\boldsymbol{y}-\boldsymbol{\beta}\|$ 的值最小，从而，最小二乘解的几何意义是在 $L(\boldsymbol{\alpha}_1,\boldsymbol{\alpha}_2)$ 中求向量 $\boldsymbol{y}$，使 $(\boldsymbol{\beta}-\boldsymbol{y})\perp L(\boldsymbol{\alpha}_1,\boldsymbol{\alpha}_2)$. 令

$$\boldsymbol{C}=\boldsymbol{\beta}-\boldsymbol{y}=\boldsymbol{\beta}-\boldsymbol{A}\boldsymbol{x},$$

那么 $\boldsymbol{C}$ 应满足

$$(\boldsymbol{C},\boldsymbol{\alpha}_1)=(\boldsymbol{C},\boldsymbol{\alpha}_2)=0.$$

由于每个 $\boldsymbol{\alpha}_j^{\mathrm{T}}$ 是 $\boldsymbol{A}^{\mathrm{T}}$ 的行，故有 $\boldsymbol{A}^{\mathrm{T}}(\boldsymbol{\beta}-\boldsymbol{A}\boldsymbol{x})=\boldsymbol{0}$，即

$$\boldsymbol{A}^{\mathrm{T}}\boldsymbol{A}\boldsymbol{x}=\boldsymbol{A}^{\mathrm{T}}\boldsymbol{\beta}. \qquad ①$$

经计算，得

$$\boldsymbol{A}^{\mathrm{T}}\boldsymbol{A}=\begin{pmatrix}3.2116 & -5.4225\\ -5.4225 & 11.8845\end{pmatrix},\quad \boldsymbol{A}^{\mathrm{T}}\boldsymbol{\beta}=\begin{pmatrix}3.28\\ -6.87\end{pmatrix},$$

那么方程组 $\boldsymbol{A}^{\mathrm{T}}\boldsymbol{A}\boldsymbol{x}=\boldsymbol{A}^{\mathrm{T}}\boldsymbol{\beta}$ 变成：

$$\begin{cases}3.2116\,x_1-5.4225\,x_2=3.28,\\ -5.4225\,x_1+11.8845\,x_2=-6.87.\end{cases} \qquad ②$$

对方程组②的增广矩阵施以初等行变换，可解得(近似值)：

$$x_1=0.197,\quad x_2=-0.488,$$

即 $\boldsymbol{x}=(0.197,-0.488)^{\mathrm{T}}$.

注 上例可用初等行变换解方程组①，亦可用公式

$$\boldsymbol{x}=(\boldsymbol{A}^{\mathrm{T}}\boldsymbol{A})^{-1}(\boldsymbol{A}^{\mathrm{T}}\boldsymbol{\beta})$$

求解，因为 $\boldsymbol{A}^{\mathrm{T}}\boldsymbol{A}$ 可逆.

可以证明：矩阵 $\boldsymbol{A}^{\mathrm{T}}\boldsymbol{A}$ 可逆的充要条件是 $\boldsymbol{A}$ 的列向量是线性无关的.

例 2 假设收入与消费的水平是线性的，设为

$$u=a+bv, \qquad ①$$

其中 u 表示收入，v 表示支出，a 和 b 是两个待定常数. 假定在3年内，有如表4-1所示统计数据. 试根据这些数据，建立相应线性方程组，并求出 a,b.

表4-1

年	1	2	3
u	1.6	1.7	2.0
v	1.2	1.4	1.8

解 根据具体的统计数据，由 ① 式可得到线性方程组：

$$\begin{cases} a+1.2b=1.6, \\ a+1.4b=1.7, \\ a+1.8b=2.0. \end{cases} \qquad ②$$

② 式的系数矩阵与增广矩阵分别为

$$\boldsymbol{A}=\begin{pmatrix}1 & 1.2\\1 & 1.4\\1 & 1.8\end{pmatrix}, \quad \overline{\boldsymbol{A}}=\begin{pmatrix}1 & 1.2 & 1.6\\1 & 1.4 & 1.7\\1 & 1.8 & 2.0\end{pmatrix}.$$

易知，它们的秩分别为 $\mathrm{r}(\boldsymbol{A})=2$，$\mathrm{r}(\overline{\boldsymbol{A}})=3$. 因此 ② 式无解，即 ② 式是所谓“矛盾方程组”.

现在我们用

$$\boldsymbol{x}=(\boldsymbol{A}^{\mathrm{T}}\boldsymbol{A})^{-1}(\boldsymbol{A}^{\mathrm{T}}\boldsymbol{\beta}) \qquad ③$$

(其中 $\boldsymbol{A}\boldsymbol{x}=\boldsymbol{\beta}$) 来求 ② 式的最小二乘解. 因为

$$\boldsymbol{A}=\begin{pmatrix}1 & 1.2\\1 & 1.4\\1 & 1.8\end{pmatrix}, \quad \boldsymbol{\beta}=\begin{pmatrix}1.6\\1.7\\2.0\end{pmatrix}, \quad \boldsymbol{A}^{\mathrm{T}}\boldsymbol{A}=\begin{pmatrix}3 & 4.4\\4.4 & 6.64\end{pmatrix},$$

$$(\boldsymbol{A}^{\mathrm{T}}\boldsymbol{A})^{-1}=\frac{1}{0.56}\begin{pmatrix}6.64 & -4.4\\-4.4 & 3\end{pmatrix}, \quad \boldsymbol{A}^{\mathrm{T}}\boldsymbol{\beta}=\begin{pmatrix}5.3\\7.9\end{pmatrix},$$

所以，② 式的最小二乘解为

$$\boldsymbol{x}=(\boldsymbol{A}^{\mathrm{T}}\boldsymbol{A})^{-1}(\boldsymbol{A}^{\mathrm{T}}\boldsymbol{\beta})=\frac{1}{0.56}\begin{pmatrix}0.43\\0.38\end{pmatrix}\approx\begin{pmatrix}0.77\\0.68\end{pmatrix},$$

即 $a=0.77$，$b=0.68$. 因此 $u=0.77+0.68v$.

注 理论上，② 式是无解的线性方程组，但实际问题并不等于理论问题，理论只能用来指导实践，但不能替代实践. 事实上，前面假定收入与支出是线性关系，这本身只是一种近似的假定，收支关系是一个很复杂的关系，线性关系只能大体上反映收支关系的一种近似关系. 另外，在收集统计数据时，往往也由于各种原因而产生一定的误差. 我们的目的是从 ② 式中求出 a 和 b 的值，用以确定 u 和 v 的关系以供理论分析所用，而不是用以确定实

际的 u 和 v 的关系.

由于模型和数据本身具有误差，用②式来确定 a 和 b 的值当然也就不可能有精确值. 事实上，我们只要求得到满足一定要求的近似解即可，通常我们要求的 a 和 b 是使平方偏差

$$(a+1.2b-1.6)^2+(a+1.4b-1.7)^2+(a+1.8b-2.0)^2$$

取得最小值，这就是所谓最小二乘解问题，其一般的表述为：在线性方程组

$$\sum_{j=1}^{n} a_{ij}x_j = b_i \quad (i=1,2,\cdots,m)$$

中求 $\boldsymbol{x}^* = (x_1^*, x_2^*, \cdots, x_n^*)^{\mathrm{T}}$，使

$$G(x_1, x_2, \cdots, x_n) = \sum_{i=1}^{m}\left(\sum_{j=1}^{n} a_{ij}x_j - b_i\right)^2$$

取最小值.

例 3 某化工厂生产甲、乙两种产品，生产 1 吨甲种产品需要 3 公斤 A 种原料与 3 公斤 B 种原料，销售后获得利润 8 万元；生产 1 吨乙种产品需要 5 公斤 A 种原料与 1 公斤 B 种原料，销售后获得利润 3 万元. 工厂现有可供利用的 A 种原料 210 公斤，可供利用的 B 种原料 150 公斤. 问工厂应如何安排生产，才能使得两种产品销售后获得的总利润最大?

解 设工厂生产 x_1 吨甲种产品与 x_2 吨乙种产品，总利润为 S，则 $x_i \geqslant 0\ (i=1,2)$，且

$$S = 8x_1 + 3x_2 \text{（万元）}.$$

从而，得到这个线性规划问题的数学模型为

$$\begin{aligned}
\max \quad & S = 8x_1 + 3x_2, \\
\text{s. t.} \quad & 3x_1 + 5x_2 \leqslant 210, \\
& 3x_1 + \ \ x_2 \leqslant 150, \\
& x_i \geqslant 0 \quad (i=1,2).
\end{aligned}$$

现在应用单纯形解法求解，引进松弛变量：

$$x_3 \geqslant 0, \quad x_4 \geqslant 0.$$

于是，所得到的线性规划问题化为标准形式是

$$\begin{aligned}
\max \quad & S = 8x_1 + 3x_2, \\
\text{s. t.} \quad & 3x_1 + 5x_2 + x_3 \qquad = 210, \\
& 3x_1 + \ \ x_2 \qquad + x_4 = 150, \\
& x_i \geqslant 0 \quad (i=1,2,3,4),
\end{aligned}$$

得到单纯形矩阵

$$T=\left(\begin{array}{cccc:c} 3 & 5 & ① & 0 & 210 \\ 3 & 1 & 0 & ① & 150 \\ \hdashline -8 & -3 & 0 & 0 & 0 \end{array}\right).$$

注意到存在由两个现成的基变量 x_3,x_4 构成的现成的初始可行基，对单纯形矩阵 $\boldsymbol{T}$ 作初等行变换，使得所有检验数皆非负，从而求得最优解，有

$$T=\left(\begin{array}{cccc:c} 3 & 5 & ① & 0 & 210 \\ \boxed{3} & 1 & 0 & ① & 150 \\ \hdashline -8 & -3 & 0 & 0 & 0 \end{array}\right)\to\left(\begin{array}{cccc:c} 3 & 5 & ① & 0 & 210 \\ \boxed{1} & \frac{1}{3} & 0 & \frac{1}{3} & 50 \\ \hdashline -8 & -3 & 0 & 0 & 0 \end{array}\right)$$

$$\to\left(\begin{array}{cccc:c} 0 & \boxed{4} & ① & -1 & 60 \\ ① & \frac{1}{3} & 0 & \frac{1}{3} & 50 \\ \hdashline 0 & -\frac{1}{3} & 0 & \frac{8}{3} & 400 \end{array}\right)\to\left(\begin{array}{cccc:c} 0 & \boxed{1} & \frac{1}{4} & -\frac{1}{4} & 15 \\ ① & \frac{1}{3} & 0 & \frac{1}{3} & 50 \\ \hdashline 0 & -\frac{1}{3} & 0 & \frac{8}{3} & 400 \end{array}\right)$$

$$\to\left(\begin{array}{cccc:c} 0 & ① & \frac{1}{4} & -\frac{1}{4} & 15 \\ ① & 0 & -\frac{1}{12} & \frac{5}{12} & 45 \\ \hdashline 0 & 0 & \frac{1}{12} & \frac{31}{12} & 405 \end{array}\right).$$

因为所有检验数皆非负，且非基变量 x_3,x_4 对应的检验数皆为正，所以基本可行解为唯一最优解. 令非基变量 $x_3=0$，$x_4=0$，得到基变量 $x_2=15$，$x_1=45$，它们构成唯一最优解，再去掉松弛变量，从而得到所给线性规划问题的唯一最优解：

$$\begin{cases} x_1=45, \\ x_2=15. \end{cases}$$

最优值等于检验行的常数项，即 $\max S=405$.

因此工厂应生产 45 吨甲种产品与 15 吨乙种产品，才能使得两种产品销售后获得的总利润最大，最大利润值是 405 万元.

例 4 求积分

$$I=\int \mathrm{e}^{\alpha x}[(Ax+C)\cos\beta x+(Bx+D)\sin\beta x]\mathrm{d}x \quad (\alpha^2+\beta^2\neq 0).$$

解 由于直接计算此积分较难，下面我们利用线性空间的相关知识处理. 考察以

$$f_1=x\,\mathrm{e}^{\alpha x}\cos\beta x,$$

$$f_2 = x\mathrm{e}^{\alpha x}\sin\beta x,$$
$$f_3 = \mathrm{e}^{\alpha x}\cos\beta x,$$
$$f_4 = \mathrm{e}^{\alpha x}\sin\beta x$$

为基的线性空间 V 及 V 上的微分变换 D. 易知，变换 D 在这组基下的矩阵为

$$\begin{pmatrix} \alpha & \beta & 0 & 0 \\ -\beta & \alpha & 0 & 0 \\ 1 & 0 & \alpha & \beta \\ 0 & 1 & -\beta & \alpha \end{pmatrix},$$

而被积函数在这组基下的坐标为

$$(A,B,C,D)^{\mathrm{T}}.$$

设被积函数的原像(原函数) 在这组基下的坐标为 $(k_1,k_2,k_3,k_4)^{\mathrm{T}}$，则它应满足

$$\begin{pmatrix} A \\ B \\ C \\ D \end{pmatrix} = \begin{pmatrix} \alpha & \beta & 0 & 0 \\ -\beta & \alpha & 0 & 0 \\ 1 & 0 & \alpha & \beta \\ 0 & 1 & -\beta & \alpha \end{pmatrix}\begin{pmatrix} k_1 \\ k_2 \\ k_3 \\ k_4 \end{pmatrix}.$$

由此求出 k_1,k_2,k_3,k_4 后，即可得不定积分

$$\begin{aligned} I &= k_1 f_1 + k_2 f_2 + k_3 f_3 + k_4 f_4 + C \\ &= [(k_1 x + k_3)\cos\beta x + (k_2 x + k_4)\sin\beta x]\mathrm{e}^{\alpha x} + C. \end{aligned}$$

习题 4.8

1. 弹簧在弹性限度内，作用在弹簧上的拉力 y 与弹簧的伸长长度 x，满足线性关系

$$y = a + bx,$$

其中 b 是弹簧的弹性系数. 已知某弹簧通过实验测得的数据如表 4-2 所示. 试求该弹簧的弹性系数 b.

表 4-2

x_i(厘米)	2.6	3.0	3.5	4.3
y_i(牛顿)	0	1	2	3

2. 试求下列方程组的最小二乘解：

(1) $\begin{cases} 2x_1 - x_2 = 3, \\ 3x_1 + x_2 = 4, \\ x_1 + 2x_2 = 2; \end{cases}$ (2) $\begin{cases} 3x_1 + 2x_2 = 3, \\ x_1 + x_2 = 2, \\ 2x_1 + 3x_2 = 4. \end{cases}$

4.9 典型例题

例 1 设 $\mathbf{R}^+$ 是全体正实数的集合. 在 $\mathbf{R}^+$ 上定义加法运算：$a \oplus b = ab$；在 $\mathbf{R}^+$ 上再定义数量乘法运算：$k \circ a = a^k$. 证明：$\mathbf{R}^+$ 是实数域 $\mathbf{R}$ 上的线性空间.

证 设 a,b,c 为 $\mathbf{R}^+$ 中任意元素，k,l 为 $\mathbf{R}$ 中任意元素. 因为

$$a \oplus b = ab \in \mathbf{R}^+, \quad k \circ a = a^k \in \mathbf{R}^+,$$

故所定义的两种运算在 $\mathbf{R}^+$ 上满足封闭性.

现在验证所定义的两种运算满足定义 4.2 中的 8 条运算法则.

① $a \oplus b = ab = ba = b \oplus a$；

② $(a \oplus b) \oplus c = (ab) \oplus c = (ab)c = a(bc) = a \oplus (bc) = a \oplus (b \oplus c)$；

③ 实数 1 是 $\mathbf{R}^+$ 中的零元素，因为对任意 $a \in \mathbf{R}^+$，有 $a \oplus 1 = a1 = a$；

④ 对任意 $a \in \mathbf{R}^+$，有负元素 $\dfrac{1}{a} \in \mathbf{R}^+$，满足 $a \oplus \dfrac{1}{a} = a\dfrac{1}{a} = 1$；

⑤ $1 \circ a = a^1 = a$；

⑥ $k \circ (l \circ a) = k \circ a^l = (a^l)^k = a^{kl} = (kl) \circ a$；

⑦ $(k+l) \circ a = a^{k+l} = a^k a^l = (k \circ a)(l \circ a) = (k \circ a) \oplus (l \circ a)$；

⑧ $k \circ (a \oplus b) = k \circ (ab) = (ab)^k = a^k b^k = (a^k) \oplus (b^k) = (k \circ a) \oplus (k \circ b)$.

故 $\mathbf{R}^+$ 是实数域 $\mathbf{R}$ 上的线性空间.

例 2 设向量组

$$\boldsymbol{\alpha}_1 = \begin{pmatrix} 1 \\ 1 \\ 2 \end{pmatrix}, \quad \boldsymbol{\alpha}_2 = \begin{pmatrix} 1 \\ 2 \\ 3 \end{pmatrix}, \quad \boldsymbol{\alpha}_3 = \begin{pmatrix} 1 \\ 0 \\ 1 \end{pmatrix}, \quad \boldsymbol{\alpha}_4 = \begin{pmatrix} 0 \\ 1 \\ 1 \end{pmatrix},$$

求 $\mathbf{R}^3$ 的线性子空间 $L(\boldsymbol{\alpha}_1,\boldsymbol{\alpha}_2,\boldsymbol{\alpha}_3,\boldsymbol{\alpha}_4)$ 的维数和一个基.

解 $L(\boldsymbol{\alpha}_1,\boldsymbol{\alpha}_2,\boldsymbol{\alpha}_2,\boldsymbol{\alpha}_4)$ 的维数是向量组 $\boldsymbol{\alpha}_1,\boldsymbol{\alpha}_2,\boldsymbol{\alpha}_3,\boldsymbol{\alpha}_4$ 的秩，而且 $\boldsymbol{\alpha}_1,\boldsymbol{\alpha}_2,\boldsymbol{\alpha}_3,\boldsymbol{\alpha}_4$ 的任一极大线性无关组都可作为 $L(\boldsymbol{\alpha}_1,\boldsymbol{\alpha}_2,\boldsymbol{\alpha}_3,\boldsymbol{\alpha}_4)$ 的基. 因而由

$$(\boldsymbol{\alpha}_1,\boldsymbol{\alpha}_2,\boldsymbol{\alpha}_3,\boldsymbol{\alpha}_4) = \begin{pmatrix} 1 & 1 & 1 & 0 \\ 1 & 2 & 0 & 1 \\ 2 & 3 & 1 & 1 \end{pmatrix} \xrightarrow{\text{行}} \begin{pmatrix} 1 & 1 & 1 & 0 \\ 0 & 1 & -1 & 1 \\ 0 & 0 & 0 & 0 \end{pmatrix},$$

得

$$\dim L(\boldsymbol{\alpha}_1,\boldsymbol{\alpha}_2,\boldsymbol{\alpha}_3,\boldsymbol{\alpha}_4) = \mathrm{r}(\boldsymbol{\alpha}_1,\boldsymbol{\alpha}_2,\boldsymbol{\alpha}_3,\boldsymbol{\alpha}_4) = 2.$$

又可知 $\boldsymbol{\alpha}_1,\boldsymbol{\alpha}_2$ 是 $\boldsymbol{\alpha}_1,\boldsymbol{\alpha}_2,\boldsymbol{\alpha}_3,\boldsymbol{\alpha}_4$ 的一个极大线性无关组，因此，$\boldsymbol{\alpha}_1,\boldsymbol{\alpha}_2$ 可作为

$\boldsymbol{L}(\boldsymbol{\alpha}_1,\boldsymbol{\alpha}_2,\boldsymbol{\alpha}_3,\boldsymbol{\alpha}_4)$ 的一个基.

例 3 设 $\mathbf{R}^3$ 中的两个基分别为

$$\boldsymbol{\varepsilon}_1=\begin{pmatrix}1\\0\\0\end{pmatrix},\quad \boldsymbol{\varepsilon}_2=\begin{pmatrix}0\\1\\0\end{pmatrix},\quad \boldsymbol{\varepsilon}_3=\begin{pmatrix}0\\0\\1\end{pmatrix};$$

$$\boldsymbol{\alpha}_1=\begin{pmatrix}1\\1\\0\end{pmatrix},\quad \boldsymbol{\alpha}_2=\begin{pmatrix}1\\0\\1\end{pmatrix},\quad \boldsymbol{\alpha}_3=\begin{pmatrix}0\\1\\1\end{pmatrix}.$$

求在这两个基下有相同坐标的向量.

解 设 $\mathbf{R}^3$ 中的向量 $\boldsymbol{\alpha}$ 在两个基下有相同的坐标 $\boldsymbol{x}=\begin{pmatrix}x_1\\x_2\\x_3\end{pmatrix}$，即

$$\boldsymbol{\alpha}=x_1\boldsymbol{\varepsilon}_1+x_2\boldsymbol{\varepsilon}_2+x_3\boldsymbol{\varepsilon}_3=x_1\boldsymbol{\alpha}_1+x_2\boldsymbol{\alpha}_2+x_3\boldsymbol{\alpha}_3,$$

则有$(\boldsymbol{\varepsilon}_1,\boldsymbol{\varepsilon}_2,\boldsymbol{\varepsilon}_3)\boldsymbol{x}=(\boldsymbol{\alpha}_1,\boldsymbol{\alpha}_2,\boldsymbol{\alpha}_3)\boldsymbol{x}$，即

$$((\boldsymbol{\varepsilon}_1,\boldsymbol{\varepsilon}_2,\boldsymbol{\varepsilon}_3)-(\boldsymbol{\alpha}_1,\boldsymbol{\alpha}_2,\boldsymbol{\alpha}_3))\boldsymbol{x}=\mathbf{0}.$$

由此，得线性方程组

$$\left(\begin{pmatrix}1&0&0\\0&1&0\\0&0&1\end{pmatrix}-\begin{pmatrix}1&1&0\\1&0&1\\0&1&1\end{pmatrix}\right)\begin{pmatrix}x_1\\x_2\\x_3\end{pmatrix}=\begin{pmatrix}0\\0\\0\end{pmatrix},$$

即

$$\begin{pmatrix}0&-1&0\\-1&1&-1\\0&-1&0\end{pmatrix}\begin{pmatrix}x_1\\x_2\\x_3\end{pmatrix}=\begin{pmatrix}0\\0\\0\end{pmatrix}.$$

求解此方程组，得 $x_1=k$，$x_2=0$，$x_3=-k$，k 为任意常数. 因此，在两个基下有相同坐标的全体向量

$$\boldsymbol{\alpha}=k\boldsymbol{\varepsilon}_1+0\boldsymbol{\varepsilon}_2-k\boldsymbol{\varepsilon}_3=k\boldsymbol{\alpha}_1+0\boldsymbol{\alpha}_2-k\boldsymbol{\alpha}_3=k\begin{pmatrix}1\\0\\-1\end{pmatrix},$$

其中 k 为任意常数.

例 4 设线性方程组为

$$\begin{cases}x_1+\ x_2\qquad +x_4=0,\\x_1+2x_2-x_3\qquad =0.\end{cases}\qquad ①$$

(1) 求方程组 ① 的解空间的一个标准正交基；

(2) 将式 ① 解空间的标准正交基扩充为 $\mathbf{R}^4$ 的一个标准正交基.

解 (1) 线性方程组 ① 的基础解系可作为其解空间的基，由

$$\begin{pmatrix}1&1&0&1\\1&2&-1&0\end{pmatrix}\xrightarrow{\text{初等行变换}}\begin{pmatrix}1&0&1&2\\0&1&-1&-1\end{pmatrix},$$

得式 ① 的解

$$x_1=-x_3-2x_4,\quad x_2=x_3+x_4,$$

其中 x_3,x_4 是自由变量. 令 $(x_3,x_4)=(1,0),(0,1)$，可得式 ① 的一个基础解系，亦即式 ① 解空间的一个基

$$\boldsymbol{\alpha}_1=\begin{pmatrix}-1\\1\\1\\0\end{pmatrix},\quad \boldsymbol{\alpha}_2=\begin{pmatrix}-2\\1\\0\\1\end{pmatrix}.$$

利用施密特正交化方法，得

$$\boldsymbol{\beta}_1=\boldsymbol{\alpha}_1=\begin{pmatrix}-1\\1\\1\\0\end{pmatrix},$$

$$\boldsymbol{\beta}_2=\boldsymbol{\alpha}_2-\frac{(\boldsymbol{\alpha}_2,\boldsymbol{\beta}_1)}{(\boldsymbol{\beta}_1,\boldsymbol{\beta}_1)}\boldsymbol{\beta}_1=\begin{pmatrix}-2\\1\\0\\1\end{pmatrix}-\frac{3}{3}\begin{pmatrix}-1\\1\\1\\0\end{pmatrix}=\begin{pmatrix}-1\\0\\-1\\1\end{pmatrix},$$

$$\boldsymbol{\eta}_1=\frac{1}{\|\boldsymbol{\beta}_1\|}\boldsymbol{\beta}_1=\frac{1}{\sqrt{3}}\begin{pmatrix}-1\\1\\1\\0\end{pmatrix},\quad \boldsymbol{\eta}_2=\frac{1}{\|\boldsymbol{\beta}_2\|}\boldsymbol{\beta}_2=\frac{1}{\sqrt{3}}\begin{pmatrix}-1\\0\\-1\\1\end{pmatrix}.$$

由齐次线性方程组解的性质可知，$\boldsymbol{\eta}_1,\boldsymbol{\eta}_2$ 是式 ① 的解空间的标准正交基.

(2) 将 $\boldsymbol{\eta}_1,\boldsymbol{\eta}_2$ 扩充为 $\mathbf{R}^4$ 的标准正交基，需求 $\boldsymbol{\eta}_3,\boldsymbol{\eta}_4$ 使 $\boldsymbol{\eta}_1,\boldsymbol{\eta}_2,\boldsymbol{\eta}_3,\boldsymbol{\eta}_4$ 为标准正交向量组. 由式 ① 可得

$$\boldsymbol{\alpha}_3=\begin{pmatrix}1\\1\\0\\1\end{pmatrix},\quad \boldsymbol{\alpha}_4=\begin{pmatrix}1\\2\\-1\\0\end{pmatrix},$$

有

$$(\boldsymbol{\beta}_1,\boldsymbol{\alpha}_3)=(\boldsymbol{\beta}_2,\boldsymbol{\alpha}_3)=0,\quad (\boldsymbol{\beta}_1,\boldsymbol{\alpha}_4)=(\boldsymbol{\beta}_2,\boldsymbol{\alpha}_4)=0,$$

故只需将 $\boldsymbol{\alpha}_3,\boldsymbol{\alpha}_4$ 利用施密特正交化方法求得 $\boldsymbol{\eta}_3,\boldsymbol{\eta}_4$，则 $\boldsymbol{\eta}_1,\boldsymbol{\eta}_2,\boldsymbol{\eta}_3,\boldsymbol{\eta}_4$ 就是标准正交向量组. 由

$$\boldsymbol{\beta}_3=\boldsymbol{\alpha}_3=\begin{pmatrix}1\\1\\0\\1\end{pmatrix},$$

$$\boldsymbol{\beta}_4=\boldsymbol{\alpha}_4-\frac{(\boldsymbol{\alpha}_4,\boldsymbol{\beta}_3)}{(\boldsymbol{\beta}_3,\boldsymbol{\beta}_3)}\boldsymbol{\beta}_3=\begin{pmatrix}1\\2\\-1\\0\end{pmatrix}-\frac{3}{3}\begin{pmatrix}1\\1\\0\\1\end{pmatrix}=\begin{pmatrix}0\\1\\-1\\-1\end{pmatrix},$$

$$\boldsymbol{\eta}_3=\frac{1}{\|\boldsymbol{\beta}_3\|}\boldsymbol{\beta}_3=\frac{1}{\sqrt{3}}\begin{pmatrix}1\\1\\0\\1\end{pmatrix},\quad \boldsymbol{\eta}_4=\frac{1}{\|\boldsymbol{\beta}_4\|}\boldsymbol{\beta}_4=\frac{1}{\sqrt{3}}\begin{pmatrix}0\\1\\-1\\-1\end{pmatrix},$$

得 $\boldsymbol{\eta}_1,\boldsymbol{\eta}_2,\boldsymbol{\eta}_3,\boldsymbol{\eta}_4$ 就可作为由式 ① 的解空间的标准正交基扩充所得的 $\mathbf{R}^4$ 的标准正交基.

例 5 设 $\alpha_1,\alpha_2,\alpha_3,\alpha_4$ 是欧氏空间 V 中的向量，已知 α_1,α_2 线性无关，α_3,α_4 亦线性无关，且

$$(\alpha_1,\alpha_3)=(\alpha_1,\alpha_4)=0,\quad (\alpha_2,\alpha_3)=(\alpha_2,\alpha_4)=0,$$

试证：向量组 $\alpha_1,\alpha_2,\alpha_3,\alpha_4$ 线性无关.

证 方法 1 设有数 x_1,x_2,x_3,x_4，使

$$x_1\alpha_1+x_2\alpha_2+x_3\alpha_3+x_4\alpha_4=0. \qquad ①$$

式 ① 两边分别与 α_1,α_2 作内积，由于

$$(\alpha_1,\alpha_i)=0,\ (\alpha_2,\alpha_i)=0 \quad (i=3,4),$$

得

$$\begin{cases}x_1(\alpha_1,\alpha_1)+x_2(\alpha_1,\alpha_2)=0,\\ x_1(\alpha_2,\alpha_1)+x_2(\alpha_2,\alpha_2)=0.\end{cases}$$

又由柯西不等式及 α_1,α_2 线性无关，知行列式

$$\begin{vmatrix}(\alpha_1,\alpha_1) & (\alpha_1,\alpha_2)\\ (\alpha_2,\alpha_1) & (\alpha_2,\alpha_2)\end{vmatrix}=(\alpha_1,\alpha_1)(\alpha_2,\alpha_2)-(\alpha_1,\alpha_2)^2>0,$$

故 $x_1=x_2=0$. 将其代入式 ①，得

$$x_3\alpha_3+x_4\alpha_4=0.$$

因为 α_3,α_4 线性无关，因此 $x_3=x_4=0$，即式 ① 当且仅当 $x_1=x_2=x_3=x_4=0$ 时成立. 所以向量组 $\alpha_1,\alpha_2,\alpha_3,\alpha_4$ 线性无关.

方法 2 在式① 的两边分别与 α_1,α_2 作内积，得

$$\begin{cases} x_1(\alpha_1,\alpha_1)+x_2(\alpha_1,\alpha_2)=(\alpha_1,x_1\alpha_1+x_2\alpha_2)=0, \\ x_1(\alpha_2,\alpha_1)+x_2(\alpha_2,\alpha_2)=(\alpha_2,x_1\alpha_1+x_2\alpha_2)=0. \end{cases}$$

因此

$$\begin{aligned} \|x_1\alpha_1+x_2\alpha_2\|^2 &= (x_1\alpha_1+x_2\alpha_2,x_1\alpha_1+x_2\alpha_2) \\ &= x_1(\alpha_1,x_1\alpha_1+x_2\alpha_2)+x_2(\alpha_2,x_1\alpha_1+x_2\alpha_2) \\ &= 0, \end{aligned}$$

故 $x_1\alpha_1+x_2\alpha_2=0$. 又因 α_1,α_2 线性无关，故 $x_1=x_2=0$.

同理，式①两边分别与 α_3,α_4 作内积，可得 $x_3=x_4=0$. 所以向量组 α_1, $\alpha_2,\alpha_3,\alpha_4$ 线性无关.

例 6 在欧氏空间 $C[0,1]$ 中定义内积为 $(f,g)=\int_0^1 f\cdot g\mathrm{d}x$，试将 $C[0,1]$ 中线性无关向量组 x,x^2,x^3 化成正交向量组.

解 $f_1(x)=x$，$f_2(x)=x^2$，$f_3(x)=x^3$，由施密特正交化过程：

$$g_1(x)=f_1(x)=x,$$

$$g_2(x)=f_2(x)-\frac{(f_2,g_1)}{(g_1,g_1)}g_1=x_2-\frac{\int_0^1 x^3\mathrm{d}x}{\int_0^1 x^2\mathrm{d}x}=x^2-\frac{3}{4}x,$$

$$\begin{aligned} g_3(x) &= f_3-\frac{(f_3,g_1)}{(g_1,g_1)}g_1-\frac{(f_3,g_2)}{(g_2,g_2)}g_2 \\ &= x^3-\frac{\int_0^1 x^4\mathrm{d}x}{\int_0^1 x^2\mathrm{d}x}-\frac{\int_0^1\left(x^5-\frac{3}{4}x^4\right)\mathrm{d}x}{\int_0^1\left(x^4-\frac{3}{2}x^3+\frac{9}{16}x^2\right)\mathrm{d}x}\left(x^2-\frac{3}{4}x\right) \\ &= x^3-\frac{3}{5}x-\frac{3}{4}x^2+x=x^3-\frac{3}{4}x^2-\frac{2}{5}x, \end{aligned}$$

故 $x,x^2-\frac{3}{4}x,x^3-\frac{3}{4}x^2+\frac{2}{5}x$ 是正交向量组.

例 7 在 $\mathbf{R}^3$ 中，定义下列变换：对任意的 $\begin{pmatrix} x_1 \\ x_2 \\ x_3 \end{pmatrix}\in\mathbf{R}^3$，

$$\sigma_1\left(\begin{pmatrix} x_1 \\ x_2 \\ x_3 \end{pmatrix}\right)=\begin{pmatrix} x_1+x_2 \\ x_3 \\ x_1 \end{pmatrix},\quad \sigma_2\left(\begin{pmatrix} x_1 \\ x_2 \\ x_3 \end{pmatrix}\right)=\begin{pmatrix} 1 \\ 0 \\ x_3 \end{pmatrix},$$

试确定它们是否为线性变换.

解 对任意的$\begin{pmatrix}x_1\\x_2\\x_3\end{pmatrix},\begin{pmatrix}y_1\\y_2\\y_3\end{pmatrix}\in\mathbf{R}^3$和$k\in\mathbf{R}$,

$$\sigma_1\left(\begin{pmatrix}x_1\\x_2\\x_3\end{pmatrix}+\begin{pmatrix}y_1\\y_2\\y_3\end{pmatrix}\right)=\sigma_1\left(\begin{pmatrix}x_1+y_1\\x_2+y_2\\x_3+y_3\end{pmatrix}\right)=\begin{pmatrix}x_1+y_1+x_2+y_2\\x_3+y_3\\x_1+y_1\end{pmatrix}$$

$$=\begin{pmatrix}x_1+x_2\\x_3\\x_1\end{pmatrix}+\begin{pmatrix}y_1+y_2\\y_3\\y_1\end{pmatrix}=\sigma_1\left(\begin{pmatrix}x_1\\x_2\\x_3\end{pmatrix}\right)+\sigma_1\left(\begin{pmatrix}y_1\\y_2\\y_3\end{pmatrix}\right),$$

$$\sigma_1\left(k\begin{pmatrix}x_1\\x_2\\x_3\end{pmatrix}\right)=\sigma_1\left(\begin{pmatrix}kx_1\\kx_2\\kx_3\end{pmatrix}\right)=\begin{pmatrix}kx_1+kx_2\\kx_3\\kx_1\end{pmatrix}$$

$$=k\begin{pmatrix}x_1+x_2\\x_3\\x_1\end{pmatrix}=k\sigma_1\left(\begin{pmatrix}x_1\\x_2\\x_3\end{pmatrix}\right),$$

故σ_1是线性变换:

$$\sigma_2\left(\begin{pmatrix}x_1\\x_2\\x_3\end{pmatrix}+\begin{pmatrix}y_1\\y_2\\y_3\end{pmatrix}\right)=\sigma_2\left(\begin{pmatrix}x_1+y_1\\x_2+y_2\\x_3+y_3\end{pmatrix}\right)=\begin{pmatrix}1\\0\\x_3+y_3\end{pmatrix},$$

$$\sigma_2\left(\begin{pmatrix}x_1\\x_2\\x_3\end{pmatrix}\right)+\sigma_2\left(\begin{pmatrix}y_1\\y_2\\y_3\end{pmatrix}\right)=\begin{pmatrix}1\\0\\x_3\end{pmatrix}+\begin{pmatrix}1\\0\\y_3\end{pmatrix}+\begin{pmatrix}2\\0\\x_3+y_3\end{pmatrix},$$

上面两式不等,故σ_2不是线性变换.

例 8 在线性空间$\mathbf{R}^n$中,定义变换$T_{\boldsymbol{A}}$如下:

$$\forall \boldsymbol{x}\in\mathbf{R}^n,\ T_{\boldsymbol{A}}(\boldsymbol{x})=\boldsymbol{A}\boldsymbol{x},$$

其中$\boldsymbol{A}=(a_{ij})_{n\times n}$是一个给定的矩阵.

(1) 证明:$T_{\boldsymbol{A}}$是$\mathbf{R}^n$上的线性变换.

(2) 求所给的线性变换$T_{\boldsymbol{A}}$的像空间$T_{\boldsymbol{A}}(\mathbf{R}^n)$和零空间$N(T_{\boldsymbol{A}})$.

证 (1) 因为$\forall \boldsymbol{x}\in\mathbf{R}^n$, $\boldsymbol{A}\boldsymbol{x}\in\mathbf{R}^n$,所以$T_{\boldsymbol{A}}$是$\mathbf{R}^n$上的变换. 又$\forall \boldsymbol{x}_1$, $\boldsymbol{x}_2\in\mathbf{R}^n$,数$k_1,k_2\in\mathbf{R}$,有

$$T_{\boldsymbol{A}}(k_1\boldsymbol{x}_1+k_2\boldsymbol{x}_2)=\boldsymbol{A}(k_1\boldsymbol{x}_1+k_2\boldsymbol{x}_2)=k_1\boldsymbol{A}\boldsymbol{x}_1+k_2\boldsymbol{A}\boldsymbol{x}_2$$

$$=k_1T_{\boldsymbol{A}}(\boldsymbol{x}_1)+k_2T_{\boldsymbol{A}}(\boldsymbol{x}_2),$$

故$T_{\boldsymbol{A}}$是$\mathbf{R}^n$上的线性变换.

解 (2) 因为 $T_{\boldsymbol{A}}(\boldsymbol{x})=\boldsymbol{A}\boldsymbol{x}=\boldsymbol{y}$, 将 $\boldsymbol{A}$ 按列分块为 $\boldsymbol{a}_1,\boldsymbol{a}_2,\cdots,\boldsymbol{a}_n$, 又 $\boldsymbol{x}=(x_1,x_2,\cdots,x_n)^{\mathrm{T}}$, $\boldsymbol{y}=\boldsymbol{A}\boldsymbol{x}=\sum_{i=1}^{n}x_i\boldsymbol{a}_i$, 所以 T_{A} 的像空间

$$T_{\boldsymbol{A}}(\mathbf{R}^n)=\{\boldsymbol{y}\mid \exists\,\boldsymbol{x}\in\mathbf{R}^n,\ \boldsymbol{y}=\boldsymbol{A}\boldsymbol{x}\}=\{\boldsymbol{y}\mid \boldsymbol{y}=\sum_{i=1}^{n}x_i\boldsymbol{a}_i,\ x_i\in\mathbf{R}\},$$

即 $T_{\boldsymbol{A}}(\mathbf{R}^n)=R(\boldsymbol{A})$ ($\boldsymbol{A}$ 的列空间). 显然

$$N(T_{\boldsymbol{A}})=\{\boldsymbol{x}\mid T_{\boldsymbol{A}}(\boldsymbol{x})=\boldsymbol{0}\}=\{\boldsymbol{x}\mid \boldsymbol{A}\boldsymbol{x}=\boldsymbol{0}\}=N(\boldsymbol{A}).$$

例 9 设 4 维线性空间 $P_4[x]$ 上的线性变换 σ 如下定义:

$$\forall\, f(x)\in P_4(x),\ \sigma(f(x))=\frac{\mathrm{d}f(x)}{\mathrm{d}x}-f(x),$$

求 σ 在基 $1,x,x^2,x^3$ 下的矩阵 $\mathbf{A}$.

解 因为

$$\sigma(1)=\frac{\mathrm{d}(1)}{\mathrm{d}x}-1=0-1=(1,x,x^2,x^3)\begin{pmatrix}-1\\0\\0\\0\end{pmatrix},$$

$$\sigma(x)=\frac{\mathrm{d}x}{\mathrm{d}x}-x=1-x=(1,x,x^2,x^3)\begin{pmatrix}1\\-1\\0\\0\end{pmatrix},$$

$$\sigma(x^2)=\frac{\mathrm{d}x^2}{\mathrm{d}x}-x^2=2x-x^2=(1,x,x^2,x^3)\begin{pmatrix}0\\2\\-1\\0\end{pmatrix},$$

$$\sigma(x^3)=\frac{\mathrm{d}x^3}{\mathrm{d}x}-x^3=3x^2-x^3=(1,x,x^2,x^3)\begin{pmatrix}0\\0\\3\\-1\end{pmatrix},$$

所以 σ 在基 $1,x,x^2,x^3$ 下的矩阵为

$$\mathbf{A}=\begin{pmatrix}-1&1&0&0\\0&-1&2&0\\0&0&-1&3\\0&0&0&-1\end{pmatrix}$$

例 10 设线性空间 $\mathbf{R}^3$ 有两个基:

$$A_0: \boldsymbol{\alpha}_1 = \begin{pmatrix}1\\0\\0\end{pmatrix}, \boldsymbol{\alpha}_2 = \begin{pmatrix}1\\1\\0\end{pmatrix}, \boldsymbol{\alpha}_3 = \begin{pmatrix}1\\1\\1\end{pmatrix};$$

$$B_0: \boldsymbol{\beta}_1 = \begin{pmatrix}1\\-2\\1\end{pmatrix}, \boldsymbol{\beta}_2 = \begin{pmatrix}2\\1\\0\end{pmatrix}, \boldsymbol{\beta}_3 = \begin{pmatrix}0\\1\\2\end{pmatrix}.$$

求线性变换

$$\sigma\left(\begin{pmatrix}x_1\\x_2\\x_3\end{pmatrix}\right) = \begin{pmatrix}x_1\\x_2\\0\end{pmatrix}$$

在基 A_0 和基 B_0 下的矩阵 $\boldsymbol{A}$ 和 $\boldsymbol{B}$.

解 求线性变换 σ 在基 A_0 下的矩阵，因为

$$\sigma(\boldsymbol{\alpha}_1) = \begin{pmatrix}1\\0\\0\end{pmatrix} = 1\boldsymbol{\alpha}_1 + 0\boldsymbol{\alpha}_2 + 0\boldsymbol{\alpha}_3,$$

$$\sigma(\boldsymbol{\alpha}_2) = \begin{pmatrix}1\\1\\0\end{pmatrix} = 0\boldsymbol{\alpha}_1 + 1\boldsymbol{\alpha}_2 + 0\boldsymbol{\alpha}_3,$$

$$\sigma(\boldsymbol{\alpha}_3) = \begin{pmatrix}1\\1\\0\end{pmatrix} = 0\boldsymbol{\alpha}_1 + 1\boldsymbol{\alpha}_2 + 0\boldsymbol{\alpha}_3,$$

所以线性变换 σ 在基 A_0 下的矩阵

$$\boldsymbol{A} = \begin{pmatrix}1 & 0 & 0\\0 & 1 & 1\\0 & 0 & 0\end{pmatrix}.$$

求线性变换 σ 在基 B_0 下的矩阵有两种方法.

方法 1 先求由基 A_0 到基 B_0 的过渡矩阵 $\boldsymbol{P}$，即从

$$(\boldsymbol{\beta}_1, \boldsymbol{\beta}_2, \boldsymbol{\beta}_3) = (\boldsymbol{\alpha}_1, \boldsymbol{\alpha}_2, \boldsymbol{\alpha}_3)\boldsymbol{P}$$

中求 $\boldsymbol{P}$.

初等变换方法：

$$\left(\begin{array}{ccc:ccc}1 & 1 & 1 & 1 & 2 & 0\\0 & 1 & 1 & -2 & 1 & 1\\0 & 0 & 1 & 1 & 0 & 2\end{array}\right) \longrightarrow \left(\begin{array}{ccc:ccc}1 & 0 & 0 & 3 & 1 & -1\\0 & 1 & 0 & -3 & 1 & -1\\0 & 0 & 1 & 1 & 0 & 2\end{array}\right),$$

得出 $\boldsymbol{P}$，再求出 $\boldsymbol{P}^{-1}$：

$$P=\begin{pmatrix}3&1&-1\\-3&1&-1\\1&0&2\end{pmatrix},\quad P^{-1}=\frac{1}{12}\begin{pmatrix}2&-2&0\\5&7&6\\-1&1&6\end{pmatrix},$$

所以

$$B=P^{-1}AP=\frac{1}{12}\begin{pmatrix}10&0&-4\\1&12&2\\-5&0&2\end{pmatrix}=\begin{pmatrix}\frac{5}{6}&0&-\frac{1}{3}\\\frac{1}{12}&1&\frac{1}{6}\\-\frac{5}{12}&0&\frac{1}{6}\end{pmatrix}.$$

方法 2　从$(\sigma(\boldsymbol{\beta}_1),\sigma(\boldsymbol{\beta}_2),\sigma(\boldsymbol{\beta}_3))=(\boldsymbol{\beta}_1,\boldsymbol{\beta}_2,\boldsymbol{\beta}_3)\boldsymbol{B}$中求$\boldsymbol{B}$.

$$\sigma(\boldsymbol{\beta}_1)=\begin{pmatrix}1\\-2\\0\end{pmatrix},\quad \sigma(\boldsymbol{\beta}_2)=\begin{pmatrix}2\\1\\0\end{pmatrix},\quad \sigma(\boldsymbol{\beta}_3)=\begin{pmatrix}0\\1\\0\end{pmatrix}.$$

初等变换方法：

$$\left(\begin{array}{ccc:ccc}1&2&0&1&2&0\\-2&1&1&-2&1&1\\1&0&2&0&0&0\end{array}\right)\to\left(\begin{array}{ccc:ccc}1&0&0&\frac{5}{6}&0&-\frac{1}{3}\\0&1&0&\frac{1}{12}&1&\frac{1}{6}\\0&0&1&-\frac{5}{12}&0&\frac{1}{6}\end{array}\right),$$

所以

$$B=\begin{pmatrix}\frac{5}{6}&0&-\frac{1}{3}\\\frac{1}{12}&1&\frac{1}{6}\\-\frac{5}{12}&0&\frac{1}{6}\end{pmatrix}.$$

复 习 题

1. 设V为线性空间，α是V中的一个固定向量，定义变换σ使$\forall\beta\in V$:

$$\sigma(\beta)=\beta+\alpha,$$

判断σ是否V中的线性变换.

2. 给定矩阵$\boldsymbol{A}_{m\times n}$，求解空间$N(\boldsymbol{A})$和$\boldsymbol{A}$的列空间$R(\boldsymbol{A})$的维数和基.

3. 设$\boldsymbol{A}=\begin{pmatrix}1&3\\0&2\end{pmatrix}$.

(1) 证明：$\mathbf{R}^{2\times2}$(实 2×2 矩阵集合)中与 A 相乘可交换的矩阵集合 U 是 $\mathbf{R}^{2\times2}$ 的子空间.

(2) 求 U 的基与维数.

(3) 写出 U 中矩阵的一般形式.

4. 设向量组

$$\boldsymbol{\alpha}_1=\begin{pmatrix}1\\0\\1\end{pmatrix},\quad \boldsymbol{\alpha}_2=\begin{pmatrix}1\\1\\0\end{pmatrix},\quad \boldsymbol{\alpha}_3=\begin{pmatrix}1\\a\\1\end{pmatrix},\quad \boldsymbol{\beta}=\begin{pmatrix}1\\2\\3\end{pmatrix}.$$

(1) 求 a 的值，使 $\boldsymbol{\alpha}_1,\boldsymbol{\alpha}_2,\boldsymbol{\alpha}_3$ 为 $\mathbf{R}^3$ 的基.

(2) 当 $\boldsymbol{\alpha}_1,\boldsymbol{\alpha}_2,\boldsymbol{\alpha}_3$ 为 $\mathbf{R}^3$ 的基时，求 $\boldsymbol{\beta}$ 在这个基下的坐标.

5. 设

$$\boldsymbol{A}=(\boldsymbol{\alpha}_1,\boldsymbol{\alpha}_2,\boldsymbol{\alpha}_3)=\begin{pmatrix}2&2&-1\\2&-1&2\\-1&2&2\end{pmatrix},\quad \boldsymbol{B}=(\boldsymbol{\beta}_1,\boldsymbol{\beta}_2)=\begin{pmatrix}1&4\\0&3\\-4&2\end{pmatrix}.$$

验证 $\boldsymbol{\alpha}_1,\boldsymbol{\alpha}_2,\boldsymbol{\alpha}_3$ 是 $\mathbf{R}^3$ 的一个基，并把 $\boldsymbol{\beta}_1,\boldsymbol{\beta}_2$ 用这个基线性表示.

6. 设实数域上 4 维线性空间 V 中有两个基 $\alpha_1,\alpha_2,\alpha_3,\alpha_4$ 与 $\beta_1,\beta_2,\beta_3,\beta_4$. 由基 $\alpha_1,\alpha_2,\alpha_3,\alpha_4$ 到基 $\beta_1,\beta_2,\beta_3,\beta_4$ 的基变换为

$$\begin{cases}\beta_1=\alpha_1+3\alpha_2-5\alpha_3+7\alpha_4,\\ \beta_2=\alpha_2+2\alpha_3-3\alpha_4,\\ \beta_3=\alpha_3+2\alpha_4,\\ \beta_4=\alpha_4.\end{cases}$$

(1) 求坐标变换公式.

(2) 向量 α 在基 $\alpha_1,\alpha_2,\alpha_3,\alpha_4$ 下的坐标为 $(1,-2,3,-1)^{\mathrm{T}}$，求向量 α 在基 $\beta_1,\beta_2,\beta_3,\beta_4$ 下的坐标.

7. 证明多项式组

$$f_1(x)=(x-1)^2,\quad f_2(x)=x-1,\quad f_3(x)=1$$

是 $\mathbf{R}[x]_3$ 的一个基，并求多项式 $g(x)=5x^2+x+3$ 在这个基下的坐标.

8. 给定 $\mathbf{R}^3$ 的两组基：$\boldsymbol{\alpha}_1=(1,1,1)^{\mathrm{T}}$，$\boldsymbol{\alpha}_2=(1,0,-1)^{\mathrm{T}}$，$\boldsymbol{\alpha}_3=(1,0,1)^{\mathrm{T}}$ 和 $\boldsymbol{\beta}_1=(1,2,1)^{\mathrm{T}}$，$\boldsymbol{\beta}_2=(2,3,4)^{\mathrm{T}}$，$\boldsymbol{\beta}_3=(3,4,3)^{\mathrm{T}}$.

(1) 求 $\boldsymbol{\alpha}_1,\boldsymbol{\alpha}_2,\boldsymbol{\alpha}_3$ 到 $\boldsymbol{\beta}_1,\boldsymbol{\beta}_2,\boldsymbol{\beta}_3$ 的过渡矩阵 $\boldsymbol{C}$.

(2) 若向量 $\boldsymbol{\beta}$ 在 $\boldsymbol{\beta}_1,\boldsymbol{\beta}_2,\boldsymbol{\beta}_3$ 下的坐标为 $(1,-1,0)^{\mathrm{T}}$，求 $\boldsymbol{\beta}$ 在 $\boldsymbol{\alpha}_1,\boldsymbol{\alpha}_2,\boldsymbol{\alpha}_3$ 下的坐标.

(3) 若向量 $\boldsymbol{\alpha}$ 在 $\boldsymbol{\alpha}_1,\boldsymbol{\alpha}_2,\boldsymbol{\alpha}_3$ 下的坐标为 $(1,-1,0)^{\mathrm{T}}$，求 $\boldsymbol{\alpha}$ 在 $\boldsymbol{\beta}_1,\boldsymbol{\beta}_2,\boldsymbol{\beta}_3$ 下的坐标.

9. 设 $\mathbf{R}[x]_3$ 中的两个基分别为

$$f_1(x)=(x-1)^2,\quad f_2(x)=x-1,\quad f_3(x)=1;$$

$$g_1(x)=x^2+x+1,\quad g_2(x)=x+1,\quad g_3(x)=1.$$

(1) 求由基 $f_1(x),f_2(x),f_3(x)$ 到基 $g_1(x),g_2(x),g_3(x)$ 的过渡矩阵.

(2) 已知 $f(x)=2x^2+3x+5$，分别求出 $f(x)$ 在这两个基下的坐标.

10. 求 $\mathbf{R}^4$ 中由下列向量生成的子空间 W 的一组基：

$$\boldsymbol{\alpha}_1=(1,-1,0,1)^{\mathrm{T}},\quad \boldsymbol{\alpha}_2=(0,1,2,-1)^{\mathrm{T}},$$

$$\boldsymbol{\alpha}_3=(-1,0,1,0)^{\mathrm{T}},\quad \boldsymbol{\alpha}_4=(1,-1,3,1)^{\mathrm{T}},$$

并把其余向量用该组基线性表示.

11. 设 $\mathbf{R}^3$ 中向量组

$$\boldsymbol{\alpha}_1=\begin{pmatrix}1\\1\\-1\end{pmatrix},\quad \boldsymbol{\alpha}_2=\begin{pmatrix}1\\2\\3\end{pmatrix},\quad \boldsymbol{\alpha}_3=\begin{pmatrix}1\\3\\7\end{pmatrix}.$$

(1) 求长度 $|\boldsymbol{\alpha}_1|$，夹角 $\langle\boldsymbol{\alpha}_1,\boldsymbol{\alpha}_2\rangle$，距离 $\|(\boldsymbol{\alpha}_1+\boldsymbol{\alpha}_2)-\boldsymbol{\alpha}_3\|$.

(2) 求与 $\boldsymbol{\alpha}_1,\boldsymbol{\alpha}_2,\boldsymbol{\alpha}_3$ 正交的非零向量.

12. 设 $\boldsymbol{\alpha},\boldsymbol{\beta}$ 为 n 维列向量，且 $\boldsymbol{\alpha},\boldsymbol{\beta}$ 正交，试证：

$$\|\boldsymbol{\alpha}+\boldsymbol{\beta}\|^2=\|\boldsymbol{\alpha}\|^2+\|\boldsymbol{\beta}\|^2.$$

13. 在线性空间 $\mathbf{R}[x]_3$ 中，定义：$\forall f(x),\ g(x)\in\mathbf{R}[x]_3$，

$$(f(x),g(x))=\int_{-1}^{1}f(x)g(x)\mathrm{d}x.$$

(1) 验证：$(f(x),g(x))$ 可作为 $\mathbf{R}[x]_3$ 上的内积.

(2) 由 $\mathbf{R}[x]_3$ 的基 $h_1(x)=x^2$，$h_2(x)=x$，$h_3(x)=1$ 出发，用内积 $(f(x),g(x))$ 构造 $\mathbf{R}[x]_3$ 的一个标准正交基.

14. 已知 $(1,2,0,3)$，$(0,1,4,-1)$ 是 $\mathbf{R}^4$ 中两个线性无关的向量，试将这两个向量扩充成为 $\mathbf{R}^4$ 的一组基.

15. 在 $\mathbf{R}^{2\times 2}$ 中，定义线性变换

$$\sigma(\boldsymbol{X})=\boldsymbol{MX}-\boldsymbol{XM},\quad \forall\boldsymbol{X}\in\mathbf{R}^{2\times 2},$$

其中 $\boldsymbol{M}=\begin{pmatrix}1&2\\3&0\end{pmatrix}$，求 σ 在基 $\boldsymbol{E}_{11},\boldsymbol{E}_{12},\boldsymbol{E}_{21},\boldsymbol{E}_{22}$ ($\boldsymbol{E}_{ij}$ $(i=1,2;\ j=1,2)$ 的定义见习题 2.3 中第 1 题) 下的矩阵.

16. 设 σ 是 $\mathbf{R}^3$ 中的线性变换，且

$$\sigma(\boldsymbol{\alpha}_1)=(2,0,-1),\quad \sigma(\boldsymbol{\alpha}_2)=(0,0,1),\quad \sigma(\boldsymbol{\alpha}_3)=(0,1,2),$$

其中 $\boldsymbol{\alpha}_1=(-1,0,-2)$，$\boldsymbol{\alpha}_2=(0,1,2)$，$\boldsymbol{\alpha}_3=(1,2,5)$，求 σ 在基 $\boldsymbol{\beta}_1=(-1,1,0)$，$\boldsymbol{\beta}_2=(1,0,1)$，$\boldsymbol{\beta}_3=(0,1,2)$ 下的矩阵.

第五章　矩阵的特征值与特征向量

矩阵的特征值与特征向量是线性代数中一个十分重要的内容. 如果说矩阵可以多方位地反映对象的状态与相互关联的数量信息，那么矩阵的特征值和特征向量则是对这些信息的提炼和浓缩，是矩阵和向量的理论在深层次上的发展，它在经济管理与工程技术的诸多领域有着广泛的应用.

本章主要讨论矩阵的特征值与特征向量问题，并且利用特征值与特征向量的有关理论，讨论矩阵在相似意义下的对角化问题，特别是实对称矩阵的对角化.

5.1　矩阵的特征值与特征向量

在这一节里，我们将向读者介绍特征值与特征向量的基本概念并初步探讨它们的一些性质，同时还将给出计算特征值与特征向量的方法.

5.1.1　矩阵的特征值与特征向量的概念

定义 5.1　设 $\boldsymbol{A}$ 是 n 阶矩阵，若存在数 λ 和 n 维非零向量 $\boldsymbol{x}$，使得

$$\boldsymbol{A}\boldsymbol{x}=\lambda\boldsymbol{x}, \tag{5.1}$$

则称 λ 为矩阵 $\boldsymbol{A}$ 的**特征值**，n 维非零向量 $\boldsymbol{x}$ 称为矩阵 $\boldsymbol{A}$ 的属于特征值 λ 的**特征向量**. 有时简称为 $\boldsymbol{A}$ 的**特征向量**.

将(5.1)式移项并提出 $\boldsymbol{x}$ 即可变为如下等价的等式：

$$(\lambda\boldsymbol{I}-\boldsymbol{A})\boldsymbol{x}=\boldsymbol{0}, \tag{5.2}$$

这是一个以 $\lambda\boldsymbol{I}-\boldsymbol{A}$ 为系数矩阵的 n 元齐次线性方程组. 由定义 5.1 及上述约定，矩阵 $\boldsymbol{A}$ 的特征值 λ 应是使方程组(5.2)有非零解的适当复数，$\boldsymbol{A}$ 的属于特征值 λ 的特征向量 $\boldsymbol{x}$ 就是方程组(5.2)的非零解向量；反之，若数 λ 使方程组(5.2)有非零解，则 λ 就是矩阵 $\boldsymbol{A}$ 的特征值，其所对应的方程组(5.2)的非零解向量就是矩阵 $\boldsymbol{A}$ 的属于特征值 λ 的特征向量. 由于齐次线性方程组(5.2)有非零解的充要条件是它的系数行列式为零，即

$$|\lambda \boldsymbol{I}-\boldsymbol{A}|=0. \tag{5.3}$$

所以，数λ是矩阵$\boldsymbol{A}$的特征值的充要条件是：λ是方程(5.3)的根. 这样，求矩阵$\boldsymbol{A}$的特征值问题就转化为求方程(5.3)的根的问题.

定义 5.2　设$\boldsymbol{A}=(a_{ij})$为n阶矩阵，称矩阵$\lambda \boldsymbol{I}-\boldsymbol{A}$为$\boldsymbol{A}$的**特征矩阵**，$\lambda \boldsymbol{I}-\boldsymbol{A}$的行列式$|\lambda \boldsymbol{I}-\boldsymbol{A}|$为$\boldsymbol{A}$的**特征多项式**，方程(5.3)即$|\lambda \boldsymbol{I}-\boldsymbol{A}|=0$为$\boldsymbol{A}$的**特征方程**.

根据代数学基本定理，在复数域上，$\boldsymbol{A}$的特征方程(5.3)必有n个根(k重根算k个根)，它们便是n阶矩阵$\boldsymbol{A}$的全部n个特征值(所以特征值又叫特征根). 可见在复数域上，n阶矩阵$\boldsymbol{A}$必有n个特征值，$\boldsymbol{A}$的关于特征值λ_0的全部特征向量就是齐次线性方程组

$$(\lambda_0 \boldsymbol{I}-\boldsymbol{A})\boldsymbol{x}=\boldsymbol{0}$$

的全部非零解向量.

下面我们导出特征多项式$|\lambda \boldsymbol{I}-\boldsymbol{A}|$的两个很有用的性质.

令

$$f(\lambda)=|\lambda \boldsymbol{I}-\boldsymbol{A}|=\begin{vmatrix} \lambda-a_{11} & -a_{12} & \cdots & -a_{1n} \\ -a_{21} & \lambda-a_{22} & \cdots & -a_{2n} \\ \vdots & \vdots & & \vdots \\ -a_{n1} & -a_{n2} & \cdots & \lambda-a_{nn} \end{vmatrix},$$

显然，在其展开式中，有一项是主对角线上元素的连乘积：

$$(\lambda-a_{11})(\lambda-a_{22})\cdots(\lambda-a_{nn}). \tag{$*$}$$

而展开式的其余各项，其因子中至多含有$n-2$个主对角线上的元素，故对λ的次数最多是$n-2$，因此$f(\lambda)$的展开式中λ的n次幂与$n-1$次幂只可能在连乘积($*$)中出现，显然，它们是

$$\lambda^n-(a_{11}+a_{22}+\cdots+a_{nn})\lambda^{n-1}.$$

又在$f(\lambda)$中令$\lambda=0$，得$f(\lambda)$的常数项：

$$|-\boldsymbol{A}|=(-1)^n|\boldsymbol{A}|,$$

因此

$$\begin{aligned} f(\lambda)&=|\lambda \boldsymbol{I}-\boldsymbol{A}| \\ &=\lambda^n-(a_{11}+a_{22}+\cdots+a_{nn})\lambda^{n-1}+\cdots+(-1)^n|\boldsymbol{A}|, \end{aligned} \tag{$**$}$$

即$f(\lambda)$是关于λ的n次多项式.

设$f(\lambda)$的根为$\lambda_1,\lambda_2,\cdots,\lambda_n$，则有

$$\begin{aligned} f(\lambda)&=(\lambda-\lambda_1)(\lambda-\lambda_2)\cdots(\lambda-\lambda_n) \\ &=\lambda^n-(\lambda_1+\lambda_2+\cdots+\lambda_n)\lambda^{n-1}+\cdots+(-1)^n\lambda_1\lambda_2\cdots\lambda_n. \end{aligned}$$

与(* *)式比较，得

$$\lambda_1+\lambda_2+\cdots+\lambda_n=a_{11}+a_{22}+\cdots+a_{nn}; \tag{5.4}$$

$$\lambda_1\lambda_2\cdots\lambda_n=|\boldsymbol{A}|. \tag{5.5}$$

通常称 n 阶矩阵 $\boldsymbol{A}$ 的主对角线上 n 个元的和为 $\boldsymbol{A}$ 的**迹**，记为 $\mathrm{tr}(\boldsymbol{A})$，由(5.4)有 $\mathrm{tr}(\boldsymbol{A})=\lambda_1+\lambda_2+\cdots\lambda_n$.

注 根据矩阵的运算法则，不难证明矩阵的迹有以下性质：

(1) $\mathrm{tr}(k\boldsymbol{A}+l\boldsymbol{B})=k\,\mathrm{tr}(\boldsymbol{A})+l\,\mathrm{tr}(\boldsymbol{B})$；

(2) $\mathrm{tr}(\boldsymbol{AB})=\mathrm{tr}(\boldsymbol{BA})$（参见本节习题），

其中 $\boldsymbol{A},\boldsymbol{B}$ 是 n 阶矩阵，k,l 是常数.

5.1.2 特征值与特征向量的求法

综上所述，求矩阵 $\boldsymbol{A}$ 的特征值与特征向量的步骤如下：

(1) 计算 n 阶矩阵 $\boldsymbol{A}$ 的特征多项式 $|\lambda\boldsymbol{I}-\boldsymbol{A}|$；

(2) 求出特征方程 $|\lambda\boldsymbol{I}-\boldsymbol{A}|=0$ 的全部根，它们就是矩阵 $\boldsymbol{A}$ 的全部特征值；

(3) 设 $\lambda_1,\lambda_2,\cdots,\lambda_r$ 是 $\boldsymbol{A}$ 的全部互异特征值. 对于每一个 λ_i，解齐次线性方程组 $(\lambda_i\boldsymbol{I}-\boldsymbol{A})\boldsymbol{x}=\boldsymbol{0}$，求出它的一个基础解系，它们就是 $\boldsymbol{A}$ 的属于特征值 λ_i 的一组线性无关特征向量，该方程组的全体非零解向量就是 $\boldsymbol{A}$ 的属于特征值 λ_i 的全部特征向量.

例 1 求矩阵 $\boldsymbol{A}=\begin{pmatrix}2 & -3\\ 4 & -5\end{pmatrix}$ 的特征值和特征向量.

解 矩阵 $\boldsymbol{A}$ 的特征方程

$$|\lambda\boldsymbol{I}-\boldsymbol{A}|=\begin{vmatrix}\lambda-2 & 3\\ -4 & \lambda+5\end{vmatrix}=(\lambda+1)(\lambda+2)=0.$$

矩阵 $\boldsymbol{A}$ 的特征值 $\lambda_1=-1$，$\lambda_2=-2$.

对于特征值 $\lambda_1=-1$，解齐次线性方程组 $(-\boldsymbol{I}-\boldsymbol{A})\boldsymbol{x}=\boldsymbol{0}$，即

$$\begin{pmatrix}-3 & 3\\ -4 & 4\end{pmatrix}\begin{pmatrix}x_1\\ x_2\end{pmatrix}=\begin{pmatrix}0\\ 0\end{pmatrix},$$

得其基础解系 $\boldsymbol{x}_1=\begin{pmatrix}1\\ 1\end{pmatrix}$. 矩阵 $\boldsymbol{A}$ 的属于特征值 -1 的全部特征向量为 $k_1\boldsymbol{x}_1$ $(k_1\neq 0)$.

对于特征值 $\lambda_2=-2$，解齐次线性方程组 $(-2\boldsymbol{I}-\boldsymbol{A})\boldsymbol{x}=\boldsymbol{0}$，即

$$\begin{pmatrix}-4 & 3\\ -4 & 3\end{pmatrix}\begin{pmatrix}x_1\\ x_2\end{pmatrix}=\begin{pmatrix}0\\ 0\end{pmatrix},$$

得其基础解系 $x_2 = \begin{pmatrix} 3 \\ 4 \end{pmatrix}$. 矩阵 A 的属于特征值 -2 的全部特征向量为 $k_2 x_2$ $(k_2 \neq 0)$.

例 2 求矩阵 $A = \begin{pmatrix} 1 & -1 & 1 \\ 1 & 3 & -1 \\ 1 & 1 & 1 \end{pmatrix}$ 的特征值与特征向量.

解 A 的特征多项式为

$$|\lambda I - A| = \begin{vmatrix} \lambda-1 & 1 & -1 \\ -1 & \lambda-3 & 1 \\ -1 & -1 & \lambda-1 \end{vmatrix} = \lambda^3 - 5\lambda^2 + 8\lambda - 4.$$

又

$$\begin{aligned} \lambda^3 - 5\lambda^2 + 8\lambda - 4 &= (\lambda^2 - 4\lambda + 4)(\lambda - 1) \\ &= (\lambda - 2)^2(\lambda - 1), \end{aligned}$$

这个多项式对应方程的根为 $\lambda_1 = 1, \lambda_2 = \lambda_3 = 2$, 因此 A 的特征值等于 1,2,2.

接下来求特征向量. 对 $\lambda_1 = 1$, 将 $\lambda = 1$ 代入 $(\lambda I - A)x = 0$, 即

$$\begin{pmatrix} 0 & 1 & -1 \\ -1 & -2 & 1 \\ -1 & -1 & 0 \end{pmatrix} \begin{pmatrix} x_1 \\ x_2 \\ x_3 \end{pmatrix} = \begin{pmatrix} 0 \\ 0 \\ 0 \end{pmatrix}.$$

容易算出这个方程组的系数矩阵的秩等于 2. 因此齐次线性方程组的基础解系只有一个线性无关的向量, 不难求出为

$$x_1 = \begin{pmatrix} -1 \\ 1 \\ 1 \end{pmatrix}.$$

x_1 就是 A 的属于 $\lambda_1 = 1$ 的线性无关特征向量, A 的属于 $\lambda_1 = 1$ 的全部特征向量为

$$k_1 x_1 = k_1 \begin{pmatrix} -1 \\ 1 \\ 1 \end{pmatrix} \quad (k_1 \neq 0).$$

对 $\lambda_2 = \lambda_3 = 2$, 将 $\lambda = 2$ 代入可得齐次方程组 $(2I - A)x = 0$, 即

$$\begin{pmatrix} 1 & 1 & -1 \\ -1 & -1 & 1 \\ -1 & -1 & 1 \end{pmatrix} \begin{pmatrix} x_1 \\ x_2 \\ x_3 \end{pmatrix} = \begin{pmatrix} 0 \\ 0 \\ 0 \end{pmatrix}.$$

求出这个齐次线性方程组的基础解系为

$$x_2=\begin{pmatrix}1\\0\\1\end{pmatrix},\quad x_3=\begin{pmatrix}0\\1\\1\end{pmatrix}.$$

x_2,x_3 就是 A 的属于 $\lambda_2=\lambda_3=2$ 的线性无关特征向量，A 的属于 $\lambda_2=\lambda_3=2$ 的全部特征向量为

$$k_2x_2+k_3x_3=k_2\begin{pmatrix}1\\0\\1\end{pmatrix}+k_3\begin{pmatrix}0\\1\\1\end{pmatrix}\quad (k_2,k_3 \text{ 不全为 } 0).$$

因此 A 的相应于特征值 1 的线性无关的特征向量有 1 个，而相应于特征值 2 的线性无关的特征向量有 2 个. 于是 A 的线性无关的特征向量有 3 个，正好等于 A 的阶数 3.

例 3　求 $A=\begin{pmatrix}2&-1&1\\0&3&-1\\2&1&3\end{pmatrix}$ 的特征值与特征向量.

解　A 的特征多项式为

$$|\lambda I-A|=\begin{vmatrix}\lambda-2&1&-1\\0&\lambda-3&1\\-2&-1&\lambda-3\end{vmatrix}=(\lambda-4)(\lambda-2)^2,$$

所以 A 的特征值为 $\lambda_1=4$，$\lambda_2=\lambda_3=2$.

对 $\lambda_1=4$，解齐次线性方程组 $(4I-A)x=\mathbf{0}$，即

$$\begin{pmatrix}2&1&-1\\0&1&1\\-2&-1&1\end{pmatrix}\begin{pmatrix}x_1\\x_2\\x_3\end{pmatrix}=\begin{pmatrix}0\\0\\0\end{pmatrix},$$

得基础解系

$$x_1=\begin{pmatrix}-1\\1\\-1\end{pmatrix}.$$

x_1 是 A 的属于 $\lambda_1=4$ 的线性无关特征向量，A 的属于 $\lambda_1=4$ 的全部特征向量为 k_1x_1 $(k_1\neq 0)$.

对 $\lambda_2=\lambda_3=2$，解齐次线性方程组 $(2I-A)x=\mathbf{0}$，即

$$\begin{pmatrix}0&1&-1\\0&-1&1\\-2&-1&-1\end{pmatrix}\begin{pmatrix}x_1\\x_2\\x_3\end{pmatrix}=\begin{pmatrix}0\\0\\0\end{pmatrix},$$

得基础解系

$$\boldsymbol{x}_2=\begin{pmatrix}-1\\1\\1\end{pmatrix}.$$

$\boldsymbol{x}_2$ 是 $\boldsymbol{A}$ 的属于 $\lambda_2=\lambda_3=2$ 的线性无关特征向量，$\boldsymbol{A}$ 的属于 $\lambda_2=\lambda_3=2$ 的全部特征向量为 $k_2\boldsymbol{x}_2$ $(k_2\neq 0)$.

因此矩阵 $\boldsymbol{A}$ 线性无关的特征向量个数为 2，小于 $\boldsymbol{A}$ 的阶数.

例 4　求 n 阶数量矩阵 $\boldsymbol{A}=\begin{pmatrix}a&&&\\&a&&\\&&\ddots&\\&&&a\end{pmatrix}$ 的特征值与特征向量.

解　因为

$$|\lambda\boldsymbol{I}-\boldsymbol{A}|=\begin{vmatrix}\lambda-a&&&\\&\lambda-a&&\\&&\ddots&\\&&&\lambda-a\end{vmatrix}=(\lambda-a)^n,$$

所以 $\boldsymbol{A}$ 的特征值为 $\lambda_1=\lambda_2=\cdots=\lambda_n=a$. 把 $\lambda=a$ 代入 $(\lambda\boldsymbol{I}-\boldsymbol{A})\boldsymbol{x}=\boldsymbol{0}$，得

$$0\cdot x_1=0,\ 0\cdot x_2=0,\ \cdots,\ 0\cdot x_n=0.$$

这个方程组的系数矩阵是零矩阵，所以任意 n 个线性无关的向量都是它的基础解系. 取基本单位向量组

$$\boldsymbol{e}_1=\begin{pmatrix}1\\0\\\vdots\\0\end{pmatrix},\ \boldsymbol{e}_2=\begin{pmatrix}0\\1\\\vdots\\0\end{pmatrix},\ \cdots,\ \boldsymbol{e}_n=\begin{pmatrix}0\\\vdots\\0\\1\end{pmatrix}$$

作为基础解系，于是 $\boldsymbol{A}$ 的全部特征向量为

$$k_1\boldsymbol{e}_1+k_2\boldsymbol{e}_2+\cdots+k_n\boldsymbol{e}_n\quad(k_1,k_2,\cdots,k_n\text{ 不全为零}).$$

例 5　设 $\boldsymbol{A}=\begin{pmatrix}0&-1\\-1&0\end{pmatrix}$，求 $\boldsymbol{A}$ 的特征值与特征向量.

解　因为

$$|\lambda\boldsymbol{I}-\boldsymbol{A}|=\begin{vmatrix}\lambda&1\\-1&\lambda\end{vmatrix}=\lambda^2+1,$$

所以，$\boldsymbol{A}$ 的特征值为 $\lambda_1=\mathrm{i}$，$\lambda_2=-\mathrm{i}$. 可以求得与它们对应的特征向量分别为 $k_1\begin{pmatrix}-\mathrm{i}\\1\end{pmatrix}$，$k_2\begin{pmatrix}\mathrm{i}\\1\end{pmatrix}$，其中 k_1,k_2 为任意非零常数.

注 (1) 通过例 2 和例 3 可以看到，就一般方阵而言，其特征值的重数与对应的线性无关特征向量的个数之间无必然联系. 在例 2 中，2 是二重特征值，其对应的线性无关的特征向量有两个；而在例 3 中，2 仍是二重特征值，但其对应的线性无关的特征向量却只有 1 个.

(2) 对高阶矩阵而言，求其特征值的确很麻烦，但对某些特殊矩阵来说，其特征值是很容易求出的. 例如上(下)三角矩阵、对角矩阵，它们的特征值就是其主对角线上的元素.

5.1.3 特征值与特征向量的性质

下面我们来探讨一下矩阵的特征值与特征向量的一些基本性质.

n 阶方阵 $\boldsymbol{A}$ 的特征多项式是关于 λ 的 n 次多项式，因此它有 n 个复数根(包括重根)，即 $\boldsymbol{A}$ 有 n 个复的特征值. 对于这 n 个特征值，我们有如下关系式：

定理 5.1 设 λ 是矩阵 $\boldsymbol{A}$ 的特征值，对应的特征向量是 $\boldsymbol{x}$，则

$$g(\lambda)=a_0\lambda^m+a_1\lambda^{m-1}+\cdots+a_{m-1}\lambda+a_m$$

是 $\boldsymbol{A}$ 的多项式矩阵

$$g(\boldsymbol{A})=a_0\boldsymbol{A}^m+a_1\boldsymbol{A}^{m-1}+\cdots+a_{m-1}\boldsymbol{A}+a_m\boldsymbol{I}$$

的特征值，且 $g(\boldsymbol{A})\boldsymbol{x}=g(\lambda)\boldsymbol{x}$.

证 首先用数学归纳法在定理的条件下证明

$$\boldsymbol{A}^k\boldsymbol{x}=\lambda^k\boldsymbol{x}\quad(k\text{ 为非负整数}).\tag{$*$}$$

当 $k=0$ 和 $k=1$ 时，式(*)显然成立.

假设对 $k-1$，式(*)亦成立，即

$$\boldsymbol{A}^{k-1}\boldsymbol{x}=\lambda^{k-1}\boldsymbol{x}.$$

现在证明对 k，式(*)亦成立. 因为

$$\boldsymbol{A}^k\boldsymbol{x}=\boldsymbol{A}(\boldsymbol{A}^{k-1}\boldsymbol{x})=\boldsymbol{A}(\lambda^{k-1}\boldsymbol{x})=\lambda^{k-1}(\boldsymbol{A}\boldsymbol{x})=\lambda^k\boldsymbol{x},$$

所以对 k，式(*)成立，故式(*)恒成立.

由式(*)，知

$$\begin{aligned}g(\boldsymbol{A})\boldsymbol{x}&=(a_0\boldsymbol{A}^m+a_1\boldsymbol{A}^{m-1}+\cdots+a_{m-1}\boldsymbol{A}+a_m\boldsymbol{I})\boldsymbol{x}\\&=a_0(\boldsymbol{A}^m\boldsymbol{x})+a_1(\boldsymbol{A}^{m-1}\boldsymbol{x})+\cdots+a_{m-1}(\boldsymbol{A}\boldsymbol{x})+a_m(\boldsymbol{I}\boldsymbol{x})\\&=a_0\lambda^m\boldsymbol{x}+a_1\lambda^{m-1}\boldsymbol{x}+\cdots+a_{m-1}\lambda\boldsymbol{x}+a_m\boldsymbol{x}\\&=(a_0\lambda^m+a_1\lambda^{m-1}+\cdots+a_{m-1}\lambda+a_m)\boldsymbol{x}\\&=g(\lambda)\boldsymbol{x},\end{aligned}$$

故定理成立. □

由定理5.1可以得到许多常用的结果. 例如，若λ是$\boldsymbol{A}$的特征值，则$k\lambda$是$k\boldsymbol{A}$的特征值，λ^m是A^m的特征值(m为非负整数).

需要注意的是，若λ是n阶阵$\boldsymbol{A}$的特征值，μ是n阶阵$\boldsymbol{B}$的特征值，$\lambda+\mu$未必是$\boldsymbol{A}+\boldsymbol{B}$的特征值，$\lambda\mu$也未必是$\boldsymbol{AB}$的特征值.

例如，令$\boldsymbol{A}=\begin{pmatrix}1&1\\0&1\end{pmatrix}$，$\boldsymbol{B}=\begin{pmatrix}1&2\\2&1\end{pmatrix}$，则

$$\boldsymbol{A}+\boldsymbol{B}=\begin{pmatrix}2&3\\2&2\end{pmatrix},\quad \boldsymbol{AB}=\begin{pmatrix}3&3\\2&1\end{pmatrix}.$$

不难看出1是$\boldsymbol{A}$的一个特征值，-1是$\boldsymbol{B}$的一个特征值，但$1+(-1)$不是$\boldsymbol{A}+\boldsymbol{B}$的特征值，因为不难求出$\boldsymbol{A}+\boldsymbol{B}$的特征值等于$2+\sqrt{6},2-\sqrt{6}$. 又$\boldsymbol{AB}$的特征值为$2+\sqrt{7},2-\sqrt{7}$，因此$1\cdot(-1)=-1$也不是$\boldsymbol{AB}$的特征值.

推论　设$g(x)$是一个多项式. 若n阶矩阵$\boldsymbol{A}$使得$g(\boldsymbol{A})=\boldsymbol{O}$(称$g(x)$是$\boldsymbol{A}$的一个**零化多项式**)，则$\boldsymbol{A}$的任一特征值$\lambda$必满足$g(\lambda)=0$.

证　设非零向量$\boldsymbol{x}$是矩阵$\boldsymbol{A}$的属于特征值λ的特征向量. 由定理5.1知

$$g(\lambda)\boldsymbol{x}=g(\boldsymbol{A})\boldsymbol{x}=\boldsymbol{O}\boldsymbol{x}=\boldsymbol{0}.$$

由于$\boldsymbol{x}\neq\boldsymbol{0}$，所以只有$g(\lambda)=0$. □

注　上述推论中，方程$g(x)=0$的根未必都是矩阵$\boldsymbol{A}$的特征值.

例6　设n阶矩阵$\boldsymbol{A}$满足$\boldsymbol{A}^2=5\boldsymbol{A}-4\boldsymbol{I}$，试证$A$的特征值只能是1或4.

证　记$g(x)=x^2-5x+4$，则n阶矩阵$\boldsymbol{A}$使得

$$g(\boldsymbol{A})=\boldsymbol{A}^2-5\boldsymbol{A}+4\boldsymbol{I}=\boldsymbol{0}.$$

因此，矩阵$\boldsymbol{A}$的特征值λ必满足方程

$$g(\lambda)=\lambda^2-5\lambda+4=(\lambda-4)(\lambda-1)=0,$$

故矩阵$\boldsymbol{A}$的特征值只能是1或4.

定理5.2　若$\lambda_1,\lambda_2,\cdots,\lambda_m$是矩阵$\boldsymbol{A}$的不同特征值，$\boldsymbol{x}_1,\boldsymbol{x}_2,\cdots,\boldsymbol{x}_m$是$\boldsymbol{A}$的分别属于$\lambda_1,\lambda_2,\cdots,\lambda_m$的特征向量，则$\boldsymbol{x}_1,\boldsymbol{x}_2,\cdots,\boldsymbol{x}_m$线性无关.

证　对不同特征值的个数m用数学归纳法.

当$m=1$时，由于单个非零向量线性无关，所以结论成立.

假设结论对$m-1$个不同特征值$\lambda_1,\lambda_2,\cdots,\lambda_{m-1}$的情形成立，即它们所对应的特征向量$\boldsymbol{x}_1,\boldsymbol{x}_2,\cdots,\boldsymbol{x}_{m-1}$线性无关. 现证明$m$个互异特征值$\lambda_1,\lambda_2,\cdots,\lambda_m$各自对应的特征向量$\boldsymbol{x}_1,\boldsymbol{x}_2,\cdots,\boldsymbol{x}_m$也线性无关. 设

$$k_1\boldsymbol{x}_1+k_2\boldsymbol{x}_2+\cdots+k_{m-1}\boldsymbol{x}_{m-1}+k_m\boldsymbol{x}_m=\boldsymbol{0}. \qquad ①$$

用$\boldsymbol{A}$左乘①式两端，得

$$k_1\boldsymbol{A}\boldsymbol{x}_1+k_2\boldsymbol{A}\boldsymbol{x}_2+\cdots+k_{m-1}\boldsymbol{A}\boldsymbol{x}_{m-1}+k_m\boldsymbol{A}\boldsymbol{x}_m=\boldsymbol{0}. \qquad ②$$

因为$\boldsymbol{A}\boldsymbol{x}_i=\lambda_i\boldsymbol{x}_i\ (i=1,2,\cdots,m)$，故

$$k_1\lambda_1\boldsymbol{x}_1+k_2\lambda_2\boldsymbol{x}_2+\cdots+k_{m-1}\lambda_{m-1}\boldsymbol{x}_{m-1}+k_m\lambda_m\boldsymbol{x}_m=\boldsymbol{0}. \qquad ③$$

用λ_m乘①式两边，得

$$k_1\lambda_m\boldsymbol{x}_1+k_2\lambda_m\boldsymbol{x}_2+\cdots+k_{m-1}\lambda_m\boldsymbol{x}_{m-1}+k_m\lambda_m\boldsymbol{x}_m=\boldsymbol{0}. \qquad ④$$

④式减去③式，得

$$k_1(\lambda_m-\lambda_1)\boldsymbol{x}_1+k_2(\lambda_m-\lambda_2)\boldsymbol{x}_2+\cdots+k_{m-1}(\lambda_m-\lambda_{m-1})\boldsymbol{x}_{m-1}=\boldsymbol{0}.$$

由归纳法假设，$\boldsymbol{x}_1,\boldsymbol{x}_2,\cdots,\boldsymbol{x}_{m-1}$线性无关，所以

$$k_i(\lambda_m-\lambda_i)=0\quad(i=1,2,\cdots,m-1).$$

又$\lambda_m-\lambda_i\neq0$，故只有$k_i=0\ (i=1,2,\cdots,m-1)$. 代入①式，得

$$k_m\boldsymbol{x}_m=\boldsymbol{0}.$$

而$\boldsymbol{x}_m\neq\boldsymbol{0}$，所以只有$k_m=0$，故$\boldsymbol{x}_1,\boldsymbol{x}_2,\cdots,\boldsymbol{x}_m$线性无关. □

虽然关于不同特征值的特征向量线性无关，但我们不能得出结论说关于同一特征值的特征向量必线性相关.

例如，矩阵$\boldsymbol{A}=\begin{pmatrix}1&0\\0&1\end{pmatrix}$的特征方程

$$f(\lambda)\equiv\begin{vmatrix}\lambda-1&0\\0&\lambda-1\end{vmatrix}=(\lambda-1)^2=0,$$

因此$\boldsymbol{A}$的特征值为1,1. 不难验证向量$\begin{pmatrix}1\\0\end{pmatrix}$，$\begin{pmatrix}0\\1\end{pmatrix}$都是$\boldsymbol{A}$的关于1的特征向量. 显然，这两个向量线性无关.

由定理5.2不难得到如下推论：

推论1 设n阶方阵$\boldsymbol{A}$有n个不同的特征值，则$\boldsymbol{A}$有一组由n个线性无关的向量组成的特征向量组.

证 只需将$\boldsymbol{A}$的对应于n个不同特征值的特征向量拿来即可，由定理5.2知这n个特征向量一定是线性无关的. □

推论2 若$\lambda_1,\lambda_2,\cdots,\lambda_m$是矩阵$\boldsymbol{A}$的互异特征值，而$\boldsymbol{x}_{i1},\boldsymbol{x}_{i2},\cdots,\boldsymbol{x}_{ir_i}\ (i=1,2,\cdots,m)$是$\boldsymbol{A}$的属于特征值$\lambda_i$的线性无关特征向量，则向量组

$$\boldsymbol{x}_{11},\boldsymbol{x}_{12},\cdots,\boldsymbol{x}_{1r_1},\boldsymbol{x}_{21},\boldsymbol{x}_{22},\cdots,\boldsymbol{x}_{2r_2},\cdots,\boldsymbol{x}_{m1},\boldsymbol{x}_{m2},\cdots,\boldsymbol{x}_{mr_m}$$

线性无关.

根据上述推论知，对于一个 n 阶矩阵 $\boldsymbol{A}$，它的属于每个特征值的线性无关特征向量，把它们合在一起仍然是线性无关的. 它们就是 $\boldsymbol{A}$ 的线性无关的特征向量.

$\boldsymbol{A}$ 的线性无关的特征向量的个数与 $\boldsymbol{A}$ 的特征值有什么样的关系呢？ 对此，我们有如下定理.

***定理 5.3** 若 λ_0 是 n 阶矩阵 $\boldsymbol{A}$ 的 k 重特征值，则 $\boldsymbol{A}$ 的属于 λ_0 的线性无关特征向量最多有 k 个.

例如，例 2 中 $\boldsymbol{A}$ 的属于 2 重特征值 2 的线性无关特征向量的个数刚好为 2 个；而例 3 中 $\boldsymbol{A}$ 的属于 2 重特征值 2 的线性无关特征向量则只有 1 个；例 1 则表明每个单根对应的线性无关特征向量刚好是 1 个. 总之，三例中矩阵 $\boldsymbol{A}$ 的属于某个特征值的线性无关特征向量的个数都不超过该特征值的重数.

矩阵的特征值与特征向量还有以下性质：

性质 1 n 阶矩阵 $\boldsymbol{A}$ 与它的转置矩阵 $\boldsymbol{A}^{\mathrm{T}}$ 有相同的特征值.

证 由 $(\lambda \boldsymbol{I}-\boldsymbol{A})^{\mathrm{T}}=\lambda \boldsymbol{I}-\boldsymbol{A}^{\mathrm{T}}$，有

$$|\lambda \boldsymbol{I}-\boldsymbol{A}^{\mathrm{T}}|=|(\lambda \boldsymbol{I}-\boldsymbol{A})^{\mathrm{T}}|=|\lambda \boldsymbol{I}-\boldsymbol{A}|.$$

得 $\boldsymbol{A}$ 与 $\boldsymbol{A}^{\mathrm{T}}$ 有相同的特征多项式，所以它们的特征值相同. □

性质 2 矩阵 $\boldsymbol{A}$ 的任一特征向量所对应的特征值是唯一的.

证 设非零向量 $\boldsymbol{x}$ 是矩阵 $\boldsymbol{A}$ 的一个特征向量，与其对应的特征值有 λ_1 和 λ_2，则 $\boldsymbol{A}\boldsymbol{x}=\lambda_1\boldsymbol{x}$，$\boldsymbol{A}\boldsymbol{x}=\lambda_2\boldsymbol{x}$. 因此 $\lambda_1\boldsymbol{x}=\lambda_2\boldsymbol{x}$，即

$$(\lambda_1-\lambda_2)\boldsymbol{x}=\boldsymbol{0}.$$

由于 $\boldsymbol{x}\neq\boldsymbol{0}$，所以 $\lambda_1-\lambda_2=0$. 故 $\lambda_1=\lambda_2$. □

习题 5.1

1. 定义方阵 $\boldsymbol{A}=(a_{ij})_{n\times n}$ 的迹为 $\operatorname{tr}(\boldsymbol{A})=\sum_{i=1}^{n}a_{ii}$. 设 $\boldsymbol{A}$,$\boldsymbol{B}$ 均为 n 阶矩阵，$\boldsymbol{I}$ 是 n 阶单位矩阵，k 是实数. 证明：

(1) $\operatorname{tr}(\boldsymbol{A}+\boldsymbol{B})=\operatorname{tr}(\boldsymbol{A})+\operatorname{tr}(\boldsymbol{B})$； (2) $\operatorname{tr}(k\boldsymbol{A})=k\operatorname{tr}(\boldsymbol{A})$；

(3) $\operatorname{tr}(\boldsymbol{AB})=\operatorname{tr}(\boldsymbol{BA})$； (4) $\boldsymbol{AB}-\boldsymbol{BA}\neq\boldsymbol{I}$.

2. 求下列矩阵的特征值与特征向量(特征向量需指明是关于哪个特征值的)：

(1) $\boldsymbol{A}=\begin{pmatrix}3 & 1\\ 5 & -1\end{pmatrix}$； (2) $\boldsymbol{A}=\begin{pmatrix}4 & 6 & 0\\ -3 & -5 & 0\\ -3 & -6 & 1\end{pmatrix}$；

(3) $\boldsymbol{A}=\begin{pmatrix}-1 & 1 & 0\\-4 & 3 & 0\\1 & 0 & 2\end{pmatrix}$.

3. 设$\boldsymbol{A}=\begin{pmatrix}-1 & 2 & 2\\2 & -1 & -2\\2 & -2 & -1\end{pmatrix}$.

(1) 求$\boldsymbol{A}$的特征值.

(2) 进一步求矩阵$\boldsymbol{I}+\boldsymbol{A}^{-1}$的特征值.

4. 已知三阶矩阵$\boldsymbol{A}$的特征值为$1,-1,2$. 设矩阵$\boldsymbol{B}=\boldsymbol{A}^3-5\boldsymbol{A}^2$，求$\boldsymbol{B}$的特征值及行列式$|\boldsymbol{B}|$与$|\boldsymbol{A}-5\boldsymbol{I}|$.

5. 设$\boldsymbol{A}^2=\boldsymbol{I}$，证明$\boldsymbol{A}$的特征值只能是$\pm 1$.

6. 设$\boldsymbol{A},\boldsymbol{B}$都是$n$阶方阵，证明：$\boldsymbol{AB}$与$\boldsymbol{BA}$有相同的特征值.

7. 设矩阵

$$\boldsymbol{A}=\begin{pmatrix}3 & 2 & 2\\2 & 3 & 2\\2 & 2 & 3\end{pmatrix},\quad \boldsymbol{P}=\begin{pmatrix}0 & 1 & 0\\1 & 0 & 1\\0 & 0 & 1\end{pmatrix}$$

$\boldsymbol{B}=\boldsymbol{P}^{-1}\boldsymbol{A}^*\boldsymbol{P}$，求$\boldsymbol{B}+2\boldsymbol{I}$的特征值与特征向量，其中$\boldsymbol{A}^*$为$\boldsymbol{A}$的伴随矩阵，$\boldsymbol{I}$为3阶单位矩阵.

8. 已知向量$\boldsymbol{\alpha}=\begin{pmatrix}1\\k\\1\end{pmatrix}$是矩阵$\boldsymbol{A}=\begin{pmatrix}2 & 1 & 1\\1 & 2 & 1\\1 & 1 & 2\end{pmatrix}$的逆矩阵$\boldsymbol{A}^{-1}$的特征向量，试求常数$k$的值及$\boldsymbol{\alpha}$所对应的特征值$\lambda$.

9. 设$\boldsymbol{A}$为n阶矩阵，λ_1和λ_2是$\boldsymbol{A}$的两个不同的特征值，$\boldsymbol{x}_1,\boldsymbol{x}_2$是$\boldsymbol{A}$的分别属于$\lambda_1$和$\lambda_2$的特征向量，试证：$\boldsymbol{x}_1+\boldsymbol{x}_2$不是$\boldsymbol{A}$的特征向量.

10. 已知向量

$$\boldsymbol{\xi}_1=\begin{pmatrix}1\\2\\2\end{pmatrix},\quad \boldsymbol{\xi}_2=\begin{pmatrix}0\\-1\\1\end{pmatrix},\quad \boldsymbol{\xi}_3=\begin{pmatrix}0\\0\\1\end{pmatrix},$$

方阵$\boldsymbol{A}$满足

$$\boldsymbol{A\xi}_1=\boldsymbol{\xi}_1,\quad \boldsymbol{A\xi}_2=\boldsymbol{0},\quad \boldsymbol{A\xi}_3=-\boldsymbol{\xi}_3,$$

求$\boldsymbol{A}$及$\boldsymbol{A}^n$.

5.2 相似矩阵

作为矩阵的特征值理论的一个应用，本节我们讨论相似矩阵的概念与性质，以及方阵相似于对角矩阵的条件.

5.2.1　相似矩阵的概念

定义 5.3　设 $\boldsymbol{A},\boldsymbol{B}$ 都是 n 阶方阵. 如果存在 n 阶可逆矩阵 $\boldsymbol{P}$，使

$$\boldsymbol{P}^{-1}\boldsymbol{A}\boldsymbol{P}=\boldsymbol{B}, \tag{5.6}$$

则称矩阵 $\boldsymbol{A}$ 与 $\boldsymbol{B}$ **相似**，记为 $\boldsymbol{A}\sim\boldsymbol{B}$. 矩阵 $\boldsymbol{P}$ 称为**相似变换矩阵**. 如果 $\boldsymbol{P}$ 为正交矩阵，则称 $\boldsymbol{A}$ 与 $\boldsymbol{B}$ **正交相似**.

因为相似变换矩阵 $\boldsymbol{P}$ 可逆，所以矩阵的相似关系实质上是一种特殊的等价关系.

矩阵的相似关系满足等价关系的三个性质：

性质 1　自反性：$\boldsymbol{A}\sim\boldsymbol{A}$.

证　因为 $\boldsymbol{A}=\boldsymbol{I}^{-1}\boldsymbol{A}\boldsymbol{I}$，故 $\boldsymbol{A}\sim\boldsymbol{A}$. □

性质 2　对称性：若 $\boldsymbol{A}\sim\boldsymbol{B}$，则 $\boldsymbol{B}\sim\boldsymbol{A}$.

证　因为 $\boldsymbol{A}\sim\boldsymbol{B}$，所以存在可逆矩阵 $\boldsymbol{P}$，使得 $\boldsymbol{B}=\boldsymbol{P}^{-1}\boldsymbol{A}\boldsymbol{P}$. 于是

$$\boldsymbol{A}=\boldsymbol{P}\boldsymbol{B}\boldsymbol{P}^{-1}=(\boldsymbol{P}^{-1})^{-1}\boldsymbol{B}\boldsymbol{P}^{-1},$$

即 $\boldsymbol{B}\sim\boldsymbol{A}$. □

性质 3　传递性：若 $\boldsymbol{A}\sim\boldsymbol{B}$，$\boldsymbol{B}\sim\boldsymbol{C}$，则 $\boldsymbol{A}\sim\boldsymbol{C}$.

证　因为 $\boldsymbol{A}\sim\boldsymbol{B}$，$\boldsymbol{B}\sim\boldsymbol{C}$，所以存在可逆矩阵 $\boldsymbol{P}_1,\boldsymbol{P}_2$，使得 $\boldsymbol{B}=\boldsymbol{P}_1^{-1}\boldsymbol{A}\boldsymbol{P}_1$，$\boldsymbol{C}=\boldsymbol{P}_2^{-1}\boldsymbol{B}\boldsymbol{P}_2$，于是

$$\boldsymbol{C}=\boldsymbol{P}_2^{-1}\boldsymbol{B}\boldsymbol{P}_2=\boldsymbol{P}_2^{-1}\boldsymbol{P}_1^{-1}\boldsymbol{A}\boldsymbol{P}_1\boldsymbol{P}_2=(\boldsymbol{P}_1\boldsymbol{P}_2)^{-1}\boldsymbol{A}\boldsymbol{P}_1\boldsymbol{P}_2,$$

从而 $\boldsymbol{A}\sim\boldsymbol{C}$. □

注　由于相似矩阵的对称性，我们常称两矩阵相似，不再强调 $\boldsymbol{A}$ 相似于 $\boldsymbol{B}$ 还是 $\boldsymbol{B}$ 相似于 $\boldsymbol{A}$.

5.2.2　相似矩阵的性质

利用定义 5.3，可证相似的矩阵具有如下共同的性质：

定理 5.4　设 n 阶矩阵 $\boldsymbol{A}$ 与 $\boldsymbol{B}$ 相似，即 $\boldsymbol{A}\sim\boldsymbol{B}$，则

(1)　$\boldsymbol{A}$ 与 $\boldsymbol{B}$ 有相同的秩；

(2)　$\boldsymbol{A}$ 与 $\boldsymbol{B}$ 有相同的迹；

(3)　$\boldsymbol{A}$ 与 $\boldsymbol{B}$ 有相同的行列式；

(4)　$\boldsymbol{A}$ 与 $\boldsymbol{B}$ 有相同的特征多项式，从而有相同的特征值；

(5) $\boldsymbol{A}$ 与 $\boldsymbol{B}$ 的幂仍相似，即 $\boldsymbol{A}^k \sim \boldsymbol{B}^k$ (k 为任意非负整数)；

(6) $\boldsymbol{A}$ 与 $\boldsymbol{B}$ 都可逆或者都不可逆. 当它们可逆时，它们的逆矩阵也相似，即 $\boldsymbol{A}^{-1} \sim \boldsymbol{B}^{-1}$.

证 (1) 由于 $\boldsymbol{A} \sim \boldsymbol{B}$，所以必有可逆矩阵 $\boldsymbol{P}$，使得 $\boldsymbol{B}=\boldsymbol{P}^{-1}\boldsymbol{AP}$，因此

$$\mathrm{r}(\boldsymbol{B})=\mathrm{r}(\boldsymbol{P}^{-1}\boldsymbol{AP})=\mathrm{r}(\boldsymbol{A}).$$

(2) $\mathrm{tr}(\boldsymbol{B})=\mathrm{tr}(\boldsymbol{P}^{-1}\boldsymbol{AP})=\mathrm{tr}(\boldsymbol{AP}\,\boldsymbol{P}^{-1})=\mathrm{tr}(\boldsymbol{A})$.

(3) $|\boldsymbol{B}|=|\boldsymbol{P}^{-1}\boldsymbol{AP}|=|\boldsymbol{P}^{-1}|\,|\boldsymbol{A}|\,|\boldsymbol{P}|=|\boldsymbol{P}^{-1}|\,|\boldsymbol{P}|\,|\boldsymbol{A}|=|\boldsymbol{A}|$.

(4) 因为

$$\begin{aligned}|\lambda\boldsymbol{I}-\boldsymbol{B}|&=|\lambda\boldsymbol{I}-\boldsymbol{P}^{-1}\boldsymbol{AP}|=|\boldsymbol{P}^{-1}(\lambda\boldsymbol{I}-\boldsymbol{A})\boldsymbol{P}|\\&=|\boldsymbol{P}^{-1}|\,|\lambda\boldsymbol{I}-\boldsymbol{A}|\,|\boldsymbol{P}|=|\lambda\boldsymbol{I}-\boldsymbol{A}|,\end{aligned}$$

所以矩阵 $\boldsymbol{A}$ 与 $\boldsymbol{B}$ 有相同的特征多项式，从而有完全相同的特征值.

(5) 当 $k=0$ 时，$\boldsymbol{A}^0=\boldsymbol{B}^0=\boldsymbol{I}$，所以 $\boldsymbol{A}^0 \sim \boldsymbol{B}^0$. 当 k 为正整数时，若 $\boldsymbol{B}=\boldsymbol{P}^{-1}\boldsymbol{AP}$，则

$$\begin{aligned}\boldsymbol{B}^k&=(\boldsymbol{P}^{-1}\boldsymbol{AP})^k=(\boldsymbol{P}^{-1}\boldsymbol{AP})(\boldsymbol{P}^{-1}\boldsymbol{AP})\cdots(\boldsymbol{P}^{-1}\boldsymbol{AP})\\&=\boldsymbol{P}^{-1}\boldsymbol{A}(\boldsymbol{PP}^{-1})\boldsymbol{A}(\boldsymbol{PP}^{-1})\cdots\boldsymbol{A}(\boldsymbol{PP}^{-1})\boldsymbol{AP}=\boldsymbol{P}^{-1}\boldsymbol{A}^k\boldsymbol{P},\end{aligned}$$

即 $\boldsymbol{A}^k \sim \boldsymbol{B}^k$.

(6) 设 $\boldsymbol{A} \sim \boldsymbol{B}$，由性质(3)有 $|\boldsymbol{A}|=|\boldsymbol{B}|$，所以 $|\boldsymbol{A}|$ 与 $|\boldsymbol{B}|$ 同时不为零或为零，因此 $\boldsymbol{A}$ 与 $\boldsymbol{B}$ 同时可逆或不可逆.

若 $\boldsymbol{A}$ 与 $\boldsymbol{B}$ 均可逆，因 $\boldsymbol{A} \sim \boldsymbol{B}$，故存在可逆矩阵 $\boldsymbol{P}$，使得 $\boldsymbol{B}=\boldsymbol{P}^{-1}\boldsymbol{AP}$，则有

$$\boldsymbol{B}^{-1}=\boldsymbol{P}^{-1}\boldsymbol{A}^{-1}(\boldsymbol{P}^{-1})^{-1}=\boldsymbol{P}^{-1}\boldsymbol{A}^{-1}\boldsymbol{P}.$$

即 $\boldsymbol{A}^{-1} \sim \boldsymbol{B}^{-1}$. □

注 定理中性质(4)的逆命题是不成立的，即若 $\boldsymbol{A}$ 与 $\boldsymbol{B}$ 的特征多项式相同(或所有特征值相同)，$\boldsymbol{A}$ 不一定与 $\boldsymbol{B}$ 相似. 例如，矩阵

$$\boldsymbol{A}=\begin{pmatrix}1&0\\0&1\end{pmatrix},\quad \boldsymbol{B}=\begin{pmatrix}1&1\\0&1\end{pmatrix}$$

有相同的特征多项式 $(\lambda-1)^2$，即都有二重特征值 1，但它们并不相似. 事实上，若 $\boldsymbol{A}$ 与 $\boldsymbol{B}$ 相似，则有可逆矩阵 $\boldsymbol{P}$，使

$$\boldsymbol{B}=\boldsymbol{P}^{-1}\boldsymbol{AP}=\boldsymbol{P}^{-1}\boldsymbol{IP}=\boldsymbol{I},$$

这与 $\boldsymbol{B}$ 不是单位矩阵相矛盾.

另外，虽然相似矩阵有相同的特征值，但它们属于同一特征值的特征向量不一定相同.

例 1 与 n 阶单位矩阵 $\boldsymbol{I}$ 相似的 n 阶矩阵只有单位矩阵 $\boldsymbol{I}$ 本身；与 n 阶数量矩阵 $a\boldsymbol{I}$ 相似的 n 阶矩阵也只有数量矩阵 $a\boldsymbol{I}$ 本身.

证 假设单位矩阵 $\boldsymbol{I}$ 与 n 阶矩阵 $\boldsymbol{B}$ 相似，则存在可逆矩阵 $\boldsymbol{P}$，使得

$$\boldsymbol{B}=\boldsymbol{P}^{-1}\boldsymbol{I}\boldsymbol{P}=\boldsymbol{P}^{-1}\boldsymbol{P}=\boldsymbol{I},$$

即 $\boldsymbol{B}=\boldsymbol{I}$.

假设数量矩阵 $a\boldsymbol{I}$ 与 n 阶矩阵 $\boldsymbol{A}$ 相似，则存在可逆矩阵 $\boldsymbol{P}$，使得

$$\boldsymbol{A}=\boldsymbol{P}^{-1}(a\boldsymbol{I})\boldsymbol{P}=a(\boldsymbol{P}^{-1}\boldsymbol{I}\boldsymbol{P})=a\boldsymbol{I},$$

即 $\boldsymbol{A}=a\boldsymbol{I}$.

5.2.3 矩阵相似于对角矩阵的条件

在矩阵的运算中，对角矩阵的运算最为简便. 如果方阵 $\boldsymbol{A}$ 能够相似于对角矩阵(简称 $\boldsymbol{A}$ 可对角化)，则可以大大地简化许多运算过程. 但是，一般说来，并不是每个方阵都能相似于对角矩阵，即矩阵的相似对角化是有条件的. 下面的定理从特征向量的角度刻画了矩阵可对角化的条件.

定理5.5 n阶矩阵$\boldsymbol{A}$与对角矩阵$\boldsymbol{\Lambda}$相似的充分必要条件是$\boldsymbol{A}$有n个线性无关的特征向量.

证 必要性. 设 n 阶矩阵 $\boldsymbol{A}$ 与对角矩阵 $\boldsymbol{\Lambda}$ 相似，其中

$$\boldsymbol{\Lambda}=\mathrm{diag}(\lambda_1,\lambda_2,\cdots,\lambda_n)=\begin{pmatrix}\lambda_1&&&\\&\lambda_2&&\\&&\ddots&\\&&&\lambda_n\end{pmatrix},$$

则存在非奇异矩阵 $\boldsymbol{P}=(\boldsymbol{x}_1,\boldsymbol{x}_2,\cdots,\boldsymbol{x}_n)$，其中 $\boldsymbol{x}_1,\boldsymbol{x}_2,\cdots,\boldsymbol{x}_n$ 为线性无关的非零列向量，使得

$$\boldsymbol{P}^{-1}\boldsymbol{A}\boldsymbol{P}=\boldsymbol{\Lambda}.$$

用 $\boldsymbol{P}$ 左乘上式两端，得 $\boldsymbol{A}\boldsymbol{P}=\boldsymbol{P}\boldsymbol{\Lambda}$，即

$$\boldsymbol{A}(\boldsymbol{x}_1,\boldsymbol{x}_2,\cdots,\boldsymbol{x}_n)=(\boldsymbol{x}_1,\boldsymbol{x}_2,\cdots,\boldsymbol{x}_n)\begin{pmatrix}\lambda_1&&&\\&\lambda_2&&\\&&\ddots&\\&&&\lambda_n\end{pmatrix},$$

从而$(\boldsymbol{A}\boldsymbol{x}_1,\boldsymbol{A}\boldsymbol{x}_2,\cdots,\boldsymbol{A}\boldsymbol{x}_n)=(\lambda_1\boldsymbol{x}_1,\lambda_2\boldsymbol{x}_2\cdots,\lambda_n\boldsymbol{x}_n)$. 于是，有

$$\boldsymbol{A}\boldsymbol{x}_i=\lambda_i\boldsymbol{x}_i\quad(i=1,2,\cdots,n).$$

所以 $\boldsymbol{x}_1,\boldsymbol{x}_2,\cdots,\boldsymbol{x}_n$ 是 $\boldsymbol{A}$ 的分别对应于特征值 $\lambda_1,\lambda_2,\cdots,\lambda_n$ 的线性无关特征向量.

充分性. 设 $\boldsymbol{x}_1,\boldsymbol{x}_2,\cdots,\boldsymbol{x}_n$ 是$\boldsymbol{A}$的n个线性无关特征向量，$\boldsymbol{x}_i$ 对应的特征值为 $\lambda_i(i=1,2,\cdots,n)$. 记 $\boldsymbol{P}=(\boldsymbol{x}_1,\boldsymbol{x}_2,\cdots,\boldsymbol{x}_n)$，则 $\boldsymbol{P}$ 为非奇异矩阵. 因为

$Ax_i=\lambda_i x_i\ (i=1,2,\cdots,n)$，故

$$AP=(Ax_1,Ax_2,\cdots,Ax_n)=(\lambda_1x_1,\lambda_2x_2,\cdots,\lambda_nx_n)$$
$$=(x_1,x_2,\cdots,x_n)\begin{pmatrix}\lambda_1 & & & \\ & \lambda_2 & & \\ & & \ddots & \\ & & & \lambda_n\end{pmatrix},$$

即

$$AP=P\Lambda,$$

其中 $\Lambda=\mathrm{diag}(\lambda_1,\lambda_2,\cdots,\lambda_n)$. 用 P^{-1} 左乘上式两端，得

$$P^{-1}AP=\Lambda,$$

所以 $A\sim\Lambda$. □

注 在上述定理的证明中注意以下两点：

(1) 由于对角矩阵的特征值就是其主对角线上的元素，而相似矩阵又有完全相同的特征值，所以当 n 阶矩阵 A 与对角矩阵 Λ 相似时，对角矩阵 Λ 的主对角线上元素就是矩阵 A 的全部特征值，并且同一特征值重复出现的次数与其重数相同.

(2) 当 n 阶矩阵 A 与对角矩阵 Λ 相似时，其相似变换矩阵 x 的列向量就是矩阵 A 的分别属于特征值 $\lambda_1,\lambda_2,\cdots,\lambda_n$ 的线性无关的特征向量 $x_1,x_2,\cdots,x_n$，并且 $x_1,x_2,\cdots,x_n$ 在矩阵 A 中从左向右的排列次序与 $\lambda_1,\lambda_2,\cdots,\lambda_n$ 在 Λ 中从左上角到右下角的排列次序相同，这就是所谓的**对应原则**.

推论 *若 n 阶矩阵 A 有 n 个互异特征值，则 A 与对角矩阵相似.*

证 由定理 5.2 可知，不同的特征值对应的特征向量线性无关，因而，当 A 有 n 个不同的特征值时，必有 n 个线性无关的特征向量，故 A 能相似于对角矩阵. □

例如，矩阵 $A=\begin{pmatrix}5 & -3 & 1\\ 0 & 2 & 4\\ 0 & 0 & 7\end{pmatrix}$，其特征值为 5，2，7，并且互不相等，所以 A 可以对角化.

注 该推论只是矩阵 A 可对角化的一个充分条件，并非必要的. 也就是说，可对角化的矩阵并不一定有 n 个不同的特征值.

定理 5.5 不但给出了矩阵可对角化的条件，同时也给出了对角化的具体方法.

结合定理 5.5 和定理 5.4 容易理解，n 阶矩阵 A 是否与对角阵相似的关键

在于$\boldsymbol{A}$的k重特征值对应的线性无关特征向量是否恰有k个. 对此我们有下面的定理.

定理5.6　n阶矩阵$\boldsymbol{A}$与对角阵相似的充要条件是$\boldsymbol{A}$的每个k重特征值λ恰好对应有k个线性无关的特征向量(即矩阵$\lambda\boldsymbol{I}-\boldsymbol{A}$的秩为$n-k$).

证　必要性. 因n阶矩阵$\boldsymbol{A}$与对角阵相似，由定理5.5知，$\boldsymbol{A}$恰有n个线性无关的特征向量；又因$\boldsymbol{A}$的k重特征值对应有且仅有不超过k个的线性无关的特征向量，而复数域$\mathbf{C}$上的n阶矩阵$\boldsymbol{A}$的所有特征值的重数之和恰为n，所以$\boldsymbol{A}$的k重特征值恰对应有k个线性无关的特征向量.

充分性. 因n阶矩阵$\boldsymbol{A}$的每个k重特征值恰对应有k个线性无关的特征向量，所以$\boldsymbol{A}$的所有特征值对应的线性无关的特征向量合起来刚好有n个. 由定理5.5，$\boldsymbol{A}$与对角阵相似. □

注　当矩阵$\boldsymbol{A}$的特征值互不相等时，$\boldsymbol{A}$一定可以对角化. 但当矩阵$\boldsymbol{A}$有重特征值时，情况就复杂了. 一个有重特征值的n阶矩阵，若其有n个线性无关的特征向量，则其就可以对角化；若其没有n个线性无关的特征向量，则其就不能对角化，这是本定理的结论.

例如，5.1节例2中的三阶矩阵$\boldsymbol{A}$，虽然它有重特征值，但是它有三个线性无关的特征向量，因此它可以对角化.

而对于5.1节例3中的三阶矩阵$\boldsymbol{A}$来说，它也有重特征值，但是因为它只有两个线性无关的特征向量，所以它不能对角化.

从上述定理可归纳出判断一个矩阵$\boldsymbol{A}$能否相似于对角矩阵. 在$\boldsymbol{A}$能相似于对角矩阵时，求其相似对角矩阵$\boldsymbol{\Lambda}$及可逆矩阵$\boldsymbol{P}$使$\boldsymbol{P}^{-1}\boldsymbol{AP}=\boldsymbol{\Lambda}$的步骤如下：

(1)　求出矩阵$\boldsymbol{A}$的所有的特征值，设$\boldsymbol{A}$有s个不同的特征值$\lambda_1,\lambda_2,\cdots,\lambda_s$，它们的重数分别为$n_1,n_2,\cdots,n_s$，$n_1+n_2+\cdots+n_s=n$.

(2)　对$\boldsymbol{A}$的每个特征值λ_i，计算$\mathrm{r}(\lambda_i\boldsymbol{I}-\boldsymbol{A})$. 若对某个$i$，

$$\mathrm{r}(\lambda_i\boldsymbol{I}-\boldsymbol{A})>n-n_i,$$

则矩阵$\boldsymbol{A}$不能相似于对角矩阵；若对所有的i，都有

$$\mathrm{r}(\lambda_i\boldsymbol{I}-\boldsymbol{A})=n-n_i\quad(i=1,2,\cdots,s),$$

则矩阵$\boldsymbol{A}$能相似于对角矩阵.

(3)　当$\boldsymbol{A}$能相似于对角矩阵时，对$\boldsymbol{A}$的每个特征值λ_i，求$(\lambda_i\boldsymbol{I}-\boldsymbol{A})\boldsymbol{x}=\boldsymbol{0}$的基础解系，设为$\boldsymbol{x}_{i1},\boldsymbol{x}_{i2},\cdots,\boldsymbol{x}_{in_i}$ $(i=1,2,\cdots,s)$. 以这些向量为列构造矩阵

$$\boldsymbol{P}=(\boldsymbol{x}_{11},\boldsymbol{x}_{12},\cdots,\boldsymbol{x}_{1n_1},\boldsymbol{x}_{21},\boldsymbol{x}_{22},\cdots,\boldsymbol{x}_{2n_2},\cdots,\boldsymbol{x}_{s1},\boldsymbol{x}_{s2},\cdots,\boldsymbol{x}_{sn_s}),$$

则

$$P^{-1}AP = \mathrm{diag}(\underbrace{\lambda_1,\cdots,\lambda_1}_{n_1\text{个}},\underbrace{\lambda_2,\cdots,\lambda_2}_{n_2\text{个}},\cdots,\underbrace{\lambda_s,\cdots,\lambda_s}_{n_s\text{个}}).$$

要注意矩阵$\boldsymbol{P}$的列与对角矩阵$\boldsymbol{\Lambda}$主对角线上的元素($\boldsymbol{A}$的特征值)之间的对应关系.

例 2 判断矩阵$\boldsymbol{A}$能否相似于矩阵$\boldsymbol{B}$，若能相似，求可逆矩阵$\boldsymbol{P}$，使$\boldsymbol{P}^{-1}\boldsymbol{AP}=\boldsymbol{B}$:

(1) $\boldsymbol{A}=\begin{pmatrix}3&1&0\\0&3&1\\0&0&3\end{pmatrix}$, $\boldsymbol{B}=\begin{pmatrix}3&0&0\\0&3&0\\0&0&3\end{pmatrix}$;

(2) $\boldsymbol{A}=\begin{pmatrix}1&&\\&3&\\&&2\end{pmatrix}$, $\boldsymbol{B}=\begin{pmatrix}1&1&0\\0&2&1\\0&0&3\end{pmatrix}$.

解 (1) $\boldsymbol{B}$为对角矩阵，且$\boldsymbol{A}$与$\boldsymbol{B}$都有三重特征值$\lambda_1=\lambda_2=\lambda_3=3$，但

$$\mathrm{r}(3\boldsymbol{I}-\boldsymbol{A})=\mathrm{r}\begin{pmatrix}0&-1&0\\0&0&-1\\0&0&0\end{pmatrix}=2\neq 3-3=0,$$

故$\boldsymbol{A}$不能相似于$\boldsymbol{B}$.

(2) $\boldsymbol{A}$为对角矩阵，且$\boldsymbol{A}$与$\boldsymbol{B}$都有三个不同的特征值$\lambda_1=1$，$\lambda_2=2$，$\lambda_3=3$. 所以，矩阵$\boldsymbol{A}$能相似于矩阵$\boldsymbol{B}$. 不难求得矩阵$\boldsymbol{B}$对应于$\lambda_1=1$，$\lambda_2=2$，$\lambda_3=3$的特征向量分别为

$$\begin{pmatrix}1\\0\\0\end{pmatrix},\begin{pmatrix}1\\1\\0\end{pmatrix},\begin{pmatrix}1\\2\\2\end{pmatrix}.$$

令$\boldsymbol{Q}=\begin{pmatrix}1&1&1\\0&2&1\\0&2&0\end{pmatrix}$，则$\boldsymbol{Q}^{-1}\boldsymbol{BQ}=\boldsymbol{A}$. 令

$$\boldsymbol{P}=\boldsymbol{Q}^{-1}=\begin{pmatrix}1&-1&\frac{1}{2}\\0&0&\frac{1}{2}\\0&1&-1\end{pmatrix},$$

则$\boldsymbol{P}^{-1}\boldsymbol{AP}=\boldsymbol{B}$.

例 3 已知矩阵$\boldsymbol{A}=\begin{pmatrix}2&0&0\\0&0&1\\0&1&x\end{pmatrix}$与$\boldsymbol{B}=\begin{pmatrix}2&0&0\\0&y&0\\0&0&-1\end{pmatrix}$相似.

(1) 求x与y.

(2) 求可逆矩阵 $\boldsymbol{P}$ 使得 $\boldsymbol{P}^{-1}\boldsymbol{AP}=\boldsymbol{B}$.

解 (1) 因 $\boldsymbol{A}$ 与 $\boldsymbol{B}$ 相似，故 $|\lambda\boldsymbol{I}-\boldsymbol{A}|=|\lambda\boldsymbol{I}-\boldsymbol{B}|$，即

$$\begin{vmatrix}\lambda-2 & 0 & 0\\ 0 & \lambda & -1\\ 0 & -1 & \lambda-x\end{vmatrix}=\begin{vmatrix}\lambda-2 & 0 & 0\\ 0 & \lambda-y & 0\\ 0 & 0 & \lambda+1\end{vmatrix}.$$

从而

$$(\lambda-2)(\lambda^2-x\lambda-1)=(\lambda-2)[\lambda^2+(1-y)\lambda-y].$$

比较等式两边 λ 的系数，得 $x=0$，$y=1$. 此时

$$\boldsymbol{A}=\begin{pmatrix}2 & 0 & 0\\ 0 & 0 & 1\\ 0 & 1 & 0\end{pmatrix},\quad \boldsymbol{B}=\begin{pmatrix}2 & 0 & 0\\ 0 & 1 & 0\\ 0 & 0 & -1\end{pmatrix}.$$

(2) 由 $\boldsymbol{B}$ 知 $\boldsymbol{A}$ 的特征值为 $2,1,-1$，且可求得 $\boldsymbol{A}$ 属于特征值 $2,1,-1$ 的线性无关特征向量分别为

$$\boldsymbol{x}_1=\begin{pmatrix}1\\0\\0\end{pmatrix},\quad \boldsymbol{x}_2=\begin{pmatrix}0\\1\\1\end{pmatrix},\quad \boldsymbol{x}_3=\begin{pmatrix}0\\1\\-1\end{pmatrix}.$$

以 $\boldsymbol{x}_1,\boldsymbol{x}_2,\boldsymbol{x}_3$ 为列向量作矩阵 $\boldsymbol{P}=(\boldsymbol{x}_1,\boldsymbol{x}_2,\boldsymbol{x}_3)$，则 $\boldsymbol{P}$ 可逆，且 $\boldsymbol{P}^{-1}\boldsymbol{AP}=\boldsymbol{B}$.

* 5.2.4 约当(Jordan)标准形简介

由定理 5.6 可知，并不是所有 n 阶矩阵都可与对角矩阵相似，但总可以与一种所谓的约当型矩阵相似. 这种极简单的矩阵，不但在理论上具有特殊的重要性，而且在具体运算中也是非常方便的. 但由于它的理论比较复杂，我们在这里不打算全面介绍它，而下面将介绍有关约当型矩阵的概念和一些定理，但对于定理不加以证明.

定义 5.4 设 $\boldsymbol{J}$ 是一个 s 阶矩阵，记 $\boldsymbol{J}=(a_{ij})_{s\times s}$. 若 $\boldsymbol{J}$ 中元素适合以下条件：

$$a_{ii}=\lambda\quad(i=1,2,\cdots,n);$$
$$a_{i,i+1}=1\quad(i=1,2,\cdots,n-1);$$
$$a_{ij}=0\quad(j\neq i,\ j\neq i+1),$$

即

$$\boldsymbol{J}=\begin{pmatrix}\lambda & 1 & & & \\ & \lambda & 1 & & \\ & & \ddots & \ddots & \\ & & & \lambda & 1\\ & & & & \lambda\end{pmatrix},$$

则称 $\boldsymbol{J}$ 是一个 s 阶约当块.

定义 5.5 如果一个分块对角矩阵 $\boldsymbol{J}$ 的所有子块都是约当块，则称 $\boldsymbol{J}$ 为**约当型矩阵**(或称**约当标准形**)：

$$\boldsymbol{J}=\begin{pmatrix}\boldsymbol{J}_1 & & & \\ & \boldsymbol{J}_2 & & \\ & & \ddots & \\ & & & \boldsymbol{J}_t\end{pmatrix}$$

其中

$$\boldsymbol{J}_i=\begin{pmatrix}\lambda_i & 1 & & & \\ & \lambda_i & 1 & & \\ & & \ddots & \ddots & \\ & & & \lambda_i & 1 \\ & & & & \lambda_i\end{pmatrix}\quad (i=1,2,\cdots,t)$$

是约当块.

注意每个约当块的阶数可能不相同，不同块的主对角线上的元素也可以不相等.

例如，$\begin{pmatrix}3 & 1 & 0\\0 & 3 & 1\\0 & 0 & 3\end{pmatrix}$，$\begin{pmatrix}0 & 1 & 0\\0 & 0 & 1\\0 & 0 & 0\end{pmatrix}$，$\begin{pmatrix}-1 & 1\\ 0 & -1\end{pmatrix}$都是约当块.

事实上，上面每个矩阵都是一个约当型矩阵，也就是说上面 3 个矩阵都只有一个约当块.

例 4 下列矩阵中哪些是约当型矩阵，哪些不是？（虚线是为了更清楚地表示分块情况而加上去的）

(1) $\begin{pmatrix}1 & 0 & 0\\0 & 2 & 1\\0 & 0 & 2\end{pmatrix}$；　(2) $\begin{pmatrix}1 & 1 & 0\\0 & 1 & 1\\0 & 0 & -1\end{pmatrix}$；　(3) $\begin{pmatrix}1 & 0 & 0\\0 & 1 & -1\\0 & 0 & 1\end{pmatrix}$；

(4) $\begin{pmatrix}1 & 0 & 0 & 0\\0 & 2 & 0 & 0\\0 & 0 & 3 & 0\\0 & 0 & 0 & 4\end{pmatrix}$；　(5) $\begin{pmatrix}0 & 0 & 0 & 0 & 0 & 0\\0 & 1 & 1 & 0 & 0 & 0\\0 & 0 & 1 & 0 & 0 & 0\\0 & 0 & 0 & \sqrt{2} & 1 & 0\\0 & 0 & 0 & 0 & \sqrt{2} & 1\\0 & 0 & 0 & 0 & 0 & \sqrt{2}\end{pmatrix}$.

解 (1) 是由两个约当块组成的约当型矩阵，其中有一个 1 阶的约当块.

(2) 的主对角线上元素不相同，因此不是约当块. (3) 的右下方一块主对角线上方的元素是 -1 而不是 1，因此也不是约当块. (4) 是一个对角阵，它可看成是由 4 个 1 阶约当块组成的约当型矩阵. 一般来说，一个 n 阶对角阵可看成为由 n 个 1 阶约当块组成的约当型矩阵. 也就是说对角阵是约当型矩阵的特殊情况. (5) 是由 3 个约当块组成的约当型矩阵，其中左上角一块是一个 1 阶零矩阵，它也是一个约当块.

由约当型矩阵的定义可以看出，约当型矩阵是一种上三角阵. 因此易知，约当型矩阵主对角线上的元素就是它的特征值.

下面就是著名的约当定理，我们略去了它的证明.

定理 5.7 任意一个 n 阶矩阵 $\boldsymbol{A}$，都存在 n 阶可逆矩阵 $\boldsymbol{T}$，使得 $\boldsymbol{T}^{-1}\boldsymbol{A}\boldsymbol{T}=\boldsymbol{J}$，即任意一个 n 阶矩阵 $\boldsymbol{A}$ 都与 n 阶约当矩阵 $\boldsymbol{J}$ 相似.

注 在不计约当块顺序的条件下，$\boldsymbol{J}$ 是唯一的.

例如，矩阵 $\boldsymbol{A}=\begin{pmatrix}-1 & 1 & 0\\ -4 & 3 & 0\\ 1 & 0 & 2\end{pmatrix}$ 有特征值

$$\lambda_1=2,\quad \lambda_2=\lambda_3=1.$$

对于单根 $\lambda_1=2$，可求出 $\boldsymbol{A}$ 的一个特征向量 $\boldsymbol{x}_1=\begin{pmatrix}0\\0\\1\end{pmatrix}$. 而对于重根 $\lambda_2=\lambda_3=1$，只有一个线性无关的特征向量 $\boldsymbol{x}_2=\begin{pmatrix}1\\2\\-1\end{pmatrix}$.

由于 $\boldsymbol{A}$ 的线性无关特征向量个数为 2，所以 $\boldsymbol{A}$ 不可能相似于一个对角阵. 但它与约当型矩阵

$$\boldsymbol{J}=\begin{pmatrix}2 & 0 & 0\\ 0 & 1 & 1\\ 0 & 0 & 1\end{pmatrix}$$

相似. 这时取 $\boldsymbol{T}=\begin{pmatrix}0 & 1 & 0\\ 0 & 2 & 1\\ 1 & -1 & -1\end{pmatrix}$，则

$$\boldsymbol{T}^{-1}=\begin{pmatrix}-1 & 1 & 1\\ 1 & 0 & 0\\ -2 & 1 & 0\end{pmatrix}.$$

直接验算有 $T^{-1}AT=J$，即 A 相似于约当型矩阵 J.

习题 5.2

1. 设方阵 A 与 B 相似，证明：

(1) 对任何正整数 k，A^k 与 B^k 相似；

(2) 对任何多项式 $f(x)=a_mx^m+a_{m-1}x^{m-1}+\cdots+a_1x+a_0$，方阵 $f(A)$ 与 $f(B)$ 相似；

(3) 若 B 为对角矩阵，则对任何多项式 $f(x)=a_mx^m+a_{m-1}x^{m-1}+\cdots+a_1x+a_0$，方阵 $f(A)$ 相似于对角矩阵；

(4) 若 A 可逆，则 B 也可逆，且 A^{-1} 与 B^{-1} 相似.

2. 设 $A=\begin{pmatrix}1&0&0&0\\a&1&0&0\\2&b&2&0\\2&3&c&2\end{pmatrix}$，问 a,b,c 取何值时，A 与对角矩阵相似?

3. 已知矩阵 $A=\begin{pmatrix}1&a&-3\\-1&4&-3\\1&-2&5\end{pmatrix}$ 的特征值有重根，请判断 A 能否对角化，说明理由.

4. 判断矩阵

$$A=\begin{pmatrix}2&0&0\\1&3&-1\\1&0&1\end{pmatrix},\quad B=\begin{pmatrix}-2&1&1\\0&2&0\\-4&1&3\end{pmatrix},\quad C=\begin{pmatrix}1&1&0\\0&2&1\\0&0&1\end{pmatrix}$$

能否与对角阵相似? 并在相似时，求可逆阵 P，使 $P^{-1}AP=\Lambda$ 为对角阵.

5. 设 A 是三阶方阵，且 $|A+I|=|A+2I|=|A-2I|=0$，求 $(3A)^*$ 的特征值；判断 $(3A)^*$ 能否相似于对角矩阵，并说明理由.

6. 设

$$x=\begin{pmatrix}x_1\\x_2\\\vdots\\x_n\end{pmatrix}\neq 0,\quad y=\begin{pmatrix}y_1\\y_2\\\vdots\\y_n\end{pmatrix}\neq 0,\quad A=\begin{pmatrix}x_1y_1&x_1y_2&\cdots&x_1y_n\\x_2y_1&x_2y_2&\cdots&x_2y_n\\\vdots&\vdots&&\vdots\\x_ny_1&x_ny_2&\cdots&x_ny_n\end{pmatrix},$$

其中 $x^{\mathrm{T}}y=\sum_{i=1}^{n}x_iy_i=0$. 求 A 的全部特征值，并证明：A 不能相似于对角阵.

7. 设 n 阶方阵 $A\neq O$，满足 $A^m=O$ (m 为不等于 1 的正整数).

(1) 求 A 的特征值.

(2) 证明：A 不相似于对角矩阵.

(3) 证明：$|I+A|=1$.

(4) 若方阵$\boldsymbol{B}$满足$\boldsymbol{AB}=\boldsymbol{BA}$，证明：$|\boldsymbol{A}+\boldsymbol{B}|=|\boldsymbol{B}|$.

8. 设三阶矩阵$\boldsymbol{A}$有特征值$1,-1,3$，证明：$\boldsymbol{B}=(3\boldsymbol{I}+\boldsymbol{A}^*)^2$可对角化，并求$\boldsymbol{B}$的一个相似对角矩阵.

9. 设矩阵$\boldsymbol{A}=\begin{pmatrix}3 & 2 & -2\\ -k & -1 & k\\ 4 & 2 & -3\end{pmatrix}$. 问当$k$为何值时，存在可逆矩阵$\boldsymbol{P}$，使$\boldsymbol{P}^{-1}\boldsymbol{AP}$为对角阵？ 并求出相应的对角阵.

10. 设$\boldsymbol{A},\boldsymbol{B},\boldsymbol{C},\boldsymbol{D}$为$n$阶矩阵，且$\boldsymbol{A}$与$\boldsymbol{B}$相似，$\boldsymbol{C}$与$\boldsymbol{D}$相似，证明：$\begin{pmatrix}\boldsymbol{A} & \boldsymbol{O}\\ \boldsymbol{O} & \boldsymbol{C}\end{pmatrix}$与$\begin{pmatrix}\boldsymbol{B} & \boldsymbol{O}\\ \boldsymbol{O} & \boldsymbol{D}\end{pmatrix}$相似.

*11. 判断下列矩阵是否为约当型矩阵：

(1) $\begin{pmatrix}0 & 1 & 0\\ 0 & 0 & 0\\ 0 & 0 & 0\end{pmatrix}$；　　(2) $\begin{pmatrix}0 & 0 & 0\\ 0 & -1 & -1\\ 0 & 0 & -1\end{pmatrix}$；

(3) $\begin{pmatrix}-1 & 0 & 0 & 0\\ 0 & 2 & 0 & 0\\ 0 & 0 & \sqrt{2} & 1\\ 0 & 0 & 0 & \sqrt{2}\end{pmatrix}$；　　(4) $\begin{pmatrix}1 & -1 & 0 & 0 & 0\\ 0 & 1 & 0 & 0 & 0\\ 0 & 0 & 2 & 0 & 0\\ 0 & 0 & 0 & -1 & 1\\ 0 & 0 & 0 & 0 & -1\end{pmatrix}$.

5.3 实对称矩阵的相似对角矩阵

虽然并不是所有矩阵都相似于一个对角阵，但是对于实对称矩阵来说，它必能相似于对角矩阵. 而且它还能正交相似于对角矩阵. 为此先讨论正交矩阵的有关概念.

5.3.1 正交矩阵

定义 5.6 设$\boldsymbol{A}$为n阶实矩阵，且$\boldsymbol{A}^{\mathrm{T}}\boldsymbol{A}=\boldsymbol{I}$，则称$\boldsymbol{A}$为**正交矩阵**.

例如，单位矩阵$\boldsymbol{I}$为正交矩阵；平面解析几何中，两直角坐标系间的坐标变换矩阵

$$\boldsymbol{Q}=\begin{pmatrix}\cos\theta & -\sin\theta\\ \sin\theta & \cos\theta\end{pmatrix}$$

是正交矩阵.

正交矩阵具有下述性质：

(1) 若矩阵 $\boldsymbol{A}$ 为正交矩阵，则 $|\boldsymbol{A}|=\pm 1$；

(2) 若 $\boldsymbol{A}$ 是正交矩阵，则 $\boldsymbol{A}^{\mathrm{T}}$（或 $\boldsymbol{A}^{-1}$）也是正交矩阵；

(3) 若矩阵 $\boldsymbol{A}$ 与矩阵 $\boldsymbol{B}$ 是同阶的正交矩阵，则它们的乘积矩阵 $\boldsymbol{AB}$ 也是正交矩阵.

上述性质，请读者自证.

定理 5.8 实矩阵 $\boldsymbol{A}$ 为正交矩阵的充要条件是 $\boldsymbol{A}$ 的行(列)向量组是两两正交的单位向量组.

证 将矩阵 $\boldsymbol{A}$ 按列分块：$\boldsymbol{A}=(\boldsymbol{\alpha}_1,\boldsymbol{\alpha}_2,\cdots,\boldsymbol{\alpha}_n)$，则 $\boldsymbol{A}^{\mathrm{T}}=\begin{pmatrix}\boldsymbol{\alpha}_1^{\mathrm{T}}\\ \boldsymbol{\alpha}_2^{\mathrm{T}}\\ \vdots\\ \boldsymbol{\alpha}_n^{\mathrm{T}}\end{pmatrix}$，因而

$$\boldsymbol{A}^{\mathrm{T}}\boldsymbol{A}=\begin{pmatrix}\boldsymbol{\alpha}_1^{\mathrm{T}}\\ \boldsymbol{\alpha}_2^{\mathrm{T}}\\ \vdots\\ \boldsymbol{\alpha}_n^{\mathrm{T}}\end{pmatrix}(\boldsymbol{\alpha}_1,\boldsymbol{\alpha}_2,\cdots,\boldsymbol{\alpha}_n)=\begin{pmatrix}\boldsymbol{\alpha}_1^{\mathrm{T}}\boldsymbol{\alpha}_1 & \boldsymbol{\alpha}_1^{\mathrm{T}}\boldsymbol{\alpha}_2 & \cdots & \boldsymbol{\alpha}_1^{\mathrm{T}}\boldsymbol{\alpha}_n\\ \boldsymbol{\alpha}_2^{\mathrm{T}}\boldsymbol{\alpha}_1 & \boldsymbol{\alpha}_2^{\mathrm{T}}\boldsymbol{\alpha}_2 & \cdots & \boldsymbol{\alpha}_2^{\mathrm{T}}\boldsymbol{\alpha}_n\\ \vdots & \vdots & & \vdots\\ \boldsymbol{\alpha}_n^{\mathrm{T}}\boldsymbol{\alpha}_1 & \boldsymbol{\alpha}_n^{\mathrm{T}}\boldsymbol{\alpha}_2 & \cdots & \boldsymbol{\alpha}_n^{\mathrm{T}}\boldsymbol{\alpha}_n\end{pmatrix}.$$

由定义，矩阵 $\boldsymbol{A}$ 为正交矩阵的充要条件是 $\boldsymbol{A}\boldsymbol{A}^{\mathrm{T}}=\boldsymbol{A}^{\mathrm{T}}\boldsymbol{A}=\boldsymbol{I}$，即

$$(\boldsymbol{\alpha}_i,\boldsymbol{\alpha}_j)=\boldsymbol{\alpha}_i^{\mathrm{T}}\boldsymbol{\alpha}_j=\begin{cases}1, & i=j,\\ 0, & i\neq j.\end{cases}$$

这说明，矩阵 $\boldsymbol{A}$ 为正交矩阵的充要条件是 $\boldsymbol{A}$ 的两个不同的行向量的内积为零，而每个行向量与其自身的内积为 1，即 $\boldsymbol{A}$ 的行向量组是两两正交的单位向量组.

同理可证，$\boldsymbol{A}$ 是正交矩阵的充要条件是 $\boldsymbol{A}$ 的列向量组也是两两正交的单位向量组. □

例 1 设 $\boldsymbol{A}$ 为正交矩阵，证明：$\boldsymbol{A}$ 的实特征值只能为 ± 1.

证 设 λ 为 $\boldsymbol{A}$ 的实特征值，$\boldsymbol{x}$ 为对应的实特征向量，则 $\boldsymbol{Ax}=\lambda\boldsymbol{x}$，因而

$$(\boldsymbol{Ax})^{\mathrm{T}}(\boldsymbol{Ax})=\boldsymbol{x}^{\mathrm{T}}\boldsymbol{A}^{\mathrm{T}}\boldsymbol{Ax}=\boldsymbol{x}^{\mathrm{T}}\boldsymbol{x}=\|\boldsymbol{x}\|^2.$$

又

$$(\boldsymbol{Ax})^{\mathrm{T}}(\boldsymbol{Ax})=(\lambda\boldsymbol{x})^{\mathrm{T}}(\lambda\boldsymbol{x})=\lambda^2(\boldsymbol{x}^{\mathrm{T}}\boldsymbol{x})=\lambda^2\|\boldsymbol{x}\|^2,$$

所以

$$(\lambda^2-1)\|\boldsymbol{x}\|^2=0.$$

由于 $\boldsymbol{x}\neq\boldsymbol{0}$，因而 $\lambda=\pm 1$.

5.3.2 实对称矩阵的特征值与特征向量

实对称矩阵的特征值与特征向量具有下列性质：

定理 5.9 实对称矩阵的特征值全是实数.

证 设λ是实对称矩阵$\boldsymbol{A}$的任一特征值，非零向量$\boldsymbol{x}=\begin{pmatrix}x_1\\x_2\\\vdots\\x_n\end{pmatrix}$是矩阵$\boldsymbol{A}$的属于特征值$\lambda$的特征向量，则

$$\boldsymbol{Ax}=\lambda\boldsymbol{x}.$$

因为$\boldsymbol{A}$是实对称矩阵，所以$\boldsymbol{A}=\overline{\boldsymbol{A}}$, $\boldsymbol{A}=\boldsymbol{A}^{\mathrm{T}}$. 于是，有

$$\overline{\boldsymbol{Ax}}=\overline{\boldsymbol{A}}\,\overline{\boldsymbol{x}}=\boldsymbol{A}\,\overline{\boldsymbol{x}},\quad \overline{\boldsymbol{Ax}}=\overline{\lambda\boldsymbol{x}}=\overline{\lambda}\,\overline{\boldsymbol{x}},$$

所以

$$\boldsymbol{A}\,\overline{\boldsymbol{x}}=\overline{\lambda}\,\overline{\boldsymbol{x}}.$$

用$\boldsymbol{x}^{\mathrm{T}}$左乘上式两边，得$\boldsymbol{x}^{\mathrm{T}}\boldsymbol{A}\overline{\boldsymbol{x}}=\boldsymbol{x}^{\mathrm{T}}\overline{\lambda}\,\overline{\boldsymbol{x}}$，于是$(\boldsymbol{Ax})^{\mathrm{T}}\overline{\boldsymbol{x}}=\overline{\lambda}\boldsymbol{x}^{\mathrm{T}}\overline{\boldsymbol{x}}$, 因此

$$(\lambda\boldsymbol{x})^{\mathrm{T}}\overline{\boldsymbol{x}}=\overline{\lambda}\boldsymbol{x}^{\mathrm{T}}\overline{\boldsymbol{x}},$$

即$\lambda\boldsymbol{x}^{\mathrm{T}}\overline{\boldsymbol{x}}=\overline{\lambda}\boldsymbol{x}^{\mathrm{T}}\overline{\boldsymbol{x}}$, 所以$(\lambda-\overline{\lambda})\boldsymbol{x}^{\mathrm{T}}\overline{\boldsymbol{x}}=0$. 由于$\boldsymbol{x}\neq\boldsymbol{0}$，所以

$$\boldsymbol{x}^{\mathrm{T}}\overline{\boldsymbol{x}}=(x_1,x_2,\cdots,x_n)\begin{pmatrix}\overline{x_1}\\\overline{x_2}\\\vdots\\\overline{x_n}\end{pmatrix}=x_1\,\overline{x_1}+x_2\,\overline{x_2}+\cdots+x_n\,\overline{x_n}>0,$$

故$\lambda-\overline{\lambda}=0$, 即$\lambda=\overline{\lambda}$. 这说明$\lambda$是实数. □

由于实对称矩阵的特征值是实数，所以特征向量也是实向量.

对于一般的实矩阵而言，虽然其元素均为实数，但其特征值仍可能是虚数.

例如，矩阵$\boldsymbol{A}=\begin{pmatrix}1&1\\-1&1\end{pmatrix}$的特征值为$1+\mathrm{i}$和$1-\mathrm{i}$.

定理 5.10 实对称矩阵的不同特征值对应的特征向量是正交的.

证 设λ_1,λ_2是实对称矩阵$\boldsymbol{A}$的两个不同特征值，$\boldsymbol{x}_1,\boldsymbol{x}_2$分别是$\boldsymbol{A}$对应于$\lambda_1,\lambda_2$的特征向量，即$\lambda_1\boldsymbol{x}_1=\boldsymbol{Ax}_1$, $\lambda_2\boldsymbol{x}_2=\boldsymbol{Ax}_2$. 因$(\lambda_1\boldsymbol{x}_1)^{\mathrm{T}}=(\boldsymbol{Ax}_1)^{\mathrm{T}}$, 故

$$\lambda_1\boldsymbol{x}_1^{\mathrm{T}}=\boldsymbol{x}_1^{\mathrm{T}}\boldsymbol{A}.$$

用$\boldsymbol{x}_2$右乘上式两端，得

$$\lambda_1 \boldsymbol{x}_1^{\mathrm{T}} \boldsymbol{x}_2 = \boldsymbol{x}_1^{\mathrm{T}} \boldsymbol{A} \boldsymbol{x}_2 = \boldsymbol{x}_1^{\mathrm{T}} \lambda_2 \boldsymbol{x}_2 = \lambda_2 \boldsymbol{x}_1^{\mathrm{T}} \boldsymbol{x}_2,$$

于是$(\lambda_1 - \lambda_2)\boldsymbol{x}_1^{\mathrm{T}} \boldsymbol{x}_2 = 0$. 由于$\lambda_1 \neq \lambda_2$，所以

$$\boldsymbol{x}_1^{\mathrm{T}} \boldsymbol{x}_2 = 0.$$

即 $\boldsymbol{x}_1$ 与 $\boldsymbol{x}_2$ 正交. □

例 2 求实对称矩阵 $\boldsymbol{A} = \begin{pmatrix} 3 & 2 & 4 \\ 2 & 0 & 2 \\ 4 & 2 & 3 \end{pmatrix}$ 的特征值和特征向量.

解 矩阵 $\boldsymbol{A}$ 的特征方程

$$|\lambda \boldsymbol{I} - \boldsymbol{A}| = \begin{vmatrix} \lambda - 3 & -2 & -4 \\ -2 & \lambda & -2 \\ -4 & -2 & \lambda - 3 \end{vmatrix} = (\lambda + 1)^2 (\lambda - 8) = 0,$$

矩阵 $\boldsymbol{A}$ 的特征值$\lambda_1 = \lambda_2 = -1$, $\lambda_3 = 8$.

对于特征值$\lambda_1 = \lambda_2 = -1$，解齐次线性方程组$(-\boldsymbol{I} - \boldsymbol{A})\boldsymbol{x} = \boldsymbol{0}$，即

$$\begin{pmatrix} -4 & -2 & -4 \\ -2 & -1 & -2 \\ -4 & -2 & -4 \end{pmatrix} \begin{pmatrix} x_1 \\ x_2 \\ x_3 \end{pmatrix} = \begin{pmatrix} 0 \\ 0 \\ 0 \end{pmatrix},$$

得其基础解系

$$\boldsymbol{x}_1 = \begin{pmatrix} 1 \\ 0 \\ -1 \end{pmatrix}, \quad \boldsymbol{x}_2 = \begin{pmatrix} 1 \\ -2 \\ 0 \end{pmatrix}.$$

矩阵 $\boldsymbol{A}$ 的属于特征值-1(二重特征值) 的全部特征向量为$k_1 \boldsymbol{x}_1 + k_2 \boldsymbol{x}_2$ (k_1 和 k_2 不同时为零).

对于特征值$\lambda_3 = 8$，解齐次线性方程组$(8\boldsymbol{I} - \boldsymbol{A})\boldsymbol{x} = \boldsymbol{0}$ 得其基础解系

$$\boldsymbol{x}_3 = \begin{pmatrix} 2 \\ 1 \\ 2 \end{pmatrix}.$$

矩阵 $\boldsymbol{A}$ 的属于特征值 8 的全部特征向量为 $k_3 \boldsymbol{x}_3$ $(k_3 \neq 0)$.

容易验证，特征向量 $\boldsymbol{x}_1$ 与 $\boldsymbol{x}_3$ 正交，$\boldsymbol{x}_2$ 与 $\boldsymbol{x}_3$ 正交.

注 在5.1节中已知，对于矩阵$\boldsymbol{A} = \begin{pmatrix} 1 & 0 \\ 0 & 1 \end{pmatrix}$，1是二重特征值，它所对应的线性无关的特征向量恰好有两个；在上例中，-1 也是二重特征值，它所对应的线性无关的特征向量也恰好有两个. 这不是巧合，而是实对称矩阵的规律.

下面来推导本节的主要结论.

定理 5.11 设 $\boldsymbol{A}$ 为 n 阶实对称矩阵，则存在正交矩阵 $\boldsymbol{Q}$，使得

$$\boldsymbol{Q}^{-1}\boldsymbol{A}\boldsymbol{Q} = \boldsymbol{Q}^{\mathrm{T}}\boldsymbol{A}\boldsymbol{Q} = \boldsymbol{\Lambda},$$

其中 $\boldsymbol{\Lambda} = \begin{pmatrix} \lambda_1 & & & \\ & \lambda_2 & & \\ & & \ddots & \\ & & & \lambda_n \end{pmatrix}$，$\lambda_1, \lambda_2, \cdots, \lambda_n$ 为 $\boldsymbol{A}$ 的特征值.

证 用数学归纳法证明.

当 $n = 1$ 时，结论显然成立.

假设当 $n = k - 1$ 时，结论亦成立.

现设 $\boldsymbol{A}$ 为 k 阶实对称矩阵，设 $\boldsymbol{\alpha}_1$ 为 $\boldsymbol{A}$ 的实特征向量，且为单位向量，λ_1 为对应的特征值，则

$$\boldsymbol{A}\boldsymbol{\alpha}_1 = \lambda_1\boldsymbol{\alpha}_1, \quad \|\boldsymbol{\alpha}_1\| = 1.$$

由施密特正交化过程可知，必能找到 $k-1$ 个 k 维实单位向量 $\boldsymbol{\beta}_2, \boldsymbol{\beta}_3, \cdots, \boldsymbol{\beta}_k$，使 $\boldsymbol{\alpha}_1, \boldsymbol{\beta}_2, \boldsymbol{\beta}_3, \cdots, \boldsymbol{\beta}_k$ 为两两正交的单位向量组. 令

$$\boldsymbol{Q}_1 = (\boldsymbol{\alpha}_1, \boldsymbol{\beta}_2, \boldsymbol{\beta}_3, \cdots, \boldsymbol{\beta}_k),$$

则 $\boldsymbol{Q}_1$ 为正交矩阵，且

$$\boldsymbol{Q}_1^{-1}\boldsymbol{A}\boldsymbol{Q}_1 = \boldsymbol{Q}_1^{\mathrm{T}}\boldsymbol{A}\boldsymbol{Q}_1 = \begin{pmatrix} \boldsymbol{\alpha}_1^{\mathrm{T}} \\ \boldsymbol{\beta}_2^{\mathrm{T}} \\ \vdots \\ \boldsymbol{\beta}_k^{\mathrm{T}} \end{pmatrix} \boldsymbol{A}(\boldsymbol{\alpha}_1, \boldsymbol{\beta}_2, \cdots, \boldsymbol{\beta}_k)$$

$$= \begin{pmatrix} \boldsymbol{\alpha}_1^{\mathrm{T}}\boldsymbol{A}\boldsymbol{\alpha}_1 & \boldsymbol{\alpha}_1^{\mathrm{T}}\boldsymbol{A}\boldsymbol{\beta}_2 & \cdots & \boldsymbol{\alpha}_1^{\mathrm{T}}\boldsymbol{A}\boldsymbol{\beta}_k \\ \boldsymbol{\beta}_2^{\mathrm{T}}\boldsymbol{A}\boldsymbol{\alpha}_1 & \boldsymbol{\beta}_2^{\mathrm{T}}\boldsymbol{A}\boldsymbol{\beta}_2 & \cdots & \boldsymbol{\beta}_2^{\mathrm{T}}\boldsymbol{A}\boldsymbol{\beta}_k \\ \vdots & \vdots & & \vdots \\ \boldsymbol{\beta}_k^{\mathrm{T}}\boldsymbol{A}\boldsymbol{\alpha}_1 & \boldsymbol{\beta}_k^{\mathrm{T}}\boldsymbol{A}\boldsymbol{\beta}_2 & \cdots & \boldsymbol{\beta}_k^{\mathrm{T}}\boldsymbol{A}\boldsymbol{\beta}_k \end{pmatrix} = \begin{pmatrix} \lambda_1 & \boldsymbol{0} \\ \boldsymbol{0} & \boldsymbol{B}_1 \end{pmatrix},$$

其中

$$\boldsymbol{B}_1 = \begin{pmatrix} \boldsymbol{\beta}_2^{\mathrm{T}}\boldsymbol{A}\boldsymbol{\beta}_2 & \cdots & \boldsymbol{\beta}_2^{\mathrm{T}}\boldsymbol{A}\boldsymbol{\beta}_k \\ \vdots & & \vdots \\ \boldsymbol{\beta}_k^{\mathrm{T}}\boldsymbol{A}\boldsymbol{\beta}_2 & \cdots & \boldsymbol{\beta}_k^{\mathrm{T}}\boldsymbol{A}\boldsymbol{\beta}_k \end{pmatrix}$$

为 $k-1$ 阶实对称矩阵. 由归纳假设知，存在 $k-1$ 阶正交矩阵 $\boldsymbol{P}$，使得

$$\boldsymbol{P}^{-1}\boldsymbol{B}_1\boldsymbol{P} = \boldsymbol{P}^{\mathrm{T}}\boldsymbol{B}_1\boldsymbol{P} = \begin{pmatrix} \lambda_2 & & & \\ & \lambda_3 & & \\ & & \ddots & \\ & & & \lambda_k \end{pmatrix}.$$

令 $Q_2=\begin{pmatrix}1 & \mathbf{0}\\ \mathbf{0} & \boldsymbol{P}\end{pmatrix}$，显然，$Q_2$ 为正交矩阵，且

$$Q_2^{\mathrm{T}}\begin{pmatrix}\lambda_1 & \mathbf{0}\\ \mathbf{0} & \boldsymbol{B}_1\end{pmatrix}Q_2=Q_2^{-1}\begin{pmatrix}\lambda_1 & \mathbf{0}\\ \mathbf{0} & \boldsymbol{B}_1\end{pmatrix}Q_2=\begin{pmatrix}1 & \mathbf{0}\\ \mathbf{0} & \boldsymbol{P}^{\mathrm{T}}\end{pmatrix}\begin{pmatrix}\lambda_1 & \mathbf{0}\\ \mathbf{0} & \boldsymbol{B}_1\end{pmatrix}\begin{pmatrix}1 & \mathbf{0}\\ \mathbf{0} & \boldsymbol{P}\end{pmatrix}$$

$$=\begin{pmatrix}\lambda_1 & \mathbf{0}\\ \mathbf{0} & \boldsymbol{P}^{\mathrm{T}}\boldsymbol{B}_1\boldsymbol{P}\end{pmatrix}=\begin{pmatrix}\lambda_1 & & & \\ & \lambda_2 & & \\ & & \ddots & \\ & & & \lambda_k\end{pmatrix}\xlongequal{\text{记为}}\boldsymbol{\Lambda}_k.$$

令 $Q=Q_1Q_2$，显然 Q 为正交矩阵，且

$$Q^{\mathrm{T}}AQ=\boldsymbol{\Lambda}_k.$$ □

这个定理说明，n 阶实对称矩阵必有 n 个线性无关的特征向量.

5.3.3　实对称矩阵的相似对角矩阵的求法

由定理 5.11 可知，实对称矩阵必能相似于对角矩阵. 除了可以用 5.2 节介绍的方法求可逆矩阵 $\boldsymbol{P}$ 使得 $\boldsymbol{P}^{-1}\boldsymbol{AP}=\boldsymbol{\Lambda}$ 外，还存在正交矩阵 Q，使得

$$Q^{-1}AQ=Q^{\mathrm{T}}AQ=\boldsymbol{\Lambda}.$$

要找出这个正交矩阵 Q，只要用正交化、单位化的方法求出每个特征值所对应的一组标准正交基即可.

求正交矩阵 Q 的步骤如下：

(1) 求出实对称矩阵 $\boldsymbol{A}$ 的特征方程 $|\lambda\boldsymbol{I}-\boldsymbol{A}|=0$ 的全部特征值.

(2) 设 $\lambda_1,\lambda_2,\cdots,\lambda_r$ 是 $\boldsymbol{A}$ 的全部互异特征值，对每个 λ_i，求出齐次线性方程组 $(\lambda_i\boldsymbol{I}-\boldsymbol{A})\boldsymbol{x}=\mathbf{0}$ 的基础解系，它们就是 $\boldsymbol{A}$ 的属于 λ_i 的线性无关特征向量.

(3) 将每个重根 λ_i 对应的线性无关的特征向量用施密特方法正交化，再单位化使之成为一组标准正交向量组(它们仍然是 $\boldsymbol{A}$ 的属于 λ_i 的特征向量)，对于单根 λ_i，则只须将其所对应的线性无关特征向量单位化即可.

(4) 用 $\boldsymbol{A}$ 的所有属于不同特征值的已标准正交化的特征向量作为矩阵的列向量构成正交矩阵 Q.

例 3　设

$$\boldsymbol{A}=\begin{pmatrix}\frac{3}{2} & -\frac{1}{2} & 0\\ -\frac{1}{2} & \frac{3}{2} & 0\\ 0 & 0 & 3\end{pmatrix},$$

求变换矩阵 Q 使 $\boldsymbol{A}$ 正交相似于对角阵.

解

$$|\lambda \boldsymbol{I}-\boldsymbol{A}|=\begin{vmatrix}\lambda-\frac{3}{2} & \frac{1}{2} & 0\\ \frac{1}{2} & \lambda-\frac{3}{2} & 0\\ 0 & 0 & \lambda-3\end{vmatrix}=(\lambda-1)(\lambda-2)(\lambda-3)=0.$$

因此$\boldsymbol{A}$的特征值为1,2,3. 由于这是3个不同的特征值，$\boldsymbol{A}$肯定有3个两两正交的特征向量，故只需求出这3个特征向量并把它们标准化就行了.

对$\lambda=1,2,3$，分别求解对应的齐次线性方程组可得相应的线性无关特征向量为

$$\boldsymbol{x}_1=\begin{pmatrix}1\\1\\0\end{pmatrix},\quad \boldsymbol{x}_2=\begin{pmatrix}-1\\1\\0\end{pmatrix},\quad \boldsymbol{x}_3=\begin{pmatrix}0\\0\\1\end{pmatrix}.$$

将它们单位化，得

$$\boldsymbol{x}_1^*=\begin{pmatrix}\frac{1}{\sqrt{2}}\\ \frac{1}{\sqrt{2}}\\ 0\end{pmatrix},\quad \boldsymbol{x}_2^*=\begin{pmatrix}-\frac{1}{\sqrt{2}}\\ \frac{1}{\sqrt{2}}\\ 0\end{pmatrix},\quad \boldsymbol{x}_3^*=\begin{pmatrix}0\\0\\1\end{pmatrix}.$$

因此变换阵$\boldsymbol{Q}$为

$$\boldsymbol{Q}=(\boldsymbol{x}_1^*,\boldsymbol{x}_2^*,\boldsymbol{x}_3^*)=\begin{pmatrix}\frac{1}{\sqrt{2}} & -\frac{1}{\sqrt{2}} & 0\\ \frac{1}{\sqrt{2}} & \frac{1}{\sqrt{2}} & 0\\ 0 & 0 & 1\end{pmatrix},$$

故有

$$\boldsymbol{Q}^{-1}\boldsymbol{A}\boldsymbol{Q}=\boldsymbol{Q}^{\mathrm{T}}\boldsymbol{A}\boldsymbol{Q}=\begin{pmatrix}\frac{1}{\sqrt{2}} & \frac{1}{\sqrt{2}} & 0\\ -\frac{1}{\sqrt{2}} & \frac{1}{\sqrt{2}} & 0\\ 0 & 0 & 1\end{pmatrix}\begin{pmatrix}\frac{3}{2} & -\frac{1}{2} & 0\\ -\frac{1}{2} & \frac{3}{2} & 0\\ 0 & 0 & 3\end{pmatrix}\begin{pmatrix}\frac{1}{\sqrt{2}} & -\frac{1}{\sqrt{2}} & 0\\ \frac{1}{\sqrt{2}} & \frac{1}{\sqrt{2}} & 0\\ 0 & 0 & 1\end{pmatrix}$$

$$=\begin{pmatrix}1 & 0 & 0\\ 0 & 2 & 0\\ 0 & 0 & 3\end{pmatrix}.$$

例 4 设$\boldsymbol{A}=\begin{pmatrix}4 & 2 & 2\\ 2 & 4 & 2\\ 2 & 2 & 4\end{pmatrix}$，求变换矩阵$\boldsymbol{Q}$使$\boldsymbol{A}$正交相似于对角阵.

解 $\boldsymbol{A}$ 的特征方程为

$$|\lambda \boldsymbol{I}-\boldsymbol{A}|=\begin{vmatrix}\lambda-4 & -2 & -2\\ -2 & \lambda-4 & -2\\ -2 & -2 & \lambda-4\end{vmatrix}=(\lambda-2)^2(\lambda-8)=0.$$

故 $\boldsymbol{A}$ 的特征值为 2，2，8.

对 $\lambda=8$，解齐次线性方程组 $(8\boldsymbol{I}-\boldsymbol{A})\boldsymbol{x}=\boldsymbol{0}$，得 $\boldsymbol{A}$ 的属于特征值 8 的线性无关特征向量为

$$\boldsymbol{x}_1=\begin{pmatrix}1\\1\\1\end{pmatrix}.$$

将 $\boldsymbol{x}_1$ 单位化得

$$\boldsymbol{x}_1^*=\begin{pmatrix}\frac{1}{\sqrt{3}}\\ \frac{1}{\sqrt{3}}\\ \frac{1}{\sqrt{3}}\end{pmatrix}.$$

对 $\lambda=2$，解齐次线性方程组 $(2\boldsymbol{I}-\boldsymbol{A})\boldsymbol{x}=\boldsymbol{0}$，得 $\boldsymbol{A}$ 属于特征值 2 的线性无关的特征向量

$$\boldsymbol{x}_2=\begin{pmatrix}-1\\1\\0\end{pmatrix},\quad \boldsymbol{x}_3=\begin{pmatrix}-1\\0\\1\end{pmatrix}.$$

用施密特方法正交化并单位化得两个长度为 1 且相互正交的向量

$$\boldsymbol{x}_2^*=\begin{pmatrix}-\frac{1}{\sqrt{2}}\\ \frac{1}{\sqrt{2}}\\ 0\end{pmatrix},\quad \boldsymbol{x}_3^*=\begin{pmatrix}-\frac{1}{\sqrt{6}}\\ -\frac{1}{\sqrt{6}}\\ \frac{2}{\sqrt{6}}\end{pmatrix}.$$

于是，得正交矩阵

$$\boldsymbol{Q}=(\boldsymbol{x}_1^*,\boldsymbol{x}_2^*,\boldsymbol{x}_3^*)=\begin{pmatrix}\frac{1}{\sqrt{3}} & -\frac{1}{\sqrt{2}} & -\frac{1}{\sqrt{6}}\\ \frac{1}{\sqrt{3}} & \frac{1}{\sqrt{2}} & -\frac{1}{\sqrt{6}}\\ \frac{1}{\sqrt{3}} & 0 & \frac{2}{\sqrt{6}}\end{pmatrix},$$

故有

$$Q^{-1}AQ = Q^{\mathrm{T}}AQ = \begin{pmatrix} 8 & 0 & 0 \\ 0 & 2 & 0 \\ 0 & 0 & 2 \end{pmatrix}.$$

例 5 设3阶实对称方阵 A 的特征值为1,2,3,A 的属于特征值1,2的特征向量分别是 $x_1 = (-1, -1, 1)^{\mathrm{T}}$, $x_2 = (1, -2, -1)^{\mathrm{T}}$,求:

(1) A 的属于特征值3的特征向量;

(2) 方阵 A.

解 (1) 设 A 的属于特征值3的特征向量为 $x_3 = (x_1, x_2, x_3)^{\mathrm{T}}$,因实对称阵的属于不同特征值的特征向量相互正交,即 $x_1^{\mathrm{T}}x_3 = 0$,$x_2^{\mathrm{T}}x_3 = 0$,故得

$$x_1^{\mathrm{T}}x_3 = (-1, -1, 1)\begin{pmatrix} x_1 \\ x_2 \\ x_3 \end{pmatrix} = -x_1 - x_2 + x_3 = 0,$$

$$x_2^{\mathrm{T}}x_3 = (1, -2, -1)\begin{pmatrix} x_1 \\ x_2 \\ x_3 \end{pmatrix} = x_1 - 2x_2 - x_3 = 0,$$

即 $\begin{cases} -x_1 - x_2 + x_3 = 0, \\ x_1 - 2x_2 - x_3 = 0. \end{cases}$ 解之得

$$\begin{cases} x_1 = x_3, \\ x_2 = 0. \end{cases}$$

取 $x_3 = 1$,得 $x_3 = (1, 0, 1)^{\mathrm{T}}$,此即 A 的属于特征值3的特征向量.

(2) 令 $P = (x_1, x_2, x_3) = \begin{pmatrix} -1 & 1 & 1 \\ -1 & -2 & 0 \\ 1 & -1 & 1 \end{pmatrix}$,计算得

$$P^{-1} = \frac{1}{6}\begin{pmatrix} -2 & -2 & 2 \\ 1 & -2 & -1 \\ 3 & 0 & 3 \end{pmatrix}.$$

由 $P^{-1}AP = \Lambda = \begin{pmatrix} 1 & 0 & 0 \\ 0 & 2 & 0 \\ 0 & 0 & 3 \end{pmatrix}$,得

$$A = P\Lambda P^{-1} = \begin{pmatrix} -1 & 1 & 1 \\ -1 & -2 & 0 \\ 1 & -1 & 1 \end{pmatrix}\begin{pmatrix} 1 & 0 & 0 \\ 0 & 2 & 0 \\ 0 & 0 & 3 \end{pmatrix} \cdot \frac{1}{6}\begin{pmatrix} -2 & -2 & 2 \\ 1 & -2 & -1 \\ 3 & 0 & 3 \end{pmatrix}$$

$$=\frac{1}{6}\begin{pmatrix}13 & -2 & 5\\ -2 & 10 & 2\\ 5 & 2 & 13\end{pmatrix}.$$

例 6 设 $\boldsymbol{A}$ 为 n 阶对称的正交矩阵，且 1 为 $\boldsymbol{A}$ 的 r 重特征值.

(1) 求 $\boldsymbol{A}$ 的相似对角矩阵.

(2) 求 $|3\boldsymbol{I}-\boldsymbol{A}|$.

解 (1) 由于 $\boldsymbol{A}$ 为 n 阶对称的正交矩阵，故 $\boldsymbol{A}$ 必能相似于对角矩阵，且 $\boldsymbol{A}$ 的特征值只能为 ± 1.

由于 1 为 $\boldsymbol{A}$ 的 r 重特征值，故 -1 为 $\boldsymbol{A}$ 的 $n-r$ 重特征值，因而 $\boldsymbol{A}$ 的相似对角矩阵为 $\boldsymbol{\Lambda}=\mathrm{diag}(\underbrace{1,\cdots,1}_{r个},\underbrace{-1,\cdots,-1}_{n-r个})$.

(2) 由(1) 可知，$\boldsymbol{A}$ 的特征多项式为 $|\lambda\boldsymbol{I}-\boldsymbol{A}|=(\lambda-1)^r(\lambda+1)^{n-r}$，故

$$|3\boldsymbol{I}-\boldsymbol{A}|=(3-1)^r(3+1)^{n-r}=2^{2n-r}.$$

习题 5.3

1. 已知 $\boldsymbol{A}$ 是实反对称矩阵. 证明：$\boldsymbol{B}=(\boldsymbol{A}+\boldsymbol{I})(\boldsymbol{A}-\boldsymbol{I})^{-1}$ 是正交矩阵.

2. 设实对称矩阵 $\boldsymbol{A}=\begin{pmatrix}1 & -2 & 2\\ -2 & -2 & 4\\ 2 & 4 & -2\end{pmatrix}$，求一个正交矩阵 $\boldsymbol{P}$，使 $\boldsymbol{P}^{-1}\boldsymbol{AP}$ 成为对角矩阵.

3. $\boldsymbol{A}$ 是三阶实对称矩阵，$\boldsymbol{A}$ 的特征值是 $\lambda_1=1$, $\lambda_2=2$, $\lambda_3=-1$，且

$$\boldsymbol{\alpha}_1=\begin{pmatrix}1\\ a+1\\ 2\end{pmatrix},\quad \boldsymbol{\alpha}_2=\begin{pmatrix}a-1\\ -a\\ 1\end{pmatrix}$$

分别是 λ_1,λ_2 对应的特征向量. $\boldsymbol{A}$ 的伴随矩阵 $\boldsymbol{A}^*$ 有特征值 λ_0，λ_0 所对应的特征向量是 $\boldsymbol{\beta}_0=\begin{pmatrix}2\\ -5a\\ 2a+1\end{pmatrix}$，求 a 及 λ_0 的值.

4. 设 $1,1,-1$ 是三阶实对称阵 $\boldsymbol{A}$ 的 3 个特征值，$\boldsymbol{\alpha}_1=(1,1,1)^{\mathrm{T}}$，$\boldsymbol{\alpha}_2=(2,2,1)^{\mathrm{T}}$ 是 $\boldsymbol{A}$ 的属于特征值 1 的特征向量，求 $\boldsymbol{A}$ 的属于特征值 -1 的特征向量.

5. 设三阶实对称矩阵 $\boldsymbol{A}$ 的特征值为 $\lambda_1=-2$，$\lambda_2=\lambda_3=2$，$\boldsymbol{\alpha}_1=\begin{pmatrix}1\\ 1\\ 1\end{pmatrix}$ 是对应于特征值 -2 的特征向量，求矩阵 $\boldsymbol{A}$.

6. 设矩阵 $\boldsymbol{A}=\begin{pmatrix}1 & 0 & 1\\ 0 & 2 & 0\\ 1 & 0 & 1\end{pmatrix}$，矩阵 $\boldsymbol{B}=(k\boldsymbol{I}+\boldsymbol{A})^2$，其中 k 为实数. 求对角矩阵 $\boldsymbol{\Lambda}$ 使

$\boldsymbol{B}$ 与 $\boldsymbol{\Lambda}$ 相似.

7. 设二阶实矩阵 $\boldsymbol{A}$ 的行列式 $|\boldsymbol{A}|<0$，证明 $\boldsymbol{A}$ 与对角矩阵相似.

8. 设 $\boldsymbol{A}$ 为 n 阶实对称矩阵，$\boldsymbol{\alpha}_1,\boldsymbol{\alpha}_2,\cdots,\boldsymbol{\alpha}_n$ 是 $\boldsymbol{A}$ 的 n 个正交单位特征向量，依次对应于特征值 $\lambda_1,\lambda_2,\cdots,\lambda_n$，则 $\boldsymbol{A}=\lambda_1\boldsymbol{\alpha}_1\boldsymbol{\alpha}_1^{\mathrm{T}}+\lambda_2\boldsymbol{\alpha}_2\boldsymbol{\alpha}_2^{\mathrm{T}}+\cdots+\lambda_n\boldsymbol{\alpha}_n\boldsymbol{\alpha}_n^{\mathrm{T}}$.

9. 设 $\boldsymbol{A},\boldsymbol{B}$ 都是 n 阶实对称矩阵，证明：存在正交矩阵 $\boldsymbol{Q}$，使得 $\boldsymbol{Q}^{-1}\boldsymbol{A}\boldsymbol{Q}=\boldsymbol{B}$ 的充分必要条件是 $\boldsymbol{A}$ 与 $\boldsymbol{B}$ 有相同的特征多项式.

10. 设 $\boldsymbol{A}$ 为 n 阶实对称矩阵，证明：$\boldsymbol{A}$ 的特征值全非负的充分必要条件是存在实方阵 $\boldsymbol{B}$，使得 $\boldsymbol{A}=\boldsymbol{B}^{\mathrm{T}}\boldsymbol{B}$.

11. 证明：n 阶实矩阵 $\boldsymbol{A}$ 为正交矩阵的充分必要条件是，$\boldsymbol{A}$ 为 n 维欧氏空间 $\mathbf{V}$ 中由标准正交基到标准正交基的过渡矩阵.

12. $\boldsymbol{\eta}_1,\boldsymbol{\eta}_2,\cdots,\boldsymbol{\eta}_n$ 为 $\mathbf{R}^n$ 的一组标准正交基，且 $(\boldsymbol{\xi}_1,\boldsymbol{\xi}_2,\cdots,\boldsymbol{\xi}_n)=(\boldsymbol{\eta}_1,\boldsymbol{\eta}_2,\cdots,\boldsymbol{\eta}_n)\boldsymbol{Q}$. 证明：$\boldsymbol{\xi}_1,\boldsymbol{\xi}_2,\cdots,\boldsymbol{\xi}_n$ 也为标准正交基的充要条件是 $\boldsymbol{Q}$ 为正交矩阵.

*5.4　矩阵级数的收敛性

矩阵序列的极限是矩阵理论中一个基本内容，它在线性系统的稳定性理论中有着重要的应用. 限于教学大纲以及教材的篇幅，我们只能介绍它的一些最基本的概念.

5.4.1　向量序列与向量无穷级数的收敛性

1. 向量序列的极限

为了下面讨论需要，我们把 n 维列向量看做 $n\times1$ 矩阵，给出相应定义.

设 $\boldsymbol{x}^{(k)}$ 是实域上的向量，

$$\boldsymbol{x}^{(k)}=(x_1^{(k)},x_2^{(k)},\cdots,x_n^{(k)})^{\mathrm{T}}\quad(k=1,2,\cdots),$$

$\boldsymbol{x}^{(1)},\boldsymbol{x}^{(2)},\cdots,\boldsymbol{x}^{(k)},\cdots$ 称为**向量序列**，简记为 $\{\boldsymbol{x}^{(k)}\}$.

如果每一个分量序列都有极限，即

$$\lim_{k\to\infty}x_i^{(k)}=x_i\quad(i=1,2,\cdots,n),$$

则称向量 $\boldsymbol{x}=(x_1,x_2,\cdots,x_n)$ 为向量序列 $\boldsymbol{x}^{(1)},\boldsymbol{x}^{(2)},\cdots,\boldsymbol{x}^{(k)},\cdots$ 的**极限**，记为

$$\lim_{k\to\infty}\boldsymbol{x}^{(k)}=\boldsymbol{x}\quad 或\quad \boldsymbol{x}^{(k)}\to\boldsymbol{x}\ (k\to\infty).$$

这时也称向量序列 $\{\boldsymbol{x}^{(k)}\}$ **收敛于** $\boldsymbol{x}$；否则，称向量序列 $\{\boldsymbol{x}^{(k)}\}$ **发散**.

例 1　设向量序列 $\boldsymbol{x}^{(k)}=\left(\dfrac{1}{2^k},\dfrac{2k}{k+1}\right)$，求 $\lim\limits_{k\to\infty}\boldsymbol{x}^{(k)}$.

解　易知，

$$\boldsymbol{x}^{(1)}=\left(\frac{1}{2^1},\frac{2}{1+1}\right),\ \boldsymbol{x}^{(2)}=\left(\frac{1}{2^2},\frac{2\times 2}{2+1}\right),\ \cdots,\ \boldsymbol{x}^{(k)}=\left(\frac{1}{2^k},\frac{2k}{k+1}\right),\ \cdots.$$

因为$\lim\limits_{k\to\infty}\frac{1}{2^k}=0$，$\lim\limits_{k\to\infty}\frac{2k}{k+1}=2$，所以

$$\lim_{k\to\infty}\boldsymbol{x}^{(k)}=\lim_{k\to\infty}\left(\frac{1}{2^k},\frac{2k}{k+1}\right)=(0,2).$$

例 2　设$\boldsymbol{x}^{(k)}=\left(\frac{\sin k}{k},\frac{1}{3^k}\right)^{\mathrm{T}}$ $(k=1,2,\cdots)$，试讨论向量序列$\{\boldsymbol{x}^{(k)}\}$的敛散性.

解　当$k\to\infty$时，$\frac{\sin k}{k}\to 0$，$\frac{1}{3^k}\to 0$. 因此，向量序列$\{\boldsymbol{x}^{(k)}\}$收敛，且

$$\lim_{k\to\infty}\boldsymbol{x}^{(k)}=\begin{pmatrix}0\\0\end{pmatrix}.$$

2. 向量无穷级数的收敛性

设$\boldsymbol{x}^{(1)},\boldsymbol{x}^{(2)},\cdots,\boldsymbol{x}^{(k)},\cdots$为$\mathbf{R}^n$中的一个向量序列，简记为$\{\boldsymbol{x}^{(k)}\}$，则其和式

$$\boldsymbol{x}^{(1)}+\boldsymbol{x}^{(2)}+\cdots+\boldsymbol{x}^{(k)}+\cdots \qquad ①$$

称为$\mathbf{R}^n$中**向量无穷级数**. 如果其部分和序列$\boldsymbol{y}^{(k)}$：

$$\boldsymbol{y}^{(k)}=\boldsymbol{x}^{(1)}+\boldsymbol{x}^{(2)}+\cdots+\boldsymbol{x}^{(k)}$$

当$k\to\infty$时极限存在，则称向量无穷级数①**收敛**；否则，称向量无穷级数①**发散**. 如果$\boldsymbol{y}^{(k)}\to\boldsymbol{y}$ $(k\to\infty)$，则称$\boldsymbol{y}$是向量无穷级数①的**和**，记为

$$\boldsymbol{y}=\sum_{k=1}^{\infty}\boldsymbol{x}^{(k)}.$$

显然，如果向量无穷级数①对应分量所构成的数项级数

$$\sum_{k=1}^{\infty}x_i^{(k)}\quad(i=1,2,\cdots,n)$$

都收敛，则向量无穷级数①收敛；否则，向量无穷级数①发散.

例 3　求下列向量无穷级数的和：$\sum\limits_{k=1}^{\infty}\left(\frac{1}{2^k},\frac{1}{k(k+1)}\right)$，

解　因为$\sum\limits_{k=1}^{\infty}\frac{1}{2^k}=1$，$\sum\limits_{k=1}^{\infty}\frac{1}{k(k+1)}=1$，所以

$$\sum_{k=1}^{\infty}\left(\frac{1}{2^k},\frac{1}{k(k+1)}\right)=(1,1).$$

例 4　判定下列向量无穷级数的敛散性：$\sum\limits_{k=1}^{\infty}\left(\frac{1}{2^k},\frac{1}{k}\right)$.

解　因为$\sum\limits_{k=1}^{\infty}\frac{1}{k}$发散，所以$\sum\limits_{k=1}^{\infty}\left(\frac{1}{2^k},\frac{1}{k}\right)$发散.

5.4.2　矩阵序列和矩阵无穷级数的收敛性

1. 矩阵序列的极限

设$\boldsymbol{A}^{(k)}$为实数域上的矩阵：

$$\boldsymbol{A}^{(k)}=\begin{bmatrix} a_{11}^{(k)} & a_{12}^{(k)} & \cdots & a_{1n}^{(k)} \\ a_{21}^{(k)} & a_{22}^{(k)} & \cdots & a_{2n}^{(k)} \\ \vdots & \vdots & & \vdots \\ a_{m1}^{(k)} & a_{m2}^{(k)} & \cdots & a_{mn}^{(k)} \end{bmatrix}\quad (k=1,2,\cdots),$$

$\boldsymbol{A}^{(1)},\boldsymbol{A}^{(2)},\cdots,\boldsymbol{A}^{(k)},\cdots$称为**矩阵序列**，简记为$\{\boldsymbol{A}^{(k)}\}$.

如果矩阵序列$\{\boldsymbol{A}^{(k)}\}$的对应元的序列$\{a_{ij}^{(k)}\}$都有极限，即

$$\lim_{k\to\infty}a_{ij}^{(k)}=a_{ij}\quad (i=1,2,\cdots,m;\ j=1,2,\cdots,n),$$

则称矩阵序列$\{\boldsymbol{A}^{(k)}\}$**有极限**$\boldsymbol{A}=(a_{ij})_{m\times n}$，记为

$$\lim_{k\to\infty}\boldsymbol{A}^{(k)}=\boldsymbol{A}\quad 或\quad \boldsymbol{A}^{(k)}\to\boldsymbol{A}\ (k\to\infty).$$

这时，也称矩阵序列$\{\boldsymbol{A}^{(k)}\}$**收敛于$\boldsymbol{A}$**. 否则，称矩阵序列$\{\boldsymbol{A}^{(k)}\}$**发散**.

例 5　设

$$\boldsymbol{A}^{(k)}=\begin{bmatrix} \frac{k}{2k+1} & \mathrm{e}^{-k} \\ -\mathrm{e}^{-k} & \frac{2^k}{1+2^k} \end{bmatrix}\quad (k=1,2,\cdots),$$

试讨论矩阵序列$\{\boldsymbol{A}^{(k)}\}$的敛散性.

解　当$k\to\infty$时，$\frac{k}{2k+1}\to\frac{1}{2}$，$\mathrm{e}^{-k}\to 0$，$\frac{2^k}{1+2^k}\to 1$，所以$\{\boldsymbol{A}^{(k)}\}$收敛，且

$$\lim_{k\to\infty}\boldsymbol{A}^{(k)}=\begin{bmatrix} \frac{1}{2} & 0 \\ 0 & 1 \end{bmatrix}.$$

2. 矩阵无穷级数的收敛性

设$\{\boldsymbol{A}^{(k)}\}$是一个$m\times n$矩阵序列，称和式

$$\boldsymbol{A}^{(1)}+\boldsymbol{A}^{(2)}+\cdots+\boldsymbol{A}^{(k)}+\cdots \qquad ②$$

为**矩阵无穷级数**，简称**矩阵级数**. $\sum\limits_{k=1}^{\infty}\boldsymbol{A}^{(k)}$的前$k$项的和

$$\boldsymbol{S}^{(k)}=\boldsymbol{A}^{(1)}+\boldsymbol{A}^{(2)}+\cdots+\boldsymbol{A}^{(k)}\quad (k=1,2,\cdots)$$

称为该矩阵级数的k项**部分和**. 显然，$\{\boldsymbol{S}^{(k)}\}$仍是$m\times n$矩阵序列.

如果$\{S^{(k)}\}$收敛于S，即$\lim\limits_{k\to\infty}S^{(k)}=S$时，称该矩阵级数**收敛**；否则，称该矩阵级数**发散**. 当矩阵级数$\sum\limits_{k=1}^{\infty}A^{(k)}$收敛于$S$时，就称$S$是该矩阵级数的和. 记为

$$\sum_{k=1}^{\infty}A^{(k)}=S.$$

例 6　判定矩阵无穷级数$\sum\limits_{k=1}^{\infty}A^{(k)}$收敛性：$A^{(k)}=\begin{pmatrix}\dfrac{1}{3^k}\\ \dfrac{1}{2^k}\end{pmatrix}$.

解　易知

$$\begin{aligned}B^{(k)}&=A^{(1)}+A^{(2)}+\cdots+A^{(k)}\\&=\begin{pmatrix}\dfrac{1}{3}+\dfrac{1}{3^2}+\dfrac{1}{3^3}+\cdots+\dfrac{1}{3^k}\\ \dfrac{1}{2}+\dfrac{1}{2^2}+\dfrac{1}{2^3}+\cdots+\dfrac{1}{2^k}\end{pmatrix}=\begin{pmatrix}\sum\limits_{n=1}^{k}\dfrac{1}{3^n}\\ \sum\limits_{n=1}^{k}\dfrac{1}{2^n}\end{pmatrix}.\end{aligned}$$

因为

$$\lim_{k\to\infty}\sum_{n=1}^{k}\frac{1}{3^n}=\sum_{n=1}^{\infty}\frac{1}{3^n}=\frac{1}{3}\ \frac{1}{1-\dfrac{1}{3}}=\frac{1}{2},$$

$$\lim_{k\to\infty}\sum_{n=1}^{k}\frac{1}{2^n}=\sum_{n=1}^{\infty}\frac{1}{2^n}=\frac{1}{2}\times\frac{1}{1-\dfrac{1}{2}}=1,$$

所以$\lim\limits_{k\to\infty}B^{(k)}=\begin{pmatrix}\dfrac{1}{2}\\ 1\end{pmatrix}$. 故矩阵级数$\sum\limits_{k=1}^{\infty}A^{(k)}$收敛，且$\sum\limits_{k=1}^{\infty}A^{(k)}=\begin{pmatrix}\dfrac{1}{2}\\ 1\end{pmatrix}$.

5.4.3　矩阵幂级数的收敛性

在许多实际应用题中，常遇到矩阵幂级数

$$\sum_{k=0}^{\infty}a_iA^{(k)}=a_0I+a_1A+a_2A^2+\cdots+a_kA^k+\cdots, \tag{③}$$

其中A^k是n阶矩阵A的k次幂，a_k $(k=0,1,2,\cdots)$为常数.

定理 5.12　设A是n阶矩阵，则$A^k\to O\ (k\to\infty)$的充分必要条件是A的任一特征值的模都小于1.

证 (1) 如果 $\boldsymbol{A}$ 可与对角矩阵相似，则存在 n 阶可逆矩阵 $\boldsymbol{P}$，使得 $\boldsymbol{P}^{-1}\boldsymbol{AP}=\boldsymbol{\Lambda}$，其中

$$\boldsymbol{\Lambda}=\operatorname{diag}(\lambda_1,\lambda_2,\cdots,\lambda_n)=\begin{pmatrix}\lambda_1 & & & \\ & \lambda_2 & & \\ & & \ddots & \\ & & & \lambda_n\end{pmatrix}.$$

$\lambda_1,\lambda_2,\cdots,\lambda_n$ 是 $\boldsymbol{A}$ 的全部特征值，由此可得

$$\boldsymbol{A}^k=\boldsymbol{P\Lambda}^k\boldsymbol{P}^{-1}.$$

而

$$\boldsymbol{\Lambda}^k=\operatorname{diag}(\lambda_1^k,\lambda_2^k,\cdots,\lambda_n^k)=\begin{pmatrix}\lambda_1^k & & & \\ & \lambda_2^k & & \\ & & \ddots & \\ & & & \lambda_n^k\end{pmatrix}.$$

不难看出，$\boldsymbol{A}^k\to\boldsymbol{O}\ (k\to\infty)$ 的充分必要条件是 $\boldsymbol{\Lambda}^k\to\boldsymbol{0}\ (k\to\infty)$. 而 $\boldsymbol{\Lambda}^k\to\boldsymbol{O}$ $(k\to\infty)$ 的充分必要条件是 $|\lambda_i^k|\to 0\ (i=1,2,\cdots,n)$，即

$$|\lambda_i|<1\quad(i=1,2,\cdots,n).$$

(2) 如果 $\boldsymbol{A}$ 不能与对角矩阵相似，则 $\boldsymbol{A}$ 必可与一个约当形矩阵相似(定理 5.12). 此时，也可证明定理成立. 但此证明已超出本教材的要求，此处略去. □

定理 5.13 设 $\boldsymbol{A}$ 为 n 阶矩阵，矩阵幂级数

$$\sum_{k=0}^{\infty}\boldsymbol{A}^k=\boldsymbol{I}+\boldsymbol{A}+\boldsymbol{A}^2+\cdots+\boldsymbol{A}^k+\cdots \tag{5.7}$$

收敛的充分必要条件是 $\boldsymbol{A}^k\to\boldsymbol{O}\ (k\to\infty)$. 且当 $\sum\limits_{k=0}^{\infty}\boldsymbol{A}^k$ 收敛时，有

$$\sum_{k=0}^{\infty}\boldsymbol{A}^k=(\boldsymbol{I}-\boldsymbol{A})^{-1}.$$

证 必要性. 记 $\boldsymbol{A}^k$ 的元为 $a_{ij}^{(k)}\ (i,j=1,2,\cdots,n)$. 若级数(5.7)收敛，则它的每一个元都收敛，即数项级数

$$\delta_{ij}+a_{ij}^{(1)}+a_{ij}^{(2)}+\cdots+a_{ij}^{(k)}+\cdots\quad(i,j=1,2,\cdots,n) \tag{④}$$

收敛，其中

$$\delta_{ij}=\begin{cases}1, & i=j\\ 0, & i\neq j\end{cases}\quad(i,j=1,2,\cdots,n).$$

而数项级数④收敛的必要条件是其一般项 $a_{ij}^{(k)} \to 0\ (k \to \infty)\ (i,j=1,2,\cdots,n)$. 由此可得 $\boldsymbol{A}^k = (a_{ij}^{(k)}) \to \boldsymbol{O}\ (k \to \infty)$.

充分性. 由 $\lim\limits_{k\to\infty}\boldsymbol{A}^k = \boldsymbol{O}$, 知 $\boldsymbol{A}$ 的特征值的模都小于1, 即 $\lambda = 1$ 不可能是 $\boldsymbol{A}$ 的特征值, 因而 $|\boldsymbol{I}-\boldsymbol{A}| \neq 0$, 即 $\boldsymbol{I}-\boldsymbol{A}$ 为可逆阵. 又由

$$(\boldsymbol{I}+\boldsymbol{A}+\boldsymbol{A}^2+\cdots+\boldsymbol{A}^{k-1})(\boldsymbol{I}-\boldsymbol{A}) = \boldsymbol{I}-\boldsymbol{A}^k,$$

得 $\boldsymbol{I}+\boldsymbol{A}+\boldsymbol{A}^2+\cdots+\boldsymbol{A}^{k-1} = (\boldsymbol{I}-\boldsymbol{A})^{-1} - \boldsymbol{A}^k(\boldsymbol{I}-\boldsymbol{A})^{-1}$, 故

$$\begin{aligned}&\lim_{k\to\infty}(\boldsymbol{I}+\boldsymbol{A}+\boldsymbol{A}^2+\cdots+\boldsymbol{A}^{k-1})\\&\quad= \sum_{k=0}^{\infty}\boldsymbol{A}^k = (\boldsymbol{I}-\boldsymbol{A})^{-1} - \lim_{k\to\infty}\boldsymbol{A}^k(\boldsymbol{I}-\boldsymbol{A})^{-1}\\&\quad= (\boldsymbol{I}-\boldsymbol{A})^{-1},\end{aligned}$$

即 $\sum\limits_{k=0}^{\infty}\boldsymbol{A}^k = (\boldsymbol{I}-\boldsymbol{A})^{-1}$. □

注　这一结论为投入产出数学模型的实际应用奠定了理论基础.

定理 5.14　设 $\boldsymbol{A} = (a_{ij})_{n\times n}$ 是 n 阶方阵. 若

$$\sum_{j=1}^{n}|a_{ij}| < 1\ (i=1,2,\cdots,n)\quad 或\quad \sum_{i=1}^{n}|a_{ij}| < 1\ (j=1,2,\cdots,n)$$

中有一个成立, 即 $\boldsymbol{A}$ 的每行或每列元素的模(若 a_{ij} 为实数, 则为绝对值)的和小于1, 则矩阵 $\boldsymbol{A}$ 的所有特征值 $\lambda_k\ (k=1,2,\cdots,n)$ 的模(若 λ_k 为实数, 则为绝对值)都小于1, 即

$$|\lambda_k| < 1\quad (k=1,2,\cdots,n).$$

证　设 λ 是矩阵 $\boldsymbol{A}$ 的任意一个特征值, $\boldsymbol{\alpha} = \begin{pmatrix}x_1\\x_2\\\vdots\\x_n\end{pmatrix}$ 为 $\boldsymbol{A}$ 对应 λ 的特征向量, 即 $\boldsymbol{A\alpha} = \lambda\boldsymbol{\alpha}$, 则

$$\sum_{j=1}^{n}a_{ij}x_j = \lambda x_i\quad (i=1,2,\cdots,n).$$

设 $|x_k| = \max|x_j|$, 则

$$\begin{aligned}|\lambda| &= \left|\lambda\frac{x_k}{x_k}\right| = \frac{1}{|x_k|}|\lambda x_k| = \frac{1}{|x_k|}\left|\sum_{j=1}^{n}a_{kj}x_j\right|\\&\leqslant \sum_{j=1}^{n}|a_{kj}|\frac{|x_j|}{|x_k|} \leqslant \sum_{j=1}^{n}|a_{kj}|.\end{aligned}$$

若$\sum_{j=1}^{n}|a_{ij}|<1\ (i=1,2,\cdots,n)$，则$|\lambda|<1$. 由$\lambda$的任意性知，$\boldsymbol{A}$的任意一个特征值$\lambda_k(k=1,2,\cdots,n)$，有

$$|\lambda_k|<1\quad(k=1,2,\cdots,n).$$

若$\sum_{i=1}^{n}|a_{ij}|<1\ (j=1,2,\cdots,n)$，则对于$\boldsymbol{A}^{\mathrm{T}}$的特征值命题成立，由$\boldsymbol{A}$与$\boldsymbol{A}^{\mathrm{T}}$的特征值相同，知命题对$\boldsymbol{A}$的特征值也成立. □

定理 5.15　设$\boldsymbol{A}=(a_{ij})_{n\times n}$为$n$阶方阵，且

$$\sum_{i=1}^{n}|a_{ij}|<1\ (j=1,2,\cdots,n)\ \text{或}\ \sum_{j=1}^{n}|a_{ij}|<1\ (i=1,2,\cdots,n),$$

则矩阵方程$(\boldsymbol{I}-\boldsymbol{A})\boldsymbol{x}=\boldsymbol{B}$有唯一解

$$\boldsymbol{x}=(\boldsymbol{I}-\boldsymbol{A})^{-1}\boldsymbol{B}=\left(\sum_{k=0}^{\infty}\boldsymbol{A}^k\right)\boldsymbol{B}.$$

其证明留给读者去完成.

习题 5.4

1. 讨论向量无穷级数$\sum_{k=1}^{\infty}\boldsymbol{x}^{(k)}$的敛散性，其中$\boldsymbol{x}^{(k)}=\begin{pmatrix}\frac{1}{2^k}\\ \frac{1}{k}\end{pmatrix}$.

2. 判断矩阵序列$\{\boldsymbol{A}^{(k)}\}$的收敛性，其中$\boldsymbol{A}^{(k)}=\begin{pmatrix}\frac{1}{k} & \frac{2k}{1+k}\\ 1+\frac{1}{2^k} & \frac{1}{k^2}\end{pmatrix}$.

3. 设

$$\begin{cases}x_n=x_{n-1}+2y_{n-1},\\ y_n=4x_{n-1}+3y_{n-1}\end{cases}\quad(n=0,1,2,\cdots),$$

记$\boldsymbol{\alpha}_n=\begin{pmatrix}x_n\\ y_n\end{pmatrix}$，$\boldsymbol{A}=\begin{pmatrix}1 & 2\\ 4 & 3\end{pmatrix}$，则有$\boldsymbol{a}_n=\boldsymbol{A}^n\alpha_0\ (n=1,2,3,\cdots)$.

(1) 设$x_0=2$, $y_0=3$，求$\boldsymbol{\alpha}_{100}$.

(2) 问$\{\boldsymbol{a}_n\}$是否收敛?

4. 设数列$\{x_n\}$为1,1,2,3,5,8,13,… 是斐波那契(Fibonacci)数列，其中

$$x_n=x_{n-1}+x_{n-2}.$$

(1) 求数列的通项x_n.

(2) 求$\lim\limits_{n\to\infty}\frac{x_{n+1}}{x_n}$.

5.5 投入产出分析简介

投入产出分析是研究一个经济系统的各部门之间的投入与产出关系的线性模型，一般称为投入产出模型. 投入产出模型可应用于微观经济系统，也可以应用于宏观经济系统的综合平衡分析. 目前，这种分析方法已成为我国许多部门和地区进行现代化管理的重要工具. 下面仅介绍适用于国家(或地区)的静态价值型投入产出表.

5.5.1 价值型投入产出表

一个国家(或地区)的经济系统由各个不同的生产部门组成，每个部门的生产须消耗其他部门的产品，同时又以自己的产品提供给其他部门作为生产资料或提供给社会作为非生产性消费，其间的物质流动可通过如表 5-1 所示的投入产出表完全展现出来.

表 5-1 为按价值形式编制的投入产出表，表中所列“产品量”、“总产品”、“最终产品”以及后面引出的“单位产品”等，在后面都是指投入或产出的产品的价值，诸变量的定义如下：

x_i $(i=1,2,\cdots,n)$ 表示第 i 部门的总产品；

y_i $(i=1,2,\cdots,n)$ 表示第 i 部门的最终产品；

x_{ij} $(i,j=1,2,\cdots,n)$ 表示第 i 部门分配给第 j 部门的产品量，或者说第 j 部门消耗第 i 部门的产品量；

z_j $(j=1,2,\cdots,n)$ 表示第 j 部门新创造价值；

v_j $(j=1,2,\cdots,n)$ 表示第 j 部门的劳动报酬；

m_j $(j=1,2,\cdots,n)$ 表示第 j 部门创造的纯收入(包括利润、税收等).

价值型投入产出表 5-1 由两条双线分为 4 个部分，称为 4 个象限，各部分的内容与意义分别解释如下：

左上角为第 Ⅰ 象限，它是投入产出表的最基本部分，这一部分反映了该经济系统生产部门之间的技术性联系. 在这一部分中，每一个部门都以生产者和消费者的双重身份出现. 从每一横行看，该部门作为生产部门以自己的产品分配给各部门；从每一纵列看，该部门又作为消耗部门在生产过程中消耗各部门的产品. 行与列交叉点是部门间流量，这个量也是以双重身份出现，它是行部门分配给列部门的产品量，也是列部门消耗行部门的产品量.

表 5-1　　价值型投入产出表

部门间流量 (x_{ij}) 产出 (i) 投入 (j)		中间产品 消耗部门					最终产品				总产品
		1	2	…	n	合计	消费	积累	…	合计	
生产部门	1	x_{11}	x_{12}	…	x_{1n}	$\sum_j x_{1j}$				y_1	x_1
	2	x_{21}	x_{22}	…	x_{2n}	$\sum_j x_{2j}$				y_2	x_2
	⋮	⋮	⋮		⋮	⋮				⋮	⋮
	n	x_{n1}	x_{n2}	…	x_{nn}	$\sum_j x_{nj}$				y_n	x_n
	合计	$\sum_i x_{i1}$	$\sum_i x_{i2}$	…	$\sum_i x_{in}$	$\sum_j \sum_i x_{ij} = \sum_i \sum_j x_{ij}$				$\sum_i y_i$	$\sum_i x_i$
新创造价值	劳动报酬	v_1	v_2	…	v_n	$\sum_j v_j$					
	纯收入	m_1	m_2	…	m_n	$\sum_j m_j$					
	合计	z_1	z_2	…	z_n	$\sum_j z_j$					
总产值		x_1	x_2	…	x_n	$\sum_j x_j$					

右上角为第 Ⅱ 象限，反映各部门用于最终产品的情况. 从每一横行来看，反映了该部门最终产品的分配情况；从每一纵列看，表明用于消费、积累、储备和出口等方面的最终产品分别由各部门提供的数量.

左下角为第 Ⅲ 象限，反映总产品中新创造的价值部分. 每一列指出该部门的新创造价值，包括劳动报酬和该部门创造的纯收入(利润、税收等).

右下角为第 Ⅳ 象限，这部分反映总收入的再分配，比较复杂，有待进一步研究.

5.5.2 平衡方程组

在投入产出表 5-1 中，各行的产品量，各列的产品量之间都存在一定的等式关系，构成了几个基本的方程组和方程.

1. 产品分配平衡方程组

投入产出表 5-1 的第 Ⅰ,Ⅱ 象限中的行反映了各部门产品的去向即分配情况:一部分作为中间产品提供给其他部门作原材料，另一部分作为最终产品提供给社会(包括消费、积累、出口等)，即有

$$\text{总产品} = \text{中间产品} + \text{最终产品},$$

用公式可表示为

$$\begin{cases} x_1 = x_{11} + x_{12} + \cdots + x_{1n} + y_1, \\ x_2 = x_{21} + x_{22} + \cdots + x_{2n} + y_2, \\ \cdots\cdots\cdots\cdots\cdots\cdots\cdots\cdots\cdots\cdots \\ x_n = x_{n1} + x_{n2} + \cdots + x_{nn} + y_n. \end{cases} \quad ①$$

用总和号表示可以写成

$$x_i = \sum_{j=1}^{n} x_{ij} + y_i \quad (i = 1,2,\cdots,n), \quad ②$$

式 ② 中 $\sum_{j=1}^{n} x_{ij}$ 为第 i 部门分配给各部门生产消耗的产品总和.

通常称 ①,② 式为产品分配平衡方程组.

2. 产值构成平衡方程组

从表 5-1 的列来看，第 Ⅰ,Ⅲ 象限的每一列也存在一个等式，即每一个部门作为消耗部门，各部门为它的生产消耗转移的产品价值加上其本部门新创造的价值，应等于它的总产值，即

$$\begin{cases} x_1 = x_{11} + x_{21} + \cdots + x_{n1} + z_1, \\ x_2 = x_{12} + x_{22} + \cdots + x_{n2} + z_2, \\ \cdots\cdots\cdots\cdots\cdots\cdots\cdots\cdots\cdots\cdots \\ x_n = x_{1n} + x_{2n} + \cdots + x_{nn} + z_n, \end{cases} \quad ③$$

其中 z_i 为第 i 部门新创造的价值，用求和号表示可以写成

$$x_j = \sum_{i=1}^{n} x_{ij} + z_j \quad (j = 1,2,\cdots,n). \tag{4}$$

式 ③,④ 称为产值平衡方程组.

5.5.3 消耗系数

1. 直接消耗系数

为了反映部门之间在生产与技术上的相互依存关系，下面引入直接消耗系数.

定义 5.7 第 j 部门生产单位产品所直接消耗第 i 部门的产品数量称为第 j 部门对第 i 部门的直接消耗系数，记为

$$a_{ij} = \frac{x_{ij}}{x_j} \quad (i,j = 1,2,\cdots,n). \tag{5}$$

换句话说，a_{ij} 也就是第 j 部门生产单位产品需要第 i 部门直接分配给第 j 部门的产品量.

一般称矩阵

$$\boldsymbol{A} = \begin{pmatrix} a_{11} & a_{12} & \cdots & a_{1n} \\ a_{21} & a_{22} & \cdots & a_{2n} \\ \vdots & \vdots & & \vdots \\ a_{n1} & a_{n2} & \cdots & a_{nn} \end{pmatrix}$$

为直接消耗系数矩阵.

物质生产部门之间的直接消耗系数，基本上是技术性的，因而是相对稳定的，通常也叫做技术系数.

直接消耗系数矩阵元素具有如下性质：

(1) 所有元素均非负，且 $0 \leqslant a_{ij} < 1 \ (i,j = 1,2,\cdots,n)$；

(2) 各列元素的绝对值之和均小于 1，即

$$\sum_{i=1}^{n} |a_{ij}| < 1 \quad (j = 1,2,\cdots,n).$$

证 (1) 因为在 $a_{ij} = \dfrac{x_{ij}}{x_j}$ 中有 $x_{ij} \geqslant 0$，$x_j > 0$，且 $x_{ij} < x_j \ (i,j = 1,2,\cdots,n)$，所以有

$$0 \leqslant a_{ij} < 1 \quad (i,j = 1,2,\cdots,n).$$

(2) 因为 $x_{ij} = a_{ij} x_j$，产值构成平衡方程 ③ 就可以化为

$$x_j = \sum_{i=1}^{n} a_{ij} x_j + z_j \quad (j = 1,2,\cdots,n).$$

整理后，得

$$\left(1-\sum_{i=1}^{n}a_{ij}\right)x_j = z_j \quad (j=1,2,\cdots,n),$$

$$x_j > 0,\ z_j > 0 \quad (j=1,2,\cdots,n),$$

那么 $1-\sum_{i=1}^{n}a_{ij} > 0\ (j=1,2,\cdots,n)$，即

$$\sum_{i=1}^{n}a_{ij} < 1 \quad (j=1,2,\cdots,n).$$

由性质(1)，上式可写成

$$\sum_{i=1}^{n}|a_{ij}| < 1 \quad (j=1,2,\cdots,n).$$

利用直接消耗系数矩阵 $\boldsymbol{A}$，产品分配平衡方程组和产值构成平衡方程组可以写成矩阵形式.

将 $x_{ij}=a_{ij}x_j$ 代入产品分配平衡方程组 ①，得

$$\begin{cases} x_1 = a_{11}x_1 + a_{12}x_2 + \cdots + a_{1n}x_n + y_1, \\ x_2 = a_{21}x_1 + a_{22}x_2 + \cdots + a_{2n}x_n + y_2, \\ \cdots\cdots\cdots\cdots\cdots\cdots\cdots\cdots\cdots\cdots \\ x_n = a_{n1}x_1 + a_{n2}x_2 + \cdots + a_{nn}x_n + y_n, \end{cases} \tag{⑥}$$

或写成

$$x_i = \sum_{j=1}^{n}a_{ij}x_j + y_i \quad (i=1,2,\cdots,n). \tag{⑦}$$

若记

$$\boldsymbol{x} = \begin{pmatrix} x_1 \\ x_2 \\ \vdots \\ x_n \end{pmatrix}, \quad \boldsymbol{y} = \begin{pmatrix} y_1 \\ y_2 \\ \vdots \\ y_n \end{pmatrix},$$

则方程组 ① 可写成矩阵形式

$$\boldsymbol{x} = \boldsymbol{A}\boldsymbol{x} + \boldsymbol{y}. \tag{⑧}$$

从而，有

$$\boldsymbol{y} = (\boldsymbol{I}-\boldsymbol{A})\boldsymbol{x}, \tag{⑨}$$

其中 $\boldsymbol{I}$ 为 n 阶单位阵.

公式 ⑨ 揭示了最终产品 $\boldsymbol{y}$ 与总产品 $\boldsymbol{x}$ 之间的数量依存关系. 由于直接消耗系数 $\boldsymbol{A}$ 在一定时期内具有稳定性，所以常可以利用上一报告期的直接消耗系数来估计本报告期的直接消耗系数. 在 $\boldsymbol{A}$ 已知的条件下，显然，最终产品 $\boldsymbol{y}$

可由总产品 $\boldsymbol{x}$ 唯一确定；反之，总产品 $\boldsymbol{x}$ 亦可由最终产品 $\boldsymbol{y}$ 唯一确定.

将 $x_{ij}=a_{ij}x_j$ 代入产值构成平衡方程组 ③，得

$$\begin{cases} x_1 = a_{11}x_1 + a_{21}x_1 + \cdots + a_{n1}x_1 + z_1, \\ x_2 = a_{12}x_2 + a_{22}x_2 + \cdots + a_{n2}x_2 + z_2, \\ \cdots\cdots\cdots\cdots\cdots\cdots\cdots\cdots\cdots\cdots \\ x_n = a_{1n}x_n + a_{2n}x_n + \cdots + a_{nn}x_n + z_n, \end{cases} \tag{⑩}$$

或写成

$$x_j = \sum_{i=1}^{n} a_{ij}x_j + z_j \quad (j=1,2,\cdots,n). \tag{⑪}$$

若记

$$\boldsymbol{D} = \begin{pmatrix} \sum_{i=1}^{n} a_{i1} & & & \\ & \sum_{i=1}^{n} a_{i2} & & \\ & & \ddots & \\ & & & \sum_{i=1}^{n} a_{in} \end{pmatrix}, \quad z = \begin{pmatrix} z_1 \\ z_2 \\ \vdots \\ z_n \end{pmatrix},$$

则方程组 ⑩ 可以写成矩阵形式

$$\boldsymbol{x} = \boldsymbol{D}\boldsymbol{x} + \boldsymbol{z}, \tag{⑫}$$

或

$$(\boldsymbol{I}-\boldsymbol{D})\boldsymbol{x} = \boldsymbol{z}. \tag{⑬}$$

2. 完全消耗系数

直接消耗系数 a_{ij} 反映了第 j 部门对第 i 部门产品的直接消耗量. 但是第 j 部门还有可能通过第 k 部门的产品(第 k 部门要消耗第 i 部门的产品)而间接消耗第 i 部门的产品. 例如汽车生产部门除了直接消耗钢铁之外还会通过使用机床而间接消耗钢铁，所以有必要引进刻画部门之间的完全联系的量——完全消耗系数.

定义 5.8 称第 j 部门生产单位产品对第 i 部门产品的完全消耗量为第 j 部门对第 i 部门的完全消耗系数，记为 $b_{ij}\,(i,j=1,2,\cdots,n)$，并称

$$\mathbf{B} = \begin{pmatrix} b_{11} & b_{12} & \cdots & b_{1n} \\ b_{21} & b_{22} & \cdots & b_{2n} \\ \vdots & \vdots & & \vdots \\ b_{n1} & b_{n2} & \cdots & b_{nn} \end{pmatrix}$$

为完全消耗系数矩阵.

显然，b_{ij} 应包括两部分：

(1) 对第 i 部门的直接消耗量 a_{ij}；

(2) 通过第 k 部门而间接消耗第 i 部门的量 $b_{ik}a_{kj}$ $(k=1,2,\cdots,n)$.

于是，有

$$b_{ij}=a_{ij}+\sum_{k=1}^{n}b_{ik}a_{kj}\quad(i,j=1,2,\cdots,n). \tag{14}$$

写成矩阵形式，就是

$$\boldsymbol{B}=\boldsymbol{A}+\boldsymbol{BA}. \tag{15}$$

于是 $\boldsymbol{B}=\boldsymbol{A}(\boldsymbol{I}-\boldsymbol{A})^{-1}$. 又因 $\boldsymbol{A}=\boldsymbol{I}-(\boldsymbol{I}-\boldsymbol{A})$，所以

$$\boldsymbol{B}=(\boldsymbol{I}-\boldsymbol{A})^{-1}-\boldsymbol{I}. \tag{16}$$

公式 ⑯ 表明，完全消耗系数可由直接消耗系数求得.

完全消耗系数是一个国家的经济结构分析及经济预测的重要参数，完全消耗系数的求得是投入产出模型的最显著的特点.

5.5.4　平衡方程组的解

利用投入产出数学模型进行经济分析时，首先要根据该经济系统报告期的数据求出直接消耗系数矩阵 $\boldsymbol{A}$，并假设在未来计划期内直接消耗系数 a_{ij} $(i,j=1,2,\cdots,n)$ 不发生变化，则由方程组 ⑪ 和 ⑯ 可求得平衡方程组的解.

(1) 解产品分配平衡方程组.

在 ⑧ 中，如果已知 $\boldsymbol{x}=(x_1,x_2,\cdots,x_n)^{\mathrm{T}}$，则可求得

$$\boldsymbol{y}=(\boldsymbol{I}-\boldsymbol{A})\boldsymbol{x};$$

如果已知 $\boldsymbol{y}=(y_1,y_2,\cdots,y_n)^{\mathrm{T}}$，则可以证明矩阵 $\boldsymbol{I}-\boldsymbol{A}$ 可逆，且 $(\boldsymbol{I}-\boldsymbol{A})^{-1}$ 为非负矩阵，于是可求得

$$\boldsymbol{x}=(\boldsymbol{I}-\boldsymbol{A})^{-1}\boldsymbol{y}.$$

利用上式和定理 5.12，知

$$(\boldsymbol{I}-\boldsymbol{A})^{-1}=\sum_{k=0}^{\infty}\boldsymbol{A}^k=\boldsymbol{I}+\boldsymbol{A}+\boldsymbol{A}^2+\cdots+\boldsymbol{A}^k+\cdots.$$

于是，完全消耗系数矩阵 $\boldsymbol{B}$ 可表示为

$$\boldsymbol{B}=\boldsymbol{A}+\boldsymbol{A}^2+\boldsymbol{A}^3+\cdots+\boldsymbol{A}^k+\cdots.$$

这一等式右端的第一项 $\boldsymbol{A}$ 是直接消耗系数矩阵，以后的各项可以解释为各次间接消耗的和.

由于 $\boldsymbol{x}=(\boldsymbol{I}-\boldsymbol{A})^{-1}\boldsymbol{y}$，由 ⑯ 可得

$$x = (B + I)y. \tag{17}$$

上式说明：如果已知完全消耗系数矩阵 B 和最终产品向量 y，就可以直接计算出总产出向量 x.

(2) 解产值构成平衡方程组.

在 ⑬ 中，如果已知 $x = (x_1, x_2, \cdots, x_n)^{\mathrm{T}}$，则可求得

$$z = (I - D)x;$$

如果已知 $z = (z_1, z_2, \cdots, z_n)^{\mathrm{T}}$，则可求得

$$x = (I - D)^{-1} z.$$

不难求出

$$(I-D)^{-1} = \begin{pmatrix} \left(1-\sum_{i=1}^{n} a_{i1}\right)^{-1} & & & \\ & \left(1-\sum_{i=1}^{n} a_{i2}\right)^{-1} & & \\ & & \ddots & \\ & & & \left(1-\sum_{i=1}^{n} a_{in}\right)^{-1} \end{pmatrix}.$$

因此有 $x_j = \dfrac{z_j}{1 - \sum_{i=1}^{n} a_{ij}} \quad (j = 1, 2, \cdots, n).$

注 如果按照各产品的实际计量单位来编制投入产出表，就可以得到实物型投入产出数学模型.

在理论上，实物型与价值型投入产出模型可以相互转化，但在实际编制投入产出表时，由于划分部门等困难，一般多采用价值型投入产出表(模型). 然而，实物型模型比较直观，资料易于统计，技术系数基本不受价格的影响，并且可引入价格模型. 因此，也具有广泛的应用. 投入产出分析的理论和应用还涉及许多问题，在此不再进一步讨论.

例 1 设有一个经济系统包括 3 个部门，在某一个生产周期内各部门间的消耗系数及最终产品如表 5-2 所示. 求各部门的总产品及部门间的流量，并求各部门的新创价值.

解 设 $x_i (i = 1, 2, 3)$ 表示第 i 部门的总产品. 已知

$$A = (a_{ij}) = \begin{pmatrix} 0.25 & 0.1 & 0.1 \\ 0.2 & 0.2 & 0.1 \\ 0.1 & 0.1 & 0.2 \end{pmatrix}, \quad y = (245, 90, 175)^{\mathrm{T}},$$

于是

表 5-2

消耗系数 \ 消耗部门 生产部门	1	2	3	最终产品
1	0.25	0.1	0.1	245
2	0.2	0.2	0.1	90
3	0.1	0.1	0.2	175

$$\boldsymbol{I}-\boldsymbol{A}=\begin{pmatrix}0.75 & -0.1 & -0.1\\ -0.2 & 0.8 & -0.1\\ -0.1 & -0.1 & 0.8\end{pmatrix},$$

可以求得

$$(\boldsymbol{I}-\boldsymbol{A})^{-1}=\frac{10}{891}\begin{pmatrix}126 & 18 & 18\\ 34 & 118 & 19\\ 20 & 17 & 116\end{pmatrix}.$$

故各部门的总产品为

$$\boldsymbol{x}=(\boldsymbol{I}-\boldsymbol{A})^{-1}\boldsymbol{y}=\frac{10}{891}\begin{pmatrix}126 & 18 & 18\\ 34 & 118 & 19\\ 20 & 17 & 116\end{pmatrix}\begin{pmatrix}245\\ 90\\ 175\end{pmatrix}=\begin{pmatrix}400\\ 250\\ 300\end{pmatrix}.$$

由于 $x_{ij}=a_{ij}x_j\ (i,j=1,2,\cdots,n)$，按 $x_1=400$，$x_2=250$，$x_3=300$ 可计算部门间流量：

$$x_{11}=100,\quad x_{12}=25,\quad x_{13}=30,$$
$$x_{21}=80,\quad x_{22}=50,\quad x_{23}=30,$$
$$x_{31}=40,\quad x_{32}=25,\quad x_{33}=60.$$

设各部门的新创价值为 $z_j(j=1,2,3)$，因为

$$\boldsymbol{D}=\begin{pmatrix}0.55 & & \\ & 0.4 & \\ & & 0.4\end{pmatrix},$$

所以各部门的新创价值

$$\boldsymbol{z}=(\boldsymbol{I}-\boldsymbol{D})\boldsymbol{x}=\begin{pmatrix}0.45 & & \\ & 0.6 & \\ & & 0.6\end{pmatrix}\begin{pmatrix}400\\ 250\\ 300\end{pmatrix}=\begin{pmatrix}180\\ 150\\ 180\end{pmatrix}.$$

因为总产值等于各部门消耗的价值加上新创价值，故可把以上结论用表 5-3 给出.

表 5-3

x_{ij} 消耗部门 / 生产部门	1	2	3	y	x
1	100	25	30	245	400
2	80	50	30	90	250
3	40	25	60	175	300
z	180	150	180		
x	400	250	300		

例 2　已知 3 个部门间的完全消耗系数矩阵为

$$\boldsymbol{B}=(b_{ij})=\begin{pmatrix}0.384 & 0.367 & 0.31\\ 1.2294 & 0.9774 & 0.904\\ 1.158 & 1.328 & 0.893\end{pmatrix}.$$

如果在计划期要求最终产品第 1 部门为 90，第 2 部门为 70，第 3 部门为 160，那么各部门总产品应达到多少，才能满足计划要求？

解　设三部门总产品为 $\boldsymbol{x}=(x_1,x_2,x_3)^{\mathrm{T}}$，最终产品 $\boldsymbol{y}=(90,70,160)^{\mathrm{T}}$，利用公式 ⑯ 可知 $\boldsymbol{x}=(\boldsymbol{B}+\boldsymbol{I})\boldsymbol{y}$，即

$$\begin{pmatrix}x_1\\ x_2\\ x_3\end{pmatrix}=\begin{pmatrix}1.384 & 0.367 & 0.31\\ 1.2994 & 1.9774 & 0.904\\ 1.158 & 1.328 & 1.893\end{pmatrix}\begin{pmatrix}90\\ 70\\ 160\end{pmatrix}\approx\begin{pmatrix}200\\ 400\\ 500\end{pmatrix}.$$

3 个部门总产品 $x_1=200$，$x_2=400$，$x_3=500$ 时才能满足计划要求.

如果部门很多时，可借助计算机求近似解.

习题 5.5

1. 已知某经济系统在一个生产周期内产品的生产与分配如表 5-4 所示.

表 5-4

部门间流量 消耗部门 / 生产部门	1	2	3	最终产品	总产品
1	100	25	30	y_1	400
2	80	50	30	y_2	250
3	40	25	60	y_3	300

(1)　求各部门最终产品 y_1,y_2,y_3.

(2) 求各部门新创造的价值 z_1, z_2, z_3.

(3) 求直接消耗系数矩阵.

2. 一个包括三个部门的经济系统，已知报告期直接消耗系数矩阵为

$$\boldsymbol{A}=\begin{pmatrix}0.2 & 0.2 & 0.3125\\0.14 & 0.15 & 0.25\\0.16 & 0.5 & 0.1875\end{pmatrix}.$$

(1) 如计划期最终产品为 $\boldsymbol{y}=\begin{pmatrix}60\\55\\120\end{pmatrix}$，求计划期的各部门总产品 $\boldsymbol{x}$.

(2) 如计划期最终产品改为 $\boldsymbol{y}=\begin{pmatrix}70\\55\\120\end{pmatrix}$，求计划期各部门的总产品 $\boldsymbol{x}$.

3. 某工厂有三个车间，各车间互相提供产品(或服务)，今年各车间出厂产量及对其他车间的消耗见表 5-5 (单位:万元). 表中第一列消耗系数 0.30,0.10,0.30 表示第 1 车间生产 1 万元的产品需分别消耗第 1,2,3 车间 0.3 万元、0.1 万元、0.3 万元的产品；第二列、第三列类同. 求今年各车间的总产量.

表 5-5

车间＼消耗系数	车间				
	Ⅰ	Ⅱ	Ⅲ	出厂产量	总产量
Ⅰ	0.30	0.20	0.30	30	x_1
Ⅱ	0.10	0.40	0.10	20	x_2
Ⅲ	0.30	0.20	0.30	10	x_3

4. 设有一个具有 3 个部门的经济系统，在某一时期中其直接消耗系数矩阵和最终产品列向量(单位: 亿元) 分别为

$$\boldsymbol{A}=\begin{pmatrix}0.2 & 0.3 & 0.2\\0.4 & 0.1 & 0.2\\0.1 & 0.3 & 0.2\end{pmatrix},\quad \boldsymbol{y}=\begin{pmatrix}10\\5\\6\end{pmatrix}.$$

求各部门的总产量及部门间流量.

5.6　特征值与特征向量的应用

矩阵的特征值、特征向量的理论应用十分广泛，我们将以实例对其应用作简单的介绍.

5.6.1　微分方程的数学模型

例 1　解微分方程组

$$\begin{cases} x_1' = x_1 + x_2, \\ x_2' = 2x_2 + x_3, \\ x_3' = 3x_3. \end{cases}$$

解　将方程组表示成矩阵形式：

$$\boldsymbol{x}' = \boldsymbol{A}\boldsymbol{x}$$

其中系数矩阵为 $\boldsymbol{A} = \begin{pmatrix} 1 & 1 & 0 \\ 0 & 2 & 1 \\ 0 & 0 & 3 \end{pmatrix}$. $\boldsymbol{A}$ 的特征多项式为

$$|\lambda \boldsymbol{I} - \boldsymbol{A}| = (\lambda - 1)(\lambda - 2)(\lambda - 3),$$

故 $\boldsymbol{A}$ 有 3 个互不相同的特征值 $\lambda_1 = 1$, $\lambda_2 = 2$, $\lambda_3 = 3$, 因此 $\boldsymbol{A}$ 可对角化.

易求得对应于特征值 $\lambda_1 = 1$, $\lambda_2 = 2$, $\lambda_3 = 3$ 的特征向量分别为

$$\begin{pmatrix} 1 \\ 0 \\ 0 \end{pmatrix}, \begin{pmatrix} 1 \\ 1 \\ 0 \end{pmatrix}, \begin{pmatrix} 1 \\ 2 \\ 2 \end{pmatrix}.$$

令

$$\boldsymbol{P} = \begin{pmatrix} 1 & 1 & 1 \\ 0 & 1 & 2 \\ 0 & 0 & 2 \end{pmatrix}, \quad \boldsymbol{\Lambda} = \begin{pmatrix} 1 & & \\ & 2 & \\ & & 3 \end{pmatrix},$$

则有

$$\boldsymbol{P}^{-1}\boldsymbol{A}\boldsymbol{P} = \boldsymbol{\Lambda} = \begin{pmatrix} 1 & & \\ & 2 & \\ & & 3 \end{pmatrix},$$

令 $\boldsymbol{x} = \boldsymbol{P}\boldsymbol{y}$, $\boldsymbol{y} = (y_1, y_2, y_3)^{\mathrm{T}}$, 则 $\boldsymbol{x}' = \boldsymbol{P}\boldsymbol{y}'$, 于是将它们代入 $\boldsymbol{x}' = \boldsymbol{A}\boldsymbol{x}$, 得

$$\boldsymbol{y}' = \boldsymbol{\Lambda}\boldsymbol{y},$$

即 $y_1' = y_1$, $y_2' = 2y_2$, $y_3' = 3y_3$. 解之得

$$y_1 = c_1 \mathrm{e}^{t}, \quad y_2 = c_2 \mathrm{e}^{2t}, \quad y_3 = c_3 \mathrm{e}^{3t}.$$

于是，原方程组的解为

$$\begin{pmatrix} x_1 \\ x_2 \\ x_3 \end{pmatrix} = \begin{pmatrix} 1 & 1 & 1 \\ 0 & 1 & 2 \\ 0 & 0 & 2 \end{pmatrix} \begin{pmatrix} y_1 \\ y_2 \\ y_3 \end{pmatrix} = \begin{pmatrix} c_1 \mathrm{e}^{t} + c_2 \mathrm{e}^{2t} + c_3 \mathrm{e}^{3t} \\ c_2 \mathrm{e}^{2t} + 2c_3 \mathrm{e}^{3t} \\ 2c_3 \mathrm{e}^{3t} \end{pmatrix}.$$

如果系数矩阵 $\boldsymbol{A}$ 不相似于对角矩阵，我们可把 $\boldsymbol{A}$ 化为约当型矩阵 $\boldsymbol{J}$，这有助于方程组的求解.

5.6.2 线性差分方程组模型

例 2 假设某种产品的进口需求量每年增加 20%，但受国内同类产品的影响，每年进口的需求会减少，减少的量是上一年国内产品的需求量的 10%. 另一方面，假设国内同类产品的需求量每年增加 5%，进口产品需求的增加也会促使国内产品需求的增加，其增加量是上一年进口需求量的 3%.

如果一开始该产品的进口需求量和国内同类产品的需求量分别为 20 万台和 30 万台，求未来的 12 年该产品的进口需求量和国内产品的需求量分别是多少，并分析它们的变化趋势.

解 设 $x_1(k)$ 和 $x_2(k)$ 分别表示该产品第 k 年的进口需求量和国内产品的需求量，那么

$$\begin{cases}x_1(k)-x_1(k-1)=0.2x_1(k-1)-0.1x_2(k-1),\\ x_2(k)-x_2(k-1)=0.03x_1(k-1)+0.05x_2(k-1),\end{cases}$$

即

$$\begin{cases}x_1(k)=1.2x_1(k-1)-0.1x_2(k-1),\\ x_2(k)=0.03x_1(k-1)+1.05x_2(k-1)\end{cases}\quad(k=1,2\cdots),\qquad ①$$

其中 $x_1(0)=20$，$x_2(0)=30$. 设

$$\boldsymbol{x}(k)=\begin{bmatrix}x_1(k)\\ x_2(k)\end{bmatrix},\quad \boldsymbol{A}=\begin{bmatrix}1.2 & -0.1\\ 0.03 & 1.05\end{bmatrix},$$

则 ① 可以写成矩阵形式

$$\boldsymbol{x}(k)=\boldsymbol{A}\boldsymbol{x}(k-1)\quad(k=1,2,\cdots).\qquad ②$$

将 $\boldsymbol{x}(0)=\begin{bmatrix}20\\ 30\end{bmatrix}$ 代入上式，可得

$$\boldsymbol{x}(1)=\begin{bmatrix}21\\ 32.1\end{bmatrix}.\qquad ③$$

再将 ③ 代入 ②，可得

$$\boldsymbol{x}(2)=\begin{bmatrix}21.99\\ 34.34\end{bmatrix}.$$

通过迭代，计算向量序列 $\{\boldsymbol{x}(k)\}$ 前 12 项的近似值，迭代 12 次后，结果如表 5-6 所示.

由表 5-6 可见，进口需求量在第 9 年达到最大值 26.74 万台，之后逐渐减

少，而国内产品的需求量呈逐年上升的趋势.

表 5-6

k	1	2	3	4	5	6	7	8	9	10	11	12
$x_1(k)$	21.00	21.99	22.95	23.87	24.72	25.47	26.09	26.53	26.74	26.66	26.21	25.30
$x_2(k)$	32.10	34.34	36.72	39.24	41.92	44.76	47.76	50.93	54.27	57.79	61.48	65.34

5.6.3 莱斯利(Leslie)种群模型

例 3 设某实验室饲养兔子的最大生成年龄为 3 年，把它们分成 3 个年龄组[0,1),[1,2),[2,3]. 利用实验数据，已知 $p_1 = p_2 = 0.5$; $b_1 = 0$, $b_2 = 6$, $b_3 = 8$. 现在实验室饲养的 3 个年龄组的动物数量分别为 24,24,20. 试利用以上数据建立该种群增长模型. 并利用所建立种群增长模型研究该种群的年龄分布和数量增长的规律.

解 依题设，知该动物种群的初始年龄分布向量和年龄变换矩阵为

$$\boldsymbol{x}_1 = \begin{pmatrix} x_1 \\ x_2 \\ x_3 \end{pmatrix} = \begin{pmatrix} 24 \\ 24 \\ 20 \end{pmatrix},$$

$$\boldsymbol{A} = \begin{pmatrix} b_1 & b_2 & b_3 \\ p_1 & 0 & 0 \\ 0 & p_2 & 0 \end{pmatrix} = \begin{pmatrix} 0 & 6 & 8 \\ 0.5 & 0 & 0 \\ 0 & 0.5 & 0 \end{pmatrix}.$$

于是 1 年后，年龄分布向量成为

$$\boldsymbol{x}_2 = \boldsymbol{A}\boldsymbol{x}_1 = \begin{pmatrix} 0 & 6 & 8 \\ 0.5 & 0 & 0 \\ 0 & 0.5 & 0 \end{pmatrix} \begin{pmatrix} 24 \\ 24 \\ 20 \end{pmatrix} = \begin{pmatrix} 304 \\ 12 \\ 12 \end{pmatrix},$$

再过 1 年，则有

$$\boldsymbol{x}_3 = \boldsymbol{A}\boldsymbol{x}_2 = \begin{pmatrix} 0 & 6 & 8 \\ 0.5 & 0 & 0 \\ 0 & 0.5 & 0 \end{pmatrix} \begin{pmatrix} 304 \\ 12 \\ 12 \end{pmatrix} = \begin{pmatrix} 168 \\ 152 \\ 6 \end{pmatrix}.$$

从年龄分布向量 $\boldsymbol{x}_1$, $\boldsymbol{x}_2$ 和 $\boldsymbol{x}_3$ 看出：每过 1 年，各年龄段动物数量的比例是在改变的. 但为了满足研究的需要，希望确定适当的初始分布向量，使得兔子能以稳定的方式增长，也就是说在每 1 年中，各年龄段兔子的比例保持不变(我们把这种分布称为稳定年龄分布). 若用 $\boldsymbol{z}_1$ 表示初始稳定年龄分布向

量，则有 $z_2 = \lambda z_1$，于是

$$Az_1 = z_2 = \lambda z_1,$$

这说明 z_1 是 A 的特征向量，对应的特征值是 λ. 为此，我们先来求 A 的特征值.

矩阵 A 的特征多项式是

$$|\lambda I - A| = \begin{vmatrix} \lambda & -6 & -8 \\ -0.5 & \lambda & 0 \\ 0 & -0.5 & \lambda \end{vmatrix} = (\lambda+1)^3(\lambda-2),$$

因此 A 的特征值为 -1 和 2. 选取正特征值 $\lambda = 2$，求得对应的特征向量为

$$z = t\begin{pmatrix} 16 \\ 4 \\ 1 \end{pmatrix}.$$

令 $t = 2$，则可取初始分布向量为

$$z_1 = \begin{pmatrix} 32 \\ 8 \\ 2 \end{pmatrix},$$

从而下一年的分布向量成为

$$z_2 = Az_1 = 2z_1 = \begin{pmatrix} 64 \\ 16 \\ 4 \end{pmatrix}.$$

由此看到：三个年龄段的比例仍为 16 : 8 : 1，而且这个比例在每一年都不会改变.

5.6.4 简单迁移模型

例 4 某地区对城乡人口流动作年度调查，发现有一个稳定的朝城镇流动的趋势：

(1) 每年中农村居民的 2.5% 移居城镇；

(2) 每年中城镇居民的 1% 移居农村.

假定城乡总人口数保持不变，现在总人口的 60% 住在城镇，并且人口流动的这种趋势保持不变，那么一年以后住在城镇的人口所占比例为多少？两年以后呢？十年以后呢？最终比例又为多少？

解 设 $x_1^{(0)}, x_2^{(0)}$ 分别表示现在城镇与农村人口所占比例，即 $x_1^{(0)} = 0.6$，$x_2^{(0)} = 0.4$，又设 $x_1^{(n)}$ 与 $x_2^{(n)}$ 分别表示 n 年以后的对应比例. 假定人口总数为 N(由假设 N 为常数)，一年以后城乡人口分别为

$$x_1^{(1)}N = 0.99x_1^{(0)}N + 0.025x_2^{(0)}N,$$
$$x_2^{(1)}N = 0.01x_1^{(0)}N + 0.975x_2^{(0)}N.$$

由此求得

$$x_1^{(1)} = 0.604, \quad x_2^{(1)} = 0.396,$$

即一年后人口总数的 60.4% 住在城镇.

用矩阵方程写出来为

$$\begin{pmatrix} 0.99 & 0.025 \\ 0.01 & 0.975 \end{pmatrix}\begin{pmatrix} x_1^{(0)} \\ x_2^{(0)} \end{pmatrix} = \begin{pmatrix} x_1^{(1)} \\ x_2^{(1)} \end{pmatrix},$$

系数矩阵 $\boldsymbol{A}$ 描述了从现在到一年以后的转变，又因假定人口流动这一趋势持续下去，所以矩阵 $\boldsymbol{A}$ 同样描述了 n 年以后到 $n+1$ 年的转变，即

$$\begin{pmatrix} 0.99 & 0.025 \\ 0.01 & 0.975 \end{pmatrix}\begin{pmatrix} x_1^{(n)} \\ x_2^{(n)} \end{pmatrix} = \begin{pmatrix} x_1^{(n+1)} \\ x_2^{(n+1)} \end{pmatrix}.$$

令 $\boldsymbol{x}^{(n)} = (x_1^{(n)}, x_2^{(n)})^{\mathrm{T}}$，$\boldsymbol{x}^{(0)} = (x_1^{(0)}, x_2^{(0)})^{\mathrm{T}}$，则有

$$\boldsymbol{x}^{(n)} = \boldsymbol{A}^n \boldsymbol{x}^{(0)}$$

矩阵 $\boldsymbol{A}^n$ 描述了从现在到 n 年以后的转变.

为求出人口的变化，只须求 $\boldsymbol{A}^n$.

由于 $\boldsymbol{A}$ 的特征值为 $\lambda_1 = 1$，$\lambda_2 = 0.965$，对应的特征向量为 $\boldsymbol{x}_1 = \left(\frac{5}{2}, 1\right)^{\mathrm{T}}$，$\boldsymbol{x}_2 = (-1,1)^{\mathrm{T}}$，故有

$$\boldsymbol{A} = \begin{pmatrix} \frac{5}{2} & -1 \\ 1 & 1 \end{pmatrix}\begin{pmatrix} 1 & 0 \\ 0 & 0.965 \end{pmatrix}\begin{pmatrix} \frac{5}{2} & -1 \\ 1 & 1 \end{pmatrix}^{-1}$$
$$= \begin{pmatrix} \frac{5}{2} & -1 \\ 1 & 1 \end{pmatrix}\begin{pmatrix} 1 & 0 \\ 0 & 0.965 \end{pmatrix}\begin{pmatrix} \frac{2}{7} & \frac{2}{7} \\ -\frac{2}{7} & \frac{5}{7} \end{pmatrix},$$

$$\boldsymbol{A}^n = \begin{pmatrix} \frac{5}{2} & -1 \\ 1 & 1 \end{pmatrix}\begin{pmatrix} 1 & 0 \\ 0 & 0.965 \end{pmatrix}^n\begin{pmatrix} \frac{2}{7} & \frac{2}{7} \\ -\frac{2}{7} & \frac{5}{7} \end{pmatrix}$$
$$= \frac{1}{7}\begin{pmatrix} 5+2\cdot(0.965)^n & 5-5\cdot(0.965)^n \\ 2-2\cdot(0.965)^n & 2+5\cdot(0.965)^n \end{pmatrix}.$$

取 $n = 2$，有

$$\boldsymbol{A}^2 = \frac{1}{7}\begin{pmatrix} 6.86245 & 0.343875 \\ 0.13755 & 6.656125 \end{pmatrix}, \quad \boldsymbol{x}^{(2)} = \boldsymbol{A}^2\boldsymbol{x}^{(0)},$$

由此得

$$x_1^{(2)}=\frac{1}{7}(6.86245x_1^{(0)}+0.343875x_2^{(0)})=0.60786.$$

即两年后人口总数的 60.786% 住在城镇.

又因为 $\lim\limits_{n\to\infty}\mathbf{A}^n=\frac{1}{7}\begin{pmatrix}5&5\\2&2\end{pmatrix}$，于是

$$\begin{aligned}\lim_{n\to\infty}\boldsymbol{x}^n=\lim_{n\to\infty}\mathbf{A}^n\boldsymbol{x}^{(0)}&=\frac{1}{7}\begin{pmatrix}5&5\\2&2\end{pmatrix}\begin{pmatrix}x_1^{(0)}\\x_2^{(0)}\end{pmatrix}\\&=\begin{pmatrix}\frac{5}{7}\\\frac{2}{7}\end{pmatrix}\quad(\text{注意到 }x_1^{(0)}+x_2^{(0)}=1),\end{aligned}$$

故最终人口的 $\frac{5}{7}$ 住在城镇，$\frac{2}{7}$ 住在农村.

值得注意的是，这一结果与 $x_1^{(0)},x_2^{(0)}$ 无关，所以不管最初人口分布如何，最终城乡居民将按 5∶2 的比例分布，这个最终分布是城乡之间的平衡状态.

习题 5.6

1. 求解齐次线性常系数微分方程组

$$\begin{cases}x_1'=-x_1+x_2,\\x_2'=-4x_1+3x_2,\\x_3'=x_1+2x_3.\end{cases}$$

2. 已知 $x_1(0)=1$，$x_2(0)=-1$，$x_3(0)=1$. 求解差分方程组

$$\begin{cases}x_1(k+1)=x_1(k)-x_2(k),\\x_2(k+1)=-x_1(k)+2x_2(k)-x_3(k),\\x_3(k+1)=-x_2(k)+x_3(k).\end{cases}$$

3. 某农场饲养的某种动物所能达到的最大年龄为 15 岁，将其分成三个年龄组：第一年龄组：0～5岁；第二年龄组：6～10岁；第三年龄组：11～15岁，动物从第二年龄组起开始繁殖后代，经过长期统计，第二年龄组的动物在其年龄段平均繁殖 4 个后代，第三年龄组的动物在其年龄段平均繁殖 3 个后代. 第一年龄组和第二年龄组的动物能顺利进入下一个年龄组的存活率分别为 $\frac{1}{2}$ 和 $\frac{1}{4}$. 假设农场现在有三个年龄段的动物各 1 000 头，问 15 年后农场三个年龄段的动物各有多少头？

4. 在 1202 年，斐波那契在一本书中提出了一个问题：如果一对兔子出生一个月后开始繁殖，每个月产生一对后代，现在有一对新生兔子，假定兔子只繁殖，没有死

亡，那么每月月初会有多少对兔子？

5. 农场的植物园中，某种植物的基因型为 AA，Aa，aa，农场计划采用 AA 型植物与每种基因型植物相结合的方案培育植物后代，已知双亲体基因型与其后代基因型的概率如表 5-7 所示. 问：经过若干年后三种基因型分布如何？

表 5-7

		父母 - 母体基因型		
		AA-AA	AA-Aa	AA-aa
后代基因型	AA	1	$\frac{1}{2}$	0
	Aa	1	$\frac{1}{2}$	1
	aa	0	0	0

5.7 典型例题

例 1 设矩阵 $\boldsymbol{A}=\begin{pmatrix}1 & -3 & 3\\ 3 & a & 3\\ 6 & -6 & b\end{pmatrix}$ 有特征值 $\lambda_1=-2,\lambda_2=4$，求 a,b.

解 因 $\lambda_1=-2,\lambda_2=4$ 均为 $\boldsymbol{A}$ 的特征值，故

$$|\lambda_1\boldsymbol{I}-\boldsymbol{A}|=0,\quad |\lambda_2\boldsymbol{I}-\boldsymbol{A}|=0,$$

即

$$|\lambda_1\boldsymbol{I}-\boldsymbol{A}|=\begin{vmatrix}\lambda_1-1 & 3 & -3\\ -3 & \lambda_1-a & -3\\ -6 & 6 & \lambda_1-b\end{vmatrix}=\begin{vmatrix}-3 & 3 & -3\\ -3 & -2-a & -3\\ -6 & 6 & -2-b\end{vmatrix}$$

$$=3(5+a)(4-b)=0,$$

$$|\lambda_2\boldsymbol{I}-\boldsymbol{A}|=\begin{vmatrix}3 & 3 & -3\\ -3 & 4-a & -3\\ -6 & 6 & 4-b\end{vmatrix}=3[-(7-a)(2+b)+72]=0.$$

解得 $a=-5,\ b=4$.

例 2 设 $\boldsymbol{A}$ 是可逆矩阵，证明：

(1) 若 λ 是 $\boldsymbol{A}$ 的一个特征值，则 $\frac{1}{\lambda}$ 是 $\boldsymbol{A}^{-1}$ 的一个特征值；

(2) 若λ是$\boldsymbol{A}$的一个特征值，则$\dfrac{|\boldsymbol{A}|}{\lambda}$是$\boldsymbol{A}^*$的一个特征值.

证 (1) 因为λ是$\boldsymbol{A}$的一个特征值，所以有$\boldsymbol{x}\neq 0$，使

$$\boldsymbol{A}\boldsymbol{x}=\lambda\boldsymbol{x}. \tag{$*$}$$

用$\boldsymbol{A}^{-1}$左乘($*$)式两端，得$\boldsymbol{A}^{-1}\boldsymbol{A}\boldsymbol{x}=\lambda\boldsymbol{A}^{-1}\boldsymbol{x}$，即

$$\boldsymbol{x}=\lambda\boldsymbol{A}^{-1}\boldsymbol{x}.$$

从而$\boldsymbol{A}^{-1}\boldsymbol{x}=\dfrac{1}{\lambda}\boldsymbol{x}$. 故$\dfrac{1}{\lambda}$是$\boldsymbol{A}^{-1}$的一个特征值.

(2) 用$\boldsymbol{A}^*$左乘($*$)式两端，得$\boldsymbol{A}^*\boldsymbol{A}\boldsymbol{x}=\lambda\boldsymbol{A}^*\boldsymbol{x}$，即

$$|\boldsymbol{A}|\boldsymbol{x}=\lambda\boldsymbol{A}^*\boldsymbol{x},$$

故$\boldsymbol{A}^*\boldsymbol{x}=\dfrac{|\boldsymbol{A}|}{\lambda}\boldsymbol{x}$. 因此，$\dfrac{|\boldsymbol{A}|}{\lambda}$是$\boldsymbol{A}^*$的一个特征值.

例 3 试证：n阶矩阵$\boldsymbol{A}$为奇异矩阵的充分必要条件是$\boldsymbol{A}$有一个特征值为零.

证 必要性. 如果$\boldsymbol{A}$是奇异矩阵，则$|\boldsymbol{A}|=0$. 于是

$$|0\boldsymbol{I}-\boldsymbol{A}|=|-\boldsymbol{A}|=(-1)^n|\boldsymbol{A}|=0,$$

即0是$\boldsymbol{A}$的一个特征值.

充分性. 设$\boldsymbol{A}$有一个特征值为0，对应的特征向量为$\boldsymbol{x}$. 由特征值的定义，有

$$\boldsymbol{A}\boldsymbol{x}=0\boldsymbol{x}=\boldsymbol{0}\quad(\boldsymbol{x}\neq\boldsymbol{0}).$$

所以齐次线性方程组$\boldsymbol{A}\boldsymbol{x}=\boldsymbol{0}$有非零解$\boldsymbol{x}$. 由此可知$|\boldsymbol{A}|=0$，即$\boldsymbol{A}$为奇异矩阵.

此例也可以叙述为：n阶矩阵$\boldsymbol{A}$可逆的充分必要条件是它的任一特征值不为零.

例 4 设向量$\boldsymbol{\alpha}=(a_1,a_2,\cdots,a_n)^{\mathrm{T}}$，$\boldsymbol{\beta}=(b_1,b_2,\cdots,b_n)^{\mathrm{T}}$都是非零向量，且满足条件$\boldsymbol{\alpha}^{\mathrm{T}}\boldsymbol{\beta}=0$，记$n$阶矩阵$\boldsymbol{A}=\boldsymbol{\alpha}\boldsymbol{\beta}^{\mathrm{T}}$. 求

(1) $\boldsymbol{A}^2$；

(2) 矩阵$\boldsymbol{A}$的特征值和特征向量.

解 (1) 由$\boldsymbol{A}=\boldsymbol{\alpha}\boldsymbol{\beta}^{\mathrm{T}}$和$\boldsymbol{\alpha}^{\mathrm{T}}\boldsymbol{\beta}=0$，有

$$\boldsymbol{A}^2=\boldsymbol{A}\boldsymbol{A}=(\boldsymbol{\alpha}\boldsymbol{\beta}^{\mathrm{T}})(\boldsymbol{\alpha}\boldsymbol{\beta}^{\mathrm{T}})=\boldsymbol{\alpha}(\boldsymbol{\beta}^{\mathrm{T}}\boldsymbol{\alpha})\boldsymbol{\beta}^{\mathrm{T}}=(\boldsymbol{\beta}^{\mathrm{T}}\boldsymbol{\alpha})(\boldsymbol{\alpha}\boldsymbol{\beta}^{\mathrm{T}})=0\boldsymbol{A}=\boldsymbol{O}.$$

(2) 设λ为$\boldsymbol{A}$的任一特征值，$\boldsymbol{A}$的对应于λ的特征向量为$\boldsymbol{x}$，则

$$\boldsymbol{A}\boldsymbol{x}=\lambda\boldsymbol{x},\quad \boldsymbol{A}^2\boldsymbol{x}=\lambda\boldsymbol{A}\boldsymbol{x}=\lambda^2\boldsymbol{x}.$$

因$\boldsymbol{A}^2=\boldsymbol{O}$，故$\lambda^2\boldsymbol{x}=\boldsymbol{0}$. 又$\boldsymbol{x}\neq\boldsymbol{0}$，所以$\lambda^2=0$，即$\lambda=0$.

不妨设$\boldsymbol{\alpha}$，$\boldsymbol{\beta}$中分量$a_1\neq 0$，$b_1\neq 0$. 对齐次线性方程组$(0\boldsymbol{I}-\boldsymbol{A})\boldsymbol{x}=\boldsymbol{0}$的系数矩阵作初等行变换：

$$0\boldsymbol{I}-\boldsymbol{A}=-\boldsymbol{A}=\begin{pmatrix}-a_1b_1 & -a_1b_2 & \cdots & -a_1b_n\\ -a_2b_1 & -a_2b_2 & \cdots & -a_2b_n\\ \vdots & \vdots & & \vdots\\ -a_nb_1 & -a_nb_2 & \cdots & -a_nb_n\end{pmatrix}$$

$$\rightarrow\begin{pmatrix}b_1 & b_2 & \cdots & b_n\\ 0 & 0 & \cdots & 0\\ \vdots & \vdots & & \vdots\\ 0 & 0 & \cdots & 0\end{pmatrix}\rightarrow\begin{pmatrix}1 & \dfrac{b_2}{b_1} & \cdots & \dfrac{b_n}{b_1}\\ 0 & 0 & \cdots & 0\\ \vdots & \vdots & & \vdots\\ 0 & 0 & \cdots & 0\end{pmatrix},$$

得方程组的基础解系为

$$\boldsymbol{x}_1=\begin{pmatrix}-\dfrac{b_2}{b_1}\\ 1\\ 0\\ \vdots\\ 0\end{pmatrix},\ \boldsymbol{x}_2=\begin{pmatrix}-\dfrac{b_3}{b_1}\\ 0\\ 1\\ \vdots\\ 0\end{pmatrix},\ \cdots,\ \boldsymbol{x}_{n-1}=\begin{pmatrix}-\dfrac{b_n}{b_1}\\ 0\\ 0\\ \vdots\\ 1\end{pmatrix}.$$

于是$\boldsymbol{A}$的对应于特征值$\lambda=0$的全部特征向量为

$$k_1\boldsymbol{x}_1+k_2\boldsymbol{x}_2+\cdots+k_{n-1}\boldsymbol{x}_{n-1}\quad(k_1,k_2,\cdots,k_{n-1}\text{不全为零}).$$

例 5 设n阶矩阵$\boldsymbol{A}$的特征值为$0,1,2,\cdots,n-1$，求$\boldsymbol{A}+2\boldsymbol{I}$的特征值与行列式$|\boldsymbol{A}+2\boldsymbol{I}|$.

解 方法1 $\boldsymbol{A}+2\boldsymbol{I}$是$\boldsymbol{A}$的矩阵多项式，由定理5.1可知，$\boldsymbol{A}+2\boldsymbol{I}$的特征值为$0+2,1+2,\cdots,(n-1)+2$，即$2,3,\cdots,n+1$. 故知

$$|\boldsymbol{A}+2\boldsymbol{I}|=2\cdot3\cdot\cdots\cdot(n+1)=(n+1)!.$$

方法2 利用特征多项式求行列式$|\boldsymbol{A}+2\boldsymbol{I}|$的值.

由于$\boldsymbol{A}$的特征值为$0,1,2,\cdots,n-1$，所以$\boldsymbol{A}$的特征多项式为

$$|\lambda\boldsymbol{I}-\boldsymbol{A}|=\lambda(\lambda-1)\cdots[\lambda-(n-1)],$$

故

$$\begin{aligned}|\boldsymbol{A}+2\boldsymbol{I}|&=(-1)^n|-2\boldsymbol{I}-\boldsymbol{A}|=(-1)^n|\lambda\boldsymbol{I}-\boldsymbol{A}|_{\lambda=-2}\\&=(-1)^n(-2-0)(-2-1)\cdots[-2-(n-1)]\\&=(n+1)!.\end{aligned}$$

例 6 设矩阵$\boldsymbol{A}=\begin{pmatrix}4 & 6 & 0\\ -3 & -5 & 0\\ -3 & -6 & 1\end{pmatrix}$，求：

(1) 与$\boldsymbol{A}$相似的对角矩阵；

(2) 相似变换矩阵 $\boldsymbol{P}$;

(3) $\boldsymbol{A}^{100}$.

解 (1) 因为

$$|\lambda \boldsymbol{I}-\boldsymbol{A}|=(\lambda+2)(\lambda-1)^2,$$

所以 $\boldsymbol{A}$ 有特征值 $\lambda_1=-2$, $\lambda_2=\lambda_3=1$.

对 $\lambda_1=-2$, 解方程组 $(-2\boldsymbol{I}-\boldsymbol{A})\boldsymbol{x}=\boldsymbol{0}$, 得基础解系

$$\boldsymbol{x}_1=(-1,1,1)^{\mathrm{T}}.$$

对 $\lambda_2=\lambda_3=1$, 解方程组 $(\boldsymbol{I}-\boldsymbol{A})\boldsymbol{x}=\boldsymbol{0}$, 得基础解系

$$\boldsymbol{x}_2=(-2,1,0)^{\mathrm{T}},\ \boldsymbol{x}_3=(0,0,1)^{\mathrm{T}}.$$

显然, $\boldsymbol{A}$ 有 3 个线性无关的特征向量, 所以 $\boldsymbol{A}$ 与对角矩阵

$$\boldsymbol{\Lambda}=\begin{pmatrix}-2 & & \\ & 1 & \\ & & 1\end{pmatrix}$$

相似.

(2) 以 $\boldsymbol{x}_1,\boldsymbol{x}_2,\boldsymbol{x}_3$ 作为列向量, 得相似变换矩阵

$$\boldsymbol{P}=\begin{pmatrix}-1 & -2 & 0\\ 1 & 1 & 0\\ 1 & 0 & 1\end{pmatrix}.$$

有 $\boldsymbol{P}^{-1}\boldsymbol{A}\boldsymbol{P}=\begin{pmatrix}-2 & & \\ & 1 & \\ & & 1\end{pmatrix}$.

(3) 因 $\boldsymbol{A}=\boldsymbol{P}\boldsymbol{\Lambda}\boldsymbol{P}^{-1}$, 故

$$\begin{aligned}\boldsymbol{A}^2&=\boldsymbol{P}\begin{pmatrix}-2 & & \\ & 1 & \\ & & 1\end{pmatrix}\boldsymbol{P}^{-1}\cdot\boldsymbol{P}\begin{pmatrix}-2 & & \\ & 1 & \\ & & 1\end{pmatrix}\boldsymbol{P}^{-1}\\ &=\boldsymbol{P}\begin{pmatrix}-2 & & \\ & 1 & \\ & & 1\end{pmatrix}^2\boldsymbol{P}^{-1}.\end{aligned}$$

类似可得

$$\boldsymbol{A}^{100}=\boldsymbol{P}\begin{pmatrix}-2 & & \\ & 1 & \\ & & 1\end{pmatrix}^{100}\boldsymbol{P}^{-1}.$$

又由 $\boldsymbol{P}^{-1}=\begin{pmatrix}1 & 2 & 0\\ -1 & -1 & 0\\ -1 & -2 & 1\end{pmatrix}$, 所以

$$A^{100}=\begin{pmatrix}-1&-2&0\\1&1&0\\1&0&1\end{pmatrix}\begin{pmatrix}2^{100}&&\\&1&\\&&1\end{pmatrix}\begin{pmatrix}1&2&0\\-1&-1&0\\-1&-2&1\end{pmatrix}$$

$$=\begin{pmatrix}-2^{100}+2&-2^{101}+2&0\\2^{100}-1&2^{101}-1&0\\2^{100}-1&2^{101}-2&1\end{pmatrix}.$$

例 7 设 $A=\begin{pmatrix}0&0&1\\x&1&y\\1&0&0\end{pmatrix}$ 有 3 个线性无关的特征向量，求 x,y 满足的条件.

解 由

$$|\lambda I-A|=\begin{vmatrix}\lambda&0&-1\\-x&\lambda-1&-y\\-1&0&\lambda\end{vmatrix}=(\lambda-1)^2(\lambda+1),$$

得 A 的特征值 $\lambda_1=\lambda_2=1$, $\lambda_3=-1$.

因为 A 有 3 个线性无关的特征向量，因此 2 重根 $\lambda_1=1$ 对应有两个线性无关的特征向量. 即齐次方程组 $(I-A)x=0$ 的基础解系中所含解向量的个数为 2，于是 $r(I-A)=1$.

又因

$$I-A=\begin{pmatrix}1&0&-1\\-x&0&-y\\-1&0&1\end{pmatrix}\begin{pmatrix}1&0&-1\\0&0&-(x+y)\\0&0&0\end{pmatrix},$$

故得 $-(x+y)=0$，即 x,y 应满足的条件为 $x+y=0$.

例 8 设 A 为 3 阶非零实方阵，且 $a_{ij}=A_{ij}$，其中 A_{ij} 是 a_{ij} 的代数余子式 $(i,j=1,2,3)$. 证明：$|A|=1$，且 A 是正交矩阵.

证

$$AA^{\mathrm{T}}=AA^*=|A|I.$$

两边取行列式，得

$$|A|^2=|A|^3.$$

由于 A 是非零实方阵，所以，A 至少有一个元素不为零，设这个非零元素位于第 i 行，则

$$|A|=a_{i1}A_{i1}+a_{i2}A_{i2}+A_{i3}A_{i3}=a_{i1}^2+a_{i2}^2+a_{i3}^2\neq 0.$$

所以，$|A|=1$，且 $AA^{\mathrm{T}}=I$，即 A 为正交矩阵.

例 9 设有 3 阶对称阵 $\boldsymbol{A}=\begin{pmatrix}1 & -2 & 2\\ -2 & -2 & 4\\ 2 & 4 & -2\end{pmatrix}$.

(1) 求可逆阵 $\boldsymbol{P}$，使 $\boldsymbol{P}^{-1}\boldsymbol{AP}$ 为对角阵.

(2) 求正交阵 $\boldsymbol{Q}$，使 $\boldsymbol{Q}^{-1}\boldsymbol{AQ}=\boldsymbol{Q}^{\mathrm{T}}\boldsymbol{AQ}$ 为对角阵.

解 $\boldsymbol{A}$ 的特征多项式为

$$|\lambda\mathbf{I}-\boldsymbol{A}|=\begin{vmatrix}1-\lambda & -2 & 2\\ -2 & -2-\lambda & 4\\ 2 & 4 & -2-\lambda\end{vmatrix}=-(\lambda+7)(\lambda-2)^2,$$

故得 $\boldsymbol{A}$ 的特征值为 $\lambda_1=-7$，$\lambda_2=\lambda_3=2$.

对 $\lambda_1=-7$，求得对应的特征向量 $\boldsymbol{\alpha}_1=(1,2,-2)^{\mathrm{T}}$；对 $\lambda_2=\lambda_3=2$，求得对应的特征向量 $\boldsymbol{\alpha}_2=(-2,1,0)^{\mathrm{T}}$，$\boldsymbol{\alpha}_3=(2,0,1)^{\mathrm{T}}$.

(1) 令

$$\boldsymbol{P}=(\boldsymbol{\alpha}_1,\boldsymbol{\alpha}_2,\boldsymbol{\alpha}_3)=\begin{pmatrix}1 & -2 & 2\\ 2 & 1 & 0\\ -2 & 0 & 1\end{pmatrix},$$

则 $\boldsymbol{P}$ 为可逆阵，且 $\boldsymbol{P}^{-1}\boldsymbol{AP}=\begin{pmatrix}-7 & & \\ & 2 & \\ & & 2\end{pmatrix}$.

(2) 将 $\boldsymbol{\alpha}_1=(1,2,-2)^{\mathrm{T}}$ 单位化为 $\boldsymbol{\eta}_1=\left(\frac{1}{3},\frac{2}{3},-\frac{2}{3}\right)^{\mathrm{T}}$；将 $\boldsymbol{\alpha}_2,\boldsymbol{\alpha}_3$ 正交化，令

$$\boldsymbol{\beta}_2=\boldsymbol{\alpha}_2=(-2,1,0)^{\mathrm{T}},$$

$$\boldsymbol{\beta}_3=\boldsymbol{\alpha}_3-\frac{(\boldsymbol{\alpha}_3,\boldsymbol{\beta}_2)}{(\boldsymbol{\beta}_2,\boldsymbol{\beta}_2)}\boldsymbol{\beta}_2=\frac{1}{5}(2,4,5)^{\mathrm{T}}.$$

再单位化，得

$$\boldsymbol{\eta}_2=\left(-\frac{2}{\sqrt{5}},\frac{1}{\sqrt{5}},0\right)^{\mathrm{T}},\quad \boldsymbol{\eta}_3=\left(\frac{2}{3\sqrt{5}},\frac{4}{3\sqrt{5}},\frac{5}{3\sqrt{5}}\right)^{\mathrm{T}}.$$

令

$$\boldsymbol{Q}=(\boldsymbol{\eta}_1,\boldsymbol{\eta}_2,\boldsymbol{\eta}_3)=\begin{pmatrix}\frac{1}{3} & -\frac{2}{\sqrt{5}} & \frac{2}{3\sqrt{5}}\\ \frac{2}{3} & \frac{1}{\sqrt{5}} & \frac{4}{3\sqrt{5}}\\ -\frac{2}{3} & 0 & \frac{5}{3\sqrt{5}}\end{pmatrix},$$

则 Q 为正交阵，且

$$Q^{-1}AQ = Q^{\mathrm{T}}AQ = \begin{pmatrix} -7 & & \\ & 2 & \\ & & 2 \end{pmatrix}.$$

例 10　求一个 3 阶实对称矩阵 $\boldsymbol{A}$，它的特征值为 6,3,3，且特征值 6 对应的一个特征向量为 $\boldsymbol{\alpha}_1 = (1,1,1)^{\mathrm{T}}$.

解　设特征值 3 对应的特征向量为 $\boldsymbol{x} = (x_1, x_2, x_3)^{\mathrm{T}}$，由于实对称矩阵不同特征值对应的特征向量正交，故

$$(\boldsymbol{\alpha}_1, \boldsymbol{x}) = x_1 + x_2 + x_3 = 0,$$

即 $\boldsymbol{x}$ 的各分量是上面的齐次线性方程组的非零解. 求得这个方程组的基础解系为

$$\boldsymbol{\alpha}_2 = \begin{pmatrix} -1 \\ 1 \\ 0 \end{pmatrix}, \quad \boldsymbol{\alpha}_3 = \begin{pmatrix} -1 \\ 0 \\ 1 \end{pmatrix}.$$

取 $\boldsymbol{\alpha}_2, \boldsymbol{\alpha}_3$ 为矩阵 $\boldsymbol{A}$ 的属于特征值 3 的两个线性无关的特征向量，并记

$$\boldsymbol{P} = (\boldsymbol{\alpha}_1, \boldsymbol{\alpha}_2, \boldsymbol{\alpha}_3) = \begin{pmatrix} 1 & -1 & -1 \\ 1 & 1 & 0 \\ 1 & 0 & 1 \end{pmatrix},$$

则 $\boldsymbol{P}^{-1}\boldsymbol{A}\boldsymbol{P} = \begin{pmatrix} 6 & & \\ & 3 & \\ & & 3 \end{pmatrix} = \boldsymbol{\Lambda}$. 因而

$$\boldsymbol{A} = \boldsymbol{P}\boldsymbol{\Lambda}\boldsymbol{P}^{-1} = \boldsymbol{P}\begin{pmatrix} 6 & & \\ & 3 & \\ & & 3 \end{pmatrix}\boldsymbol{P}^{-1} = \begin{pmatrix} 4 & 1 & 1 \\ 1 & 4 & 1 \\ 1 & 1 & 4 \end{pmatrix}.$$

例 11　判断 n 阶矩阵 $\boldsymbol{A}, \boldsymbol{B}$ 是否相似，其中

$$\boldsymbol{A} = \begin{pmatrix} 1 & 1 & \cdots & 1 \\ 1 & 1 & \cdots & 1 \\ \vdots & \vdots & & \vdots \\ 1 & 1 & \cdots & 1 \end{pmatrix}, \quad \boldsymbol{B} = \begin{pmatrix} n & 0 & \cdots & 0 \\ 1 & 0 & \cdots & 0 \\ \vdots & \vdots & & \vdots \\ 1 & 0 & \cdots & 0 \end{pmatrix}.$$

解　由

$$|\lambda \boldsymbol{I} - \boldsymbol{A}| = \begin{vmatrix} \lambda-1 & -1 & \cdots & -1 \\ -1 & \lambda-1 & \cdots & -1 \\ \vdots & \vdots & & \vdots \\ -1 & -1 & \cdots & \lambda-1 \end{vmatrix} = 0,$$

即$(\lambda-n)\lambda^{n-1}=0$，得$\boldsymbol{A}$的特征值为

$$\lambda_1=n,\ \lambda_2=\lambda_3=\cdots=\lambda_n=0.$$

因$\boldsymbol{A}$是实对称矩阵，故存在可逆矩阵$\boldsymbol{P}_1$，使得

$$\boldsymbol{P}_1^{-1}\boldsymbol{A}\boldsymbol{P}_1=\boldsymbol{\Lambda}=\begin{pmatrix} n & 0 & \cdots & 0 \\ 0 & 0 & \cdots & 0 \\ \vdots & \vdots & & \vdots \\ 0 & 0 & \cdots & 0 \end{pmatrix}.$$

又

$$|\lambda\boldsymbol{I}-\boldsymbol{B}|=(\lambda-n)\lambda^{n-1},$$

可见$\boldsymbol{B}$与$\boldsymbol{A}$有相同的特征值.

对于$\boldsymbol{B}$的$n-1$重特征根$\lambda=0$，因为$\mathrm{r}(0\boldsymbol{I}-\boldsymbol{B})=\mathrm{r}(-\boldsymbol{B})=1$，所以对应有$n-1$个线性无关的特征向量，因而存在可逆矩阵$\boldsymbol{P}_2$，使得

$$\boldsymbol{P}_2^{-1}\boldsymbol{B}\boldsymbol{P}_2=\boldsymbol{\Lambda}.$$

从而$\boldsymbol{P}_1^{-1}\boldsymbol{A}\boldsymbol{P}_1=\boldsymbol{P}_2^{-1}\boldsymbol{B}\boldsymbol{P}_2$，即

$$\boldsymbol{B}=(\boldsymbol{P}_1\boldsymbol{P}_2^{-1})^{-1}\boldsymbol{A}(\boldsymbol{P}_1\boldsymbol{P}_2^{-1}),$$

故$\boldsymbol{A}$与$\boldsymbol{B}$相似.

复 习 题

1. 设n阶方阵$\boldsymbol{A}$的特征多项式

$$f(\lambda)=|\lambda\boldsymbol{I}-\boldsymbol{A}|=\lambda^n+a_{n-1}\lambda^{n-1}+\cdots+a_1\lambda+a_0,$$

则$\boldsymbol{A}$的多项式$f(\boldsymbol{A})$为零矩阵，即

$$f(\boldsymbol{A})=\boldsymbol{A}^n+a_{n-1}\boldsymbol{A}^{n-1}+\cdots+a_1\boldsymbol{A}+a_0\boldsymbol{I}=\boldsymbol{O}.$$

试利用上述结果求方阵$\boldsymbol{B}=\boldsymbol{A}^4-2\boldsymbol{A}^3+11\boldsymbol{A}^2-15\boldsymbol{A}+29\boldsymbol{I}$的逆矩阵，其中方阵$\boldsymbol{A}=\begin{pmatrix} 1 & -3 \\ 3 & -1 \end{pmatrix}$.

2. 设有4阶方阵$\boldsymbol{A}$满足条件：

$$|3\boldsymbol{I}+\boldsymbol{A}|=0,\quad \boldsymbol{A}\boldsymbol{A}^T=2\boldsymbol{I},\quad |\boldsymbol{A}|<0,$$

其中$\boldsymbol{I}$为4阶单位矩阵，求方阵$\boldsymbol{A}$的伴随矩阵$\boldsymbol{A}^*$的一个特征值.

3. 设矩阵$\boldsymbol{A}=\begin{pmatrix} a & -1 & c \\ 5 & b & 3 \\ 1-c & 0 & -a \end{pmatrix}$，$|\boldsymbol{A}|=-1$，$\boldsymbol{A}^*$有特征值$\lambda_0$，属于$\lambda_0$的特征向量为$\boldsymbol{\alpha}=(-1,-1,1)^{\mathrm{T}}$，求$a,b,c$及$\lambda_0$.

4. 已知3阶矩阵$\boldsymbol{A}=\begin{pmatrix} a & -5 & 8 \\ 0 & a+1 & 8 \\ 0 & 3a+3 & 25 \end{pmatrix}$，且$\mathrm{r}(\boldsymbol{A})<3$，并已知$\boldsymbol{B}$有3个特征值为$1,-1,0$，对应的特征向量分别为

$$\boldsymbol{\beta}_1=\begin{pmatrix} 1 \\ 2a \\ -1 \end{pmatrix},\quad \boldsymbol{\beta}_2=\begin{pmatrix} a \\ a+3 \\ a+2 \end{pmatrix},\quad \boldsymbol{\beta}_3=\begin{pmatrix} a-2 \\ -1 \\ a+1 \end{pmatrix},$$

试求参数a及矩阵$\boldsymbol{B}$.

5. 设$\boldsymbol{A}$是3阶可逆矩阵，已知$\boldsymbol{A}^{-1}$有特征值$1,2,3$，求$A_{11}+A_{22}+A_{33}$.

6. 设$\boldsymbol{\alpha}$和$\boldsymbol{\beta}$均为三维单位列向量，$\boldsymbol{\alpha}^{\mathrm{T}}\boldsymbol{\beta}=0$，求矩阵$\boldsymbol{A}=\boldsymbol{\alpha}\boldsymbol{\alpha}^{\mathrm{T}}+\boldsymbol{\beta}\boldsymbol{\beta}^{\mathrm{T}}$的相似对角阵.

7. 设$\boldsymbol{A}$是n阶对称矩阵，$\boldsymbol{A}^2=\boldsymbol{I}$，$\mathrm{r}(\boldsymbol{A}+\boldsymbol{I})=2$，求$\boldsymbol{A}$的相似对角阵.

8. 设3阶方阵$\boldsymbol{A}$的特征值为$\frac{1}{2},\frac{1}{2},\frac{1}{3}$，方阵$\boldsymbol{B}$与$\boldsymbol{A}$相似，$\boldsymbol{B}^*$为$\boldsymbol{B}$的伴随矩阵，求行列式$D=\left|\left(\frac{1}{2}\boldsymbol{B}^2\right)^{-1}+12\boldsymbol{B}^*-\boldsymbol{I}\right|$的值.

9. 设3阶矩阵$\boldsymbol{A}$的特征值为$\lambda_1=1$，$\lambda_2=2$，$\lambda_3=3$，对应的特征向量分别为$\boldsymbol{\xi}_1=\begin{pmatrix} 1 \\ 1 \\ 1 \end{pmatrix}$，$\boldsymbol{\xi}_2=\begin{pmatrix} 1 \\ 2 \\ 4 \end{pmatrix}$，$\boldsymbol{\xi}_3=\begin{pmatrix} 1 \\ 3 \\ 9 \end{pmatrix}$，又向量$\boldsymbol{\beta}=\begin{pmatrix} 1 \\ 1 \\ 3 \end{pmatrix}$.

(1) 将$\boldsymbol{\beta}$用$\boldsymbol{\xi}_1,\boldsymbol{\xi}_2,\boldsymbol{\xi}_3$线性表出.

(2) 求$\boldsymbol{A}^n\boldsymbol{\beta}$（$n$为正整数）.

10. 设$\boldsymbol{A}$是可逆矩阵，且$\boldsymbol{A},\boldsymbol{B}$相似，证明：$\boldsymbol{A}^*,\boldsymbol{B}^*$相似.

11. 设

$$\boldsymbol{A}=\begin{pmatrix} a & -\frac{1}{2} & \frac{1}{2} & -\frac{1}{2} \\ \frac{1}{2} & b & -\frac{1}{2} & \frac{1}{2} \\ \frac{1}{\sqrt{2}} & \frac{1}{\sqrt{2}} & c & 0 \\ 0 & 0 & \frac{1}{\sqrt{2}} & d \end{pmatrix}$$

是正交矩阵，求a,b,c,d.

12. 证明：任一可逆矩阵$\boldsymbol{A}$总可以分解为一个正交矩阵$\boldsymbol{Q}$和一个对角元为正数的上三角矩阵$\boldsymbol{B}$的乘积.

13. 设λ_1,λ_2是n阶实对称矩阵$\boldsymbol{A}$的两个不同的特征值，$\boldsymbol{\alpha}$是$\boldsymbol{A}$的对应于特征值λ_1的一个单位特征向量，求矩阵$\boldsymbol{B}=\mathbf{A}-\lambda_1\boldsymbol{\alpha}\boldsymbol{\alpha}^{\mathrm{T}}$的两个特征值.

14. (1) 设n阶实对称矩阵$\boldsymbol{A}$的每个特征值均大于a，证明：

$$\boldsymbol{x}^{\mathrm{T}}\boldsymbol{A}\boldsymbol{x}>a\boldsymbol{x}^{\mathrm{T}}\boldsymbol{x}\quad(\boldsymbol{x}\neq\mathbf{0}).$$

(2) 设$\boldsymbol{A},\boldsymbol{B}$均为$n$阶实对称矩阵，$\boldsymbol{A}$的特征值大于$a$，而$\boldsymbol{B}$的特征值大于$b$，证明：$\boldsymbol{A}+\boldsymbol{B}$的特征值大于$a+b$.

*15. 设某省人口总数保持不变，每年有20%的农村人口流入城镇，有10%的城镇人口流入农村. 问该省的城镇人口与农村人口的分布最终是否趋于一个稳定状态？

*16. 某试验性生产线每年1月份进行熟练工与非熟练工的人数统计，然后将$\frac{1}{6}$熟练工支援其他生产部门，其缺额由招收新的非熟练工补齐，新、老非熟练工经过培训及实践至年终考核有$\frac{2}{5}$成为熟练工. 设第n年1月份统计的熟练工和非熟练工所占百分比分别为x_n和y_n，记成向量$\begin{pmatrix}x_n\\y_n\end{pmatrix}$.

(1) 求$\begin{pmatrix}x_{n+1}\\y_{n+1}\end{pmatrix}$与$\begin{pmatrix}x_n\\y_n\end{pmatrix}$的关系式并写成矩阵形式$\begin{pmatrix}x_{n+1}\\y_{n+1}\end{pmatrix}=\boldsymbol{A}\begin{pmatrix}x_n\\y_n\end{pmatrix}$.

(2) 当$\begin{pmatrix}x_1\\y_1\end{pmatrix}=\begin{pmatrix}\frac{1}{2}\\\frac{1}{2}\end{pmatrix}$时，求$\begin{pmatrix}x_{n+1}\\y_{n+1}\end{pmatrix}$.

第六章 二 次 型

在这一章里，我们将以矩阵和向量为工具，研究一种特殊的函数，即多变量的二次齐次函数，通常称为二次型. 二次型的理论起源于化二次曲线和二次曲面方程为标准形的问题. 随着科学和技术的发展与进步，二次型在数学的其他分支以及工程技术、经济管理等领域都有着广泛的应用.

本章主要讨论化二次型为标准形的问题以及正定二次型的有关概念和性质.

6.1 二次型及其矩阵表示

在中学的解析几何课程中，我们学习过，当坐标原点与中心重合时，一个有心二次曲线的一般形式是

$$ax^2+2bxy+cy^2=d.$$

上式左端是一个二次齐次多项式，为便于研究二次曲线的几何性质，常需要通过坐标旋转消去其中的非平方项，把它化成只含有平方项的二次齐次式 Ax^2+By^2.

下面给出一般的 n 元二次齐次多项式即所谓的二次型的概念.

定义 6.1 n 个变量的二次齐次多项式

$$\begin{aligned}f(x_1,x_2,\cdots,x_n)=&(a_{11}x_1^2+2a_{12}x_1x_2+\cdots+2a_{1n}x_1x_n)\\&+(a_{22}x_2^2+2a_{23}x_2x_3+\cdots+2a_{2n}x_2x_n)\\&+\cdots+a_{nn}x_n^2\end{aligned}\tag{6.1}$$

称为关于变量 $x_1,x_2,\cdots,x_n$ 的一个 n 元**二次型**. 若 $a_{ij}\in\mathbf{R}\ (i,j=1,2,\cdots,n)$，则称为**实二次型**.

本章中我们只讨论实二次型.

下面给出二次型的矩阵表达式. 令 $a_{ji}=a_{ij}\ (i<j)$，则

$$2a_{ij}x_ix_j=a_{ij}x_ix_j+a_{ji}x_jx_i,$$

那么(6.1) 式可写成

$$f(x_1,x_2,\cdots,x_n)=(x_1,x_2,\cdots,x_n)\begin{pmatrix}a_{11}&a_{12}&\cdots&a_{1n}\\a_{21}&a_{22}&\cdots&a_{2n}\\\vdots&\vdots&&\vdots\\a_{n1}&a_{n2}&\cdots&a_{nn}\end{pmatrix}\begin{pmatrix}x_1\\x_2\\\vdots\\x_n\end{pmatrix}$$

$$=\sum_{i=1}^{n}\sum_{j=1}^{n}a_{ij}x_ix_j. \tag{6.2}$$

若记

$$\boldsymbol{A}=\begin{pmatrix}a_{11}&a_{12}&\cdots&a_{1n}\\a_{21}&a_{22}&\cdots&a_{2n}\\\vdots&\vdots&&\vdots\\a_{n1}&a_{n2}&\cdots&a_{nn}\end{pmatrix},\quad \boldsymbol{x}=\begin{pmatrix}x_1\\x_2\\\vdots\\x_n\end{pmatrix},$$

则得二次型 f 的矩阵表达式

$$f(x_1,x_2,\cdots,x_n)=\boldsymbol{x}^{\mathrm{T}}\boldsymbol{A}\boldsymbol{x}, \tag{6.3}$$

其中 $\boldsymbol{A}$ 为实对称矩阵，称之为**二次型矩阵**，矩阵 $\boldsymbol{A}$ 的秩称为**二次型的秩**.

由二次型的矩阵形式知，给定一个二次型，就唯一地确定一个实对称矩阵；反之，给定一个实对称矩阵及一组变量，也唯一地确定一个二次型. 因此，二次型和实对称矩阵之间有一一对应关系.

例 1 已知二次型

$$f(x_1,x_2,x_3,x_4)=x_1^2-3x_2^2+x_3^2-4x_4^2-2x_1x_2+4x_1x_3-8x_1x_4-4x_3x_4,$$

写出二次型的矩阵 $\boldsymbol{A}$，并求出二次型的秩.

解 设 $f=\boldsymbol{x}^{\mathrm{T}}\boldsymbol{A}\boldsymbol{x}$，则

$$\boldsymbol{A}=\begin{pmatrix}1&-1&2&-4\\-1&-3&0&0\\2&0&1&-2\\-4&0&-2&-4\end{pmatrix}.$$

不难求出矩阵 $\boldsymbol{A}$ 的秩 $\mathrm{r}(\boldsymbol{A})=3$，因此二次型 f 的秩是 3.

例 2 设有实对称矩阵

$$\boldsymbol{A}=\begin{pmatrix}-1&1&0\\1&0&-\frac{1}{2}\\0&-\frac{1}{2}&\sqrt{2}\end{pmatrix},$$

求 $\boldsymbol{A}$ 对应的实二次型 f.

解　A是3阶矩阵，故有3个变元. 设变量为x_1,x_2,x_3，则实对称矩阵A所对应的二次型为

$$f(x_1,x_2,x_3)=(x_1,x_2,x_3)\begin{pmatrix}-1 & 1 & 0\\ 1 & 0 & -\frac{1}{2}\\ 0 & -\frac{1}{2} & \sqrt{2}\end{pmatrix}\begin{pmatrix}x_1\\ x_2\\ x_3\end{pmatrix}$$

$$=-x_1^2+2x_1x_2-x_2x_3+\sqrt{2}x_3^2.$$

习题 6.1

1. 写出下列实二次型所对应的实对称矩阵并将二次型写成矩阵形式：

(1) $f(x_1,x_2,x_3)=x_1x_2+x_1x_3-x_2x_3$；

(2) $f(x_1,x_2,x_3,x_4)=3x_1^2+2x_1x_2-8x_1x_4+x_2^2-4x_2x_3+2x_2x_4+2x_3^2-2x_3x_4-x_4^2$；

(3) $f(x_1,x_2,\cdots,x_n)=(2x_1x_2+2x_1x_3+\cdots+2x_1x_n)+(2x_2x_3+\cdots+2x_2x_n)+\cdots+2x_{n-1}x_n$.

2. 写出下列实对称矩阵所对应的二次型：

(1) $\begin{pmatrix}0 & 1\\ 1 & 0\end{pmatrix}$；　(2) $\begin{pmatrix}1 & 1 & 0\\ 1 & -1 & 2\\ 0 & 2 & 0\end{pmatrix}$；　(3) $\begin{pmatrix}-1 & \frac{1}{2} & 1 & -\sqrt{2}\\ \frac{1}{2} & \sqrt{3} & 3 & -1\\ 1 & 3 & 0 & \frac{\sqrt{2}}{2}\\ -\sqrt{2} & -1 & \frac{\sqrt{2}}{2} & -2\end{pmatrix}$.

3. 已知 $f(x_1,x_2,x_3)=\boldsymbol{x}^{\mathrm{T}}\boldsymbol{B}\boldsymbol{x}$，其中

$$\boldsymbol{B}=\begin{pmatrix}1 & 3 & 5\\ 2 & 4 & 6\\ 7 & 8 & 5\end{pmatrix},\quad \boldsymbol{x}=\begin{pmatrix}x_1\\ x_2\\ x_3\end{pmatrix},$$

问上式是否为关于x_1,x_2,x_3的二次型？$\boldsymbol{B}$是否为二次型的矩阵？写出f的矩阵表示式.

6.2　二次型的标准形

6.2.1　线性变换

定义 6.2　设两组变量$x_1,x_2,\cdots,x_n$与$y_1,y_2,\cdots,y_n$之间有关系式

$$\begin{cases} x_1 = c_{11}y_1 + c_{12}y_2 + \cdots + c_{1n}y_n, \\ x_2 = c_{21}y_1 + c_{22}y_2 + \cdots + c_{2n}y_n, \\ \cdots\cdots\cdots\cdots\cdots\cdots\cdots\cdots\cdots \\ x_n = c_{n1}y_1 + c_{n2}y_2 + \cdots + c_{nn}y_n \end{cases}$$

$$(c_{ij} \in \mathbf{R},\ i,j = 1,2,\cdots,n). \tag{6.4}$$

若记

$$\boldsymbol{C} = \begin{pmatrix} c_{11} & c_{12} & \cdots & c_{1n} \\ c_{21} & c_{22} & \cdots & c_{2n} \\ \vdots & \vdots & & \vdots \\ c_{n1} & c_{n2} & \cdots & c_{nn} \end{pmatrix}, \quad \boldsymbol{x} = \begin{pmatrix} x_1 \\ x_2 \\ \vdots \\ x_n \end{pmatrix}, \quad \boldsymbol{y} = \begin{pmatrix} y_1 \\ y_2 \\ \vdots \\ y_n \end{pmatrix},$$

则关系式(6.4) 可表示为

$$\boldsymbol{x} = \boldsymbol{C}\boldsymbol{y}, \tag{6.5}$$

称之为由 $\boldsymbol{y}$ 到 $\boldsymbol{x}$ 的**线性变换**，$\boldsymbol{C}$ 称为**变换矩阵**. 若 $\boldsymbol{C}$ 是非奇异矩阵，则线性变换 $\boldsymbol{x} = \boldsymbol{C}\boldsymbol{y}$ 称为**非奇异线性变换**，并称

$$\boldsymbol{y} = \boldsymbol{C}^{-1}\boldsymbol{x} \tag{6.6}$$

为 $\boldsymbol{x} = \boldsymbol{C}\boldsymbol{y}$ 的逆变换.

若 $\boldsymbol{C}$ 是正交矩阵，则线性变换 $\boldsymbol{x} = \boldsymbol{C}\boldsymbol{y}$ 称为**正交线性变换**，简称**正交变换**.

例如，线性变换

$$\begin{cases} x_1 = y_1\cos\theta - y_2\sin\theta, \\ x_2 = y_1\sin\theta + y_2\cos\theta \end{cases} \quad (\theta \text{ 为常数})$$

就是正交变换. 因为不难验证变换矩阵

$$\boldsymbol{C} = \begin{pmatrix} \cos\theta & -\sin\theta \\ \sin\theta & \cos\theta \end{pmatrix}$$

是正交矩阵.

不难看出，将线性变换(6.4) 代入(6.1) 所得到的关于 $y_1, y_2, \cdots, y_n$ 的多项式仍然是二次齐次的，即线性变换把二次型变成二次型. 特别地，二次型经非奇异线性变换 $\boldsymbol{x} = \boldsymbol{C}\boldsymbol{y}$ 后亦为二次型，而逆变换 $\boldsymbol{y} = \boldsymbol{C}^{-1}\boldsymbol{x}$ 又将所得的二次型还原. 但经非奇异线性变换后的二次型的矩阵与原二次型的矩阵之间有什么关系呢? 下面我们对此进行探讨.

将非奇异线性变换(6.5) 代入二次型(6.3)，得

$$f = \boldsymbol{x}^{\mathrm{T}}\boldsymbol{A}\boldsymbol{x} = (\boldsymbol{C}\boldsymbol{y})^{\mathrm{T}}\boldsymbol{A}(\boldsymbol{C}\boldsymbol{y}) = \boldsymbol{y}^{\mathrm{T}}(\boldsymbol{C}^{\mathrm{T}}\boldsymbol{A}\boldsymbol{C})\boldsymbol{y}.$$

显然有

$$(\boldsymbol{C}^{\mathrm{T}}\boldsymbol{A}\boldsymbol{C})^{\mathrm{T}} = \boldsymbol{C}^{\mathrm{T}}\boldsymbol{A}^{\mathrm{T}}(\boldsymbol{C}^{\mathrm{T}})^{\mathrm{T}} = \boldsymbol{C}^{\mathrm{T}}\boldsymbol{A}\boldsymbol{C},$$

即$C^{\mathrm{T}}AC$为对称矩阵，因此$C^{\mathrm{T}}AC$是二次型(6.3)经非奇异线性变换(6.5)后所得到的新二次型的矩阵. 若以B表示新二次型的矩阵，则有

$$B=C^{\mathrm{T}}AC. \tag{6.7}$$

这就是前后两个二次型的矩阵的关系. 与之相应，我们引入矩阵合同的概念.

6.2.2 矩阵的合同关系

定义 6.3 设A,B为n阶矩阵，若存在非奇异矩阵C，使得

$$B=C^{\mathrm{T}}AC,$$

则称A与B是合同的(或A合同于B)，或称A与B相合，记为$A\simeq B$.

由于矩阵C非奇异，所以矩阵A与B之间的合同关系，实质上是一种特殊的等价关系. 矩阵的合同关系满足等价关系的三个性质：

(1) **反身性** $A\simeq A$.

因为$I_n^{\mathrm{T}}AI_n=A$，I_n为n阶单位矩阵.

(2) **对称性** 若$A\simeq B$，则$B\simeq A$.

因为$C^{\mathrm{T}}AC=B$，则$(C^{-1})^{\mathrm{T}}BC^{-1}=A$.

(3) **传递性** 若$A\simeq B,B\simeq C$，则$A\simeq C$.

因为$C_1^{\mathrm{T}}AC_1=B$，$C_2^{\mathrm{T}}BC_2=C$，则$(C_1C_2)^{\mathrm{T}}A(C_1C_2)=C$，而

$$|C_1C_2|=|C_1|\cdot|C_2|\neq 0.$$

合同矩阵还具有如下性质：

定理 6.1 若A与B合同，则$\mathrm{r}(A)=\mathrm{r}(B)$.

证 因$B=C^{\mathrm{T}}AC$，故$\mathrm{r}(B)\leqslant\mathrm{r}(A)$. 又因$C$为非奇异矩阵，有

$$A=(C^{\mathrm{T}})^{-1}BC^{-1},$$

从而$\mathrm{r}(A)\leqslant\mathrm{r}(B)$. 于是$\mathrm{r}(A)=\mathrm{r}(B)$. □

事实上，若矩阵A,B合同，则A,B等价，从而其秩相等.

定理 6.1 表明，非奇异线性变换$x=Cy$将原二次型$f=x^{\mathrm{T}}Ax$化为新二次型$y^{\mathrm{T}}By$后其秩不发生改变. 二次型的这一性质使我们得以从新二次型的某些性质推知原二次型的有关性质.

推论 任意实对称矩阵必合同于对角矩阵.

本推论是运用矩阵合同的概念来叙述 5.3 节中定理 5.11 的结果.

定理 6.2 任何二次型$f=x^{\mathrm{T}}Ax$经过非奇异线性变换$x=Cy$后仍是一个二次型，而且二次型的秩不变.

证 经 $\boldsymbol{x}=\boldsymbol{C}\boldsymbol{y}$ 变换，有

$$f=\boldsymbol{x}^{\mathrm{T}}\boldsymbol{A}\boldsymbol{x}=(\boldsymbol{C}\boldsymbol{y})^{\mathrm{T}}\boldsymbol{A}(\boldsymbol{C}\boldsymbol{y})=\boldsymbol{y}^{\mathrm{T}}(\boldsymbol{C}^{\mathrm{T}}\boldsymbol{A}\boldsymbol{C})\boldsymbol{y}=\boldsymbol{y}^{\mathrm{T}}\boldsymbol{B}\boldsymbol{y},$$

其中 $\boldsymbol{B}=\boldsymbol{C}^{\mathrm{T}}\boldsymbol{A}\boldsymbol{C}$. 因为

$$\boldsymbol{B}^{\mathrm{T}}=(\boldsymbol{C}^{\mathrm{T}}\boldsymbol{A}\boldsymbol{C})^{\mathrm{T}}=\boldsymbol{C}^{\mathrm{T}}\boldsymbol{A}^{\mathrm{T}}(\boldsymbol{C}^{\mathrm{T}})^{\mathrm{T}}=\boldsymbol{C}^{\mathrm{T}}\boldsymbol{A}\boldsymbol{C}=\boldsymbol{B},$$

所以 $\boldsymbol{B}$ 是实对称矩阵，$\boldsymbol{y}^{\mathrm{T}}\boldsymbol{B}\boldsymbol{y}$ 是二次型.

由于 $\boldsymbol{C}$ 非奇异，所以 $\boldsymbol{C}^{\mathrm{T}}$ 也非奇异，且

$$\mathrm{r}(\boldsymbol{B})=\mathrm{r}(\boldsymbol{C}^{\mathrm{T}}\boldsymbol{A}\boldsymbol{C})=\mathrm{r}(\boldsymbol{A}),$$

从而二次型的秩不变. □

注 从定理 6.2 的证明中可以注意到：

(1) 与对称矩阵合同的矩阵仍是对称矩阵.

(2) 一个二次型的矩阵与其经过非奇异线性变换后所得二次型的矩阵合同，并且合同关系中的非奇异矩阵就是非奇异线性变换的变换矩阵.

例 1 求二次型 $f=3x_1^2+4x_1x_2+6x_2^2$ 经非奇异线性变换

$$\begin{cases}x_1=2z_1+z_2,\\x_2=-z_1+2z_2\end{cases}$$

后的二次型.

解 记 $\boldsymbol{x}=\begin{pmatrix}x_1\\x_2\end{pmatrix}$，$\boldsymbol{z}=\begin{pmatrix}z_1\\z_2\end{pmatrix}$，则 $\boldsymbol{x}=\begin{pmatrix}2&1\\-1&2\end{pmatrix}\boldsymbol{z}$. 于是

$$\begin{aligned}f&=\boldsymbol{x}^{\mathrm{T}}\begin{pmatrix}3&2\\2&6\end{pmatrix}\boldsymbol{x}=\left(\begin{pmatrix}2&1\\-1&2\end{pmatrix}\boldsymbol{z}\right)^{\mathrm{T}}\begin{pmatrix}3&2\\2&6\end{pmatrix}\left(\begin{pmatrix}2&1\\-1&2\end{pmatrix}\boldsymbol{z}\right)\\&=\boldsymbol{z}^{\mathrm{T}}\begin{pmatrix}2&1\\-1&2\end{pmatrix}^{\mathrm{T}}\begin{pmatrix}3&2\\2&6\end{pmatrix}\begin{pmatrix}2&1\\-1&2\end{pmatrix}\boldsymbol{z}\\&=\boldsymbol{z}^{\mathrm{T}}\begin{pmatrix}10&0\\0&35\end{pmatrix}\boldsymbol{z}=10z_1^2+35z_2^2.\end{aligned}$$

从例 1 可以看出，一个二次型经过不同的非奇异线性变换后可以变成不同形式的二次型. 其中例 1 变换后的二次型的矩阵是对角矩阵，其展开式中只含变量的平方项，形式非常简单. 在代数学中，称这个只含变量平方项的二次型为原二次型的一个**标准形**.

定义 6.4 如果二次型

$$f=\boldsymbol{x}^{\mathrm{T}}\boldsymbol{A}\boldsymbol{x}$$

经过非奇异线性变换 $\boldsymbol{x}=\boldsymbol{C}\boldsymbol{y}$ 变成 $\boldsymbol{y}$ 的二次型

$$f=k_1y_1^2+k_2y_2^2+\cdots+k_ny_n^2, \tag{6.8}$$

则称二次型(6.8)是二次型 $f=\boldsymbol{x}^{\mathrm{T}}\boldsymbol{A}\boldsymbol{x}$ 的一个**标准形**.

二次型标准形的矩阵是对角矩阵

$$\boldsymbol{\Lambda}=\begin{pmatrix}k_1 & & & \\ & k_2 & & \\ & & \ddots & \\ & & & k_n\end{pmatrix},$$

二次型 $f=\boldsymbol{x}^{\mathrm{T}}\boldsymbol{A}\boldsymbol{x}$ 经过非奇异线性变换 $\boldsymbol{x}=\boldsymbol{C}\boldsymbol{y}$ 化为标准形，即是

$$\begin{aligned}f&=\boldsymbol{x}^{\mathrm{T}}\boldsymbol{A}\boldsymbol{x}=(\boldsymbol{C}\boldsymbol{y})^{\mathrm{T}}\boldsymbol{A}(\boldsymbol{C}\boldsymbol{y})=\boldsymbol{y}^{\mathrm{T}}(\boldsymbol{C}^{\mathrm{T}}\boldsymbol{A}\boldsymbol{C})\boldsymbol{y}=\boldsymbol{y}^{\mathrm{T}}\boldsymbol{\Lambda}\boldsymbol{y}\\&=(y_1,y_2,\cdots,y_n)\begin{pmatrix}k_1 & & & \\ & k_2 & & \\ & & \ddots & \\ & & & k_n\end{pmatrix}\begin{pmatrix}y_1\\ y_2\\ \vdots\\ y_n\end{pmatrix}\\&=k_1y_1^2+k_2y_2^2+\cdots+k_ny_n^2.\end{aligned}$$

这相当于已知实对称矩阵 $\boldsymbol{A}$，求非奇异矩阵 $\boldsymbol{C}$，使 $\boldsymbol{C}^{\mathrm{T}}\boldsymbol{A}\boldsymbol{C}=\boldsymbol{\Lambda}$ 是对角矩阵. 于是，化二次型为标准形的问题，就转化为是否能够找到非奇异矩阵 $\boldsymbol{C}$，使得二次型的矩阵 $\boldsymbol{A}$ 与对角矩阵 $\boldsymbol{\Lambda}$ 合同. 由定理 6.1 的推论知，任意实对称矩阵必合同于对角矩阵. 因此，任意二次型一定可以化为标准形，并且合同关系中的非奇异矩阵 $\boldsymbol{C}$ 就是所使用非奇异线性变换的变换矩阵.

习题 6.2

1. 对二次型 $f(x_1,x_2,x_3)=x_1^2-x_2^2-2x_3^2+2x_1x_2-4x_2x_3$ 作变换

$$\begin{cases}x_1=y_1-y_2+y_3,\\ x_2=\qquad y_2-y_3,\\ x_3=\qquad\qquad y_3,\end{cases}$$

求经过变换后的 f.

2. 化二次型

$$f(x_1,x_2,x_3)=x_1^2+2x_2^2+2x_1x_2+2x_1x_3+6x_2x_3$$

为标准形，并求出所用的非奇异线性变换.

3. 设 $f(x_1,x_2,x_3)=x_1^2+2x_1x_2-2x_1x_3+x_2^2-4x_2x_3-x_3^2$. 求经由以下矩阵 $\boldsymbol{C}$ 决定的变换后新的二次型：

(1) $\boldsymbol{C}=\begin{pmatrix}1&0&0\\0&2&0\\0&0&3\end{pmatrix}$； (2) $\boldsymbol{C}=\begin{pmatrix}1&-1&1\\-1&0&3\\-2&0&1\end{pmatrix}$.

4. 求一非奇异矩阵 $\boldsymbol{C}$，使 $\boldsymbol{C}^{\mathrm{T}}\boldsymbol{A}\boldsymbol{C}$ 为对角矩阵，其中 $\boldsymbol{A}=\begin{pmatrix}0&1&1\\1&0&-2\\1&-2&0\end{pmatrix}$.

5. 证明下列两个矩阵是合同的，并求出$\boldsymbol{C}$使$\boldsymbol{B}=\boldsymbol{C}^{\mathrm{T}}\boldsymbol{A}\boldsymbol{C}$：

$$\boldsymbol{A}=\begin{pmatrix}a_1&0&0\\0&a_2&0\\0&0&a_3\end{pmatrix},\quad \boldsymbol{B}=\begin{pmatrix}a_2&0&0\\0&a_3&0\\0&0&a_1\end{pmatrix}.$$

6. 如果两个实对称矩阵具有相同的特征多项式，求证：它们一定是合同的.

*7. 设$\boldsymbol{A},\boldsymbol{B}$为$n$阶实矩阵. 若存在可逆矩阵$\boldsymbol{P}$，使$\boldsymbol{P}^{\mathrm{T}}\boldsymbol{A}\boldsymbol{P}=\boldsymbol{B}$，则称矩阵$\boldsymbol{A},\boldsymbol{B}$是合同的. 证明：$n$维欧氏空间$V$中，内积在不同基下的度量矩阵是合同的.

6.3 化二次型为标准形的几种方法

6.3.1 正交变换法

正交变换法就是找一个正交矩阵$\boldsymbol{P}$，作变量的线性代换$\boldsymbol{x}=\boldsymbol{P}\boldsymbol{y}$，使二次型化为标准形. 这与求正交矩阵使实对称矩阵正交相似于对角矩阵的方法是一样的.

具体方法和步骤是：

第一步 写出二次型f的矩阵$\boldsymbol{A}$.

第二步 用5.3节中求正交矩阵将实对称矩阵对角化的方法，求出实对称矩阵$\boldsymbol{A}$的特征值$\lambda_1,\lambda_2,\cdots,\lambda_n$和相应的正交矩阵$\boldsymbol{P}$.

第三步 写出正交变换$\boldsymbol{x}=\boldsymbol{P}\boldsymbol{y}$及二次型的标准形

$$f=\lambda_1y_1^2+\lambda_2y_2^2+\cdots+\lambda_ny_n^2.$$

这种用正交变换化二次型为标准形的方法称为**正交变换法**.

例1 用正交变换法将二次型

$$f(x_1,x_2,x_3,x_4)=2x_1x_2+2x_1x_3-2x_1x_4-2x_2x_3+2x_2x_4+2x_3x_4$$

化为标准形，并求出所用的正交变换.

解 这个二次型对应的实对称阵为

$$\boldsymbol{A}=\begin{pmatrix}0&1&1&-1\\1&0&-1&1\\1&-1&0&1\\-1&1&1&0\end{pmatrix}.$$

容易求出$\boldsymbol{A}$的特征方程

$$|\lambda\boldsymbol{I}-\boldsymbol{A}|=(\lambda-1)^3(\lambda+3)=0.$$

$\boldsymbol{A}$的特征值为$1,1,1,-3$. 下面来求正交变换矩阵$\boldsymbol{P}$.

先求 $\lambda=1$ 的特征向量，这时有齐次线性方程组 $(\lambda\boldsymbol{I}-\boldsymbol{A})\boldsymbol{x}=\boldsymbol{0}$ 为

$$\begin{pmatrix}1&-1&-1&1\\-1&1&1&-1\\-1&1&1&-1\\1&-1&-1&1\end{pmatrix}\begin{pmatrix}x_1\\x_2\\x_3\\x_4\end{pmatrix}=\begin{pmatrix}0\\0\\0\\0\end{pmatrix},$$

可求出基础解系为

$$\begin{pmatrix}1\\1\\0\\0\end{pmatrix},\begin{pmatrix}1\\0\\1\\0\end{pmatrix},\begin{pmatrix}-1\\0\\0\\1\end{pmatrix}.$$

用施密特方法将这3个向量正交化并单位化，得

$$\begin{pmatrix}\frac{1}{\sqrt{2}}\\\frac{1}{\sqrt{2}}\\0\\0\end{pmatrix},\begin{pmatrix}\frac{1}{\sqrt{6}}\\-\frac{1}{\sqrt{6}}\\\sqrt{\frac{2}{3}}\\0\end{pmatrix},\begin{pmatrix}-\frac{1}{2\sqrt{3}}\\\frac{1}{2\sqrt{3}}\\\frac{1}{2\sqrt{3}}\\\frac{\sqrt{3}}{2}\end{pmatrix}.$$

再求 $\lambda=-3$ 时的特征向量，这时齐次线性方程组 $(\lambda\boldsymbol{I}-\boldsymbol{A})\boldsymbol{x}=\boldsymbol{0}$ 为

$$\begin{pmatrix}-3&-1&-1&1\\-1&-3&1&-1\\-1&1&-3&-1\\1&-1&-1&-3\end{pmatrix}\begin{pmatrix}x_1\\x_2\\x_3\\x_4\end{pmatrix}=\begin{pmatrix}0\\0\\0\\0\end{pmatrix}.$$

求出它的基础解系，含一个向量：$\begin{pmatrix}1\\-1\\-1\\1\end{pmatrix}$. 将它标准化为

$$\begin{pmatrix}\frac{1}{2}\\-\frac{1}{2}\\-\frac{1}{2}\\\frac{1}{2}\end{pmatrix},$$

则正交矩阵为

$$P=\begin{pmatrix}\frac{1}{\sqrt{2}} & \frac{1}{\sqrt{6}} & -\frac{1}{2\sqrt{3}} & \frac{1}{2}\\ \frac{1}{\sqrt{2}} & -\frac{1}{\sqrt{6}} & \frac{1}{2\sqrt{3}} & -\frac{1}{2}\\ 0 & \sqrt{\frac{2}{3}} & \frac{1}{2\sqrt{3}} & -\frac{1}{2}\\ 0 & 0 & \frac{\sqrt{3}}{2} & \frac{1}{2}\end{pmatrix}.$$

所用的正交变换为

$$\begin{cases}x_1=\frac{1}{\sqrt{2}}y_1+\frac{1}{\sqrt{6}}y_2-\frac{1}{2\sqrt{3}}y_3+\frac{1}{2}y_4,\\ x_2=\frac{1}{\sqrt{2}}y_1-\frac{1}{\sqrt{6}}y_2+\frac{1}{2\sqrt{3}}y_3-\frac{1}{2}y_4,\\ x_3=\qquad+\frac{2}{\sqrt{6}}y_2+\frac{1}{2\sqrt{3}}y_3-\frac{1}{2}y_4,\\ x_4=\qquad\qquad+\frac{1}{2\sqrt{3}}y_3+\frac{1}{2}y_4,\end{cases}$$

则新变量的二次型为

$$f=y_1^2+y_2^2+y_3^2-3y_4^2.$$

用正交变换化二次型为标准形具有保持二次型对应几何对象的形状不变的优点. 但是在具体实施时由于要用施密特正交化方法，因此常常不胜其烦. 如果不限于用正交变换，那么还可以有多种方法把二次型化为标准形，下面我们向读者介绍另外两种化二次型为标准形的方法，在某种程度上要稍为简单些. 当然在这两种办法中，变换矩阵 $\boldsymbol{C}$ 不一定是正交矩阵了.

6.3.2　拉格朗日配方法

拉格朗日配方法是通过把变量配成完全平方化二次型为标准形的一种方法，现举例来说明.

例 2　化二次型

$$f(x_1,x_2,x_3)=x_1^2+x_2^2+x_3^2+2x_1x_2+2x_1x_3-2x_2x_3$$

为标准形.

解　因为 $a_{11}=1\neq 0$，对 x_1 配方，得

$$\begin{aligned}f(x_1,x_2,x_3)&=(x_1^2+2x_1x_2+2x_1x_3)+x_2^2+x_3^2-2x_2x_3\\&=(x_1+x_2+x_3)^2-2x_2x_3.\end{aligned}$$

令

$$\begin{cases} y_1 = x_1 + x_2 + x_3, \\ y_2 = \quad\quad x_2, \\ y_3 = \quad\quad\quad\quad x_3, \end{cases}$$

即

$$\begin{cases} x_1 = y_1 - y_2 - y_3, \\ x_2 = \quad\quad y_2, \\ x_3 = \quad\quad\quad\quad y_3, \end{cases} \tag{①}$$

二次型 $f(x_1, x_2, x_3)$ 化为

$$f = y_1^2 - 2y_2y_3.$$

再令

$$\begin{cases} y_1 = z_1, \\ y_2 = \quad -z_2 + z_3, \\ y_3 = \quad\quad z_2 + z_3, \end{cases} \tag{②}$$

于是二次型化为标准形

$$f = z_1^2 + 2z_2^2 - 2z_3^2.$$

将线性变换 ① 和 ② 表示为矩阵形式：

$$\boldsymbol{x} = \boldsymbol{C}_1\boldsymbol{y}, \quad \boldsymbol{C}_1 = \begin{pmatrix} 1 & 0 & 0 \\ -1 & 1 & 0 \\ -1 & 0 & 1 \end{pmatrix};$$

$$\boldsymbol{y} = \boldsymbol{C}_2\boldsymbol{z}, \quad \boldsymbol{C}_2 = \begin{pmatrix} 1 & 0 & 0 \\ 0 & -1 & 1 \\ 0 & 1 & 1 \end{pmatrix},$$

其中 $\boldsymbol{x} = (x_1, x_2, x_3)^{\mathrm{T}}$, $\boldsymbol{y} = (y_1, y_2, y_3)^{\mathrm{T}}$, $\boldsymbol{z} = (z_1, z_2, z_3)^{\mathrm{T}}$, 故 $\boldsymbol{x} = \boldsymbol{C}_1\boldsymbol{C}_2\boldsymbol{z}$, 所以变换矩阵为

$$\boldsymbol{C} = \boldsymbol{C}_1\boldsymbol{C}_2 = \begin{pmatrix} 1 & 0 & 0 \\ -1 & -1 & 1 \\ -1 & 1 & 1 \end{pmatrix}.$$

例 3 化二次型 $f = 2x_1x_2 + 2x_1x_3 - 6x_2x_3$ 为标准形，并求出所用的非奇异线性变换.

解 f 中没有平方项，为出现平方项，先作非奇异线性变换

$$\begin{cases} x_1 = y_1 + y_2, \\ x_2 = y_1 - y_2, \\ x_3 = \quad\quad y_3, \end{cases}$$

得

$$f = 2y_1^2 - 2y_2^2 - 4y_1y_3 + 8y_2y_3.$$

配方得

$$\begin{aligned} f &= 2[(y_1^2 - 2y_1y_3 + y_3^2) - y_2^2 + 4y_2y_3 - y_3^2] \\ &= 2[(y_1 - y_3)^2 - (y_2^2 - 4y_2y_3 + 4y_3^2) + 3y_3^2] \\ &= 2[(y_1 - y_3)^2 - (y_2 - 2y_3)^2 + 3y_3^2]. \end{aligned}$$

再作第二次非奇异线性变换

$$\begin{cases} z_1 = y_1 - y_3, \\ z_2 = y_2 - 2y_3, \\ z_3 = \qquad y_3, \end{cases}$$

即

$$\begin{cases} y_1 = z_1 + \ z_3, \\ y_2 = z_2 + 2z_3, \\ y_3 = \qquad z_3. \end{cases}$$

为得到由 x_1, x_2, x_3 到 z_1, z_2, z_3 的非奇异线性变换，只须将后一个变换代入前一个变换. 经整理，得

$$\begin{cases} x_1 = z_1 + z_2 + 3z_3, \\ x_2 = z_1 - z_2 - \ z_3, \\ x_3 = \qquad\qquad z_3. \end{cases}$$

此即所求之非奇异线性变换. 在此变换下，原二次型 f 化为标准形

$$f = 2z_1^2 - 2z_2^2 + 6z_3^2.$$

一般地，若由 $\boldsymbol{x}$ 到 $\boldsymbol{y}$ 的非奇异线性变换为 $\boldsymbol{x} = \boldsymbol{C}_1\boldsymbol{y}$，由 $\boldsymbol{y}$ 到 $\boldsymbol{z}$ 的非奇异线性变换为 $\boldsymbol{y} = \boldsymbol{C}_2\boldsymbol{z}$，则由 $\boldsymbol{x}$ 到 $\boldsymbol{z}$ 的非奇异线性变换为 $\boldsymbol{x} = \boldsymbol{C}\boldsymbol{z}$，其中变换矩阵 $\boldsymbol{C} = \boldsymbol{C}_1\boldsymbol{C}_2$. 本例中我们有

$$\boldsymbol{C} = \boldsymbol{C}_1\boldsymbol{C}_2 = \begin{pmatrix} 1 & 1 & 0 \\ 1 & -1 & 0 \\ 0 & 0 & 1 \end{pmatrix}\begin{pmatrix} 1 & 0 & 1 \\ 0 & 1 & 2 \\ 0 & 0 & 1 \end{pmatrix} = \begin{pmatrix} 1 & 1 & 3 \\ 1 & -1 & -1 \\ 0 & 0 & 1 \end{pmatrix}$$

$|\boldsymbol{C}| = -2 \neq 0$.

注 用拉格朗日配方法把二次型化为标准形时，可能出现两种情形：

(1) 如果二次型 $f(x_1, x_2, \cdots, x_n)$ 中，某个变量平方项的系数不为零，如有 $a_{11} \neq 0$，先将含 x_1 的所有因子都配成平方项，然后再对其他含平方项的变量配方，直到全配成平方和的形式.

(2) 如果二次型 $f(x_1, x_2, \cdots, x_n)$ 中没有平方项，而有某个 $a_{ij} \neq 0\ (i \neq j)$，

则可作线性变换

$$\begin{cases} x_i = y_i + y_j, \\ x_j = y_i - y_j, \\ x_k = y_k \quad (k \neq i, j). \end{cases}$$

化成含有平方项的二次型，然后再继续按情形(1)的方法进行配方.

6.3.3　初等变换法

在第二章中，我们知道，非奇异矩阵可以表示为若干个初等矩阵的乘积，在矩阵的左(右)边乘以一个初等矩阵，即等于对该矩阵施以初等行(列)变换. 因此，当 $\boldsymbol{C}$ 是非奇异矩阵，$\boldsymbol{C}^{\mathrm{T}}\boldsymbol{A}\boldsymbol{C}$ 为对角矩阵.

前面我们已经指出，化二次型 $f(x_1, x_2, \cdots, x_n) = \boldsymbol{x}^{\mathrm{T}}\boldsymbol{A}\boldsymbol{x}$ 为标准形，相当于求一个可逆矩阵，使 $\boldsymbol{C}^{\mathrm{T}}\boldsymbol{A}\boldsymbol{C} = \boldsymbol{\Lambda}$ 为对角矩阵. 因为任何可逆矩阵都能表示成初等矩阵的乘积，故可设

$$\boldsymbol{C} = \boldsymbol{P}_1\boldsymbol{P}_2\cdots\boldsymbol{P}_s,$$

其中 $\boldsymbol{P}_1, \boldsymbol{P}_2, \cdots, \boldsymbol{P}_s$ 为初等矩阵，$\boldsymbol{C}$ 的转置矩阵是 $\boldsymbol{C}^{\mathrm{T}} = \boldsymbol{P}_s{}^{\mathrm{T}}\boldsymbol{P}_{s-1}{}^{\mathrm{T}}\cdots\boldsymbol{P}_1{}^{\mathrm{T}}$，于是

$$\boldsymbol{\Lambda} = \boldsymbol{P}_s^{\mathrm{T}}(\boldsymbol{P}_{s-1}^{\mathrm{T}}\cdots\boldsymbol{P}_2^{\mathrm{T}}(\boldsymbol{P}_1^{\mathrm{T}}\boldsymbol{A}\boldsymbol{P}_1)\boldsymbol{P}_2\cdots\boldsymbol{P}_{s-1})\boldsymbol{P}_s.$$

可见，对 $2n \times n$ 矩阵 $\begin{pmatrix} \boldsymbol{A} \\ \cdots \\ \boldsymbol{I} \end{pmatrix}$ 施以相应于右乘 $\boldsymbol{P}_1, \boldsymbol{P}_2, \cdots, \boldsymbol{P}_s$ 的初等列变换，再对 $\boldsymbol{A}$ 施以相应于左乘 $\boldsymbol{P}_1^{\mathrm{T}}, \boldsymbol{P}_2^{\mathrm{T}}, \cdots, \boldsymbol{P}_s^{\mathrm{T}}$ 的初等行变换，矩阵 $\boldsymbol{A}$ 变为对角矩阵，单位矩阵 $\boldsymbol{I}$ 就变为所要求的非奇异矩阵 $\boldsymbol{C}$.

上述化二次型为标准形的初等变换法可图示为

$$\text{二次型 } f = \boldsymbol{x}^{\mathrm{T}}\boldsymbol{A}\boldsymbol{x} \Rightarrow \begin{pmatrix} \boldsymbol{A} \\ \cdots \\ \boldsymbol{I} \end{pmatrix} \xrightarrow[\text{目标将}\boldsymbol{A}\text{ 变换为对角矩阵 }\boldsymbol{\Lambda}]{\text{施以成对的行列初等变换}} \begin{pmatrix} \boldsymbol{\Lambda} \\ \cdots \\ \boldsymbol{C} \end{pmatrix}$$

$\Rightarrow$ 非奇异线性变换 $\boldsymbol{x} = \boldsymbol{C}\boldsymbol{y}$

$\Rightarrow$ 二次型 $f = \boldsymbol{x}^{\mathrm{T}}\boldsymbol{A}\boldsymbol{x}$ 的标准形 $f = \boldsymbol{y}^{\mathrm{T}}\boldsymbol{\Lambda}\boldsymbol{y}$.

例 4　用初等变换法把二次型

$$f = x_1^2 + 2x_2^2 + 2x_3^2 - 2x_1x_2 + 4x_1x_3 - 6x_2x_3$$

化为标准形，并求出所用的非奇异线性变换.

解　二次型 f 的矩阵为

$$\boldsymbol{A} = \begin{pmatrix} 1 & -1 & 2 \\ -1 & 2 & -3 \\ 2 & -3 & 2 \end{pmatrix},$$

$$\begin{pmatrix} A \\ \hdashline I \end{pmatrix} = \left(\begin{array}{ccc} 1 & -1 & 2 \\ -1 & 2 & -3 \\ 2 & -3 & 2 \\ \hdashline 1 & 0 & 0 \\ 0 & 1 & 0 \\ 0 & 0 & 1 \end{array}\right) \xrightarrow{c_2 + c_1} \left(\begin{array}{ccc} 1 & 0 & 2 \\ -1 & 1 & -3 \\ 2 & -1 & 2 \\ \hdashline 1 & 1 & 0 \\ 0 & 1 & 0 \\ 0 & 0 & 1 \end{array}\right)$$

$$\xrightarrow{r_2 + r_1} \left(\begin{array}{ccc} 1 & 0 & 2 \\ 0 & 1 & -1 \\ 2 & -1 & 2 \\ \hdashline 1 & 1 & 0 \\ 0 & 1 & 0 \\ 0 & 0 & 1 \end{array}\right) \xrightarrow{c_3 + (-2)c_1} \left(\begin{array}{ccc} 1 & 0 & 0 \\ 0 & 1 & -1 \\ 2 & -1 & -2 \\ \hdashline 1 & 1 & -2 \\ 0 & 1 & 0 \\ 0 & 0 & 1 \end{array}\right)$$

$$\xrightarrow{r_3 + (-2)r_1} \left(\begin{array}{ccc} 1 & 0 & 0 \\ 0 & 1 & -1 \\ 0 & -1 & -2 \\ \hdashline 1 & 1 & -2 \\ 0 & 1 & 0 \\ 0 & 0 & 1 \end{array}\right) \xrightarrow{c_3 + c_2} \left(\begin{array}{ccc} 1 & 0 & 0 \\ 0 & 1 & 0 \\ 0 & -1 & -3 \\ \hdashline 1 & 1 & -1 \\ 0 & 1 & 1 \\ 0 & 0 & 1 \end{array}\right)$$

$$\xrightarrow{r_3 + r_2} \left(\begin{array}{ccc} 1 & 0 & 0 \\ 0 & 1 & 0 \\ 0 & 0 & -3 \\ \hdashline 1 & 1 & -1 \\ 0 & 1 & 1 \\ 0 & 0 & 1 \end{array}\right) = \begin{pmatrix} \Lambda \\ \hdashline C \end{pmatrix},$$

则

$$C = \begin{pmatrix} 1 & 1 & -1 \\ 0 & 1 & 1 \\ 0 & 0 & 1 \end{pmatrix}, \quad \Lambda = \begin{pmatrix} 1 & & \\ & 1 & \\ & & -3 \end{pmatrix}.$$

所用的非奇异线性变换为 $x = Cy$，即

$$\begin{pmatrix} x_1 \\ x_2 \\ x_3 \end{pmatrix} = \begin{pmatrix} 1 & 1 & -1 \\ 0 & 1 & 1 \\ 0 & 0 & 1 \end{pmatrix} \begin{pmatrix} y_1 \\ y_2 \\ y_3 \end{pmatrix}.$$

二次型的标准形为

$$f = y^{\mathrm{T}} \Lambda y = y_1^2 + y_2^2 - 3y_3^2.$$

注　(1) 用正交变换法所得的标准形的系数一定是二次型矩阵的特征值. 而用初等变换法及配方法所得到的标准形却未必是相应特征值.

(2) 用初等变换法及配方法所得的标准形与用正交变换法所得的标准形不一定相同，所以二次型的标准形不唯一. 但可以证明，标准形中正项的个数和负项的个数是唯一确定的.

习题 6.3

1. 用正交变换化下列二次型为标准形，并求出所用的正交变换：

(1) $f(x_1,x_2,x_3)=2x_1x_2+2x_1x_3+2x_2x_3$；

(2) $f(x_1,x_2,x_3,x_4)=2x_1x_2+2x_1x_3+2x_1x_4+2x_2x_3+2x_2x_4+2x_3x_4$.

2. 用拉格朗日配方法把下列二次型化为标准形，并求出所用的非奇异线性变换：

(1) $f(x_1,x_2,x_3)=2x_1x_2+2x_1x_3-6x_2x_3$；

(2) $f(x_1,x_2,x_3,x_4)=2x_1x_2-x_1x_3+x_1x_4-x_2x_3+x_2x_4-2x_3x_4$.

3. 用初等变换法将下列二次型化为标准形，并求出所用的非奇异线性变换：

(1) $f(x_1,x_2,x_3,x_4)=2x_1x_2+2x_1x_3-2x_1x_4-2x_2x_3+2x_2x_4+2x_3x_4$；

(2) $f(x_1,x_2,x_3)=2x_1x_2+2x_1x_3-6x_2x_3$.

4. 设实二次型

$$f(x_1,x_2,x_3)=x_1^2+x_2^2+x_3^2+2ax_1x_2+2bx_2x_3+2x_1x_3$$

经正交变换 $\boldsymbol{x}=\boldsymbol{P}\boldsymbol{y}$ 化成标准形 $f=y_2^2+2y_3^2$，其中

$$\boldsymbol{x}=(x_1,x_2,x_3)^{\mathrm{T}},\quad \boldsymbol{y}=(y_1,y_2,y_3)^{\mathrm{T}}.$$

求 a,b.

5. 求出 $\boldsymbol{C}$ 使 $\boldsymbol{B}=\boldsymbol{C}^{\mathrm{T}}\boldsymbol{A}\boldsymbol{C}$：

$$\boldsymbol{A}=\begin{pmatrix}1&0&0\\0&-1&0\\0&0&1\end{pmatrix},\quad \boldsymbol{B}=\begin{pmatrix}4&0&0\\0&1&0\\0&0&-4\end{pmatrix}.$$

6.4　实二次型的正惯性指数

由前面的讨论我们知道，任一实二次型都可经过非奇异线性变换化为标准形，且对二次型施以不同的非奇异线性变换，可得到不同形式的标准形. 一般来说，非零的二次型有无穷多种标准形.

比如对 $2y_1^2-\dfrac{1}{2}y_2^2-\dfrac{1}{2}y_3^2$，令

$$y_1=aw_1,\quad y_2=w_2,\quad y_3=w_3,$$

则 $2a^2w_1^2-\frac{1}{2}w_2^2-\frac{1}{2}w_3^2$ 也是标准形，而 a 可取一切非零实数. 为此我们需要寻找一种最简单的标准形，使二次型的标准形规范化.

定义6.5　若一个实二次型的标准形中平方项的系数只是1，−1与0，则称这样的标准形为**规范标准形**.

规范标准形的形状是

$$f=z_1^2+\cdots+z_p^2-z_{p+1}^2-\cdots-z_r^2 \quad (r\leqslant n), \tag{6.9}$$

其中系数为零的项没有写出来. 任何一个标准形都可以规范化，这只需将平方项的系数凑成平方数再作变换就行.

事实上将标准形中的变量按系数为正、为负、为零重排顺序可使二次型的标准形为

$$d_1y_1^2+\cdots+d_py_p^2-d_{p+1}y_{p+1}^2-\cdots-d_ry_r^2, \tag{6.10}$$

其中 $d_i>0$ $(i=1,2,\cdots,r;\ r\leqslant n)$，$r$ 是 $f(x_1,x_2,\cdots,x_n)$ 的系数矩阵的秩. 因为在实数域中，正实数总可以开平方，所以再作一非奇异线性变换

$$\begin{cases} y_1=\dfrac{1}{\sqrt{d_1}}z_1, \\ \cdots\cdots\cdots\cdots \\ y_r=\dfrac{1}{\sqrt{d_r}}z_r, \\ y_{r+1}=z_{r+1}, \\ \cdots\cdots\cdots \\ y_n=z_n, \end{cases} \tag{6.11}$$

(6.10) 就变成规范标准形(6.9).

例1　将二次型的标准形 $2y_1^2-2y_2^2-\frac{1}{2}y_3^2$ 规范化.

解　$2y_1^2-2y_2^2-\frac{1}{2}y_3^2=(\sqrt{2}y_1)^2-(\sqrt{2}y_2)^2-\left(\frac{1}{\sqrt{2}}y_3\right)^2$，作如下变换：

$$\begin{cases} w_1=\sqrt{2}y_1, \\ w_2=\sqrt{2}y_2, \\ w_3=\dfrac{1}{\sqrt{2}}y_3, \end{cases}$$

则原二次型就变为 $w_1^2-w_2^2-w_3^2$. 这就是一个规范标准形.

显然，规范标准形完全被 r,p 这两个数所决定. 对此我们有下面的重要定理.

定理 6.3（惯性定理） 任意一个实二次型都可经适当的非奇异线性变换变成规范标准形，一个二次型的规范标准形是唯一的.

定理的前一半在上面已经证明，唯一性的证明略.

由惯性定理可知，实二次型的标准形中，系数为正的平方项的个数 p 与化二次型为标准形时所用的非奇异线性变换无关，它是由二次型唯一确定的. 同样，系数为负的平方项的个数 $r-p$ 也是由二次型唯一确定的.

定义 6.6 实二次型的规范形中，正平方项的个数 p 称为**正惯性指数**，负平方项的个数 $r-p$ 称为**负惯性指数**，正惯性指数与负惯性指数之差称为二次型的**符号差**.

比如，一个二次型如它的规范标准形是 $y_1^2+y_2^2-y_3^2-y_4^2$，则它的正惯性指数等于 2，负惯性指数等于 2，符号差等于 0. 又如，规范标准形 $-y_1^2-y_2^2-y_3^2$ 的正惯性指数等于 0，负惯性指数等于 3，符号差等于 -3.

应该指出，虽然实二次型的标准形不是唯一的，但是由上面化成规范形的过程可以看出，标准形中系数为正的平方项的个数与规范标准形中正的平方项的个数是一致的. 因此，惯性定理也可以叙述为：实二次型的标准形中系数为正的平方项的个数是唯一确定的，它等于正惯性指数，而系数为负的平方项的个数就等于负惯性指数.

惯性定理可以用矩阵的术语表述为：任何实对称矩阵 $\boldsymbol{A}$ 都合同于对角矩阵

$$\begin{pmatrix} \boldsymbol{I}_p & \boldsymbol{O} & \boldsymbol{O} \\ \boldsymbol{O} & -\boldsymbol{I}_{r-p} & \boldsymbol{O} \\ \boldsymbol{O} & \boldsymbol{O} & \boldsymbol{O} \end{pmatrix}, \tag{6.12}$$

且此对角矩阵唯一，其中 r 是矩阵 $\boldsymbol{A}$ 的秩，即二次型 $\boldsymbol{x}^{\mathrm{T}}\boldsymbol{A}\boldsymbol{x}$ 的秩，它等于二次型的正负惯性指数之和.

惯性定理的唯一性表明：两个合同的矩阵具有相同的惯性指数；反过来，具有相同惯性指数的两个同阶实对称矩阵一定合同. 这是因为，如果 n 阶矩阵 $\boldsymbol{A},\boldsymbol{B}$ 的惯性指数相同，设正、负惯性指数分别是 p 和 $r-p$，那么 $\boldsymbol{A},\boldsymbol{B}$ 都合同于(6.12)，利用合同关系的对称性和传递性，即得 $\boldsymbol{A}$ 合同于 $\boldsymbol{B}$.

将定理 6.3 应用于实对称矩阵，即得下面的推论：

推论 1 任何实对称矩阵 $\boldsymbol{A}$ 都合同于对角矩阵

$$\mathrm{diag}(\underbrace{1,\cdots,1}_{p\text{个}},\underbrace{-1,\cdots,-1}_{r-p\text{个}},0,0,\cdots,0),$$

其中 $r=\mathrm{r}(\boldsymbol{A})$.

推论 2　如果 $f(x_1,x_2,\cdots,x_n)=\boldsymbol{x}^{\mathrm{T}}\boldsymbol{A}\boldsymbol{x}$ 与 $g(y_1,y_2,\cdots,y_n)=\boldsymbol{y}^{\mathrm{T}}\boldsymbol{B}\boldsymbol{y}$ 都是 n 个变量的实二次型，它们有相同的秩与正惯性指数，则必有非奇异的线性变换 $\boldsymbol{x}=\boldsymbol{P}\boldsymbol{y}$，使得 $\boldsymbol{x}^{\mathrm{T}}\boldsymbol{A}\boldsymbol{x}=\boldsymbol{y}^{\mathrm{T}}(\boldsymbol{P}^{\mathrm{T}}\boldsymbol{A}\boldsymbol{P})\boldsymbol{y}=\boldsymbol{y}^{\mathrm{T}}\boldsymbol{B}\boldsymbol{y}$.

证　设两个二次型的秩为 r，正惯性指数为 p. 则由定理 6.3 可知，存在非奇异的线性变换 $\boldsymbol{x}=\boldsymbol{P}_1\boldsymbol{z}$ 与 $\boldsymbol{y}=\boldsymbol{P}_2\boldsymbol{z}$，使得

$$\boldsymbol{x}^{\mathrm{T}}\boldsymbol{A}\boldsymbol{x}=\boldsymbol{z}^{\mathrm{T}}(\boldsymbol{P}_1^{\mathrm{T}}\boldsymbol{A}\boldsymbol{P}_1)\boldsymbol{z}=z_1^2+z_2^2+\cdots+z_p^2-z_{p+1}^2-\cdots-z_r^2,$$

$$\boldsymbol{y}^{\mathrm{T}}\boldsymbol{B}\boldsymbol{y}=\boldsymbol{z}^{\mathrm{T}}(\boldsymbol{P}_2^{\mathrm{T}}\boldsymbol{B}\boldsymbol{P}_2)\boldsymbol{z}=z_1^2+z_2^2+\cdots+z_p^2-z_{p+1}^2-\cdots-z_r^2.$$

因此，令 $\boldsymbol{x}=\boldsymbol{P}_1\boldsymbol{P}_2^{-1}\boldsymbol{y}=\boldsymbol{P}\boldsymbol{y}$，其中 $\boldsymbol{P}=\boldsymbol{P}_1\boldsymbol{P}_2^{-1}$，就有

$$\begin{aligned}\boldsymbol{x}^{\mathrm{T}}\boldsymbol{A}\boldsymbol{x}&=\boldsymbol{y}^{\mathrm{T}}(\boldsymbol{P}^{\mathrm{T}}\boldsymbol{A}\boldsymbol{P})\boldsymbol{y}=\boldsymbol{y}^{\mathrm{T}}((\boldsymbol{P}_1\boldsymbol{P}_2^{-1})^{\mathrm{T}}\boldsymbol{A}(\boldsymbol{P}_1\boldsymbol{P}_2^{-1}))\boldsymbol{y}\\&=(\boldsymbol{P}_2^{-1}\boldsymbol{y})^{\mathrm{T}}(\boldsymbol{P}_1^{\mathrm{T}}\boldsymbol{A}\boldsymbol{P}_1)(\boldsymbol{P}_2^{-1}\boldsymbol{y})=\boldsymbol{z}^{\mathrm{T}}(\boldsymbol{P}_1^{\mathrm{T}}\boldsymbol{A}\boldsymbol{P}_1)\boldsymbol{z}\\&=\boldsymbol{z}^{\mathrm{T}}(\boldsymbol{P}_2^{\mathrm{T}}\boldsymbol{B}\boldsymbol{P}_2)\boldsymbol{z}=(\boldsymbol{P}_2\boldsymbol{z})^{\mathrm{T}}\boldsymbol{B}(\boldsymbol{P}_2\boldsymbol{z})=\boldsymbol{y}^{\mathrm{T}}\boldsymbol{B}\boldsymbol{y}.\end{aligned}$$

□

习题 6.4

1. 求下列实二次型的规范标准形(不必写出变换矩阵)：

(1)　$f(x_1,x_2,x_3,x_4)=x_1^2+2x_2^2+3x_3^2+4x_4^2+2x_1x_3+x_2x_4$；

(2)　$f(x_1,x_2,x_3)=x_1^2-2x_1x_2+x_2^2+x_3^2$；

再写出它们的正惯性指数、负惯性指数和符号差.

2. 已知 $\boldsymbol{A}$ 是 n 阶实对称可逆矩阵，$\lambda_1,\lambda_2,\cdots,\lambda_n$ 是其特征值，求二次型 $\boldsymbol{P}^{\mathrm{T}}\boldsymbol{B}\boldsymbol{P}=\boldsymbol{P}^{\mathrm{T}}\begin{bmatrix}\boldsymbol{O}&\boldsymbol{A}\\\boldsymbol{A}&\boldsymbol{O}\end{bmatrix}\boldsymbol{P}$ 的标准形及正负惯性指数.

3. 设实二次型 $f(x_1,x_2,\cdots,x_n)$ 的正负惯性指数分别为 k 与 l，$a_1,a_2,\cdots,a_k$ 是任意 k 个正数，$b_1,b_2,\cdots,b_l$ 是任意 l 个负数. 试证：$f(x_1,x_2,\cdots,x_n)$ 可经非奇异线性变换化成 $a_1y_1^2+a_2y_2^2+\cdots+a_ky_k^2+b_1y_{k+1}^2+b_2y_{k+2}^2+\cdots+b_ly_{k+l}^2$.

6.5　正定二次型与正定矩阵

6.5.1　正定二次型

在实二次型中，正定二次型占有特殊的地位，下面给出它的定义.

定义 6.7　设 $f(x_1,x_2,\cdots,x_n)$ 为一个实二次型. 若对任意一组不全为零的实数 $c_1,c_2,\cdots,c_n$ 都有

$$f(c_1,c_2,\cdots,c_n)>0, \tag{6.13}$$

则称 $f(x_1,x_2,\cdots,x_n)$ 为**正定二次型**. 它所对应的实对称矩阵称为**正定实对称矩阵**，简称**正定矩阵**.

例如，二次型

$$f(x_1,x_2,\cdots,x_n)=x_1^2+x_2^2+\cdots+x_n^2$$

当 $\boldsymbol{x}=\begin{pmatrix}x_1\\x_2\\\vdots\\x_n\end{pmatrix}\neq\boldsymbol{0}$ 时，显然 $f(x_1,x_2,\cdots,x_n)>0$，所以这个二次型是正定的，其矩阵 $\boldsymbol{I}_n$ 是正定矩阵.

正定二次型与正定阵是具有广泛应用的两个概念. 如何判断一个二次型是否是正定二次型呢？由上述讨论可知，如果一个二次型是标准形或规范标准形，则比较容易判断它是否正定. 对于标准形式的二次型，有下面的判定定理.

定理 6.4 n 个变量的实二次型

$$f(x_1,x_2,\cdots,x_n)=\mu_1x_1^2+\mu_2x_2^2+\cdots+\mu_nx_n^2$$

为正定二次型的充要条件是 $\mu_1>0$，$\mu_2>0$，$\cdots$，$\mu_n>0$，即二次型的正惯性指数为 n.

证 记 $f(x_1,x_2,\cdots,x_n)=\mu_1x_1^2+\mu_2x_2^2+\cdots+\mu_nx_n^2=\boldsymbol{x}^{\mathrm{T}}\boldsymbol{\Lambda x}$.

必要性. 依次取 $\boldsymbol{x}_i=(0,\cdots,1,\cdots,0)^{\mathrm{T}}$ $(i=1,2,\cdots,r)$，代入二次型得

$$\boldsymbol{x}_i^{\mathrm{T}}\boldsymbol{\Lambda x}_i=\mu_i>0\quad(i=1,2,\cdots,n).$$

必要性得证.

充分性. 由于 $\mu_1>0$，$\mu_2>0$，$\cdots$，$\mu_n>0$，所以

$$f(x_1,x_2,\cdots,x_n)=\mu_1x_1^2+\mu_2x_2^2+\cdots+\mu_nx_n^2\geqslant0.$$

对任意 $\boldsymbol{x}=(x_1,x_2,\cdots,x_n)^{\mathrm{T}}\neq\boldsymbol{0}$，$x_1,x_2,\cdots,x_n$ 中至少有一个不为零，因而

$$f(x_1,x_2,\cdots,x_n)=\mu_1x_1^2+\mu_2x_2^2+\cdots+\mu_nx_n^2>0.$$

由定义，二次型为正定二次型. □

由于二次型 $f=\boldsymbol{x}^{\mathrm{T}}\boldsymbol{Ax}$ 与实对称矩阵 $\boldsymbol{A}$ 一一对应，所以讨论二次型 $f=\boldsymbol{x}^{\mathrm{T}}\boldsymbol{Ax}$ 的正定性与讨论实对称矩阵 $\boldsymbol{A}$ 的正定性是等价的.

定理 6.5 非奇异线性变换不改变二次型的正定性.

证 设二次型 $f=\boldsymbol{x}^{\mathrm{T}}\boldsymbol{Ax}$，取任意非奇异线性变换 $\boldsymbol{x}=\boldsymbol{Cy}$，将二次型 $f=\boldsymbol{x}^{\mathrm{T}}\boldsymbol{Ax}$ 变换为 $f=\boldsymbol{y}^{\mathrm{T}}\boldsymbol{By}$，其中 $\boldsymbol{B}=\boldsymbol{C}^{\mathrm{T}}\boldsymbol{AC}$.

若 $f=\boldsymbol{x}^{\mathrm{T}}\boldsymbol{A}\boldsymbol{x}$ 正定，对任意 $\boldsymbol{y}\neq\boldsymbol{0}$，由 $\boldsymbol{C}$ 非奇异知 $\boldsymbol{x}\neq\boldsymbol{0}$，故有

$$f=\boldsymbol{y}^{\mathrm{T}}\boldsymbol{B}\boldsymbol{y}=\boldsymbol{y}^{\mathrm{T}}(\boldsymbol{C}^{\mathrm{T}}\boldsymbol{A}\boldsymbol{C})\boldsymbol{y}=(\boldsymbol{C}\boldsymbol{y})^{\mathrm{T}}\boldsymbol{A}(\boldsymbol{C}\boldsymbol{y})=\boldsymbol{x}^{\mathrm{T}}\boldsymbol{A}\boldsymbol{x}>0.$$

因此，二次型 $f=\boldsymbol{y}^{\mathrm{T}}\boldsymbol{B}\boldsymbol{y}$ 也是正定二次型. □

由于非奇异线性变换不改变二次型的正定性，因此，讨论二次型的正定性只要讨论其标准形的正定性即可.

定理 6.6 n 元实二次型为正定二次型（或 $\boldsymbol{A}$ 为正定矩阵）的充分必要条件是 $\boldsymbol{A}$ 的特征值全大于零.

证 必要性. 设 λ 为实对称矩阵 $\boldsymbol{A}$ 的特征值，对应的特征向量为 $\boldsymbol{x}$，即

$$\boldsymbol{A}\boldsymbol{x}=\lambda\boldsymbol{x}.$$

两端左乘 $\boldsymbol{x}^{\mathrm{T}}$，得

$$\boldsymbol{x}^{\mathrm{T}}\boldsymbol{A}\boldsymbol{x}=\lambda\boldsymbol{x}^{\mathrm{T}}\boldsymbol{x}.$$

注意到 $\boldsymbol{x}\neq\boldsymbol{0}$，由二次型的正定性知 $\boldsymbol{x}^{\mathrm{T}}\boldsymbol{A}\boldsymbol{x}>0$，又 $\boldsymbol{x}^{\mathrm{T}}\boldsymbol{x}=\|\boldsymbol{x}\|^2>0$，因此特征值 λ 是正数，必要性得证.

充分性. 设 $\boldsymbol{A}$ 的 n 个实特征值 $\lambda_1,\lambda_2,\cdots,\lambda_n$ 全大于零. 由于 n 阶实对称矩阵 $\boldsymbol{A}$ 一定正交相似于对角矩阵，因此 $\boldsymbol{A}$ 必有 n 个单位正交的实特征向量 $\boldsymbol{x}_1$，$\boldsymbol{x}_2,\cdots,\boldsymbol{x}_n$，分别对应于特征值 $\lambda_1,\lambda_2,\cdots,\lambda_n$. 这组特征向量 $\boldsymbol{x}_1,\boldsymbol{x}_2,\cdots,\boldsymbol{x}_n$ 成为 $\mathbf{R}^n$ 的一组标准正交基，因此任何非零的 n 维向量 $\boldsymbol{x}$ 均可表示为它的线性组合，即存在不全为零的 $k_1,k_2,\cdots,k_n$，使

$$\boldsymbol{x}=k_1\boldsymbol{x}_1+k_2\boldsymbol{x}_2+\cdots+k_n\boldsymbol{x}_n. \tag{6.14}$$

用 $\boldsymbol{A}$ 左乘上式的两端，得

$$\begin{aligned}\boldsymbol{A}\boldsymbol{x}&=k_1\boldsymbol{A}\boldsymbol{x}_1+k_2\boldsymbol{A}\boldsymbol{x}_2+\cdots+k_n\boldsymbol{A}\boldsymbol{x}_n\\&=k_1\lambda_1\boldsymbol{x}_1+k_2\lambda_2\boldsymbol{x}_2+\cdots+k_n\lambda_n\boldsymbol{x}_n\end{aligned} \tag{6.15}$$

由于 $\boldsymbol{x}^{\mathrm{T}}\boldsymbol{A}\boldsymbol{x}=(\boldsymbol{x},\boldsymbol{A}\boldsymbol{x})$，因此利用(6.14)和(6.15)，在标准正交基下计算内积，得

$$\boldsymbol{x}^{\mathrm{T}}\boldsymbol{A}\boldsymbol{x}=(\boldsymbol{x},\boldsymbol{A}\boldsymbol{x})=(k_1)^2\lambda_1+(k_2)^2\lambda_2+\cdots+(k_n)^2\lambda_n>0.$$

这就证明了二次型 $f=\boldsymbol{x}^{\mathrm{T}}\boldsymbol{A}\boldsymbol{x}$ 是正定的. □

定理 6.7 $\boldsymbol{A}$ 是正定矩阵的充要条件是 $\boldsymbol{A}$ 合同于单位阵，即存在实非奇异矩阵 $\boldsymbol{C}$，使 $\boldsymbol{C}^{\mathrm{T}}\boldsymbol{A}\boldsymbol{C}=\boldsymbol{I}$.

证 若 $\boldsymbol{A}$ 相合于单位阵 $\boldsymbol{I}$，也就是说二次型 $\boldsymbol{x}^{\mathrm{T}}\boldsymbol{A}\boldsymbol{x}$ 的规范标准形为 $y_1^2+y_2^2+\cdots+y_n^2$，因此 $\boldsymbol{x}^{\mathrm{T}}\boldsymbol{A}\boldsymbol{x}$ 是正定型，即 $\boldsymbol{A}$ 是正定阵.

反过来，若 $\boldsymbol{x}^{\mathrm{T}}\boldsymbol{A}\boldsymbol{x}$ 是正定型(即 $\boldsymbol{A}$ 是正定阵)，则 $\boldsymbol{x}^{\mathrm{T}}\boldsymbol{A}\boldsymbol{x}$ 的规范标准形为 $y_1^2+y_2^2+\cdots+y_n^2$，这个二次型对应的矩阵是单位阵 $\boldsymbol{I}$，因此 $\boldsymbol{A}$ 合同于 $\boldsymbol{I}$. □

注　设 n 个变量的二次型 $f=\boldsymbol{x}^{\mathrm{T}}\boldsymbol{A}\boldsymbol{x}$，则下列命题等价：

(1) $f=\boldsymbol{x}^{\mathrm{T}}\boldsymbol{A}\boldsymbol{x}$ 是正定二次型，从而 $\boldsymbol{A}$ 是正定矩阵.

(2) f 的正惯性指数 $p=n$.

(3) 矩阵 $\boldsymbol{A}$ 的特征值均大于零.

(4) 存在可逆矩阵 $\boldsymbol{C}$，使 $\boldsymbol{C}^{\mathrm{T}}\boldsymbol{A}\boldsymbol{C}=\boldsymbol{I}$，即 $\boldsymbol{A}$ 与单位矩阵 $\boldsymbol{I}$ 合同.

(5) 存在可逆矩阵 $\boldsymbol{P}$，使 $\boldsymbol{A}=\boldsymbol{P}^{\mathrm{T}}\boldsymbol{P}$.

例 1　设

$$f(x_1,x_2,x_3)=5x_1^2+x_2^2+5x_3^2+4x_1x_2-8x_1x_3-4x_2x_3,$$

判断 $f(x_1,x_2,x_3)$ 是否为正定二次型.

解　方法 1　二次型的矩阵为

$$\boldsymbol{A}=\begin{pmatrix}5&2&-4\\2&1&-2\\-4&-2&5\end{pmatrix}.$$

$\boldsymbol{A}$ 的特征方程为

$$|\lambda\boldsymbol{I}-\boldsymbol{A}|=(\lambda-1)(\lambda^2-10\lambda+1)=0.$$

因此，$\boldsymbol{A}$ 的特征值为

$$\lambda_1=1>0,\quad \lambda_{2,3}=\frac{10\pm\sqrt{96}}{2}>0,$$

所以，$\boldsymbol{A}$ 为正定二次型.

方法 2　由配方法，得

$$f(x_1,x_2,x_3)=5\left(x_1+\frac{2}{5}x_2-\frac{4}{5}x_3\right)^2+\frac{1}{5}(x_2-2x_3)^2+x_3^2.$$

$f(x_1,x_2,x_3)$ 的正惯性指数等于 3，因此，它是正定二次型.

下面从实对称矩阵本身给出正定矩阵的性质和判别方法.

定理 6.8　设 $\boldsymbol{A}=(a_{ij})$ 为 n 阶正定矩阵，则

(1) $\boldsymbol{A}$ 的主对角线上元素 $a_{ii}>0\ (i=1,2,\cdots,n)$；

(2) $\boldsymbol{A}$ 的行列式 $|\boldsymbol{A}|>0$.

证　(1) 因为 $\boldsymbol{A}$ 是正定矩阵，所以

$$f(x_1,x_2,\cdots,x_n)=\boldsymbol{x}^{\mathrm{T}}\boldsymbol{A}\boldsymbol{x}=\sum_{i=1}^{n}\sum_{j=1}^{n}a_{ij}x_ix_j$$

是正定二次型. 取 $\boldsymbol{x}=(0,0,\cdots,0,1,0,\cdots,0)^{\mathrm{T}}$ (第 i 个分量为 1，其余分量为 0)，则 $\boldsymbol{x}\neq\boldsymbol{0}$，且有

$$f=\boldsymbol{x}^{\mathrm{T}}\boldsymbol{A}\boldsymbol{x}=(0,0,\cdots,0,1,0,\cdots,0)\begin{pmatrix}a_{11} & \cdots & a_{1i} & \cdots & a_{1n}\\ \vdots & & \vdots & & \vdots\\ a_{i1} & \cdots & a_{ii} & \cdots & a_{in}\\ \vdots & & \vdots & & \vdots\\ a_{n1} & \cdots & a_{ni} & \cdots & a_{nn}\end{pmatrix}\begin{pmatrix}0\\ \vdots\\ 0\\ 1\\ 0\\ \vdots\\ 0\end{pmatrix}$$

$$=(a_{i1},\cdots,a_{ii},\cdots,a_{in})\begin{pmatrix}0\\ \vdots\\ 0\\ 1\\ 0\\ \vdots\\ 0\end{pmatrix}=a_{ii}>0\quad(i=1,2,\cdots,n).$$

(2) 因为 $\boldsymbol{A}$ 是正定矩阵，所以存在可逆矩阵 $\boldsymbol{P}$，使 $\boldsymbol{A}=\boldsymbol{P}^{\mathrm{T}}\boldsymbol{P}$. 因此

$$|\boldsymbol{A}|=|\boldsymbol{P}^{\mathrm{T}}||\boldsymbol{P}|=|\boldsymbol{P}|^2>0.$$ □

因为定理 6.8 是矩阵 $\boldsymbol{A}$ 正定的必要条件，所以很容易确定下面的矩阵

$$\begin{pmatrix}0 & 2\\ 2 & 5\end{pmatrix},\ \begin{pmatrix}-1 & 3\\ 3 & 2\end{pmatrix},\ \begin{pmatrix}1 & 2\\ 2 & 4\end{pmatrix},\ \begin{pmatrix}4 & 3\\ 3 & 2\end{pmatrix}$$

都不是正定矩阵. 而对于矩阵

$$\boldsymbol{A}=\begin{pmatrix}1 & 2 & 0 & 0\\ 2 & 1 & 0 & 0\\ 0 & 0 & 1 & 2\\ 0 & 0 & 2 & 1\end{pmatrix}$$

虽然满足定理 6.8 的条件，即 $a_{ii}>0\ (i=1,2,3,4)$，且 $|\boldsymbol{A}|=9>0$，但容易验证 $\boldsymbol{A}$ 不是正定矩阵(-1 是其特征值).

用行列式来判别一个矩阵(或二次型) 是否是正定阵也是一种常用的方法. 为此先引入下面的定义.

定义 6.8 设 n 阶矩阵

$$\boldsymbol{A}=\begin{pmatrix}a_{11} & a_{12} & \cdots & a_{1n}\\ a_{21} & a_{22} & \cdots & a_{2n}\\ \vdots & \vdots & & \vdots\\ a_{n1} & a_{n2} & \cdots & a_{nn}\end{pmatrix},$$

称 $\boldsymbol{A}$ 的子式

$$\begin{vmatrix} a_{11} & a_{12} & \cdots & a_{1k} \\ a_{21} & a_{22} & \cdots & a_{2k} \\ \vdots & \vdots & & \vdots \\ a_{k1} & a_{k2} & \cdots & a_{kk} \end{vmatrix}$$

为矩阵 $\boldsymbol{A}$ 的 k 阶**顺序主子式**，记为 D_k 或 $\det\boldsymbol{A}_k(k=1,2,\cdots,n)$.

由定义 6.8 知，n 阶矩阵共有 n 个顺序主子式.

例如，3 阶矩阵

$$\boldsymbol{A}=\begin{pmatrix} 1 & -1 & 2 \\ -1 & 0 & -1 \\ 2 & -1 & 2 \end{pmatrix}$$

共有三个顺序主子式，它们是

$$D_1=|1|,\quad D_2=\begin{vmatrix} 1 & -1 \\ -1 & 0 \end{vmatrix},\quad D_3=\begin{vmatrix} 1 & -1 & 2 \\ -1 & 0 & -1 \\ 2 & -1 & 2 \end{vmatrix}=|\boldsymbol{A}|.$$

定理 6.9 实二次型 $f(x_1,x_2,\cdots,x_n)=\boldsymbol{x}^{\mathrm{T}}\boldsymbol{A}\boldsymbol{x}$ 为正定二次型的充分必要条件是 $\boldsymbol{A}$ 的各阶顺序主子式全都大于零.

证明略.

例 2 用两种方法判断矩阵 $\boldsymbol{A}=\begin{pmatrix} 2 & 1 & 1 \\ 1 & 2 & 1 \\ 1 & 1 & 2 \end{pmatrix}$ 的正定性.

解 方法 1 矩阵 $\boldsymbol{A}$ 的三个顺序主子式为 $D_1=|2|=2>0$,

$$D_2=\begin{vmatrix} 2 & 1 \\ 1 & 2 \end{vmatrix}=3>0,\quad D_3=\begin{vmatrix} 2 & 1 & 1 \\ 1 & 2 & 1 \\ 1 & 1 & 2 \end{vmatrix}=4>0,$$

所以 $\boldsymbol{A}$ 是正定矩阵.

方法 2 矩阵 $\boldsymbol{A}$ 的特征方程

$$|\lambda\boldsymbol{I}-\boldsymbol{A}|=\begin{vmatrix} \lambda-2 & -1 & -1 \\ -1 & \lambda-2 & -1 \\ -1 & -1 & \lambda-2 \end{vmatrix}=(\lambda-1)^2(\lambda-4)=0,$$

所以 $\boldsymbol{A}$ 的特征值 $\lambda_1=\lambda_2=1>0$, $\lambda_3=4>0$，故 $\boldsymbol{A}$ 是正定矩阵.

例 3 判定二次型 $f(x_1,x_2,\cdots,x_n)=\sum\limits_{i=1}^{n}x_i^2+\sum\limits_{1\leqslant i<j\leqslant n}x_ix_j$ 的正定性.

解 二次型的矩阵为

$$\boldsymbol{A}=\begin{pmatrix}1 & \frac{1}{2} & \cdots & \frac{1}{2}\\ \frac{1}{2} & 1 & \cdots & \frac{1}{2}\\ \vdots & \vdots & & \vdots\\ \frac{1}{2} & \frac{1}{2} & \cdots & 1\end{pmatrix},$$

$\boldsymbol{A}$ 的顺序主子式为

$$D_k=\begin{vmatrix}1 & \frac{1}{2} & \cdots & \frac{1}{2}\\ \frac{1}{2} & 1 & \cdots & \frac{1}{2}\\ \vdots & \vdots & & \vdots\\ \frac{1}{2} & \frac{1}{2} & \cdots & 1\end{vmatrix}_{k\times k}=\frac{k+1}{2}\left(\frac{1}{2}\right)^{k-1}\quad (k=1,2,\cdots,n).$$

它们全大于零，因此，二次型为正定二次型.

*6.5.2 负(半正、半负)定二次型

除了正定二次型外，实二次型中还有负定二次型，半正(负)定二次型以及不定二次型. 它们的定义如下:

定义 6.9 设 $f(x_1,x_2,\cdots,x_n)=\boldsymbol{x}^{\mathrm{T}}\boldsymbol{A}\boldsymbol{x}$ 为 n 个变量的实二次型，如果对于任意一组实数 $c_1,c_2,\cdots,c_n$，都有

$$f(c_1,c_2,\cdots,c_n)<0,$$

则称 $f(x_1,x_2,\cdots,x_n)$ 为**负定二次型**；如果对于任意一组实数 $c_1,c_2,\cdots,c_n$，都有

$$f(c_1,c_2,\cdots,c_n)\geqslant 0\quad (f(c_1,c_2,\cdots,c_n)\leqslant 0),$$

则称 $f(x_1,x_2,\cdots,x_n)$ 为**半正(负)定二次型**；如果 $f(x_1,x_2,\cdots,x_n)$ 既不是半正定二次型，又不是半负定二次型，则称它为**不定二次型**.

负定二次型、半正定二次型及半负定二次型的矩阵分别称为**负定矩阵**、**半正定矩阵**与**半负定矩阵**.

例如，二次型

$$f(x_1,x_2,x_3)=-x_1^2-2x_1x_2+4x_1x_3-x_2^2+4x_2x_3-4x_3^2$$

可写成

$$f(x_1,x_2,x_3)=-(x_1+x_2-2x_3)^2\leqslant 0,$$

当 $x_1+x_2-2x_3=0$ 时，$f(x_1,x_2,x_3)=0$，因此，$f(x_1,x_2,x_3)$ 是半负定，

其对应的矩阵$\begin{pmatrix}-1 & -1 & 2\\ -1 & -1 & 2\\ 2 & 2 & -4\end{pmatrix}$是半负定矩阵.

又例如，$f(x_1,x_2)=x_1^2-2x_2^2$是不定二次型，因为其符号有时正有时负，例如，$f(1,1)=-1<0$，$f(2,1)=2>0$.

由上述定义可知，半正定二次型包含了正定二次型；半负定二次型包含了负定二次型. 显然若f是正定二次型，则$-f$必为负定二次型.

可以像正定二次型(正定矩阵)那样讨论负定二次型(负定矩阵)，半正定(负定)二次型(半正定(负定)矩阵)的相关性质.

上述对正定二次型的讨论结果，可得以下定理.

定理6.10 设n个变量的二次型$f=\boldsymbol{x}^{\mathrm{T}}\boldsymbol{A}\boldsymbol{x}$，则下列命题等价：

(1) $f=\boldsymbol{x}^{\mathrm{T}}\boldsymbol{A}\boldsymbol{x}$是负定二次型，从而$\boldsymbol{A}$是负定矩阵；

(2) f的负惯性指数$q=n$；

(3) 矩阵$\boldsymbol{A}$的特征值均小于零；

(4) 存在可逆矩阵$\boldsymbol{C}$，使$\boldsymbol{C}^{\mathrm{T}}\boldsymbol{A}\boldsymbol{C}=-\boldsymbol{I}$，即$\boldsymbol{A}$与数量矩阵$-\boldsymbol{I}$合同；

(5) 存在可逆矩阵$\boldsymbol{P}$，使$\boldsymbol{A}=-\boldsymbol{P}^{\mathrm{T}}\boldsymbol{P}$.

定理6.11 二次型$f=\boldsymbol{x}^{\mathrm{T}}\boldsymbol{A}\boldsymbol{x}$负定的充分必要条件是$\boldsymbol{A}$的奇数阶顺序主子式为负，偶数阶顺序主子式为正，即$(-1)^kD_k>0\ (k=1,2,\cdots,n)$.

例4 判定实对称矩阵$\boldsymbol{A}=\begin{pmatrix}-2 & 1 & 1\\ 1 & -2 & 0\\ 1 & 0 & -1\end{pmatrix}$是否为负定矩阵.

解 $\boldsymbol{A}$的顺序主子式：$D_1=-2<0$，

$$D_2=\begin{vmatrix}-2 & 1\\ 1 & -2\end{vmatrix}=3>0,\quad D_3=\begin{vmatrix}-2 & 1 & 1\\ 1 & -2 & 0\\ 1 & 0 & -1\end{vmatrix}=-1<0,$$

所以实对称矩阵$\boldsymbol{A}$是负定矩阵.

必须指出的是，只有实对称矩阵才有正定与负定之说. 故判定矩阵是否正定时，所讨论的矩阵须是实对称矩阵.

为了进一步研究半正定矩阵的判别方法，现在引入方阵主子式的概念.

定义6.10 如果n阶矩阵$\boldsymbol{A}$的某一子式的主对角线上元素完全位于矩阵$\boldsymbol{A}$的主对角线上，就称该子式为$\boldsymbol{A}$的**主子式**.

注 显然，矩阵$\boldsymbol{A}$的顺序主子式都是$\boldsymbol{A}$的主子式.

因为 $C_n^1+C_n^2+\cdots+C_n^n=2^n-1$，所以一个 n 阶矩阵共有 2^n-1 个主式子.

定理6.12 设 n 个变量的二次型 $f=\boldsymbol{x}^{\mathrm{T}}\boldsymbol{A}\boldsymbol{x}$，则下列命题等价：

(1) $f=\boldsymbol{x}^{\mathrm{T}}\boldsymbol{A}\boldsymbol{x}$ 是半正定二次型，从而 $\boldsymbol{A}$ 是半正定矩阵；

(2) f 的正惯性指数 p 等于它的秩数 r，即 $p=r<n$；

(3) 矩阵 $\boldsymbol{A}$ 的特征值均大于或等于零，且至少存在一个特征值等于零；

(4) 矩阵 $\boldsymbol{A}$ 的全部主子式均大于或等于零；

(5) 实对称矩阵 $\boldsymbol{A}$ 合同于 $\begin{pmatrix}\boldsymbol{I} & \boldsymbol{O}\\ \boldsymbol{O} & \boldsymbol{O}\end{pmatrix}$，且 $r<n$.

例5 用两种方法判断矩阵 $\boldsymbol{A}=\begin{pmatrix}1&0&1\\0&1&1\\1&1&2\end{pmatrix}$ 的半正定性.

解 方法1 矩阵 $\boldsymbol{A}$ 的三个一阶主子式为

$$|a_{11}|=1>0,\quad |a_{22}|=1>0,\quad |a_{33}|=2>0;$$

矩阵 $\boldsymbol{A}$ 的三个二阶主子式为

$$\begin{vmatrix}a_{11}&a_{12}\\a_{21}&a_{22}\end{vmatrix}=\begin{vmatrix}1&0\\0&1\end{vmatrix}=1>0,$$

$$\begin{vmatrix}a_{11}&a_{13}\\a_{31}&a_{33}\end{vmatrix}=\begin{vmatrix}1&1\\1&2\end{vmatrix}=1>0,$$

$$\begin{vmatrix}a_{22}&a_{23}\\a_{32}&a_{33}\end{vmatrix}=\begin{vmatrix}1&1\\1&2\end{vmatrix}=1>0;$$

矩阵 $\boldsymbol{A}$ 的三阶主子式 $|\boldsymbol{A}|=0$，故矩阵 $\boldsymbol{A}$ 为半正定矩阵.

方法2 矩阵 $\boldsymbol{A}$ 的特征方程

$$|\lambda\boldsymbol{I}-\boldsymbol{A}|=\begin{vmatrix}\lambda-1&0&-1\\0&\lambda-1&-1\\-1&-1&\lambda-2\end{vmatrix}=\lambda(\lambda-1)(\lambda-3)=0,$$

所以 $\boldsymbol{A}$ 的特征值 $\lambda_1=0,\lambda_2=1,\lambda_3=3$，故矩阵 $\boldsymbol{A}$ 为半正定矩阵.

应注意，如果实对称矩阵 $\boldsymbol{A}$ 的顺序主子式大于或等于零时，$\boldsymbol{A}$ 不一定是半正定的.

例如，设矩阵 $\boldsymbol{A}=\begin{pmatrix}1&1&0\\1&1&0\\0&0&-1\end{pmatrix}$，虽然，$\boldsymbol{A}$ 的顺序主子式

$$\det\boldsymbol{A}_1=1>0,\quad \det\boldsymbol{A}_2=\begin{vmatrix}1&1\\1&1\end{vmatrix}=0,\quad \det\boldsymbol{A}_3=\det\boldsymbol{A}=0,$$

但 $\boldsymbol{A}$ 并不是半正定矩阵，实际上，矩阵 $\boldsymbol{A}$ 对应的二次型

$$\begin{aligned}f(x_1,x_2,x_3)&=x_1^2+x_2^2-x_3^2+2x_1x_2\\&=(x_1+x_2)^2-x_3^2,\end{aligned}$$

当 $x_1=1$, $x_2=1$, $x_3=1$ 时，$f(1,1,1)=3>0$；当 $x_1=1$, $x_2=-1$, $x_3=1$ 时，$f(1,-1,1)=-1<0$. 由此看出，二次型 $f(x_1,x_2,x_3)$ 是不定的，$\boldsymbol{A}$ 也是不定的.

习题 6.5

1. 判断下列二次型是否为正定二次型：

(1) $f(x_1,x_2,x_3)=3x_1^2-4x_1x_2+3x_2^2+x_3^2$；

(2) $f(x_1,x_2,x_3)=5x_1^2+x_2^2+5x_3^2+4x_1x_2-8x_1x_3-4x_2x_3$；

(3) $f(x_1,x_2,x_3)=-5x_1^2+4x_1x_2+4x_1x_3-6x_2^2-4x_3^2$.

2. 试决定 λ 的值，使下列实二次型为正定型：

(1) $f(x_1,x_2,x_3)=x_1^2+2x_1x_2+4x_1x_3+2x_2^2+6x_2x_3+\lambda x_3^2$；

(2) $f(x_1,x_2,x_3)=x_1^2+4x_2^2+4x_3^2+2\lambda x_1x_2-2x_1x_3+4x_2x_3$.

3. 设 $\boldsymbol{A}=(a_{ij})$ 为正定矩阵，$b_1,b_2,\cdots,b_n$ 为任意非零实数. 证明：$\boldsymbol{B}=(a_{ij}b_ib_j)$ 也是正定矩阵.

4. 已知 $\boldsymbol{A},\boldsymbol{B}$ 均为 n 阶正定矩阵.

(1) $\boldsymbol{A}+\boldsymbol{B},\boldsymbol{A}-\boldsymbol{B},\boldsymbol{AB}$ 是否正定矩阵？ 为什么？

(2) 证明：$\boldsymbol{AB}$ 的特征值全大于零.

(3) 若 $\boldsymbol{AB}=\boldsymbol{BA}$，则 $\boldsymbol{AB}$ 是正定矩阵.

5. 设矩阵 $\boldsymbol{A}=\begin{pmatrix}1&0&1\\0&2&0\\1&0&1\end{pmatrix}$，矩阵 $\boldsymbol{B}=(k\boldsymbol{I}+\boldsymbol{A})^2$，其中 k 为实数. 求对角矩阵 $\boldsymbol{\Lambda}$，使 $\boldsymbol{B}$ 与 $\boldsymbol{\Lambda}$ 相似；并问 k 为何值时，$\boldsymbol{B}$ 为正定矩阵？

6. 设 $\boldsymbol{A}$ 为 $m\times n$ 实矩阵，且 $m\leqslant n$. 证明：$\boldsymbol{AA}^{\mathrm{T}}$ 正定的充要条件是

$$\mathrm{r}(\boldsymbol{A})=m.$$

7. 设二维向量

$$\boldsymbol{\alpha}_1=\begin{pmatrix}1\\2\end{pmatrix},\quad \boldsymbol{\alpha}_2=\begin{pmatrix}t\\1\end{pmatrix},\quad \boldsymbol{x}=\begin{pmatrix}x_1\\x_2\end{pmatrix},$$

试写出二次型 $f(x_1,x_2)=\sum\limits_{i=1}^{2}(\boldsymbol{\alpha}_i,\boldsymbol{x})^2$ 所对应的矩阵，要求 t 为何值时此二次型是正定的？

8. 设 $\boldsymbol{\alpha}_1,\boldsymbol{\alpha}_2,\cdots,\boldsymbol{\alpha}_n$ 是 n 维欧氏空间 V 的一个基，证明：

(1) 若 $\boldsymbol{\alpha}\in V$，均有 $(\boldsymbol{\alpha},\boldsymbol{\alpha}_i)=0\ (i=1,2,\cdots,n)$，则 $\boldsymbol{\alpha}=\mathbf{0}$；

(2) 若 $\boldsymbol{\alpha},\boldsymbol{\beta}\in V$，均有 $(\boldsymbol{\alpha},\boldsymbol{\alpha}_i)=(\boldsymbol{\beta},\boldsymbol{\alpha}_i)\ (i=1,2,\cdots,n)$，则 $\boldsymbol{\alpha}=\boldsymbol{\beta}$.

9. 设 $\boldsymbol{A}$ 是可逆实对称矩阵，$\boldsymbol{S}$ 是实反对称矩阵，且 $\boldsymbol{AS}=\boldsymbol{SA}$. 证明：$\boldsymbol{A}+\boldsymbol{S}$ 为可逆阵.

10. 设 $\boldsymbol{A}$ 为 n 阶正定矩阵，$\boldsymbol{B}$ 为 n 阶半正定矩阵. 证明：$\boldsymbol{A}+\boldsymbol{B}$ 为正定矩阵.

11. 设 $\boldsymbol{A}$ 是 n 阶正定矩阵，$\boldsymbol{y}=(y_1,y_2,\cdots,y_n)^{\mathrm{T}}\neq\mathbf{0}$. 证明：

(1) $f(y_1,y_2,\cdots,y_n)=\begin{vmatrix}\boldsymbol{A} & \boldsymbol{y}\\ \boldsymbol{y}^{\mathrm{T}} & 0\end{vmatrix}$ 是负定的；

(2) $|\boldsymbol{A}|\leqslant a_{nn}|\boldsymbol{A}_{n-1}|$，其中 $|\boldsymbol{A}_{n-1}|$ 是 $\boldsymbol{A}$ 的 $n-1$ 阶顺序主子式；

(3) $|\boldsymbol{A}|\leqslant a_{11}a_{22}\cdots a_{nn}$.

6.6 二次型的应用

实对称矩阵的二次型在数学的各分支和微观经济分析的许多问题中具有广泛的应用. 本节仅介绍其在多元函数极值理论和几何曲面分类上的应用.

6.6.1 多元函数的极值问题

例 1 求函数 $f(x_1,x_2,x_3)=x_1^3+x_2^2+x_3^2+12x_1x_2+2x_3$ 的极值.

解 因为

$$\frac{\partial f}{\partial x_1}=3x_1^2+12x_2,\quad \frac{\partial f}{\partial x_2}=2x_2+12x_1,\quad \frac{\partial f}{\partial x_3}=2x_3+2,$$

令 $\frac{\partial f}{\partial x_1}=0$，$\frac{\partial f}{\partial x_2}=0$，$\frac{\partial f}{\partial x_3}=0$，得驻点

$$\boldsymbol{x}_0=(0,0,-1)^{\mathrm{T}},\quad \boldsymbol{x}_1=(24,-144,-1)^{\mathrm{T}}.$$

又 $f(\boldsymbol{x})$ 的各二阶偏导数为

$$\frac{\partial^2 f}{\partial x_1^2}=6x_1,\quad \frac{\partial^2 f}{\partial x_1\partial x_2}=12,\quad \frac{\partial^2 f}{\partial x_1\partial x_3}=2,$$

$$\frac{\partial^2 f}{\partial x_2^2}=2,\quad \frac{\partial^2 f}{\partial x_2\partial x_3}=0,\quad \frac{\partial^2 f}{\partial x_3^2}=2,$$

得(黑塞) 矩阵

$$H(\boldsymbol{x})=\begin{pmatrix}6x_1 & 12 & 2\\ 12 & 2 & 0\\ 2 & 0 & 2\end{pmatrix}.$$

在点 $\boldsymbol{x}_0$ 处，有 $H(\boldsymbol{x}_0)=\begin{pmatrix}0 & 12 & 2\\ 12 & 2 & 0\\ 2 & 0 & 2\end{pmatrix}$，而 $H(\boldsymbol{x}_0)$ 的顺序主式子

$$\det\boldsymbol{H}_1=0,\quad \det\boldsymbol{H}_2=\begin{vmatrix}0 & 12\\ 12 & 2\end{vmatrix}=-144<0,$$

$$\det\boldsymbol{H}_3=\det H(\boldsymbol{x}_0)=-296<0,$$

因此 $H(\boldsymbol{x}_0)$ 不定，$\boldsymbol{x}_0$ 不是极值点.

在点 $\boldsymbol{x}_1$ 处，有 $H(\boldsymbol{x}_1)=\begin{pmatrix}144 & 12 & 2\\ 12 & 2 & 0\\ 2 & 0 & 2\end{pmatrix}$，而 $H(\boldsymbol{x}_1)$ 的顺序主子式：

$$\det\boldsymbol{H}_1=144>0,\quad \det\boldsymbol{H}_2=\begin{vmatrix}144 & 12\\ 12 & 2\end{vmatrix}=144>0,$$

$$\det\boldsymbol{H}_3=\begin{vmatrix}144 & 12 & 2\\ 12 & 2 & 0\\ 2 & 0 & 2\end{vmatrix}=280>0,$$

故 $H(\boldsymbol{x}_1)$ 为正定矩阵，$\boldsymbol{x}_1=(24,-144,-1)^{\mathrm{T}}$ 为极小值点，极小值为

$$f(\boldsymbol{x}_1)=f(24,-144,-1)=-6\,913.$$

***例 2**　求出函数

$$f(x_1,x_2,x_3)=x_1^3+3x_1x_2+3x_1x_3+x_2^3+3x_2x_3+x_3^3$$

的极值.

解　求函数的偏导数，有

$$f'_1=3x_1^2+3x_2+3x_3=0,$$

$$f'_2=3x_1+3x_2^2+3x_3=0,$$

$$f'_3=3x_1+3x_2+3x_3^2=0.$$

解方程组得驻点 $\boldsymbol{x}_0=(0,0,0)$，$\boldsymbol{x}_1=(-2,-2,-2)$. 又

$$f''_{11}=6x_1,\quad f''_{12}=3,\quad f''_{13}=3,$$

$$f''_{21}=3,\quad f''_{22}=6x_2,\quad f''_{23}=3,$$

$$f''_{31}=3,\quad f''_{32}=3,\quad f''_{33}=6x_3,$$

所以

$$H(\boldsymbol{x}_0)=\begin{pmatrix}0 & 3 & 3\\ 3 & 0 & 3\\ 3 & 3 & 0\end{pmatrix},\quad H(\boldsymbol{x}_1)=\begin{pmatrix}-12 & 3 & 3\\ 3 & -12 & 3\\ 3 & 3 & -12\end{pmatrix}.$$

$$H_1(\boldsymbol{x}_0)=0,\quad H_2(\boldsymbol{x}_0)=-9,\quad H_3(\boldsymbol{x}_0)=54.$$

$H(\boldsymbol{x}_0)$ 不是正定矩阵，故在点(0,0,0)处，$f(x_1,x_2,x_3)$ 没有极值. 而在点 $\boldsymbol{x}_1=(-2,-2,-2)$ 处，有

$$|H_1(\boldsymbol{x}_1)|=-12<0,\quad |H_2(\boldsymbol{x}_1)|=\begin{vmatrix}-12 & 3\\ 3 & -12\end{vmatrix}=135>0,$$

$$|H_3(\boldsymbol{x}_1)|=\begin{vmatrix}-12 & 3 & 3\\ 3 & -12 & 3\\ 3 & 3 & -12\end{vmatrix}=-1\,350<0,$$

故 $H(\boldsymbol{x}_1)$ 为负定矩阵，所以 $f(-2,-2,-2)=12$ 是给定函数的极大值.

6.6.2 具有约束方程的最优化问题

例 3 某地区计划明年修建公路 x 百公里和创建工业园区 y 百公顷，假设收益函数为

$$f(x,y)=xy,$$

受所能提供的资源(包括资金、设备、劳动力等)的限制，x 和 y 需要满足约束条件

$$4x^2+9y^2\leqslant 36.$$

求使 $f(x,y)$ 达到最大值的计划数 x 和 y.

解 由于约束方程 $4x^2+9y^2=36$ 刻画的不是坐标平面上单位向量的集合，我们需要作变量变换. 将这个约束方程写成

$$\left(\frac{x}{3}\right)^2+\left(\frac{y}{2}\right)^2=1,$$

再设 $x_1=\frac{x}{3}$，$x_2=\frac{y}{2}$，即 $x=3x_1$，$y=2x_2$，则约束方程可以写成

$$x_1^2+x_2^2=1,$$

而目标函数变成

$$f(3x_1,2x_2)=(3x_1)(2x_2)=6x_1x_2.$$

现在的问题就成为求 $F(\boldsymbol{x})=6x_1x_2$ 在 $\boldsymbol{x}^{\mathrm{T}}\boldsymbol{x}=1$ 下的最大值，其中 $\boldsymbol{x}=\begin{pmatrix}x_1\\ x_2\end{pmatrix}$. 设 $\boldsymbol{A}=\begin{pmatrix}0 & 3\\ 3 & 0\end{pmatrix}$，则

$$F(\boldsymbol{x})=\boldsymbol{x}^{\mathrm{T}}\boldsymbol{A}\boldsymbol{x},$$

$\boldsymbol{A}$ 的特征是 ± 3. 属于 $\lambda_1=3$ 的单位特征向量是 $\begin{pmatrix}1/\sqrt{2}\\ 1/\sqrt{2}\end{pmatrix}$. 由此得，当 $x_1=\frac{1}{\sqrt{2}}$，$x_2=\frac{1}{\sqrt{2}}$ 时，$F(\boldsymbol{x})$ 取得最大值 3，即当 $x=3x_1=\frac{3}{\sqrt{2}}\approx 2.12$ 百公里，

$y=2x_2=\sqrt{2}\approx 1.41$ 百公顷时，收益函数 $f(x,y)$ 取得最大值 3.

6.6.3 二次曲面的标准形

例 4 在 $\mathbf{R}^3$ 中化简二次方程

$$x^2-2y^2+10z^2+28xy-8yz+20zx-26x+32y+28z-38=0,$$

并判断其曲面形状.

解 二次项相应的对称矩阵为

$$\boldsymbol{A}=\begin{pmatrix}1 & 14 & 10\\ 14 & -2 & -4\\ 10 & -4 & 10\end{pmatrix}.$$

$\boldsymbol{A}$ 的特征多项式为

$$|\boldsymbol{A}-\lambda\boldsymbol{I}|=(\lambda-9)(\lambda-18)(\lambda+18),$$

特征值为 $\lambda_1=9$, $\lambda_2=18$, $\lambda_3=-18$，对应的单位特征向量构成的正交矩阵为

$$\boldsymbol{P}=\frac{1}{3}\begin{pmatrix}1 & 2 & -2\\ 2 & 1 & 2\\ -2 & 2 & 1\end{pmatrix}.$$

令 $\begin{pmatrix}x\\ y\\ z\end{pmatrix}=\boldsymbol{P}\begin{pmatrix}x'\\ y'\\ z'\end{pmatrix}$，方程化为

$$x'^2+2y'^2-2z'^2-\frac{2}{3}x'+\frac{4}{3}y'-\frac{16}{3}z'-\frac{38}{9}=0,$$

配方得

$$\left(x'-\frac{1}{3}\right)^2+2\left(y'+\frac{1}{3}\right)^2-2\left(z'+\frac{4}{3}\right)^2=1.$$

令

$$X=x'-\frac{1}{3},\quad Y=y'+\frac{1}{3},\quad Z=z'+\frac{4}{3},$$

得

$$X^2+2Y^2-2Z^2=1,$$

故原方程表示的曲面为单叶双曲面.

习题 6.6

1. 求函数

$$f(x,y,z)=\frac{2x^2+y^2-4xy-4yz}{x^2+y^2+z^2}\quad (x^2+y^2+z^2\neq 0)$$

的最大值，并求出一个最大值点.

2. 试用直角坐标化简二次曲面方程

$$x^2+y^2+z^2-2xz+4x+2y-4z-5=0.$$

3. 已知二次曲面方程

$$x^2+ay^2+z^2+2bxy+2xz+2yz=4$$

可以经过正交变换$(x,y,z)^{\mathrm{T}}=\boldsymbol{T}(\xi,\eta,\zeta)^{\mathrm{T}}$化为椭圆柱面方程$\eta^2+4\zeta^2=4$，求$a,b$的值和正交矩阵$\boldsymbol{T}$.

6.7 典型例题

例 1 设二次型

$$f(x_1,x_2,x_3)=\boldsymbol{x}^{\mathrm{T}}\boldsymbol{A}\boldsymbol{x}=ax_1^2+2x_2^2-2x_3^2+2bx_1x_3\quad(b>0),$$

其中二次型的矩阵$\boldsymbol{A}$的特征值之和为 1，特征值之积为-12.

(1) 求a,b的值.

(2) 利用正交变换将二次型f化为标准形，并写出所用的正交变换和对应的正交矩阵.

解 (1) 二次型f的矩阵为

$$\boldsymbol{A}=\begin{pmatrix}a&0&b\\0&2&0\\b&0&-2\end{pmatrix}.$$

设$\boldsymbol{A}$的特征值为$\lambda_i(i=1,2,3)$. 由题设，有

$$\lambda_1+\lambda_2+\lambda_3=a+2+(-2)=1,$$

$$\lambda_1\lambda_2\lambda_3=\begin{vmatrix}a&0&b\\0&2&0\\b&0&-2\end{vmatrix}=-4a-2b^2=-12,$$

解得$a=1$，$b=2$.

(2) 由矩阵$\boldsymbol{A}$的特征多项式

$$|\lambda\boldsymbol{I}-\boldsymbol{A}|=\begin{vmatrix}\lambda-1&0&-2\\0&\lambda-2&0\\-2&0&\lambda+2\end{vmatrix}=(\lambda-2)^2(\lambda+3),$$

得$\boldsymbol{A}$的特征值$\lambda_1=\lambda_2=2$，$\lambda_3=-3$.

对于$\lambda_1=\lambda_2=2$，解齐次线性方程组$(2\boldsymbol{I}-\boldsymbol{A})\boldsymbol{x}=\boldsymbol{0}$，得基础解系

$$\boldsymbol{\xi}_1=(2,0,1)^{\mathrm{T}},\quad\boldsymbol{\xi}_2=(0,1,0)^{\mathrm{T}}.$$

对于 $\lambda_3=-3$，解齐次线性方程组 $(-3\boldsymbol{I}-\boldsymbol{A})\boldsymbol{x}=\boldsymbol{0}$，得基础解系

$$\boldsymbol{\xi}_3=(1,0,-2)^{\mathrm{T}}.$$

由于 $\boldsymbol{\xi}_1,\boldsymbol{\xi}_2,\boldsymbol{\xi}_3$ 已是正交向量组，为得到规范正交向量组，只须将 $\boldsymbol{\xi}_1,\boldsymbol{\xi}_2,\boldsymbol{\xi}_3$ 单位化，由此得

$$\boldsymbol{\eta}_1=\left(\frac{2}{\sqrt{5}},0,\frac{1}{\sqrt{5}}\right)^{\mathrm{T}},\quad \boldsymbol{\eta}_2=(0,1,0)^{\mathrm{T}},\quad \boldsymbol{\eta}_3=\left(\frac{1}{\sqrt{5}},0,-\frac{2}{\sqrt{5}}\right)^{\mathrm{T}}.$$

令矩阵

$$\boldsymbol{P}=(\boldsymbol{\eta}_1,\boldsymbol{\eta}_2,\boldsymbol{\eta}_3)=\begin{pmatrix}\frac{2}{\sqrt{5}} & 0 & \frac{1}{\sqrt{5}}\\ 0 & 1 & 0\\ \frac{1}{\sqrt{5}} & 0 & -\frac{2}{\sqrt{5}}\end{pmatrix},$$

则 $\boldsymbol{P}$ 为正交矩阵. 在正交变换 $\boldsymbol{x}=\boldsymbol{P}\boldsymbol{y}$ 下，有

$$\boldsymbol{P}^{\mathrm{T}}\boldsymbol{A}\boldsymbol{P}=\begin{pmatrix}2 & 0 & 0\\ 0 & 2 & 0\\ 0 & 0 & -3\end{pmatrix},$$

且二次型的标准形为

$$f=2y_1^2+2y_2^2-3y_3^2.$$

例 2 设 $\boldsymbol{A}$ 为 n 阶实对称矩阵，$\mathrm{r}(\boldsymbol{A})=n$，$A_{ij}$ 是 $\boldsymbol{A}=(a_{ij})_{n\times n}$ 中元素 a_{ij} 的代数余子式 $(i,j=1,2,\cdots,n)$. 二次型

$$f(x_1,x_2,\cdots,x_n)=\sum_{i=1}^{n}\sum_{j=1}^{n}\frac{A_{ij}}{|\boldsymbol{A}|}x_ix_j.$$

(1) 记 $\boldsymbol{x}=(x_1,x_2,\cdots,x_n)^{\mathrm{T}}$，把 $f(x_1,x_2,\cdots,x_n)$ 写成矩阵表达式，并证明二次型 $f(\boldsymbol{x})$ 的矩阵为 $\boldsymbol{A}^{-1}$.

(2) 二次型 $g(\boldsymbol{x})=\boldsymbol{x}^{\mathrm{T}}\boldsymbol{A}\boldsymbol{x}$ 与 $f(\boldsymbol{x})$ 的规范形是否相同？说明理由.

解 (1) 将题设二次型写成矩阵表达式：

$$f(x_1,x_2,\cdots,x_n)=(x_1,x_2,\cdots,x_n)\frac{1}{|\boldsymbol{A}|}\begin{pmatrix}A_{11} & A_{12} & \cdots & A_{1n}\\ A_{21} & A_{22} & \cdots & A_{2n}\\ \vdots & \vdots & & \vdots\\ A_{n1} & A_{n2} & \cdots & A_{nn}\end{pmatrix}\begin{pmatrix}x_1\\ x_2\\ \vdots\\ x_n\end{pmatrix},$$

由于 $\boldsymbol{A}^{\mathrm{T}}=\boldsymbol{A}$，$\mathrm{r}(\boldsymbol{A})=n$，故 $\boldsymbol{A}$ 为可逆矩阵. 所以

$$(\boldsymbol{A}^{-1})^{\mathrm{T}}=(\boldsymbol{A}^{\mathrm{T}})^{-1}=\boldsymbol{A}^{-1},$$

即 $\boldsymbol{A}^{-1}$ 也是对称矩阵. 于是，对于 $\boldsymbol{A}$ 的伴随矩阵 $\boldsymbol{A}^*$，有

$$(\boldsymbol{A}^*)^{\mathrm{T}}=(|\boldsymbol{A}|\boldsymbol{A}^{-1})^{\mathrm{T}}=|\boldsymbol{A}|(\boldsymbol{A}^{-1})^{\mathrm{T}}=|\boldsymbol{A}|\boldsymbol{A}^{-1}=\boldsymbol{A}^*,$$

即 $\boldsymbol{A}^*$ 也是实对称矩阵，故 $\boldsymbol{A}^*$ 的元素有 $A_{ij}=A_{ji}\ (i,j=1,2,\cdots,n)$，因此二次型的矩阵是 $\frac{1}{|\boldsymbol{A}|}\boldsymbol{A}^*$，即 $\frac{1}{|\boldsymbol{A}|}\boldsymbol{A}^*=\boldsymbol{A}^{-1}$，二次型的矩阵表达式为

$$f(\boldsymbol{x})=\boldsymbol{x}^{\mathrm{T}}\boldsymbol{A}^{-1}\boldsymbol{x}.$$

(2) 由于 $\boldsymbol{A}$ 与 $\boldsymbol{A}^{-1}$ 的特征值按“倒数”关系成一一对应，得知二次型 $g(\boldsymbol{x})=\boldsymbol{x}^{\mathrm{T}}\boldsymbol{A}\boldsymbol{x}$ 与 $f(\boldsymbol{x})=\boldsymbol{x}^{\mathrm{T}}\boldsymbol{A}^{-1}\boldsymbol{x}$ 有相同的正、负惯性指数，从而有相同的规范形.

例 3 证明：n 元实二次型 $f=\boldsymbol{x}^{\mathrm{T}}\boldsymbol{A}\boldsymbol{x}$ 在 $\|\boldsymbol{x}\|=1$ 时的最大值不大于 矩阵 $\boldsymbol{A}$ 的最大特征值.

证 由于 n 元实二次型 $f=\boldsymbol{x}^{\mathrm{T}}\boldsymbol{A}\boldsymbol{x}$，必存在正交变换 $\boldsymbol{x}=\boldsymbol{P}\boldsymbol{y}$，使二次型化为标准形，即

$$\begin{aligned}f&=\boldsymbol{x}^{\mathrm{T}}\boldsymbol{A}\boldsymbol{x}=(\boldsymbol{P}\boldsymbol{y})^{\mathrm{T}}\boldsymbol{A}(\boldsymbol{P}\boldsymbol{y})=\boldsymbol{y}^{\mathrm{T}}\boldsymbol{P}^{\mathrm{T}}\boldsymbol{A}\boldsymbol{P}\boldsymbol{y}=\boldsymbol{y}^{\mathrm{T}}\boldsymbol{\Lambda}\boldsymbol{y}\\&=\lambda_1y_1^2+\lambda_2y_2^2+\cdots+\lambda_ny_n^2,\end{aligned}$$

其中 $\lambda_1,\lambda_2,\cdots,\lambda_n$ 是 $\boldsymbol{A}$ 的特征值. 又因为 $\|x\|=1$，即有

$$\|x\|=\sqrt{\boldsymbol{x}^{\mathrm{T}}\boldsymbol{x}}=\sqrt{(\boldsymbol{P}\boldsymbol{y})^{\mathrm{T}}(\boldsymbol{P}\boldsymbol{y})}=\sqrt{\boldsymbol{y}^{\mathrm{T}}\boldsymbol{P}^{\mathrm{T}}\boldsymbol{P}\boldsymbol{y}}=\sqrt{\boldsymbol{y}^{\mathrm{T}}\boldsymbol{y}}=\|\boldsymbol{y}\|=1,$$

因此有 $\|\boldsymbol{y}\|^2=y_1^2+y_2^2+\cdots+y_n^2=1$.

取 $\lambda=\max\{\lambda_1,\lambda_2,\cdots,\lambda_n\}$，因而

$$f=\lambda_1y_1^2+\lambda_2y_2^2+\cdots+\lambda_ny_n^2\leqslant\lambda(y_1^2+y_2^2+\cdots+y_n^2)=\lambda,$$

得证.

注 由此例看到正交变换的一个优良性质，即不改变向量的长度，即当 $\boldsymbol{x}=\boldsymbol{P}\boldsymbol{y}$ 时有 $\|\boldsymbol{x}\|=\|\boldsymbol{y}\|$，因此二次型经正交变换化为标准形，也就是二次曲面经旋转变换时，不改变图形的大小和形状.

例 4 t 取何值时，二次型

$$f(x_1,x_2,x_3)=x_1^2+x_2^2+2x_3^2+2tx_1x_2+2x_1x_3$$

为正定的.

解 二次型的矩阵为 $\boldsymbol{A}=\begin{pmatrix}1&t&1\\t&1&0\\1&0&2\end{pmatrix}$，它的顺序主子式

$$D_1=1>0;$$

$$D_2=\begin{vmatrix}1&t\\t&1\end{vmatrix}=1-t^2>0,\quad 即 -1<t<1;$$

$$D_3=\begin{vmatrix}1&t&1\\t&1&0\\1&0&2\end{vmatrix}=1-2t^2>0,\quad 即 -\frac{\sqrt{2}}{2}<t<\frac{\sqrt{2}}{2},$$

所以当$-\frac{\sqrt{2}}{2}<t<\frac{\sqrt{2}}{2}$时，各阶顺序主子式全大于零，因此二次型正定.

例5 判定二次型

$$f(x_1,x_2,x_3)=5x_1^2+4x_2^2+x_3^2-2x_1x_2-4x_1x_3$$

的正定性.

解 方法1 用顺序主子式法，f的矩阵

$$\boldsymbol{A}=\begin{pmatrix}5&-1&-2\\-1&4&0\\-2&0&1\end{pmatrix},$$

$\boldsymbol{A}$的各阶顺序主子式：

$$D_1=5>0,\quad D_2=\begin{vmatrix}5&-1\\-1&4\end{vmatrix}=19>0,\quad D_3=|\boldsymbol{A}|=3>0.$$

由于$\boldsymbol{A}$的各阶顺序主子式全大于零，故f是正定二次型.

方法2 配方法

$$\begin{aligned}f&=5x_1^2+4x_2^2+x_3^2-2x_1x_2-4x_1x_3\\&=x_3^2-4x_1x_3+4x_1^2+x_1^2-2x_1x_2+x_2^2+3x_2^2\\&=(x_3-2x_1)^2+(x_1-x_2)^2+3x_2^2\\&=(x_1-x_2)^2+3x_2^2+(2x_1-x_3)^2,\end{aligned}$$

令$\begin{cases}y_1=x_1-x_2,\\y_2=x_2,\\y_3=2x_1-x_3,\end{cases}$ 即

$$\begin{cases}x_1=y_1+y_2,\\x_2=y_2,\\x_3=2y_1+2y_2-y_3,\end{cases}$$

$\boldsymbol{P}=\begin{pmatrix}1&1&0\\0&1&0\\2&2&-1\end{pmatrix}$为可逆阵，故$\boldsymbol{x}=\boldsymbol{P}\boldsymbol{y}$为非奇异变换，得$f$的标准形

$$f=y_1^2+3y_2^2+y_3^2.$$

由于f的正惯性指数为3，故f为正定二次型.

方法3 求特征值法. 由于f的矩阵$\boldsymbol{A}$的特征多项式

$$|\lambda\boldsymbol{I}-\boldsymbol{A}|=\begin{vmatrix}\lambda-5&1&2\\1&\lambda-4&0\\2&0&\lambda-1\end{vmatrix}=\lambda^3-10\lambda^2+24\lambda-3\xlongequal{\text{记为}}f(\lambda),$$

由于 $f(0)=-3$, $f(1)=12$, $f(3)=6$, $f(4)=-3$, $f(10)=237$，根据闭区间上连续函数的零点定理，可知方程 $f(\lambda)=0$ 的根(即 $\boldsymbol{A}$ 的特征值) $\lambda_1,\lambda_2,\lambda_3$ 的存在区间：

$$\lambda_1\in(0,1),\quad \lambda_2\in(3,4),\quad \lambda_3\in(4,10),$$

可见 $\boldsymbol{A}$ 的特征值全都大于零，所以 f 为正定二次型.

注 判断二次型是否正定，由以上几种方法看出，以求顺序主子式的方法最为简便. 另外，本题的矩阵 $\boldsymbol{A}$ 的特征值不易求出，但由于我们只需要知道特征值为正还是负，所以只要讨论特征方程 $f(\lambda)=0$ 的根的存在区间即可.

例 6 设 $\boldsymbol{A}=(a_{ij})_{n\times n}$ 为正定矩阵，证明：

(1) $\boldsymbol{A}^{-1}$ 为正定矩阵；

(2) $\boldsymbol{A}^*$ 为正定矩阵；

(3) 对任意正整数 k, $\boldsymbol{A}^k$ 为正定矩阵.

证 (1) 由于 $\boldsymbol{A}$ 正定，故 $\boldsymbol{A}^{\mathrm{T}}=\boldsymbol{A}$，所以 $(\boldsymbol{A}^{-1})^{\mathrm{T}}=(\boldsymbol{A}^{\mathrm{T}})^{-1}=\boldsymbol{A}^{-1}$，故 $\boldsymbol{A}^{-1}$ 亦为对称矩阵. 对此有如下两种证法.

方法 1 $\boldsymbol{A}$ 正定，则存在非奇异矩阵 $\boldsymbol{C}$, 使 $\boldsymbol{C}^{\mathrm{T}}\boldsymbol{A}\boldsymbol{C}=\boldsymbol{I}$. 两边取逆，得

$$\boldsymbol{C}^{-1}\boldsymbol{A}^{-1}(\boldsymbol{C}^{\mathrm{T}})^{-1}=\boldsymbol{I}.$$

又因 $(\boldsymbol{C}^{\mathrm{T}})^{-1}=(\boldsymbol{C}^{-1})^{\mathrm{T}}$, $((\boldsymbol{C}^{-1})^{\mathrm{T}})^{\mathrm{T}}=\boldsymbol{C}^{-1}$，因此

$$((\boldsymbol{C}^{-1})^{\mathrm{T}})^{\mathrm{T}}\boldsymbol{A}^{-1}(\boldsymbol{C}^{-1})^{\mathrm{T}}=\boldsymbol{I},\quad |(\boldsymbol{C}^{-1})^{\mathrm{T}}|=|\boldsymbol{C}|^{-1}\neq 0,$$

故 $\boldsymbol{A}^{-1}\simeq\boldsymbol{I}$, 即 $\boldsymbol{A}^{-1}$ 为正定矩阵.

方法 2 由于 $\boldsymbol{A}$ 正定，则 $\boldsymbol{A}$ 的特征值全大于零. 设 λ 为 $\boldsymbol{A}$ 的任一特征值，则 $\dfrac{1}{\lambda}$ 为 $\boldsymbol{A}^{-1}$ 的特征值，且 $\dfrac{1}{\lambda}>0$. 因此，对称矩阵 $\boldsymbol{A}^{-1}$ 的特征值全大于零，故 $\boldsymbol{A}^{-1}$ 是正定矩阵.

(2) 由于 $\boldsymbol{A}^*=|\boldsymbol{A}|\boldsymbol{A}^{-1}$, $\boldsymbol{A}^{-1}$ 是对称矩阵，故 $\boldsymbol{A}^*$ 为对称矩阵. 因此，也有两种证法.

方法 1 由 $\boldsymbol{A}$ 正定知 $|\boldsymbol{A}|>0$, 故 $\boldsymbol{A}$ 可逆, $\boldsymbol{A}^{-1}=\dfrac{1}{|\boldsymbol{A}|}\boldsymbol{A}^*$，且 $\boldsymbol{A}^*$ 为实对称矩阵.

因为 $\boldsymbol{A}$ 为正定，由(1)知 $\boldsymbol{A}^{-1}$ 也是正定矩阵，故对任意 $\boldsymbol{x}=(x_1,x_2,\cdots,x_n)^{\mathrm{T}}\neq\boldsymbol{0}$, 有 $\boldsymbol{x}^{\mathrm{T}}\boldsymbol{A}^{-1}\boldsymbol{x}>0$, 因此

$$\boldsymbol{x}^{\mathrm{T}}\frac{1}{|\boldsymbol{A}|}\boldsymbol{A}^*\boldsymbol{x}>0,\quad 即\ \frac{1}{|\boldsymbol{A}|}\boldsymbol{x}^{\mathrm{T}}\boldsymbol{A}^*\boldsymbol{x}>0.$$

于是 $\boldsymbol{x}^{\mathrm{T}}\boldsymbol{A}^*\boldsymbol{x}>0$, 所以 $\boldsymbol{A}^*$ 为正定矩阵.

方法 2 由 $\boldsymbol{A}$ 为正定知, $\boldsymbol{A}$ 的特征值都大于零. 设 λ 为 $\boldsymbol{A}$ 的任一特征值，

有$\lambda>0$，又因为$|A|>0$，故A^* 的特征值$\frac{|A|}{\lambda}>0$. 因此，对称矩阵A^* 的特征值全大于零，所以A^* 为正定矩阵.

(3) 由A为对称矩阵，故$(A^k)^T=(A^T)^k=A^k$，即A^k为对称矩阵. 又由于A的全部特征值$\lambda_i>0$ $(i=1,2,\cdots,n)$，因此A^k 的全部特征值$\lambda_i^k>0$ $(i=1,2,\cdots,n)$，故A^k 正定.

请读者注意：正定矩阵主对角元素全大于零，其逆不真. 若矩阵A的主对角元素全大于零，但A若不是对称矩阵，则A不是正定矩阵.

例 7　设A为n阶实对称阵且$A^3-3A^2+5A-3I=O$，证明：A是正定矩阵.

证　设λ是A的任一特征值，x为A属于λ的特征向量，则$\lambda^3-3\lambda^2+5\lambda-3$是$A^3-3A^2+5A-3I$的特征值，$x$为$A^3-3A^2+5A-3I$的属于$\lambda^3-3\lambda^2+5\lambda-3$的特征向量. 从而有

$$(A^3-3A^2+5A-3I)x=(\lambda^3-3\lambda^2+5\lambda-3)x.$$

再由题设$A^3-3A^2+5A-3I=O$，得

$$(\lambda^3-3\lambda^2+5\lambda-3)x=0.$$

而$x\neq 0$，故

$$\lambda^3-3\lambda^2+5\lambda-3=0.$$

解之得$\lambda=1$或$\lambda=1\pm\sqrt{2}\mathrm{i}$.

因为A为实对称矩阵，所以特征值一定是实数，故只有特征值$\lambda=1$，即A的全部特征值为正，所以A是正定矩阵.

例 8　设A,B分别为m,n阶正定矩阵，矩阵$C=\begin{bmatrix}A & O\\ O & B\end{bmatrix}$，证明：$C$为正定矩阵.

证　方法 1　记A的顺序主子式为$|A_1|,|A_2|,\cdots,|A_{m-1}|,|A_m|=|A|$，且$B$的顺序主子式为$|B_1|,|B_2|,\cdots,|B_{n-1}|,|B_n|=|B|$，则$C$的顺序主子式为

$$|C_1|=|A_1|,\ |C_2|=|A_2|,\ \cdots,\ |C_m|=|A|,$$
$$|C_{m+1}|=|A||B_1|,\ |C_{m+2}|=|A||B_2|,\ \cdots,\ |C|=|A||B|.$$

因为A,B均为正定矩阵，故

$$|A_i|>0\ (i=1,2,\cdots,m),\quad |B_j|>0\ (j=1,2,\cdots,n),$$

于是$|C_k|>0$ $(k=1,2,\cdots,m+n)$，即C的顺序主子式全大于零，且

$$C^T=\begin{bmatrix}A & O\\ O & B\end{bmatrix}^T=\begin{bmatrix}A^T & O^T\\ O^T & B^T\end{bmatrix}=\begin{bmatrix}A & O\\ O & B\end{bmatrix}=C,$$

即$\boldsymbol{C}$为实对称矩阵，所以$\boldsymbol{C}$为正定矩阵.

方法 2 设$m+n$维非零列向量$\boldsymbol{z}=\begin{pmatrix}\boldsymbol{x}\\\boldsymbol{y}\end{pmatrix}$，其中$\boldsymbol{x}=(x_1,x_2,\cdots,x_m)^{\mathrm{T}}$，$\boldsymbol{y}=(y_1,y_2,\cdots,y_n)^{\mathrm{T}}$，由于$\boldsymbol{z}\neq\boldsymbol{0}$，故$\boldsymbol{x},\boldsymbol{y}$不全为零. 不妨设$\boldsymbol{x}\neq\boldsymbol{0}$，因为$\boldsymbol{A}$正定，所以$\boldsymbol{x}^{\mathrm{T}}\boldsymbol{A}\boldsymbol{x}>0$，又因为$\boldsymbol{B}$正定，所以$\boldsymbol{y}^{\mathrm{T}}\boldsymbol{B}\boldsymbol{y}\geqslant 0$. 又如方法1所证$\boldsymbol{C}$为实对称矩阵，故对任意$\boldsymbol{z}\in\mathbf{R}^{m+n}$，$\boldsymbol{z}\neq\boldsymbol{0}$，有

$$\boldsymbol{z}^{\mathrm{T}}\boldsymbol{C}\boldsymbol{z}=(\boldsymbol{x}^{\mathrm{T}},\boldsymbol{y}^{\mathrm{T}})\begin{pmatrix}\boldsymbol{A}&\boldsymbol{O}\\\boldsymbol{O}&\boldsymbol{B}\end{pmatrix}\begin{pmatrix}\boldsymbol{x}\\\boldsymbol{y}\end{pmatrix}=\boldsymbol{x}^{\mathrm{T}}\boldsymbol{A}\boldsymbol{x}+\boldsymbol{y}^{\mathrm{T}}\boldsymbol{B}\boldsymbol{y}>0,$$

即知二次型$\boldsymbol{z}^{\mathrm{T}}\boldsymbol{C}\boldsymbol{z}$正定，故矩阵$\boldsymbol{C}$为正定矩阵.

方法 3 设$\boldsymbol{A}$的特征值为$\lambda_1,\lambda_2,\cdots,\lambda_m$，$\boldsymbol{B}$的特征值为$\mu_1,\mu_2,\cdots,\mu_n$. 由$\boldsymbol{A},\boldsymbol{B}$正定，可知$\lambda_i>0\ (i=1,2,\cdots,m)$，$\mu_j>0\ (j=1,2,\cdots,n)$，且已证$\boldsymbol{C}$为实对称矩阵，则由

$$|\lambda\boldsymbol{I}-\boldsymbol{C}|=\begin{vmatrix}\lambda\boldsymbol{I}_m-\boldsymbol{A}&\boldsymbol{O}\\\boldsymbol{O}&\lambda\boldsymbol{I}_n-\boldsymbol{B}\end{vmatrix}=|\lambda\boldsymbol{I}_m-\boldsymbol{A}|\,|\lambda\boldsymbol{I}_n-\boldsymbol{B}|=0,$$

得$\boldsymbol{C}$的特征值为$\lambda_1,\lambda_2,\cdots,\lambda_m,\mu_1,\mu_2,\cdots,\mu_n$，均大于零，故$\boldsymbol{C}$为正定矩阵.

方法 4 由于$\boldsymbol{A},\boldsymbol{B}$为正定，故存在$m$阶可逆矩阵$\boldsymbol{M}$，$n$阶逆矩阵$\boldsymbol{N}$，使得$\boldsymbol{A}=\boldsymbol{M}^{\mathrm{T}}\boldsymbol{M}$，$\boldsymbol{B}=\boldsymbol{N}^{\mathrm{T}}\boldsymbol{N}$，故

$$\begin{aligned}\boldsymbol{C}=\begin{pmatrix}\boldsymbol{A}&\boldsymbol{O}\\\boldsymbol{O}&\boldsymbol{B}\end{pmatrix}&=\begin{pmatrix}\boldsymbol{M}^{\mathrm{T}}\boldsymbol{M}&\boldsymbol{O}\\\boldsymbol{O}&\boldsymbol{N}^{\mathrm{T}}\boldsymbol{N}\end{pmatrix}=\begin{pmatrix}\boldsymbol{M}^{\mathrm{T}}&\boldsymbol{O}\\\boldsymbol{O}&\boldsymbol{N}^{\mathrm{T}}\end{pmatrix}\begin{pmatrix}\boldsymbol{M}&\boldsymbol{O}\\\boldsymbol{O}&\boldsymbol{N}\end{pmatrix}\\&=\begin{pmatrix}\boldsymbol{M}&\boldsymbol{O}\\\boldsymbol{O}&\boldsymbol{N}\end{pmatrix}^{\mathrm{T}}\begin{pmatrix}\boldsymbol{M}&\boldsymbol{O}\\\boldsymbol{O}&\boldsymbol{N}\end{pmatrix}.\end{aligned}$$

显然矩阵$\begin{pmatrix}\boldsymbol{M}&\boldsymbol{O}\\\boldsymbol{O}&\boldsymbol{N}\end{pmatrix}$是可逆矩阵，故$\boldsymbol{C}$与单位矩阵合同. 所以$\boldsymbol{C}$为正定矩阵.

例 9 设$\boldsymbol{A}$为n阶正定矩阵，$\boldsymbol{I}$为n阶单位矩阵，证明：行列式$|\boldsymbol{A}+\boldsymbol{I}|>1$.

证 方法 1 设$\boldsymbol{A}$的全部特征值为$\lambda_1,\lambda_2,\cdots,\lambda_n$，由$\boldsymbol{A}$正定知$\lambda_i>0\ (i=1,2,\cdots,n)$，故$\boldsymbol{A}+\boldsymbol{I}$的全部特征值为$\lambda_1+1,\lambda_2+1,\cdots,\lambda_n+1$，因此

$$|\boldsymbol{A}+\boldsymbol{I}|=(\lambda_1+1)(\lambda_2+1)\cdots(\lambda_n+1)>1.$$

方法 2 $\boldsymbol{A}$正定，故$\boldsymbol{A}$必为实对称矩阵，所以存在正交矩阵$\boldsymbol{P}$，使得

$$\boldsymbol{P}^{-1}\boldsymbol{A}\boldsymbol{P}=\begin{pmatrix}\lambda_1&&&\\&\lambda_2&&\\&&\ddots&\\&&&\lambda_n\end{pmatrix},$$

且$\lambda_i>0\ (i=1,2,\cdots,n)$，故有

$$P^{-1}(A+I)P=P^{-1}AP+I=\begin{pmatrix}\lambda_1+1 & & & \\ & \lambda_2+1 & & \\ & & \ddots & \\ & & & \lambda_n+1\end{pmatrix}.$$

两边取行列式，且由$|P^{-1}|\cdot|P|=1$，可得

$$|A+I|=(\lambda_1+1)(\lambda_2+1)\cdots(\lambda_n+1)>1.$$

例 10 判断下列二次型的正定性：

(1) $f=5x_1^2+x_2^2+5x_3^2+4x_1x_2-8x_1x_3-4x_2x_3$；

(2) $f=-5x^2-6y^2-4z^2+4xy+4xz$.

解 (1) 二次型 f 的矩阵为

$$A=\begin{pmatrix}5 & 2 & -4\\ 2 & 1 & -2\\ -4 & -2 & 5\end{pmatrix}.$$

它的顺序主子式为

$$D_1=|5|=5>0,\quad D_2=\begin{vmatrix}5 & 2\\ 2 & 1\end{vmatrix}=1>0,$$

$$D_3=\begin{vmatrix}5 & 2 & -4\\ 2 & 1 & -2\\ -4 & -2 & 5\end{vmatrix}=1>0,$$

所以 f 是正定的.

(2) 二次型 f 的矩阵为

$$A=\begin{pmatrix}-5 & 2 & 2\\ 2 & -6 & 0\\ 2 & 0 & -4\end{pmatrix}.$$

它的顺序主子式为

$$D_1=|-5|=-5<0,\quad D_2=\begin{vmatrix}-5 & 2\\ 2 & -6\end{vmatrix}=26>0,$$

$$D_3=\begin{vmatrix}-5 & 2 & 2\\ 2 & -6 & 0\\ 2 & 0 & -4\end{vmatrix}=-80<0,$$

所以 f 是负定的.

例 11 设 A 为任意实矩阵，求证：矩阵 $A^{\mathrm{T}}A$ 为半正定矩阵.

证 矩阵 $A^{\mathrm{T}}A$ 为实对称矩阵. 因为对任意 $x\neq 0$，有

$$x^{\mathrm T}(A^{\mathrm T}A)x=(Ax)^{\mathrm T}(Ax)=\|Ax\|^2\geqslant 0,$$

所以 $x^{\mathrm T}(A^{\mathrm T}A)x$ 是半正定二次型，故矩阵 $A^{\mathrm T}A$ 是半正定矩阵.

复 习 题

1. 已知二次型 $f(x_1,x_2,x_3)=5x_1^2+5x_2^2+cx_3^2-2x_1x_2+6x_1x_3-6x_2x_3$ 的秩为 2，求参数 c.

2. 已知三元二次型 $x^{\mathrm T}Ax$ 的矩阵 A 的特征值为 2,3,0，且其中对应于 $\lambda=2$ 与 $\lambda=3$ 的特征向量分别是 $\alpha_1=\begin{pmatrix}1\\1\\0\end{pmatrix}$ 与 $\alpha_2=\begin{pmatrix}1\\-1\\1\end{pmatrix}$，求此二次型的表达式.

3. 已知二次型 $f=2x_1^2+3x_2^2+2tx_2x_3+3x_3^2\ (t>0)$ 通过正交变换化为标准形 $f=y_1^2+2y_2^2+5y_3^2$，求参数 t 及所用的正交变换.

4. 证明：矩阵 $\begin{pmatrix}a_1+a_2+a_3 & a_2+a_3 & a_3\\ a_2+a_3 & a_2+a_3 & a_3\\ a_3 & a_3 & a_3\end{pmatrix}$ 与 $\begin{pmatrix}k_3a_3 & & \\ & k_2a_2 & \\ & & k_1a_1\end{pmatrix}$ 合同，其中 k_1,k_2,k_3 为大于 0 的常数，并把 n 阶实二次型按其矩阵的合同关系分类(即矩阵合同的二次型都归为同一类)，共分几类?

5. 设 A 是一个秩为 r 的 n 阶实对称矩阵，证明：A 可表示成 r 个秩为 1 的实对称矩阵之和.

6. 一个实二次型可分解为两个实系数的一次齐次多项式的乘积的充分必要条件是该二次型的秩为 2，且符号差为 0，或秩等于 1.

7. 设 $f(x_1,x_2,\cdots,x_n)=x^{\mathrm T}Ax$ 是一实二次型，$\lambda_1,\lambda_2,\cdots,\lambda_n$ 是 A 的特征值，且 $\lambda_1\leqslant\lambda_2\leqslant\cdots\leqslant\lambda_n$，证明：对于任一实 n 维列向量 x，有

$$\lambda_1x^{\mathrm T}x\leqslant x^{\mathrm T}Ax\leqslant\lambda_nx^{\mathrm T}x.$$

8. 设有 n 元二次型

$$f(x_1,x_2,\cdots,x_n)=(x_1+a_1x_2)^2+(x_2+a_2x_3)^2+\cdots+(x_{n-1}+a_{n-1}x_n)^2+(x_n+a_nx_1)^2,$$

其中 $a_i(i=1,2,\cdots,n)$ 为实数. 问当 $a_1,a_2,\cdots,a_n$ 满足什么条件时，二次型 f 为正定二次型?

9. 设 A 为 n 阶正定矩阵，B 为 $n\times m$ 矩阵，且 $\mathrm{r}(B)=m$. 证明：$B^{\mathrm T}AB$ 是正定矩阵.

10. 设 $\boldsymbol{A}$ 为 m 阶正定矩阵，$\boldsymbol{B}$ 为 $m\times n$ 实矩阵，证明：$\boldsymbol{B}^{\mathrm{T}}\boldsymbol{A}\boldsymbol{B}$ 为正定矩阵的充分必要条件是矩阵 $\boldsymbol{B}$ 的秩 $\mathrm{r}(\boldsymbol{B})=n$.

11. 设 $\boldsymbol{A}$ 为 n 阶正定矩阵，$\boldsymbol{\alpha}$ 为 n 维实向量，b 为实数，$\boldsymbol{B}=\begin{pmatrix}\boldsymbol{A} & \boldsymbol{\alpha}\\ \boldsymbol{\alpha}^{\mathrm{T}} & b\end{pmatrix}$，证明：$\boldsymbol{B}$ 为正定矩阵的充要条件是 $b>\boldsymbol{\alpha}^{\mathrm{T}}\boldsymbol{A}^{-1}\boldsymbol{\alpha}$.

12. 已知二次型

$$f(x_1,x_2,x_3)=tx_1^2+tx_2^2+tx_3^2+2x_1x_2+2x_1x_3-2x_2x_3.$$

问

(1) t 满足什么条件时，二次型 f 是正定的？

(2) t 满足什么条件时，二次型 f 是负定的？

13. 证明：二次型

$$f(x_1,x_2,\cdots,x_n)=n\sum_{i=1}^{n}x_i^2-\Big(\sum_{i=1}^{n}x_i\Big)^2$$

是半正定的.

14. 设 $\boldsymbol{A}$ 是 n 阶正定矩阵，证明：$\boldsymbol{A}+\boldsymbol{A}^{-1}\geqslant 2\boldsymbol{I}$.

附录一 连加号$\sum$和连乘号$\prod$

在线性代数和其他数学领域内，常常碰到若干个数连续相加或连续相乘，为了书写与运算的简便，我们常用连加号“$\sum$”和连乘号“$\prod$”. 于是有必要对连加号及连乘号的意义及性质作一介绍.

1. 连加号“$\sum$”

我们常遇到n个数$a_1,a_2,\cdots,a_n$相加，即

$$a_1+a_2+\cdots+a_n, \quad ①$$

它的一般项的形式是$a_i(i=1,2,\cdots,n)$，为了简便表达这n项之和，我们引入和号“$\sum$”，并把a_i的足标i的取值情况记在$\sum$的上、下端(一般都将始足标写在$\sum$的下方，而终足标写在$\sum$的上方)，这样式①就可缩写成$\sum\limits_{i=1}^{n}a_i$，即

$$a_1+a_2+\cdots+a_n=\sum_{i=1}^{n}a_i, \quad ②$$

式②中等号右边的$\sum$为希腊字母(读作“西格玛”)表示求和，称为**连加号或和号**，$\sum\limits_{i=1}^{n}$表示i取值从1一直到n，i称为**求和指标**. 当然也可由其他字母替代. 例如，我们也可采用j作为求和指标，即

$$a_1+a_2+\cdots+a_n=\sum_{j=1}^{n}a_j. \quad ③$$

显然，它与所采用的文字无关. 一般地，若起始足标取k，终足标取m $(1\leqslant k\leqslant m)$，则$\sum\limits_{i=k}^{m}a_i$表示从$a_k$依次加到$a_m$，即

$$\sum_{i=k}^{m}a_i=a_k+a_{k+1}+\cdots+a_m. \quad ④$$

对于同一个和式，连加号可根据需要写成不同的形式，如：

$$\sum_{i=1}^{n} a_i = \sum_{i=2}^{n+1} a_{i-1} = \sum_{i=0}^{n-1} a_{i+1} = \sum_{i=3}^{n+2} a_{i-2} = a_1 + a_2 + \cdots + a_n. \quad ⑤$$

上式中的足标、始足标、终足标不同，但所加的项完全相同.

总之，初学者切不要被形式上的不同所迷惑. 关键是要看被求和的项究竟是什么. 读者如一时搞不清楚，可将和号展开写成具体的式子，从而认定其异同.

关于和号有以下简单的性质：

(1) $\sum_{i=1}^{n}(a_i + b_i) = \sum_{i=1}^{n} a_i + \sum_{i=1}^{n} b_i$；

(2) $\sum_{i=1}^{n} ca_i = c\sum_{i=1}^{n} a_i$ （其中 c 为与下标 i 无关的常数）；

(3) $\sum_{i=1}^{n}(a_i + b_i)x_i = \sum_{i=1}^{n} a_i x_i + \sum_{i=1}^{n} b_i x_i$；

(4) $\sum_{i=1}^{n} a_i = \sum_{i=1}^{k} a_i + \sum_{i=k+1}^{n} a_i \quad (1 \leqslant k \leqslant n)$.

有了连加号，数学中一些较长的式子就可既简单又明了地表达出来. 例如，线性方程组

$$\begin{cases} a_{11}x_1 + a_{12}x_2 + \cdots + a_{1n}x_n = b_1, \\ a_{21}x_1 + a_{22}x_2 + \cdots + a_{2n}x_n = b_2, \\ \cdots\cdots\cdots\cdots\cdots\cdots\cdots\cdots\cdots\cdots \\ a_{m1}x_1 + a_{m2}x_2 + \cdots + a_{mn}x_n = b_m, \end{cases} \quad ⑥$$

可简写成

$$\sum_{j=1}^{n} a_{ij}x_j = b_i \quad (i = 1,2,\cdots,m). \quad ⑦$$

有时为了需要，可应用对下标有特殊限制的和号，如当 $i \geqslant 1$, $j \geqslant 1$ 时

$$\sum_{i+j=5} a_i b_j = a_1 b_4 + a_2 b_3 + a_3 b_2 + a_4 b_1.$$

又如，设 j_1, j_2, j_3 为1,2,3这三个数的全排列，由于1,2,3这三个数字的全排列是

$$1,2,3;\ 1,3,2;\ 2,1,3;\ 2,3,1;\ 3,1,2;\ 3,2,1,$$

则和式

$$a_{123} + a_{132} + a_{213} + a_{231} + a_{312} + a_{321}$$

可表示为 $\sum_{j_1,j_2,j_3} a_{j_1 j_2 j_3}$，即

$$a_{123} + a_{132} + a_{213} + a_{231} + a_{312} + a_{321} = \sum_{j_1,j_2,j_3} a_{j_1 j_2 j_3}, \quad ⑧$$

这里，$\sum\limits_{j_1,j_2,j_3}$ 表示对1,2,3这三个数字的全排列求和，也称**对所有3阶排列求和**.

一般地，$\sum\limits_{j_1,j_2,\cdots,j_n} a_{j_1j_2\cdots j_n}$ 中的 $\sum\limits_{j_1,j_2,\cdots,j_n}$ 表示对所有 n 阶排列求和. 因为 n 个数字的全排列共有 $n!$ 个，故 $\sum\limits_{j_1,j_2,\cdots,j_n} a_{j_1j_2\cdots j_n}$ 是 $n!$ 项之和.

2. 双重连加号“$\sum\sum$”

如果把线性方程组⑥的常数项 $b_1,b_2,\cdots,b_n$ 相加，则得 $\sum\limits_{i=1}^{m} b_i$. 它等于⑥的各个方程左边相加，即有

$$\sum_{i=1}^{m} b_i = \sum_{i=1}^{m}\left(\sum_{j=1}^{n} a_{ij}x_j\right), \tag{⑨}$$

这就产生了双重和号“$\sum\sum$”. 双重和号的使用往往比较复杂，我们需要熟悉它.

设有 mn 个数 a_{ij} $(i=1,2,\cdots,m;\ j=1,2,\cdots,n)$，其和记为

$$\begin{aligned} S = & (a_{11}+a_{12}+\cdots+a_{1n}) \\ & +(a_{21}+a_{22}+\cdots+a_{2n}) \\ & +\cdots \\ & +(a_{m1}+a_{m2}+\cdots+a_{mn}). \end{aligned} \tag{⑩}$$

先用单和号将每一行之和写出. 显然，式⑩中的等号右边的第1行可写成 $\sum\limits_{j=1}^{n} a_{1j}$，第2行可写成 $\sum\limits_{j=1}^{n} a_{2j}$……第 m 行可写成 $\sum\limits_{j=1}^{n} a_{mj}$，各行加在一起，可得

$$S = \sum_{j=1}^{n} a_{1j} + \sum_{j=1}^{n} a_{2j} + \cdots + \sum_{j=1}^{n} a_{mj}.$$

对这个和式又可写为 $S = \sum\limits_{i=1}^{m}\left(\sum\limits_{j=1}^{n} a_{ij}\right)$，或记为

$$S = \sum_{i=1}^{m}\sum_{j=1}^{n} a_{ij}. \tag{⑪}$$

当然，在求 S 的过程中，我们也可以先对列项加然后再求和. 这时，式⑩中的等号右边第1列各项之和是 $\sum\limits_{i=1}^{m} a_{i1}$，第2列各项之和是 $\sum\limits_{i=1}^{m} a_{i2}$……第 n 列各项之和是 $\sum\limits_{i=1}^{m} a_{in}$，再将各列加在一起，得

$$S=\sum_{i=1}^{m}a_{i1}+\sum_{i=1}^{m}a_{i2}+\cdots+\sum_{i=1}^{m}a_{in}$$

$$=\sum_{j=1}^{n}\Big(\sum_{i=1}^{m}a_{ij}\Big)=\sum_{j=1}^{n}\sum_{i=1}^{m}a_{ij}. \tag{12}$$

对照 ⑪ 式与 ⑫ 式，有

$$\sum_{i=1}^{m}\sum_{j=1}^{n}a_{ij}=\sum_{j=1}^{n}\sum_{i=1}^{m}a_{ij}. \tag{13}$$

即双重连加号中的两次单重连加的次序可以交换.

另外，我们还有

$$\Big(\sum_{i=1}^{m}a_i\Big)\Big(\sum_{j=1}^{n}b_j\Big)=\sum_{i=1}^{m}\Big(\sum_{j=1}^{n}a_ib_j\Big). \tag{14}$$

事实上，

$$\Big(\sum_{i=1}^{m}a_i\Big)\Big(\sum_{j=1}^{n}b_j\Big)=(a_1+a_2+\cdots+a_m)\Big(\sum_{j=1}^{n}b_j\Big)$$

$$=a_1\sum_{j=1}^{n}b_j+a_2\sum_{j=1}^{n}b_j+\cdots+a_m\sum_{j=1}^{n}b_j$$

$$=\sum_{i=1}^{m}\Big(a_i\sum_{j=1}^{n}b_j\Big)=\sum_{i=1}^{m}\Big(\sum_{j=1}^{n}a_ib_j\Big).$$

下面我们来看一个稍微复杂一点的双重和式. 设

$$\begin{aligned}S=\;&c_{21}\\&+c_{31}+c_{32}\\&+c_{41}+c_{42}+c_{43}\\&+\cdots\\&+c_{n1}+c_{n2}+\cdots+c_{n,n-1}.\end{aligned}$$

先对行写出和式可求得

$$S=\sum_{k=1}^{1}c_{2k}+\sum_{k=1}^{2}c_{3k}+\cdots+\sum_{k=1}^{n-1}c_{nk}=\sum_{i=2}^{n}\sum_{k=1}^{i-1}c_{ik}.$$

再对列先写出和式，有

$$S=\sum_{i=2}^{n}c_{i1}+\sum_{i=3}^{n}c_{i2}+\cdots+\sum_{i=n}^{n}c_{i,n-1}=\sum_{k=1}^{n-1}\sum_{i=k+1}^{n}c_{ik}.$$

于是，又可得到等式：

$$\sum_{i=2}^{n}\sum_{k=1}^{i-1}c_{ik}=\sum_{k=1}^{n-1}\sum_{i=k+1}^{n}c_{ik}. \tag{15}$$

同理，对$\frac{n(n+1)}{2}$个数 a_{ij} $(j=i,i+1,\cdots,n;\ i=1,2,\cdots,n)$ 的和

$$\begin{aligned} S = a_{11} &+ a_{12} + \cdots + a_{1,n-1} + a_{1n} \\ &+ a_{22} + \cdots + a_{2,n-1} + a_{2n} \\ &+ \cdots \\ &+ a_{n-1,n-1} + a_{n-1,n} \\ &+ a_{nn} \end{aligned}$$

可表示为

$$S = \sum_{i=1}^{n}\sum_{j=i}^{n} a_{ij} = \sum_{j=1}^{n}\sum_{i=1}^{j} a_{ij}. \qquad ⑯$$

这个等式我们常会用到.

3. 连乘号“$\prod$”

我们把 n 个数(项) 连乘积 $a_1a_2\cdots a_n$ 记为$\prod\limits_{i=1}^{n} a_i$，即

$$a_1a_2\cdots a_n = \prod_{i=1}^{n} a_i, \qquad ⑰$$

这里$\prod$ 称为**连乘号**，$\prod\limits_{i=1}^{n}$ 表示对 i 的取值是从 1 一直到 n，i 是**求积指标**.

关于$\prod$ 显然有下列性质：

(1) $\prod\limits_{i=1}^{n}(a_ib_i) = \left(\prod\limits_{i=1}^{n} a_i\right)\left(\prod\limits_{i=1}^{n} b_i\right)$；

(2) $\prod\limits_{i=1}^{n}(ka_i) = k^n\prod\limits_{i=1}^{n} a_i$；

(3) $\prod\limits_{i=1}^{m}\left(\prod\limits_{j=1}^{n} a_{ij}\right) = \prod\limits_{j=1}^{n}\left(\prod\limits_{i=1}^{m} a_{ij}\right)$.

下面我们介绍另一种连乘号：

$$\begin{aligned} &(x_n - x_1)(x_n - x_2)\cdots(x_n - x_{n-2})(x_n - x_{n-1}) \\ &(x_{n-1} - x_1)(x_{n-1} - x_2)\cdots(x_{n-1} - x_{n-2}) \\ &\cdots\cdots\cdots\cdots\cdots\cdots \\ &(x_3 - x_1)(x_3 - x_2) \\ &(x_2 - x_1) \\ &= \prod_{1\leqslant i<j\leqslant n}(x_j - x_i), \end{aligned} \qquad ⑱$$

这里$\prod\limits_{1\leqslant i<j\leqslant n}$ 表示求积时，i 可以从 1 开始取值，一直取到 $j-1$；而 j 的取值可以从大于 i 起一直取到 n.

附录二 客 观 题

一、填 空 题

·第一章·

1. 一个n阶行列式中等于零的元素的个数比n^2-n多，则此行列式等于__________.

2. 已知$abcd=1$，则

$$\begin{vmatrix} a^2+\frac{1}{a^2} & a & \frac{1}{a} & 1 \\ b^2+\frac{1}{b^2} & b & \frac{1}{b} & 1 \\ c^2+\frac{1}{c^2} & c & \frac{1}{c} & 1 \\ d^2+\frac{1}{d^2} & d & \frac{1}{d} & 1 \end{vmatrix} = \_\_\_\_\_\_\_\_\_\_.$$

3. 行列式

$$D=\begin{vmatrix} a+x_1 & a & \cdots & a \\ a & a+x_2 & \ddots & \vdots \\ \vdots & \ddots & \ddots & a \\ a & \cdots & a & a+x_n \end{vmatrix} = \_\_\_\_\_\_\_\_\_\_,$$

其中$x_i \neq 0\ (i=1,2,\cdots,n)$.

4. 设n阶$(n\geqslant 3)$行列式$|\boldsymbol{A}|=a$，将$|\boldsymbol{A}|$每一列减去其余的各列得到的行列式为$|\boldsymbol{B}|$，则$|\boldsymbol{B}|=$__________.

5. 已知

$$D=\begin{vmatrix} 2 & 1 & 3 & 4 \\ 1 & 0 & 2 & 3 \\ 1 & 5 & 2 & 1 \\ -1 & 1 & 5 & 2 \end{vmatrix},$$

则代数余子式 $A_{13}+A_{23}+A_{43}=$ ________.

6. 行列式 $D=\begin{vmatrix}1&1&1&1\\x_1&x_2&x_3&x_4\\x_1^2&x_2^2&x_3^2&x_4^2\\x_1^4&x_2^4&x_3^4&x_4^4\end{vmatrix}=$ ________.

7. $2n$ 阶行列式 $\begin{vmatrix}\boldsymbol{A}&\boldsymbol{B}\\\boldsymbol{B}&\boldsymbol{A}\end{vmatrix}=$ ________，其中 n 阶矩阵

$$\boldsymbol{A}=\begin{pmatrix}a&0&\cdots&0\\0&a&\ddots&\vdots\\\vdots&\ddots&\ddots&0\\0&\cdots&0&a\end{pmatrix},\quad \boldsymbol{B}=\begin{pmatrix}0&\cdots&0&b\\\vdots&\iddots&b&0\\0&\iddots&\iddots&\vdots\\b&0&\cdots&0\end{pmatrix}.$$

8. 已知 $f(x),g(x),h(x)$ 为二阶导函数，则

$$\lim_{\Delta x\to 0}\frac{1}{(\Delta x)^3}\begin{vmatrix}f(x)&g(x)&h(x)\\f(x+\Delta x)&g(x+\Delta x)&h(x+\Delta x)\\f(x+2\Delta x)&g(x+2\Delta x)&h(x+2\Delta x)\end{vmatrix}=\text{________}.$$

·第二章·

1. 设 $\boldsymbol{A}=\begin{pmatrix}1&0&1\\0&2&0\\1&0&1\end{pmatrix}$，$n\geqslant 2$ 为正整数，则 $\boldsymbol{A}^n-2\boldsymbol{A}^{n-1}=$ ________.

2. 设三阶方阵 $\boldsymbol{A},\boldsymbol{B}$ 满足关系式 $\boldsymbol{A}^{-1}\boldsymbol{B}\boldsymbol{A}=6\boldsymbol{A}+\boldsymbol{B}\boldsymbol{A}$，且

$$\boldsymbol{A}=\begin{pmatrix}\frac{1}{3}&0&0\\0&\frac{1}{4}&0\\0&0&\frac{1}{7}\end{pmatrix},$$

则 $\boldsymbol{B}=$ ________.

3. 设 n 维向量 $\boldsymbol{\alpha}=(a,0,\cdots,0,a)^{\mathrm{T}}$，$a<0$；$\boldsymbol{I}$ 为 n 阶单位矩阵，矩阵

$$\boldsymbol{A}=\boldsymbol{I}-\boldsymbol{\alpha}\boldsymbol{\alpha}^{\mathrm{T}},\quad \boldsymbol{B}=\boldsymbol{I}+\frac{1}{a}\boldsymbol{\alpha}\boldsymbol{\alpha}^{\mathrm{T}},$$

其中 $\boldsymbol{A}$ 的逆矩阵为 $\boldsymbol{B}$，则 $a=$ ________.

4. 设 n 阶矩阵 $\boldsymbol{A}=\begin{pmatrix}0&1&\cdots&1\\1&0&\ddots&\vdots\\\vdots&\ddots&\ddots&1\\1&\cdots&1&0\end{pmatrix}$，则 $|\boldsymbol{A}|=$ ________.

5. 设$A=\begin{pmatrix}0&-1&0\\1&0&0\\0&0&-1\end{pmatrix}$，$B=P^{-1}AP$，其中$P$为三阶可逆矩阵，则$B^{2004}-2A^2=$__________.

6. 设$a_i\neq 0\ (i=1,2,\cdots,n)$，$b_j\neq 0\ (j=1,2,\cdots,m)$，则矩阵

$$A=\begin{pmatrix}a_1b_1&a_1b_2&\cdots&a_1b_m\\a_2b_1&a_2b_2&\cdots&a_2b_m\\\vdots&\vdots&&\vdots\\a_nb_1&a_nb_2&\cdots&a_nb_m\end{pmatrix}$$

的秩$\mathrm{r}(A)=$__________.

7. 设矩阵$A=\begin{pmatrix}k&1&1&1\\1&k&1&1\\1&1&k&1\\1&1&1&k\end{pmatrix}$，且秩$\mathrm{r}(A)=3$，则$k=$__________.

8. 设$A=\begin{pmatrix}1&2&-2\\4&t&3\\3&-1&1\end{pmatrix}$，$B$为三阶非零矩阵，且$AB=O$，则$t=$__________.

9. 设A为m阶方阵，B为n阶方阵，且$|A|=a$，$|B|=b$，$C=\begin{pmatrix}O&A\\B&O\end{pmatrix}$，则$|C|=$__________.

10. $\begin{pmatrix}0&0&1\\0&1&0\\1&0&0\end{pmatrix}^{20}\begin{pmatrix}a_1&a_2&a_3\\b_1&b_2&b_3\\c_1&c_2&c_3\end{pmatrix}\begin{pmatrix}0&0&1\\0&1&0\\1&0&0\end{pmatrix}^{19}=$__________.

·第三章·

1. 若向量组$\beta_1,\beta_2,\cdots,\beta_r$可由向量组$\alpha_1,\alpha_2,\cdots,\alpha_s$线性表示，且向量组$\beta_1,\beta_2,\cdots,\beta_r$线性无关，则$r$与$s$应满足关系式__________.

2. 考虑线性相关性，若向量$\alpha_1,\alpha_2,\alpha_3$线性无关，则$\alpha_1+\alpha_2,\alpha_2+\alpha_3,\alpha_3+\alpha_1$__________；若向量组$\alpha_1,\alpha_2,\alpha_3$线性相关，则$\alpha_1+\alpha_2,\alpha_2+\alpha_3,\alpha_3+\alpha_1$__________.

3. 设三阶矩阵$A=\begin{pmatrix}1&2&-2\\2&1&2\\3&0&4\end{pmatrix}$，三维列向量$\alpha=(a,1,1)^{\mathrm{T}}$. 已知$A\alpha$

与 $\boldsymbol{\alpha}$ 线性相关，则 $a=$ ________.

4. 向量组 $\boldsymbol{\alpha}_1=(2,3,4)^{\mathrm{T}}$，$\boldsymbol{\alpha}_2=(-4,-6,-8)^{\mathrm{T}}$，$\boldsymbol{\alpha}_3=(5,4,17)^{\mathrm{T}}$，$\boldsymbol{\alpha}_4=(3,2,11)^{\mathrm{T}}$ 的一个极大线性无关组为________.

5. 设 $n\times m$ 矩阵 $\boldsymbol{A}$ 的秩为 k $(k<m)$，则齐次线性方程组 $\boldsymbol{Ax}=\boldsymbol{0}$ 中独立方程有________个，多余方程有________个，其基础解系含________个解向量.

6. 设 n 阶矩阵 $\boldsymbol{A}$ 的各行元素之和为零，且 $\boldsymbol{A}$ 的秩为 $n-1$，则线性方程组 $\boldsymbol{Ax}=\boldsymbol{0}$ 的通解为________.

7. 已知 4 元非齐次方程组 $\boldsymbol{Ax}=\boldsymbol{\beta}$，$\mathrm{r}(\boldsymbol{A})=3$，$\boldsymbol{\alpha}_1,\boldsymbol{\alpha}_2,\boldsymbol{\alpha}_3$ 是它的三个解向量，且 $\boldsymbol{\alpha}_1+\boldsymbol{\alpha}_2=(1,1,0,2)^{\mathrm{T}}$，$\boldsymbol{\alpha}_2+\boldsymbol{\alpha}_3=(1,0,1,3)^{\mathrm{T}}$，则 $\boldsymbol{Ax}=\boldsymbol{\beta}$ 的通解是________.

8. 设方程组 $\begin{pmatrix} a & 1 & 1 \\ 1 & a & 1 \\ 1 & 1 & a \end{pmatrix}\begin{pmatrix} x_1 \\ x_2 \\ x_3 \end{pmatrix}=\begin{pmatrix} 1 \\ 2 \\ 3 \end{pmatrix}$ 有无穷多个解，则 $a=$ ________.

9. 线性方程组

$$\begin{cases} a_{11}x_1+a_{12}x_2+\cdots+a_{1n}x_n=b_1, \\ a_{21}x_1+a_{22}x_2+\cdots+a_{2n}x_n=b_2, \\ \cdots\cdots\cdots\cdots\cdots\cdots\cdots\cdots \\ a_{n1}x_1+a_{n2}x_2+\cdots+a_{nn}x_n=b_n \end{cases}$$

对任意常数 $b_1,b_2,\cdots,b_n$ 都有解的充要条件是 $\mathrm{r}(\boldsymbol{A})=$ ________.

10. 已知 4 阶方阵 $\boldsymbol{A}=(\boldsymbol{\alpha}_1,\boldsymbol{\alpha}_2,\boldsymbol{\alpha}_3,\boldsymbol{\alpha}_4)$，$\boldsymbol{\alpha}_1,\boldsymbol{\alpha}_2,\boldsymbol{\alpha}_3,\boldsymbol{\alpha}_4$ 均为 4 维列向量，其中 $\boldsymbol{\alpha}_2,\boldsymbol{\alpha}_3,\boldsymbol{\alpha}_4$ 线性无关，$\boldsymbol{\alpha}_1=2\boldsymbol{\alpha}_2-\boldsymbol{\alpha}_3$，如果 $\boldsymbol{\beta}=\boldsymbol{\alpha}_1+\boldsymbol{\alpha}_2+\boldsymbol{\alpha}_3+\boldsymbol{\alpha}_4$，则线性方程组 $\boldsymbol{Ax}=\boldsymbol{\beta}$ 的通解为________.

11. 设

$$\boldsymbol{A}=\begin{pmatrix} 1 & 1 & 1 & \cdots & 1 \\ a_1 & a_2 & a_3 & \cdots & a_n \\ a_1^2 & a_2^2 & a_3^2 & \cdots & a_n^2 \\ \vdots & \vdots & \vdots & & \vdots \\ a_1^{n-1} & a_2^{n-1} & a_3^{n-1} & \cdots & a_n^{n-1} \end{pmatrix},\quad \boldsymbol{x}=\begin{pmatrix} x_1 \\ x_2 \\ \vdots \\ x_n \end{pmatrix},\quad \boldsymbol{\beta}=\begin{pmatrix} 1 \\ 1 \\ \vdots \\ 1 \end{pmatrix},$$

其中 $a_i\neq a_j$ $(i\neq j)$ $(i,j=1,2,\cdots,n)$，则方程组 $\boldsymbol{A}^{\mathrm{T}}\boldsymbol{x}=\boldsymbol{\beta}$ 的解是________.

12. 设方程组

$$\begin{cases} a_1x+b_1y+c_1z=d_1, \\ a_2x+b_2y+c_2z=d_2, \\ a_3x+b_3y+c_3z=d_3 \end{cases}$$

的每一个方程都表示一个平面，若系数矩阵的秩为 3，则三平面的关系是__________.

·第四章·

1. 在 $\mathbf{R}^4$ 中，$\boldsymbol{\alpha}_1,\boldsymbol{\alpha}_2,\boldsymbol{\alpha}_3,\boldsymbol{\alpha}_4$ 是一个基，已知

$$\begin{cases} \boldsymbol{\beta}_1=\lambda\boldsymbol{\alpha}_1+\boldsymbol{\alpha}_2+\boldsymbol{\alpha}_3+\boldsymbol{\alpha}_4, \\ \boldsymbol{\beta}_2=\boldsymbol{\alpha}_1+\lambda\boldsymbol{\alpha}_2+\boldsymbol{\alpha}_3+\boldsymbol{\alpha}_4, \\ \boldsymbol{\beta}_3=\boldsymbol{\alpha}_1+\boldsymbol{\alpha}_2+\lambda\boldsymbol{\alpha}_3+\boldsymbol{\alpha}_4, \\ \boldsymbol{\beta}_4=\boldsymbol{\alpha}_1+\boldsymbol{\alpha}_2+\boldsymbol{\alpha}_3+\lambda\boldsymbol{\alpha}_4, \end{cases}$$

试求 λ 使 $\boldsymbol{\beta}_1,\boldsymbol{\beta}_2,\boldsymbol{\beta}_3,\boldsymbol{\beta}_4$ 为 $\mathbf{R}^4$ 的一个基__________.

2. 向量 $\boldsymbol{\alpha}=(1,1,0)^{\mathrm{T}}$，$\boldsymbol{\beta}=(0,1,1)^{\mathrm{T}}$，$\boldsymbol{\gamma}=(1,1,1)^{\mathrm{T}}$ 是 $\mathbf{R}^3$ 的一组基，则向量 $\boldsymbol{\xi}=(3,4,3)^{\mathrm{T}}$ 在该基下的坐标为__________.

3. 从 $\mathbf{R}^2$ 的基 $\boldsymbol{\alpha}_1=\begin{pmatrix}1\\0\end{pmatrix}$，$\boldsymbol{\alpha}_2=\begin{pmatrix}1\\-1\end{pmatrix}$ 到基 $\boldsymbol{\beta}_1=\begin{pmatrix}1\\1\end{pmatrix}$，$\boldsymbol{\beta}_2=\begin{pmatrix}1\\2\end{pmatrix}$ 的过渡矩阵为__________.

4. 设集合

$$V=\left\{\boldsymbol{\alpha}\,\middle|\,\boldsymbol{\alpha}=\begin{pmatrix}a_1\\a_2\\a_1+a_2+b\end{pmatrix},\ a_1,a_2,b\in\mathbf{R}\right\},$$

若 V 是 $\mathbf{R}^3$ 的子空间，则 $b=$ __________.

5. 设 V 为线性空间，$\boldsymbol{\alpha}_i\in V\ (i=1,2,\cdots,5)$，$V$ 的 3 个线性子空间

$W_1=L(\boldsymbol{\alpha}_1,\boldsymbol{\alpha}_2,\boldsymbol{\alpha}_3)$，$W_2=L(\boldsymbol{\alpha}_1,\boldsymbol{\alpha}_2,\boldsymbol{\alpha}_3,\boldsymbol{\alpha}_4)$，$W_3=L(\boldsymbol{\alpha}_1,\boldsymbol{\alpha}_2,\boldsymbol{\alpha}_3,\boldsymbol{\alpha}_4+\boldsymbol{\alpha}_5)$

的维数分别为 3,3,4，则

$$W_4=L(\boldsymbol{\alpha}_1,\boldsymbol{\alpha}_1+\boldsymbol{\alpha}_2,\boldsymbol{\alpha}_1+\boldsymbol{\alpha}_2+\boldsymbol{\alpha}_3,\boldsymbol{\alpha}_5-\boldsymbol{\alpha}_4-\boldsymbol{\alpha}_1-\boldsymbol{\alpha}_2-\boldsymbol{\alpha}_3)$$

的维数为__________.

6. $\boldsymbol{\beta}$ 为欧氏空间 $\mathbf{R}^n$ 中任一向量，它在 $\mathbf{R}^n$ 的标准正交基 $\boldsymbol{\alpha}_1,\boldsymbol{\alpha}_2,\cdots,\boldsymbol{\alpha}_n$ 下的坐标为__________.

7. 已知线性变换 σ 在基

$$\boldsymbol{I}=\begin{pmatrix}1&0\\0&1\end{pmatrix},\ \boldsymbol{\sigma}_x=\begin{pmatrix}0&1\\1&0\end{pmatrix},\ \boldsymbol{\sigma}_y=\begin{pmatrix}0&-\mathrm{i}\\\mathrm{i}&0\end{pmatrix},\ \boldsymbol{\sigma}_z=\begin{pmatrix}1&0\\0&-1\end{pmatrix}$$

下的矩阵为 $\boldsymbol{F}=\begin{pmatrix} & & & 1\\ & & 1 & \\ & 1 & & \\ 1 & & & \end{pmatrix}$，它在基

$$\boldsymbol{e}_{11}=\begin{pmatrix}1&0\\0&0\end{pmatrix},\ \boldsymbol{e}_{12}=\begin{pmatrix}0&1\\0&0\end{pmatrix},\ \boldsymbol{e}_{21}=\begin{pmatrix}0&0\\1&0\end{pmatrix},\ \boldsymbol{e}_{22}=\begin{pmatrix}0&0\\0&1\end{pmatrix}$$

下的矩阵表示为________.

8. 设 σ：$\mathbf{R}^3\to\mathbf{R}^3$ 是定义在 $\mathbf{R}^3$ 上的线性变换，又 $\boldsymbol{i},\boldsymbol{j},\boldsymbol{k}$ 是 $\mathbf{R}^3$ 的一组基，σ 使得

$$\sigma(\boldsymbol{k})=\boldsymbol{i}+2\boldsymbol{j},\quad \sigma(\boldsymbol{j}+\boldsymbol{k})=\boldsymbol{j}+\boldsymbol{k},\quad \sigma(\boldsymbol{i}+\boldsymbol{j}+\boldsymbol{k})=\boldsymbol{i}+\boldsymbol{j}+\boldsymbol{k}.$$

变换 σ 关于此组基所对应的矩阵为________，σ 的秩为________，σ 的零空间为________.

·第五章·

1. 若 n 阶可逆矩阵 $\boldsymbol{A}$ 的每行元素之和均为 c $(c\neq 0)$，则矩阵 $3\boldsymbol{A}-2\boldsymbol{A}^{-1}$ 有一个特征值________.

2. 设 $\boldsymbol{A}$ 为 n 阶矩阵，$|\boldsymbol{A}|\neq 0$，$\boldsymbol{A}^*$ 为 $\boldsymbol{A}$ 的伴随矩阵，$\boldsymbol{I}$ 为 n 阶单位矩阵. 若 $\boldsymbol{A}$ 有特征值 λ，则 $(\boldsymbol{A}^*)^2$ 必有特征值________.

3. 设 $-1,5,\lambda$ 是矩阵

$$\boldsymbol{A}=\begin{pmatrix}3&-2&0\\-2&2&-2\\0&-2&1\end{pmatrix}$$

的特征值，则 $\lambda=$________，$\boldsymbol{A}$ 对应于3个特征值的特征向量________，且________.（后两个空选填：线性无关或线性相关及相互正交或相互不正交.）

4. 设 $\boldsymbol{A}$ 为 n 阶方阵，方程组 $\boldsymbol{Ax}=\boldsymbol{0}$ 有非零解，则 $\boldsymbol{A}$ 必有一个特征值为________.

5. 若 n 阶矩阵 $\boldsymbol{A}$ 有 n 个属于特征值 λ 的线性无关的特征向量，则 $\boldsymbol{A}=$________.

6. 设 $\boldsymbol{A}$ 为 n 阶可对角化矩阵，且 $\mathrm{r}(\boldsymbol{A}-\boldsymbol{I})<n$，则 $\boldsymbol{A}$ 必有特征值 $\lambda=$________，且其重数为________，对应于它的线性无关的特征向量有________个.

7. 若3阶方阵 $\boldsymbol{A}$ 的特征值为 $-1,0,1$，则与方阵 $\boldsymbol{B}=\boldsymbol{A}^3-\boldsymbol{A}+2\boldsymbol{I}$ 相似的对角矩阵为________.

8. 设$\boldsymbol{A}=\begin{pmatrix}1&\alpha&1\\\alpha&1&\beta\\1&\beta&1\end{pmatrix}$，$\boldsymbol{B}=\begin{pmatrix}0&0&0\\0&1&0\\0&0&2\end{pmatrix}$，且$\boldsymbol{A}\sim\boldsymbol{B}$（“$\sim$”表示相似，下同），则$\alpha=$________，$\beta=$________.

9. 若4阶矩阵$\boldsymbol{A}$与$\boldsymbol{B}$相似，矩阵$\boldsymbol{A}$的特征值为$\frac{1}{2},\frac{1}{3},\frac{1}{4},\frac{1}{5}$，则行列式$|\boldsymbol{B}^{-1}-\boldsymbol{I}|=$________.

10. 已知两个正交单位向量

$$\boldsymbol{\alpha}_1=\left(\frac{1}{9},-\frac{8}{9},-\frac{4}{9}\right)^{\mathrm{T}},\quad \boldsymbol{\alpha}_2=\left(-\frac{8}{9},\frac{1}{9},-\frac{4}{9}\right)^{\mathrm{T}},$$

且已知$\boldsymbol{Q}=(\boldsymbol{\alpha}_1,\boldsymbol{\alpha}_2,\boldsymbol{\alpha}_3)$是正交矩阵，$|\boldsymbol{Q}|=1$，则$\boldsymbol{\alpha}_3=$________.

·第六章·

1. 三元二次型

$$f(x_1,x_2,x_3)=x_1^2+2x_2^2+5x_3^2+6x_1x_2-8x_2x_3$$

的矩阵为________.

2. 二次型

$$f(x_1,x_2,x_3)=(x_1+x_2)^2+(x_2-x_3)^2+(x_3+x_1)^2$$

的秩为________.

3. 二次型

$$f(x_1,x_2,x_3)=(x_1+x_2)^2+(x_2-x_3)^2+(x_3+x_1)^2$$

的正惯性指数$p=$________，负惯性指数$q=$________，秩等于________.

4. 已知二次型$f(x_1,x_2,x_3)=2x_1^2+3x_2^2+3x_3^2+2ax_2x_3$通过正交变换化成标准形$f=y_1^2+2y_2^2+5y_3^2$，则大于0的数$a=$________.

5. 设二次型

$$f(x_1,x_2,x_3,x_4)=x_1^2+2x_1x_2-x_2^2+4x_2x_3+3x_3^2+kx_4^2$$

的秩为4，符号差为2，则$k=$________，正惯性指数$p=$________，负惯性指数$q=$________.

6. 已知$\boldsymbol{A}$为n阶实对称矩阵，$\boldsymbol{B},\boldsymbol{C}$为$n$阶矩阵，且已知$(\boldsymbol{A}-\boldsymbol{I})\boldsymbol{B}=\boldsymbol{O}$，$(\boldsymbol{A}+2\boldsymbol{I})\boldsymbol{C}=\boldsymbol{O}$，秩$\mathrm{r}(\boldsymbol{B})+\mathrm{r}(\boldsymbol{C})=n$，且$\mathrm{r}(\boldsymbol{B})=r$，则二次型$\boldsymbol{x}^{\mathrm{T}}\boldsymbol{A}\boldsymbol{x}$的标准形是________.

7. 设二次型

$$f(x_1,x_2,x_3)=x_1^2+x_2^2+x_3^2+2kx_1x_2+2mx_2x_3+2x_1x_3$$

经过正交变换 $\boldsymbol{x}=\boldsymbol{T}\boldsymbol{y}$ 化为标准形 $f(x_1,x_2,x_3)=y_2^2+2y_3^2$，其中 $\boldsymbol{x}=(x_1,x_2,x_3)^{\mathrm{T}}$，$\boldsymbol{y}=(y_1,y_2,y_3)^{\mathrm{T}}$，$\boldsymbol{T}$ 为三阶正交矩阵，则 $k=$ ______，$m=$ ______.

8. 已知实二次型

$$f(x_1,x_2,x_3)=x_1^2+4x_2^2+2x_3^2+2ax_1x_2+2x_2x_3$$

正定，则实常数 a 的取值范围为______.

9. 若 $\boldsymbol{A}=\begin{pmatrix}1 & 1 & 0\\ 1 & k^2+1 & 0\\ 0 & 0 & k+1\end{pmatrix}$ 是正定矩阵，则 $k=$ ______.

10. 已知二次型

$$f(x_1,x_2,x_3)=3x_1^2+x_2^2+4x_3^2+2ax_2x_3,$$

其中 a 是服从区间(0,4)上均匀分布的随机变量，则此二次型为正定二次型的概率是______.

二、选择题

·第一章·

1. 若 $(-1)^{\tau(1,k,4,l,5)+\tau(1,2,3,4,5)}a_{11}a_{k2}a_{43}a_{l4}a_{55}$ 是 5 阶行列式 $|a_{ij}|$ 的一项，则 k,l 之值及该项符号为(　　).

(A) $k=2$，$l=3$，符号为正　(B) $k=2$，$l=3$，符号为负

(C) $k=3$，$l=2$，符号为正　(D) $k=3$，$l=2$，符号为负

2. 下列 n 阶行列式中，取值必为 -1 的是(　　).

(A) $\begin{vmatrix} & & & & 1\\ & & & 1 & \\ & & \iddots & & \\ & 1 & & & \\ 1 & & & & \end{vmatrix}$　(B) $\begin{vmatrix}1 & 1 & & & \\ & 1 & 1 & & \\ & & \ddots & \ddots & \\ & & & 1 & 1\\ & & & & 1\end{vmatrix}$

(C) $\begin{vmatrix}0 & 0 & \cdots & 0 & 1\\ 1 & 0 & 0 & \cdots & 0\\ 0 & \ddots & \ddots & \ddots & \vdots\\ \vdots & \ddots & 1 & 0 & 0\\ 0 & \cdots & 0 & 1 & 0\end{vmatrix}$　(D) $\begin{vmatrix}0 & 0 & \cdots & 0 & 1\\ 0 & 1 & 0 & \cdots & 0\\ \vdots & \ddots & \ddots & \ddots & \vdots\\ 0 & \cdots & 0 & 1 & 0\\ 1 & 0 & \cdots & 0 & 0\end{vmatrix}$

3. 已知 $2n$ 阶行列式 D 的某一列元素及其余子式都等于 a，则 $D=$ (　　).

(A) 0　　(B) a^2　　(C) $-a^2$　　(D) na^2

4. 行列式

$$\begin{vmatrix} 1 & 2 & 3 & \cdots & n \\ 2 & 3 & 4 & \cdots & n+1 \\ 3 & 4 & 5 & \cdots & n+2 \\ \vdots & \vdots & \vdots & & \vdots \\ n & n+1 & n+2 & \cdots & 2n-1 \end{vmatrix} \quad (n>2)$$

的值为(　　).

(A) 1　　(B) 0　　(C) -1　　(D) 2

5. n 阶实行列式 $D_n \neq 0$ 的充分条件是(　　).

(A) D_n 中所有元素非零

(B) D_n 中至少 n 个元素非零

(C) D_n 中任意两行元素之间不成比例

(D) 非零行的各元素的代数余子式与对应的元素相等

6. n 阶行列式 $D_n = 0$ 的必要条件是(　　).

(A) 以 D_n 为系数行列式的齐次线性方程组有非零解

(B) D_n 中有两行(或列)元素对应成比例

(C) D_n 中各列元素之和为零

(D) D_n 有一行(或列)元素全为零

7. 设 $\boldsymbol{\alpha}_1,\boldsymbol{\alpha}_2,\boldsymbol{\alpha}_3,\boldsymbol{\beta}_1,\boldsymbol{\beta}_2$ 均为 4 维列向量，$\boldsymbol{A}=(\boldsymbol{\alpha}_1,\boldsymbol{\alpha}_2,\boldsymbol{\alpha}_3,\boldsymbol{\beta}_1)$，$\boldsymbol{B}=(\boldsymbol{\alpha}_3,\boldsymbol{\alpha}_1,\boldsymbol{\alpha}_2,\boldsymbol{\beta}_2)$，且 $|\boldsymbol{A}|=1$，$|\boldsymbol{B}|=2$，则 $|\boldsymbol{A}+\boldsymbol{B}|=$ (　　).

(A) 9　　(B) 6　　(C) 3　　(D) 1

8. 设 $\begin{vmatrix} \lambda-1 & 1 & 2 \\ 3 & \lambda-2 & 1 \\ 2 & 3 & \lambda-3 \end{vmatrix}=0$，则 λ 的值为(　　).

(A) 1　　(B) 2　　(C) 3　　(D) -2

9. 设

$$f(x)=\begin{vmatrix} a & b & c & d-x \\ a & b & c-x & d \\ a & b-x & c & d \\ a-x & b & c & d \end{vmatrix},$$

则方程 $f(x)=0$ 的根为(　　).

(A) a,b,c,d　　(B) $a+b,c+d,a+d,b+c$

(C) $0,a+b+c+d$ (其中 0 为三重根)

(D) $0,-a-b-c-d$（其中 0 为三重根）

10. 如果$\begin{cases}3x+ky-z=0,\\ 4y+z=0,\\ kx-5y-z=0\end{cases}$有非零解，则(　　).

(A) $k=0$　　(B) $k=1$　　(C) $k=-1$　　(D) $k=3$

·第二章·

1. 设$\boldsymbol{A},\boldsymbol{B},\boldsymbol{C}$均为$n$阶矩阵，下面(　　)不是运算律.

(A) $(\boldsymbol{A}+\boldsymbol{B})+\boldsymbol{C}=(\boldsymbol{C}+\boldsymbol{B})+\boldsymbol{A}$　　(B) $(\boldsymbol{A}+\boldsymbol{B})\boldsymbol{C}=\boldsymbol{CA}+\boldsymbol{CB}$

(C) $(\boldsymbol{AB})\boldsymbol{C}=\boldsymbol{A}(\boldsymbol{BC})$　　(D) $(\boldsymbol{AB})\boldsymbol{C}=(\boldsymbol{AC})\boldsymbol{B}$

2. 设$\boldsymbol{A},\boldsymbol{B},\boldsymbol{C}$均是$n$阶非零矩阵，则下列说法正确的是(　　).

(A) 若$\boldsymbol{B}\neq\boldsymbol{C}$，则$\boldsymbol{AB}\neq\boldsymbol{AC}$

(B) 若$\boldsymbol{AB}=\boldsymbol{AC}$，则$\boldsymbol{B}=\boldsymbol{C}$

(C) 若$\boldsymbol{AB}=\boldsymbol{BA}$，则$\boldsymbol{ABC}=\boldsymbol{CBA}$

(D) 若$\boldsymbol{AB}=\boldsymbol{BA}$，则$\boldsymbol{A}^2\boldsymbol{B}+\boldsymbol{ACA}=\boldsymbol{A}(\boldsymbol{B}+\boldsymbol{C})\boldsymbol{A}$

3. 若$\boldsymbol{A}$为n阶方阵且满足$\boldsymbol{AA}^{\mathrm{T}}=\boldsymbol{I}$，$|\boldsymbol{A}|=-1$，则$|\boldsymbol{A}+\boldsymbol{I}|=$(　　)(其中$\boldsymbol{I}$为$n$阶单位矩阵).

(A) 1　　(B) -1　　(C) 0　　(D) 以上都不对

4. 设$\boldsymbol{A},\boldsymbol{B}$为4阶方阵，且$|\boldsymbol{A}|=|\boldsymbol{B}|=2$，则$|(\boldsymbol{A}^*\boldsymbol{B}^{-1})^2\boldsymbol{A}^{\mathrm{T}}|=$(　　).

(A) 64　　(B) 32　　(C) 8　　(D) 16

5. 设$\boldsymbol{A}$为n阶对称矩阵，$\boldsymbol{B}$为n阶反对称矩阵，则下列矩阵中是反对称矩阵的是(　　).

(A) $\boldsymbol{AB}-\boldsymbol{BA}$　　(B) $\boldsymbol{AB}+\boldsymbol{BA}$　　(C) $(\boldsymbol{AB})^2$　　(D) $\boldsymbol{BAB}$

6. $\boldsymbol{A},\boldsymbol{B}$是$n$阶矩阵，则(　　)是正确的.

(A) $\boldsymbol{A}$或$\boldsymbol{B}$可逆，则必有$\boldsymbol{AB}$可逆

(B) $\boldsymbol{A}$或$\boldsymbol{B}$不可逆，则必有$\boldsymbol{AB}$不可逆

(C) $\boldsymbol{A}$和$\boldsymbol{B}$可逆，则必有$\boldsymbol{A}+\boldsymbol{B}$可逆

(D) $\boldsymbol{A}$且$\boldsymbol{B}$不可逆，则必有$\boldsymbol{A}+\boldsymbol{B}$不可逆

7. 设$\boldsymbol{A},\boldsymbol{B}$为$n$阶矩阵，$\boldsymbol{A}^*,\boldsymbol{B}^*$分别为$\boldsymbol{A},\boldsymbol{B}$对应的伴随矩阵，分块矩阵$\boldsymbol{C}=\begin{bmatrix}\boldsymbol{A} & \boldsymbol{O}\\ \boldsymbol{O} & \boldsymbol{B}\end{bmatrix}$，则$\boldsymbol{C}$的伴随矩阵$\boldsymbol{C}^*=$(　　).

(A) $\begin{bmatrix}|\boldsymbol{A}|\boldsymbol{A}^* & \boldsymbol{O}\\ \boldsymbol{O} & |\boldsymbol{B}|\boldsymbol{B}^*\end{bmatrix}$　　(B) $\begin{bmatrix}|\boldsymbol{B}|\boldsymbol{B}^* & \boldsymbol{O}\\ \boldsymbol{O} & |\boldsymbol{A}|\boldsymbol{A}^*\end{bmatrix}$

(C) $\begin{pmatrix} |A|B^* & O \\ O & |B|A^* \end{pmatrix}$ (D) $\begin{pmatrix} |B|A^* & O \\ O & |A|B^* \end{pmatrix}$

8. 设A是三阶方阵，将A的第一列与第二列交换得B，再把B的第二列加到第三列得C，则满足$AQ=C$的可逆矩阵Q为(　　).

(A) $\begin{pmatrix} 0 & 1 & 0 \\ 1 & 0 & 0 \\ 1 & 0 & 1 \end{pmatrix}$ (B) $\begin{pmatrix} 0 & 1 & 0 \\ 1 & 0 & 1 \\ 0 & 0 & 1 \end{pmatrix}$

(C) $\begin{pmatrix} 0 & 1 & 0 \\ 1 & 0 & 0 \\ 0 & 1 & 1 \end{pmatrix}$ (D) $\begin{pmatrix} 0 & 1 & 1 \\ 1 & 0 & 0 \\ 0 & 0 & 1 \end{pmatrix}$

9. 矩阵A在(　　)时秩改变.

(A) 转置 (B) 初等变换

(C) 乘以奇异矩阵 (D) 乘以非奇异矩阵

10. 设n阶矩阵A与B等价，则必有(　　).

(A) 当$|A|=a\ (a\neq 0)$时，$|B|=a$

(B) 当$|A|=a\ (a\neq 0)$时，$|B|=-a$

(C) 当$|A|\neq 0$时，$|B|=0$

(D) 当$|A|=0$时，$|B|=0$

11. 设A,B为n阶方阵，且秩相等，即$\mathrm{r}(A)=\mathrm{r}(B)$，则(　　).

(A) $\mathrm{r}(A-B)=0$ (B) $\mathrm{r}(A+B)=2\mathrm{r}(A)$

(C) $\mathrm{r}(A,B)=2\mathrm{r}(A)$ (D) $\mathrm{r}(A,B)\leqslant \mathrm{r}(A)+\mathrm{r}(B)$

12. 设A,B分别为$n\times m,n\times l$矩阵，C为以A,B为子块的$n\times(m+l)$矩阵，即$C=(A,B)$，则(　　).

(A) $\mathrm{r}(C)=\mathrm{r}(A)$ (B) $\mathrm{r}(C)=\mathrm{r}(B)$

(C) $\mathrm{r}(C)$与$\mathrm{r}(A)$或$\mathrm{r}(C)$与$\mathrm{r}(B)$不一定相等

(D) 若$\mathrm{r}(A)=\mathrm{r}(B)=r$，则$\mathrm{r}(C)=r$

·第三章·

1. 某5元齐次线性方程组经高斯消元系数矩阵化为

$$\begin{pmatrix} 1 & -1 & 2 & 3 & -4 \\ & & 1 & 5 & -2 \\ & & & 2 & 0 \end{pmatrix},$$

自由变量若取为

(1) x_4, x_5； (2) x_3, x_5； (3) x_1, x_5； (4) x_2, x_3，

那么，正确的共有(　　).

(A) 1个 (B) 2个 (C) 3个 (D) 4个

2. 如果向量 $\boldsymbol{\beta}$ 可由向量组 $\boldsymbol{\alpha}_1, \boldsymbol{\alpha}_2, \cdots, \boldsymbol{\alpha}_m$ 线性表出，则(　　).

(A) 存在一组不全为零的数 $k_1, k_2, \cdots, k_m$ 使下列等式成立：

$$\boldsymbol{\beta} = k_1\boldsymbol{\alpha}_1 + k_2\boldsymbol{\alpha}_2 + \cdots + k_m\boldsymbol{\alpha}_m$$

(B) 存在一组全为零的数 $k_1, k_2, \cdots, k_m$ 使上等式成立

(C) 唯一地存在一组数 $k_1, k_2, \cdots, k_m$ 使上等式成立

(D) 向量组 $\boldsymbol{\beta}, \boldsymbol{\alpha}_1, \boldsymbol{\alpha}_2, \cdots, \boldsymbol{\alpha}_m$ 线性相关

3. 向量组 $\boldsymbol{\alpha}_1, \boldsymbol{\alpha}_2, \cdots, \boldsymbol{\alpha}_s$ $(s \geqslant 2)$ 线性相关的充分必要条件是(　　).

(A) $\boldsymbol{\alpha}_1, \boldsymbol{\alpha}_2, \cdots, \boldsymbol{\alpha}_s$ 中至少有一个零向量

(B) $\boldsymbol{\alpha}_1, \boldsymbol{\alpha}_2, \cdots, \boldsymbol{\alpha}_s$ 中至少有两个向量成比例

(C) $\boldsymbol{\alpha}_1, \boldsymbol{\alpha}_2, \cdots, \boldsymbol{\alpha}_s$ 中至少有一个向量可由其余向量线性表示

(D) $\boldsymbol{\alpha}_1, \boldsymbol{\alpha}_2, \cdots, \boldsymbol{\alpha}_s$ 中至少有一部分组线性相关

4. n 维向量组 $\boldsymbol{\alpha}_1, \boldsymbol{\alpha}_2, \cdots, \boldsymbol{\alpha}_s$ $(3 \leqslant s \leqslant n)$ 线性无关的充要条件是(　　).

(A) 存在一组不全为 0 的数 $k_1, k_2, \cdots, k_s$ 使 $k_1\boldsymbol{\alpha}_1 + k_2\boldsymbol{\alpha}_2 + \cdots + k_s\boldsymbol{\alpha}_s \neq \mathbf{0}$

(B) $\boldsymbol{\alpha}_1, \boldsymbol{\alpha}_2, \cdots, \boldsymbol{\alpha}_s$ 中任意两个向量都线性无关

(C) $\boldsymbol{\alpha}_1, \boldsymbol{\alpha}_2, \cdots, \boldsymbol{\alpha}_s$ 中存在一个向量不能由其余向量线性表示

(D) $\boldsymbol{\alpha}_1, \boldsymbol{\alpha}_2, \cdots, \boldsymbol{\alpha}_s$ 中任何一个向量都不能由其余向量线性表示

5. 设

$$\boldsymbol{\alpha}_1 = \begin{pmatrix} 1 \\ -1 \\ 0 \\ c_1 \end{pmatrix}, \boldsymbol{\alpha}_2 = \begin{pmatrix} 0 \\ 2 \\ -2 \\ c_2 \end{pmatrix}, \boldsymbol{\alpha}_3 = \begin{pmatrix} 1 \\ 0 \\ 5 \\ c_3 \end{pmatrix}, \boldsymbol{\alpha}_4 = \begin{pmatrix} 1 \\ 2 \\ 3 \\ c_4 \end{pmatrix},$$

其中 $c_i (i = 1,2,3,4)$ 为任意实数，则(　　).

(A) $\boldsymbol{\alpha}_1, \boldsymbol{\alpha}_2, \boldsymbol{\alpha}_3$ 必线性无关 (B) $\boldsymbol{\alpha}_2, \boldsymbol{\alpha}_3, \boldsymbol{\alpha}_4$ 必线性相关

(C) $\boldsymbol{\alpha}_1, \boldsymbol{\alpha}_2, \boldsymbol{\alpha}_3, \boldsymbol{\alpha}_4$ 必线性无关 (D) $\boldsymbol{\alpha}_1, \boldsymbol{\alpha}_2, \boldsymbol{\alpha}_3, \boldsymbol{\alpha}_4$ 必线性相关

6. 设 $\boldsymbol{\alpha}_1, \boldsymbol{\alpha}_2, \cdots, \boldsymbol{\alpha}_s$ 均为 n 维向量，下列结论不正确的是(　　).

(A) 若对于任意一组不全为零的数 $k_1, k_2, \cdots, k_s$，都有 $k_1\boldsymbol{\alpha}_1 + k_2\boldsymbol{\alpha}_2 + \cdots + k_s\boldsymbol{\alpha}_s \neq \mathbf{0}$，则 $\boldsymbol{\alpha}_1, \boldsymbol{\alpha}_2, \cdots, \boldsymbol{\alpha}_s$ 线性无关

(B) 若 $\boldsymbol{\alpha}_1, \boldsymbol{\alpha}_2, \cdots, \boldsymbol{\alpha}_s$ 线性相关，则对于任意一组不全为零的数 $k_1, k_2, \cdots, k_s$，有 $k_1\boldsymbol{\alpha}_1 + k_2\boldsymbol{\alpha}_2 + \cdots + k_s\boldsymbol{\alpha}_s = \mathbf{0}$

(C) $\boldsymbol{\alpha}_1, \boldsymbol{\alpha}_2, \cdots, \boldsymbol{\alpha}_s$ 线性无关的充分必要条件是此向量组的秩为 s

(D) $\boldsymbol{\alpha}_1, \boldsymbol{\alpha}_2, \cdots, \boldsymbol{\alpha}_s$ 线性无关的必要条件是其中任意两个向量线性无关

7. 设$\boldsymbol{A},\boldsymbol{B}$为$n$阶方阵，$\boldsymbol{P},\boldsymbol{Q}$为$n$阶可逆矩阵，下列命题不正确的是(　　).

(A) 若$\boldsymbol{B}=\boldsymbol{AQ}$，则$\boldsymbol{A}$的列向量组与$\boldsymbol{B}$的列向量组等价

(B) 若$\boldsymbol{B}=\boldsymbol{PA}$，则$\boldsymbol{A}$的行向量组与$\boldsymbol{B}$的行向量组等价

(C) 若$\boldsymbol{B}=\boldsymbol{PAQ}$，则$\boldsymbol{A}$的行(列)向量组与$\boldsymbol{B}$的行(列)向量组等价

(D) 若$\boldsymbol{A}$的行(列)向量组与矩阵$\boldsymbol{B}$的行(列)向量组等价，则矩阵$\boldsymbol{A}$与$\boldsymbol{B}$等价

8. 设矩阵$\boldsymbol{A}=(a_{ij})_{m\times n}$，$\boldsymbol{Ax}=\boldsymbol{0}$仅有零解的充分必要条件是(　　).

(A) $\boldsymbol{A}$的行向量组线性无关　　(B) $\boldsymbol{A}$的行向量组线性相关

(C) $\boldsymbol{A}$的列向量组线性无关　　(D) $\boldsymbol{A}$的列向量组线性相关

9. 设$\boldsymbol{\alpha}_1,\boldsymbol{\alpha}_2,\boldsymbol{\alpha}_3,\boldsymbol{\alpha}_4$是齐次线性方程组$\boldsymbol{Ax}=\boldsymbol{0}$的一个基础解系，则下列向量组中不再是$\boldsymbol{Ax}=\boldsymbol{0}$的基础解系的是(　　).

(A) $\boldsymbol{\alpha}_1,\boldsymbol{\alpha}_1+\boldsymbol{\alpha}_2,\boldsymbol{\alpha}_1+\boldsymbol{\alpha}_2+\boldsymbol{\alpha}_3,\boldsymbol{\alpha}_1+\boldsymbol{\alpha}_2+\boldsymbol{\alpha}_3+\boldsymbol{\alpha}_4$

(B) $\boldsymbol{\alpha}_1+\boldsymbol{\alpha}_2,\boldsymbol{\alpha}_2+\boldsymbol{\alpha}_3,\boldsymbol{\alpha}_3+\boldsymbol{\alpha}_4,\boldsymbol{\alpha}_4-\boldsymbol{\alpha}_1$

(C) $\boldsymbol{\alpha}_1+\boldsymbol{\alpha}_2,\boldsymbol{\alpha}_2-\boldsymbol{\alpha}_3,\boldsymbol{\alpha}_3+\boldsymbol{\alpha}_4,\boldsymbol{\alpha}_4+\boldsymbol{\alpha}_1$

(D) $\boldsymbol{\alpha}_1+\boldsymbol{\alpha}_2,\boldsymbol{\alpha}_2+\boldsymbol{\alpha}_3,\boldsymbol{\alpha}_3+\boldsymbol{\alpha}_4,\boldsymbol{\alpha}_4+\boldsymbol{\alpha}_1$

10. n元线性方程组$\boldsymbol{Ax}=\boldsymbol{\beta}$有唯一解的充要条件为(　　).

(A) $\boldsymbol{A}$为方阵且$|\boldsymbol{A}|\neq 0$

(B) 导出组$\boldsymbol{Ax}=\boldsymbol{0}$仅有零解

(C) 秩$(\boldsymbol{A})=n$

(D) 系数矩阵$\boldsymbol{A}$的列向量组线性无关，且常数向量$\boldsymbol{\beta}$与$\boldsymbol{A}$的列向量组线性相关

11. 设$\boldsymbol{A}$是$m\times n$矩阵，$\boldsymbol{Ax}=\boldsymbol{0}$是$\boldsymbol{Ax}=\boldsymbol{\beta}$的导出组，则下列结论正确的是(　　).

(A) 若$\boldsymbol{Ax}=\boldsymbol{0}$仅有零解，则$\boldsymbol{Ax}=\boldsymbol{\beta}$有唯一解

(B) 若$\boldsymbol{Ax}=\boldsymbol{0}$有非零解，则$\boldsymbol{Ax}=\boldsymbol{\beta}$有无穷多解

(C) 若$\boldsymbol{Ax}=\boldsymbol{\beta}$有无穷多解，则$\boldsymbol{Ax}=\boldsymbol{0}$仅有零解

(D) 若$\boldsymbol{Ax}=\boldsymbol{\beta}$有无穷多解，则$\boldsymbol{Ax}=\boldsymbol{0}$有非零解

12. 线性方程组$\boldsymbol{Ax}=\boldsymbol{\beta}$的增广矩阵经初等行变换变为

$$\left(\begin{array}{ccccc:c}1 & 1 & 1 & -1 & 2 & 0\\ 0 & \lambda-3 & 2 & 4 & 3 & 0\\ 0 & 0 & 0 & 1 & 2 & \lambda+1\\ 0 & 0 & 0 & 0 & \lambda-1 & \lambda-2\\ 0 & 0 & 0 & 0 & 0 & \lambda\end{array}\right),$$

则当 λ（ ）时方程组有解.

(A) $=0$ (B) $\neq 1$ (C) $\neq 2$ (D) $\lambda \neq 0$ 且 $\lambda \neq 1$

13. 已知 $\boldsymbol{\beta}_1, \boldsymbol{\beta}_2$ 是非齐次方程组 $\boldsymbol{Ax}=\boldsymbol{\beta}$ 的两个不同的解，$\boldsymbol{\alpha}_1, \boldsymbol{\alpha}_2$ 是其对应的齐次线性方程组的基础解系，k_1, k_2 是任意常数，则方程组 $\boldsymbol{Ax}=\boldsymbol{\beta}$ 的通解必是（ ）.

(A) $k_1\boldsymbol{\alpha}_1 + k_2(\boldsymbol{\alpha}_1 + \boldsymbol{\alpha}_2) + \dfrac{\boldsymbol{\beta}_1 - \boldsymbol{\beta}_2}{2}$

(B) $k_1\boldsymbol{\alpha}_1 + k_2(\boldsymbol{\alpha}_1 - \boldsymbol{\alpha}_2) + \dfrac{\boldsymbol{\beta}_1 + \boldsymbol{\beta}_2}{2}$

(C) $k_1\boldsymbol{\alpha}_1 + k_2(\boldsymbol{\beta}_1 + \boldsymbol{\beta}_2) + \dfrac{\boldsymbol{\beta}_1 - \boldsymbol{\beta}_2}{2}$

(D) $k_1\boldsymbol{\alpha}_1 + k_2(\boldsymbol{\beta}_1 - \boldsymbol{\beta}_2) + \dfrac{\boldsymbol{\beta}_1 + \boldsymbol{\beta}_2}{2}$

14. 设有 3 个不同的平面，其方程分别为 $a_{i1}x + a_{i2}y + a_{i3}z = b_i$ $(i=1, 2,3)$，它们所组成的线性方程组的系数矩阵与增广矩阵的秩都为 2，则这 3 个平面可能的位置关系为（ ）.

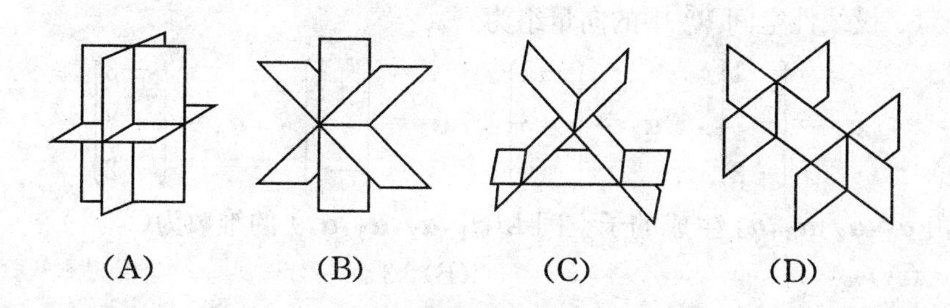

(A) (B) (C) (D)

·第四章·

1. 设 $\boldsymbol{A}=\begin{pmatrix} 1 & 2 & 1 \\ 2 & 5 & 3 \\ -1 & 3 & 4 \end{pmatrix}$，则以下向量中，在 $\boldsymbol{A}$ 的列空间 $R(\boldsymbol{A})$ 中的是（ ）。

(A) $\begin{pmatrix} 1 \\ 2 \\ 3 \end{pmatrix}$ (B) $\begin{pmatrix} 3 \\ 8 \\ 7 \end{pmatrix}$ (C) $\begin{pmatrix} 1 \\ 0 \\ 4 \end{pmatrix}$ (D) $\begin{pmatrix} 1 \\ 5 \\ 3 \end{pmatrix}$

2. 设 $\boldsymbol{\alpha}_1, \boldsymbol{\alpha}_2, \boldsymbol{\alpha}_3, \boldsymbol{\beta}$ 均为 3 维向量，现有 4 个命题：

① 若 $\boldsymbol{\beta}$ 不能由 $\boldsymbol{\alpha}_1, \boldsymbol{\alpha}_2, \boldsymbol{\alpha}_3$ 线性表示，则 $\boldsymbol{\alpha}_1, \boldsymbol{\alpha}_2, \boldsymbol{\alpha}_3$ 线性相关；

② 若 $\boldsymbol{\alpha}_1, \boldsymbol{\alpha}_2, \boldsymbol{\alpha}_3$ 线性相关，则 $\boldsymbol{\beta}$ 不能由 $\boldsymbol{\alpha}_1, \boldsymbol{\alpha}_2, \boldsymbol{\alpha}_3$ 线性表示；

③　若 $\boldsymbol{\beta}$ 能由 $\boldsymbol{\alpha}_1,\boldsymbol{\alpha}_2,\boldsymbol{\alpha}_3$ 线性表示，则 $\boldsymbol{\alpha}_1,\boldsymbol{\alpha}_2,\boldsymbol{\alpha}_3$ 线性无关；

④　若 $\boldsymbol{\alpha}_1,\boldsymbol{\alpha}_2,\boldsymbol{\alpha}_3$ 线性无关，则 $\boldsymbol{\beta}$ 能由 $\boldsymbol{\alpha}_1,\boldsymbol{\alpha}_2,\boldsymbol{\alpha}_3$ 线性表示，

以上命题中正确的是(　　).

(A) ①,②　　(B) ③,④

(C) ①,④　　(D) ②,③

3. 以下各线性方程组中，解空间的基是 $\boldsymbol{\alpha}_1=(1,-1,1,-1,1)^{\mathrm{T}}$，$\boldsymbol{\alpha}_2=(1,1,0,0,3)^{\mathrm{T}}$，$\boldsymbol{\alpha}_3=(3,1,1,-1,7)^{\mathrm{T}}$，$\boldsymbol{\alpha}_4=(0,2,-1,1,2)^{\mathrm{T}}$ 的方程组是(　　).

(A) $\begin{cases}2x_1+x_2-x_5=0,\\x_1+x_2-2x_3=0\end{cases}$　　(B) $\begin{cases}2x_1-x_2-x_5=0,\\x_1-x_2+2x_4=0\end{cases}$

(C) $x_1-x_2-2x_3=0$　　(D) $x_1+x_2+2x_4=0$

4. 设齐次线性方程组 $\boldsymbol{Ax}=\boldsymbol{0}$ 的解空间的基为 $\boldsymbol{\alpha}_1=(1,-1,1,0)^{\mathrm{T}}$，$\boldsymbol{\alpha}_2=(1,1,0,1)^{\mathrm{T}}$，则必有(　　).

(A) $\boldsymbol{A}$ 是 3×5 矩阵　　(B) $\mathrm{r}(\boldsymbol{A})=2$

(C) $\boldsymbol{A}$ 是 2×4 矩阵　　(D) $\boldsymbol{A}$ 的列向量组线性无关

5. 设线性空间 $\mathbf{R}^3$ 中的向量组为

$$\boldsymbol{\alpha}_1=\begin{pmatrix}1\\-2\\-2\end{pmatrix},\quad \boldsymbol{\alpha}_2=\begin{pmatrix}-1\\3\\0\end{pmatrix},\quad \boldsymbol{\alpha}_3=\begin{pmatrix}1\\0\\-6\end{pmatrix},\quad \boldsymbol{\alpha}_4=\begin{pmatrix}-3\\8\\2\end{pmatrix},$$

则由 $\boldsymbol{\alpha}_1,\boldsymbol{\alpha}_2,\boldsymbol{\alpha}_3,\boldsymbol{\alpha}_4$ 生成的子空间 $L(\boldsymbol{\alpha}_1,\boldsymbol{\alpha}_2,\boldsymbol{\alpha}_3,\boldsymbol{\alpha}_4)$ 的维数为(　　).

(A) 4　　(B) 3

(C) 2　　(D) 1

6. 设 $\alpha_1,\alpha_2,\alpha_3$ 与 β_1,β_2,β_3 都是三维线性空间 V 的基，且

$$\beta_1=\alpha_1,\quad \beta_2=\alpha_1+\alpha_2,\quad \beta_3=\alpha_1+\alpha_2+\alpha_3,$$

则矩阵 $\boldsymbol{B}=\begin{pmatrix}1&1&1\\1&0&1\\0&0&1\end{pmatrix}$ 是由基 $\alpha_1,\alpha_2,\alpha_3$ 到(　　)的过渡矩阵.

(A) β_2,β_1,β_3　　(B) β_1,β_2,β_3

(C) β_2,β_3,β_1　　(D) β_3,β_2,β_1

7. 下列集合中，是 $\mathbf{R}^3$ 的子空间为(　　)，其中 $\boldsymbol{\alpha}=(x_1,x_2,x_3)^{\mathrm{T}}$.

(A) $\{\boldsymbol{\alpha}\mid x_3\geqslant0\}$　　(B) $\{\boldsymbol{\alpha}\mid x_1+2x_2+3x_3=0\}$

(C) $\{\boldsymbol{\alpha}\mid x_3=1\}$　　(D) $\{\boldsymbol{\alpha}\mid x_1+2x_2+3x_3=1\}$

8. 已知全体二阶反对称实方阵构成实线性空间 $M^{2\times2}$ 的线性子空间，它

的一组基为(   ).

(A) $\begin{pmatrix}1&1\\0&1\end{pmatrix},\begin{pmatrix}1&0\\-1&1\end{pmatrix}$ (B) $\begin{pmatrix}0&1\\0&0\end{pmatrix},\begin{pmatrix}0&0\\-1&0\end{pmatrix}$

(C) $\begin{pmatrix}1&0\\0&0\end{pmatrix},\begin{pmatrix}0&1\\0&0\end{pmatrix},\begin{pmatrix}0&0\\0&1\end{pmatrix},\begin{pmatrix}0&0\\1&0\end{pmatrix}$ (D) $\begin{pmatrix}0&-1\\1&0\end{pmatrix}$

9. 设 $\boldsymbol{\alpha},\boldsymbol{\beta}$ 是相互正交的 n 维实向量，则下列各式中错误的是(   ).

(A) $\|\boldsymbol{\alpha}+\boldsymbol{\beta}\|^2=\|\boldsymbol{\alpha}\|^2+\|\boldsymbol{\beta}\|^2$ (B) $\|\boldsymbol{\alpha}+\boldsymbol{\beta}\|=\|\boldsymbol{\alpha}-\boldsymbol{\beta}\|$

(C) $\|\boldsymbol{\alpha}-\boldsymbol{\beta}\|^2=\|\boldsymbol{\alpha}\|^2+\|\boldsymbol{\beta}\|^2$ (D) $\|\boldsymbol{\alpha}+\boldsymbol{\beta}\|=\|\boldsymbol{\alpha}\|+\|\boldsymbol{\beta}\|$

10. 设线性变换 σ 在基 $\boldsymbol{e}_1,\boldsymbol{e}_2,\boldsymbol{e}_3,\boldsymbol{e}_4$ 下的矩阵是

$$\begin{pmatrix}1&2&0&1\\3&0&-1&2\\2&5&3&1\\1&2&1&3\end{pmatrix},$$

则 σ 在基 $\boldsymbol{e}_1,\boldsymbol{e}_3,\boldsymbol{e}_2,\boldsymbol{e}_4$ 下的矩阵是 $\boldsymbol{N}=$(   ).

(A) $\begin{pmatrix}1&0&2&1\\3&-1&0&2\\2&3&5&1\\1&1&2&3\end{pmatrix}$ (B) $\begin{pmatrix}1&0&2&1\\2&3&5&1\\3&-1&0&2\\1&1&2&3\end{pmatrix}$

(C) $\begin{pmatrix}1&2&0&1\\2&0&-1&3\\1&5&3&2\\3&2&1&1\end{pmatrix}$ (D) $\begin{pmatrix}1&2&0&1\\2&5&3&1\\3&0&-1&2\\1&2&1&3\end{pmatrix}$

·第五章·

1. 设 $\boldsymbol{C}=\begin{pmatrix}1&1&0\\1&0&1\\0&1&1\end{pmatrix}$，则 $\boldsymbol{C}$ 的特征值为(   ).

(A) 1,0,1 (B) 1,1,2 (C) -1,1,2 (D) -1,1,1

2. 零是矩阵 $\boldsymbol{A}$ 的特征值是 $\boldsymbol{A}$ 不可逆的(   ).

(A) 充分条件 (B) 必要条件

(C) 充要条件 (D) 以上都不对

3. 设 $\boldsymbol{A}=\begin{pmatrix}-7&4&-4\\-18&10&-8\\2&-1&3\end{pmatrix}$，则(   )不是 $\boldsymbol{A}$ 的特征向量.

(A) $(1,1,-1)^{\mathrm{T}}$ (B) $(1,2,0)^{\mathrm{T}}$

(C) $(0,1,1)^{\mathrm{T}}$ (D) $(2,4,-1)^{\mathrm{T}}$

4. λ_1,λ_2 都是 n 阶矩阵 $\boldsymbol{A}$ 的特征值，$\lambda_1\neq\lambda_2$，且 $\boldsymbol{x}_1$ 与 $\boldsymbol{x}_2$ 分别是对应于 λ_1 与 λ_2 的特征向量，当(　　)时 $\boldsymbol{x}=k_1\boldsymbol{x}_1+k_2\boldsymbol{x}_2$ 必是 $\boldsymbol{A}$ 的特征向量.

(A) $k_1=0$ 且 $k_2=0$ (B) $k_1\neq 0$ 且 $k_2\neq 0$

(C) $k_1\cdot k_2=0$ (D) $k_1\neq 0$，而 $k_2=0$

5. 设 λ_0 是 n 阶矩阵 $\boldsymbol{A}$ 的特征值，且齐次线性方程组 $(\lambda_0\boldsymbol{I}-\boldsymbol{A})\boldsymbol{x}=\boldsymbol{0}$ 的基础解系为 $\boldsymbol{\eta}_1,\boldsymbol{\eta}_2$，则 $\boldsymbol{A}$ 的属于 λ_0 的全部特征向量为(　　).

(A) $\boldsymbol{\eta}_1$ 和 $\boldsymbol{\eta}_2$ (B) $\boldsymbol{\eta}_1$ 或 $\boldsymbol{\eta}_2$

(C) $c_1\boldsymbol{\eta}_1+c_2\boldsymbol{\eta}_2$ (c_1,c_2 全不为零)

(D) $c_1\boldsymbol{\eta}_1+c_2\boldsymbol{\eta}_2$ (c_1,c_2 不全为零)

6. 下列矩阵中，不能相似于对角矩阵的是(　　).

(A) $\begin{pmatrix}1&1&0\\0&2&1\\0&0&3\end{pmatrix}$ (B) $\begin{pmatrix}1&1&0\\0&1&0\\0&0&2\end{pmatrix}$

(C) $\begin{pmatrix}1&0&1\\0&1&0\\1&0&1\end{pmatrix}$ (D) $\begin{pmatrix}1&0&0\\0&1&1\\0&0&2\end{pmatrix}$

7. 设 $\boldsymbol{A}$ 是 n 阶对称阵，$\boldsymbol{B}$ 是 n 阶反对称矩阵，则下列矩阵中不一定能通过正交变换化成对角阵的是(　　).

(A) $\boldsymbol{Q}=\boldsymbol{AB}-\boldsymbol{BA}$ (B) $\boldsymbol{P}=\boldsymbol{A}^{\mathrm{T}}(\boldsymbol{B}+\boldsymbol{B}^{\mathrm{T}})\boldsymbol{A}$

(C) $\boldsymbol{R}=\boldsymbol{BAB}$ (D) $\boldsymbol{W}=\boldsymbol{BA}-2\boldsymbol{AB}$

8. 设矩阵 $\boldsymbol{A}$ 与 $\boldsymbol{B}$ 相似，则必有(　　).

(A) $\boldsymbol{A},\boldsymbol{B}$ 同时可逆或不可逆 (B) $\boldsymbol{A},\boldsymbol{B}$ 有相同的特征向量

(C) $\boldsymbol{A},\boldsymbol{B}$ 均与同一个对角阵相似 (D) 矩阵 $\lambda\boldsymbol{I}-\boldsymbol{A}$ 与 $\lambda\boldsymbol{I}-\boldsymbol{B}$ 相等

9. 设 $\boldsymbol{A}$ 为 $n\times m$ 实矩阵，$\mathrm{r}(\boldsymbol{A})=n$，则(　　).

(A) $\boldsymbol{AA}^{\mathrm{T}}$ 的行列式值不为零 (B) $\boldsymbol{AA}^{\mathrm{T}}$ 必与单位矩阵相似

(C) $\boldsymbol{A}^{\mathrm{T}}\boldsymbol{A}$ 的行列式值不为零 (D) $\boldsymbol{A}^{\mathrm{T}}\boldsymbol{A}$ 必与单位矩阵相似

10. n 阶实对称矩阵 $\boldsymbol{A}$ 与 $\boldsymbol{B}$ 相似的充分必要条件是(　　).

(A) $\boldsymbol{A}$ 与 $\boldsymbol{B}$ 都有 n 个线性无关的特征向量

(B) $\mathrm{r}(\boldsymbol{A})=\mathrm{r}(\boldsymbol{B})$

(C) $\boldsymbol{A}$ 和 $\boldsymbol{B}$ 的主对角线上的元素的和相等

(D) $\boldsymbol{A}$ 与 $\boldsymbol{B}$ 的 n 个特征值相同

11. 设矩阵 $\boldsymbol{B}=\begin{pmatrix}0&0&1\\0&1&0\\1&0&0\end{pmatrix}$，已知矩阵 $\boldsymbol{A}$ 相似于 $\boldsymbol{B}$，则 $\mathrm{r}(\boldsymbol{A}-2\boldsymbol{I})$ 与 $\mathrm{r}(\boldsymbol{A}-\boldsymbol{I})$ 之和等于(　　).

(A) 2　　(B) 3　　(C) 4　　(D) 5

12. $\boldsymbol{A},\boldsymbol{B}$ 均是 n 阶实对称矩阵，且均可逆，则下列命题中不正确的是(　　).

(A) 存在可逆矩阵 $\boldsymbol{P}$，使 $\boldsymbol{P}^{-1}(\boldsymbol{A}+\boldsymbol{B})\boldsymbol{P}=\boldsymbol{\Lambda}$

(B) 存在正交矩阵 $\boldsymbol{Q}$，使 $\boldsymbol{Q}^{-1}(\boldsymbol{A}^{-1}+\boldsymbol{B}^{-1})\boldsymbol{Q}=\boldsymbol{\Lambda}$

(C) 存在正交矩阵 $\boldsymbol{Q}$，使 $\boldsymbol{Q}^{\mathrm{T}}(\boldsymbol{A}^*+\boldsymbol{B}^*)\boldsymbol{Q}=\boldsymbol{\Lambda}$

(D) 存在可逆矩阵 $\boldsymbol{P}$，使 $\boldsymbol{P}^{-1}\boldsymbol{A}\boldsymbol{B}\boldsymbol{P}=\boldsymbol{\Lambda}$

13. $\boldsymbol{A}$ 为 3 阶矩阵，其中 $\lambda_1,\lambda_2,\lambda_3$ 为其特征值，当(　　)时 $\lim\limits_{n\to\infty}\boldsymbol{A}^n=\boldsymbol{O}$.

(A) $|\lambda_1|=1,\ |\lambda_2|<1,\ |\lambda_3|<1$

(B) $|\lambda_1|<1,\ |\lambda_2|=|\lambda_3|=1$

(C) $|\lambda_1|<1,\ |\lambda_2|<1,\ |\lambda_3|<1$

(D) $|\lambda_1|=|\lambda_2|=|\lambda_3|=1$

14. 在投入产出表中，下列等式正确的有(　　).

(A) $\sum\limits_{j=1}^{n}x_{kj}=\sum\limits_{i=1}^{n}x_{ik}\ \ (k=1,2,\cdots,n)$

(B) $y_k=z_k\ \ (k=1,2,\cdots,n)$

(C) $\sum\limits_{i=1}^{n}y_i=\sum\limits_{j=1}^{n}z_j$

(D) $\sum\limits_{j=1}^{n}x_{kj}+y_k=\sum\limits_{i=1}^{n}x_{ik}+z_k\ \ (k=1,2,\cdots,n)$

·第六章·

1. 二次型 $f(x_1,x_2,x_3)=\boldsymbol{x}^{\mathrm{T}}\begin{pmatrix}2&4&4\\0&2&0\\0&4&2\end{pmatrix}\boldsymbol{x}$ 的秩为(　　).

(A) 0　　(B) 1　　(C) 2　　(D) 3

2. 设 $\boldsymbol{A}$ 是 n 阶方阵，交换 $\boldsymbol{A}$ 的第 i,j 列后再交换第 i,j 行得到的矩阵记为 $\boldsymbol{B}$，则 $\boldsymbol{A}$ 和 $\boldsymbol{B}$ (　　).

(A) 等价但不相似　　(B) 相似但不合同

(C) 相似、合同但不等价　　(D) 相似、等价、合同

3. 已知矩阵 $\boldsymbol{A}=\begin{pmatrix}1&1&0\\1&1&0\\0&0&2\end{pmatrix}$，那么与 $\boldsymbol{A}$ 既相似又合同的矩阵是(   ).

(A) $\begin{pmatrix}1&&\\&2&\\&&2\end{pmatrix}$ (B) $\begin{pmatrix}2&&\\&1&\\&&0\end{pmatrix}$

(C) $\begin{pmatrix}1&&\\&1&\\&&0\end{pmatrix}$ (D) $\begin{pmatrix}2&&\\&2&\\&&0\end{pmatrix}$

4. 设 $\boldsymbol{A}=\begin{pmatrix}1&1&1&1\\1&1&1&1\\1&1&1&1\\1&1&1&1\end{pmatrix}$，$\boldsymbol{B}=\begin{pmatrix}4&0&0&0\\0&0&0&0\\0&0&0&0\\0&0&0&0\end{pmatrix}$，则 $\boldsymbol{A}$ 与 $\boldsymbol{B}$ (   ).

(A) 合同且相似 (B) 合同但不相似

(C) 不合同但相似 (D) 不合同且不相似

5. 设 $\boldsymbol{A}$ 为 $m\times n$ 矩阵，$\mathrm{r}(\boldsymbol{A})=n$，则(   ).

(A) $\boldsymbol{A}^{\mathrm{T}}\boldsymbol{A}$ 必合同于 n 阶单位矩阵

(B) $\boldsymbol{A}\boldsymbol{A}^{\mathrm{T}}$ 必等价于 m 阶单位矩阵

(C) $\boldsymbol{A}^{\mathrm{T}}\boldsymbol{A}$ 必相似于 n 阶单位矩阵

(D) $\boldsymbol{A}\boldsymbol{A}^{\mathrm{T}}$ 是 m 阶单位矩阵

6. 对于二次型 $f(\boldsymbol{x})=\boldsymbol{x}^{\mathrm{T}}\boldsymbol{A}\boldsymbol{x}$，其中 $\boldsymbol{A}$ 为 n 阶实对称矩阵，下列各结论正确的是(   ).

(A) 化 $f(\boldsymbol{x})$ 为标准形的非奇异线性变换是唯一的

(B) 化 $f(\boldsymbol{x})$ 为规范形的非奇异线性变换是唯一的

(C) $f(\boldsymbol{x})$ 的标准形是唯一的

(D) $f(\boldsymbol{x})$ 的规范形是唯一的

7. 二次型 $f(x_1,x_2,x_3)=(x_1+x_2)^2+(2x_1+3x_2+x_3)^2-5(x_2+x_3)^2$ 的规范形是(   ).

(A) $y_1^2+y_2^2-5y_3^2$ (B) $y_2^2-y_3^2$

(C) $y_1^2+y_2^2-y_3^2$ (D) $y_1^2+y_2^2$

8. 二次型 $f(\boldsymbol{x})=\boldsymbol{x}^{\mathrm{T}}\boldsymbol{A}\boldsymbol{x}$ 正定的充要条件是(   ).

(A) $|\boldsymbol{A}|>0$ (B) $\boldsymbol{A}$ 的负惯性指数为 0

(C) 存在 n 阶矩阵 $\boldsymbol{C}$，使 $\boldsymbol{A}=\boldsymbol{C}^{\mathrm{T}}\boldsymbol{C}$

(D) $\boldsymbol{A}$ 合同于 $\boldsymbol{I}$ ($\boldsymbol{I}$ 为单位矩阵)

9. 下列矩阵中，为正定矩阵的是(　　).

(A) $\begin{pmatrix} 1 & 2 & 3 \\ 2 & 4 & 5 \\ 3 & 5 & 6 \end{pmatrix}$　　(B) $\begin{pmatrix} 1 & 2 & 3 \\ 2 & 5 & 4 \\ 3 & 4 & -6 \end{pmatrix}$

(C) $\begin{pmatrix} 2 & 2 & -2 \\ 2 & 5 & -4 \\ -2 & -4 & 5 \end{pmatrix}$　　(D) $\begin{pmatrix} 5 & 2 & 1 \\ 2 & 1 & 3 \\ 1 & 3 & 0 \end{pmatrix}$

10. 设 $\boldsymbol{A} = \begin{pmatrix} -5 & 2 & 2 \\ 2 & -6 & 0 \\ 2 & 0 & -4 \end{pmatrix}$，则(　　).

(A) $\boldsymbol{A}$ 是正定的　　(B) $\boldsymbol{A}$ 是负定的

(C) $\boldsymbol{A}$ 是不定的　　(D) 以上都不是

11. 假设二维随机向量(X,Y)服从参数为 $u_1, u_2, \sigma_1^2, \sigma_2^2, \rho$ 的正态分布，如果 $\rho < 0$，则 X 与 Y 的协方差矩阵为

$$\boldsymbol{A} = \begin{pmatrix} D(X) & \mathrm{cov}(X,Y) \\ \mathrm{cov}(X,Y) & D(Y) \end{pmatrix},$$

则下列选项中正确的是(　　).

(A) $\boldsymbol{A}$ 是正定矩阵　　(B) $\boldsymbol{A}$ 是半正定矩阵

(C) $\boldsymbol{A}$ 是负定矩阵　　(D) $\boldsymbol{A}$ 是半负定矩阵

12. 点$(0,0,1)$是函数 $f(x,y,z) = \mathrm{e}^{2x} + \mathrm{e}^{-y} + \mathrm{e}^{z^2} - (2x + 2\mathrm{e}z - y)$ 的(　　).

(A) 驻点　　(B) 极大点　　(C) 极小点　　(D) 非极值点

附录三　习题参考答案

习题 1.1

1. (1) 0；　(2) $ab(b-a)$；　(3) x^3-x^2-1；　(4) 0.

2. (1) 当$\lambda=0$或$\lambda=3$时$D=0$；

(2) 当$\lambda\neq 0$且$\lambda\neq 3$时$D\neq 0$.

3. (1) -5；　(2) -7, 0.

4. $a=0$且$b=0$.　**5.** $x\neq 0$且$x\neq 2$.

6. $|a|<2$.　**7.** 证略.

习题 1.2

1. (1) 4；　(2) 7；　(3) 13；　(4) 10.

2. $\dfrac{n(n-1)}{2}-S$.

3. (1) 6；　(2) $\dfrac{n(n-1)}{2}$；　(3) $\dfrac{n(n+1)}{2}$.

4. $i=8$, $j=6$.

习题 1.3

1. 是.　**2.** $k=3$, $l=1$.

3. (1) -120；　(2) $(a_1b_2-a_2b_1)(c_1d_2-c_2d_1)$；　(3) 0.

4. (1) 0；　(2) $(-1)^{\frac{n(n-1)}{2}}\cdot n!$；　(3) $(-1)^{\frac{(n-1)(n-2)}{2}}n!$.

5. 证略.　6. -10.

习题 1.4

1. (1) 6 123 000；　(2) 0；　(3) $-2(x^3+y^3)$.

2. (1) 4；　(2) -799.

3. (1) 8；　(2) $(a+3b)(a-b)^3$；　(3) -9；　(4) -9；

(5) 160.

4. 证略. **5.** $(-1)^{\frac{1}{2}(n-1)(n-2)}n$.

习题 1.5

1. $M_{11}=\begin{vmatrix}0&1&4\\1&2&1\\1&1&0\end{vmatrix}=-3$, $M_{12}=\begin{vmatrix}3&1&4\\1&2&1\\0&1&0\end{vmatrix}=1$, $M_{13}=\begin{vmatrix}3&0&4\\1&1&1\\0&1&0\end{vmatrix}=1$,

$M_{14}=\begin{vmatrix}3&0&1\\1&1&2\\0&1&1\end{vmatrix}=-2$; 而 $A_{11}=(-1)^{1+1}(-3)=-3$, $A_{12}=(-1)^{1+2}\cdot 1=-1$, $A_{13}=(-1)^{1+3}\cdot 1=1$, $A_{14}=(-1)^{1+4}(-2)=2$.

2. $(x-a)^{n-1}$.

3. (1) x^2y^2; (2) 0; (3) $-a_3b_4\prod_{i=1}^{3}(a_ib_{i+1}-a_{i+1}b_i)$.

4. (1) $n!\left(1-\sum_{j=2}^{n}\frac{1}{j}\right)$; (2) $(-m)^{n-1}\left(\sum_{j=1}^{n}x_j-m\right)$;

(3) $a_1a_2\cdots a_n\left(1+\sum_{j=1}^{n}\frac{1}{a_j}\right)$.

5. (1) $x^n-(-1)^ny^n$; (2) $a(a+x)^{n-1}$;

(3) $(-1)^{n+1}x^{n-2}$.

6. (1) $n+1$; (2) $\cos n\theta$.

7. $(x_1+x_2+\cdots+x_5)\prod_{1\leqslant j<i\leqslant 5}(x_i-x_j)$.

8. (1) $x=2$ 和 $x=-4$;

(2) 其根为 $x=-1$, $x=1$ 及 $x=2$.

习题 1.6

1. (1) $x_1=\frac{D_1}{D}=3$, $x_2=\frac{D_2}{D}=-4$, $x_3=\frac{D_3}{D}=-1$, $x_4=\frac{D_4}{D}=1$;

(2) $x_1=\frac{11}{4}$, $x_2=\frac{7}{4}$, $x_3=\frac{3}{4}$, $x_4=-\frac{1}{4}$, $x_5=-\frac{5}{4}$;

(3) $x_1=-2$, $x_2=0$, $x_3=1$, $x_4=-1$;

(4) $x=7$, $y=5$, $u=4$, $v=8$.

2. 当 $\lambda\neq 1$ 且 $\lambda\neq -2$ 时 $D\neq 0$, 方程组有唯一解:

$$x_1=-\frac{\lambda+1}{\lambda+2},\quad x_2=\frac{1}{\lambda+2},\quad x_3=\frac{(\lambda+1)^2}{\lambda+2}.$$

3. 当 a,b 满足 $(a+1)^2=4b$ 时原方程有非零解.

4. (1) $D=0$; (2) $D=0$.

5. $f(4)=97.5$. **6.** $y_j=\frac{1}{D}\sum\limits_{i=1}^{4}A_{ij}x_i\ (j=1,2,3,4)$.

习题 1.7

1. (1) 3; (2) 40.

2. $(-2)^n$. **3.** $D_n=\begin{cases}a_1+b_1, & n=1,\\ (a_1-a_2)(b_2-b_1), & n=2,\\ 0, & n\geqslant 3.\end{cases}$ **4.** 12.

习题 1.8

1. 93.5 万元. **2.** 证略. **3.** $y=7-8x+2x^2$.

4. $(b-a)(c-a)(c-b)$. **5.** 证略.

第一章复习题

1. $\tau(n,n-1,\cdots,1)=\frac{n(n-1)}{2}$，且当 $n=4k,4k+1$ 时为偶排列，当 $n=4k+2,4k+3$ 时为奇排列($k=0,1,2,\cdots$).

2. 证略. **3.** -15. **4.** -8 m. **5.** $-6,-2$. **6.** $-9,18$.

7. $D=\left(a_0-\sum\limits_{k=1}^{n}\frac{a_kb_k}{d_k}\right)d_1d_2\cdots d_n\ (d_k\neq 0,\ k=1,2,\cdots,n)$. 当 d_k 中有某个 $d_i=0$ 时，可对第 $i+1$ 行按定理 1.5 展开，得

$$D=-a_ib_id_1\cdots d_{i-1}d_{i+1}\cdots d_n.$$

8. $D=(-1)^{\frac{n(n-1)}{2}}\frac{n^{n-1}(n+1)}{2}$.

9. $x_1=-(n-2)a$，$x_2=2a\ (n-1)$ 重.

10. $\left(1+\sum\limits_{i=1}^{n}\frac{a_i}{x_i-a_i}\right)\prod\limits_{i=1}^{n}(x_i-a_i)$.

11. $D_n=\dfrac{y\prod\limits_{i=1}^{n}(a_i-x)-x\prod\limits_{i=1}^{n}(a_i-y)}{y-x}$.

12. $\frac{\beta^{n+1}-\alpha^{n+1}}{\beta-\alpha}=\alpha^n+\alpha^{n-1}\beta+\cdots+\beta^n$. **13.** 证略.

14. $(x_1+x_2+\cdots+x_n)\prod\limits_{1\leqslant j<i\leqslant n}(x_i-x_j)$.

15. $f(x)=2x^3-5x^2+7$.

16. 当 a,b,c 为互不相等的实数时，方程组有唯一解：

$$x_1=\frac{D_1}{D}=a,\quad x_2=\frac{D_2}{D}=b,\quad x_3=\frac{D_3}{D}=c.$$

17. 由克莱姆法则可知，当 $D\neq 0$ 时，即当 a,b,c,d 不同时为零时，方程组仅有零解；当 $D=0$ 时，即当 a,b,c,d 同时为零时，方程组有非零解.

18. 证略. **19.** $y=\dfrac{1}{\begin{vmatrix} x_1^2 & x_1 & 1 \\ x_2^2 & x_2 & 1 \\ x_3^2 & x_3 & 1 \end{vmatrix}}\begin{vmatrix} x^2 & x & 1 & 0 \\ x_1^2 & x_1 & 1 & y_1 \\ x_2^2 & x_2 & 1 & y_2 \\ x_3^2 & x_3 & 1 & y_3 \end{vmatrix}$.

20. $D_n=D_{n-1}=D_{n-2}=\cdots=D_2=D_1=1$.

习题 2.1

1. (1) $\begin{pmatrix} a_{11} & a_{12} & \cdots & a_{1n} \\ a_{21} & a_{22} & \cdots & a_{2n} \\ \vdots & \vdots & & \vdots \\ a_{m1} & a_{m2} & \cdots & a_{mn} \end{pmatrix}$; (2) $\begin{pmatrix} 84 & 90 & 78 & 83 \\ 91 & 75 & 64 & 92 \\ 61 & 86 & 76 & 89 \end{pmatrix}$;

(3) $\begin{pmatrix} 0.762 & 0.476 & 0.286 \\ 0.190 & 0.476 & 0.381 \\ 0.286 & 0.381 & 0.571 \end{pmatrix}$; (4) $\begin{pmatrix} 0 & 0.6 & 0.5 \\ 0.3 & 0.1 & 0.1 \\ 0.2 & 0.1 & 0 \end{pmatrix}$.

习题 2.2

1. $\begin{pmatrix} 2 & 1 & 6 \\ 2 & -3 & 6 \end{pmatrix}$, $\begin{pmatrix} 4 & -1 & 6 \\ 2 & 1 & -2 \end{pmatrix}$. **2.** $\begin{pmatrix} 0 & 5 & 1 \\ 4 & 10 & -8 \end{pmatrix}$, $\boldsymbol{BA}$ 无意义.

3. $\begin{pmatrix} 0 & 17 \\ 14 & 13 \\ -3 & 10 \end{pmatrix}$. **4.** $\boldsymbol{B}=\begin{pmatrix} a & c & b \\ b & a & c \\ c & b & a \end{pmatrix}$, 其中 a,b,c 为任意实数.

5. $\boldsymbol{A}^n=\begin{cases} 2^{n-1}\boldsymbol{A}, & n \text{ 为奇数}, \\ 2^n\boldsymbol{I}, & n \text{ 为偶数}. \end{cases}$

6. 证略. **7.** 证略. **8.** 证略.

9. (1) $\sum\limits_{j=1}^{n} a_{kj}a_{jl}$; (2) $\sum\limits_{j=1}^{n} a_{kj}a_{lj}$; (3) $\sum\limits_{j=1}^{n} a_{jk}a_{jl}$.

10. 10. **11.** 0. **12.** $\begin{pmatrix} 4 & 4 & 4 \\ 9 & -3 & -10 \\ -3 & 5 & 6 \end{pmatrix}$.

习题 2.3

1. (1) $\boldsymbol{E}_{ij}\boldsymbol{E}_{kl} = \begin{cases} \boldsymbol{O}, & j \neq k, \\ \boldsymbol{E}_{il}, & j = k \end{cases}$ $\left(\boldsymbol{e}_j^{\mathrm{T}}\boldsymbol{e}_k = \begin{cases} 1, & j = k, \\ 0, & j \neq k \end{cases}\right)$; (2),(3) 证略.

2. 证略. **3.** 证略. **4.** 证略. **5.** 证略 **6.** 证略.

7. $\boldsymbol{I}$.

习题 2.4

1. $|\boldsymbol{A}| = 4 \neq 0$, 故 $\boldsymbol{A}$ 可逆, $\boldsymbol{A}^{-1} = \frac{1}{|\boldsymbol{A}|}\boldsymbol{A}^* = \frac{1}{4}\begin{pmatrix} -3 & 3 & 1 \\ -4 & 0 & 4 \\ 5 & -1 & -3 \end{pmatrix}$. 由于 $|\boldsymbol{B}| = 0$, 所以矩阵 $\boldsymbol{B}$ 不可逆.

2. (1) $\frac{1}{4}\begin{pmatrix} 4\cos\theta & \sin\theta \\ -4\sin\theta & \cos\theta \end{pmatrix}$; (2) $\frac{1}{3}\begin{pmatrix} 5 & -2 & -1 \\ -1 & 1 & 2 \\ 1 & -1 & 1 \end{pmatrix}$.

3. (1) 证略; (2) $\boldsymbol{A}^{\mathrm{T}}$.

4. $\begin{pmatrix} -3 & 2 & 0 \\ 2 & -1 & 0 \\ \frac{1}{2} & -1 & \frac{1}{2} \end{pmatrix}$. **5.** 证略.

6. $\boldsymbol{A}^{-1} = \frac{1}{2}(\boldsymbol{A} - \boldsymbol{I}) \cdot (\boldsymbol{A} + 2\boldsymbol{I})^{-1} = \boldsymbol{A}^{-1}\boldsymbol{A}^{-1} = \frac{1}{4}(\boldsymbol{A} - \boldsymbol{I})^2$.

7. $\boldsymbol{X} = \begin{pmatrix} 3 & 2 \\ -2 & -3 \\ 1 & 3 \end{pmatrix}$. **8.** 证略. **9.** 证略. **10.** 证略.

11. 证略. **12.** $-\frac{16}{27}$. **13.** -1.

习题 2.5

1. (1) $\begin{pmatrix} 3 & 0 & -2 \\ 5 & -1 & -2 \\ 0 & 3 & 2 \end{pmatrix}$; (2) $\begin{pmatrix} -2 & 1 \\ 1 & -2 \\ 3 & -2 \end{pmatrix}$;

(3) $\begin{pmatrix} 2 & -4 & 2 & 3 \\ 0 & 1 & 0 & 1 \\ 1 & -2 & 3 & -1 \\ 0 & 1 & 0 & 2 \end{pmatrix}$； (4) $\begin{pmatrix} a & 0 & ac & 0 \\ 0 & a & 0 & ac \\ 1 & 0 & c+bd & 0 \\ 0 & 1 & 0 & c+bd \end{pmatrix}$

2. $\boldsymbol{AB}=\left(\begin{array}{cc:cc} 1 & 0 & 1 & 0 \\ -1 & 2 & 0 & 1 \\ \hdashline -2 & 4 & 3 & 3 \\ -1 & 1 & 3 & 1 \end{array}\right)$.

3. (1) $\begin{pmatrix} \boldsymbol{A}_1\boldsymbol{B}_{11} & \boldsymbol{A}_1\boldsymbol{B}_{12} \\ \boldsymbol{A}_2\boldsymbol{B}_{21} & \boldsymbol{A}_2\boldsymbol{B}_{22} \end{pmatrix}$；

(2) $\begin{pmatrix} \boldsymbol{A}_{11}\boldsymbol{B}_{11} & \boldsymbol{A}_{11}\boldsymbol{B}_{12}+\boldsymbol{A}_{12}\boldsymbol{B}_{22} & \boldsymbol{A}_{11}\boldsymbol{B}_{13}+\boldsymbol{A}_{12}\boldsymbol{B}_{23}+\boldsymbol{A}_{13}\boldsymbol{B}_{33} \\ \boldsymbol{O} & \boldsymbol{A}_{22}\boldsymbol{B}_{22} & \boldsymbol{A}_{22}\boldsymbol{B}_{23}+\boldsymbol{A}_{23}\boldsymbol{B}_{33} \\ \boldsymbol{O} & \boldsymbol{O} & \boldsymbol{A}_{33}\boldsymbol{B}_{33} \end{pmatrix}$.

4. -3.

5. (1) $\begin{pmatrix} 1 & -2 & 1 & 0 \\ 0 & 1 & -2 & 1 \\ 0 & 0 & 1 & -2 \\ 0 & 0 & 0 & 1 \end{pmatrix}$； (2) 同(1).

6. 证略.

习题 2.6

1. $\begin{pmatrix} 1 & 0 & 2 & 0 \\ 0 & 1 & -1 & 0 \\ 0 & 0 & 0 & 1 \\ 0 & 0 & 0 & 0 \end{pmatrix}$.

2. (1) $\boldsymbol{P}=\begin{pmatrix} 1 & 0 & 0 \\ 0 & 1 & 0 \\ -1 & -1 & 1 \end{pmatrix}$, $\boldsymbol{Q}=\begin{pmatrix} 0 & 0 & 1 \\ 0 & 1 & 0 \\ 1 & 0 & 0 \end{pmatrix}$；

(2) $\boldsymbol{P}=\begin{pmatrix} 1 & 0 & 0 \\ -2 & 0 & 1 \\ -3 & 1 & 0 \end{pmatrix}$, $\boldsymbol{Q}=\begin{pmatrix} 1 & -10 & -13 \\ 0 & 1 & 1 \\ 0 & 4 & 5 \end{pmatrix}$.

3. (1) $\begin{pmatrix} a_{11} & a_{12} & a_{13} & a_{14} \\ a_{31} & a_{32} & a_{33} & a_{34} \\ a_{21} & a_{22} & a_{23} & a_{24} \end{pmatrix}$； (2) $\begin{pmatrix} a_{11} & a_{12} & ka_{13} & a_{14} \\ a_{21} & a_{22} & ka_{23} & a_{24} \\ a_{31} & a_{32} & ka_{33} & a_{34} \end{pmatrix}$；

(3) $\begin{pmatrix} a_{11} & a_{12} & a_{13} & a_{14} \\ la_{11}+a_{21} & la_{12}+a_{22} & la_{13}+a_{23} & la_{14}+a_{24} \\ a_{31} & a_{32} & a_{33} & a_{34} \end{pmatrix}$.

4. (1) $A^{-1}=\begin{pmatrix} 1 & 1 & 3 \\ 3 & 2 & 7 \\ 4 & 3 & 9 \end{pmatrix}$； (2) $\begin{pmatrix} 22 & -6 & -26 & 17 \\ -17 & 5 & 20 & -13 \\ -1 & 0 & 2 & -1 \\ 4 & -1 & -5 & 3 \end{pmatrix}$；

(3) $\begin{pmatrix} 1 & -3 & 11 & -20 \\ 0 & 1 & -2 & 1 \\ 0 & 0 & 1 & -2 \\ 0 & 0 & 0 & 1 \end{pmatrix}$.

5. (1) $\begin{pmatrix} 1 & -1 & -1 & 0 \\ 1 & 1 & -1 & -1 \\ 0 & 1 & 1 & -1 \\ 0 & 0 & 1 & 2 \end{pmatrix}$； (2) $\begin{pmatrix} \frac{1}{2} & -11 & 7 \\ 1 & -27 & 17 \\ \frac{3}{2} & -35 & 22 \end{pmatrix}$.

6. $\begin{pmatrix} 1 & 0 & 0 & 0 \\ -2 & 1 & 0 & 0 \\ 1 & -2 & 1 & 0 \\ 0 & 1 & -2 & 1 \end{pmatrix}$.

7. (1) $A=\begin{pmatrix} 1 & 0 \\ 1 & 1 \end{pmatrix}\begin{pmatrix} 1 & 0 \\ 0 & 2 \end{pmatrix}\begin{pmatrix} 1 & -1 \\ 0 & 1 \end{pmatrix}$；

(2) $A=\begin{pmatrix} 1 & 0 & 0 \\ 2 & 1 & 0 \\ 0 & 0 & 1 \end{pmatrix}\begin{pmatrix} 1 & 0 & 0 \\ 0 & 1 & 0 \\ 1 & 0 & 1 \end{pmatrix}\begin{pmatrix} 1 & 0 & 0 \\ 0 & 1 & 0 \\ 0 & 1 & 1 \end{pmatrix}\begin{pmatrix} 1 & 0 & 0 \\ 0 & 1 & -4 \\ 0 & 0 & 1 \end{pmatrix}$

$\cdot\begin{pmatrix} 1 & 0 & 0 \\ 0 & 1 & 0 \\ 0 & 0 & -1 \end{pmatrix}\begin{pmatrix} 1 & 0 & 0 \\ 0 & 0 & 1 \\ 0 & 1 & 0 \end{pmatrix}$.

8. 证略.

习题 2.7

1. (1) 2； (2) 2； (3) 3.

2. (1) 1； (2) 2.

3. (1) 当 $\lambda=0$，$r(A)=2$ 时最小($\lambda\neq 0$，$r(A)=3$)；

(2) $r(A)=3$，所以当 $\lambda=3$ 时 A 的秩最小.

4. 证略. **5.** 证略. **6.** 证略. **7.** 证略.

习题 2.8

1. 总购买费用为 4 837 千元.

2. 电厂和煤矿分别生产产值为 30.6 万元的电和产值为 53.1 万元的煤时可满足要求.

3. Ⅱ.　　4. 32，9，9.　　**5.** 198.25，271.25，220.5.

第二章复习题

1. $A^n=\begin{pmatrix} 3^{n-1} & \frac{1}{2}\cdot 3^{n-1} & 3^{n-2} \\ 2\cdot 3^{n-1} & 3^{n-1} & 2\cdot 3^{n-2} \\ 3^n & \frac{1}{2}\cdot 3^n & 3^{n-1} \end{pmatrix}$.　　**2.** $A^{100}=\begin{pmatrix} 1 & 0 & 0 \\ 50 & 1 & 0 \\ 50 & 0 & 1 \end{pmatrix}$.

3. -16.　　**4.** $|A|=1$.　　**5.** $A^{-1}=\frac{1}{2}A^3-3A^2+2A-\frac{3}{2}I$.

6. 证略.　　**7.** 证略.

8. $B=\begin{pmatrix} 2 & 4 & -6 \\ 0 & -4 & 8 \\ 0 & 0 & 2 \end{pmatrix}$.　　**9.** $X=\begin{pmatrix} -10 & -12 & 0 \\ 4 & 2 & 0 \\ 0 & 0 & 3 \end{pmatrix}$.

10. $H^{-1}=\begin{pmatrix} A^{-1} & O \\ -B^{-1}CA^{-1} & B^{-1} \end{pmatrix}$.

11. 证略.　　**12.** 2.

13. 该房地产公司这两年建造的商品房的各种材料的费用分别为：水泥费用 317.5 万元，钢材费用 432 万元，木材费用 227.52 万元.

14. (1) $r=3$ 时，三平面相交于一点 —— 原点；

(2) $r=2$ 时，三平面有两平面相交于一直线，另一平面或通过这交线，或与其中一平面重合；

(3) $r=1$ 时，三平面重合.

习题 3.1

1. (1) 该方程组的解为 $x_1=-1$，$x_2=-1$，$x_3=0$，$x_4=1$；

(2) 因为 $r(A)=2$，$r(A\,\vdots\,\beta)=3$，两者不等，所以方程组无解；

(3) 方程组的解为 $x_1=3-2c$，$x_2=c$，$x_3=1$，$x_4=-1$，其中 c 为任意实数.

2. (1) $x_1=0$, $x_2=0$, $x_3=0$;

(2) $x_1=-c_1+\frac{7}{6}c_2$, $x_2=c_1+\frac{5}{6}c_2$, $x_3=c_1$, $x_4=\frac{1}{3}c_2$, $x_5=c_2$ (c_1,c_2 为任意常数).

3. (1) 当 $a=1$ 时，有无穷多个解：

$$x_1=1-c_1-c_2,\quad x_2=c_1,\quad x_3=c_2$$

(c_1,c_2 为任意常数)；当 $a\neq 1$，且 $a\neq -2$ 时有唯一解：

$$x_1=-\frac{a+1}{a+2},\quad x_2=-\frac{1}{a+2},\quad x_3=\frac{(a+1)^2}{a+2};$$

(2) 当 $a=0$，且 $b=-2$ 时，有解：

$$x_1=-1-4c_2,\quad x_2=1+c_1+c_2,\quad x_3=c_1,\quad x_4=c_2$$

(c_1,c_2 为任意常数).

习题 3.2

1. (1) (23,18,17)； (2) (12,12,11).

2. (1) $\boldsymbol{\xi}=\begin{pmatrix}\frac{23}{5}\\-5\\1\end{pmatrix}$; (2) $\boldsymbol{\xi}=\begin{pmatrix}2\\-1\\\frac{2}{3}\end{pmatrix}$, $\boldsymbol{\eta}=\begin{pmatrix}3\\-2\\\frac{1}{3}\end{pmatrix}$.

3. 证略.

习题 3.3

1. (1) $\boldsymbol{\beta}=-11\boldsymbol{\alpha}_1+14\boldsymbol{\alpha}_2+9\boldsymbol{\alpha}_3$; (2) $\boldsymbol{\beta}=2\boldsymbol{\varepsilon}_1-\boldsymbol{\varepsilon}_2+5\boldsymbol{\varepsilon}_3+\boldsymbol{\varepsilon}_4$.

2. $\boldsymbol{\beta}_1=2\boldsymbol{\alpha}_1+\boldsymbol{\alpha}_2$; $\boldsymbol{\beta}_2$ 不能由 $\boldsymbol{\alpha}_1,\boldsymbol{\alpha}_2$ 线性表示.

3. $r_1=4\alpha_1+4\alpha_2-17\alpha_3$, $r_2=23\alpha_2-7\alpha_3$.

4. $\alpha_1=\frac{1}{2}\beta_1+\frac{1}{2}\beta_2$, $\alpha_2=\frac{1}{2}\beta_2+\frac{1}{2}\beta_3$, $\alpha_3=\frac{1}{2}\beta_1+\frac{1}{2}\beta_3$.

5. 当 $\lambda=-3$ 时，$\mathrm{r}(\overline{\boldsymbol{A}})=3\neq\mathrm{r}(\boldsymbol{A})=2$，$\boldsymbol{\beta}$ 不能由 $\boldsymbol{\alpha}_1,\boldsymbol{\alpha}_2,\boldsymbol{\alpha}_3$ 线性表示；当 $\lambda\neq 0$，$\lambda\neq -3$ 时，$\mathrm{r}(\overline{\boldsymbol{A}})=\mathrm{r}(\boldsymbol{A})=3$，$\boldsymbol{\beta}$ 可由 $\boldsymbol{\alpha}_1,\boldsymbol{\alpha}_2,\boldsymbol{\alpha}_3$ 线性表示，且表示式唯一；当 $\lambda=0$ 时，$\mathrm{r}(\overline{\boldsymbol{A}})=\mathrm{r}(\boldsymbol{A})=1<3$，$\boldsymbol{\beta}$ 可由 $\boldsymbol{\alpha}_1,\boldsymbol{\alpha}_2,\boldsymbol{\alpha}_3$ 线性表示，且表示式有无穷多.

6. (1),(2),(3),(5) 命题错误，(3),(6) 命题正确.

7. (1) 两个向量 $\boldsymbol{\alpha}_1,\boldsymbol{\alpha}_2$ 对应分量不成比例，所以线性无关；

(2) 向量组中向量的个数 4 大于向量的维数 3，所以线性相关；

(3) 因部分组向量 $\boldsymbol{\alpha}_1,\boldsymbol{\alpha}_3$ 对应分量成比例从而线性相关，所以整个向量组线性相关.

8. 当 $t\neq 1$ 时，向量组 $\alpha_1,\alpha_2,\alpha_3$ 线性无关；当 $t=1$ 时，向量组 $\alpha_1,\alpha_1,\alpha_3$ 线性相关.

9. 向量组 $\boldsymbol{\xi},\boldsymbol{\eta},\boldsymbol{\zeta}$ 也线性无关.

10. 当 $k=-6$ 时，$\mathrm{r}(\boldsymbol{A})=2<3$，$\boldsymbol{\alpha},\boldsymbol{\beta},\boldsymbol{\gamma}$ 线性相关；当 $k\neq-6$ 时，$\mathrm{r}(\boldsymbol{A})=3$，$\boldsymbol{\alpha},\boldsymbol{\beta},\boldsymbol{\gamma}$ 线性无关.

11 证略.　　12. 证略.

习题 3.4

1. 证略.　　**2.** 证略.　　3. 证略.

4. (1) $(1,0,0)^{\mathrm{T}}$，$(-1,1,0)^{\mathrm{T}}$，$(1,0,1)^{\mathrm{T}}$；

(2) $(-1,0,0)^{\mathrm{T}}$，$(2,1,1)^{\mathrm{T}}$，$(0,0,1)^{\mathrm{T}}$ (本题答案不唯一).

5. $\boldsymbol{\alpha}_1,\boldsymbol{\alpha}_2,\boldsymbol{\alpha}_3$ 是 $\boldsymbol{A}$ 的一个极大线性无关组，且有 $\boldsymbol{\alpha}_4=-2\boldsymbol{\alpha}_1+2\boldsymbol{\alpha}_2+\boldsymbol{\alpha}_3$.

6. $a=1$，$b=0$ (答案不唯一).

7. (1) 必要性成立；(2) 命题不一定成立；(3) 命题不成立.

8. $\boldsymbol{A}$ 的行秩等于 2，$\boldsymbol{A}$ 的列秩也等于 2.

9. 证略.　　**10.** 证略.　　**11.** 证略.　　**12.** 证略.

习题 3.5

1. (1) 一个基础解系为 $\left(-\frac{3}{2},\frac{7}{2},1,0\right)^{\mathrm{T}}$，$(-1,-2,0,1)^{\mathrm{T}}$；

(2) $(-2,1,1,0,0)^{\mathrm{T}}$，$(-1,-3,0,1,0)^{\mathrm{T}}$，$(2,1,0,0,1)^{\mathrm{T}}$.

2. 基础解系：$\boldsymbol{\eta}_1=\begin{pmatrix}3\\-4\\1\\0\end{pmatrix}$，$\boldsymbol{\eta}_2=\begin{pmatrix}-4\\5\\0\\1\end{pmatrix}$；原方程组的通解为

$$\tilde{\boldsymbol{\eta}}=k_1\boldsymbol{\eta}_1+k_2\boldsymbol{\eta}_2\quad(k_1,k_2\text{ 为任意常数}).$$

3. 当 μ 取任意值，$\lambda\neq 2$ 时，$\mathrm{r}(\boldsymbol{A})=3=n$，方程组只有零解；当 μ 取任意值，$\lambda=2$ 时，$\mathrm{r}(\boldsymbol{A})=2<3=n$，方程组有非零解：

$$\boldsymbol{x}=k\begin{pmatrix}-1\\0\\1\end{pmatrix}\quad(k\in\mathbf{R}).$$

4. 通解为 $\boldsymbol{x}=k_1\begin{pmatrix}1\\-1\\1\\0\end{pmatrix}+k_2\begin{pmatrix}0\\-1\\0\\1\end{pmatrix}$ (k_1,k_2 为任意实数).

5. (1) 当 $b\neq 0$ 且 $b+(a_1+a_2+\cdots+a_n)\neq 0$ 时，方程组仅有零解；

(2) 当 $b=0$ 时，此方程组的一个基础解系为(设 $a_1\neq 0$)：

$$\boldsymbol{\alpha}_1=\begin{pmatrix}-\frac{a_2}{a_1}\\1\\0\\\vdots\\0\end{pmatrix},\ \boldsymbol{\alpha}_2=\begin{pmatrix}-\frac{a_3}{a_1}\\0\\1\\\vdots\\0\end{pmatrix},\ \cdots,\ \boldsymbol{\alpha}_{n-1}=\begin{pmatrix}-\frac{a_n}{a_1}\\0\\\vdots\\0\\1\end{pmatrix};$$

当 $b\neq 0$ 时，此方程组的一个基础解系为 $(1,1,\cdots,1)^{\mathrm{T}}$.

6. $k(1,1,\cdots,1)^{\mathrm{T}}$.

7. (1) (Ⅰ)的基础解系：$\boldsymbol{\alpha}_1=\begin{pmatrix}0\\0\\1\\0\end{pmatrix}$，$\boldsymbol{\alpha}_2=\begin{pmatrix}-1\\1\\0\\1\end{pmatrix}$；(Ⅱ)的基础解系：

$$\boldsymbol{\beta}_1=\begin{pmatrix}0\\1\\1\\0\end{pmatrix},\quad \boldsymbol{\beta}_2=\begin{pmatrix}-1\\-1\\0\\1\end{pmatrix};$$

(2) (Ⅰ)和(Ⅱ)的公共解：

$$\boldsymbol{\gamma}=2k_2\boldsymbol{\alpha}_1+k_2\boldsymbol{\alpha}_2=2l_2\boldsymbol{\beta}_1+l_2\boldsymbol{\beta}_2=k\begin{pmatrix}-1\\1\\2\\1\end{pmatrix}\quad (k=l_2=k_2).$$

8. $t_1^s+(-1)^{s+1}t_2^s\neq 0$. **9.** 证略. **10.** 证略.

11. 证略. **12.** 证略.

习题 3.6

1. (1) 命题不一定成立；(2),(3),(4),(5) 命题成立.

2. 该方程组无解.

3. (1) $c(15,24,-4,2)^{\mathrm{T}}$ (c 为任意常数)；

(2) $(0,-1,0,-1,0)^{\mathrm{T}}+c(1,1,0,1,-2)^{\mathrm{T}}$ (c 为任意常数).

4. 原方程组的结构式通解为

$$\boldsymbol{x}=\begin{pmatrix}3\\1\\0\\-2\\0\end{pmatrix}+k_1\begin{pmatrix}-2\\1\\1\\0\\0\end{pmatrix}+k_2\begin{pmatrix}-5\\-1\\0\\3\\1\end{pmatrix}\quad(k_1,k_2\text{ 为任意实数}).$$

5. 当 $a\neq1$, $b=-2$ 时, $\mathrm{r}(\boldsymbol{A})=3$, $\mathrm{r}(\boldsymbol{A}\,\vdots\,\boldsymbol{b})=4$, 方程组无解；当 $a\neq1$, $b\neq-2$ 时, $\mathrm{r}(\boldsymbol{A})=\mathrm{r}(\boldsymbol{A}\,\vdots\,\boldsymbol{b})=n=4$, 方程组有唯一解：

$$\boldsymbol{x}=\begin{pmatrix}\dfrac{-5a-2b+1}{b+2}\\\dfrac{2a+b}{b+2}\\0\\\dfrac{a-1}{b+2}\end{pmatrix};$$

当 $a=1$, $b\neq-2$ 时, $\mathrm{r}(\boldsymbol{A})=\mathrm{r}(\boldsymbol{A}\,\vdots\,\boldsymbol{b})=3$, $n=4$, 所以方程组有无穷多解：

$$\boldsymbol{x}=k\begin{pmatrix}-3\\1\\1\\0\end{pmatrix}+\begin{pmatrix}-2\\1\\0\\0\end{pmatrix}\quad(k\in\mathbf{R});$$

当 $a=1$, $b=-2$ 时, $\mathrm{r}(\boldsymbol{A})=\mathrm{r}(\boldsymbol{A}\,\vdots\,\boldsymbol{b})=2$, $n=4$, 所以方程组有无穷多解：

$$\boldsymbol{x}=k_1\begin{pmatrix}-3\\1\\1\\0\end{pmatrix}+k_2\begin{pmatrix}-5\\2\\0\\1\end{pmatrix}+\begin{pmatrix}-2\\1\\0\\0\end{pmatrix}\quad(k_1,k_2\in\mathbf{R}).$$

6. 非齐次线性方程组 $\boldsymbol{Ax}=\boldsymbol{\beta}$ 的通解：

$$\boldsymbol{x}=\begin{pmatrix}1\\2\\3\\4\end{pmatrix}+k_1\begin{pmatrix}3\\1\\-2\\1\end{pmatrix}+k_2\begin{pmatrix}-2\\4\\2\\-2\end{pmatrix}\quad(k_1,k_2\text{ 为任意常数}).$$

7. 证略.

8. $(1,0,2,3)^{\mathrm{T}}+k(-1,-1,5,3)^{\mathrm{T}}$ (k 为任意常数).

9. 证略.　　10. 证略.

习题 3.7

1. 可以预测 A,B,C 三种大米分别销售 8.7,5.8,5.5 万公斤；可以预测 A,B,C 三种大米分别销售 7.8,5.5,6.7 万公斤.

第三章复习题

1. 当 $b\neq -1$ 时，$\mathrm{r}(\boldsymbol{A})<\mathrm{r}(\overline{\boldsymbol{A}})$，线性方程组 $\boldsymbol{Ax}=\boldsymbol{b}$ 无解，故 $\boldsymbol{\beta}$ 不能由 $\boldsymbol{\alpha}_1$，$\boldsymbol{\alpha}_2$，$\boldsymbol{\alpha}_3$ 线性表示；当 $b=-1$，$a\neq -2$ 时，$\mathrm{r}(\boldsymbol{A})=\mathrm{r}(\overline{\boldsymbol{A}})=3$，线性方程组 $\boldsymbol{Ax}=\boldsymbol{b}$ 有唯一解 $x_1=7$，$x_2=0$，$x_3=-1$，故 $\boldsymbol{\beta}$ 可由 $\boldsymbol{\alpha}_1,\boldsymbol{\alpha}_2,\boldsymbol{\alpha}_3$ 线性表示，且表示式唯一，其表示式为

$$\boldsymbol{\beta}=7\boldsymbol{\alpha}_1+0\boldsymbol{\alpha}_2-\boldsymbol{\alpha}_3;$$

当 $b=-1$，$a=-2$ 时，$\mathrm{r}(\boldsymbol{A})=\mathrm{r}(\overline{\boldsymbol{A}})=2<3$，线性方程组 $\boldsymbol{Ax}=\boldsymbol{b}$ 有无穷多解，故 $\boldsymbol{\beta}$ 可由 $\boldsymbol{\alpha}_1,\boldsymbol{\alpha}_2,\boldsymbol{\alpha}_3$ 线性表示，且表示式有无穷多，表示式可写为

$$\boldsymbol{\beta}=(5-2k)\boldsymbol{\alpha}_1+\left(-\frac{1}{2}-\frac{1}{2}k\right)\boldsymbol{\alpha}_2+k\boldsymbol{\alpha}_3,$$

其中 k 为任意常数.

2. 证略.　　3. 证略.

4. (1) 当 $a=-1$，$b\neq 0$ 时，$\mathrm{r}(\boldsymbol{A})=2\neq 3=\mathrm{r}(\boldsymbol{A}\,\vdots\,\boldsymbol{\beta})$，方程组 $\boldsymbol{Ax}=\boldsymbol{\beta}$ 无解，故 $\boldsymbol{\beta}$ 不能由 $\boldsymbol{\alpha}_1,\boldsymbol{\alpha}_2,\boldsymbol{\alpha}_3,\boldsymbol{\alpha}_4$ 线性表示；

(2) 当 $a\neq -1$ 时，$\mathrm{r}(\boldsymbol{A})=4=\mathrm{r}(\boldsymbol{A}\,\vdots\,\boldsymbol{\beta})$，方程组 $\boldsymbol{Ax}=\boldsymbol{\beta}$ 有唯一解：

$$\boldsymbol{x}=\begin{pmatrix}x_1\\x_2\\x_3\\x_4\end{pmatrix}=\begin{pmatrix}-\dfrac{2b}{a+1}\\\dfrac{a+b+1}{a+1}\\\dfrac{b}{a+1}\\0\end{pmatrix},$$

故 $\boldsymbol{\beta}$ 可由 $\boldsymbol{\alpha}_1,\boldsymbol{\alpha}_2,\boldsymbol{\alpha}_3,\boldsymbol{\alpha}_4$ 线性表示，且有唯一的表示式，其表示式为

$$\boldsymbol{\beta}=-\frac{2b}{a+1}\boldsymbol{\alpha}_1+\frac{a+b+1}{a+1}\boldsymbol{\alpha}_2+\frac{b}{a+1}\boldsymbol{\alpha}_3+0\boldsymbol{\alpha}_4;$$

(3) 当 $a=-1$，$b=0$ 时，$\mathrm{r}(\boldsymbol{A})=\mathrm{r}(\boldsymbol{A}\,\vdots\,\boldsymbol{\beta})=2<4$，方程组 $\boldsymbol{Ax}=\boldsymbol{\beta}$ 有无穷多组解，故 $\boldsymbol{\beta}$ 可由 $\boldsymbol{\alpha}_1,\boldsymbol{\alpha}_2,\boldsymbol{\alpha}_3,\boldsymbol{\alpha}_4$ 线性表示，其表示式不唯一，所有的表示式为

$$\boldsymbol{\beta}=(-2k_1+k_2)\boldsymbol{\alpha}_1+(1+k_1-2k_2)\boldsymbol{\alpha}_2+k_1\boldsymbol{\alpha}_3+k_2\boldsymbol{\alpha}_4,$$

其中 k_1,k_2 是任意常数.

5. 变量 $y_1,y_2,\cdots,y_m$ 与变量 $t_1,t_2,\cdots,t_s$ 之间的线性关系的矩阵形式表示式为 $\boldsymbol{y}=\boldsymbol{A}\boldsymbol{x}=\boldsymbol{A}(\boldsymbol{B}\boldsymbol{T})=(\boldsymbol{A}\boldsymbol{B})\boldsymbol{T}$.

6. 证略.　　**7.** 证略.

8. 方程组(Ⅱ)的通解为

$$\boldsymbol{y}=k_1\begin{pmatrix}a_{11}\\a_{12}\\\vdots\\a_{1,2n}\end{pmatrix}+k_2\begin{pmatrix}a_{21}\\a_{22}\\\vdots\\a_{2,2n}\end{pmatrix}+\cdots+k_n\begin{pmatrix}a_{n1}\\a_{n2}\\\vdots\\a_{n,2n}\end{pmatrix},$$

其中 $k_1,k_2,\cdots,k_n$ 为任意常数.

9. 证略.

10. 方程组的通解为 $\boldsymbol{x}=\begin{pmatrix}3\\0\\-1\\2\end{pmatrix}+k\begin{pmatrix}-5\\0\\4\\-4\end{pmatrix}$，$k$ 为任意实数.

11. 所求的齐次线性方程组为 $\begin{cases}-2x_1+x_2+x_3=0,\\-3x_1-x_2+x_4=0.\end{cases}$

12. 证略.　　**13.** 证略.　　**14.** 证略.

15. (1) 证略.

(2) $\boldsymbol{A}\boldsymbol{x}=\boldsymbol{b}$ 的通解为 $\boldsymbol{x}=\begin{pmatrix}-1\\1\\1\end{pmatrix}+c\begin{pmatrix}-2\\0\\2\end{pmatrix}$，$c$ 为任意实数.

16. 证略.

17. (1) 证略；　(2) $a=2$，$b=-3$.

习题 4.1

1. 略.

2. V_1,V_2 是线性空间，V_3,V_4 不是线性空间.

3. 证略.

习题 4.2

1. $(-1,1,2)^{\mathrm{T}}$，$(0,1,0)^{\mathrm{T}}$，$(0,0,1)^{\mathrm{T}}$.

2. (1) $\frac{2}{3}(-1,2,1)^{\mathrm{T}}+(3,-1,0)^{\mathrm{T}}+\frac{4}{3}(2,2,-2)^{\mathrm{T}}$；

(2) $-\frac{5}{9}(-1,2,1)^{\mathrm{T}}+\frac{4}{3}(3,-1,0)^{\mathrm{T}}-\frac{7}{9}(2,2,-2)^{\mathrm{T}}$.

3. $\boldsymbol{\beta}_1=\boldsymbol{\alpha}_1+2\boldsymbol{\alpha}_3$，$\boldsymbol{\beta}_2=-\boldsymbol{\alpha}_1+3\boldsymbol{\alpha}_2+\boldsymbol{\alpha}_3$.

4. $t\neq\frac{1}{3}$.　　**5.** $\boldsymbol{\alpha}_1,\boldsymbol{\alpha}_2,\boldsymbol{\alpha}_3$为它的一组基，维数为 3.

6. $\boldsymbol{\alpha}_1,\boldsymbol{\alpha}_2,\cdots,\boldsymbol{\alpha}_{n-1}$ 是 V 的一组基，$\dim V=n-1$.

7. $\dim \mathbf{R}^{2\times 2}=4$，$\{\boldsymbol{E}_{11},\boldsymbol{E}_{12},\boldsymbol{E}_{21},\boldsymbol{E}_{22}\}$ 是它的一组基.

8. 向量 $p(x)$ 在基 $1,x,x^2,\cdots,x^n$ 下的坐标为$(a_1,a_2,\cdots,a_n)^{\mathrm{T}}$；向量 $p(x)$ 在基 $1,x-a,\cdots,(x-a)^n$ 下的坐标为$\left(p(a),p'(a),\cdots,\frac{1}{n!}p^n(a)\right)^{\mathrm{T}}$.

9. (1) 证略；　(2) $\boldsymbol{x}=\boldsymbol{A}^{-1}\boldsymbol{\alpha}=(2,-3,1,5)^{\mathrm{T}}$.

习题 4.3

1. 由基 A 到基 B 的过渡矩阵为$\boldsymbol{C}=\begin{pmatrix}1&-1&1&-1\\0&1&-2&3\\0&0&1&-3\\0&0&0&1\end{pmatrix}$.

2. (1) $\begin{pmatrix}0&1&1\\-1&-3&-2\\2&4&4\end{pmatrix}$；　(2) $\begin{pmatrix}-\frac{7}{2}\\-\frac{1}{2}\\\frac{3}{2}\end{pmatrix}$.

3. (1) $\boldsymbol{C}=\begin{pmatrix}2&2&1\\2&3&1\\-1&-1&0\end{pmatrix}$；　(2) $\boldsymbol{y}=\begin{pmatrix}-2\\2\\1\end{pmatrix}$.

4. (1) $(3,4,4)^{\mathrm{T}}$；　(2) $\frac{1}{2}(11,-10,13)^{\mathrm{T}}$.

5. 所求过渡矩阵为$\begin{pmatrix}0&1&1&1\\1&0&1&1\\1&1&0&1\\1&1&1&0\end{pmatrix}$，所求坐标有$(0,-1,-2,3)^{\mathrm{T}}$.

习题 4.4

1. (1) 所述集合构成 $\mathbf{R}^3$ 的子空间，其维数为 2，$(-2,1,0)^{\mathrm{T}}$，$(-3,0,1)^{\mathrm{T}}$ 是其一组基；

(2) 所指集合是 $\mathbf{R}^n$ 的子空间，$\boldsymbol{e}_3,\boldsymbol{e}_4,\cdots,\boldsymbol{e}_n$ 为其基，其维数为 $n-2$；

(3) 所给集合不构成子空间；

(4) 所论集合构成子空间，它的一组基为$(-1,1,0,\cdots,0)^T,(-1,0,1,0,\cdots,0)^T,\cdots,(-1,0,\cdots,0,1)^T$，其维数为$n-1$.

2. (1) 它的生成空间的维数为2，$\boldsymbol{\alpha}_1,\boldsymbol{\alpha}_2$为其一组基；

(2) 它的生成空间的维数为3，$\boldsymbol{\alpha}_1,\boldsymbol{\alpha}_2,\boldsymbol{\alpha}_3$就是一组基.

3. $\dim W=1$，$(1,2,\cdots,n)^T$是其一组基.

4. 证略. **5.** 证略. **6.** 证略.

习题 4.5

1. ① 表示向量；② 表示数；③ 表示向量；④ 没有意义；⑤ 表示向量，但需$(\boldsymbol{\alpha},\boldsymbol{\beta})\neq 0$；⑥ 表示向量，但需$\|\boldsymbol{\beta}\|\neq 0$；⑦ 没有意义；⑧ 表示向量，但需$\|\boldsymbol{\alpha}\|\neq 0$，$\|\boldsymbol{r}\|\neq 0$.

2. (1) -4； (2) $\frac{1}{2}$.

3. (1) $\sqrt{22}$； (2) $\sqrt{3}$； (3) $\sqrt{3}$.

4. $\sqrt{10}$. **5.** $90°$.

6. (1) 0； (2) $\sqrt{138}$； (3) $\arccos\frac{5}{6}$.

习题 4.6

1. 所求标准正交基为$\boldsymbol{\varepsilon}_1=\frac{1}{\sqrt{3}}\begin{pmatrix}1\\1\\1\end{pmatrix}$，$\boldsymbol{\varepsilon}_2=\frac{1}{\sqrt{6}}\begin{pmatrix}-1\\2\\-1\end{pmatrix}$，$\boldsymbol{\varepsilon}_3=\frac{1}{\sqrt{2}}\begin{pmatrix}-1\\0\\1\end{pmatrix}$.

2. $\frac{1}{2}(1,1,-1,-1)^T$，$\frac{1}{6\sqrt{11}}(13,1,15,-1)^T$，$\frac{1}{3\sqrt{330}}(28,-8,-21,41)^T$.

3. $\frac{1}{\sqrt{15}}(1,1,2,3)^T$，$\frac{1}{\sqrt{39}}(-2,1,5,-3)^T$.

4. $x_i=(\boldsymbol{\alpha}_i,\boldsymbol{\beta})\ (i=1,2,\cdots,n)$. **5.** 证略.

6. $\frac{1}{\sqrt{6}}\begin{pmatrix}1\\2\\-1\end{pmatrix}$，$\frac{1}{\sqrt{3}}\begin{pmatrix}-1\\1\\1\end{pmatrix}$，$\frac{1}{\sqrt{2}}\begin{pmatrix}1\\0\\1\end{pmatrix}$.

7. 证略. **8.** 证略. **9.** 证略.

习题 4.7

1. (1) σ是$\mathbf{R}^3$中的线性变换；

(2) σ 不是 $\mathbf{R}^3$ 中的线性变换.

2. 证略.

3. $\begin{pmatrix} -2 & 2 & 6 \\ 1 & 0 & 2 \\ 1 & 0 & 2 \end{pmatrix}$.　**4.** $\begin{pmatrix} 4 & 0 & 0 \\ 0 & -2 & 0 \\ 0 & 0 & -2 \end{pmatrix}$.　**5.** $\begin{pmatrix} 1 & 3 & 0 & 0 \\ 2 & 4 & 0 & 0 \\ 0 & 0 & 1 & 3 \\ 0 & 0 & 2 & 4 \end{pmatrix}$.

6. (1) $\begin{pmatrix} 1 & -1 & 1 \\ 2 & 3 & 1 \\ -2 & 1 & 1 \end{pmatrix}$;　(2) $\sigma(\boldsymbol{\alpha}) = (1,11,-1)^{\mathrm{T}}$.

7. $\begin{pmatrix} 0 & 0 & 1 & 0 \\ -1 & -1 & 0 & 1 \\ 0 & 0 & 1 & 0 \\ 0 & 0 & 1 & 0 \end{pmatrix}$.　**8.** 证略.

习题 4.8

1. 弹簧的弹性系数 $b^* = 1.739$ N/cm.

2. (1) $x_1 = \frac{7}{5}, x_2 = \frac{2}{15}$;　(2) $x_1 = \frac{2}{9}, x_2 = \frac{11}{9}$.

第四章复习题

1. (1) $\boldsymbol{\alpha} = \mathbf{0}$, σ 是 V 中的线性变换;

(2) $\boldsymbol{\alpha} \neq \mathbf{0}$, σ 不是 V 中的线性变换.

2. $\dim R(\boldsymbol{A}) =$ 秩$(\boldsymbol{A})$, $R(\boldsymbol{A})$ 的基是 $\boldsymbol{A}$ 的列向量组的极大线性无关组, $\dim N(\boldsymbol{A}) = n - \mathrm{r}(\boldsymbol{A})$, $\boldsymbol{\alpha}_1, \boldsymbol{\alpha}_2, \cdots, \boldsymbol{\alpha}_{n-\mathrm{r}(\boldsymbol{A})}$ 是 $N(\boldsymbol{A})$ 的基.

3. (1) 证略;

(2) U 是二维的, 它的一个基为 $\begin{pmatrix} -\frac{1}{3} & 1 \\ 0 & 0 \end{pmatrix}, \begin{pmatrix} 1 & 0 \\ 0 & 1 \end{pmatrix}$;

(3) U 中矩阵的一般形式为

$$\boldsymbol{B} = k_1 \begin{pmatrix} -\frac{1}{3} & 1 \\ 0 & 0 \end{pmatrix} + k_2 \begin{pmatrix} 1 & 0 \\ 0 & 1 \end{pmatrix} = \begin{pmatrix} -\frac{1}{3}k_1 + k_2 & k_1 \\ 0 & k_2 \end{pmatrix},$$

其中 $k_1, k_2 \in \mathbf{R}$.

4. (1) 当 $a \neq 0$ 时, $\boldsymbol{\alpha}_1, \boldsymbol{\alpha}_2, \boldsymbol{\alpha}_3$ 是 $\mathbf{R}^3$ 的基;

（2） $\boldsymbol{\beta}$ 在 $\boldsymbol{\alpha}_1,\boldsymbol{\alpha}_2,\boldsymbol{\alpha}_3$ 下的坐标为 $x_1=\frac{3a-4}{a}$，$x_2=-2$，$x_3=\frac{4}{a}$.

5. $\boldsymbol{\beta}_1=\frac{2}{3}\boldsymbol{\alpha}_1-\frac{2}{3}\boldsymbol{\alpha}_2-\boldsymbol{\alpha}_3$，$\boldsymbol{\beta}_2=\frac{4}{3}\boldsymbol{\alpha}_1+\boldsymbol{\alpha}_2+\frac{2}{3}\boldsymbol{\alpha}_3$.

6. （1） 坐标变换公式为

$$\begin{pmatrix}x_1\\x_2\\x_3\\x_4\end{pmatrix}=\begin{pmatrix}1&0&0&0\\3&1&0&0\\-5&2&1&0\\7&-3&2&1\end{pmatrix}\begin{pmatrix}y_1\\y_2\\y_3\\y_4\end{pmatrix};$$

（2） 向量 $\boldsymbol{\alpha}$ 在基 $\boldsymbol{\beta}_1,\boldsymbol{\beta}_2,\boldsymbol{\beta}_3,\boldsymbol{\beta}_4$ 下的坐标为 $(1,-5,18,-59)^{\mathrm{T}}$.

7. 证略.

8. （1） 因 $(\beta_1,\beta_2,\beta_3)=(\alpha_1,\alpha_2,\alpha_3)\boldsymbol{C}$，故有

$$\boldsymbol{C}=\begin{pmatrix}1&1&1\\1&0&0\\1&-1&1\end{pmatrix}^{-1}\begin{pmatrix}1&2&3\\2&3&4\\1&4&3\end{pmatrix}=\begin{pmatrix}2&3&4\\0&-1&0\\-1&0&-1\end{pmatrix};$$

（2） 由坐标变换公式(4.5)，β 在 $\alpha_1,\alpha_2,\alpha_3$ 下的坐标为

$$\boldsymbol{C}\begin{pmatrix}1\\-1\\0\end{pmatrix}=\begin{pmatrix}2&3&4\\0&-1&0\\-1&0&-1\end{pmatrix}\begin{pmatrix}1\\-1\\0\end{pmatrix}=\begin{pmatrix}-1\\1\\-1\end{pmatrix};$$

（3） 由坐标变换公式(4.5)的等价形式 $\begin{pmatrix}y_1\\y_2\\y_3\\y_4\end{pmatrix}=\boldsymbol{C}^{-1}\begin{pmatrix}x_1\\x_2\\x_3\\x_4\end{pmatrix}$，$\alpha$ 在 β_1,β_2,β_3 下的坐标为

$$\boldsymbol{C}^{-1}\begin{pmatrix}1\\-1\\0\end{pmatrix}=\begin{pmatrix}2&3&4\\0&-1&0\\-1&0&-1\end{pmatrix}^{-1}\begin{pmatrix}1\\-1\\0\end{pmatrix}=\begin{pmatrix}1\\1\\-1\end{pmatrix}.$$

9. （1） 由基 $f_1(x),f_2(x),f_3(x)$ 在基 $g_1(x),g_2(x),g_3(x)$ 下的过渡矩阵为 $\boldsymbol{C}=\begin{pmatrix}1&0&0\\3&1&0\\3&2&1\end{pmatrix}$；

（2） $f(x)$ 在基 $g_1(x),g_2(x),g_3(x)$ 下的坐标为 $\begin{pmatrix}2\\1\\2\end{pmatrix}$；$f(x)$ 在基

$f_1(x), f_2(x), f_3(x)$ 下的坐标为 $\begin{pmatrix} 2 \\ 7 \\ 10 \end{pmatrix}$.

10. 取 $\boldsymbol{\alpha}_1, \boldsymbol{\alpha}_2, \boldsymbol{\alpha}_3$ 为一组基，由上述变换矩阵 $\boldsymbol{B}$ 知 $\boldsymbol{\alpha}_4 = 2\boldsymbol{\alpha}_1 + \boldsymbol{\alpha}_2 + \boldsymbol{\alpha}_3$.

11. (1) $\sqrt{3}, \frac{\pi}{2}, \begin{pmatrix} 1 \\ 0 \\ -5 \end{pmatrix}$； (2) $\boldsymbol{\alpha} = k\begin{pmatrix} 5 \\ -4 \\ 1 \end{pmatrix}$ (k 为任意非零常数).

12. 证略.

13. $\mathbf{R}[x]_3$ 中，

$$f_1(x) = \frac{1}{\|g_1(x)\|} g_1(x) = \sqrt{\frac{5}{2}}\, x^2,$$

$$f_2(x) = \frac{1}{\|g_2(x)\|} g_2(x) = \sqrt{\frac{3}{2}}\, x,$$

$$f_3(x) = \frac{1}{\|g_3(x)\|} g_3(x) = -\frac{5}{\sqrt{8}} x^2 + \frac{3}{\sqrt{8}}$$

可以作为在内积 $(f(x), g(x))$ 下的 $\mathbf{R}[x]_3$ 的标准正交基.

14. 加入 $\boldsymbol{e}_1, \boldsymbol{e}_4$ 后可扩充为一组基.

15. $\begin{pmatrix} 0 & -3 & 2 & 0 \\ -2 & 1 & 0 & 2 \\ 3 & 0 & -1 & -3 \\ 0 & 3 & -2 & 0 \end{pmatrix}$. **16.** $\begin{pmatrix} 2 & 2 & -1 \\ 4 & 2 & -1 \\ -2 & -1 & 1 \end{pmatrix}$.

习题 5.1

1. 证略.

2. (1) 它的基础解系是 $\begin{pmatrix} 1 \\ 1 \end{pmatrix}$，所以 $c\begin{pmatrix} 1 \\ 1 \end{pmatrix}$ $(c \neq 0)$ 是矩阵 $\mathbf{A}$ 对应于 $\lambda_1 = 4$ 的全部特征向量；它的基础解系是 $\begin{pmatrix} 1 \\ -5 \end{pmatrix}$，所以 $c\begin{pmatrix} 1 \\ -5 \end{pmatrix}$ $(c \neq 0)$ 是矩阵 $\mathbf{A}$ 对应于特征值 $\lambda_2 = -2$ 的全部特征向量；

(2) 它的基础解系是 $\begin{pmatrix} -1 \\ 1 \\ 1 \end{pmatrix}$，所以对于 $\lambda_1 = -2$，矩阵 $\mathbf{A}$ 的全部特征向量是 $c\begin{pmatrix} -1 \\ 1 \\ 1 \end{pmatrix}$ $(c \neq 0)$；当 $\lambda_2 = \lambda_3 = 1$ 时，全部特征向量是

$$c_1\begin{pmatrix}-2\\1\\0\end{pmatrix}+c_2\begin{pmatrix}0\\0\\1\end{pmatrix}\quad(c_1,c_2\text{不全为零});$$

(3) 它的基础解系是$\begin{pmatrix}0\\0\\1\end{pmatrix}$，所以$c\begin{pmatrix}0\\0\\1\end{pmatrix}$ $(c\neq 0)$是矩阵$\boldsymbol{A}$对应于$\lambda_1=2$的全部特征向量；它的基础解系是$\begin{pmatrix}1\\2\\-1\end{pmatrix}$，所以$c\begin{pmatrix}1\\2\\-1\end{pmatrix}$ $(c\neq 0)$是矩阵$\boldsymbol{A}$对应于二重特征值$\lambda_2=\lambda_3=1$的全部特征向量.

3. $\boldsymbol{A}$的全部特征值为$\lambda_1=\lambda_2=1$，$\lambda_3=-5$. 故矩阵$\boldsymbol{I}+\boldsymbol{A}^{-1}$的特征值为$2,2,\frac{4}{5}$.

4. $\boldsymbol{B}$的特征值为$-4,-6,-12$，$|\boldsymbol{\beta}|=-288$，$|\boldsymbol{A}-5\boldsymbol{I}|=-72$.

5. 证略.　　**6.** 证略.

7. $\boldsymbol{B}+2\boldsymbol{I}$的特征值$9,9,3$. 对应于9的特征向量为

$k_1(-1,1,0)^{\mathrm{T}}+k_2(-2,0,1)^{\mathrm{T}}$　(k_1,k_2为不全为零的常数).

对于3的特征向量为$k_3(0,1,1)^{\mathrm{T}}$ (k_3是不为零的任意常数).

8. $k=-2$，$\lambda=1$，或$k=1$，$\lambda=\frac{1}{4}$.

9. 证略.

10. $$\boldsymbol{A}=\begin{pmatrix}1&0&0\\2&0&0\\0&-1&-1\end{pmatrix},\ \boldsymbol{A}^n=\begin{pmatrix}1&0&0\\2&0&0\\2+4(-1)^{n+1}&(-1)^n&(-1)^n\end{pmatrix}.$$

习题 5.2

1. 证略.

2. 当$a=c=0$，b为任意值时，$\boldsymbol{A}$与对角矩阵相似.

3. 当$a=2$时，$\boldsymbol{A}$可对角化；当$a=6$时，$\boldsymbol{A}$不可对角化.

4. $\boldsymbol{A}$能与对角阵相似，变换矩阵$\boldsymbol{P}=\begin{pmatrix}0&1&0\\1&0&1\\2&1&0\end{pmatrix}$；$\boldsymbol{B}$能与对角阵相似，可逆变换矩阵$\boldsymbol{P}=\begin{pmatrix}1&1&0\\0&4&-1\\1&0&1\end{pmatrix}$；矩阵$\boldsymbol{C}$不能与对角阵相似.

5. $(3\boldsymbol{A})^*$ 能与对角阵相似，因为$(3\boldsymbol{A})^*$ 有3个不同特征值$-36,-18,18$.

6. 0是$\boldsymbol{A}$的n重特征值，证明略. **7.** 证略.

8. 可证$\boldsymbol{B}$可对角化，且$\boldsymbol{B}\sim \mathrm{diag}(0,36,4)$.

9. $k=0$；$\begin{pmatrix}-1&0&0\\0&-1&0\\0&0&1\end{pmatrix}$. **10.** 证略.

11. (1) 是约当型矩阵；(2) 不是约当型矩阵；(3) 是约当型矩阵；(4) 不是约当型矩阵.

习题 5.3

1. 证略.

2. $\boldsymbol{P}=\begin{pmatrix}-\dfrac{2}{\sqrt{5}}&\dfrac{2}{3\sqrt{5}}&\dfrac{1}{3}\\ \dfrac{1}{\sqrt{5}}&\dfrac{4}{3\sqrt{5}}&\dfrac{2}{3}\\ 0&\dfrac{5}{3\sqrt{5}}&-\dfrac{2}{3}\end{pmatrix}$（正交变换矩阵$\boldsymbol{P}$不唯一）.

3. $a=-1$，$\lambda_0=2$. **4.** $(1,-1,0)^{\mathrm{T}}$.

5. $\boldsymbol{A}=\dfrac{2}{3}\begin{pmatrix}1&-2&-2\\-2&1&-2\\-2&-2&1\end{pmatrix}$.

6. $\boldsymbol{B}\sim \mathrm{diag}((k+2)^2,(k+2)^2,k^2)$.

7. 证略. **8.** 证略. **9.** 证略.

10. 证略. **11.** 证略. **12.** 证略.

习题 5.4

1. $\sum\limits_{k=1}^{\infty}\boldsymbol{x}^{(k)}$ 发散.

2. $\{\boldsymbol{A}^{(k)}\}$是收敛的，且$\lim\limits_{k\to\infty}\boldsymbol{A}^{(k)}=\begin{pmatrix}0&2\\1&0\end{pmatrix}$.

3. (1) $\boldsymbol{\alpha}_{100}=\dfrac{1}{3}\begin{pmatrix}5^{101}+1\\2\times 5^{101}-1\end{pmatrix}$； (2) $\{\boldsymbol{\alpha}_n\}$是发散的.

4. (1) $x_n=\dfrac{1}{\sqrt{5}}\left[\left(\dfrac{1+\sqrt{5}}{2}\right)^n-\left(\dfrac{1-\sqrt{5}}{2}\right)^n\right]$； (2) $\dfrac{1}{2}(1+\sqrt{5})$.

习题 5.5

1. (1) $y_1 = 245$, $y_2 = 90$, $y_3 = 175$;

(2) $z_1 = 180$, $z_2 = 150$, $z_3 = 180$;

(3) 直接消耗矩阵为$\begin{pmatrix} 0.25 & 0.10 & 0.10 \\ 0.20 & 0.20 & 0.10 \\ 0.10 & 0.10 & 0.20 \end{pmatrix}$.

2. (1) $\boldsymbol{x} = \begin{pmatrix} 250 \\ 200 \\ 320 \end{pmatrix}$; (2) $\boldsymbol{x} = \begin{pmatrix} 265.827 \\ 204.302 \\ 325.764 \end{pmatrix}$.

3. $(90,60,70)^{\mathrm{T}}$.

4. 总产量:$x_1 = 24.48$,$x_2 = 20.68$,$x_3 = 18.36$;各部门间的流量:

$$x_{11} = 4.968,\quad x_{12} = 6.204,\quad x_{13} = 3.672,$$
$$x_{21} = 9.936,\quad x_{22} = 2.068,\quad x_{23} = 3.672,$$
$$x_{31} = 2.484,\quad x_{32} = 6.204,\quad x_{33} = 3.672.$$

习题 5.6

1. $\boldsymbol{x} = \begin{pmatrix} \mathrm{e}^t(c_3 t + c_2) \\ \mathrm{e}^t(2c_3 t + 2c_2 + c_3) \\ c_1 \mathrm{e}^{2t} - \mathrm{e}^t(c_3 t + c_2 + c_3) \end{pmatrix}$.　**2.** $\boldsymbol{x}(k) = \begin{pmatrix} 2 \cdot 3^{k-1} \\ 4 \cdot 3^{k-1} \\ 2 \cdot 3^{k-1} \end{pmatrix}$.

3. 15 年后,农场饲养的动物总数将达到 16 625 头,其中 0 ~ 5 岁的有 14 375 头,占 86.47%;6 ~ 10 岁的有 1 375 头,占 8.27%;11 ~ 15 岁的有 875 头,占 5.26%.

4. 一年后约有 223 对兔子;3 年后约有 2400 多万对兔子.

5. 当 $n \to \infty$ 时,$a_n \to 1$,$b_n \to 0$,$c_n \to 0$,a_n, b_n, c_n 分别表示第 n 代植物中基因型 AA,Aa,aa 的植物占植物总数的百分率($n = 0,1,\cdots$).

第五章复习题

1. $\boldsymbol{B}^{-1} = \begin{pmatrix} 6 & -3 \\ 3 & 4 \end{pmatrix}^{-1} = \frac{1}{33}\begin{pmatrix} 4 & 3 \\ -3 & 6 \end{pmatrix}$.

2. $\boldsymbol{A}^*$ 的一个特征值为$\frac{4}{3}$.

3. $a = 2$, $b = -3$, $c = 2$, $\lambda_0 = 1$.

4. 当 $a=0$ 时，$\boldsymbol{B}=\begin{pmatrix}-5 & 4 & -6\\ 3 & -3 & 3\\ 7 & -6 & 8\end{pmatrix}$；$a=-1$ 时不合题意.

5. 1.　　**6.** $\begin{pmatrix}1 & & \\ & 1 & \\ & & 0\end{pmatrix}$.　　**7.** $\begin{pmatrix}\boldsymbol{I}_2 & \\ & -\boldsymbol{I}_{n-2}\end{pmatrix}$.　　**8.** 1 620.

9. $\boldsymbol{\beta}=2\boldsymbol{\xi}_1-2\boldsymbol{\xi}_2+\boldsymbol{\xi}_3$，$\boldsymbol{A}^m\boldsymbol{\beta}=\begin{pmatrix}2-2^{n+1}+3^n\\ 2-2^{n+2}+3^{n+1}\\ 2-2^{n+3}+3^{n+2}\end{pmatrix}$.

10. 证略.　　**11.** $a=\frac{1}{2}$，$b=-\frac{1}{2}$，$c=0$，$d=\frac{1}{\sqrt{2}}$.

12. 证略.　　**13.** $\boldsymbol{B}$ 的特征值必有 0 和 λ_2.

14. 证略.

15. 该省人口分布最终会趋于一个稳定状态，且农村人口与城镇人口最终将各占全省人口的 $\frac{1}{3}$ 与 $\frac{2}{3}$.

16. (1) $\boldsymbol{A}=\begin{pmatrix}\frac{9}{10} & \frac{2}{5}\\ \frac{1}{10} & \frac{3}{5}\end{pmatrix}$；

(2) $\begin{pmatrix}x_{n+1}\\ y_{n+1}\end{pmatrix}=\boldsymbol{A}^n\begin{pmatrix}\frac{1}{2}\\ \frac{1}{2}\end{pmatrix}=\frac{1}{10}\begin{pmatrix}8-3\left(\frac{1}{2}\right)^n\\ 2+3\left(\frac{1}{2}\right)^n\end{pmatrix}$.

习题 6.1

1. (1) 其对称矩阵为 $\begin{pmatrix}0 & \frac{1}{2} & \frac{1}{2}\\ \frac{1}{2} & 0 & -\frac{1}{2}\\ \frac{1}{2} & -\frac{1}{2} & 0\end{pmatrix}$，故

$$f(x_1,x_2,x_3)=(x_1,x_2,x_3)\begin{pmatrix}0 & \frac{1}{2} & \frac{1}{2}\\ \frac{1}{2} & 0 & -\frac{1}{2}\\ \frac{1}{2} & -\frac{1}{2} & 0\end{pmatrix}\begin{pmatrix}x_1\\ x_2\\ x_3\end{pmatrix}；$$

(2) 二次型 f 的矩阵为 $\boldsymbol{A}=\begin{pmatrix}3&1&0&-4\\1&1&-2&1\\0&-2&2&-1\\-4&1&-1&-1\end{pmatrix}$，

$$f(x_1,x_2,x_3,x_4)=(x_1,x_2,x_3,x_4)\begin{pmatrix}3&1&0&-4\\1&1&-2&1\\0&-2&2&-1\\-4&1&-1&-1\end{pmatrix}\begin{pmatrix}x_1\\x_2\\x_3\\x_4\end{pmatrix};$$

(3) 对称矩阵为 $\begin{pmatrix}0&1&\cdots&1\\1&0&\ddots&\vdots\\\vdots&\ddots&\ddots&1\\1&\cdots&1&0\end{pmatrix}$，故

$$f(x_1,x_2,\cdots,x_n)=(x_1,x_2,\cdots,x_n)\begin{pmatrix}0&1&\cdots&1\\1&0&\ddots&\vdots\\\vdots&\ddots&\ddots&1\\1&\cdots&1&0\end{pmatrix}\begin{pmatrix}x_1\\x_2\\\vdots\\x_n\end{pmatrix}.$$

2. (1) $f(x_1,x_2)=(x_1,x_2)\begin{pmatrix}0&1\\1&0\end{pmatrix}\begin{pmatrix}x_1\\x_2\end{pmatrix}=(x_1,x_2)\begin{pmatrix}x_1\\x_2\end{pmatrix}$

$=x_1x_2+x_1x_2=2x_1x_2$；

(2) $f(x_1,x_2,x_3)=x_1^2+2x_1x_2-x_2^2+4x_2x_3$；

(3) $f(x_1,x_2,x_3,x_4)=-x_1^2+x_1x_2+2x_1x_3-2\sqrt{2}x_1x_4+\sqrt{3}x_2^2$

$+6x_2x_3-2x_2x_4+\sqrt{2}x_3x_4-2x_4^2.$

3. f 是关于 x_1,x_2,x_3 的二次型，但 $\boldsymbol{B}$ 不是 f 的矩阵，所以二次型 f 的矩阵为

$$\boldsymbol{A}=\begin{pmatrix}1&\frac{5}{2}&6\\\frac{5}{2}&4&7\\6&7&5\end{pmatrix},$$

f 的矩阵表示式为 $f(x_1,x_2,x_3)=\boldsymbol{x}^{\mathrm{T}}\boldsymbol{A}\boldsymbol{x}$.

习题 6.2

1. $f=y_1^2-2y_2^2+0\cdot y_3^2=y_1^2-2y_2^2$.

2. $\begin{pmatrix} 1 & -1 & 1 \\ 0 & 1 & -2 \\ 0 & 0 & 1 \end{pmatrix}$.

3. (1) $y_1^2+4y_1y_2-6y_1y_3+4y_2^2-24y_2y_3-9y_3^2$；

(2) $-8y_1^2-4y_1y_2+34y_1y_3+y_2^2-6y_2y_3+y_3^2$.

4. $\boldsymbol{C}=\begin{pmatrix} 1 & -\frac{1}{2} & 2 \\ 1 & \frac{1}{2} & -1 \\ 0 & 0 & 1 \end{pmatrix}$.　　**5.** $\boldsymbol{C}=\begin{pmatrix} 0 & 0 & 1 \\ 1 & 0 & 0 \\ 0 & 1 & 0 \end{pmatrix}$.

6. 证略.　　**7.** 证略.

习题 6.3

1. (1) 所用的正交变换为

$$\begin{pmatrix} x_1 \\ x_2 \\ x_3 \end{pmatrix}=\begin{pmatrix} -\frac{1}{\sqrt{2}} & -\frac{1}{\sqrt{6}} & \frac{1}{\sqrt{3}} \\ \frac{1}{\sqrt{2}} & -\frac{1}{\sqrt{6}} & \frac{1}{\sqrt{3}} \\ 0 & \frac{2}{\sqrt{6}} & \frac{1}{\sqrt{3}} \end{pmatrix}\begin{pmatrix} y_1 \\ y_2 \\ y_3 \end{pmatrix};$$

二次型的标准形为 $f=-y_1^2-y_2^2+2y_3^2$；

(2) $3y_1^2-y_2^2-y_3^2-y_4^2$；$\frac{1}{2}\begin{pmatrix} 1 & -\sqrt{2} & -\sqrt{\frac{2}{3}} & \frac{1}{\sqrt{3}} \\ 1 & \sqrt{2} & -\sqrt{\frac{2}{3}} & \frac{1}{\sqrt{3}} \\ 1 & 0 & 2\sqrt{\frac{2}{3}} & -\frac{1}{\sqrt{3}} \\ 1 & 0 & 0 & \sqrt{3} \end{pmatrix}$.

2. (1) $f=2z_1^2-2z_2^2+6z_3^2$；$\begin{pmatrix} x_1 \\ x_2 \\ x_3 \end{pmatrix}=\begin{pmatrix} 1 & 1 & 3 \\ 1 & -1 & -1 \\ 0 & 0 & 1 \end{pmatrix}\begin{pmatrix} z_1 \\ z_2 \\ z_3 \end{pmatrix}$；

(2) $2z_1^2-2z_2^2-\frac{1}{2}z_3^2$；$\begin{pmatrix} 1 & 1 & \frac{1}{2} & -1 \\ 1 & -1 & \frac{1}{2} & -1 \\ 0 & 0 & 1 & -1 \\ 0 & 0 & 0 & 1 \end{pmatrix}$.

3. （1） 令 $\boldsymbol{x}=\boldsymbol{P}\boldsymbol{y}$，其中

$$\boldsymbol{P}=\begin{pmatrix}1 & -\frac{1}{2} & 1 & -\frac{1}{2}\\ 1 & \frac{1}{2} & -1 & \frac{1}{2}\\ 0 & 0 & 1 & \frac{1}{2}\\ 0 & 0 & 0 & 1\end{pmatrix},$$

则二次型化为标准形：$f=2y_1^2-\frac{1}{2}y_2^2+2y_3^2+\frac{3}{2}y_4^2$；

（2） $2y_1^2-2y_2^2+6y_3^2$；$\begin{pmatrix}1 & -1 & 3\\ 1 & 1 & -1\\ 0 & 0 & 1\end{pmatrix}$.

4. $a=b=0$.　　**5.** $\boldsymbol{C}=\begin{pmatrix}2 & 0 & 0\\ 0 & 0 & 1\\ 0 & 2 & 0\end{pmatrix}^{\mathrm{T}}=\begin{pmatrix}2 & 0 & 0\\ 0 & 0 & 2\\ 0 & 1 & 0\end{pmatrix}$.

习题 6.4

1. （1） 规范标准形为 $y_1^2+y_2^2+y_3^2+y_4^2$，正惯性指数为 4，负惯性指数为 0，符号差为 4；

（2） 规范标准形为 $y_1^2+y_2^2$，正惯性指数为 2，负惯性指数为 0，符号差为 2.

2. $\boldsymbol{P}^{\mathrm{T}}\boldsymbol{B}\boldsymbol{P}=\lambda_1 y_1^2+\lambda_2 y_2^2+\cdots+\lambda_n y_n^2-\lambda_1 y_{n+1}^2-\lambda_2 y_{n+2}^2-\cdots-\lambda_n y_{2n}^2$，$\boldsymbol{P}^{\mathrm{T}}\boldsymbol{B}\boldsymbol{P}$ 的正惯性指数和负惯性指数相等，均为 n.

3. 证略.

习题 6.5

1. （1） f 为正定的；

（2） f 是正定的；

（3） $f(x_1,x_2,x_3)$ 为负定二次型.

2. （1） $\lambda>5$ 时，$f(x_1,x_2,x_3)$ 为正定的；

（2） $-2<\lambda<1$ 时，f 为正定二次型.

3. 证略.

4. （1） $\boldsymbol{A}+\boldsymbol{B}$ 为正定矩阵；$\boldsymbol{A}-\boldsymbol{B}$ 不是正定矩阵；$\boldsymbol{A}\boldsymbol{B}$ 不一定是正定矩阵；

（2） 证略.　　（3） 证略.

5. $\boldsymbol{\Lambda}=\mathrm{diag}((k+2)^2,(k+2)^2,k^2)$，当 $k\neq-2,k\neq0$ 时，$\boldsymbol{B}$ 为正定矩阵.

6. 证略.

7. $\begin{pmatrix}1+t^2 & 2+t^2\\ 2+t & 5\end{pmatrix}$，$t\neq\dfrac{1}{2}$ 时，f 为正定二次型.

8. 证略. **9.** 证略. **10.** 证略. **11.** 证略.

习题 6.6

1. $x=2$，$y=-2$，$z=1$ 是一个极大值点，有 $f(2,-2,1)=4$.

2. 所求的平方和为 $z''^2+2y''^2=10$，它是椭圆柱面，这里直角坐标的变换为

$$\begin{cases}x''=x'+1=y+1,\\ y''=y'+\sqrt{2}=\dfrac{1}{\sqrt{2}}(x-z)+\sqrt{2},\\ z''=z'=\dfrac{1}{\sqrt{2}}(x+z),\end{cases}$$

即 $\begin{cases}x=\dfrac{1}{\sqrt{2}}(y''+z'')-1,\\ y=x''-1,\\ z=\dfrac{1}{\sqrt{2}}(-y''+z'')+1.\end{cases}$

3. $a=3$，$b=1$.

第六章复习题

1. 当 $c=3$ 时，$\mathrm{r}(\boldsymbol{A})=2$.

2. $f(x_1,x_2,x_3)=2x_1^2+2x_2^2+x_3^2+2x_1x_3-2x_2x_3$.

3. $t=2$（$t=-2$ 舍去），$\boldsymbol{T}=\begin{pmatrix}0 & 1 & 0\\ \dfrac{1}{\sqrt{2}} & 0 & \dfrac{1}{\sqrt{2}}\\ -\dfrac{1}{\sqrt{2}} & 0 & \dfrac{1}{\sqrt{2}}\end{pmatrix}$（正交变换 $\boldsymbol{x}=\boldsymbol{T}\boldsymbol{y}$）.

4. 矩阵的合同关系共有 $\dfrac{(n+1)(n+2)}{2}$ 类.

5. 证略. **6.** 证略. **7.** 证略.

8. 当 $1+(-1)^{n+1}a_1a_2\cdots a_n\neq0$ 时，f 为正定二次型.

9. 证略.　　**10.** 证略.　　**11.** 证略.

12. (1) 当 $t>2$ 时，二次型 f 是正定的；

(2) 当 $t<-1$ 时，二次型 f 是负定的.

13. 证略.　　**14.** 证略.

附录四　客观题答案

一、填空题

第一章　**1.** 0；　**2.** 0；　**3.** $x_1x_2\cdots x_n\left(1+a\sum_{i=1}^{n}\frac{1}{x_i}\right)$；　**4.** $a(2-n)\cdot 2^{n-1}$；

5. -4；　**6.** $-(x_1+x_2+x_3+x_4)\prod_{4\geqslant i>j\geqslant 1}(x_i-x_j)$；　**7.** $(a^2-b^2)^n$；

8. $\begin{pmatrix} f(x) & g(x) & h(x) \\ f'(x) & g'(x) & h'(x) \\ f''(x) & g''(x) & h''(x) \end{pmatrix}$.

第二章　**1.** 0；　**2.** $\begin{pmatrix} 3 & 0 & 0 \\ 0 & 2 & 0 \\ 0 & 0 & 1 \end{pmatrix}$；　**3.** -1；　**4.** $(-1)^{n-1}(n-1)$；　**5.** $3\boldsymbol{I}$；

6. 1；　**7.** $k=-3$；　**8.** -3；　**9.** $(-1)^{mn}ab$；　**10.** $\begin{pmatrix} a_3 & a_2 & a_1 \\ b_3 & b_2 & b_1 \\ c_3 & c_2 & c_1 \end{pmatrix}$.

第三章　**1.** $r\leqslant s$；　**2.** 线性无关，线性相关；　**3.** -1；

4. $\boldsymbol{\alpha}_1,\boldsymbol{\alpha}_3$；　**5.** $k,n-k,m-k$；　**6.** $k(1,1,\cdots,1)^{\mathrm{T}}$；

7. $k(0,1,-1,-1)^{\mathrm{T}}+\frac{1}{2}(1,1,0,2)^{\mathrm{T}}$；　**8.** -2；　**9.** n；

10. $\boldsymbol{\eta}+c\boldsymbol{\xi}$，其中 $\boldsymbol{\eta}=(1,1,1,1)^{\mathrm{T}}$，$\boldsymbol{\xi}=(1,-2,1,0)^{\mathrm{T}}$，$c$ 为任意常数；

11. $(1,0,\cdots,0)^{\mathrm{T}}$；　**12.** 相交于一点.

第四章　**1.** $\lambda\neq 1$，$\lambda\neq -3$；　**2.** $(1,1,2)^{\mathrm{T}}$；　**3.** $\begin{pmatrix} 2 & 3 \\ -1 & -2 \end{pmatrix}$；　**4.** 0；

5. 4；　**6.** $(x_1,x_2,\cdots,x_n)^{\mathrm{T}}$；　**7.** $\begin{pmatrix} 1 & 0 & 0 & 0 \\ 0 & 0 & -\mathrm{i} & 0 \\ 0 & \mathrm{i} & 0 & 0 \\ 0 & 0 & 0 & -1 \end{pmatrix}$；

8. $\begin{pmatrix} 1 & -1 & 1 \\ 0 & -1 & 2 \\ -2 & 1 & 0 \end{pmatrix}$, $2, \boldsymbol{i}+2\boldsymbol{j}+\boldsymbol{k}$ 为 $\sigma^{-1}(0)$ 的基.

第五章 1. $3c-\frac{2}{c}$； 2. $\frac{|\boldsymbol{A}|^2}{\lambda^2}$； 3. 2，线性无关，相互正交； 4. 0；

5. $\lambda \boldsymbol{I}$； 6. $1, n-\mathrm{r}(\boldsymbol{A}-\boldsymbol{I}), n-\mathrm{r}(\boldsymbol{A}-\boldsymbol{I})$； 7. $\begin{pmatrix} 2 & 0 & 0 \\ 0 & 2 & 0 \\ 0 & 0 & 2 \end{pmatrix}$；

8. 0,0； 9. 4!； 10. $\frac{1}{9}(4,4,-7)$.

第六章 1. $\begin{pmatrix} 1 & 3 & 0 \\ 3 & 2 & -4 \\ 0 & -4 & 5 \end{pmatrix}$； 2. 2； 3. 2,0,2； 4. 2； 5. $k>0$, 3, 1；

6. $y_1^2+y_2^2+\cdots+y_r^2-2y_{r+1}^2-2y_{r+2}^2-\cdots-2y_n^2$； 7. 0,0；

8. $|a|<\sqrt{\frac{7}{2}}$； 9. $k>-1, k\neq 0$； 10. $\frac{1}{2}$.

二、选择题

第一章 1. B； 2. D； 3. A； 4. B； 5. D； 6. A； 7. B； 8. D；
9. C； 10. C.

第二章 1. B,D； 2. D； 3. C； 4. B； 5. B； 6. B； 7. D； 8. D；
9. C； 10. D； 11. D； 12. C.

第三章 1. B； 2. D； 3. C,D； 4. D； 5. A； 6. B； 7. C； 8. C；
9. D； 10. D； 11. D； 12. A； 13. B； 14. B.

第四章 1. B； 2. C； 3. C； 4. B； 5. C； 6. A； 7. B； 8. D；
9. D； 10. B.

第五章 1. C； 2. C； 3. A； 4. D； 5. D； 6. B； 7. D； 8. A；
9. A； 10. D； 11. C； 12. D； 13. C； 14. C,D.

第六章 1. B； 2. D； 3. D； 4. A； 5. A； 6. D； 7. B； 8. D；
9. C； 10. B； 11. A； 12. A,C.

参考文献

［1］ 北京大学数学系几何与代数教研室代数小组编. 高等代数(第二版). 北京：高等教育出版社，1988.

［2］ 屠伯埙等. 高等代数. 上海：上海科学技术出版社，1987.

［3］ 俞正光等. 线性代数与解析几何. 北京：清华大学出版社，1998.

［4］ 邱森等. 高等代数. 武汉：武汉大学出版社，1991.

［5］ 汪雷，宋向东等. 线性代数及其应用. 北京：高等教育出版社，2001.

［6］ 李 W. 约翰逊等. 线性代数引论(英文版). 北京：机械工业出版社，2004.

［7］ 卢刚等. 线性代数. 北京：高等教育出版社，2000.

［8］ 归行茂等. 线性代数的应用. 上海：上海科学普及出版社，1994.

［9］ 乐经良等. 数学实验. 北京：高等教育出版社，1999.

［10］ Chris Rorres，Howard Anton. Applications of Linear Algebra (Third Edition). John Wiley & Sons，1984.

［11］ Lucas F. 离散和系统模型. 长沙：国防科技大学出版社，1994.

［12］ 蒋中一. 数理经济学的基本方法. 刘学译. 北京：商务印书馆，1999.

［13］ Stephen Wolfram. Mathematica (Second Edition). Addison-Wesley Publishing Company，1993.

［14］ 张雪野，茆诗松. 经营决策方法. 上海：华东师范大学出版社，1996.